江苏省高等学校重点教材

燃烧工程

(第2版)

Combustion Engineering (2nd Edition)

[美] 肯尼斯·W. 拉格兰德 Kenneth W. Ragland 著
[美] 肯尼斯·M. 布莱登 Kenneth M. Bryden

张振忠 莫立武 刘晓敏 赵芳霞 译

北京
冶金工业出版社
2020

北京市版权局著作权合同登记号　图字：01-2020-0224

Combustion Engineering 2nd Edition / by Kenneth W. Ragland, Kenneth M. Bryden / ISBN：978-1-4200-9250-9

图书在版编目(CIP)数据

燃烧工程：第 2 版/（美）肯尼斯·W. 拉格兰德（Kenneth W. Ragland），（美）肯尼斯·M. 布莱登（Kenneth M. Bryden）著；张振忠等译．—北京：冶金工业出版社，2020. 3

书名原文：Combustion Engineering（2nd Edition）

ISBN 978-7-5024-8384-5

Ⅰ.①燃…　Ⅱ.①肯…　②肯…　③张…　Ⅲ.①燃烧理论—教材　Ⅳ.①TK16

中国版本图书馆 CIP 数据核字（2020）第 016221 号

出 版 人　陈玉千

地　　址　北京市东城区嵩祝院北巷 39 号　邮编　100009　电话　(010)64027926

网　　址　www. cnmip. com. cn　电子信箱　yjcbs@ cnmip. com. cn

责任编辑　高　娜　美术编辑　彭子赫　版式设计　孙跃红

责任校对　石　静　责任印制　李玉山

ISBN 978-7-5024-8384-5

冶金工业出版社出版发行；各地新华书店经销；三河市双峰印刷装订有限公司印刷

2020 年 3 月第 1 版，2020 年 3 月第 1 次印刷

787mm×1092mm；1/16；24 印张；574 千字；355 页

65. 00 元

冶金工业出版社　投稿电话　(010)64027932　投稿信箱　tougao@cnmip. com. cn

冶金工业出版社营销中心　电话　(010)64044283　传真　(010)64027893

冶金工业出版社天猫旗舰店　yjgycbs. tmall. com

（本书如有印装质量问题，本社营销中心负责退换）

第 2 版前言

自 1998 年《燃烧工程》第 1 版出版以来，全世界化石燃料和生物质燃料的消费量增长了 20%。人口的日益增长和人类难以满足的需求持续推动着能源需求的增长。全球气候变化和环境可持续性的问题对寻求和发展可再生能源变得更为紧迫。改善传统化石燃料和生物燃料的供热、发电和运输系统的需求也比以往任何时候都显得更加迫切。

与第 1 版一样，本书适用的目标人群仍然是工程系大四的学生，即为那些已掌握化学、热力学和流体力学知识的学生提供有关燃烧基础和燃烧工程的知识。本书所包含的内容也没有变，还是有关地球上所有关于气体、液体、固体燃料的燃烧及应用。

在本书编写过程中，作者努力提高语言的清晰性和准确性，并更新了相关知识的工程应用和部分参考文献。此外，本书还特别在提高燃烧效率、减少排放和生物质燃料利用部分增添了更多新内容。本书的理论分析仍采用一维质量守恒和能量守恒，在均相反应和两相系统中保留了微分形式，但在反应系统中删除了计算流体动力学的计算。这是因为，作者认为这部分内容应该在单独的高级课程中讲解。

令人悲伤的是，第 1 版的合作作者 Gary L. Borma 教授已经去世，本书作者希望能用这本书来纪念他。

Kenneth W. Ragland

Kenneth M. Bryden

第1版前言

目前，运输、电力生产和供暖能源的90%是由液体、固体和气态燃料的燃烧产生。尽管在下个世纪早期，肯定会发生严重的原油短缺，但是这个比例在今后的许多年仍然不可能会改变。因此，从保护能源和减少空气污染以满足世界越来越多的人口以及日益增长的能源需求角度来说，在今后的相当一段时间内对燃烧进行研究仍然非常重要。

目前，希望研究燃烧的工程师能获得的信息来源可分为两类：一是关于燃烧科学方面的文献，二是诸如发动机、涡轮机和燃烧炉等特定技术的设计和性能方面的文献。尽管目前已有大量关于燃烧方面的著作，但这些著作更倾向于强调燃烧科学，而很少有针对特定燃烧工程应用的教材。即使是关于应用方面的著作，通常也只关注某一项技术，且将该项技术编写在燃烧技术应用章节中。

作者感到需要有一本书来搭建科学专著与专门技术之间的桥梁。本书正是试图满足这一需要而编写。为使读者能初步了解燃烧的各种现象，本书尽力采用浅显易懂的燃烧理论来解释广泛的燃烧技术。本书作者在编写过程中努力提高语言的清晰性和准确性，以便每一位机械或化学专业的高年级学生均能容易地理解有关问题。尽管本书已经强调了建模的概念，但在数学处理上一直保持在最低限度，并且用简单的术语解释最新的理论，以便读者更好地理解目前针对特定设计问题所提出的理论解决方案。

全书共分为四个部分，分别为：基本概念、气体燃料燃烧、液体燃料燃烧和固体燃料燃烧。介绍了有关燃料、热力学、化学动力学、火焰、爆炸、喷雾和颗粒燃烧的基本概念。这些基本概念适用于燃气炉、汽油机、燃油炉、燃汽轮机燃烧室、柴油机、固定床燃烧器、悬浮式燃烧器和流化床燃烧器。在应用章节中则介绍了燃烧系统的工作原理和系统热力学及流体动力学状态的评估，并提供了系统燃烧过程的物理描述、简化模型和系统排放的讨论。为表明计算流体动力学（CFD）在燃烧系统中应用的可能性，在其中的几章中讨论了CFD，但由于CFD在数学方面已超出本书的范围，因此本书仅以启发的方式呈现出这一理论。

本课程的教学建议采用3个学分，但不少于15周课时，每次课时45~50分钟。作者在教学过程中的做法是将四个部分采用相同的课时，并建议最好在大四或研一阶段开设该门课程。本书既适合将全部内容作为课堂教材使用，也适合个别专业的老师仅将本书的某一个部分作为教材使用。此外，本书也适合一些工程师自学和从里面查阅所需的资料。

作者要感谢那些为本书提供宝贵意见的学生和教师，尤其要感谢威斯康星大学麦迪逊分校的Dave Foster、Glen Myers、Fhil Myers、Rolf Reitz、Chris Rutland、Mark Bryden和Danny Aerts，明尼苏达大学的Dave Hofelt，比利时鲁汶大学的Eric Van den Bulck，密歇根科技大学的Duane Abata，以及卡特彼勒公司的Bill Brown。还要感谢Sally Radeke在长时间初稿准备过程中承担的大量文字处理工作。

Gary L. Borma
Kenneth W. Ragland

致　谢

除了首先感谢为本书做出贡献的许多教师和学生，作者还特别希望感谢为本书慷慨地提出新概念和提供测试数据的许多人：密歇根理工大学的Jeff Naber和Yeliana Yeliana教授，威斯康辛大学麦迪逊分校的Dave Foster、Jaal Ghandhi、Rolf Reitz和Chris Rutland教授，美国能源部劳伦斯伯克利国家实验室的Robert Cheng博士，以及能源性能系统公司的David Ostlie。最后，还要感谢爱荷华州立大学的Kris Bryan博士对最终初稿进行的校对和审稿工作，以及本书的编辑Taylor & Francis团队和Jonathan Plant与Glen Butler。

作 者 简 介

Kenneth W. Ragland 博士，澳大利亚威斯康星大学麦迪逊分校机械工程系的荣誉教授。他在整个职业生涯中教授过热力学、流体动力学、燃烧和空气污染控制等课程。他早期的研究方向是固体燃料喷射式燃烧以及气体燃料中各种各样的爆炸。他在威斯康星大学麦迪逊分校的研究工作主要集中在单一颗粒的燃煤和生物质固体燃料燃烧、浅层和深层固定床燃烧、流化床燃烧和燃烧排放。他从 1995 年 7 月起担任机械工程系主任，直到 1999 年 7 月退休。退休后，他的研究集中在开发种植、捕获和燃烧生物质作为能源的系统。目前，他是能源性能系统公司的副总裁。

Kenneth M. Bryden 博士，1998 年在威斯康星大学麦迪逊分校机械工程专业获得博士学位后加入爱荷华州立大学机械工程系。在威斯康星大学麦迪逊分校学习之前，他曾在西屋电气公司工作了 14 年。其中包括电厂运营 8 年，电厂工程 6 年，且在工程管理工作方面超过 10 年。他在能源、燃烧和适用技术领域有着积极的研究和教学计划。他对发展中国家的生物质燃烧和小锅炉特别感兴趣。他是技术和人道主义服务机会工程师组织（ETHOS）的负责人，也是美国能源部艾姆斯实验室的模拟、建模和决策科学项目的项目总监。他在一些发展中国家教授过关于燃烧、可持续性、能源系统和设计的课程。他曾获得多项教学和科研奖项，其中包括过去 5 年内的三项 R&D 100（Research & Design）奖项。

译者的话

人类社会的生存和发展离不开能源的开发和使用。为满足人类对能源的快速增长需求和可持续发展，目前全世界范围内一直在努力寻求和开发新型、可再生绿色能源，如氢能、太阳能、核能、风能和潮汐能等。但目前人类发展所需能源的90%左右仍然依赖于液体、固体和气体燃料等化石能源，并且这个比例在今后许多年不会有太大改变。因此，从节能环保、资源化节约和满足全球人口及经济快速增长对能源的需求来说，现在和今后对燃料的燃烧研究依然非常重要。

虽然燃烧在工业和生活中都十分重要，但目前我国在相关专业的大学教材中主要介绍的还是燃料的种类及其物理化学性质，燃料燃烧计算和燃烧的基本原理等燃烧科学内容，而很少有燃烧应用的介绍，即使是有，通常也只关注某一项技术，如发动机、涡轮机和燃烧炉等，十分缺乏系统燃烧应用的介绍。而 Gary L. Borma 和 Kenneth W. Ragland 编写的《燃烧工程》第 1 版和这次译者翻译的由 Kenneth W. Ragland 和 Kenneth M. Bryden 编写的《燃烧工程》第 2 版正是为了搭建燃烧科学方面的理论和燃烧应用专门技术之间的桥梁而编写。目前该书已在美国、澳大利亚和新加坡等多个大学作为工程系大四学生和研一学生的课堂教材和参考书籍，并取得很好的反响。

本书共分为基本概念、气体燃料燃烧、液体燃料燃烧和固体燃料燃烧四个部分。内容全面，燃烧科学及燃烧工程并重，与时俱进，语言简练，图文并茂，通俗易懂，与科研和生产实际结合紧密。所有章节均结合生产实际附有丰富的例题与思考题，便于读者将枯燥的理论运用于解决实际生产问题。附录中还提供了常用燃料、燃烧介质和燃烧产物的物理化学性质及热力学参数。对材料、化工、机械、动力工程及能源工程专业的学生和从事燃料燃烧工程的实际工作者来说，是一部不可多得的专业教材及参考书。

2017 年恰逢南京工业大学材料科学与工程学院获批江苏省无机非金属材料工程品牌专业建设项目，为提高该专业本科生的工程化能力和国际化视野，南京工业大学材料学院及无机非金属材料工程系决定在“材料工程基础”课中采用国际上应用较好的原版教材，经过莫立武、刘晓敏、张振忠老师的认真调研和比较，决定将该翻译教材作为“材料工程基础”课程中“燃料与燃烧”章节的参考教材。为实现该翻译教材的顺利出版，莫立武老师和南京工业大学图书馆在协商和购买原版书版权方面做了大量工作。在取得原版教材版权后，张振忠和赵芳霞老师首先带领研究生完成了该教材的首稿文字翻译工作。然后张振忠、莫立武、刘晓敏、赵芳霞老师又逐句对照原文对翻译文字进行了多次修改。同时，译者按照“尊重原文、尽力规范、照顾汉语、语言精练、减少错误”的原则又对翻译稿进行多次大量的修改和校核，并最终付梓。本教材在即将出版之际，获批江苏省高等学校重点教材立项建设和第七批江苏省高等学校重点教材出版（苏高教会〔2019〕35号），这既是对教材内容的肯定，也是对译者及出版社全体工作人员的鼓励，我们将更加努力，力争将本教材出版为精品教材。

在本教材出版之际，译者首先要感谢关心和支持本教材翻译工作的南京工业大学材料学院的胡秀兰、沈春英、杨建教授和南京工业大学图书馆。然后需要感谢在本教材文字翻译中做了大量工作的李振、肖西、武杨、武黎明、史竞成、笪瑜心、耿志鹏、孙鲁滨、黄俊杰研究生。最后感谢南京工业大学“江苏省无机非金属材料工程品牌专业”建设项目所提供的出版基金。

译　者

2019年7月

术语和缩写

a　声速，m/s

A　面积，m^2

$\bar{A}$　单位体积的平均表面积，m^{-1}

A_R　在喷雾流爆炸中，反应区与管壁接触的表面积，m^2

A_s　主要冲击波的前沿面积，m^2

A_v　单位体积面积，m^{-1}

[**A**]　物质A的摩尔浓度，$kgmol/m^3$

B　在流化床中流过稠密相的空气分数；传质驱动力

CR　压缩比

c　比热，kJ/(kg·K)

C_H　喷射爆炸传热系数

C_D　阻力系数

c_p　等压比热，kJ/(kg·K)

c_v　等体积比热，kJ/(kg·K)

d　直径，m

$\bar{d}$　表面平均直径，m

$\bar{d}_1$　平均直径，m

$\bar{d}_2$　面积平均直径，m

$\bar{d}_3$　体积平均直径，m

$\bar{d}_{32}$　索特平均直径，m

D_{AB}　二元扩散系数，m^2/s

E　阿伦尼乌斯形式活化能的反应速率，kJ/kg

EA　过量空气

ER　排放减少

f　燃料空气质量比；摩擦因素（系数）

f_s　化学计量的燃料-空气质量比

F　当量比 $= f/f_s$；力，N

g　单位质量吉布斯自由能，kJ/kg

G　API比重，吉布斯自由能，kJ

H　焓，kJ；反应热，kJ/kg

h　比焓，kJ/kg

$\tilde{h}$　对流换热系数，$W/(m^2 \cdot K)$

$\tilde{h}^*$　为传质而修正的传热系数，$W/(m^2 \cdot K)$

$\tilde{h}_D$　传质系数，cm/s

h_{fg}　汽化潜热，kJ/kg

HR　热量率，Btu/kW·h

HR''　单位面积的热量输入率，kW/m^2

Δh°　生成焓，kJ/kg

h_{sorp}　吸附热，kJ/kg

I　燃烧强度，kW/m^3

$\tilde{k}$　导热系数，W/(m·K)

k　反应速度，单位不一

k_0　阿伦尼乌斯形式下的反应速率指数因子

k_a　损耗率常数

k_i　动力学速率常数，单位不一

K_p　热力学平衡常数

L　长度，m

L_f　横流渗透距离，m

L_I　湍流积分长度，m

L_k　柯尔莫哥洛夫湍流长度，m

m　质量，kg

$\dot{m}$　质量流量速率，kg/s

$\dot{m}''$　质量流量，$kg/(m^2 \cdot s)$

M　分子量，kg/kgmol

MC　水分含量

n　摩尔浓度，$kgmol/m^3$

$\tilde{n}_{ji}$　物质 i 中的 j 个原子数

n'　液滴数量浓度，$drops/cm^3$

N　摩尔，mol

ΔN_i　在某尺寸范围内的分数下降 i

$\dot{N}$　摩尔流速，kgmol/s

$\dot{N}''$　摩尔通量，$kgmol/(m^2 \cdot s)$

p　压力，kPa

q　传热率，W

q_{chem}　燃烧热释放率，W

q_{loss}　外部热损失，W

q''　单位面积的热传导率，W/m^2
q'''　单位体积的热传导率，W/m^3
Q　热量，MJ
Q_{12}　从状态 1 到状态 2 的过程的总热输入，kJ
Q_p　在恒定压力下的反应传热，kJ
Q_V　在恒定体积下的反应传热，kJ
r　反应速率（每单位面积或体积的化学物质的生成和反应率），$g/(cm^2 \cdot s)$ 或者 $g/(cm^3 \cdot s)$；半径，cm
r_{bed}　从流化床中提取的部分热量
$\hat{R}$　通用气体常数，$kJ/(kgmol \cdot K)$
R　特殊气体常数 $= \hat{R}/M$，$kJ/(kg \cdot K)$
$R\cdot$　基本物种
S　熵，kJ/K
s　单位质量熵，$kJ/(kg \cdot K)$
sg　比重（在 20℃的水中的密度）
t　时间，s
T　温度，K
u　特定内部能量，kJ/kg
v　特定体积，m^3/kg
V　体积，m^3
$\dot{V}$　体积流量，m^3/s
$\underline{V}$　速度，m/s
$\overline{\underline{V}'}$　湍流波动速度，m/s
$\underline{V}'_{rms}$　湍流波动速度均方根，m/s
$\underline{\tilde{V}}$　扩散速度，m/s
$\underline{\breve{V}}$　相对于震动或爆震波的速度，m/s
$\underline{V}_L$　层流火焰速度或层流燃烧速度，m/s
$\underline{V}_T$　湍流火焰速度或湍流燃烧速度，m/s
$\underline{V}_D$　爆轰速度，m/s
W　功，kJ
$\dot{W}$　能量，W
$\dot{W}_b$　制动功率，W
x　距离，m
x_i　物质 i 的摩尔分数
X　在燃烧床上燃烧的燃料分数
y_i　物质 i 的质量分数
Z　传质对传热影响的修正

α　热扩散系数 $= \tilde{k}/\rho c_p$，m^2/s
β　液滴燃烧速率常数，m^2/s
γ　比热率
δ　层流火焰厚度，m
ε　发射率；孔隙率；空隙率
η　效率
η_i　热效率
λ　拉格朗日乘数法（元素化学位）；爆炸室单元尺寸，m
μ　动力学黏度，N · s/m
υ　运动黏度，m^2/s
ρ　密度，kg/m^3
σ　表面张力，N/m
τ　扭矩，N · m
τ_{chem}　特征化学反应时间，s
τ_{flow}　特征流动时间，s
ϕ　固体燃料燃烧的筛选因子
Φ　被管占据的床体体积分数
ω　旋转速率，rad/s

下标

af　绝热火焰
air　空气
ash　灰分
as-recd　收到基
attr　消耗
aux　助剂
B　气泡
b　束缚水；液滴破裂；背景；燃烧；锅炉
bed　床（流化床）
blower　鼓风机
bulk　块体
C　碳
chem　化学的
char　焦炭
CO　一氧化碳
CO_2　二氧化碳
coal　煤炭
comb　燃烧
d　直径
daf　干燥无灰基
drop　液滴
dry　干燥基
dry　干燥（时间）
D　致密相；爆炸

eff	有效
f	燃料
flame	火焰
fsp	纤维饱和点
g	气体
H_2	氢气
I	系统中的物种数量；湍流强度；空隙的
i	物种 i；计数器
ig	点火
in	进；进口
init	初始
j	元素 j 的原子
jet	喷嘴
k	计数器
l	液体
L	层流
LM	对数平均
loss	损失
m	平均
mf	最小流化
n	表面积 n
N_2	氮气
out	出；出口
O_2	氧气
0	参考条件
orf	孔板
p	粒子；舵钮
pm	多孔介质
prod	燃烧产物
pump	泵
pyr	热解
react	反应物
s	敏感的；固体；表面上的
(s)	化学计量
slip	滑动
smooth	光滑
surf	表面
T	终端
total	总计
tube	管子
u	未燃的
ν	汽化，井式搅拌器中的反应产物
v	挥发物
vapor	水蒸气
void	无效
w	水
wall	墙壁
wood	木
+	正反应
−	逆反应

上下划线

ˆ	每摩尔计量
−	平均值
ˇ	震动或爆炸前沿

无量纲数（准数）

Bi	毕奥数 $=\dfrac{\tilde{h}L}{\tilde{k}}$
Da	丹姆克尔数 $=\dfrac{L_I}{\delta}\cdot\dfrac{\underline{V}_L}{\underline{V}'_{rms}}$
Ka	卡洛维茨数 $=\dfrac{\delta\,\underline{V}'_{rms}}{L_K\,\underline{V}_L}$
Ma	马赫数 $=\dfrac{\underline{V}}{\alpha}$
Nu	努塞尔特数 $=\dfrac{\tilde{h}L}{\tilde{k}_g}$
Oh	奥内佐格数 $=\dfrac{\mu_l}{\sqrt{\rho_l\sigma d_j}}$
Re	雷诺数 $=\dfrac{\underline{V}L}{\upsilon}$
Sc	施密特数 $=\dfrac{\nu}{D_{AB}}$
We	韦伯数 $=\dfrac{\rho\underline{V}^2L}{\sigma}$

缩略语

AMD	面积平均直径
ASTM	美国材料试验协会
ATDC	上止点后
BDC	下止点
BMEP	平均制动有效压力
BSFC	制动器单位油耗
BTDC	上止点前

CA° 曲轴转角度
CN 十六烷值
CNF 累计数
CVF 累积体积分数
EGR 废气再循环
EPA 美国环境保护署
FSR 火焰速度比
HC 碳氢化合物
HHV 高位发热量
IMEP 显示平均有效压力
IVC 进气门关闭
LHV 低位发热量
LNG 液化天然气
LPG 液化石油气
MBT 最大制动扭矩
NO_x 一氧化氮加二氧化氮
PAH 多环芳烃
PAN 过氧乙酰硝酸酯
RDF 废渣提取燃料
SAE 美国汽车工程师学会
SI 火花点火
SMD 索特平均直径
SOC 燃烧开始
SOI 开始注射
SO_x 二氧化硫加三氧化硫
TDC 上死点
VMD 体积平均直径
WI 沃伯指数

单 位 换 算

面积：	1acre（英亩）= 4047m^2 = 43560 平方英尺 = 1/640 平方英里
	1hectare（公顷）= 10000m^2 = 2.471acre（英亩）
	100hectare（公顷）= 1km^2
锅炉马力（锅炉蒸发量单位）：	1bhp（制动马力）= 33446Btu/h(英热单位/小时) = 9.802kW
密度：	1lbm/ft^3（磅/立方英尺）= 16.02kg/m^3
状态迁移量：	1lbm/10^{6}Btu = 0.4304kg/10^{6}kJ
能量：	1Btu = 1.055kJ = 778ft · 1bf（英尺 · 磅力）
	1kWh = 3413Btu
	1kcal（千卡，大卡）= 3.968Btu = 4.184kJ
	1therm（英热单位，色姆）= 10^{5}Btu = 105.4MJ
	1quad（美热单位，库德）= 10^{15}Btu = 1.05×10^{15}kJ
单位质量能量：	1Btu/ lbm = 2.324kJ/kg
	1cal/g（小卡/克）= 4.184kJ/kg
能量通量：	1Btu/(h · ft^2) = 3.152W/m^2
力：	1lbf（磅力）= 4.448N（牛顿）
燃料消耗：	1lbm/(hp · h) = 1.0278×10^{-4} kg/J
传热系数：	1Btu/(ft^2 · h · °R) = 5.678W/(m^2 · K)
动力学黏度：	1stoke = 0.00108ft^2/s = 0.0001m^2/s
长度：	1ft = 0.3048m
	1mile（英里）= 1.609km
质量：	1lbm = 0.4536kg = 7000grains（谷）
	1ton（short）（美短吨）= 2000lbm = 917.2kg
	1ton（long）（英长吨）= 1000kg = 1.102ton（short）
功率：	1Btu/h = 0.293W
	1hp（马力） = 2545Btu/h = 550ft · lbf/s = 0.746kW
压力：	1atm = 14.7lbf/in^2（磅/平方英寸）= 101.325kPa
	1bar（巴）= 0.9869atm = 100.0kPa
	1lbf/in^2 = 6.891kPa
	1in · Hg（英寸 · 汞柱）= 0.490lbf/in^2 = 3.376kPa
	1in · H_2O（英寸 · 水柱）= 0.0361lbf/in^2 = 248.8Pa
比热：	1Btu/(lbm · °R) = 4.188kJ/(kg · K)
表面张力：	1lbf/ft = 14.59N/m
温度：	1°R (Rankine 温度) = 0.5555K
热导率：	1Btu/(h · ft · °R) = 1.730W/(m · K)
扭矩：	1ft · lbf = 1.356N · m
运动黏度：	1poise（泊）= 0.002087 lbf · s/ft^2 = 0.1kg/(m · s)
速度：	1mph（迈）= 1.609km/h = 0.447m/s

体积：

$1ft^3$（立方英尺）= 28.3L

$1L = 1000cm^3$

$1000L = 1m^3$

1gal（U. S. liquid）（美加仑）= 0.1337ft^3 = 3.79L

1 U. S. barrel（美桶）= 42gal = 0.1590m^3

1 U. S. bushel（美蒲式耳）= 0.0352m^3

1cord（量木材单位）= 128ft^3 = 3.625m^3

通 用 常 数

重力加速度常数：　$g = 9.807 \mathrm{m/s^2}$

$= 32.17 \mathrm{ft/s^2}$

阿伏伽德罗常数：　$N_A = 6.022 \times 10^{23}$ molecules/gmol（分子/克摩尔）

4℃水的密度：　$\rho = 1000 \mathrm{kg/m^3}$

普朗克常数：　$h' = 6.626 \times 10^{-34} \mathrm{J \cdot s}$

斯蒂芬-玻耳兹曼常数：　$\sigma = 5.670 \times 10^{-8} \mathrm{W/(m^2 \cdot K^4)}$

$= 1.172 \times 10^{-9} \mathrm{Btu/(hr \cdot ft^2 \cdot {}^\circ R^4)}$

真空下光速：　$c = 2.998 \times 10^8 \mathrm{m/s}$

标准大气压：　$p(\mathrm{atm}) = 101.325 \mathrm{kPa}$

温度：　$T(℃) = T(\mathrm{K}) - 273.15$

$T({}^\circ \mathrm{F}) = T({}^\circ \mathrm{R}) - 459.67$

通用气体常数：　$R = 8.314 \mathrm{kJ/(kgmol \cdot K)}$

$= 8.314 \mathrm{kPa \cdot m^3/(kgmol \cdot K)}$

$= 8314 \mathrm{m^2/s^2\ (kg/kgmol \cdot K)}$

$= 1545 \mathrm{ft \cdot lbf/(lb \cdot mol \cdot {}^\circ R)}$

$= 1.987 \mathrm{cal/(gmol \cdot K)}$

$= 1.986 \mathrm{Btu/(lb \cdot mol \cdot {}^\circ R)}$

$= 82.05 \mathrm{cm^3 \cdot atm/(gmol \cdot K)}$

SI 制前缀

SI 符号	前　缀	乘　数
T	tera	10^{12}
G	giga	10^{9}
M	mega	10^{6}
k	kilo	10^{3}
m	milli	10^{-3}
μ	micro	10^{-6}
n	nano	10^{-9}
p	pico	10^{-12}

目　　录

第一篇　基本概念

第二篇　气体和汽化燃料的燃烧

第三篇 液体燃料的燃烧

第四篇　固体燃料的燃烧

1 燃烧工程简介

本章介绍了与燃烧有关的各种现象。燃烧影响着人们生活的方方面面，特别是可持续发展、全球气候变化和能源利用率。对燃烧专业的工程师来说，设计一个安全、高效和无污染的燃料燃烧系统来保护环境，实现可持续的生活方式，是一个持续的挑战。

改进燃烧系统的设计，需要从科学和工程的角度来理解燃烧。深入理解燃烧过程本身就非常具有挑战性，它需要掌握化学、数学、热力学、传热学和流体力学的知识。例如，即便是想深入理解最简单的湍流火焰知识，也需要了解当前科学前沿的湍流流动反应。然而，工程师不可能等到完全深入了解这些知识才来参与其中，而是必须结合科学、实验和经验，去寻找实用的设计解决方案。

1.1 燃烧的本质

燃烧是一个非常常见的现象，几乎没有必要对它进行定义。从科学的角度来说，燃烧源于化学反应动力学。术语“燃烧”是指那些反应非常迅速，其化学能可迅速变为显能的反应。这样定义或许不准确，这是因为，判断在哪个点反应是燃烧有些不明确。很容易看出，既使汽车生锈发生氧化反应可能比我们想象的快得多，但却不会燃烧。然而，壁炉中着火的木材显然是燃烧的。

有几种方法可提高反应速度和实现有效燃烧。一种方法是通过增加表面积大大提高反应速率。例如，金属粉可以快速燃烧，但是一小块铁只会慢慢生锈；煤粉燃烧器和液体喷雾燃烧器（如锅炉，柴油机和燃气轮机中使用的燃烧器）利用小颗粒或液滴进行快速燃烧。另一种提高反应速率的常用方法是提高温度，随着温度的提高，化学放热反应速率呈指数增长，以至于将反应物加热到足够高的温度就可以引起燃烧。由于燃烧是放热反应，在某些情况下，加热可能会导致反应达到失控状态。当反应物加热时，热能释放，如果这种能量释放的速度比通过传热带走能量的速度要快，那么系统的温度就会升高，导致反应加速。反应的加速会导致更大的能量释放，并可能导致爆炸。

如果可燃混合物的温度均匀升高，例如通过绝热压缩，则反应可以在整个体积内均匀发生。但是这种情况并不典型。最普遍观察到的燃烧涉及火焰，火焰是快速放热化学反应的薄型区域。如图 1.1 所示，本生灯（煤气喷灯）和蜡烛均呈现薄型燃料和氧气反应的区域，因此发热和发光。燃烧可根据氧化剂（通常是空气）和燃料是否预先混合，还是仅在反应点相遇来分类；根据混合物是均质还是非均质来分类；根据反应的流体流动条件是层流还是湍流来分类；以及根据燃料是气体、液体还是固体来分类。

在本生灯燃烧的情况下，由气体燃料如甲烷和空气构成的反应物在点火之前预先混合。当点燃时，燃料和空气混合物流入细小的锥形反应器或火焰前沿中形成燃烧产物。在薄型火焰区域，化学物质转化为可感应的能量发生燃烧，并导致火焰温度升高。另外，随着产物离开火焰、热传递和与周围冷空气混合导致温度迅速降低。本生灯是预混合燃烧的

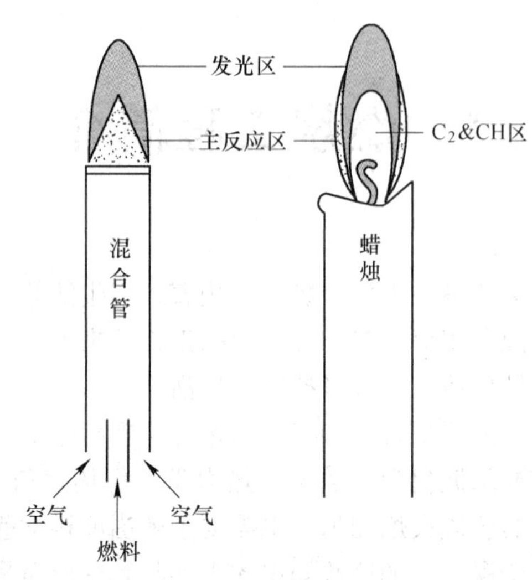

图 1.1 本生灯和蜡烛扩散燃烧室的预混合燃烧图

典型例子，它的火焰是预混合火焰。蜡烛火焰不同于本生灯火焰，因为燃料没有与氧化剂预先混合。固体蜡烛被火焰加热和熔化，熔化的蜡被吸入到芯中并蒸发；然后蒸发的蜡烛烟气与空气混合，通过向上流动产物的漂浮运动将空气吸入火焰中。这种类型的火焰被称为扩散火焰。

预混以及扩散火焰出现在层流和湍流中。由于湍流加速了反应物混合的速率，并增加火焰区域的表面积，从而大大增加火焰的传播速度。此外，燃气轮机燃烧器中火焰可以是静止的，或者就像发动机燃烧室中点火的火花一样传播。

燃烧的性质还取决于燃料是气体、液体还是固体。天然气等气体燃料容易进料和混合，燃烧相对清洁。液体燃料通常通过高压喷嘴被破碎成小液滴，加热时，液体燃料汽化，然后作为气体扩散火焰燃烧。许多固体燃料在送入燃烧器或燃烧室之前，需粉碎或研磨。较大尺寸的固体燃料与空气流经过流化燃烧床的时候发生燃烧。加热时，固体燃料（如木材，开花草或煤炭）释放出气态挥发物，其余为固态焦炭。焦炭主要是多孔碳和灰分，并在表面反应燃烬，而挥发物则作为扩散火焰燃烧。液体燃料喷雾的汽化和固体燃料的脱挥发比气相化学反应慢得多，从而成为燃烧过程的重要方面。相反，焦炭燃烧比脱挥发过程发生得更慢。

理解上述提到的每个因素对实际燃烧系统的工程和设计至关重要，而如何控制好每一个因素则提供了挑战和机会。燃烧系统必须控制有害污染物的排放。此外，燃烧系统还需要考虑到造成全球气候变化的碳排放和其他排放，并且需要考虑未来能源的可持续性发展。

1.2 燃烧排放

19 世纪以前，大部分城市规模都很小，能源的使用也很有限，几乎没有人担心燃烧排放问题。随着 18 世纪蒸汽机的发展，以及 19 世纪后期汽车和电力的发展，能源消耗开始上升，并伴随着燃烧型空气污染。随着城市规模的扩大和能源消费的增长，颗粒物和二氧化硫的排放成为一个问题。"烟雾"（烟加上雾）一词起源于20世纪初的英国，高硫煤和天然气的燃烧产生了致命的硫酸气溶胶。第二次世界大战后，随着城市中心和城市周边地区交通车辆的持续增长，出现了一种新型的烟雾——光化学烟雾。这种烟雾的必有成分是碳氢化合物、氮氧化物、空气和强烈的阳光。大气中的光化学和化学反应导致臭氧产生，并将一氧化氮（一种相对无害的气体）转化为二氧化氮和光化学气溶胶，它们会刺激眼睛和肺部。面对越来越多的公众关注，1972年，美国开始控制汽车的排放量，并开始对固定工业源和电厂的排放进行国家监管。

目前，几乎所有的燃烧系统都必须满足政府规定的燃烧产物排放标准，如一氧化碳、碳氢化合物、氮氧化物、二氧化硫和微粒排放。排放标准设定在足够低的水平，以保持环境空气清洁，足以保护人类健康和自然环境。通过联合采用燃料选择和制备工艺优化，以及燃烧系统设计和燃烧后处理等措施来实现低排放。但是要在大量排放、高效率和低成本之间达到平衡，依旧是一个具有挑战性的工作。即使在最近，有些人还认为二氧化碳排放不会对人类健康或环境产生危害，但这种情况目前已开始发生变化。2009年12月，美国环境保护局认为当前和可预测的大气中二氧化碳浓度将威胁到当代和后代的公共健康和福利。人们对二氧化碳排放调控的期望，将会对燃烧工程师和能源工业产生广泛的影响。

1.3 全球气候变化

全球气候变化已成为广泛关注的问题。全球大气中的二氧化碳含量正在增加，由于二氧化碳会捕捉地球表面反射的长波辐射，并减少全球热量损失，因此燃烧后的二氧化碳排放量是温室效应的主要来源。在工业革命之前，大气中的二氧化碳含量稳定在0.028%；到1900年，二氧化碳浓度已达到0.03%。从1958年开始，美国在夏威夷莫纳罗亚天文台（Mauna Loa Observatory）对大气中二氧化碳的浓度进行了直接测量。其测量结果如图1.2所示。可见，1958年二氧化碳浓度为0.0315%；1980年是0.0337%；1990年是0.0355%；到2009年为0.0385%。如果照目前的趋势继续下去，到2050年二氧化碳浓度可能会达到0.050%~0.055%。此外，在当前政策下，如果不实施碳捕获的排放量控制标准，当前世界的化石燃料储备量足以使世界的二氧化碳浓度超过0.075%（Kirby，2009）。

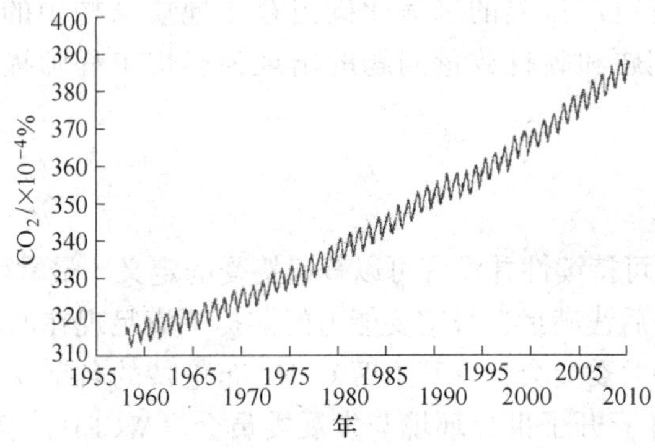

图1.2 1958~2009年夏威夷莫纳罗亚天文台测量的大气二氧化碳浓度
（引自：Tans，P，NOAA/ESRL的数据，www. esrl. noaa. gov/gmd/ccgg/ trends（2010年4月4日访问））

二氧化碳在大气中的停留时间为数百年，二氧化碳排放源的增加与二氧化碳的减少之间平衡，但其主要来源是化石燃料的燃烧。全球化石燃料中二氧化碳的排放量已从1973年的156.4亿吨/年增加到2007年的289.62亿吨/年。目前，煤和石油燃烧产生的人为全球二氧化碳排放量约占全球的80%，其余20%则来自天然气，如表1.1所示。

表1.1　2007年世界来自化石燃料燃烧的二氧化碳排放量

燃　　料	CO_2排放量/%
煤和泥煤	42.2
油	37.6
天然气	19.8
其他不可再生能源	0.4

资料来源：国际能源署，国际能源署（IEA）世界能源统计，巴黎，2009年。

气候正在恶化。例如，2008年9月北极冰盖厚度只有50年前的一半。自从1870年开始直接测量以来，海平面一直在上升，而且现在的上升速度比135年前快了五倍。为解决全球气候的变化问题，1988年，专门了成立政府间气候变化小组（IPCC），以评估全球气候变化的风险。迄今为止，IPCC已经发布了四份评估报告。在2007年初完成的“第四次评估报告”中，IPCC得出的结论认为，气候系统变暖是明确的，自20世纪中叶以来观测到的全球气温上升的大部分原因是人为增加的温室气体排放。

全球燃料消耗增长的压力是巨大的。由于巴西、印度和中国等发展中国家人口的持续增长和经济强劲增长，预计二氧化碳排放量还将会继续增长。例如，中国正在快速地建设燃煤电厂；而在印度，随着国民收入的提高，汽车销售量正在迅速增长。为了鼓励碳排放的下降，许多国家要么立法，要么正在考虑立法，规定某种形式的碳信用交易或大型碳税来控制诸如电厂之类的二氧化碳来源。可以改善我们目前使用的燃烧技术的方式有很多，即使是小幅度增加燃烧效率或改善排放性能都可以带来显著的能源节约。比如，今天全世界大约三分之一的人口使用明火烹饪（Jetter和Kariher，2009）。用一个改进的木质炉灶取代一个开放的木质烹饪火炉，每年可减少约2~3t的二氧化碳排放。按今天的碳市场价格，这将导致每年将支付二氧化碳8~25美元/t，这相当于一个低于50美元炉子的价格。在更大的范围将燃煤发电厂排放的二氧化碳封存于地质结构中的方案正在进行深入研究。显然，气候变化问题和碳排放量问题的出现为燃烧工程师提供了许多新的机会与挑战。

1.4　可持续性

与许多事情一样，可持续性并没有可以普遍接受的定义。最常引用和讨论的可持续性定义是“在不损害子孙后代满足自身需要能力的前提下满足现在的需求”，这是世界环境与发展委员会（布伦特兰委员会，以其主席G.H.布伦特的名字在1987年命名）给出的定义。联合国在1983年召开了世界环境与发展委员会（WCED）会议来解决增长和环境的问题。美国环境保护署和其他一些组织也使用了这个定义。

可持续性可能是我们这个时代最重要的问题之一。追求可持续发展意味着我们的生活方式和社会将会发生改变，其影响程度将在很大程度上取决于我们如何处理我们的能源。美国国家工程院在《工程学科的重大挑战》一书中写道：“挑战中最重要的是那些为了确保未来而必须面对的挑战。地球是一个资源有限的行星，现在已无法满足日益增长的人口需求。大量的报道都在强调需要开发新的能源，同时防止和扭转环境退化”。尽管非燃烧型能源（如太阳能、风能、地热能、潮汐能和核能）和能源保护对于实现能源可持续性至关重要，但基于燃烧的能源（如石油、煤炭、天然气和生物质），在可预见的将来仍将是最重要的能源。

燃烧工程师在促进可持续发展方面的作用是研究提高效率、减少有害排放、减少能源转换设备的碳损失，同时保持燃烧系统的低成本。烹饪、供暖、运输和发电方面的能源需求是全球性的，但是今天这些需求在目前世界的许多地方并没有得到满足。例如，全球65亿人口中有15亿人还生活在完全没有电力的环境中（Legros 等，2009）。可持续地满足这一需求仍将是一个巨大挑战。

1.5 世界能源的产生

2007年，全球能源生产量达到12029Mtoe（1Mtoe 相当于百万吨油当量）。全球能源总产量包括原油、煤炭、天然气和生物质能，还有核电、水电、地热、风能和太阳能。表1.2列出了这些能源的产量和能源占比。1973年，世界能源产量为6138Mtoe。国际能源署估计，到2030年，世界能源产量将增加到1.7万 Mtoe。

表1.2 2007年世界能源的产量

资　源	产量/Mtoe①	能源占比/%
原油	4090	34.0
煤和泥煤	3188	26.5
天然气	2514	20.9
生物质能	1179	9.8
核能	710	5.9
水电	265	2.2
地热、风能、太阳能	84	0.7
总量	12029	100

资料来源：国际能源署，国际能源署（IEA）世界主要能源统计，巴黎，2009年。

① 以能源含量为基础的百万吨原油当量（1 Mtoe = 4.187×10^4TJ，1TJ=1万亿焦耳=2.78×10^5kWh）。

全球化石燃料的储备限度一直是一个被争论的话题。天然气和原油储量比煤储量更为有限。世界天然气和石油产量预计将在2050年开始下降，而煤炭供应将会持续更长的时间。世界化石燃料储量消耗的时间很难预测，这是因为新勘探和新工艺的使用会扩大已知储量，但人口增长和不可预测的人类需求将会增加消耗。

生物质的开发和使用在减少矿物燃料的使用和过渡到更可持续的能源使用方面发挥着重要的作用。在可持续发展的基础上，使用生物质能源几乎是可以达到碳平衡的，这是因为燃烧释放的二氧化碳可以通过种植新植物而被吸收，而化石燃料燃烧释放的碳则来自数百万年前生长的植物。大多数国家都拥有可用的生物质资源，或者可以开发这些资源。

1.6 本书的内容和结构

为面对目前燃烧科学和工程所需的清洁和高效燃烧对设备设计的挑战，本书提供了一些实用的介绍。这些挑战包括传统燃料库存下降、新型可再生燃料的发展以及全球气候变化。本书介绍了燃烧的基本原理和应用。其中有 8 章阐述了燃烧的基本原理，包括燃料、热力学、化学、动力学、火焰、爆炸、喷雾和固体燃料燃烧机理。另外几章则将这些基本原理应用于内燃机、燃气轮机、生物质锅炉、燃炉和锅炉等燃烧设备。首先介绍气体燃料系统的燃烧，其次是液体燃料系统，然后是固体燃料系统。在开始学习燃烧工程学之前，学生可能会发现阅读本书最后附录 D 中提供的关于燃烧技术的简要历史是很有意思的。

参 考 文 献

[1] Brundtland G H, Report of the World Commission on Environment and Development: Our Common Future, United Nations document A/42/427, 1987.

[2] International Energy Agency, Key World Energy Statistics, IEA, Paris, 2009a. –, World Energy Outlook 2009, OECD Publishing, Paris, 2009b.

[3] Jetter J J, Kariher P. Solid-Fuel Household Cook Stoves: Characterization of Performance and Emissions, Biomass Bioenergy 2009, 33 (2): 294~305.

[3] Kirby A. Climate in Peril: A Popular Guide to the Latest IPCC Reports, UNEP/Earthprint, Stevenage, Hertfordshire, UK, 2009 and UNEP/GRID- Arendal, Arendal, Norway, 2009.

[4] Legros G, Havet L, Bruce N, et al. The Energy Access Situation in Developing Countries: A Review Focusing on Least Developed Countries and Sub-Saharan Africa, United Nations Development Program, New York, 2009.

[5] National Academy of Engineering, Grand Challenges for Engineering, Washington, DC, 2008.

[6] Pachauri R K, Reisinger A, eds. Climate Change 2007: Synthesis Report. IPCC, Geneva, Switzerland, 2007.

[7] Tans P. NOAA/ESRL, www.esrl.noaa.gov/gmd/ccgg/trends (accessed April 4, 2010).

[8] United States Environmental Protection Agency, Endangerment and Cause or Contribute Findings for Greenhouse Gases under Section 202 (a) of the Clean Air Act, Federal Register 74 (239): 66496~66546, December 15, 2009.

第一篇

基本概念

当今使用的各种燃料的物理和化学性质为开始研究燃烧提供了所需的基本信息。燃烧热力学为每一个燃烧工程师的工具箱提供了一个基本框架。尽管燃烧工程涉及除化学动力学以外的许多方面，但动力学仍是燃烧的驱动因素。除了燃料的性质、热力学和化学动力学之外，本篇还将介绍有关火焰、爆炸、喷雾和固体颗粒燃烧的基本概念。

第一章

2 燃　　料

本章将讨论燃烧系统中常用的燃料类型及其性质。正如第 1 章所述，能源是我们生活中一个重要的组成部分，在可预见的未来，由燃料燃烧系统所产生的能量很可能是这种能源的主要来源。因此，燃料燃烧系统中使用的燃料需要储量丰富、价格合理、易于运输、清洁，而且最好是可再生的。本章将重点放在重要的商业燃料上，这些燃料在加热时会与氧化剂（通常是空气中的氧气）发生化学反应以释放热量。

燃料可以按几种方式分类。从燃烧装置的角度来看，最重要的是燃料如何在燃烧装置内输送燃料以及如何燃烧。在此基础上，燃烧工程将燃料分为气体、液体和固体燃料。本书中我们也将遵循这一惯例。在对燃烧基本原理进行初步讨论之后，我们将气体燃料、液体燃料和固体燃料分为独立的部分，并在其中讨论化石燃料和生物燃料。

与燃料的工程分类相比，社会上，通常根据燃料的来源及其对环境的影响进行区分。因此，在社会上，将燃料分为化石燃料和生物燃料，可再生燃料和不可再生燃料，或碳中性和非碳中性燃料。可再生和不可再生燃料的分类通常是模糊的。化石燃料是不可再生的，而生物质燃料通常被认为是可再生的，但却提出了生物燃料的使用率和再补给速度问题，例如在世界的大部分地区，木材的收获速度是无法维持的。树木可以成为可再生能源。然而，当它们收获的速度比它们能够被取代的速度更快时，它们不再是可再生的燃料。相反，它们像煤炭一样被“开采”。又如另一种燃料泥炭，有人认为是可再生燃料。然而，泥炭床每 100 年只生长 3cm，但其消耗率远高于替代率。化石燃料主要由天然气、原油衍生燃料和煤炭组成。生物燃料主要包括木材和木材废弃物、农作物、农作物残渣和自然生长的草，市政和工业废弃物的有机部分，以及酒精、生物柴油和生物衍生燃料颗粒等。

2.1　气体燃料

气体燃料是指那些在燃烧装置内以气态输运并以气体形式使用的燃料。天然气和液化石油气（LPG）是主要的气体燃料，固体燃料如煤和生物质通过热气化可用于生产气态燃料，称为合成气。氢气也是一种令人感兴趣的气体燃料，因为它可以燃烧而不会释放温室气体。

人类发现的天然气一般是压缩密封在多孔岩石和页岩地下岩层中，也经常存在于油田附近或上方。天然气是烃类和少量存在于气相或原油溶液中各种非烃的混合物。原始天然气含有甲烷和较少量的乙烷、丙烷、丁烷和戊烷。天然气中的硫和有机氮通常可忽略不计，但其中有时存在二氧化碳、氮气和氦气，然而，这些不可燃气体的含量通常较低。通常在分配和使用之前，会除去天然气中的不可燃气体和较高分子量的烃。干燥的天然气则通过管道长距离输送。在一些天然气井中，一般先将天然气冷却到−164℃液化（LNG），然后运输到世界各地的特定港口。最后，将 LNG 转移到储罐中，并通过加热和调节压力使其返回到气态以通过管道输送。

甲烷产生于垃圾填埋场中的产甲烷细菌。城市固体废弃物和农业废弃物中含有大量有机物质，将它们倾倒、压实和掩埋在垃圾填埋场时，就会产生甲烷。产甲烷细菌分解这些有机物质时主要产生二氧化碳和甲烷。其中的二氧化碳因为溶于水通常会被水带走，但甲烷在水中的溶解度小，且比空气轻，可收集在嵌埋管中。此外，由于甲烷是一种强效温室气体，应尽可能地将其收集并作为燃料使用，并限制其在大气环境中释放。

液化石油气来自各种各样的混合物。天然气加工厂生产出的液化石油气由乙烷、丙烷和丁烷组成。精炼厂采用原油生产的液化石油气还含有炼油厂气体，如乙烯、丙烯和丁烯。液化石油气在一定压力下作为液体储存，在大气压力下变为气体。在38℃，商用液化石油气的最大蒸汽压为208kPa。

合成气（历史上将合成气称为生产天然气或城市煤气）是将不足化学计量的空气或氧气通过煤或生物质颗粒的热床而产生的。该过程称为气化，在气化器中完成。在气化器中，应限制进入的空气量以确保其产物成分主要是氢气和一氧化碳，以及氮气和二氧化碳。气化炉输出的产物一般无需冷却就可以直接使用，但也可根据应用情况进行冷却和清洗，以去除气化的油中的焦油、煤烟和矿物质。吹气合成气由于氮气含量较多，是一种低热值的气体。使用超化学计量的氧气可以生产具有更高热值的合成气，但其成本比使用空气时更高。

氢气是通过重组天然气、部分氧化液态烃或从合成气中萃取制成的。例如，天然气可以在800~900℃下，在催化剂作用下通过与蒸汽反应而转化为 H_2、CO 和 CO_2。然后进一步将 CO 和 H_2O 转变成 H 和 CO_2，并将气体冷却和洗涤以除去 CO_2。氢气也可通过电解水产生，因此可以用于风能和太阳能的储能电力设施。有人预见，以氢气作为燃料的燃料电池可能会取代汽油发动机。

2.1.1 气体燃料的特性

气体燃料的重要特性包括气体体积分析组成、密度、热值和自燃温度。表2.1列出了天然气、液化石油气以及来自煤和木材气化发生炉煤气的体积分析组成。体积分析成分取决于燃料的处理工艺和燃料来源。燃料的密度是体积分析组成和组分气体摩尔分子量的函数，可以根据特定的体积分析成分来确定（这将在第3章讨论）。

表2.1 一些气体燃料的典型体积分析成分

种 类	天然气	LPG	煤类合成气体	木材类合成气体
CO	—	—	20%~30%	18%~25%
H_2	—	—	8%~20%	13%~15%
CH_4	80%~95%	—	0.5%~3%	1%~5%
C_2H_6	<6%	—	痕量	痕量
$>C_2H_6$ ①	<4%	100%	痕量	痕量
CO_2	<5%	—	3%~9%	5%~10%
N_2	<5%	—	50%~56%	45%~54%
H_2O	—	—	—	5%~15%

① 含有比 C_2H_6 重的碳氢化合物。

初始温度为25℃的燃料与氧气发生完全反应，产物返回到25℃时，单位质量燃料的放热量定义为燃料的发热量。当燃烧产物中的水蒸气被冷凝时，其报告热值称为高位发热量（*HHV*），而当燃烧产物中的水蒸气未冷凝时，其热值称为低位发热量（*LHV*）。*LHV* 可用产物的 *HHV* 减去水的汽化潜热而获得：

$$LHV = HHV - \left(\frac{m_{\mathrm{H_2O}}}{m_{\mathrm{f}}}\right) h_{\mathrm{fg}} \tag{2.1}$$

式中，$m_{\mathrm{H_2O}}$是产物中的水含量；m_{f}是燃料的质量；h_{fg}是水在25℃下的汽化潜热值，为2440kJ/kg。水的质量包括燃料中的水分以及燃料中氢气形成的水。气体燃料的发热量可以用流量量热计通过实验获得，也可以根据燃料的已知成分通过热力学计算获得。各种气体燃料的发热量见表2.2。

表2.2 某些典型气态燃料的发热量

种 类	*HHV*		*LHV*	
	MJ/m³①	MJ/kg	MJ/m³①	MJ/kg
氢气	11.7	142.2	9.9	121.2
一氧化碳	11.6	10.1	11.6	10.1
甲烷	36.4	55.5	32.8	50.0
乙烷	63.8	51.9	58.4	47.8
丙烷	90.8	50.4	83.6	46.4
丁烷	117	49.5	108	45.8
乙烯	57.7	50.3	54.1	47.2
乙炔	53.2	49.9	51.4	48.2
丙烯	84.2	48.9	78.8	45.8
天然气	38.3	53.5	34.6	48.3
煤炭	5.2	5.3	4.3	4.4
木材	4.8	5.1	4	4.2

①在25℃，1.0134×10^5Pa下。

例2.1 已知25℃和101.3 kPa下，甲烷的 *HHV* 为36.4MJ/m³，计算甲烷的 *LHV*。假定在25℃和101.3kPa下甲烷密度为0.654kg/m³。

解：应用公式（2.1），但注意在这个例子中，热值是按体积计算的。完全燃烧时，1mol甲烷（CH_4）产生2mol水（H_2O）。

$$CH_4 + 2O_2 \longrightarrow CO_2 + 2H_2O$$

所以：

$$\frac{m_{\mathrm{H_2O}}}{m_{\mathrm{CH_4}}} = \frac{N_{\mathrm{H_2O}}}{N_{\mathrm{CH_4}}} \cdot \frac{M_{\mathrm{H_2O}}}{M_{\mathrm{CH_4}}} = \left(\frac{2\mathrm{kgmol_{H_2O}}}{1\mathrm{kgmol_{CH_4}}}\right)\left(\frac{18\mathrm{kg_{H_2O}}}{\mathrm{kgmol_{H_2O}}} \cdot \frac{\mathrm{kgmol_{CH_4}}}{16\mathrm{kg_{CH_4}}}\right) = \frac{2.25\mathrm{kg_{H_2O}}}{\mathrm{kg_{CH_4}}}$$

这样可以写出：

$$LHV = \frac{36.4\mathrm{MJ}}{m^3_{\mathrm{CH_4}}} - \frac{2.25\mathrm{kg_{H_2O}}}{\mathrm{kg_{CH_4}}} \cdot \frac{2.440\mathrm{MJ}}{\mathrm{kg_{H_2O}}} \cdot \frac{0.654\mathrm{kg_{CH_4}}}{m^3_{\mathrm{CH_4}}} = \frac{32.8\mathrm{MJ}}{m^3_{\mathrm{CH_4}}}$$

自燃温度是在没有火花或火焰，或者没有考虑点火延迟时间的情况下，燃料在具有标准大气压的容器中自发点燃的最低温度。表 2. 3 中给出了部分纯燃料在标准状态下的自燃温度，可见：烷烃（C_nH_{2n+2}型烃）的自燃温度随着分子量的增加而降低。非烷烃中，乙醇的自燃温度为 365℃，且一氧化碳的自燃温度高于氢的自燃温度。一般来说，自燃温度是燃料燃烧相对困难程度的一个指标。自燃温度随热表面的几何形状和其他因素（如压力）而变化。

表 2. 3　部分纯燃料在标准状态下空气中的自燃温度

燃　料	自燃温度/℃	燃　料	自燃温度/℃
甲烷	537	正十六烷	205
乙烷	472	甲醇	385
丙烷	470	乙醇	365
正丁烷	365	乙炔	305
正辛烷	206	一氧化碳	609
异辛烷	418	氢	400

2. 2　液体燃料

液体燃料是指那些在燃烧装置内作为液体输送的燃料。由于液体燃料不能直接使用，通常会先汽化然后燃烧。汽化过程可以作为燃烧过程的一部分，例如在柴油发动机中，汽化即可发生在蒸发器的上游，也可发生在液体燃料炉中。由于需要汽化然后燃烧燃料，液体燃料的清洁燃烧比气体燃料的清洁燃烧更复杂，并更具挑战性。

目前，液体燃料主要来源于原油。但液体燃料正越来越多地来源于生物质、油页岩、焦油砂和煤。原油是天然液态烃与少量硫、氮、氧、微量金属和矿物质的混合物。原油通常储藏在原本属于海洋里一些天然的岩层中。海底的有机海洋物质被包裹在具有高温和高压条件下的岩石层中，并在经历数百万年后逐渐形成原油。

原油的基础成分分析（元素化学组成）在世界范围内变化不大。原油由大约 84%的碳、高达 3%的硫、高达 0. 5%的氮和 0. 5%的氧组成（均为质量分数），其余的主要是氢。原油有时直接燃烧；然而，由于其密度、黏度和所含杂质的范围较宽，所以原油通常通过精炼、分馏、裂化、重整和去除杂质的精炼过程来生产许多产品，包括汽油、柴油燃料、汽轮机燃料和燃油。

图 2. 1 显示了来自原油炼油厂的典型产品质量分数组成，其顶部是较轻的挥发性组分。炼厂气主要由氢气、甲烷、乙烷和烯烃组成。石脑油是挥发性液态氢化物的混合物，用作其他产品（包括汽油）的原料。石油焦炭是一种碳质固体。炼油厂可以对不同产品的数量进行一些调整。例如，特别寒冷的冬季可能需要更多的加热燃料，通常导致生产更少的汽油。在考虑液体燃料的性质和类型之前，本节先讨论分析各种燃料碳氢化合物的分子结构。

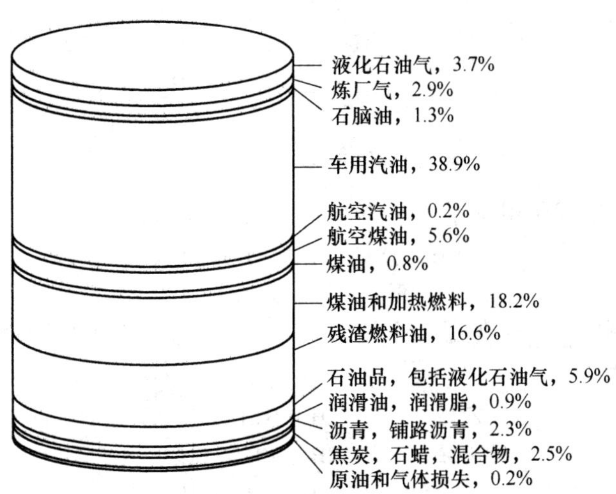

图 2.1 典型的原油精炼产品的质量分数组成

2.2.1 分子结构

化学上，原油主要由烷烃、环烷烃和芳香烃组成。石油燃料含有原油精炼时裂化过程中形成的烯烃。

烷烃是饱和烃，由单键（C—C 或 C—H 键）连接的碳原子和氢原子组成。烷烃的通式为 C_nH_{2n+2}。除了最少数量的所需 C—C 键外，所有碳键都与氢原子共享。为了简单起见，C—H 键不在这里显示，只显示 C—C 键。碳键需要四个氢键或碳键。具有直链结构的链烷烃（有时称为链烷烃）采用 n 个—CH 来表示。前四种链烷烃在标准压力和温度下是气态的。

甲烷	CH_4
乙烷	$CH_3—CH_3$
丙烷	$CH_3—CH_2—CH_3$
正丁烷	$CH_3—CH_2—CH_2—CH_3$

含有更多碳原子的链烷烃由以下前缀表示：5-pent，6-hex，7-hept，8-oct，9-non，10-dec，11-undec，12-dodec 等直链。如果存在侧碳链或异构体，则以碳原子的最长连续链的名称作为基础名称。例如：

$$\begin{array}{c} \quad\quad\ \ CH_3 \quad\quad\quad\ \ CH_3 \\ \quad\quad\ \ | \quad\quad\quad\quad\quad | \\ H_3C—CH—CH_2—CH—CH_2—CH_3 \end{array}$$

2,4-二甲基己烷

$$\begin{array}{c} \quad\quad\quad\quad\quad\quad\ CH_3 \\ \quad\quad\quad\quad\quad\quad\ | \\ CH_3—CH_2—CH—CH_3 \end{array}$$

2-甲基丁烷（异戊烷）

环烷烃是在其分子结构中具有一个或多个碳环结构的烷烃。环烷烃（有时称为环烷烃）结构通式为 C_nH_{2n}，其按照碳原子数命名。例如：

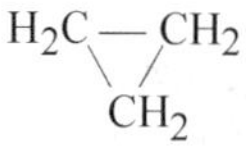

$H_2C—CH_2$，CH_2（三元环）　　　H_2C，H_2C，CH_2，$H_2C—CH_2$（五元环）　　　H_2C，H_2C，CH_2，H_2C，CH_2，CH_2（六元环）

环丙烷 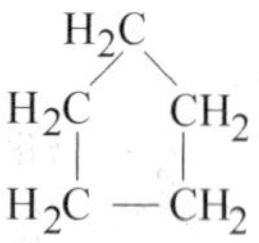　　环戊烷 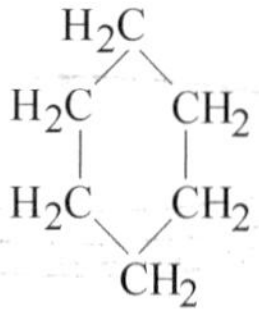　　环己烷

醇是—OH 基团取代了甲基系列中的一个氢原子。例如：

$CH_3—OH$　　$CH_3—CH_2—OH$

甲醇　　乙醇

烯烃也具有通式 C_nH_{2n}，但是两个相邻的碳原子共享一对形成双键的电子。双键的位置用前缀表示。例如：

乙烯	$CH_2=CH_2$
丙烯	$CH_3—CH=CH_2$
1-丁烯	$CH_3—CH_2—CH=CH_2$
2-丁烯	$CH_3—CH=CH—CH_3$

二烯烃具有两个双键并且具有结构通式 C_nH_{2n-2}。他们的名字以“二烯”结尾，例如，己二烯。

$CH_3—CH=CH—CH_2—CH=CH_2$

1,4-己二烯

双键烃也可以排列成环状结构。基本的结构是苯，具有三个双键的 C_6H_6，在下面以两种符号表示。这类化合物被称为芳香烃。其他芳香族化合物可通过置换氢气（例如甲苯（甲基苯））而加入到碱性苯环中来形成。

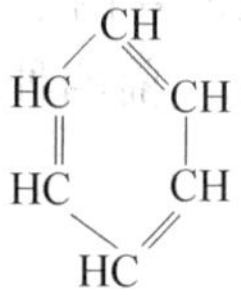

CH，HC，CH，HC，CH，HC　　　1，2，3，4，5，6　　　CH_3

苯 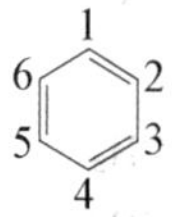　　苯 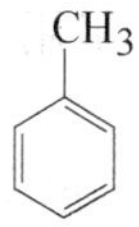　　甲苯

两个或多个环可以结合形成许多化合物，如萘（$C_{10}H_8$）或蒽（$C_{14}H_{10}$）。这些化合物称为多环芳烃（PAH），可以在精炼过程中形成，也可以在不完全燃烧的过程中形成。例如，苯并芘是一种已知的致癌物质，有时在富燃料火焰中形成。

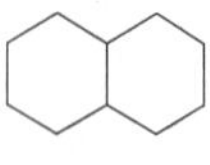

萘 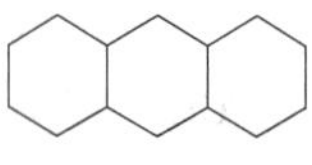　　蒽 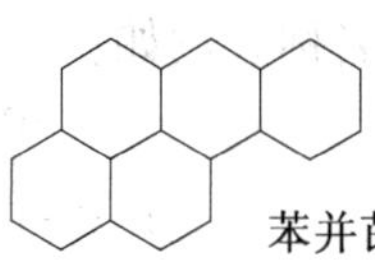　　苯并芘

有关碳氢化合物符号的详细信息，请参阅《CRC 化学和物理手册》第 3 章（Lide and Haynes，2009，本章参考文献［16］）。

2.2.2　液体燃料的特性

液体燃料的主要特性包括热值、相对密度、黏度、闪点、蒸馏曲线、硫含量、钒和铅含量、辛烷值（针对汽油）、十六烷值（针对柴油）和烟点（针对燃气轮机燃料）。燃料的性能数据在本节和附录 A 中给出。内燃机和燃气轮机以及燃料油的典型性能列于表 2.4~表 2.7。

表 2.4 汽车燃料的典型特性

属　　性	汽车汽油	2 号柴油	乙醇	B100 生物柴油
化学式	C_4~C_{12}	C_8~C_{25}	C_2H_5OH	C_{12}~C_{22}
相对分子质量	100~105	-200	32	-292
16℃下相对密度	0.72~0.78	0.85	0.794	0.88
20℃下运动黏度/$m^2 \cdot s^{-1}$	0.8×10^{-6}	2.5×10^{-6}	1.4×10^{-6}	—
沸点范围/℃	30~225	210~235	78	182~338
雷德蒸气压/kPa	48~69	<2	148	<0.3
闪点/℃	-43	60~80	13	100~170
自燃温度/℃	257	-315	423	—
辛烷值（研究）	88~98	—	109	—
辛烷值（发动机）	80~88	—	90	—
十六烷值	<15	40~55	—	48~65
化学计量空燃比	14.7	14.7	9.0	13.8
碳含量（质量分数）/%	85~88	87	52.2	77
氢含量（质量分数）/%	12~15	13	13.1	12
氧含量（质量分数）/%	2.7~3.5	0	34.7	11
汽化热/$kJ \cdot kg^{-1}$	380	375	920	—
LHV/$MJ \cdot kg^{-1}$	43.5	45	28	42

表 2.5 汽油的典型特性（美国，2005 年夏季）

特　　性	传统	新配方
雷德蒸气压/kPa	57	48
硫含量（质量分数）/$\times10^{-6}$	102①	69①
苯含量（体积分数）/%	1.19	0.66
芳烃含量（体积分数）/%	27.8	20.9
烯烃含量（体积分数）/%	11.8	11.9

①从 2008 年开始，硫含量低于 30×10^{-4}%

表 2.6 典型航空涡轮发动机的燃料性能

性　　质	单位	航空油 A	航空油 B
萘	最大体积分数,%	3	3
芳烃	最大体积分数,%	20	20
相对密度	°API	37~51	45~57
低热值	MJ/kg，最小	42.8	42.8
黏性	$10^{-6}m^2/s$，-4℉下，最大	8	—
冰点	℃，最大	-40	-50
含胶量	mg/100mL，最大	7	7
总硫	最大质量分数,%	0.3	0.3
闪点	℃，最大	38	—

表 2.7　燃料油的典型特性

燃料等级编号	1	2	4	5	6
性质	煤油	蒸馏油	非常轻的残留物	轻残留物	残留物
颜色	透明	琥珀色	黑色	黑色	黑色
16℃下的相对密度	0.825	0.865	0.928	0.953	0.986
38℃的动力学黏度/$m^2 \cdot s^{-1}$	1.6×10^{-6}	2.6×10^{-6}	15×10^{-6}	50×10^{-6}	360×10^{-6}
倾点/℃	< -17	< -18	-23	-1	19
闪点/℃	38	38	55	55	66
自燃温度/℃	230	260	263	—	408
碳含量（质量分数)/%	86.5	86.4	86.1	85.5	85.7
碳残留物（质量分数)/%	痕量	痕量	2.5	5.0	12.0
氢含量（质量分数)/%	13.2	12.7	11.9	11.7	10.5
氧含量（质量分数)/%	0.01	0.04	0.27	0.3	0.04
灰分/(质量分数）/%	—	< 0.01	0.02	0.03	0.04
HHV/$MJ \cdot kg^{-1}$	46.2	45.4	43.8	43.2	42.4

液体燃料的 *HHV* 采用氧弹式量热计，用压缩氧气燃烧来确定。该装置是一个不锈钢容器，周围是一个大水浴池。水浴用来确保最终产品温度仅略高于初始反应物温度 25℃。用过量的氧气进行燃烧以确保完全燃烧。

相对密度是燃料的密度除以相同温度下的水密度。在某些情况下，使用美国石油协会（API）重力。API 重力（*G*）和相对密度（sg）在 16℃时的关系是：

$$G = \frac{141.5}{\mathrm{sg}} - 131.5 \tag{2.2}$$

黏度是液体流动阻力的量度；黏度越高，液体越难以流动。对于液体燃料来说，黏度表示可以泵送和雾化的难度。液体的黏度随温度的升高而降低。黏度测试有几个标准方法。有时倾点也被用作黏度的简单指标。倾点是指燃料油可以储存的最低温度，并且仍然能够在非常低的力下在标准装置中流动。

挥发性采用瑞德蒸气压测量，即蒸气压除以该液体在 37.8℃所产生的平衡压力。例如，传统的汽油瑞德蒸汽压为 48~69kPa，乙醇的蒸汽压为 148kPa。燃料的挥发性影响发动机的启动和瞬态性能以及在充气过程中的蒸发。

闪点（见表 2.3）表示液体燃料在没有严重火灾危险的情况下可以储存和处理的最高温度。闪点是当暴露于位于混合物上方的明火时，燃料迅速起火的最低温度。一个比较有趣的闪点的实例是在部分满的燃料箱中液体燃料上方的混合物的可燃性。具有-43℃闪点的汽油经常挥发，使得液体燃料上方的混合物太浓而不能燃烧。2 号柴油燃料（闪点 600~800℃）具有非挥发性，以致液体燃料上方的混合物过于稀薄而不能燃烧。

自燃温度是在没有火花或火焰的情况下，燃料在标准容器中开始自燃燃烧所需的最低温度。例如，汽油的自燃温度是 257℃。表 2.3、表 2.4、表 2.6 和表 2.7 中给出了选定气态和液态燃料的闪点和自燃温度。通常，自燃温度是燃料燃烧相对困难的指标。由于自燃温度随着热表面的几何形状和诸如压力的各种因素而变化，所以发动机燃料中也采用其他测试（例如辛烷值和十六烷值）。

辛烷值表示当火花点火、压缩比提高时发动机中的汽油发生爆震的倾向（开始自燃）。燃料的辛烷值通过比较燃料的性能与标准化的火花点火发动机中异辛烷和正庚烷的混合物性能来测量。异辛烷任意值设定为100，更容易发生爆震的正庚烷任意值设定为0。辛烷值是在异辛烷-正庚烷混合物中异辛烷与测试燃料性能最接近的百分数。汽车汽油使用两种辛烷值测试方法：一种是研究法用辛烷值，另一种是汽车发动机用辛烷值。研究方法是在52℃的进气量下，以600r/min的转速在活塞的上死点之前以13°的曲柄转角度（CA°）进行测试。研究法辛烷值一般高于汽车发动机辛烷值。汽车发动机用辛烷值是在149℃的进气流量下，以900r/min的转速，19~26CA°的火花提前条件下进行测试的。

十六烷值（CN）可根据压缩点火时的点火延迟将燃料分级。因为十六烷（正十六烷）是燃料中最快点燃的碳氢化合物之一，所以其十六烷值为100。异十六烷（七甲基壬烷）点燃缓慢并任意分配十六烷值15作为柴油燃料与标准化柴油发动机中的参考燃料，并且由混合物评定，该混合物与测试燃料的点火延迟紧密匹配。发动机中的点火延迟是喷射开始和燃烧开始之间的时间点。参考混合物的十六烷值定义为：

$$\text{CN} = \%\text{正十六烷} + 0.15(\%\text{正庚烷}) \tag{2.3}$$

在十六烷值测试中，喷射在活塞的上止点之前固定在13°，并且通过调节压缩比直到测试燃料的燃烧在上止点开始。标准混合物则是通过确定哪个混合物在这些固定的压缩比注入条件下给出相同的点火延迟来确定的。测试以900r/min的转速在100℃的水温和65℃的进气下进行。由于测试引擎是一种预燃室设计，因此当应用于开式发动机时，十六烷值仅在一个相对比例时才是最好的。但该测试值对低十六烷值燃料（CN <35）是值得怀疑的。

2.2.3 液体燃料的类型

汽油和柴油液体燃料的主要用途是进行远距离运输，也在工业涡轮机和喷气涡轮机的燃气轮机以及家庭取暖、工业过程加热和小功率设备中应用。

汽车汽油是精心挑选的烷烃（链烷烃）、烯烃、环烷烃和芳香烃的混合物，炼油厂不同，其成分略有不同，地理区域不同和一年中季节不同，其成分也稍有不同。汽油必须具有足够的挥发性，以保证在发动机箱内容易蒸发，但又不会在处理过程中产生过度的蒸发排放。将汽油混合以控制辛烷值，并协助控制挥发性有机化合物、氮氧化物、一氧化碳和颗粒物的排放。汽油中添加乙醇可改善辛烷值。过去曾在汽油中加入其他各种抗爆化合物如甲基叔丁基醚（MTBE），以提高辛烷值。但由于MTBE的添加导致地下水污染和其他危害环境问题的产生，而不再使用。汽油还含有控制沉积物和抑制腐蚀的添加剂。

1990年的美国清洁空气法案修正案中要求，在臭氧不符合联邦环境空气标准的地区使用改质汽油。这些地区主要是美国的东北部、底特律、亚特兰大、芝加哥-密尔沃基、圣路易斯、达拉斯-沃斯堡、休斯敦、丹佛和加利福尼亚的大部分地区。重新配制的改质汽油限制了有机化合物挥发性和硫含量（见表2.5），以减少气化产物的排放以及废气中的苯、醛和氮氧化物。减少汽油中的硫可以提高排气催化剂在控制氮氧化物排放方面的有效性。2006年后，新配方改质汽油的氧含量不再受到管制。

1978 年，由于乙醇获得联邦公路免税，乙醇与汽油开始混合使用。在 20 世纪 90 年代，乙醇开始用作燃料充氧器（氧合器），又进一步增加了乙醇的使用率。由于高附着氧的存在，乙醇的热值低于汽油（见表 2.4 中的 *LHV* 值）。目前，所有车辆可以使用高达 10%（质量分数）的乙醇。混合燃料车辆则使用质量分数为 10%~85%的混合比。乙醇是由玉米、甘蔗和甜菜中提取的糖制成的，并且可能很快将从柳枝稷、芒草和木本作物等草中大量制备。未来，生物炼制厂可能会生产与汽油相似的生物燃料。生物燃料是可再生的，不会直接导致全球变暖，但是一些生物燃料需要生长、收获和提炼生物质。另外，生物燃料还会引起其他环境问题，包括耗水和肥料流向。

柴油燃料是 C_{10}~C_{15}烃的混合物，其沸点高于汽油。1-D 级是一种轻质馏分燃料，适用于需要快速调节载荷和速度的不稳定情形，如轻型卡车和公交车。2-D 级是用于高速发动机的中间馏分燃料。高速公路使用的 2-D 级燃料硫含量低于 1.5×10^{-5}。4-D 级是用于低速工业设备和船用柴油的重馏分燃料。表 2.4 对汽油和 2 号柴油进行了比较，结果显示柴油的密度较高，从而造成柴油的单位体积热值更高。需要注意柴油的挥发性（瑞德蒸气压）和黏度也比汽油高。自燃温度则部分地揭示了两种燃料十六烷值差别很大的原因，因为十六烷值反映了点火的容易性。生物柴油燃料可以由油菜籽（canola）或大豆等油籽作物制成。生物柴油由 C_{12}~C_{22}脂肪酸（指定为 FAME，脂肪酸甲酯）的甲基酯组成，并且无毒和可生物降解。

燃气轮机燃料不受抗爆或延迟点燃要求的限制，沸点范围很宽。喷气式飞机用燃料类似于煤油和 1 号（No. 1）柴油燃料。喷气式 B 燃料的沸点范围比喷气式 A 燃料小。涡轮机燃料通过限制芳香族物质含量来控制烟灰的形成，以减少易于在涡轮叶片上形成沉积物的痕量金属（例如钒和铅）量。类似的设计也用于工业用基础燃气轮机燃料油。图 2.2 显示了温度对汽油、航空油 A、航空油 B 和 2 号柴油等典型燃料升华率的影响曲线。表 2.6 给出了一些航空涡轮发动机燃料的特性。

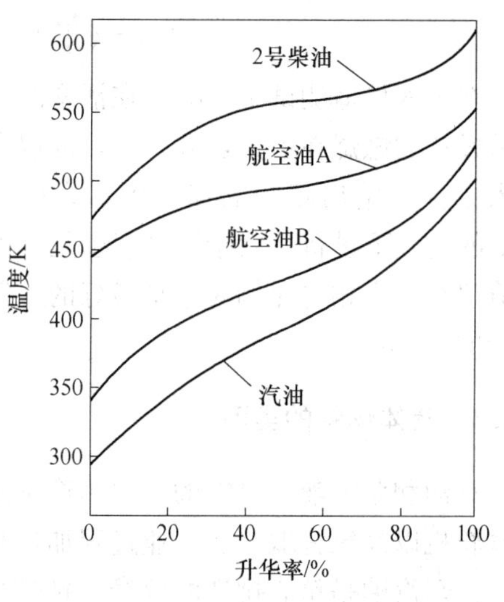

图 2.2　采用 ASTM D86 的各种燃料的升华曲线
（美国材料试验协会标准年刊，第 5.01 卷，2009）

加热用燃料油涵盖了广泛的石油产品，被分为六个等级。表 2.7 显示了部分等级燃料油的各种性能，其中省略了很少使用的 3 号等级。1 号燃料油是煤油。2 号燃料油是家用燃料油，沸点在 218~310℃之间。较重的燃料油等级由黏度指定，并用于工业和公用事业热力和电力场合。较重的牌号含有大量的灰分。6 号燃料油需要油预热，并且在低气温下可能需要使用 4 号和 5 号燃料油。6 号燃料油是在所有蒸馏过程完成之后由剩余物组成的重残余燃料；它具有高黏度并具有较高量的沥青质、硫、钒和钠。残余燃料油在一些大型锅炉中直接燃烧，经过一定的处理后，可用于重型工业燃气轮机。1 号和 2 号燃料油的硫含量限制在 0.5%（质量分数），而 6 号燃料油的硫含量可高达 4%（质量分数）。

2.3 固体燃料

固体燃料包括木材和其他形式的生物质、泥煤、褐煤、煤炭和垃圾衍生燃料。固体燃料在运输、处理和燃烧方面比气态或液态燃料更具挑战性。固体燃料具有各种尺寸和形状，大多数在使用时，需要进行加工以减小其尺寸和含水量。除了碳和氢成分外，固体燃料还含有大量的氧气、水和矿物质，以及氮和硫。氧以化学结合的形式存在于燃料中，按干燥无灰基准计算，质量由木材的45%变为无烟煤的2%（见表2.8）。

表2.8 固体燃料中典型的氧气、水分和灰分的质量分数 (%)

燃料	氧含量（干，无灰）	湿度（无灰）	灰分（干）
木材	45	15~50	0.1~1.0
泥煤	35	90	1~10
褐煤	25	30	>5
烟煤	5	5	>5
无烟煤	2	4	>5
垃圾衍生燃料	40	24	10~15

含水量是生物质燃料和低排放煤的重要问题。在固体燃料基质中，水以水蒸气、与燃料化学结合的液态水（吸附或束缚水）以及固体燃料孔内的自由液态水等形式存在。吸附水通过物理吸附保持并显示小的吸附热。这种吸附热是含水量的函数，并且是蒸发热的补充。绿色木材组成中通常吸收有50%的水。风干1年后，木材的含水率一般降到原来的15%~20%。褐煤在吸附的基础上含有20%~40%的水分，其中大部分是自由水，而烟煤在吸附水的基础上含有约5%的水分。燃料中的水分显著影响燃烧速率和燃烧系统的整体效率。

燃料完全燃烧后剩余的无机残渣称为灰分。木材的灰分通常低于1%，而煤炭则有3%~10%或更多的灰分，取决于如何处理和运输。典型情况下，灰分在1200℃开始软化并在1300℃变为流体，尽管这在燃料之间甚至相同等级的煤或类似作物的生物燃料之间变化很大。灰分特征在系统设计中起着重要的作用，以便使结渣、磨损和腐蚀最小化。表2.9给出了木材和烟煤中代表性的无机元素。

表2.9 松木和烟煤中代表性的矿物元素和氯含量 ($\times 10^{-4}$%)

元素	松木①	烟煤
Ca	760	>5000
Na	28	200~5000
K	39	200~5000
Mg	110	200~5000
Mn	97	6~210
Fe	10	>50000
P	40	10~340
Si	—	>5000
Al	6	>5000
Cl	48	200~1000

① 整个木材，混合松树物种的平均值。

固体燃料的成分按收到基、干基或干燥无灰基报告。各基之间的关系为：

$$m_{\text{as-recd}} = m_{\text{f}} = m_{\text{daf}} + m_{\text{w}} + m_{\text{ash}} \tag{2.4}$$

$$m_{\text{dry}} = m_{\text{daf}} + m_{\text{ash}} \tag{2.5}$$

$$m_{\text{dry ash-free}} = m_{\text{daf}} \tag{2.6}$$

式中，m_{daf}是燃料的干燥无灰基质量；m_{w}是燃料中水的质量；m_{ash}是燃料中的灰分质量。水分含量（*MC*）、*HHV*、*LHV* 和大多数其他性质可以按照干燥基准或干燥无灰基准报告。收到基中水分含量的计算公式是：

$$MC_{\text{as-recd}} = \frac{m_{\text{w}}}{m_{\text{as-recd}}} = \frac{m_{\text{w}}}{m_{\text{daf}} + m_{\text{w}} + m_{\text{ash}}} \tag{2.7}$$

干燥基中的含水量为：

$$MC_{\text{dry}} = \frac{m_{\text{w}}}{m_{\text{dry}}} = \frac{m_{\text{w}}}{m_{\text{daf}} + m_{\text{ash}}} \tag{2.8}$$

干燥无灰基中的水分含量为：

$$MC_{\text{daf}} = \frac{m_{\text{w}}}{m_{\text{daf}}} \tag{2.9}$$

可以看出，必须指定计算的基才能确定成分。

例 2.2　将水分含量为 40%的木片（收到基）供应给生物质发电厂，干基水分含量是多少？

解：由公式（2.7）：

$$MC_{\text{as-recd}} = \frac{m_{\text{w}}}{m_{\text{daf}} + m_{\text{w}} + m_{\text{ach}}}$$

重新整理和简化：

$$m_{\text{w}} = \frac{MC_{\text{as-recd}}}{1 - MC_{\text{as-recd}}}(m_{\text{daf}} + m_{\text{ash}})$$

$$m_{\text{w}} = \frac{0.4}{0.6}(m_{\text{daf}} + m_{\text{ash}})$$

在公式（2.8）中代入 m_{w}得：

$$MC_{\text{dry}} = 0.667 = 66.7\%$$

2.3.1　生物质

生物质是指由植物产生的一系列有机物质和以植物为食的动物产生的废物。生物质包括农作物秸秆、森林和木材加工残渣、草和树木等专用能源作物、牲畜和家禽粪便、城市固体废物（塑料和非有机成分除外）以及食品加工废物。生物质是一种纤维素材料，可以大致分为木本或草本（非木质），或作为残渣或专用能源作物。

专门木本能源作物在树林里种植，并根据树木种类和种植地点在 2~7 年内收获。许多类型的树木可以养殖。棉花、杂交白杨和柳树在美国北方地区的生长速度很快，而在亚热带和热带气候下，尤加利和松柏则是快速生长的乔木。目前管理良好地区的最佳品种目前产量为干燥基 5~17 千克/(公顷·年)，显示遗传的潜力达干燥基 30 千克/(公顷·年)。美国有 1700 万公顷（4200 万英亩）的林场，其中大部分目前用于纸和纸板生产。

草本能源作物可每年收割，其中一些例子包括玉米、甜菜、柳枝稷和芒草。目前在美国，有1200万公顷（3000万英亩）的玉米用作乙醇替代汽油。与短轮伐木木本作物相比，高产草本作物具有相似或更高的产量，但需要肥料。

生物质原料的水分含量变化很大，从干燥物质的5%左右到绿色木材的50%以上。在木材中，水首先作为束缚水被吸收，直到所有可用的吸附位置都被占据，此时达到了纤维饱和点，然后在木材的孔隙中变成游离水。在纤维饱和点，吸附热几乎为零。随着木材含水率降低，木材的吸附热能量持续增加。这可表示为：

$$h_{sorp} = 0.4h_{fg}\left(1 - \frac{MC_b}{MC_{fsp}}\right)^2 \tag{2.10}$$

其中，MC_b和MC_{fsp}分别是结合水的含水量和纤维饱和点的含水量。木材的纤维饱和点以干基计约有30%的水分。

干燥的生物质由纤维素、半纤维素、木质素、树脂（提取物）和形成的灰分矿物质组成。纤维素（$C_6H_{10}O_5$）是葡萄糖（$C_6H_{12}O_6$）的缩合聚合物。半纤维素由葡萄糖以外的各种糖类包裹纤维素纤维，占木材干重的20%~35%。木质素（$C_{40}H_{44}O_6$）是一种非糖聚合物，赋予纤维强度，占干重的15%~30%。提取物包括油、树脂、树胶、脂肪和蜡。组成灰分的无机成分主要是钙、钾、镁、锰和钠氧化物以及其他氧化物如二氧化硅，铁和铝的量较少。矿物质以分子形式分散在整个细胞中。

木材中的主要元素是碳、氢、氧、氮和硫。由于木质素和提取物含量的差异，木材的碳含量约为50%，软木略高，硬木略低。所有木材物种的氢含量约为6%。氧含量为40%~44%，氮含量为0.1%~0.2%，硫含量小于0.1%。木材的*HHV*变化小于15%，软木为20~22MJ/kg，硬木为19~21MJ/kg。柳枝稷的元素分析与木材相似，碳含量为46%~48%，氢含量为6%左右，含氧量为40%~42%。柳枝稷的灰分含量一般在6%的范围内。氮含量是施肥进度的函数，但在0.6%的范围内。柳枝稷的*HHV*约为18MJ/kg。如表2.10所示，木材的碳含量最高，生物燃料中含氮量和灰分含量最低。秸秆和草料倾向于具有较低水平的碳、较高的氮和灰分含量。

表2.10 所选固体生物质燃料的最终分析成分（质量分数,%）**和*HHV***（干基）

生物质	C	H	O	N	S	灰分	HHV/MJ · kg^{-1}
海带，巨棕，蒙特利	26.6	3.7	20.2	2.6	1.1	45.8	10.3
芒果木	46.2	6.1	44.4	0.3	0.0	3.0	19.2
枫树	50.6	6	41.7	0.3	0.0	1.4	19.9
橡木	49.9	5.9	41.8	0.3	0.0	2.1	19.4
松树	51.4	6.2	42.1	0.1	0.1	0.1	20.3
松树皮	52.3	5.8	38.8	0.2	0.0	2.9	20.4
白杨混合稻壳	50.2	6.1	40.4	0.6	0.0	2.7	19.0
稻草	38.5	5.7	39.8	0.5	0.0	15.5	15.3
苏丹草	39.2	5.1	35.8	0.6	0.1	19.2	15.2
柳枝	45.0	5.5	39.6	1.2	0.0	8.7	17.4
柳树	47.4	5.8	42.4	0.7	0.1	3.6	18.6

来源：Bain, R L., Amos, W. P., Downing, M., and Perlack, R. L., Biopower Technical Assessment: State of the Industry and the Technology, NREL., Report No. Tp-510-33123, National Renewable Energy Laboratory, Department of Energy Laboratory, Golden, CO, 2003.

部分研究人员提出了 *HHV* 与生物质燃料的最终成分分析相关的经验公式。里德提出了以下基于重量的元素组成与干基 *HHV* 相关的广义方程：

$$HHV_{dry} = 0.341C + 1.322H - 0.12(O + N) - 0.153A + 0.0686(\mathrm{MJ/kg}) \quad (2.11)$$

其中，C、H、O、N 和 A 分别是碳水化合物、氢气、氧气、氮气和灰分的质量分数。该方程已经用于生物质、木炭、热解油和焦油的计算；平均绝对误差分别在 1.6%、1.6%、2.5%和 2.5%以内。

木炭是在隔绝空气的情况下通过加热木材生产，其成分主要是固体碳。木炭最普遍的用途是在发展中国家的小火炉上烹饪和取暖。由于木炭的能量密度相对于木材的能量密度高，所以比木材更容易运输到市场。许多厨师喜欢木炭、木材或其他生物燃料，因为木炭燃烧不会产生像木材一样多的烟雾，且木炭炉子需要的维护更少。然而，木炭炉会产生高浓度的一氧化碳，因此在室内使用时具有很高的风险。在许多商业应用中，木炭是相对清洁燃烧的燃料。在一些国家，“木炭”煤饼由粉煤、黏土和淀粉类的黏合剂混合制成。木炭的加热值和组成随制造木炭的材料和加工方法而变化。木炭中的碳含量一般为 65%～95%。木炭的其余成分主要是氧气和灰分。焦炭的 *HHV* 一般为 27～31MJ/kg。

生物质燃料通常按体积而不是质量销售。例如，在美国，木质燃料通常是用绳子捆着销售的。在发展中国家，木炭往往是由麻袋包装销售的。燃料的体积密度是燃料颗粒的质量除以颗粒占据的体积。体积密度是颗粒形状、尺寸、燃料如何堆积（随机或呈固定模式）以及燃料密度的函数。燃料的堆积密度变化很大，但通常约为生物质燃料密度的40%。例如，干燥软木屑的堆积密度大约为 $150\mathrm{kg/m^3}$，软木的干密度在 $400\mathrm{kg/m^3}$ 的范围内。

2.3.2　泥炭

泥炭由腐朽的木本植物、芦苇、莎草和苔藓在沼泽湿地中形成，通常在北方气候下形成。泥炭很大程度上是在排除空气的潮湿环境中形成。在细菌作用下，化学分解通过称为腐殖化的过程进行。泥炭是碳、氢和氧的混合物，其比例与纤维素和木质素相似。一些沼泽中的植物材料分解成腐殖酸、沥青和其他化合物，而不是泥炭。

由于泥炭床的形成速率为每 100 年约 3cm，因此泥炭一般不是可再生资源，但已在一些北方地区用作燃料。泥炭通常呈褐色，纤维状。由于新鲜采收的泥炭通常含有 80%～90%的水，因此在用作燃料之前，必须将其干燥。风干的泥炭含水量将降低到 25%～50%。泥炭含有 1%～10%的干燥基矿物质。

2.3.3　煤炭

煤是主要由碳、氢和氧组成的非均质矿物，含有较少量的硫和氮。其他成分是分布在整个煤中形成灰分的无机化合物。煤炭来源于木材和其他生物质的堆积，在数十万年的时间内被覆盖、压实和转化。大多数烟煤煤层都沉积在湿地中，经常被含有营养物质的水淹没，支持着大量的泥炭形成植被。位置较低的湿地是厌氧和酸性的，促进了植物残体的结构变化和生化分解。纤维素、木质素和其他植物物质的一些微生物和化学变化，以及随后埋深的增加，导致水分百分比降低和碳百分比逐渐增加。从泥炭到褐煤，最终到无烟煤的过程（称为煤化过程），煤化过程的物理特征是孔隙度减少、凝胶化和玻璃化作用增强。

在化学上，挥发分含量降低以及碳百分比增加，氧气百分比逐渐降低，并且随着无烟煤阶段的接近，氢气百分比降低。

煤化过程中所涉及的变化被称为煤炭等级上的增加。等级表示从褐煤（低等级）到无烟煤（高等级）的煤的渐进变质作用。等级排名基于低级煤的热值和高阶煤的固定碳的百分比（见表2.11）。如图2.3所示，随着煤的等级从褐煤到低挥发分烟煤，固定碳的热值和百分比增加，挥发分减少，并且包含在挥发性物质中的氧气百分比也降低。

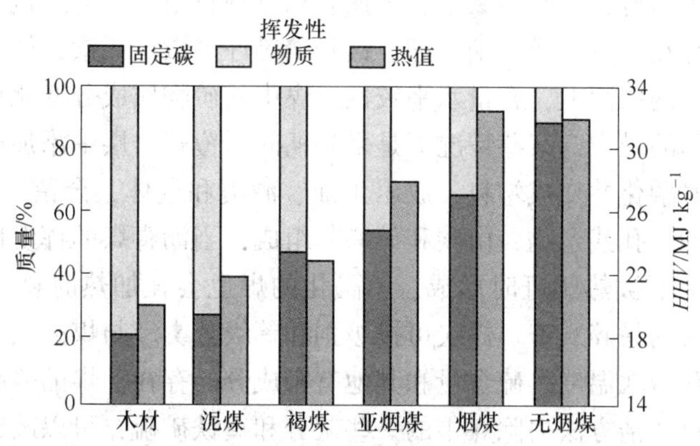

图2.3 固体燃料中典型的固定碳、挥发性物质和 *HHV* 值

表2.11 按等级划分不同类型的煤（干燥无灰基）

等　级	碳比例/%	$HHV/MJ \cdot kg^{-1}$
高级无烟煤	>98	
无烟煤	92~98	
半无烟煤	86~92	
低挥发性的沥青	78~86	
中等挥发性沥青	69~78	
高挥发性沥青A型		>32.5
高挥发性沥青B型		30.2~32.5
高挥发性沥青C型		26.7~30.2
次烟煤A		24.4~26.7
次烟煤B		22.1~24.4
次烟煤C		19.3~22.1
褐煤A		14.6~19.3
褐煤B		<14.6

来源：Annual Book of ASTM Standards, Volme 5.06: Gaseous Fuels; Coal and Coke, ASTM International, West Conshohocken, PA, 2009。

褐煤是低等级褐黑色的煤，也称为褐炭。在化学上，因为它含有大量的水和挥发物，褐煤与泥炭相似。机械性能上，褐煤容易断裂，不像泥煤一样是海绵状的。次烟煤为暗黑色，呈现少量木质材料，并经常出现带状。这种煤通常沿着带状面断裂。另外，次烟煤的含水量降低。烟煤是深黑色，通常是带状的，含水量低，但挥发物含量从高到中。烟煤比褐煤和次烟煤更能抵抗空气的分解。无烟煤质硬、脆、光泽明亮，几乎没有结合性的挥发物或湿分。由于无烟煤的含氢量降低，其发热量略低于烟煤。

煤的化学成分复杂，因地而异。煤由大量的有机化合物组成。苯环型单元在煤炭结构中起着重要的作用。氢、氧、氮和硫连接到碳骨架上。煤炭燃烧时，无机矿物形成残留的灰分。煤中的氮是有机氮，质量分数变化很小。煤中的硫由有机和无机形式组成。

结合到煤中的有机硫从很小的百分比到8%之间变化很大。无机硫主要以黄铁矿 FeS_2 的形式存在，并且从零到百分之几不等。黄铁矿硫可以通过煤清洗方法去除，而有机硫分布在所有的地方，并且需要化学降解来释放硫。

煤中的矿物质由高岭石、碎屑黏土、黄铁矿和方解石组成，因此包括硅、铝、铁和钙的氧化物。煤中也存在大量的镁、钠、钾、锰和磷等许多微量元素，但含量较少。许多微量元素被发现在较浅的层面上，含量水平较低。煤中的矿物质成分变化很大，并且以分子形式存在于煤层之间的带中，某些情况下是采矿期间从覆盖岩层中添加进去的。

一些煤在加热时融化并变成塑料，放出焦油、酒类和气体，余留下称为焦炭的残渣。焦炭是一种高强度的多孔残余物，由碳和矿物灰组成，当沥青煤的挥发性成分在没有或有限的空气供应的情况下被热驱赶时形成。不融化的煤也会在加热时释放焦油、酒类和气体，留下并不是焦炭的易碎炭渣。煤炭可按级别和等级分类。与煤的级别无关的煤的等级取决于灰分含量、灰熔融温度、硫含量和其他有害成分的存在。煤的等级在定量上比煤的级别用得更多。通过清洁方法去除煤中的一些灰分和黄铁矿硫，可以改善其等级。机械清洁工艺包括粉碎、清洗、脱水和干燥。粗和中等尺寸的煤通过重力分离来清洁，而较细尺寸的煤通过泡沫漂浮来清洁。煤的相对密度通常为 1.1~1.3。微小的煤颗粒加入水中后相对密度达到约 1.5 时，煤颗粒浮起，而游离的矿物杂质倾向于下沉。在泡沫浮选中，小煤颗粒被浮到受控表面泡沫的顶部，而较重的杂质沉到底部。机械清洁可使灰分含量降低10%~70%，硫含量可降低 35%。经超细磨碎（微米级）的煤平均粒度为 10μm，随后洗涤会产生一些少于 1%灰分的煤。

2.3.4　垃圾衍生燃料

垃圾固体燃料包括城市生活垃圾（MSW）和农业垃圾。城市固体废弃物包括住宅、商业、机构和工业来源的废物。垃圾包括包装材料、报纸、废纸、瓶罐、盒子、木托盘、食物残渣、草屑、衣服、家具、汽车轮胎和耐用品，这些废物经常在没有再循环或能源回收的情况下被丢弃。一些社区，正在努力回收利用一些废物和回收能源。2007 年，美国产生了 2.54 亿多吨城市生活垃圾，其中 3200 万吨是因为能量回收而燃烧的（见表 2.12）。

表 2.12　2007 年美国的城市固体废物产生和回收（百万吨计）

总共	254
循环回收	63
堆肥回收	22
燃烧能量回收①	32
丢弃填埋②	137

来源：United States Environmental Protection Agency, Municipal Solid Waste in the United States: 2007 Facts and Figures, Office of Solid Waste, EPA530-R-08-010- 2008a.

① 包括大量燃烧的垃圾和 RDF 形式的能量回收。

② 丢弃物包括没有能量回收的燃烧。

垃圾可以在专门设计的锅炉中直接燃烧（称为大量燃烧），但是为了减少有害排放物，垃圾应通过粉碎、磁选、筛选、干燥空气分类处理，将可燃物与不可燃物分离。加工有助于回收金属和玻璃以及控制燃料的大小，加工后的垃圾被称为垃圾燃料（RDF）。RDF 中的不可燃物通常含量为 10%～15%不等。由于垃圾和 RDF 中存在各种不希望有的化合物，因此堆肥和回收所产生的用于能量转换而不是直接燃烧的气体通常被认为是优选的，因为堆肥不会产生有害的空气排放物。任何形式的城市生活垃圾（MSW）燃烧时，都需要使用有效的排放控制设备。

2.3.5 固体燃料的特性

ASTM 标准规定了固体燃料的标准测试和分析。本节讨论近似分析、最终分析和热值、易磨性、自由膨胀指数和灰熔点温度。

ASTM D3172（ASTM 标准年鉴，第 5.06 卷，2009 年版）中的近似分析确定了煤样中的水分、挥发性可燃物质、固定碳和灰分。虽然这个测定值是相当准确的，但是名字近似表明了方法的经验性质；改变测定程序可以改变结果。将煤样品在 105～110℃的烘箱中粉碎并干燥至恒重以测定残余水分；然后将样品在盖盖子的坩埚中加热（以防止氧化）到 900℃至恒重，这种挥发减轻重量的物质被称为挥发性物质；然后将剩余的样品置于 750℃的烘箱中，除去盖子，使样品燃烧。燃烧完成时的质量损失被称为固定碳或焦炭，剩余的残留物被定义为灰分。近似分析的组分是相当随意的。自由水和化学结合水在燃料中没有明显的区别。挥发性物质和固定碳之间的分配取决于加热速率以及最终温度。而且，在碳的测定过程中，可以挥发大量的灰分。尽管如此，近似分析提供了燃料之间的有用比较。

ASTM D3176（ASTM 标准丛书，第 5.06 卷，2009 年版）中的最终分析提供了煤的主要元素组成，通常以干燥无灰基报道。在密闭系统中用氧气燃烧燃料样品并用量化测量的燃烧产物确定燃料的碳和氢含量。碳包括有机碳以及来自碳酸盐矿物的碳，氢包括有机氢、干燥样品中的水以及矿物水合物的水分中的氢。外来的碳和氢通常可忽略不计。氮和硫采用化学方法进行测定。氧的含量为 100 减去碳、氢、氮和硫的百分比之和。有时氯气包括在最终分析中。

在 ASTM D5865 中用量热计测定热值（ASTM 标准年鉴，第 5.06 卷，2009 年版）。将一小块煤样放入量热仪中，将过量的氧气加压，用火花点燃样品，测量周围水套温度的升高。尽管氧弹式量热计在恒定的体积下给出发热量，但恒定体积和恒定发热量之间的差值基本可以忽略不计。*HHV* 意味着燃烧产生的水蒸气已经凝结，而对于 *LHV*，水蒸气没有凝结。

生物质和 RDF 的分析程序与煤的分析程序非常相似。ASTM E870（ASTM 标准年鉴，第 11.06 卷，2009 年版）给出了近似分析、最终分析和木材热值的分析过程。ASTM E711（ASTM 标准年鉴，第 11.04 卷，2009 年版）中给出了用于确定 RDF 热值的分析程序。表 2.13 给出了木材、泥炭、煤炭和垃圾衍生燃料的代表性样本的近似分析、最终分析和 *HHV* 结果。

例 2.3 固体燃料中含 6%的氢气，30%的水分和 10%的灰分（质量分数，收到基），*HHV* 为 11.6MJ/kg（收到基）。计算其干燥无灰基的 *LHV* 是多少？

解：为了在干燥无灰基的基础上计算 *LHV*，我们首先根据干燥无灰基来确定 *HHV*。

表 2.13 固体燃料（干燥无灰基）的近似分析、最终分析成分和热值

燃料类型	木材	泥炭	褐煤	烟煤	垃圾衍生燃料
近似分析/%					
挥发性物质	81	65	55	40	85
固定碳	19	35	45	60	15
最终分析/%					
氢	6	6	5	5	7
碳	50	55	68	78	52
硫	0.1	0.4	1	2	0.7
氮	0.1	0.6	1	2	0.7
氧	44	38	25	13	40
HHV					
Btu/lbm	8700	9500	10700	14000	9700
MJ/kg	20.2	22.1	24.9	32.5	22.5

$$HHV_{\mathrm{daf}} = HHV_{\mathrm{as-recd}} \frac{m_{\mathrm{as-recd}}}{m_{\mathrm{daf}}}$$

假设以 1kg 为基准：

$$HHV_{\mathrm{daf}} = \frac{11.6\mathrm{MJ}}{\mathrm{kg_{as-recd}}} \cdot \frac{1\mathrm{kg_{as-recd}}}{(1-0.3-0.1)\mathrm{kg_{daf}}} = \frac{19.3\mathrm{MJ}}{\mathrm{kg_{daf}}}$$

干燥无灰基燃料包含氢气：

$$\frac{0.06}{1-0.3-0.1} = 10\%$$

因此：
$$\frac{m_{H_2O}}{m_{\mathrm{daf}}} = \frac{0.1\mathrm{kg_{H_2}}}{\mathrm{kg_{daf}}} \cdot \frac{\mathrm{kgmol_{H_2}}}{2\mathrm{kg_{H_2}}} \cdot \frac{1\mathrm{kgmol_{H_2O}}}{\mathrm{kgmol_{H_2}}} \cdot \frac{18\mathrm{kg_{H_2O}}}{\mathrm{kgmol_{H_2O}}} = \frac{0.9\mathrm{kg_{H_2O}}}{\mathrm{kg_{daf}}}$$

由于 25℃时水的蒸发潜热为 2.44MJ/kg，使用式（2.1），干燥无灰基的 *LHV* 是：

$$LHV_{\mathrm{daf}} = \frac{19.3\mathrm{MJ}}{\mathrm{kg_{daf}}} - \frac{0.9\mathrm{kg_{H_2O}}}{\mathrm{kg_{daf}}} \cdot \frac{2.44\mathrm{MJ}}{\mathrm{kg_{H_2O}}} = \frac{17.1\mathrm{MJ}}{\mathrm{kg_{daf}}}$$

ASTM D409（ASTM 标准年鉴，第 5.06 卷，2009 年版）中的哈德格罗夫易磨性试验用于确定煤粉碎的相对容易程度。煤在固定的研磨碗中研磨，该研磨碗容纳 8 个直径为 25mm 的钢球。这些滚珠钢球由一个上磨环驱动，该磨环通过一根施加 284.4N 的垂直力的主轴以 20r/min 的速度旋转。将 50g 样品研磨 60 转，与标准样品相关的通过 200 号筛（开孔 75μm）煤的量是哈德格罗夫易磨性指数。

ASTM D720（ASTM 标准年鉴，第 5.06 卷，2009 年版）中的自由膨胀指数表征了燃料燃烧时煤的结块特性。将 1g 磨煤样品放入特定尺寸的小坩埚中。将坩埚盖上并置于 820℃的烘箱中 2.5 min。然后将焦炭从坩埚中取出，并注意到投影横截面积的增加；自由膨胀指数为 2 意味着投影面积增加了一倍。

当灰烬被加热到软化状态时，容易污染锅炉管道和表面。ASTM D1857（ASTM 标准年鉴，第 5.06 卷，2009 年版）中的灰熔化温度采用将空气中 850℃的地面燃料样品在氧气中加热确定，以确保燃料完全氧化。然后将氧化后的粉末状灰分与糊精溶液混合以形成刚性糊状物，将其在模具中压制成小锥形体；将锥形体从模具中取出并放入温度缓慢上升的炉子中。在图 2.4 所示的五个位置观察锥形体的形状，在每个位置都有相应的报告温度。变形温度（IT）出现在三角锥顶点的第一次圆化处。当三角锥熔化成高度等于底部宽度的球形块时的温度为软化温度（ST）。三角锥高度为基座宽度的一半时的温度称之为半球温度（HT）。流化温度（FT）是指熔融物质散布在几乎平坦的层中，其最高高度为 1.6mm 时的温度。灰熔点温度可分成氧化气氛（空气）和还原气氛（60%CO+40%CO_2）下的灰熔点温度。表 2.14 中给出了在氧化和还原条件下典型烟煤灰的灰熔点温度。初始变形和熔融温度之间的温度差表示炉管表面上沉积物的类型：温差小，说明表面的矿渣薄而坚韧；较大的温度差异表明炉渣沉积物可能堆积在较厚的层中。

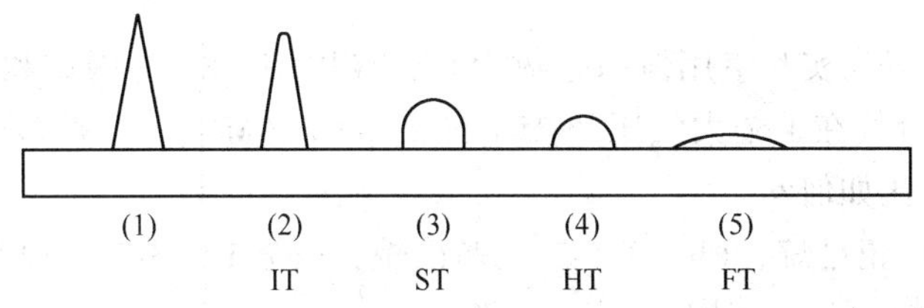

图 2.4 测定灰熔点温度

（1）加热前；（2）初始变形温度；（3）软化温度（高度=宽度）；（4）半球温度（高度=宽度/2）；（5）流化温度
（引自：ASTM D1857 in Annual Book of ASTM Standards, Vol. 5.06. ASTM International, PA, West Conshohockeu, 2009）

灰熔融温度取决于灰分的组成。酸性氧化物组分如 SiO_2、Al_2O_3 和 TiO_2 倾向于产生更高的熔化温度，而碱性氧化物如 Fe_2O_3、CaO、MgO、Na_2O 和 K_2O 倾向于产生较低的熔化温度。燃烧工程师应注意，灰熔融温度通常低于火焰温度，高于蒸汽和壁温度，从而导致结垢和结渣，这是固体燃料使用的挑战之一。

表 2.14 典型烟煤的标准灰熔融温度

形　变	还原气氛/℃	氧化气氛/℃
初始变形温度（IT）	1100	1125
软化（高度=宽度）温度（ST）	1205	1230
半球（高度= 1/2 宽度）温度（HT）	1230	1255
流化温度（FT）	1330	1365

2.4 习题

2-1 在美国，电力以 SI 单位千瓦（kW）或兆瓦（MW）出售。发电站用燃料一般采用英制单位购买，例如英制热量单位（Btu），加仑（gal），吨。一个工业电厂的年平均负荷为 100 兆瓦（电），如果整体热效率为 33%（基于 *HHV*），使用表 2.2，表 2.7 和表 2.13 中的数据计算：（a）天然气，（b）2 号燃料油和（c）烟煤每年的燃料成本分别是多少？假设天然气成本为 5 美元/百万英热单位（Btu），2 号燃料油成本为 3 美元/加仑，烟煤成本为 60 美元/吨（1 吨=2000lbm）。

2-2 在美国，用于家庭取暖的能源通常以英制单位出售，例如 therm（英国用以计量煤气的热量单位），加仑和 cord（捆）。威斯康星州的一所房子在采暖季节使用 1200therm 热能。如果使用（a）效率为 70%的天然气；（b）2 号燃料油，效率 65%；（c）煤油，效率为 99.9%（不通风）；（d）含 15%湿度的木材，效率为 50%。使用表 2.2，表 2.7 和表 2.13 中的数据分别计算燃料的成本。效率基于 *HHV*。假设天然气的成本是$8/MBtu，2 号燃料油的成本是$3/gal，煤油的成本是$3.50/gal，而木材的成本是$100/cord。假定帘线木的容重是每立方英尺 30lbm。

2-3 使用表 2.4，计算在 160℃下作为液体引入时和在 160℃下作为蒸气引入时，乙醇 *LHV* 的百分比差异。假定蒸气是理想气体。对汽油重复进行分析，并将结果与乙醇进行比较。假设汽油的分子量是 100。

2-4 使用表 2.2 中给出的数据，按体积和质量计算 50%甲烷和 50%体积氢混合物的 *HHV*。

2-5 天然气可以在实验室用体积分数为 83.4%甲烷，8.6%丙烷和 8%氮气的混合物模拟。计算这种混合气在 1 个大气压和 25℃时的 *HHV*（MJ/m^3）是多少？与表 2.2 给出的天然气的 *HHV* 相比如何？

2-6 写出（a）正己烷，（b）3,4-二乙基己烷，（c）1-2,3,3-三甲基丁烷，（d）甲基萘，（e）七甲基壬烷的分子结构。

2-7 煤油的 API 相对密度为 42.5。煤油在 16℃的相对密度是多少？与表 2.7 中的值相比如何？煤油在 16℃时的能量密度（MJ/L）是多少？使用表 2.7 中给出的数据。

2-8 如果每加仑（税后）汽油、柴油和乙醇的价格是相同的，从消费者的角度来看，买哪种燃料对于汽车来说是最好的，为什么？使用表 2.4 中给出的数据。

2-9 如表 2.10 所示，枫木的 *HHV*（干基）为 19.9MJ/kg。计算并列出枫木的无灰 *HHV* 和 *LHV* 作为水分含量从 0%到 60%（收到基）的函数。

2-10 已经提出粒状花生壳作为发展中国家农村家庭炉灶的固体燃料。花生壳的最终分析（质量分数,%，干基）是：

C	H	O	N	S	Ash
46.8	5.5	40.1	1.6	0.1	5.9

计算收到基花生壳的 *HHV* 和 *LHV*。如果颗粒原料含水量为 10%，添加 10%黏土（干基）作为黏合剂，颗粒状燃料的原始 *LHV* 是多少？如果锅炉效率为 18%，那么计算从 20℃加热 2L 水至 100℃的球团（含黏合剂）的质量。

2-11 烟煤含有 10%的灰分和 5%的水分，垃圾衍生燃料含有 13%的灰分和 20%的水分。使用表 2.13 中的数据比较这些烟煤和垃圾衍生燃料的原始 *HHV* 和 *LHV*。

2-12 水煤浆含 70%干烟煤和 30%水。如果煤的干基 *HHV* 为 30MJ/kg，并含有 5%的氢，假设煤无灰分，请计算煤浆料的 *HHV* 和 *LHV*。

2-13 某替代柴油燃料含有 50%细粉状烟煤和 50%乙醇。煤含有 4%的水分，且已去除了灰分，具有 25MJ/kg 的原始 *HHV*。假设煤的收到基具有 5%的氢气和 40%的挥发物。计算该燃料收到基的 *LHV*，并估算这种燃料中收到基挥发物的原料质量分数（%）和固定碳的质量分数（%）。

2-14 有人提出采用纤维素生物质制备的 2,5-二丁基呋喃（DMF）作为可能的液体运输燃料。根据 *HHV*，DMF 质量比乙醇高 40%。DMF 的分子式是 $C_6H_{10}O_8$。以重量和体积比较二甲基呋喃和乙醇的 *LHV*。将表 2.4 中的数据用于乙醇。DMF 的相对密度是 0.9。

2-15 发展中国家的日常生活是使用明火烹饪和洗涤，将水从 20℃ 加热到 100℃。全球大约三分之一的人口使用明火，传热效率约为 5%。思考用木头烹饪和用辫状草烹饪的区别。

(a) 假定木材的收到基有 25%的水分和 0.8%的灰分。木材的堆积密度是木材密度的 45%。假定木材干燥无灰基中 C、H、O、N 和 S 的成分占比分别为 51.2%、5.8%、42.4%、0.6%和 0%。木材的干密度为 640kg/m³。木材干燥无灰基的 *HHV* 为 19.7MJ/kg。计算原木的 *LHV*（MJ/kg）是多少？木材的收到密度（kg/m³）是多少？木材的容重是多少（kg/m³）？加热 5L 水所需的木材的体积（L）和质量（kg）是多少？

(b) 有些地方使用辫状草烹饪。假设草的收到基中有 2%的水分和 10%的灰分。假定干燥无灰基草中 C、H、O、N 和 S 的组分含量（质量分数）为 49.4%、5.9%、43.4%、1.3%和 0%；辫状草的堆积密度是草密度的 20%。草的干密度是 250kg/m³。干草无灰 *HHV* 为 17.4MJ/kg。那么草的 *LHV*（kJ/kg）是多少？草的收到密度（kg/m³）是多少？草的容积密度（kg/m³）是多少？加热 5L 水所需的草的体积（L）和质量（kg）是多少？

(c) 用比较木材和辫状草的表格列出你的计算结果，你观察到了什么？

参 考 文 献

[1] Annual Book of ASTM Standards, Vol. 4.10: Wood, Vols. 5.01~5.03: Petroleum Products and Lubricants, Vol. 5.06: Gaseous Fuels; Coal and Coke, Vol. 11.04: Waste Management, Vol. 11.06: Biological Effects and Environmental Fate; Biotechnology, ASTM International, West Conshohocken, PA, 2009.

[2] API Research Project No. 44, National Bureau of Standards, Washington, DC, December, 1952.

[3] Bain R L, Amos W P, Downing M, et al. Biopower Technical Assessment: State of the Industry and the Technology, NREL., Report No. Tp-510-33123, National Renewable Energy Laboratory, Department of Energy Laboratory, Golden, CO, 2003.

[4] Bartok W, Sarofim A F. Fossil Fuel Combustion: A Source Book, Wiley, New York, 1991.

[5] Bennethum J E, Winsor R E. Toward Improved Diesel Fuel, SAE paper 912325, 1991.

[6] Koehl W J, Painter L J, Reuter R M, et al. Effects of Gasoline Sulfur Level on Mass Exhaust Emissiaons, SAE paper No. 912323, 1991.

[7] Brown R C. Biorenewable Resources: Engineering New Products from Agriculture, Iowa State Press, Ames, IA, 2003.

[8] CFR (Code of Federal Regulations) Part 86 Subpart A, para. 86.113-82, p. 482, Protection of the Environment. July 1, 1985.

[9] Food and Agriculture Organization of the United Nations, State of the World's Forests, 2009, Rome, 2009.

[10] Francis W, Peters M L. Fuels and Fuel Technology: A Summarized Manual, 2nd ed., Pergamon Press, Oxford, 1980.

[11] Hancock E G, ed, Technology of Gasoline, Critical Reports on Agplied Chemisrty, 10, Blackwell Scientific, London, 1985.

[12] Hochhauser A M, Benson J D, Burns V R, et al. Fuel Composition Effects on Automotive Fuel Economy-

Auto/Oil Air Quality Improvement Research Program, SAE paper 930138, 1993.

[13] International Energy Agency, Key World Energy Statistics 2009, IEA, Paris, 2009.

[14] International Energy Agency Bioenergy, Potential Contribution of Bioenlergy to the World's Future energy Demand, IEA Bioenergy: ExCo: 2007: 02, 2007.

[15] Leppard W R. The Chemical Origin of Fuel Octane Sensitivity, SAE paper 902137, 1990.

[16] Lide D R, Haynes W M, eds. CRC Handbaok of Chemistry and Physics, 90th ed., CRC Press, Boca Raton, FL, 2009.

[17] Lieuwen T, Yang V, Yetter R, eds. Synthesis Gas Combustion: Fundamentals and Applications, CRC Press, Boca Raton, FL, 2010.

[18] Owen K, Coley T R, Weaver C S. Automotive Fuels Reference Book, 3rd ed., SAE International, Warrendale, PA, 2005.

[19] Perack R D, Wright L L, Turhollow A F, et al. Biomass as Feedstock for a Bioenergy and Bioproducts Industry: The Technical Feasibility of a Billion-Ton Annual Supply, USDA/GO-102005-2135 and ORNLI/TM-2005/66, US Department of Energy, Washington, DC. 2005.

[20] Green D W, Perry R H. Perry's Chemical Engineers Handbook, 8th ed., McGraw-Hill Professional, New Yark, 2007.

[21] Ragland K W, Aerts D J, Baker A J. Properties of Wood for Combustion Analysis, Bioresour: Technol 37 (2): 161~168, 1991.

[22] Reed R J. North American Combustion Handbook: A Basic Reference on the Art and Science of Industrial Heating with Gaseous and Liquid Fuels, Vol. 1, North American Mfg. Co., 3rd ed., 1985.

[23] Singer J G, ed. Combustion Fossil Power: A Reference Book on Fuel Burning and Steam Generation, 4th ed., Combustion Engineering Power Systems Group, Windsor, CT, 1993.

[24] Sprinter K J. Energy, Efficiency and the Environment: Three Bin Es of Transportation, J. Eng. Gas Turbines Power 114 (3): 445~458, 1992.

[25] United States Department of Energy, Thermal Systems for Conversion of Municipal Solid Waste, Argonne National Laboratory, ANL/CNSV-TM-120, 6 Vols., 1983.

[26] United States Environmental Protection Agency, Municipal Solid Waste in the United States: 2007 Facts and Figures, Office of Solid Waste, EPA530-R-08-010- 2008a.

[27] Fuel Tiends Report: Gasoline 1995~2005, Office of Transportation and Air Quality, EPA420-R-08-002. 2008b.

3 燃烧热力学

工程学和燃烧装置的设计始于热力学定律的应用。热力学提供了质量、物质和能量守恒定律，效率定义，并讨论反应物和生成物的平衡态和化学成分。本章回顾了封闭和开放系统中的热力学第一定律、混合物的性质、燃烧化学计量学。此外，如果已知反应物和生成物的独立热力学性质，我们还能通过检查平衡原则，在已知原子或分子组成的系统中，知道如何确定化学成分。虽然化学反应系统一般不能达到化学守恒，但在许多情况下，可以选择通过控制体积足够小来保证压力和温度在控制体积内是均匀的。某给定时刻的化学成分由系统的热力学性质、化学反应速率和流体动力学决定。本章均假设化学反应处于平衡状态（即不控制速率）、没有梯度，因此不考虑流体动力学。

3.1 第一定律概念的回顾

在一封闭的热力学系统（即恒定质量问题）中，热力学第一定律的速率性质表现为：

系统能量的转变率 = 系统内已完成做功的速率 + 热量传递给系统的速率

如果忽略系统内的势能和动能，系统中的能量由热能组成。这种情况下，热力学第一定律可以写成：

$$\frac{\mathrm{d}(mu)}{\mathrm{d}t} = \dot{W} + q \tag{3.1}$$

式中，m 是系统的质量；u 是单位质量的内能；$\dot{W}$ 是系统内已完成做工的速率（即轴功率）；q 是热量传递给系统的速率。系统的内能包括：(1) 因分子平移、旋转和振动而引起的热（或显热）能；(2) 分子中原子间化学键的化学能。轴功率通常包括机械功率、电功率和移动边界的功率，不包括在开放系统中的流动功。本章仍遵循热传递到系统的符号惯例和在系统中做的功是正的。反之，热量传递至系统外和系统所做的功是负的。

如果在体积为 V 的系统中所做的功被限定为机械功，考虑系统压力对 A 区域边界移动的影响，假定其向外运动的速度是 $\mathrm{d}x/\mathrm{d}t$，那么能量是：

$$\dot{W} = -pA\frac{\mathrm{d}x}{\mathrm{d}t} = -p\frac{\mathrm{d}V}{\mathrm{d}t} \tag{3.2}$$

代入式（3.1），该封闭系统的第一定律变成：

$$\frac{\mathrm{d}(mu)}{\mathrm{d}t} = -p\frac{\mathrm{d}V}{\mathrm{d}t} = q \tag{3.3}$$

热力学第一定律的这一形式强调了时间是独立变量，可以用数值方法对复杂系统进行积分，比如内燃机。

对式（3.3）在时间上进行积分，封闭系统的能量平衡变成：

$$m(u_2 - u_1) = W_{12} + Q_{12} \tag{3.4}$$

式中：

$$W_{12} = -\int_{V_1}^{V_2} p\mathrm{d}V$$

并且：

$$Q_{12} = \int_{t_1}^{t_2} q\mathrm{d}t$$

对于恒定压强下的均匀系统，式（3.3）简化为：

$$\frac{\mathrm{d}(mu + pV)}{\mathrm{d}t} = q \tag{3.5}$$

或者：

$$\frac{\mathrm{d}(mh)}{\mathrm{d}t} = q \tag{3.6}$$

式中，h 代表单位质量的焓，对式（3.6）积分得：

$$m(h_2 - h_1) = Q_{12} \tag{3.7}$$

假设化学成分恒定，化学能量不变，且只需要考虑显焓。对于理想气体，热力学能和焓的变化已知：

$$u_2 - u_1 = \int_{T_1}^{T_2} c_V \mathrm{d}T \tag{3.8}$$

$$h_2 - h_1 = \int_{T_1}^{T_2} c_p \mathrm{d}T \tag{3.9}$$

在这里，$c_p = c_V + R$，c_p 是恒压比热容，c_V是恒定体积比热容，R 是流体的通用气体常数。

开放的热力学系统在控制体积的边界上有质量流动。该质量流的对流能量（例如：内能、动能和势能）在系统中进出。此外，在系统上做了流动功，使流体流过边界。因此，在式（3.2）中必须增加附加项，才能将能量守恒应用于一个开放系统。忽略势能，开放系统的能量转变是：

$$\frac{\mathrm{d}(mu)}{\mathrm{d}t} = \sum_n \dot{m}_n \left(u_n + \frac{V_n^2}{2} + p_n v_n\right) + \dot{W} + q \tag{3.10}$$

式中，$\frac{V_n^2}{2}$ 是动能；$p_n v_n$ 是流动功。注意到，$h=u+pv$，因此，开放系统的能量方程可以简化为：

$$\frac{\mathrm{d}(mu)}{\mathrm{d}t} = \sum_n \dot{m}\left(h_n + \frac{V_n^2}{2}\right) + \dot{W} + q \tag{3.11}$$

该式的第一项表示系统中能量随时间的变化速率。方程中 $\dot{m}_n$ 是流体通过边界表面 n 的质量流率，h_n 是流体跨越边界表面 n 的焓。流入系统的流率为正值，流出系统的流率为负值。流体的焓包括显热焓和混合气体在表面积 n 上的化学能量。$\frac{V_n^2}{2}$ 是流过边界表面积 n 时的动能，q 是传递给系统的传热速率，$\dot{W}$ 是添加到系统上的轴功率。对一条稳定流入（in）控制体积和流出（out）控制体积的质量流，开放系统的能量方程（式（3.11））可以简化为：

$$\dot{m}\left(h_{out} - h_{in} + \frac{V_{out}^2}{2} - \frac{V_{in}^2}{2}\right) = q + \dot{W} \tag{3.12}$$

3.2 混合物的性质

在开始考虑气体混合物时，需要记住理想气体方程为：

$$pV = mRT \tag{3.13}$$

对于气体混合物，系统的质量是每个物质的质量之和：

$$\dot{m} = \sum_i m_i \tag{3.14}$$

由于混合物质占据了整个体积，所以混合物的密度是各物质密度之和：

$$\rho = \sum_i \rho_i \tag{3.15}$$

质量分数 y_i，是 i 的质量除以总质量；

$$y_i = \frac{m_i}{m} = \frac{\rho_i}{\rho} \tag{3.16}$$

并规定：

$$\sum_i y_i = 1 \tag{3.17}$$

类似地，摩尔分数是各物质的量除以总物质的量：

$$x_i = \frac{N_i}{N} = \frac{n_i}{n} \tag{3.18}$$

式中，N_i是物质 i 的物质的量；N 是混合物中各物质总物质的量。同样的，n_i 是物质 i 的物质的量浓度；n 是混合物中各物质总的物质的量浓度。通过定义：

$$\sum_i x_i = 1 \tag{3.19}$$

在化学动力学中，物质的量浓度的表示需要在周围加上化学符号方括号，例如：[CO]，单位是 mol_{CO}/cm^3。

混合物的气体常数 R 是：

$$R = \frac{\hat{R}}{M} \tag{3.20}$$

式中，$\hat{R}$ 是通用气体常数（对于数值和单位来说请参看术语与缩写）；而分子量 M 是：

$$M = \frac{m}{N} \tag{3.21}$$

由此可以看出，分子量的单位是 kg/kgmol。对于一个混合物来说：

$$M = \sum_i x_i M_i \tag{3.22}$$

为找出摩尔分数和质量分数之间的关系，可以写出：

$$x_i = \frac{N_i}{N} = \frac{m_i}{M_i} \cdot \frac{M}{m} = \frac{M}{M_i} \cdot \frac{m_i}{m} \tag{3.23}$$

因此：

$$x_i = \frac{M}{M_i} y_i \tag{3.24}$$

单位质量混合物的内能为 u，焓为 h，公式如下：

$$u = \sum_i y_i u_i \tag{3.25}$$

并且：

$$h = \sum_i y_i h_i \tag{3.26}$$

同样，每摩尔混合物的内能为 $\hat{u}$，焓为 $\hat{h}$：

$$\hat{u} = \sum_i x_i \hat{u}_i \tag{3.27}$$

并且：

$$\hat{h} = \sum_i x_i \hat{h}_i \tag{3.28}$$

采用同样的处理方法，也可得到 c_p、$\hat{c}_p$、c_V 和 $\hat{c}_V$。

理想气体混合物的压强 p 等于各部分气体压力的和，如果在混合物温度下的体积中混合物单独存在的话，各组分气体就会逸出：

$$\sum_i p_i = \sum_i x_i p = p \tag{3.29}$$

理想气体混合物的体积 V 等于各部分气体的体积之和，如果在混合物温度下的体积中混合物单独存在的话，各组分气体将会占据空位：

$$\sum_i V_i = \sum_i x_i V = V \tag{3.30}$$

因此，混合气体的理想气体方程可以写成：

$$pV = mRT \tag{3.31}$$

式中，R 是由式（3.20）和式（3.22）定义的混合物气体常数。

例 3.1　1000K 下，一种气体混合物按体积分数含有 25% CO，10% CO_2，15% H_2，4% CH_4和 46% N_2。使用国际单位，计算：（a）分子摩尔质量 M；（b）在混合物质量基础上的恒定体积比热 c_V。

解：（a）首先已知对于理想气体，体积分数和摩尔分数是一样的。

由公式（3.30）可知：

$$x_i = \frac{V_i}{V}$$

分子摩尔质量可以由式（3.22）得到：

$$M = \sum_i x_i M_i$$

物　质	x_i	M_i	$x_i M_i$
CO	0.25	28	7.0
CO_2	0.10	44	4.4
H_2	0.15	2	3.0
CH_4	0.04	14	0.6
N_2	0.46	28	12.9
合　计	1.00	—	25.2

因此，对于混合物：$M = 25.2\text{kg/kgmol}$。

（b）下面的问题是，需要计算混合物在固定体积和质量基础上的比热容，但是我们不知道混合物的质量分数。有两种方法：（1）通过式（3.24），将气体摩尔分数转换成质量分数，然后得到在质量基础上的每个组分的恒定体积比热容之和；（2）找到在摩尔基础上混合物的恒定体积比热容，然后除以分子量，得到在质量基础上的比热容。

在该例题中，我们使用第二种方法，并使用一个类似式（3.27）的式子来求恒定体积比热容。也就是说：

$$\hat{c}_V = \sum_i x_i \hat{c}_{V,i} \quad \text{kJ/(kgmol}\cdot\text{K)}$$

其中，$\hat{c}_p$ 值在附录 C 中可以查到，$\hat{c}_V$ 可以通过 $\hat{c}_V = \hat{c}_p - \hat{R}$ 得到。

从程序内部 $\hat{R}$ 的赋值可知 $\hat{R} = 8.314\text{kJ/(kgmol}\cdot\text{K)}$，并可计算出下面的扩展表格：

物质	x_i	$\hat{c}_{p,i}$/kJ·(kgmol·K)$^{-1}$	$\hat{c}_{V,j}$/kJ·(kgmol·K)$^{-1}$	$x_i\hat{c}_{V,i}$/kJ·(kgmol·K)$^{-1}$
CO	0.25	33.18	24.866	6.216
CO_2	0.10	54.31	45.996	4.600
H_2	0.15	30.20	21.886	3.283
CH_4	0.04	71.80	63.486	2.539
N_2	0.46	32.70	24.386	11.218
合计	1.00	—	—	27.856

除以 M 可以得到混合物在质量基础上的恒定体积比热容：

$$c_V = \frac{\hat{c}_V}{M} = \frac{27.856\text{kJ}}{\text{kgmol}\cdot\text{K}} \cdot \frac{\text{kgmol}}{25.2\text{kg}} = 1.105\text{kJ/(kg}\cdot\text{K)}$$

3.3　燃烧化学计量学

当分子发生化学变化时，反应物的原子会重新排列成新的组合。例如，当氢和氧反应生成水时，可写出：

$$H_2 + \frac{1}{2}O_2 \longrightarrow H_2O$$

即 2 个氢原子（H）和 1 个氧原子（O）生成 1 个水分子（H_2O），由于 H 和 O 原子的数量必须是守恒的，因此，也可以说 2mol 的氢（H）和$\frac{1}{2}$mol 的氧气（O_2）生成了 1mol 的水（H_2O），这也是因为 H 和 O 原子的数量必须是守恒的。

这种反应方程式代表了初始和最终的结果，并没有指明反应的实际路径，这可能包括许多中间步骤和中间物质。这种全局或整体方法类似于热力学系统分析，只考虑端点状态，而不考虑路径机制。

分子的相对质量可通过分子中每个物质的物质的量乘以各自的分子量得到。对于上述的氢氧反应：

$$(1\text{kgmol}_{H_2})\left(\frac{2\text{kg}_{H_2}}{\text{kgmol}_{H_2}}\right) + \left(\frac{1}{2}\text{kgmol}_{O_2}\right)\left(\frac{32\text{kg}_{O_2}}{\text{kgmol}_{O_2}}\right) \longrightarrow (1\text{kgmol}_{H_2O})\left(\frac{18\text{kg}_{H_2O}}{\text{kgmol}_{H_2O}}\right)$$

简化为：

$$2kg_{H_2} + 16kg_{O_2} \longrightarrow 18kg_{H_2O}$$

因此，正如预期的那样，我们看到质量是守恒的。虽然反应物的物质的量不等于生成物的物质的量，但反应物的质量等于生成物的质量。同样，即使理想气体在恒定的温度和压力下发生反应，体积也会发生变化。例如，考虑到上一点：

$$1\text{volume}H_2 + \frac{1}{2}\text{volume}O_2 \longrightarrow 1\text{volume}H_2O$$

大多数燃烧装置中，燃料的反应是空气而不是氧气。空气是由21%的氧气、79%的氮气与少量的氩气、二氧化碳和氢气组成。燃烧计算中，传统的方法是将干燥空气近似为79%（体积分数）N_2和21%（体积分数）O_2或1mol O_2对应3.764mol N_2。通过M_{O_2} = 32.00和M_{N_2} = 28.01，得到M_{air} = 28.85；然而，纯空气的分子量为28.96，因为还有少量其他气体。最直接的解决方法是使用N_2的表观分子量28.16，该值是通过代入式（3.22）计算得到的：

$$M_{air} = \sum_i x_i M_i = x_{N_2} M_{N_2} + x_{O_2} M_{O_2}$$

重新组合并简化：

$$M_{N_2} = \frac{M_{air} - x_{O_2} M_{O_2}}{x_{N_2}} = \frac{28.96 - 0.21 \times 32}{0.79} = 28.16$$

本书中，我们假设所有计算的空气都是干燥的，且分子量为29.0。在某些特定应用中，可能需要考虑水蒸气在空气中的作用。例如，在26.67℃下，空气中饱和水蒸气体积占6.47%，因此空气中只有19.6%的氧气。

化学计量中的空气是指在没有游离的情况下燃料完全燃烧所需的空气量。化学计量计算是通过混合物中每一个元素的原子平衡来完成。例如，考虑空气中甲烷（CH_4）的燃烧，可以写成：

$$1(CH_4) + a(O_2 + 3.76N_2) \longrightarrow b(CO_2) + c(H_2O) + 3.76a(N_2)$$

根据产物中C元素守恒：　　$1 = b$

同样H元素守恒：　　$4 = 2c$

简化为：　　$c = 2$

O元素守恒：　　$2a = 2b + c$

代入b和c：　　$a = 2$

因此，CH_4燃烧的化学反应方程为：

$$CH_4 + 2(O_2 + 3.76N_2) \longrightarrow CO_2 + 2H_2O + 7.52N_2$$

例3.2　在1大气压下，化学计量氢-空气反应，求（a）燃料空气质量比f，（b）每质量反应物中燃料的质量，以及（c）产物中水蒸气的分压。

解：（a）1mol H_2与足够的空气反应生成完整的产物H_2O和N_2：

$$1(H_2) + a(O_2 + 3.76N_2) \longrightarrow b(H_2O) + 3.76a(N_2)$$

根据氢原子平衡：$1(H_2) + a(O_2 + 3.76N_2) \longrightarrow b(H_2O) + 3.76a(N_2)$

$$1(2) = b(2),\ b = 1$$

根据氧原子平衡：$1(H_2) + a(O_2 + 3.76N_2) \longrightarrow b(H_2O) + 3.76a(N_2)$

$$a(2) = b,\ a = \frac{1}{2}$$

因此，H_2燃烧的化学计量方程是：

$$H_2 + \frac{1}{2}(O_2 + 3.76N_2) \longrightarrow H_2O + 1.88N_2$$

也就是，1kgmol 的 H_2与空气反应：

$$\frac{1}{2} \times (1 + 3.76) = 2.38\text{kgmol}_{air}$$

在质量基础上：
$$m_{H_2} = \frac{1\text{kgmol}_{H_2}}{1} \cdot \frac{2\text{kg}_{H_2}}{\text{kgmol}_{H_2}} = 2\text{kg}_{H_2}$$

与 69.02kg 的空气发生反应：

$$m_{air} = \frac{2.38\text{kgmol}_{air}}{1} \cdot \frac{29.0\text{kg}_{air}}{\text{kgmol}_{air}} = 69.02\text{kg}_{air}$$

因此：
$$f = \frac{m_{H_2}}{m_{air}} = \frac{2}{69.02} = 0.029$$

（b）每单位质量的混合反应物中 H_2的质量为：$\frac{m_f}{m_{air} + m_f}$。

根据燃料-空气比的定义：　　$m_f = m_{air} f$

燃料的质量占反应物总质量的比例为：

$$\frac{m_f}{m_{air} + m_f} = \frac{m_{air} f}{m_{air} + m_{air} f} = \frac{f}{1 + f} = \frac{0.029}{1.029} = 0.0282$$

（c）产物中水蒸气的分压来自于产物中水的摩尔分数：

$$X_{H_2O} = \frac{\text{mol}_{H_2O}}{\text{mol}_{prod}} = \frac{1}{2.88} = 0.347$$

由式（3.29）可知：　　$p_{H_2O} = x_{H_2O}p = 0.347p$

因此：　　$p_{H_2O} = 0.347\text{atm}\quad (T > 73℃)$

例 3.3　在 1 大气压下，考虑干松木的化学计量燃烧。假设松木的元素分析（质量分数）为 51% C，7% H，42% O，< 0.1% N，< 0.1% S。求：（a）燃料空气质量比f；（b）在质量基础上产物的组成和（c）产物中水蒸气的分压。

解：（a）以 100kg 的燃料作为计算的基础，如下表所示：

	m/kg	M/kg · kgmol^{-1}	N/kgmol	规范化的物质的量
C	51	12	4.25	1.00
H	7	1	7.00	1.65
O	42	16	2.63	0.62

化学计量反应式为：

$$CH_{1.65}O_{0.62} + 1.10(O_2 + 3.76N_2) \longrightarrow CO_2 + 0.82H_2O + 4.14N_2$$

燃料的质量为：　$m_f = 12 + 1.65 + 0.62 \times 16.0 = 23.6\text{kg}_{fuel}$

空气的质量为：

$$m_{air} = \frac{1.1(4.76)\,\text{kgmol}_{air}}{1} \cdot \frac{29.0\text{kg}_{air}}{\text{kgmol}_{air}} = 151.8\text{kg}_{air}$$

燃料-空气的质量比为：　$f = \dfrac{m_f}{m_{air}} = \dfrac{23.6}{151.6} = 0.155$

（b）参考（a）部分的化学计量平衡：

	N/kgmol	M/kg · kgmol^{-1}	m/kg	x_i
CO_2	1.00	44.0	44.0	0.251
H_2O	0.82	18.0	14.8	0.084
N_2	4.14	28.16	116.6	0.665
总计	—	—	175.4	1.000

如前所述，在空气中含有少量的氩气、二氧化碳和氢气时，我们采用氮气的表观分子量为 28.16。在此基础上，生成物的质量等于反应物的质量。

（c）产物中水蒸气的分压由产物中水的摩尔分数确定：

$$x_{H_2O} = \frac{\text{mol}_{H_2O}}{\text{mol}_{prod}} = \frac{0.82}{1 + 0.82 + 4.14} = 0.138$$

由公式（3.29）：　$p_{H_2O} = x_{H_2O} \cdot p = 0.138p$

因此：　$p_{H_2O} = 0.138\text{atm}$　（$T > 52℃$）

对于一个含碳、氢和氧的燃料，在空气中燃烧后，C、H、O 和 N 原子会达到化学计量平衡，得到以下的一般表达式：

$$C_\alpha H_\beta O_\gamma + \left(\alpha + \frac{\beta}{4} - \frac{\gamma}{2}\right)(O_2 + 3.76N_2) \longrightarrow \alpha CO_2 + \frac{\beta}{2}H_2O + 3.76\left(\alpha + \frac{\beta}{4} - \frac{\gamma}{2}\right)N_2 \tag{3.32}$$

式中，α、β、γ 是燃料中的碳、氢和氧原子的数目。或者说，α、β、γ 是燃料的元素分析。求碳、氢和氧的摩尔分数，每摩尔燃料中空气的物质的量为 $n_{air(s)}$。

$$\frac{n_{air}(s)}{n_f} = 4.76\left(\alpha + \frac{\beta}{4} - \frac{\gamma}{2}\right) \tag{3.33}$$

化学计量的燃料-空气比是：

$$f_s = \frac{m_f}{m_{air(s)}} = \frac{n_f M_f}{n_{air(s)} M_{air}} = \frac{M_f}{4.76\left(\alpha + \frac{\beta}{4} - \frac{\gamma}{2}\right) M_{air}} \tag{3.34}$$

代入 $M_{air} = 29.0$，并简化上式：

$$f_s = \frac{M_f}{138.0\left(\alpha + \frac{\beta}{4} - \frac{\gamma}{2}\right)} \tag{3.35}$$

过量空气的百分比是：

$$\%\text{过量空气} = 100\,\frac{m_{air} - m_{air(s)}}{m_{air(s)}} \tag{3.36}$$

分子和分母同时除以 M_{air}，可以得到：

$$\% \text{过量空气} = 100\frac{n_{air} - n_{air(s)}}{n_{air(s)}} \tag{3.37}$$

或：

$$\% \text{过量空气} = 100\frac{n_{O_2} - n_{O_2(s)}}{n_{O_2(s)}} \tag{3.38}$$

理论空气的百分比是实际使用的空气量除以空气的化学计量数：

$$\% \text{理论空气} = 100\frac{m_{air}}{m_{air(s)}} = 100\frac{n_{air}}{n_{air(s)}} \tag{3.39}$$

因此：

$$\% \text{过量空气} = \% \text{理论空气} - 100 \tag{3.40}$$

例如，110%的理论空气有 10%的过量空气，是一种贫混合气（贫燃烧），85%的理论空气缺少 15%的空气，是一种富混合气（富燃烧）。

有时用等效比代替多余的空气来描述可燃混合物。等效比 F 是用实际燃料-空气的质量比，除以化学计量的燃料-空气质量比 f_s 得到的，计算如下：

$$F = \frac{f}{f_s} \tag{3.41}$$

过量空气与等效比直接相关。通过式（3.38）得到：

$$\% \text{过量空气} = \frac{100(1 - F)}{F} \tag{3.42}$$

图 3.1 是过量空气与等效比的函数关系。对于贫混合气，过剩的空气趋于无穷，这就是为什么在通常情况下，内燃机采用等效比，这是因为它通常在贫混合气下工作。

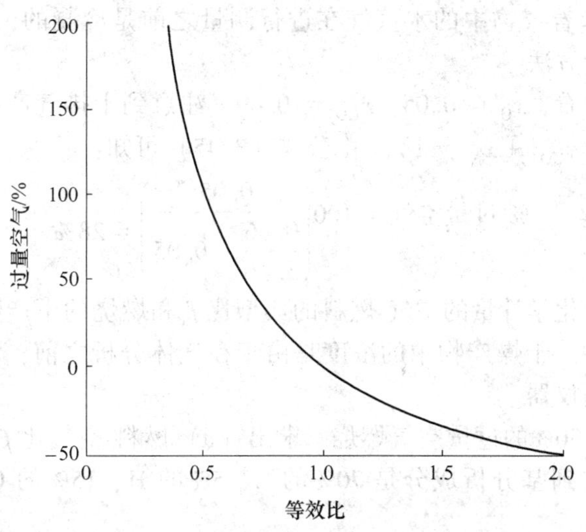

图 3.1　过量空气与等效比的函数关系

在实践中，过量空气通常是通过测量产物的成分来确定的。如果是完全燃烧（即产物是 CO_2，H_2O，O_2 和 N_2），我们可以得到：

$$\%\ 过量空气 = \frac{m_{air} - m_{air(s)}}{m_{air(s)}} = \frac{M_{air}}{M_{air}}\frac{m_{air} - m_{air(s)}}{m_{air(s)}} = \frac{n_{air} - n_{air(s)}}{n_{air(s)}} \tag{3.43}$$

继续得到：

$$\frac{n_{air} - n_{air(s)}}{n_{air(s)}} = \frac{n_{O_2} - n_{O_2(s)}}{n_{O_2(s)}}$$

反应物和产物中 O_2 的关系为：

$$(n_{O_2} - n_{O_2(s)})\big|_{react} = n_{O_2}\big|_{prod}$$

重新排序和代入后得到：

$$\left.\frac{n_{O_2} - n_{O_2(s)}}{n_{O_2(s)}}\right|_{react} = \frac{n_{O_2}\big|_{prod}}{n_{O_2}\big|_{react} - n_{O_2(s)}\big|_{prod}} \tag{3.44}$$

式（3.44）可通过下面两式表示产物的质量，即：

$$n_{N_2}\big|_{react} = 3.76 n_{O_2}\big|_{react}$$

和：

$$n_{N_2}\big|_{prod} = n_{N_2}\big|_{react}$$

由于气体的测量通常是以体积（摩尔）分数的形式来表征的，所以通过除以总物质的量，用 x 取代 n。可以得到：

$$\%\ 过量空气 = 100\left(\frac{x_{O_2}\big|_{prod}}{\dfrac{x_{N_2}\big|_{prod}}{3.76} - x_{O_2}\big|_{prod}}\right) \tag{3.45}$$

如果产物中含有 CO、H_2 和不完全燃烧的燃料碎片等物质，则通过测量产物的成分来确定是否可能存在过剩的空气。例如，发动机的废气排放可用于计算总燃料空气比（Spindt，1965）。

例 3.4 天然气与含有 5%氧气和 9%二氧化碳的空气燃烧后，从燃烧器上排除干排气产物。假设完全燃烧，求出此燃烧器排除的多余空气。注意，本例题中使用了“干排气产物”一词，这意味着产物中的水蒸气在进行测量之前是冷凝的，因此产物是干燥的。这是一种常用的测量方法。

解：从测量结果看，$x_{O_2} = 0.05$，$x_{CO_2} = 0.09$。注意到干排气产物的摩尔分数的总和必须为 1（即：$x_{O_2} + x_{CO_2} + x_{N_2} = 1$），由公式（3.45）可知：

$$\%\ 过量空气 = 100\left(\frac{0.05}{\dfrac{0.86}{3.76} - 0.05}\right) = 28\%$$

对于不同燃料，化学计量的空气-燃料的典型比 f_s 和燃烧的干产物中二氧化碳的体积分数都列在表 3.1 中。干燥产物中的浓度是由于在气体分析之前，水从产物中被压缩出去，以保护气体监测仪器。

例 3.5 烟煤与 50%的过量空气燃烧。求出（a）燃料-空气比 f 和（b）干产物的体积分析成分。煤的收到基分析成分是 70%的 C、5%的 H、15%的 O、5%的 H_2O 和 5%的灰。

解：（a）该问题的出发点是：

$$煤炭 + (1.5 \times 化学计量的空气) \rightarrow 产物$$

由于：

$$N = \frac{m}{M}$$

表 3.1 几种燃料在空气中完全燃烧下的化学计量结果

燃 料	$m_{air(s)}/m_i$	f_s	CO_2（干基产物中的体积分数）
甲烷	17.2	0.0581	11.7
汽油	14.7	0.0680	14.9
甲醇	6.5	0.154	15.1
乙醇	9.0	0.111	15.1
1 号燃油	14.8	0.0676	15.1
6 号燃油	13.8	0.0725	15.9
煤炭①	10.0	0.100	18.2
木材①	5.9	0.169	20.5

① 干燥基。

对于 100kg 的煤：

物 质	m_i/kg	M_i/kg · kgmol^{-1}	N_i/kgmol
C	70	12	5.833
H	5	1	5.000
O	15	16	0.937
H_2O	5	18	0.278

100kg 煤与 50%过量空气的平衡方程是：

$$(5.833C + 5H + 0.937O + 0.287H_2O) + 1.5a(O_2 + 3.76N_2) \longrightarrow$$
$$5.833CO_2 + (2.5 + 0.278)H_2O + 0.5aO_2 + 1.5(3.76)aN_2$$

根据氧原子平衡：

$$(0.937(1) + 0.278(1)) + 1.5a(2) = 5.833(2) + (2.5 + 0.278)(1) + 0.5a(2)$$

解出 a： $a = 6.614$

燃烧反应可以写成：

$$(C_{5.833}H_5O_{0.937} + 0.287H_2O) + 9.921(O_2 + 3.76N_2) \longrightarrow$$
$$5.833CO_2 + 2.778H_2O + 3.307O_2 + 32.303N_2$$

其中，$C_{5.833}H_5O_{0.937}$是含水量为 5%的 100kg 煤中一种具有正确 C、H、O 比值的伪分子。除以 5.833，可以简化为 $CH_{0.857}O_{0.161}$，但它将不再代表 100kg 的煤。因此，在含有 50%的过量空气中燃烧 100kg 煤所需的空气质量为：

$$m_{air} = \frac{29kg_{air}}{kmol_{air}} \cdot \frac{9.921(1 + 3.76)kmol_{air}}{1} = 1369kg_{air}$$

燃料-空气质量比为：

$$f = \frac{100kg_{coal}}{1369kg_{air}} = 0.0730$$

(b) 气体燃烧产物的体积分析成分如下：

物质（N_i）	N/kgmol	x_i	x_i（干基）
CO_2	5.833	0.1185	0.1256
H_2O	2.778	0.0564	—
O_2	3.307	0.0672	0.0712
N_2	37.303	0.7579	0.8032
总计	49.221	1.0000	1.0000

3.4　化学能

燃烧工程的关键之一是确定某一燃料在特定燃烧情况下释放的能量。本节介绍了燃烧工程师确定这一能量所需要的工具。它包括在恒压和恒定体积下反应热的概念、高位和低位发热量、生成热和绝对焓。

3.4.1　反应热

反应热是当燃料与空气反应生成产物时释放的化学能。通过确定反应物和产物中指定化学物质及其状态来确定反应热。可通过写出每个物质相平衡的反应方程式来完成。液体燃料汽化热和固体燃料高温分解热比燃烧释放的化学能要小得多。然而，水冷凝的影响是很重要的。例如，在家用燃气加热炉的热交换器中，当水凝结时，炉膛效率会有很大的提高。

对于低温度下的贫烃类空气混合物，可以假设产物是完全燃烧的（通常是 CO_2、H_2O、O_2和 N_2）。然而，高温度的富燃混合物，通常还包括其他物质，可假设化学平衡确定物质的摩尔分数。如果产物不处于平衡状态，则需要化学动力学分析或直接测量，以确定最终的产物。例如，富有混合物燃烧产生固体碳的数量通常不能通过化学平衡正确地预测，富燃混合产物的气体组成也有一定的不确定性，即使化学平衡占据了上风，由于未燃烧的碳氢化合物的特性，其气体组成也是不容易确定的。解决该问题的方法是在一个单独的反应堆中完成氧化，并测量额外的能量释放。

为了理解反应热，考查燃料和空气混合质量 m（系统的总质量）的反应。对于恒容燃烧和传热，不存在做功，热力学第一定律（公式（3.4））是：

$$Q_V = m[(u_2 - u_1)_s + (u_2 - u_1)_{chem}] \tag{3.46}$$

其中，下标 s 和 chem 指的是显热能和化学能。注意，在公式（3.46）中，状态 1 和状态 2 的 u 的值是通过对所有 I 种物质的求和得到的，$i=1, 2, \cdots, I$，因此：

$$[u_1]_s = [u_{T_1}]_s = \sum_{i=1}^{I} y_i[u_i, T_1]_s = \sum_{i=1}^{I} y_i\int_{T_0}^{T_1}(c_{V,i})_{react}dT = \int_{T_0}^{T_1}(c_V)_{react}dT$$

式中，T_0是参考温度，$(c_V)_{react}$是反应混合物的比热容。同样：

$$[u_2]_s = \int_{T_0}^{T_2}(c_V)_{prod}dT$$

式中，T_0是参考温度，$(c_V)_{prod}$是反应产物的比热容。

如果热传递刚好能使产物的温度回到反应物的温度，且这个温度被当作参考温度 T_0，定义显热能为 $(u_2 - u_1)_s = 0$，Q_V 是反应释放的化学能。对于恒容燃烧，如果产物中的水不凝结，则低位发热值可以表示为：

$$LHV = \frac{-Q_V}{m}\left(\frac{1+f}{f}\right) \tag{3.47}$$

如果产物中的水凝结，则高位发热值可以表示为：

$$HHV = \frac{-Q_V}{m}\left(\frac{1+f}{f}\right) \tag{3.48}$$

公式（3.47）和式（3.48）用于恒定体积燃烧。

如果反应在恒压下发生，总传热是 Q_p，则能量方程（公式（3.12））就变成了：

$$m[(h_2-h_1)_s+(h_2-h_1)_{chem}]=Q_p \tag{3.49}$$

如果 $T_1=T_2=T_0$，那么 Q_p 就是释放的化学能。在恒压情况下，如果气体产物的物质的量 N_{prod}大于气体反应物的物质的量 N_{react}，那么一些化学能将被消耗，这是因为膨胀的气体需做功把环境压力推开。对于理想气体的反应物和产物：

$$Q_p-Q_V=\Delta(pV)=(N_{prod}-N_{react})\hat{R}T_0=\Delta N\hat{R}T \tag{3.50}$$

考虑广义的燃烧反应：

$$C_\alpha H_\beta O_\gamma+\left(\alpha+\frac{\beta}{4}-\frac{\gamma}{2}\right)(Q_2+3.76N_2)\longrightarrow$$

$$\alpha CO_2+\frac{\beta}{2}H_2O+3.76\left(\alpha+\frac{\beta}{4}-\frac{\gamma}{2}\right)N_2 \tag{3.51}$$

假设燃料处于气相，而水仍然是水蒸气，此时：$\Delta N=\frac{\beta}{4}+\frac{\gamma}{2}-1$。

对于甲烷（CH_4），$\beta=4$，$\gamma=0$。因此，对于甲烷而言，反应物的物质的量等于反应物的物质的量（$\Delta N=0$）。因为 Q_p和 Q_V都是负的，所以 $\Delta N>0$ 意味着 $|Q_V|>|Q_p|$。大多数情况下，Q_p-Q_V 只有几千卡，因而常被忽略。

反应热不仅可以计算 T_0温度下的反应，还可以在初始和最终温度不相等的情况下，利用 T_0所获取的反应数据计算反应热。考虑在恒压条件下的反应，反应物温度 T_1，产物温度 T_2。假设，$T_2>T_1>T_0$。使用 $Q_p(T_0)$ 值，首先假设反应物从 T_1冷却到 T_0，然后反应在 T_0下发生，最后产物从 T_0加热到 T_2。

$$Q_p=m\int_{T_1}^{T_0}c_{p,react}\mathrm{d}T+Q_{p,T_0}+m\int_{T_0}^{T_2}c_{p,prod}\mathrm{d}T$$

或者：

$$Q_p-Q_{p,T_0}=m(h_{s2}-h_{s1}) \tag{3.52}$$

对于放热反应，记住，Q_{p,T_0}是负数。

例 3.6 气态甲烷和空气在 25℃的高位发热值为 55.5MJ/kg。如果反应物和生成物的温度均为 500K，求出恒定压力下，甲烷和空气的混合物的化学计量反应热。

解：反应式为：

$$CH_4+2(O_2+3.76N_2)\longrightarrow CO_2+2H_2O+7.52N_2$$

反应物	N_i/mol	x_i	M_i/kg · (kgmol)$^{-1}$	x_iM_i/kg · (kgmol)$^{-1}$
CH_4	1	0. 095	16	1. 5
O_2	2	0. 190	32	6. 1
N_2	7. 52	0. 715	28	20. 0
合计	10. 52	1. 000	—	27. 6

确定反应混合物的分子量：

$$N_{\text{react}} = 1 + 2 \times 4.76 = 10.52$$

$$M_{\text{react}} = \sum_i x_i M_i = 27.6\text{kg/kgmol}$$

从附录 C 中使用显热焓进行分析，得到：

反应物	x_i	$\hat{h}_i$ /MJ · (kgmol)$^{-1}$	$x_i\hat{h}_i$/ kg · (kgmol)$^{-1}$
CH_4	0. 095	8. 20	0. 779
O_2	0. 190	6. 09	1. 157
N_2	0. 715	5. 91	4. 226
合计	1. 000	—	6. 162

$$\hat{h}_{\text{s, react}} = \sum_i x_i h_{\text{s}i} = 6.16\text{MJ/kgmol}$$

$$h_{\text{s, react}} = \frac{6.16\text{MJ}}{\text{kgmol}} \cdot \frac{\text{kgmol}}{27.6\text{kg}} = 223\text{kJ/kg}$$

燃料-空气的质量比为：

反应物	x_i	M_i	M_i/M	y_i
CH_4	0. 095	16	0. 580	0. 055
O_2	0. 190	32	1. 159	0. 220
N_2	0. 715	28	1. 014	0. 725
合计	1. 000	—	—	1. 000

$$f = \frac{y_{\text{f}}}{y_{\text{air}}} = \frac{0.055}{0.220 + 0.725} = 0.0582$$

用同样的方法分析产物，得到：

产　物	x_j	$\hat{h}_{sj}$ /MJ · (kgmol)$^{-1}$	M_j
CO_2	0. 095	8. 31	44
H_2O	0. 190	6. 92	18
N_2	0. 715	5. 91	28

$$N_{\text{prod}} = 10.52$$

$$\hat{h}_{\text{s, prod}} = 6.33\text{MJ/kgmol}$$

$$M_{\text{prod}} = 2.76\text{kg/kgmol}$$

$$h_{s, prod} = 229 \text{kJ/kg}$$

由于水汽在 500K 时不凝结，所以低位发热值采用下式：

$$LHV = \frac{55000\text{kJ}}{\text{kg}_{H_2O}} - \frac{2394\text{kJ}}{\text{kg}_{H_2O}} \cdot \frac{2\text{kmol}_{H_2O}}{\text{kmol}_{CH_4}} \cdot \frac{18\text{kg}_{H_2O}}{\text{kgmol}_{H_2O}} \cdot \frac{\text{kgmol}_{CH_4}}{16\text{kg}_{CH_4}}$$
$$= \frac{50113\text{kJ}}{\text{kg}_{CH_4}}$$

记住：

$$\frac{m_f}{m_{react}} = \frac{m_f}{m_{air} + m_f} = \frac{f}{1+f}$$

可以得到：

$$\frac{Q_{p,T_0}}{m} = \frac{f}{1+f}(LHV) = \frac{0.0582}{1 + 0.0582} \times 50113\text{kJ/kg}_{react} = -2747\text{kJ/kg}_{react}$$

由式（3.52），可计算 500K 下每单位质量反应物的反应热是：

$$Q_p = -2747 + (229 - 223) = -2741\text{kJ/kg}_{react}$$

负号表明热量从系统中流出。

在起始温度为 25℃，一个大气压条件下，燃料在空气（或氧气）中燃烧产生的热量，就是燃料的热值。将这些热值制成适用于普通燃料的表，然后，在所有可能的反应中遵循同样的做法，将获得大量的数据表格。解决该问题的方法是，可以简单地相加所选的反应和反应的热，以获得给定的反应和反应的热。因此，最基本的反应是化合物的形成。一旦这个基本反应的数据被制成表格，任何反应都可以由它来构建。

3.4.2 生成热和绝对焓

某一特定物质的生成热是每摩尔产物在其标准状态下等温过程中形成的反应热。标准状态是 1 个大气压和 25℃，有着最稳定的元素形式。对于碳，最稳定的形式是固态石墨。对于氧和氮，标准状态是气态 O_2 和 N_2。元素的生成热被赋值为零。在附录 A.1 中给出了烷烃的生成热。其他物质的生成热在附录 C 和本章文献［3］的 JANAF 表中给出（Chase 1998）。本书中，生成热定义为 Δh°。对于复杂的混合燃料，例如汽油或煤，通常没有已知的生成热。但是，可以从热值和燃料的氢、碳含量来计算生成热。在使用计算机程序计算绝对焓时，这是非常必要的。

一种物质的绝对焓是相对参考温度 T_0 的显热焓，加上参考温度下的生成热。

$$\hat{h} = \int_{T_0}^{T} \hat{c}_p \text{d}T + \Delta \hat{h}^\circ \tag{3.53}$$

在附录 C 中列出了选定物质的显热焓和生成热，参考温度为 25℃。元素的绝对焓等于显热能，因此在参考温度以上总是正值。然而，对于化合物来说，由于生成热通常是一个较大的负数，所以达到一个相对较高的温度时，绝对焓通常是负的。例如，水的 $\Delta \hat{h}^\circ$ 为−241.83MJ/kgmol；从这里我们可以看到，直到 5000K 下绝对焓仍是负的。

例 3.7 在流动量热计中，24mg/s 的石墨颗粒在初始温度 25℃ 下完全与氧气反应，在 1 大气压下，25℃生成二氧化碳。热水表吸收的热量为 787.0W。求出 CO_2 的生成热。

解：反应方程式为：

$$C(s) + O_2(g) \longrightarrow CO_2(g)$$

其中，(s) 和 (g) 分别指固相和气相。注意到1mol的C生成1mol的CO_2：

$$\dot{N}_{CO_2} = \frac{0.024g_C}{s} \cdot \frac{1gmol_C}{12g_C} \cdot \frac{1gmol_{CO_2}}{1gmol_C} = \frac{0.002gmol_{CO_2}}{s}$$

可得到，能量平衡（公式（3.12）的摩尔形式）公式为：

$$[\dot{N}\hat{h}]_{react} = [\dot{N}\hat{h}]_{prod} + q$$

因为在25℃参考温度下，这些显热能都为零，且因C和O_2均在它们的标准状态下，它们的生成热也是零：

$$0 = [\dot{N}\hat{h}°]_{CO_2} + q$$

或者：

$$\hat{h}^{\circ}_{CO_2} = \frac{-787.0W}{1} \cdot \frac{J}{W \cdot s} \cdot \frac{s}{0.002gmol_{CO_2}} = \frac{-393.5MJ}{kgmol}$$

该计算结果与附录C中所给出的二氧化碳的热值是一致的。

例3.8　干燥无灰基烟煤的高位热值是29050kJ/kg。在干燥无灰基，煤中含有70%碳和5%氢。求出在质量基础上（kJ/kg）该煤的生成焓。

解：在T_0温度下，煤与空气反应生成产物。产物的能量平衡式为：

$$[m\ h°]_{coal} - [m\ h°]_{CO_2} - [m\ h°]_{H_2O(l)} = [m(HHV)]_{coal}$$

除以煤的质量：

$$h°_{coal} = HHV + \left(\frac{m_{CO_2}}{m_{coal}}\right) h^{\circ}_{CO_2} + \left(\frac{m_{H_2O}}{m_{coal}}\right) h^{\circ}_{H_2O(l)}$$

因为：

$$\frac{m_{CO_2}}{m_{coal}} = \frac{0.7kg_C}{1kg_{coal}} \cdot \frac{kgmol_C}{12kg_C} \cdot \frac{1kgmol_{CO_2}}{1kgmol_C} \cdot \frac{44kg_{CO_2}}{kgmol_{CO_2}} = \frac{2.57kg_{CO_2}}{kg_{coal}}$$

且：

$$\frac{m_{H_2O}}{m_{coal}} = \frac{0.05kg_{H_2}}{1kg_{coal}} \cdot \frac{kgmol_{H_2}}{2kg_{H_2}} \cdot \frac{1kgmol_{H_2O}}{1kgmol_{H_2}} \cdot \frac{18kg_{H_2O}}{kgmol_{H_2O}} = \frac{0.45kg_{H_2O}}{kg_{coal}}$$

然后得到：

$$h°_{coal} = \frac{29050kJ}{kg_{coal}} + \frac{2.57kg_{CO_2}}{kg_{coal}}\left(\frac{-393520kJ}{kgmol_{CO_2}}\right)\frac{kgmol_{CO_2}}{44kg_{CO_2}} + \frac{0.45kg_{H_2O}}{kg_{coal}}\left(\frac{-285750kJ}{kgmol_{H_2O}}\right)\frac{kgmol_{H_2O}}{18kg_{H_2O}}$$

解出：

$$h^{\circ}_{coal} = -1079kJ/kg$$

3.5　化学平衡

为了得到热力学平衡，需要在分子内部自由度、完全化学平衡和完全空间平衡之间完成平衡。在讨论化学平衡之前，本节将简要讨论内部和空间平衡。

分子内部能量是分子储存能量的方式。多原子分子的主要能量形式有平移、振动、旋转、电子级激发和核自旋能。对于大多数工程燃烧的应用来说，假设在内部自由度之间的平衡是安全的，但对冲击波假设平衡是一种不安全的情况。各种内部能量的缓冲时间通常是平移 10^{-13} s，旋转 10^{-8} s，振动 10^{-4}s。因此，分子内的能量会短暂地超过平衡值，如果不能严格地假设内部平衡，大约需要运行 0.1ms 达到平衡。

假定纯热力学系统中是均质的，这意味着系统是由一组单值属性来描述的。如果系统包含梯度，它可以被划分为若干子系统，这样每个子系统的梯度都可以忽略。在一个有物质梯度的系统中，存在大量的物质转移，通常情况下，需采用反应流体力学的方程来完全描述系统。

当所有微粒浓度的变化速度为零时，在恒定温度和压力下达到化学平衡。在一个复杂的反应中，由于反应速度过快或浓度变化很小，某些物质可能会迅速达到平衡，而另一些物质则更缓慢地达到平衡。例如，在考虑喷嘴内高温氢气的流动时，假设在滞止温度下，所有的氢都与 H 原子分离。如果膨胀缓慢，反应 $2H \rightarrow H_2$ 将随温度迅速下降，从而产生一系列的平衡值（称为移动平衡）。如果膨胀非常迅速，几乎不会发生任何反应，得到的是 H 原子的常数浓度（冻结平衡）。在这两个极端之间，浓度将由反应速率决定，并认为是动力学限制的。这个案例是第 4 章的主题，很重要，因为在火焰区中不存在化学平衡。温度梯度非常陡峭，在火焰区发现了许多短暂存在的物质。在后焰区，许多燃烧产物都处于化学平衡或可能发生移动平衡。具有实际意义的一个例子是 NO 的生成。主要的燃烧产物种类遵循平衡路径，但当温度通过传热或膨胀降低时，NO 在保持平衡时反应过慢。

3.5.1 化学平衡准则

当产物达到化学平衡时，在给定反应物成分情况下，需要在已知的压力和温度下确定产物的组成。热力学本身不能决定产物混合物中可能存在什么物质。然而，当给定一组假定的成分，热力学可以确定每种物质的比例，即平衡混合物。一旦确定了组成，混合物的热力学性质，如内能 u；焓 h；熵 s，都可以计算出来。

对于化学平衡系统，压力和温度不变。这意味着规定系统的吉布斯自由能（$G = H-TS$）不改变：

$$(\mathrm{d}G)_{T,\ p} = 0 \tag{3.54}$$

上式中：

$$G = \sum_{i=1}^{i} N_i \hat{g}_i \tag{3.55}$$

且：

$$\hat{g}_i = \hat{h}_i - T\hat{s}_i$$

因为：

$$\hat{s}_i = \hat{S}_i{}^{\circ} - \hat{R}\ln\left(\frac{p_i}{p_0}\right) \tag{3.56}$$

且：

$$\hat{S}_i{}^{\circ} = \int_{T_0}^{T} \frac{\hat{c}_{pi}}{T}\mathrm{d}t \tag{3.57}$$

物质 i 的吉布斯自由能可以写成：

$$\hat{g}_i = \hat{h}_i - T\hat{s}_i^\circ + \hat{R}T\ln\left(\frac{p_i}{p_0}\right) \tag{3.58}$$

引入 $\hat{g}_i^\circ = \hat{h}_i - T\hat{s}_i^\circ$，并注意到 $x_i = p_i/p$，然后得到：

$$\hat{g}_i = \hat{g}_i^\circ + \hat{R}T\ln(x_i) + \hat{R}T\ln\left(\frac{p}{p_0}\right) \tag{3.59}$$

将公式（3.55）代入公式（3.54），判断平衡的准则变成：

$$\mathrm{d}\left(\sum_{i=1}^{I} N_i\hat{g}_i\right) = 0 \tag{3.60}$$

式（3.60）受原子平衡的约束，该约束条件是 C、H、O 等的原子数保持常数：

$$A_j = \sum_{i=1}^{I} \tilde{n}_{ji}N_i \tag{3.61}$$

式中，i 为物种；j 为原子；I 为系统中物质的总数；$\tilde{n}_{ji}$ 为 i 种物质中 j 原子的数目；A_j为系统中 j 原子的物质的量。

解决化学平衡问题的一种方法是在公式（3.61）的约束下将 G（公式（3.60））最小化。然而，对于许多物质的反应，有许多自由度，因此需要更多的实用方法。

一个更易于计算的方法是使用元素的电势来最小化 G，这是已故 Reynolds 教授开发的著名的 StanJan 软件包中使用的方法。在网上仍然可以找到 StanJan 的副本。在开始扩展公式（3.60）前，需注意到在恒定 p 和 T 的条件下，$\mathrm{d}\hat{g}_j = 0$，然后判断平衡的准则变为：

$$\sum_{i=1}^{I} \hat{g}_i\mathrm{d}N_i = 1 \tag{3.62}$$

对于包含 I 种物质和 J 种原子类型的混合物，可以用 J 拉格朗日乘数 λ_j来表示最小的 G（这种情况下称为元素势），得到的结果是下面的方程组，必须满足（Powell 和 Sarner 1959，本章文献［10］）：

$$x_i = \frac{\exp\left(-\frac{\hat{g}^\circ{}_i}{RT} + \sum_{j=1}^{J} \lambda_j\tilde{n}_{ji}\right)}{\frac{p}{p_0}} \tag{3.63}$$

和：

$$\sum_{i=1}^{I} x_i = 1$$

上式中，x_i是 i 物种的摩尔分数（$i = 1, \cdots, I$），J 是原子类型。此外也必须满足公式（3.61）的约束。

另一种方法是比较传统的平衡常数计算方法。注意，对于给定的反应 $\mathrm{d}N_j = a_j\mathrm{d}\varepsilon$，$a_j$ 是化学计量系数，ε 代表反应的进展。例如，对于反应：

$$a\mathrm{A} + b\mathrm{B} \longrightarrow c\mathrm{C} + d\mathrm{D}$$

遵循：

$$\mathrm{d}(N_\mathrm{A}) = -a\mathrm{d}\varepsilon$$

$$\mathrm{d}(N_\mathrm{B}) = -b\mathrm{d}\varepsilon$$

$$d(N_C) = c\mathrm{d}\varepsilon$$

$$d(N_D) = d\mathrm{d}\varepsilon$$

代入公式（3.62）变为：

$$(a\hat{g}_A + b\hat{g}_B - c\hat{g}_C - d\hat{g}_D)\mathrm{d}\varepsilon = 0$$

采用 $\hat{g}$ 的定义，并除以 $\hat{R}T$ 得到：

$$\frac{a\hat{g}_A^\circ + b\hat{g}_B^\circ - c\hat{g}_C - d\hat{g}_D^\circ}{\hat{R}T} = \ln\left(\frac{p_C^c p_D^d}{p_A^a p_B^b}\right) + \ln(p_0)^{a+b-c-d} \tag{3.64}$$

如果将公式（3.64）左侧的反应定义为 $\ln(K_p)$，假设 p_0 为 1 大气压，则化学平衡的公式（3.64）变为：

$$K_p = \frac{p_C^c p_D^d}{p_A^a p_B^b} = \frac{x_C^c x_D^d}{x_A^a x_B^d} \cdot p^{c+d-a-b} \tag{3.65}$$

压强 p 必须在大气下，K_p 可以从附录 C 中的热力学数据得到：

$$\ln K_p = a\frac{\hat{g}_A^\circ}{\hat{R}T} + b\frac{\hat{g}_B^\circ}{\hat{R}T} - c\frac{\hat{g}_C^\circ}{\hat{R}T} - d\frac{\hat{g}_D^\circ}{\hat{R}T} \tag{3.66}$$

当用公式（3.66）求解平衡产物时，要考虑的反应必须是确定的，而平衡常数是在规定的温度下估算的。然后，系统是指定的原子平衡约束，并使用公式（3.65）为每个指定的反应写出一个平衡方程。同时解出这组方程，会得到系统的摩尔分数和其他热力学性质。在燃烧过程中，包括如下重要的气相平衡反应：

$$H_2O \rightleftharpoons H_2 + \frac{1}{2}O_2 \tag{i}$$

$$CO_2 \rightleftharpoons CO + \frac{1}{2}O_2 \tag{ii}$$

$$CO + H_2O \rightleftharpoons CO_2 + H_2 \tag{iii}$$

$$H_2 + O_2 \rightleftharpoons 2OH \tag{iv}$$

$$O_2 \rightleftharpoons 2O \tag{v}$$

$$N_2 \rightleftharpoons 2N \tag{vi}$$

$$H_2 \rightleftharpoons 2H \tag{vii}$$

$$O_2 + N_2 \rightleftharpoons 2NO \tag{viii}$$

反应（i），（ii），（v），（vi）和（vii）是离解反应。反应（iii）是水气转移反应。反应（iv）说明平衡 OH 的形成，是化学动力学反应中一种重要的化学反应。反应（viii）描述了一种重要的空气污染物 NO 的平衡。

对于固气平衡反应，如碳-氧、碳-水蒸气或碳-碳反应，平衡常数可由每个组分的吉布斯自由能决定，而公式（3.65）则是采用同样方法描述气-气反应。然而，应该注意的是固体的分压为零。

煤油-空气燃烧的热力学平衡产物见图 3.2 和图 3.3，贫燃烧主要产物为 H_2O、CO_2、O_2 和 N_2，富燃烧主要产物为 H_2O、CO_2、CO、H_2 和 N_2。在化学计量的火焰温度，生成 O_2、CO 和 H_2。然而，在完全燃烧假设情况下，即没有离解，这三个物质都是零。火焰温度下的平衡燃烧产物的微量物质包括 O、H、OH 和 NO。CO 是贫燃烧产物中的一种物质，而 O_2属于富燃产物中的物质。

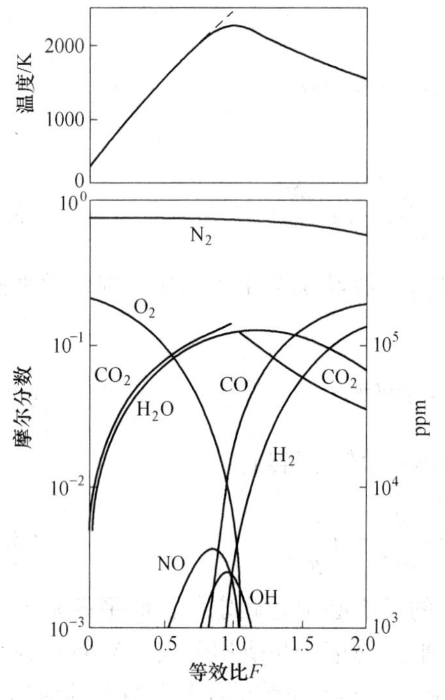

图 3.2 作为当量比的函数，煤油，$CH_{1.8}$绝热燃烧的平衡组成和温度

（引自：Flagan，R. C，and Seinfeld，J. H.，Fundamentals of Air Pollution Engineering，Prentice Hall. Englewood Cliffs，NJ，1988）

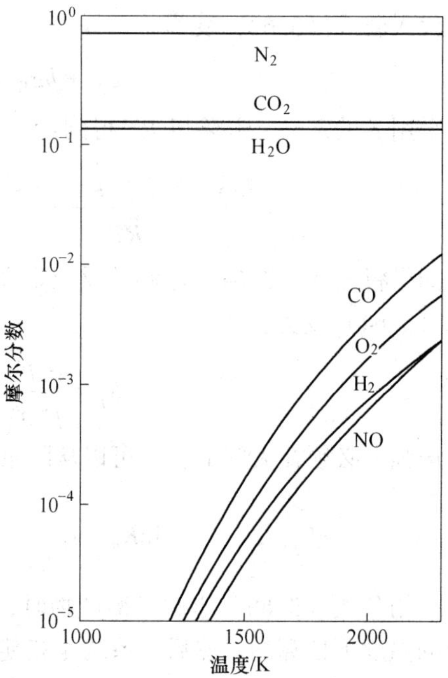

图 3.3 煤油，$CH_{1.8}$的化学计量燃烧平衡组成随温度的变化

（引自：Flagan，R. C，and Seinfeld，J. H.，Fundamentals of Air Pollution Engineering，Prentice Hall. Englewood Cliffs，NJ，1988）

在本节的例题中给出了几个简单的热力学平衡计算例题。平衡常数的计算方法（例 3.9，例 3.11，例 3.12）在概念和计算上都是直接的，因为只有一个平衡反应。在第 4 章中，平衡常数与正向反应速率与反向动力学反应速率常数的比值有关。例题 3.10 展示了最小化 G 的方法。

例 3.9 H_2和 O_2在 2500K、1 大气压条件下，等物质的量 H_2和 O_2反应生成 H_2O。由于是平衡反应，使用平衡常数方法，求出 H_2、O_2和 H_2O 的体积分数。

$$H_2O \rightleftharpoons H_2 + \frac{1}{2}O_2$$

解：等物质的量 H_2和 O_2反应生成了 H_2，O_2和 H_2O 的平衡混合物。摩尔分数的反应方程式可以写为：

$$\frac{1}{2}H_2 + \frac{1}{2}O_2 \rightleftharpoons x_{H_2}H_2 + x_{H_2O}H_2O + x_{O_2}O_2$$

由氢原子平衡得到：

$$\frac{1}{2}(2) = x_{H_2}(2) + x_{H_2O}(2)$$

简化为：

$$1 = 2x_{H_2} + 2x_{H_2O} \quad (a)$$

由氧原子平衡得到：$\frac{1}{2}(2) = x_{H_2O}(2) + x_{O_2}(2)$

简化为：

$$1 = 2x_{H_2O} + 2x_{O_2} \quad (b)$$

将方程（a）除以方程（b），平衡混合物中 H 和 O 原子比是：

$$1 = \frac{2x_{H_2} + 2x_{H_2O}}{x_{H_2O} + 2x_{O_2}} \quad (c)$$

平衡混合物的摩尔分数之和为 1：

$$1 = x_{H_2} + x_{H_2O} + 2x_{O_2} \quad (d)$$

注意该平衡反应为：$H_2O \rightleftharpoons H_2 + \frac{1}{2}O_2$

由式（3.65）可以得到：

$$K_p = \frac{x_{H_2}x_{O_2}^{0.5}}{x_{H_2O}} \cdot p^{1+0.5-1} = \frac{x_{H_2}\sqrt{x_{O_2}}}{x_{H_2O}} \cdot \sqrt{p} \quad (e)$$

由式（3.66）可以得到：

$$\ln K_p = \frac{\hat{g}^{\circ}_{H_2O}}{\hat{R}T} - \frac{\hat{g}^{\circ}_{H_2}}{\hat{R}T} - \frac{1}{2} \cdot \frac{\hat{g}^{\circ}_{O_2}}{\hat{R}T}$$

使用附录 C 中的数据：

$$\ln K_p = -40.103 - (-20.198) - \frac{1}{2}(-29.570) = -5.120$$

和：

$$K_p = 0.005976$$

代入 K_p，在方程（e）中使用 $p = 1\text{atm}$：

$$0.00598 = \frac{x_{H_2}\sqrt{x_{O_2}}}{x_{H_2O}} \quad (f)$$

同时求解方程（c）、（d）和（f），得到：

$$x_{H_2O} = 0.0658,\ x_{O_2} = 0.335,\ x_{H_2} = 0.007$$

注意，该例中因为只存在 H_2O 与 H_2 和 O_2 的平衡反应（上面给出的反应（i）），没有 OH、H 或 O。为了解释这些额外的物质，在分析中需要包括平衡反应（iv）、（v）和（vii），并需要包含相关的平衡常数和平衡方程。该扩展问题的求解结果是：

$$x_{H_2O} = 0.6242,\ x_{O_2} = 0.3168,\ x_{H_2} = 0.00664$$
$$x_{H} = 0.00204,\ x_{OH} = 0.03994,\ x_{O} = 0.00809$$

例 3.10 使用最小化吉布斯自由能 G 的方法重新求解例题 3.9。

解：平衡混合物含有 H_2、O_2 和 H_2O，因此：

$$G = N_{H_2}\hat{g}_{H_2} + N_{O_2}\hat{g}_{O_2} + N_{H_2O}\hat{g}_{H_2O}$$

两边同时除以 $\hat{R}T$：

$$\frac{G}{\hat{R}T} = N_{H_2}\frac{\hat{g}_{H_2}}{\hat{R}T} + N_{O_2}\frac{\hat{g}_{O_2}}{\hat{R}T} + N_{H_2O}\frac{\hat{g}_{H_2O}}{\hat{R}T}$$

记住公式（3.58）：

$$\hat{g}_j = \hat{g}_j^{\circ} + \hat{R}T\ln(x_i) + \hat{R}T\ln\left(\frac{p}{p_0}\right)$$

在 2500K 和 1atm 下，变为：

$$\frac{G}{\hat{R}T} = N_{H_2}\left[-20.198 + \ln\left(\frac{N_{H_2}}{N}\right)\right] + N_{O_2}\left[-29.570 + \ln\left(\frac{N_{O_2}}{N}\right)\right] + N_{H_2O}\left[-40.103 + \ln\left(\frac{N_{H_2O}}{N}\right)\right] \quad (a)$$

平衡混合物中元素的物质的量为：

$$N = N_{H_2} + N_{O_2} + N_{H_2O} \quad (b)$$

任意假设系统中有 1mol 的 H 原子和 1mol 的 O 原子保持指定的 O/H 比率为 1。H 和 O 的原子平衡约束（公式（3.61））是：

$$2N_{H_2} + 2N_{H_2O} = 1$$
$$2N_{O_2} + N_{H_2O} = 1 \quad (c)$$

通过改变摩尔浓度，如 N_{O_2}，最小化方程（a），得到方程（b）的守恒量和原子平衡约束方程（c）。使用以上方程求解得到：

$$\left.\frac{G}{\hat{R}T}\right|_{\text{minimum}} = -27.926\text{kgmol}$$

和：

$$N = 0.756\text{kgmol}$$

并且：

$$N_{H_2} = 0.005\text{kgmol};\ N_{O_2} = 0.253\text{kgmol};\ N_{H_2O} = 0.495\text{kgmol}$$

注意，任意选择的是 1mol 的原子氢，H/O 原子比例符合指定的比例为 1，摩尔分数为：

$$x_{H_2O} = 0.658,\ x_{O_2} = 0.335,\ x_{H_2} = 0.007$$

该结果与例 3.9 得到的结果一致。

例 3.11　木炭是一种容易生产的高能燃料，重量轻、运输方便。假设木炭仅由 C 组成，并考虑碳与化学计量的空气反应，在 2200K 和 2atm 的条件下，生成 CO_2、CO、O_2。由于 CO_2的分解，计算当产物在 2200K 达到平衡时，CO 的体积分数是多少？

解：化学反应式为：

$$C + (O_2 + 3.76N_2) \longrightarrow CO_2 + 3.76N_2$$

考虑到其中的 CO_2分解生成 CO 和 O_2，反应变成：

$$C + (O_2 + 3.76N_2) \longrightarrow aCO_2 + bCO + cO_2 + 3.76N_2$$

注意，上式只考虑了 CO_2的分解，并且假设没有固体碳存在，N_2和 O_2不分解。采用平衡常数方法，计算分解产物的摩尔分数。用分解产物的摩尔分数来重写反应，得到：

$$d[C + (O_2 + 3.76N_2)] \longrightarrow x_1 CO_2 + x_2 CO + x_3 O_2 + x_4 N_2 \tag{a}$$

由碳原子平衡得到：

$$d = x_1 + x_2 \tag{b}$$

由氧原子平衡得到：

$$2d = 2x_1 + x_2 + 2x_3 \tag{c}$$

由氮原子平衡得到：

$$3.76d = x_4 \tag{d}$$

产物的摩尔分数的总和为 1：

$$x_1 + x_2 + x_3 + x_4 = 1 \tag{e}$$

可由公式（3.65）确定平衡常数 K_p：

$$K_p = \frac{x_C^c x_D^d}{x_A^a x_B^b} \cdot p^{c+d-a-b}$$

对于分解反应：

$$CO_2 \longrightarrow CO + \frac{1}{2}O_2$$

$$a = 1，b = 0，c = 1，d = \frac{1}{2}$$

这样：

$$K_p = \frac{x_2 \sqrt{x_3}}{x_1}\sqrt{p} \tag{f}$$

式中，p 是大气压力。由公式（3.66）可知：

$$\ln K_p = \frac{\hat{g}_1^\circ}{\hat{R}T} - \frac{\hat{g}_2^\circ}{\hat{R}T} - \frac{1}{2}\frac{\hat{g}_3^\circ}{\hat{R}T}$$

使用附录 C 中的数据：

$$\ln K_p = -53.737 - (-34.062) - \frac{1}{2}(-29.062) = -5.127$$

和：

$$K_p = 0.005934$$

将 K_p 和 $p = 2$ 代入方程（f）并重新排列：

$$x_1 = 238.3x_2 \sqrt{x_3} \tag{g}$$

同时求解方程（b）、（c）、（d）、（e）和（g），得到：

$$x_1 = 0.1978，x_2 = 0.0111，x_3 = 0.0056，x_4 = 0.7855，d = 0.2089$$

所以，CO 的摩尔（体积）分数是 1.11%。

例 3.12 固体碳 C(s) 与水蒸气在 1000K 和 1atm 的条件下反应生成 CO 和 H_2。如果初始的 C/O 原子比是 1/1，而初始 C/H 原子物质的量之比是 1/1，求出平衡成分。

解：该反应式为：

$$C(s) + H_2O \longrightarrow CO + H_2$$

平衡混合物中的产物是 C、CO、H_2O 和 H_2。这是一个非均相平衡的例子——在非均相平衡中，存在着涉及多个相的化学反应。这种情况下，固相由 C(s) 和气相由 H_2O、CO 和 H 组成。

在非均质平衡情况下，只要有一些固相存在，气相的平衡组成不依赖于固相（或液相）存在多少。因此，考虑到水的蒸发：

$$H_2O\ (l) \longrightarrow H_2O\ (g)$$

蒸气压是温度的函数，与含水量无关。

在此基础上，寻找一种非均匀混合物平衡组成的方法与寻找均匀混合物的平衡混合物的方法相同。第一步，确定固体反应的平衡常数 K_p，然后利用公式（3.65）和相应的气相分量守恒方程，求出平衡气相混合物。第二步，通过原子守恒确定固相和气相混合物的总摩尔分数。第一步计算的气相混合物保持不变。

利用附录 C 的数据，得到该反应的平衡常数是：

$$\ln K_p = -\frac{\hat{g}^{\circ}_{CO}}{\hat{R}T} - \frac{\hat{g}^{\circ}_{H_2}}{\hat{R}T} + \frac{\hat{g}^{\circ}_{C(s)}}{\hat{R}T} + \frac{\hat{g}^{\circ}_{H_2O}}{\hat{R}T}$$

$$\ln K_p = -(-38.881) - (-17.491) + (-1.520) + (-53.937) = 0.915$$

和：　　当 $T = 1000\text{K}$ 时，$K_p = 2.50$

注意，在 K_p 的计算中，包含了固体碳，但在公式（3.65）的右边不包括固相碳，因为它只涉及气体。因此：

$$K_p = \frac{x_{CO}x_{H_2}}{x_{H_2O}} = 2.50 \tag{a}$$

给定 H/O 原子物质的量之比为 1，因为它们只在气相成分中使用，因此可以用于本题：

$$\frac{n(H)}{n(O)} = \frac{2x_{H_2} + 2x_{H_2O}}{x_{H_2O} + x_{CO}} = 1 \tag{b}$$

气相摩尔分数的和为 1：

$$x_{H_2O} + x_{CO} + x_{H_2} = 1 \tag{c}$$

同时求解方程（a）、（b）和（c），得到气相物质的摩尔分数：

$$x_{H_2O} = 0.073,\ x_{CO} = 0.642,\ x_{H_2} = 0.285$$

对于含有固相的气相混合物，C/O 和 C/H 原子比分别为：

$$\text{C/O 原子比：} \frac{x'_{CO} + x'_{C(s)}}{x'_{H_2O} + x'_{CO}} = 1 \tag{d}$$

$$\text{C/H 原子比：}\frac{x'_{CO}+x'_{C(s)}}{x'_{H_2O}+x'_{H_2}}=1 \tag{e}$$

其中，x'_i 为混合物中 i 的摩尔分数，而 x_i 为气相中 i 的摩尔分数。注意到气相的摩尔分数不依赖于固相的剩余部分，可以得到：

$$\frac{x'_{H_2O}}{x'_{H_2}}=\frac{x_{H_2O}}{x_{H_2}}=\frac{0.073}{0.285} \tag{f}$$

混合物的摩尔分数和是 1：

$$x'_{H_2}+x'_{H_2O}+x'_{CO}+x'_{C(s)}=1 \tag{g}$$

同时求解方程（d）、（e）、（f）和（g），混合物的摩尔分数为：

$$x'_{H_2}=0.265,\ x'_{H_2O}=0.068,\ x'_{CO}=0.599,\ x'_{C(s)}=0.068$$

3.5.2 燃烧产物的特性

一旦确定了每个物质的摩尔分数，就可以得到混合产物的内能、焓和平均分子量。对于给定燃料，产物的摩尔分数 x_i 是 T、p、f 的函数，因为 u 和 h 是 x_i 的函数：

$$u=\sum_i \frac{x_i\hat{u}_i}{M_i} \tag{3.67}$$

它们也就成为了 T、p 和 f 的函数。由于每个物质的内部能量 u_i 只是 T 的一个函数，所以反应混合物的平衡组成是温度的函数，温度也是反应混合物平衡组成的函数。温度与平衡成分之间的耦合关系会使平衡组成和温度的计算复杂化。

图 3.4 显示了化学计量的甲烷与空气反应产物的焓与温度的函数关系。如图所示，定压线在较低的温度下重合，这是由于低温下气体分解程度很小。在较高的温度下，由于分解而造成成分变化，会导致曲线分离。在固定温度下，低压下的分解最大，在非常高的压力下分解会变得很小。一般来说，Le Chatelier 定律是，如果产物的物质的量超过了反应物的物质的量，则压力的增加就会减少分解，如公式（3.65）所示。

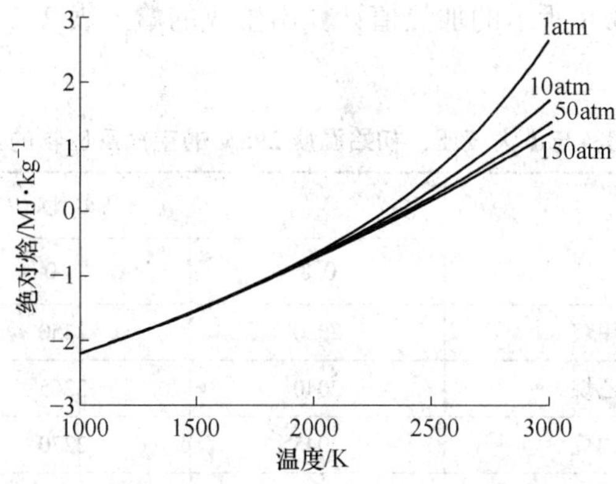

图 3.4 化学计量的甲烷和空气反应生成产物的绝对焓

除了高温条件下，由于分解（离解）作用不大，计算的起始位置是确定无分解的绝热火焰温度，然后利用绝热火焰温度来计算分解反应的反应混合物平衡组成。这个过程可以重复，直到假定的温度和计算的分解混合物绝热温度接近。

3.6　绝对火焰温度

热力学第一定律可以适用于从一个平衡态到另一个平衡态过程的计算。如果这个概念在时间上被扩展到一个逐步的过程，那么假设在每一个时间阶段（移动平衡）中，平衡状态的调整会非常迅速。本节将讨论几个简单例题。首先考虑一个绝热的、恒压过程，在此过程中，反应物被转化为生成物。如果动能小于焓，且无轴功，则能量方程（公式(3.12)）可以简化为：

$$h_{\mathrm{react}} = h_{\mathrm{prod}} \tag{3.68}$$

需解决的问题是要确定产物的温度，使其保持相等。这被命名为绝热温度的计算问题。同样，对于恒定体积燃烧：

$$u_{\mathrm{react}} = u_{\mathrm{prod}} \tag{3.69}$$

存在的问题是要找到使等式成立的产物 T 和 p。因为 h 和 T 未知，需要额外的方程：

$$p = \frac{mRT}{V}$$

另一种类型的问题是产物在喷嘴或活塞—气缸系统中的膨胀。对于这两种情况，膨胀通常都不是绝热的。但是，热传递可以采用经验公式来概括。

在第 5 章将详细讨论火焰，但在这一部分我们将计算沿火焰的温度上升。火焰是在恒压下的快速放热反应，气体的动能无关紧要。因此，绝热火焰温度可以从公式（3.68）得到。对于温度低于 1900K 的化学计量和稀混合气，由于离解程度足够低，可以假设燃烧产物来完成火焰温度计算。这种情况每种物质的摩尔分数可通过完全燃烧反应得知。绝热火焰温度则根据生成物的焓等于反应物的焓来确定。在已知情况下，反应物的焓可通过生成物的焓等于反应物的焓来确定，其计算误差非常小。计算过程如下面例子所示。对于复杂燃料，首先从例题 3.8 所示的加热值计算出生成的焓。表 3.2 中给出了不同代表性燃料的绝热火焰温度。

表 3.2　部分燃料与 1 大气压、初始温度 298K 的空气反应物的绝热火焰温度　　（K）

燃　料		等效比（F）		
		0.8	1.0	1.2
气体燃料	甲烷	2020	2250	2175
	乙烷	2040	2265	2200
	丙烷	2045	2270	2210
	辛烷	2150	2355	2345

续表 3.2

燃料		等效比（F）		
		0.8	1.0	1.2
液体燃料	辛烷	2050	2275	2215
	十六烷	2040	2265	2195
	2 号燃油	2085	2305	2260
	甲醇	1755	1975	1810
	乙醇	1935	2155	2045
固体燃料（干燥）	烟煤	1990	2215	2120
	褐煤	1960	2185	2075
	木材	1930	2145	2040
	RDF①	1960	2175	2085
固体燃料(25%水分)	褐煤	1760	1990	1800
	木材	1480	1700	1480
	RDF①	1660	1885	1695

① 垃圾衍生燃料。

例 3.13 求在 25℃和 1 大气压条件下，50%过量空气中一氧化碳燃烧的绝热火焰温度。忽略气体的分解。完整的反应为：

$$CO + \frac{1.5}{2}(O_2 + 3.76N_2) \longrightarrow CO_2 + 0.25O_2 + 2.82N_2$$

解：该反应的能量方程（公式（3.68））为：

$$[[\hat{h}_s + \hat{h}^\circ]_{CO} + 0.75[\hat{h}_s + \hat{h}^\circ]_{O_2} + 2.82[\hat{h}_s + \hat{h}^\circ]_{N_2}]_{react}$$

$$= [[\hat{h}_s + \hat{h}^\circ]_{CO_2} + 0.25[\hat{h}_s + \hat{h}^\circ]_{O_2} + 2.82[\hat{h}_s + \hat{h}^\circ]_{N_2}]_{prod}$$

式中，下标 s 表示显热焓。反应物处于基态，因此反应物的显热是 0。从附录 C 可知：

$$\hat{h}^\circ_{CO} = -110.50\text{MJ/kgmol}$$

$$\hat{h}^\circ_{CO_2} = -393.51\text{MJ/kgmol}$$

$$\hat{h}^\circ_{O_2} = 0\text{MJ/kgmol}$$

$$\hat{h}^\circ_{N_2} = 0\text{MJ/kgmol}$$

代入并简化得到：

$$(0 - 110.53) = (\hat{h}_{CO_2,\,s} - 393.52) + 0.25\hat{h}_{O_2,\,s} + 0.282\hat{h}_{N_2,\,s}$$

由上式可知：等式左边（*LHS*）等于−110.53。求解的步骤是假设一个能量平衡方程的温度，通过使等式右边（*RHS*）等于 *LHS*。使用附录 C，

假定 T= 2000K：

$$RHS = (91.45 - 393.52) + 0.25 \times 59.20 + 2.82 \times 56.14 = -128.95$$

假定 T=2100K：

$$RHS = (97.50 - 393.52) + 0.25 \times 62.99 + 2.82 \times 59.75 = -111.78$$

假定 $T=2200\text{K}$：

$$RHS=(103.57-393.52)+0.25(66.80)+2.82(63.37)=-94.42$$

因此，通过插值，可以求出绝热火焰温度为 2107K。

通常分解或离解会降低火焰温度。当气体发生分解时，绝热火焰温度为 2084K。

例 3.14　在例 3.5 中，100kg 烟煤在 25℃、1 大气压下的 50%的过量空气中燃烧。产物为 5.833 kgmol CO_2，2.778 kgmol H_2O，3.307 kgmol O_2 和 37.303 kgmol N_2。在例 3.8 中，可知该烟煤的生成热为-1079kJ/kg。求出该烟煤在 25℃和 1 大气压下、50%过量空气中的绝热火焰温度。忽略气体分解和灰分。

解：按例 3.13 相同的过程，能量方程式写为：

$$[m\,h^{\circ}]_{\text{coal}}=[N(\hat{h}_{s}+\hat{h}^{\circ})]_{CO_2}+[N(\hat{h}_{s}+h^{\circ})]_{H_2O}+[N(\hat{h}_{s}+\hat{h}^{\circ})]_{O_2}+[N(\hat{h}_{s}+\hat{h}^{\circ})]_{N_2}$$

对于 100kg 煤，上式变为：

$$\begin{aligned}100\text{kg}_{\text{coal}}\left(\frac{-1079\text{kJ}}{\text{kg}_{\text{coal}}}\right)=\;&5.83\text{kgmol}_{CO_2}\left(\frac{(h_{CO_2,\,s}-395,520)\text{kJ}}{\text{kgmol}_{CO_2}}\right)+\\&2.78\text{kgmol}_{H_2O}\left(\frac{(h_{H_2O,\,s}-241,830)\text{kJ}}{\text{kgmol}_{H_2O}}\right)+\\&3.31\text{kgmol}_{H_2O}\left(\hat{h}_{O_2,\,s}\frac{\text{kJ}}{\text{kgmol}_{O_2}}\right)+\\&37.30\text{kgmol}_{N_2}\left(\hat{h}_{N_2,\,s}\frac{\text{kJ}}{\text{kgmol}_{N_2}}\right)\end{aligned}$$

在计算机中进行迭代计算，并使用附录 C 中的数据，可得：

左　边	T/K	右　边
-107900kJ	1900	-137000kJ
-107900kJ	2000	58700kJ

因此，通过插值可知，绝热火焰温度是 1915K。

为了进一步简化，当只需要近似答案时，燃烧产物的焓可以从平均比热中得到。然后能量方程变成：

$$m_{f}[c_{p,\,f}(T_{f}-T_{0})+LHV]+m_{\text{air}}c_{p,\,\text{air}}(T_{\text{air}}-T_{0})=(m_{f}+m_{\text{air}})c_{p}(T_{\text{flame}}-T_{0})\tag{3.70}$$

为求解绝热火焰温度，假设空气和燃料都为参考温度 25℃ =77℉，

$$T_{\text{flame}}=T_{0}+\frac{f}{1+f}\cdot\frac{LHV}{c_{p}}\tag{3.71}$$

其中，c_p是产物的平均比热。其可用 N_2的比热作为近似值。

由公式（3.71）可以看出，绝热火焰温度是燃料-空气比和低位发热量的函数。因此，当将一种燃料与另一种燃料进行比较时，更高的热值并不一定意味着更高的化学计量火焰温度，这是因为还必须考虑化学计量的燃料-空气比。例如，一氧化碳的热值是天然气的三分之一，而化学计量的火焰温度要高出几百度，因为它的燃料-空气比要低得多。

例 3.15　利用公式（3.71），估算一氧化碳在 20℃、1 大气压条件下、与 50%过量空

气燃烧时的绝热火焰温度。

解：由例 3.13 可知完整的反应式为：

$$CO + \frac{1.5}{2}(O_2 + 3.76N_2) \longrightarrow CO_2 + 0.25O_2 + 2.82N_2$$

燃料-空气比为：

$$f_s = \frac{m_f}{m_{air(s)}} = \frac{n_f M_f}{n_{air(s)} M_{air}} = \frac{28}{0.75 \times 4.76 \times 29} = 0.2704$$

由表 2.2 可知： $LHV_{CO} = 10100\text{kJ/kg}$

由于火焰温度大约是 2200K，我们选择 1000K 下的 $c_{p,\ N_2}$ 值。从附录 C 可知：

$$c_{p,\ N_2} = \frac{32.7\ \text{kJ}}{\text{kgmol} \cdot \text{K}} \cdot \frac{\text{kgmol}}{28\ \text{kg}} = \frac{1.17\ \text{kJ}}{\text{kg} \cdot \text{K}}$$

代入到公式（3.71）中，得到：

$$T_{flame} = 298 + \left(\frac{0.270}{1 + 0.270}\right)\frac{10100\text{kJ}}{\text{kg}} \cdot \frac{\text{kg} \cdot \text{K}}{1.17\ \text{kJ}} = 2133\text{K}$$

因此，$T_{flame} = 2133\text{K}$，这与例 3.13 中按更完整的公式计算得到的 $T_{flame} = 2107\text{K}$ 值基本相当。在 50%的过量空气中，含有部分游离度的 CO 燃烧的绝热火焰温度为 2084K。虽然该方法仅得到近似结果，但可以提供绝热火焰温度的快速估算。

3.7 习题

3-1 计算：(a) 按质量计算辛烷（C_8H_{18}）化学计量燃料-空气比；(b) 在 1m^3 的体积内，300K、1 大气压下的辛烷和空气混合物中辛烷的质量；(c) 在 27℃ 和 1 大气压下的化学计量辛烷和空气混合物的质量。

3-2 木炭在许多发展中国家被用作烹饪燃料。一般来说，都是本地生产的、低质量的、在低温下生产的木炭。一名燃烧工程师正在设计一种在强制空气下，具有 1500W 烹饪能力的木炭炉灶。为确保有足够的空气保证燃烧，同时保持炉子的高温度，炉子应设计成有 10%的过量空气。炉子不会使燃烧产物中的水凝结。本地生产木炭成分的最终成分分析（质量分数）是 92% C、6% O 和 2% H，且干燥无灰基的 *HHV* 为 30MJ/ kg。求出：(a) 木炭的低位发热值；(b) 假设效率为 50%，标准温度和压力下的空气流速（L/min）。

3-3 一辆 4 缸 4 冲程汽车发动机转速为 4000r/min，每缸有 0.65L 的位移，在 20℃ 和 1 大气压下，甲烷和空气的化学计量混合气被吸入发动机，打开节气门的容积效率为 85%。计算：(a) 每分钟使用辛烷的量；(b) 每分钟吸入的空气量；(c) 发动机每小时使用的辛烷的升数。体积效率是每一次进气的载荷量除以等气缸密度上的位移进入缸内的载荷量。一个气缸每 2 圈有 1 个进气。

3-4 为形成由 27℃ 下辛烷和空气组成的化学计量混合物，在 1 大气压和温度 T_0 中引入空气、并与液体辛烷混合。使用附录 A 和 B 中的数据计算 T_0，假设该过程绝热和等压，且液态辛烷的温度为 25℃。

3-5 工程师帕特计算了甲烷和干空气的化学计量燃料-空气比。然后他做了一个室内空气和甲烷气体的燃烧器实验。帕特测量了甲烷的质量流量，并根据计算结果调节了空气的质量流率，从而给出了化学计量比。后来，另一位工程师弗兰问帕特，是否已经测量过空气的湿度。帕特说饱和空气为 27℃，但不认为空气湿度很重要。弗兰说："我认为燃料-空气的比例不是化学计量的。"帕特说："我认为这个误差很小"。谁是正确的？用计算来证明你的答案。

3-6　使用表 2. 2、表 2. 7 和表 2. 13 的数据，比较甲烷、煤油和烟煤每单位质量为基础能量释放的 CO_2（公吨/ MJ）（1 公吨 = 1000kg）。

3-7　燃烧器使用甲烷和空气。在干排气产品中有 3%的氧气（体积分数）。求用于此燃烧器的过量空气。

3-8　重复习题 3-7，用于乙醇和空气。乙醇的化学式是 C_2H_5OH。

3-9　在 27℃和 1 大气压的条件下，计算等熵压缩 3. 0 L 的化学计量十分之一立方体积的辛烷—空气所需要的功。计算产生的压力和温度。只对空气重复计算。关于一个贫燃烧的、化学计量的引擎压缩工作，你能得出什么结论？使用 $c_{v,\,\mathrm{octane}} = 0.367 + 0.00203T$ kJ/(kg · K) 和 $c_{v,\,\mathrm{air}} = 0.634 + 0.000128T$ kJ/(kg · K)。其中，T 的单位为 K。

3-10　木材和煤气发生器中的气体混合物含有 15%的氢气、4%的甲烷、25%的一氧化碳、10%的二氧化碳和 46%的氮气。计算其以 $\mathrm{kJ/kg_{mixture}}$ 和 $\mathrm{kJ/m^3_{mixture}}$ 为单位的高位发热值是多少？

3-11　对于习题 3-10 的混合物，混合物的温度为 25℃，分别在质量基础上和物质的量基础上求出混合物的比热。这种混合物的比热会随压力而变化吗？

3-12　计算下列物质化学计量的燃料-空气比：（a）天然气；（b）干燥、无灰烟煤；（c）干燥、无灰的垃圾衍生燃料。(干燥、无灰、质量分数)。

元　素	天然气	烟　煤	垃圾衍生燃料
C	75	80	52
H	25	9	8
O	0	11	40

3-13　在实验室中天然气可模拟为 83. 4%的甲烷、8. 6%丙烷和 8. 0%氮（体积分数）。对于这种混合物，求出：（a）化学计量的燃料-空气质量比；（b）在 25%的过量空气中燃烧产物的分子量。

3-14　利用水蒸气的生成热，计算单位 H_2 的 kJ/kg 和 Btu/lbm 的低位发热值。

3-15　从附录 C 中，利用甲烷、二氧化碳和水蒸气的生成热，计算出甲烷的低位发热值。

3-16　一种成分为 $CH_{1.8}$ 燃料的高位发热值为 44000kJ/kg。求出：（a）低位发热值；（b）燃料的生成热。

3-17　燃料油由 87%的碳和 13%的氢（质量分数）组成。求出高位发热值与低位发热值的差，单位为 kJ/kg。

3-18　在 25 大气压和 2500K 下，H_2 和 O_2 发生化学计量混合反应。根据反应 $H_2O \rightleftharpoons H_2 + \frac{1}{2}O_2$。假设产物处于平衡状态。利用平衡常数方法，求出：（a）产物的摩尔分数；（b）产物的质量分数。

3-19　用最小吉布斯自由能 G 的方法重复习题 3-18。

3-20　利用平衡常数方法，求出在（a）1500K 和 1 大气压；（b）1500K 和 25 大气压；（c）2500K 和 1 大气压；（d）2500K 和 25 大气压条件下由于 O_2 的分解而产生的原子氧（O）的摩尔分数和摩尔浓度。反应式是 $O_2 \rightleftharpoons O + O$。

3-21　使用最小化吉布斯自由能 G 的方法重复习题 3-20。

3-22　对 H_2 重复习题 3-20，反应是 $H_2 \rightleftharpoons H + H$。

3-23　对 N_2 重复习题 3-20，反应是 $N_2 \rightleftharpoons N + N$。

3-24　如果温度足够高，一氧化碳与水反应形成二氧化碳和氢气。反应式为 $CO + H_2O \rightleftharpoons CO_2 + H_2$。给定 H/C 和 O/C 的原子比率为 1，在（a）1000K 和 1 大气压和（b）2000K 和 1 大气压的条件下求出平衡组成。

3-25　1mol 的二氧化碳与 1mol 固态碳反应生成一氧化碳。反应式是 $CO_2 + C(s) \rightleftharpoons 2CO$。求（a）1000K 和 1 大气压和（b）2000K 和 1 大气压条件下的平衡组成。

3-26　固体碳与水蒸气反应生成一氧化碳和氢气。假定 H/ C 原子比为 1/1 和 O/C 原子比为 1/1，求出 1500K 和 1 大气压条件下的平衡组成。反应是 $C(s) + H_2O \rightleftharpoons CO + H_2$。

3-27　计算 1 大气压条件下化学计量比的氢气-空气反应的绝热火焰温度。反应物的初始温度为 25℃，忽略气体分解，并利用附录 C 中的数据计算。

3-28　计算在 1 大气压下，甲烷在 10%的过量空气中燃烧的绝热火焰温度。反应物进入温度 500K。忽略气体分解，并使用附录 C 中的数据。

3-29　重复例题 3. 13，但使用 25%的过量空气，假设空气进入温度 440K，压力为 1 大气压。求出绝热火焰温度，忽略气体分解，并使用附录 C 中的数据。

3-30　用烟煤和柳枝稷的混合物给发电厂提供燃料。计算在能量含量基础上干燥、无灰的 90%煤和 10%柳枝稷混合燃料与化学计量的空气燃烧的绝热火焰温度。假设反应物在 25℃进入燃烧室，并在 1 大气压的条件下燃烧。使用表 2. 13 和表 2. 10 分别给出的煤和柳枝稷的组成和高位发热值。

3-31　假设你有一个计算混合物的平衡组成的计算机程序，同时也给出了 R，$\dfrac{\partial R}{\partial T}$，$\dfrac{\partial R}{\partial p}$，$u$，$\dfrac{\partial u}{\partial p}$ 和 $\dfrac{\partial u}{\partial T}$。在一个只有机械做功（一个简化的发动机汽缸）的封闭绝热系统中，考虑第一定律的反应混合物。能量方程可以写成：

$$m\frac{\mathrm{d}u}{\mathrm{d}t} = -p\frac{\mathrm{d}V}{\mathrm{d}t}$$

理想气体方程为：

$$pV = mRT$$

式中，$u=u(p, T)$，$R=R(p, T)$。用 V、$\mathrm{d}V/\mathrm{d}t$ 和计算机程序的输出量来得到 $\mathrm{d}T/\mathrm{d}t$ 的表达式。提示：对时间 t 的理想气体方程进行微分，然后代入能量守恒方程（热力学第一定律）以消除 $\mathrm{d}p/\mathrm{d}t$。

3-32　在一些燃烧器中，燃料-空气混合物可能分层，从而在不同的燃料-空气比中反应，形成最终的均匀平衡产物。考虑两种甲烷-空气反应混合物。这两种混合物都是 0. 25kg，并且是在 25℃和 1 大气压下。其中一种混合物的等效比 F 为 0. 8，另一种的等效比 F 为 1. 2。每一种甲烷-空气混合物都在恒定的压力下绝热燃烧。在此之后，这两种混合物的产物在恒压下绝热地混合在一起。确定混合产品的温度，忽略气体分解，并假设完全燃烧。提示：什么样均匀的0.50kg混合物会在25℃和1大气压下产生相同的出气温度。

3-33　为了获得一种关于反应物初始温度升高引起的绝热火焰温度升高的定性概念，忽略离解，假设反应物和生成物都有恒定的（但是不相等）比热。表明：

$$\frac{T_{af(react)} - T_0}{T_{af(0)} - T_0} = C\frac{T_{react} - T_0}{T_{af(0)} - T_0} + 1$$

式中，$T_{af(react)}$为在反应物温度T_{react}时的绝热火焰温度，$T_{af(0)}$为反应物温度T_0时的绝热火焰温度，并且：

$$C = \frac{c_{p,react}}{c_{p,prod}}$$

注意：分解导致的$\frac{\partial h}{\partial T}$会导致给定$T$，$p$和$F$下的热值高于相同$T$，$p$和$F$下的未分解热值。同时提高了特定产物的比热和分解随温度的变化速度，从而造成随着T_{react}的升高，$\frac{\partial T_{af}}{\partial T_{react}}$随温度的变化速率降低。这种效应部分地被反应物的比热和温度的增加所抵消。

参考文献

[1] Bejan A. Advanced Engineering Thermodynamics 3rd ed.，Wiley，New York，2006.

[2] Cengel Y A，Bales M A. Thermodynamics：An Engineering Approach，7th ed.，McGraw-Hill，New York，2010.

[3] Chase M W，ed，NIST-JANAF Thermochemical Tables，4th ed.，American Institute of Physics，Melville，NY，1998.

[4] Flagan R C，Seinfeld J H. Fundamentals of Air Pollution Engineering，Prentice Hall. Englewood Cliffs，NJ，1988.

[5] Gordon S，McBride B J. Computer Program for Calculation of Complex Chemical Equilibrium Compositions and Applications，NASA RP-1311，Part I Analysis，1994；Part Ⅱ，Users Manual and Program Description，1996.

[6] Kee R J，Rupley E M，Miller J A. The CHEMKIN Thermodynamics Data Base，Sandia National Laboratories Report SAND87-8215B，1990.

[7] Law C K. Combustion Physics，Cambridge University Press，Cambridge，UK，2006.

[8] Lide D R，Kehiaian H V. CRC Handbook of Thermophysical and Thermochemical data，CRC Press，Boca Raton，FL，1994.

[9] Moran M J，Shapiro H N. Fundamentals of Engineering Thermodynamics，6th ed.，Wiley，2007.

[10] Powell H N，Sarner S F. The Use of Element Potentials in Analysis of Chemical Equilibrium，Vol. 1，General Electric Co. report R59/FPD，1959.

[11] Spindt R S. Air-fuel Ratios From Exhaust Gas Analysis，SAE paper 650507，1965.

4 燃烧化学动力学

热力学描述了混合物中化学物质的平衡行为，但是当温度或压力发生变化时，并不能给出达到新平衡的速率。需要化学动力学和热力学来预测良好混合体系的反应速率。另外，如果系统混合不好，例如在非预混火焰和固体燃料燃烧中，传质效应也会起作用。本章考虑有关基本反应、连锁反应、整体反应和表面反应的基本概念。

4.1 基本反应

当两个或多个分子或原子相互接近时，可能会发生化学反应。可能发生的反应类型取决于在碰撞相遇期间存在的分子间势能曲线、分子的量子态和能量转移。通过这种碰撞过程发生的反应被称为基本反应。与整体或全局反应不同，它们则是许多基本反应的最终结果，例如，我们可以写出总的反应：

$$CO + \frac{1}{2}O_2 \longrightarrow CO_2$$

它快速总结了当 CO 和 O_2 反应时发生的一系列反应。这些基本反应组成了分子从一种形式（例如 CO 和 O_2）转变成另一种形式（例如 CO_2）时所采用的路径。如果在混合物中不存在水蒸气的情况下，CO 和 O_2 反应形成 CO_2 的基本反应是：

（1）$CO + O_2 \longrightarrow CO_2 + O$

（2）$CO + O + M \longrightarrow CO_2 + M$

（3）$O_2 + M \longrightarrow O + O + M$

其中，M 是第三个主体，如 N_2 或 O_2。需要第三个主体来保存反应分子的动量和能量。

碳氢化合物为燃料时，会有氢的生成。对于 CO 和 O_2，涉及另外两个重要的 CO 的基本反应，它们是：

（4）$CO + OH \longrightarrow CO_2 + H$

（5）$CO + HO_2 \longrightarrow CO_2 + OH$

这些额外的基本反应极大地加速了 CO 的氧化。此外，H 的加入也需要另外二十个左右涉及 H、OH、HO_2、H_2O_2、O、H_2O、H_2 和 O_2 分子的基本反应。当碳氢化合物存在时，会有一些可能导致 CO 损失的附加反应。由此我们可以看出，当使用基本反应对反应速率进行详细分析时，计算模型可能变得非常复杂。

然而，基本反应是重要的，因为每个基本反应的反应速率来自分子之间的个别相遇，并且不依赖于混合物环境。因此，基本的反应速率可以在理想化的实验室条件下确定，例如将低压和仅存在反应物物质的条件应用于压力可能很高的复杂情况下，可能会出现许多其他物种。相比之下，所得到的反应速率数据通常不能在实验条件范围之外施加。从物理化学家的角度来看，基本反应的优点是可以通过理论建模进行评估。然而，为了工程目的，基本反应速率的实验数据总是优选的。

基本反应的类型主要有三种：

（1）两分子（或离子）共同反应生成产物的双分子（原子）交换反应。例如如下反应：

$$AB + C \xrightarrow{k_1} BC + A$$

分子 AB 和 C 碰撞在一起，从某些情况下来看，它们没有发生改变。在其他情况下，有充足的能量和动量使 A 和 B 分离，生成产物 BC 和 A。

（2）三分子相遇并形成一个或两个新分子的分子间重组反应。例如如下反应：

$$A + B + M \xrightarrow{k_2} AB + M$$

第三个物体（M）在反应碰撞过程中需要保存动量和能量。而第三个物体夺走了剩余的能量。因为三个分子必然碰撞，所以分子间反应发生的可能性小得多，因此分子间反应的反应速率明显慢于双分子反应的反应速率。

（3）双分子分解反应，其中两个分子碰撞在一起并分解成其组成原子。例如如下反应：

$$AB + M \xrightarrow{k_3} A + B + M$$

在分解中，第三个物体提供分裂分子所需的能量。

为进一步理解这些反应的本质，有必要研究产生它们的量子力学过程。简而言之，在每种情况下，反应速率与碰撞频率成正比。碰撞频率反过来与反应物浓度的乘积成比例。只有一小部分分子碰撞导致反应。那些具有充足能量和分子择优取向的碰撞破坏了化学键。关于分子碰撞理论的更多信息可以通过研究气体动力学理论来获得。

对于一个基本反应，反应速度取决于反应速率常数乘以每种反应物的浓度。例如，上述基本反应（1）、（2）和（3）的反应速率可以表示为：

$$-\frac{d[AB]}{dt} = -\frac{d[C]}{dt} = \frac{d[BC]}{dt} = \frac{d[A]}{dt} = k_1[AB][C] \tag{4.1}$$

$$-\frac{d[A]}{dt} = -\frac{d[B]}{dt} = \frac{d[AB]}{dt} = k_2[A][B][M] \tag{4.2}$$

$$-\frac{d[AB]}{dt} = \frac{d[A]}{dt} = \frac{d[B]}{dt} = k_3[AB][M] \tag{4.3}$$

式中，因子 k_1、k_2和 k_3是相应反应的反应速率常数。值得注意的是，正向反应中消耗物的反应速率是负值。在本章中，我们将摩尔浓度 n 写为［ ］。例如 n_{AB} = ［AB］。式（4.1）~式（4.3）只给出了由于化学反应而引起的浓度变化。浓度也可以通过系统体积变化和由于添加的物质质量流入或流出系统来改变。

气体动力学理论和实验观察表明，基本反应的速率常数是温度的指数函数，并且为阿伦尼乌斯形式：

$$k = k_0 e^{-E/\hat{R}T} \tag{4.4}$$

式中，k_0为指数前因子；E 为反应活化能。活化能是使反应物达到活性状态所需的能量，被称为活化络合物，使得化学键可以重新排列以形成产物。对于燃烧中发生的大多数基本反应，E 和 k_0均由实验确定（Baulch 等，1994）。

对于通用的反应形式：

$$aA + bB \xrightarrow{k_f} cC + dD$$

其中，a、b、c 和 d 是化学计量系数。A 和 B 的破坏速率以及 C 和 D 的形成速率由以下公式确定：

$$\frac{d[A]}{dt} = -ak_f[A]^a[B]^b \tag{4.5a}$$

$$\frac{d[B]}{dt} = -bk_f[A]^a[B]^b \tag{4.5b}$$

$$\frac{d[C]}{dt} = ck_f[A]^a[B]^b \tag{4.5c}$$

$$\frac{d[D]}{dt} = dk_f[A]^a[B]^b \tag{4.5d}$$

由于基本反应是可逆的，所以逆反应是：

$$cC + dD \xrightarrow{k_b} aA + bB$$

例如，A 的逆反应率是：

$$\frac{d[A]}{dt} = ak_b[C]^c[D]^d \tag{4.6}$$

结合正向和逆向反应，A 的净反应速率为：

$$\frac{d[A]}{dt} = ak_b[C]^c[D]^d - ak_f[A]^a[B]^b \tag{4.7}$$

当反应处于平衡态时： $\frac{d[A]}{dt} = 0$

代入式（4.7）并简化，得：

$$\frac{k_f}{k_b} = \frac{[C]^c[D]^d}{[A]^a[B]^b} \tag{4.8}$$

将式（4.8）与式（3.65）比较，可以得出，正向和逆向动力学速率常数之比等于基于浓度 K_c 的热力学平衡常数，即：

$$K_c = \frac{k_f}{k_b} \tag{4.9}$$

这里：

$$K_c = K_p(\hat{R}T)^{a+b+c+d} \tag{4.10}$$

因此，如果只有一个速率常数是已知的，就可以使用式（4.9）来获得另一个速率常数。

例 4.1 在一封闭的反应室中，最初含有 0.1% 的 CO，3% 的 O_2，其余为 N_2，实验环境为 1500K 和 1 大气压。确定 90%CO 的反应时间，假定只有基本反应：

$$CO + O_2 \longrightarrow CO_2 + O$$

同时已知：$k = 2.5 \times 10^6 e^{-24060/T} m^3/(gmol \cdot s)$。

解：首先： $[CO] = n_{CO} = \frac{p_{CO}}{\hat{R}T}$

求：

$$n_{CO} = \frac{0.001(101.3)\text{kPa}}{1} \cdot \frac{\text{kgmol} \cdot \text{K}}{8.314\text{kPa} \cdot \text{m}^3} \cdot \frac{1}{1500\text{K}} = \frac{0.00816\text{gmol}_{CO}}{\text{m}^3}$$

和：

$$n_{O_2} = \frac{0.03}{1000 \times 10^{-6}} n_{CO} = \frac{0.245\text{gmol}_{O_2}}{\text{m}^3}$$

且：

$$k = 2.5 \times 10^6 e^{-24060/1500} = 0.270\text{m}^3/(\text{gmol} \cdot \text{s})$$

代入公式（4.5），CO 的消耗率是：

$$\frac{d[CO]}{dt} = -k[CO][O_2]$$

在这种情况下，因为 O_2 只与 CO 反应并且浓度比 CO 高得多，所以可以假定 O_2 的浓度为恒定的。基于此，积分得：

$$\ln\left(\frac{[CO]}{[CO]_{init}}\right) = -k[O_2]t$$

替代和计算可得：

$$t = -\frac{\ln(0.1)}{k[O_2]} = \frac{2.3}{(0.270\text{m}^3/(\text{gmol} \cdot \text{s}))(0.245\text{gmol}/\text{m}^3)} = 35\text{s}$$

这是一个时间很长的反应。但是，如上所述，水蒸气和各种自由基极大地加速了 CO 在燃烧反应中的反应速率。因此由多个基本反应组成的 CO 氧化反应的时间要短得多。

大多数燃烧的实际应用除燃烧外还涉及流体流动和传热。如果可以确定适用于给定情况的基本反应，并且可以获得有效的速率常数，那么可以同时通过用质量、动量和能量守恒方程求解动力学速率方程来分析问题。迄今为止，使用这个方法解决的实际问题的数量受到动力学数据以及求解方程数值困难的限制。这两方面的工作正在进行，特别是湍流流动是一个正在进行的研究领域。

4.2　链锁反应

许多气相反应是由浓度非常低、活性极高的物质形成而引发的，这引发了一系列导致形成最终产物的反应。这样的过程称为链式反应，该反应通常在短暂的诱导期之后就发生，从而形成活性物种。链是自由基和原子通过一系列反应混合的方式。虽然难以详细应用于复杂系统，但这些概念严格适用于所有反应系统，并有助于思考反应机制。

在引发反应中，自由基由稳定的物质形成。自由基是具有不成对电子的分子，例如 O、OH、N、CH_3，或者总体上来说是 R·。例如：

$$CH_4 + O_2 \longrightarrow CH_3 + HO_2$$

或：

$$NO + M \longrightarrow N + O + M$$

或者一般表示为：

$$S \longrightarrow R\cdot$$

其中，S 是稳定物质，如烃燃料或一氧化氮。自由基通常是由稳定分子中的共价键断裂形成的，每个分段都保留其有用的电子。

在链式传播反应中，自由基的数量不变，但会产生不同的自由基。例如：

$$CH_4 + OH \longrightarrow CH_3 + H_2O$$

或者：
$$NO + O \longrightarrow O_2 + N$$

或者一般表示为：
$$R^\circ + S \longrightarrow R^\circ + S^*$$

其中，S^* 是 S 或一些新稳定物种的激发态。

在链枝化反应中，新生成的自由基比破坏的自由基多，例如：

$$CH_4 + O \longrightarrow CH_3 + OH$$

或：
$$O + H_2 \longrightarrow OH + H$$

或者一般表示为：
$$R^\circ + S \longrightarrow \alpha R^\circ + S^*, \ \alpha > 1$$

在终止反应中，自由基被气相反应或与表面碰撞所破坏。例如：

$$H + OH + M \longrightarrow H_2O + M$$

$$H + O_2 + M \longrightarrow HO_2 \xrightarrow{\text{wall}} \frac{1}{2}H_2 + O_2$$

在低压条件下，壁面（wall）上发生的去除不稳定物质的反应很重要，可用于确定爆炸极限。

一个简单的适用于燃烧的链式方案可以用以下通用的顺序来说明：

（1）开始 $S \longrightarrow R\cdot$

（2）分枝，$a > 1$ $R\cdot + S \longrightarrow \alpha R\cdot + S^*$

（3）传播，$a = 1$ $R\cdot + S \longrightarrow R\cdot + S^*$

（4）终止 $R\cdot + S \longrightarrow$（一种稳定的结果）

（5）终止 $R\cdot \longrightarrow$ 表面上的破坏

简单的（链式）方案只能用于少量物种系统。然而，链形式的概念通常有助于整理大速率的反应方程。目前，少数燃料，如氢气、甲烷、甲醇和乙烷的燃烧可以写成基本反应。动力学专家正在不断完善这些机制，并在这些机制的基础上建立更复杂的碳氢化合物方案（Frenklach 等人，1995）。随着这些反应方案的开发和评估，工程师可以使用它们来更好地理解燃烧过程。但是，需要确保所有重要的基本反应都已经包含在内，所以要谨慎。由于某些反应的重要性取决于温度，因此，对于燃烧动力学来说工作良好的反应装置可能不能正确地预测较低温度下发生的燃烧动力学。类似地，三体碰撞反应在较高压力下变得更重要，因此，动力学机理会随着压力大小而改变。

考虑碳氢燃料（RH）的氧化。当具有足够能量的氧分子断开碳—氢键以形成自由基时（氢吸收），氧化开始。

$$RH + O_2 \longrightarrow R\cdot + HO_2 \qquad (a)$$

例如：
$$CH_3CH_3 + O_2 \longrightarrow CH_3CH_2 + HO_2$$

另一种引发反应是热诱导离解：

$$RH + M \longrightarrow R'\cdot + R''\cdot + M \qquad (b)$$

其中，R′和 R″是两个不同的烃基，例如：

$$CH_3CH_2CH_3 + M \longrightarrow CH_3CH_2 + CH_3 + M$$

烃基与氧分子快速反应产生过氧自由基：

$$R\cdot + O_2 + M \longrightarrow RO_2 + M \qquad (c)$$

过氧自由基在高温下经历分解而形成醛和自由基：

$$RO_2 + M \longrightarrow R'CHO + R''O \tag{d}$$

醛可以与 O_2反应：

$$RCHO + O_2 \longrightarrow RCO + HO_2 \tag{e}$$

这是一个歧化反应，因为它增加了自由基的数量。除了 O_2和 HO_2之外，O 会和 OH、RH（母体烃）、R·（烃碎片）或 RCHO（醛）发生相互反应。

一氧化碳的形成最初是通过 RCO 自由基的热分解发生的：

$$RCO + M \longrightarrow R\cdot + CO + M \tag{f}$$

一氧化碳氧化成二氧化碳是有机燃料燃烧的最后一步。最重要的是 CO 与 OH 自由基的氧化反应步骤：

$$CO + OH \longrightarrow CO_2 + H \tag{g}$$

其中，OH 的浓度涉及表 4.1 所示的所有反应。

表 4.1　298K 温度下一些典型的键强度

双原子分子	kJ/gmol
H—H	436
H—O	428
H—N	339
C—N	754
C—O	1076
N═N	945
N═O	631
O═O	498
多原子分子	**kJ/gmol**
H—CH	422
$H—CH_2$	465
$H—CH_3$	438
$H—CHCH_2$	465
$H—C_2H_5$	420
H—CHO	364
$H—NH_2$	449
H—OH	498
$H—O_2$	196
$H—O_2H$	369
HC≡CH	965
$H_2C═C_2$	733
$H_3C—CH_3$	376
O═CO	532
$O—N_2$	167
O—NO	305

引发反应（a）涉及 C—C 键或 C—H 键的断开。键断裂所需的能量可以使用表 4.1 中总结的键强度进行估算。去氢反应涉及断开能量为 364～465kJ/gmol 的 C—H 键。HO_2 的形成，将导致 168～269kJ/gmol 的反应净能。C—C 键分解过程中打破单键需要 376kJ/gmol，断开双键和三键则分别需要 733kJ/gmol 和 965kJ/gmol 能量。由于分解反应吸热，因此需要比去氢更高的反应焓。

由于天然气的广泛使用，已在实验和理论上广泛研究了甲烷氧化动力学。Hunter 等人（1994）在温度为 930～1004K，压力为 6～10atm 的条件下，从甲烷-空气混合物流动反应器获得数据。测量出了 CH_4、CO_2 和 CH_3、CH_3O、CH_3O_2、CH_2O、CH_2O、HCO 等六种中间物种的浓度分布，并建立了包括 207 个反应和 44 个物种的动力学模型。研究表明，CH_4 的主要消耗来自 OH，反应产生甲基自由基（CH_3）和水。CH_3 的氧化主要通过 CH_3 与氢过氧化物（HO_2）反应 $CH_3 + HO_2 \rightarrow CH_3O + OH$ 进行。在大气压力下，其他研究人员的研究也表明，由氧原子攻击而造成的甲基自由基重组也起着重要作用。C_2 型烃类的反应看起来对贫燃（lean）燃烧起到次要作用，但在富氧燃烧中起重要作用。这里所指的从流量管反应器获得化学动力学数据过程是：首先，用电加热空气，燃料与空气迅速混合，混合物迅速流向较低速度的测试部分；可移动的采样探头拉动并且对样品释放熄灭气体，同时提供光照射，用气相色谱分析仪（GC / MS）对气体进行分析，从而获得化学动力学数据。图 4.1 则显示了从另一种流量计反应器获得数据的一个例子。注意乙醇的中间分解产物，先形成然后被消耗。时间由探头位置、流量、主要反应物质和温度来决定。

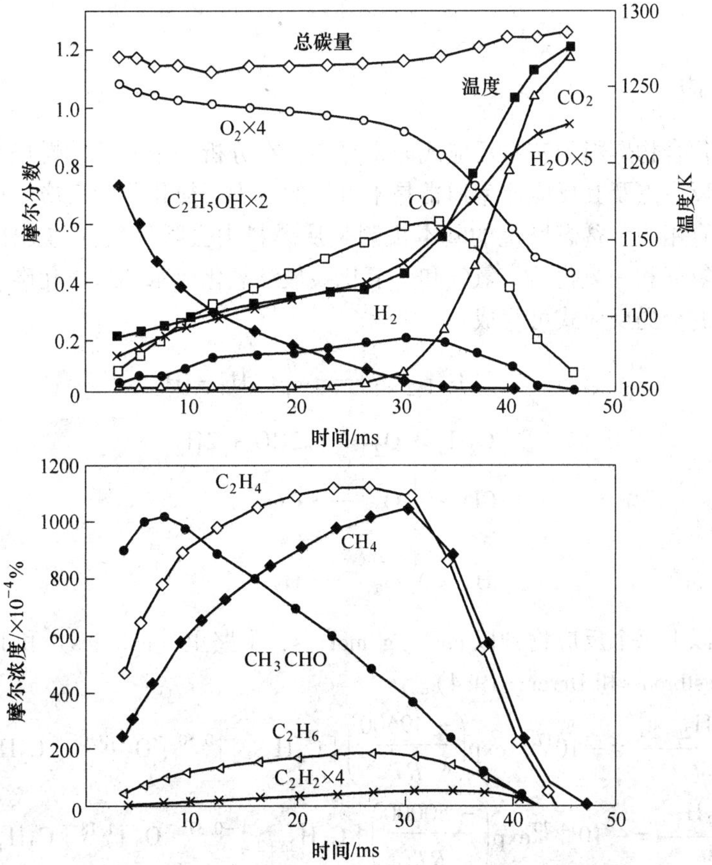

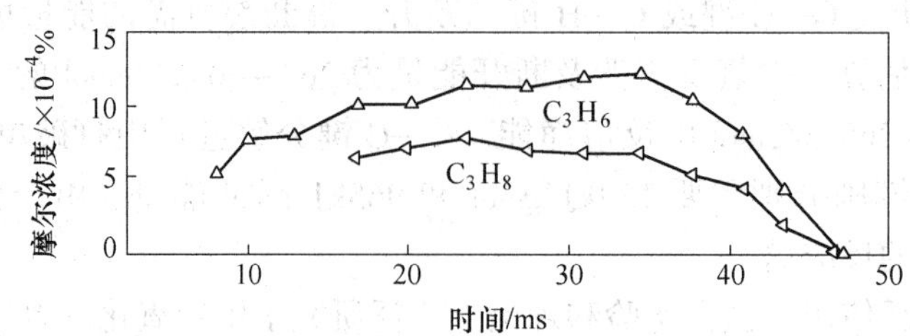

图 4.1　1atm 空气环境中乙醇在流动反应器中的氧化结果（其中 $F = 0.61$）

（引自：Norton，T. S. and Dryer，F. L.，The Flow Reactor Oxidation of C1-C4 Alcohols and MTBE，Symp.（Int.）Combust. 23：179-185，The Combustion Institute，Pittsburgh，PA，1991，由燃烧研究所许可）

丙烷和高级烃的动力学与甲烷的动力学不同，这是因为产生了乙基（C_2H_5）自由基，它比甲基自由基氧化得更快。乙基自由基迅速分解生成 C_2H_4 和 H 原子。氢原子会引发 $H+O_2 \rightarrow O+OH$ 链枝化反应。然后 H、O 和 OH 加速从丙烷和其他烃类中提取氢气，从而产生快速的链锁反应机制。Hoffinan 等人在 1991 年做了 493 个关于丙烷氧化处理的反应，其中包括低温氧化（500~1000K）动力学和反应的延伸机制。

由于特定烃的详细氧化机理可涉及数百个反应，所以将贫燃燃烧反应视为沿着主要路径进行是有帮助的，例如：

$$RH \rightarrow R\cdot \rightarrow HCHO \rightarrow HCO \rightarrow CO \rightarrow CO_2$$

为了工程目的，碳氢化合物的氧化常常采用一些全局反应来处理，以便促进实际燃烧系统的分析。

4.3　全局反应

由于碳氢化合物燃料的基本反应式非常复杂，在分析一个实际的燃烧系统时，要想考虑所有的化学反应点及其反应速率通常是不可行的。为了简化化学反应，使用总体的或全面的反应式是有用的。贫燃燃烧的基本机制是从燃料中去除氢气并与 OH 和 O 反应形成水、中间烃、氢气和一氧化碳。氢气和一氧化碳最终氧化成水和二氧化碳。丙烷和其他碳氢化合物燃料的全局反应式可写成：

$$C_nH_{2n+2} \longrightarrow \frac{n}{2}C_2H_4 + H_2 \tag{a}$$

$$C_2H_4 + O_2 \longrightarrow 2CO + 2H_2 \tag{b}$$

$$CO + \frac{1}{2}O_2 \longrightarrow CO_2 \tag{c}$$

$$H_2 + \frac{1}{2}O_2 \longrightarrow H_2O \tag{d}$$

已经获得以上每个反应物种以 cm^3，g/mol，s，卡路里（calories）和 K 为单位的全局反应速率（Westbrook 和 Dryer，1984）。

$$\frac{d[C_nH_{2n+2}]}{dt} = -10^{17.32}\exp\left(\frac{-49600}{\hat{R}T}\right)[C_nH_{2n+2}]^{0.50}[O_2]^{1.07}[C_2H_4]^{0.40} \tag{4.11}$$

$$\frac{d[C_2H_4]}{dt} = -10^{14.70}\exp\left(\frac{-50000}{\hat{R}T}\right)[C_nH_{2n+2}]^{-0.37}[O_2]^{1.18}[C_2H_4]^{0.90} \tag{4.12}$$

$$\frac{d[CO]}{dt} = -10^{14.60}\exp\left(\frac{-40000}{\hat{R}T}\right)[CO][O_2]^{0.25}[H_2O]^{0.50} + 5.0\times10^{8}\exp\left(\frac{-40000}{\hat{R}T}\right)[CO_2] \quad (4.13)$$

$$\frac{d[H_2]}{dt} = -10^{13.52}\exp\left(\frac{-41000}{\hat{R}T}\right)[H_2]^{0.85}[O_2]^{1.42}[C_2H_4]^{-0.56} \quad (4.14)$$

使用这种全局性组合方程应该限于已经测试过的体系。上述情况中测试过的当量比为 0.12~2，压力为 1~9 个大气压，温度为 960~1540K。需注意的是，在这些单位中，$\hat{R}$ = 1.987cal/(gmol · K)。

即使是简化的方案，例如上面给出的四个反应集合，在详细的计算模型（例如流体力学数值代码）中对于实际应用来说还是太复杂了。因此，单步全局速率方程是可用的，例如：

$$\text{Fuel} + \alpha O_2 \longrightarrow \beta CO_2 + \delta H_2O$$

其中，α、β 和 δ 是化学计量系数，然后将关联的全局速率表达式写为：

$$\hat{r}_f = \frac{d[\text{Fuel}]}{dt} - AT^n p^m \exp\left(\frac{-E}{\hat{R}T}\right)[\text{Fuel}]^a[O_2]^b \quad (4.15)$$

在许多情况下，对于指定范围的 T 和 p，可以取 $n=m=0$。

本章参考文献［23］给出了公式（4.15）一步反应的全局反应常数，如读者需要可自行查阅。

由于产物完全，一步反应高估了热释放速率，而在实际反应中，当所有燃料被氧化之后 CO 继续被氧化。为了改善这种缺陷，可以使用两步反应：

$$\text{Fuel} + \alpha O_2 \longrightarrow \beta CO + \delta H_2O \quad (a)$$

$$CO + \frac{1}{2}O_2 \longrightarrow CO_2 \quad (b)$$

公式（4.15）提供了燃料氧化成 CO（反应 a）的速率表达式，本章参考文献［23］也给出了两步反应的总体反应常数。同样，公式（4.13）提供了 CO 反应生成 CO_2 的反应速率（反应 b）。

例 4.2 对于 1atm、1500K 下的化学计量丙烷-空气反应，使用（a）一步全局反应和（b）两步全局反应，确定燃料和 CO_2 浓度与时间的函数关系。

解：最好的解决方法是使用一步或两步全局反应方程来揭示浓度随时间变化所需的方程。使用方程求解器和本章参考文献［23］中的数据求解该问题。这两种方法都有一个相同的方程组。全局反应是：

$$C_3H_8 + 5(O_2 + 3.76N_2) \longrightarrow 3CO_2 + 4H_2O + 18.8N_2$$

首先，我们计算化学计量丙烷-空气混合物中原子分子的数量（物质的量）：

$$n_{(\text{init})} = \frac{P}{\hat{R}T} = \frac{\text{gmol}\cdot\text{K}}{82.05\text{cm}^3\cdot\text{atm}}\cdot\frac{1\text{atm}}{1}\cdot\frac{1}{1500\text{K}} = \frac{8.12\times10^{-6}\text{gmol}}{\text{cm}^3}$$

由此我们可以确定微分方程所需的初始摩尔浓度：

$$n_{f(\text{init})} = x_{f(\text{init})}n_{(\text{init})} = \frac{1}{24.8}n_{(\text{init})}$$

从上面的化学计量平衡来看，每 24.8（1 + 5×4.76）mol 混合物最初有 1mol 丙烷。我们现在需准备好反应速率的具体方程。

（a）部分的具体方程组为，对于一步全局反应，假设指数 $n=m=0$，反应速率方程由公式（4.15）给出，计算式如下：

$$\hat{r}_f = -A\exp\left(\frac{-30000}{1.987T}\right)(n_f)^a\ (n_{O_2})^b \text{gmol/(cm}^3\cdot\text{s)}$$

从本章文献［23］可知：

$$A = 8.6\times10^{11}\text{gmol/(cm}^3\cdot\text{s)}$$

$$a = 0.1;\ b = 1.65$$

O_2的摩尔浓度需要作为速率方程中燃料浓度的函数来计算。因为混合物从化学计量混合物开始，所以在整个反应过程中燃料和 O_2的比例保持不变：

$$n_{O_2} = 5n_f$$

我们还可以通过一步全局反应速率方程，从碳平衡中找到二氧化碳的摩尔浓度。也就是说，每消耗 1mol 的燃料，就产生了 3mol 的二氧化碳。

$$n_{CO_2} = 3(n_{f(init)} - n_f)$$

现在我们能够整合一步反应速率方程。将 n_f初始燃料浓度和 n_{CO_2}归一化为最终二氧化碳浓度后，得到的结果绘制在图 4.2 中。其中：

$$n_{CO_2(final)} = 3n_{f(init)}$$

上式显示了燃料的转化和二氧化碳的累积，90%的丙烷在 1500K 和 1 个大气压下在 0.9ms 内反应形成产物。

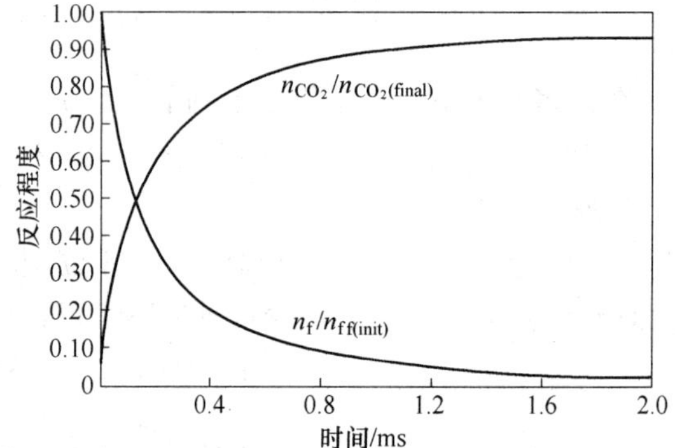

图 4.2　化学计量丙烷-空气反应在 1atm 和 1500K 下，一步全局反应的计算时间历程

（b）部分的具体方程组为，两步全局反应体系是：

$$C_3H_8 + 3.5(O_2 + 3.76N_2) \longrightarrow 3CO + 4H_2O + 13.16N_2$$

$$CO + 0.5(O_2 + 3.76N_2) \longrightarrow CO_2 + 1.88N_2$$

与一步全局反应一样，我们使用公式（4.15）给出的反应速率方程（假设 $n=m=0$），计算如下：

$$\hat{r}_f = -A\exp\left(\frac{-30000}{1.987T}\right)(n_f)^a\ (n_{O_2})^b \text{gmol/(cm}^3\cdot\text{s)}$$

进一步由本章文献［13］可知：$A = 1.0\times10^{12}\text{gmol/(cm}^3\cdot\text{s)}$；$a = 0.1$；$b = 1.65$

二氧化碳的积分比一氧化碳的积分简单，因为二氧化碳只是由二步反应的第二步产生的。对于 CO 反应，由公式（4.13）可知 $r_{co}=-r_{co_2}$：

$$\hat{r}_{CO_2} = 10^{14.6}\exp\left(\frac{-40000}{1.987T}\right)(n_{CO})\ (n_{O_2})^{0.25}\ (n_{H_2O})^{0.5} - 5.0\times10^8\exp\left(\frac{-40000}{1.987T}\right)n_{CO_2}$$

需要计算 O_2的摩尔浓度与时间的函数关系。这比单速率方程更复杂。考虑该问题最简单的方法是注意到一次速率方程中的 O_2以 3.5 倍的燃料消耗率消耗。其余的 O_2（5.0−3.5=1.5）可以计算为初始燃料浓度的 1.5 倍，并且以 0.5 倍于 CO_2形成的速率消耗。这可以写成：

$$n_{O_2} = 3.5n_f + (1.5n_{f(init)} - 0.5n_{CO_2})$$

同样的，CO 的形成速度是燃料消耗的速度的三倍，并且以 1 比 1 的速率氧化成 CO_2。这可以写成：

$$n_{CO} = 3(n_{f(init)} - n_f) - n_{CO_2}$$

H_2O 仅在反应序列的第一个方程式中形成，可能与燃料的消耗速率有关：

$$n_{H_2O} = 4(n_{f(init)} - n_f)$$

现在我们可以整合燃料浓度方程和二氧化碳浓度。如图 4.3 所示的这一全局两步反应，90% 的丙烷在 0.65ms 内反应，90%的二氧化碳在 0.7ms 内形成。最初浓度为零的一氧化碳在 0.05ms 达到峰值，然后衰减。

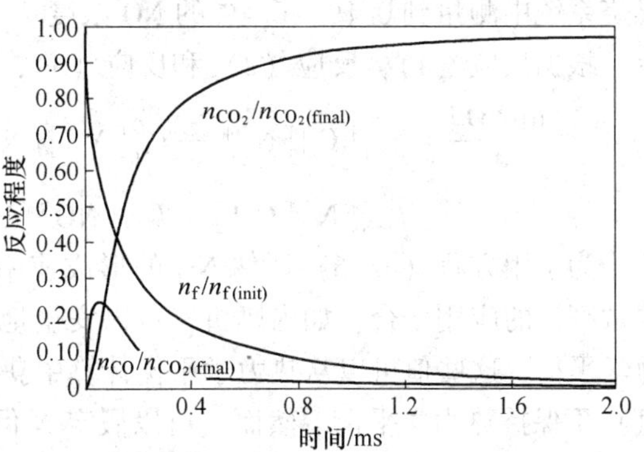

图 4.3　化学计量丙烷-空气反应在 1atm 和 1500K 下的两步全局反应的计算时间历程

4.4　一氧化氮动力学

一氧化氮（NO）和二氧化氮（NO_2）是污染物。碳氢化合物燃料在空气中燃烧会产生一氧化氮和二氧化氮。由于在燃烧系统中 NO_2 与 NO 的浓度比值非常小，因此本节的理论讨论主要集中在一氧化氮（NO）上。然而，通常排放物的测量包括 NO 和 NO_2，它们被联合称为氮氧化合物（NO_x）。在空气环境中，NO 会转化为 NO_2 成为更重要的污染物。

在具有紫外线日光的大气中，一氧化氮、二氧化氮和臭氧之间建立如下平衡：

$$NO_2 + O_2 \longrightarrow NO + O_3$$

某些碳氢化合物的加入会破坏上述反应平衡。因此，烃类被氧化、并形成例如硝酸盐、醛和 PAN（过氧乙酰硝酸盐）的反应产物。NO 转化为 NO_2 的过程中，随着 NO 的消耗，臭氧（O_3）开始出现，并且二氧化氮会形成一种轻微的雾霾。二氧化氮、臭氧和 PAN 可能对健康有不利的影响。由二氧化氮在大气中形成的硝酸（HNO_3）会导致酸雨。因此，人们已经努力了解和控制作为氮氧化物排放主要来源的汽车和固定燃烧系统中氮氧化物的形成。

有趣的是，NO + O_3 的反应产生了光子反射。将含有 NO 的混合物与臭氧反应并测量产生的光子是测量 NO 浓度的标准方法，这是“化学发光”分析仪的基础。

燃烧后一氧化氮排放的主要来源是火焰后锥体中的分子氮（称为热力 NO）、火焰区中形成的 NO（瞬发 NO）和燃料中的含氮游离物（燃料结合的 NO）的氧化。这三种氮氧化物来源的相对重要性取决于操作条件和燃料类型。对于含有少量有机氮的燃料后火焰区过量氧气的绝热燃烧，热力 NO 形成是 NO 排放的主要来源。

作为理解热力 NO 形成基本机制的起点，考虑扩展的 Zeldovich 机制：

$$O + N_2 \longrightarrow NO + N \tag{1}$$

$$N + O_2 \longrightarrow NO + O \tag{2}$$

$$N + OH \longrightarrow NO + H \tag{3}$$

尽管第三个反应对贫燃混合物的贡献较小，但也通常将该反应包括在内，用于解释氧气浓度很低情况下的富燃燃烧。整个体系由前面的第一个反应控制，但是这个反应具有高的活化能，因此在低温下反应缓慢。结果，在后焰产物中形成热力 NO。通常在未控制的燃烧系统中测量到 0.1%~0.4%的 NO 浓度。

根据反应（1），反应（2）和反应（3），可用下式给出 NO 的生成速率：

$$\frac{d[NO]}{dt} = k_{+1}[O][N_2] - k_{-1}[NO][N] + k_{+2}[N][O_2] - k_{-2}[NO][O] + k_{+3}[N][OH] - k_{-3}[NO][H] \tag{4.16}$$

为了用方程（4.16）评估 NO 的形成速率，必须确定 O、N、OH 和 H 的浓度。对于非常高温的应用场合，如内燃机，可以安全地假定 O、N、OH 和 H 浓度在后焰区保持热力学平衡。这些值可以从热力学平衡计算中获得。对于中等高温，如燃炉中，N（单原子氮）不保持热力学平衡。然而，可以假定 N 保持在稳态浓度，即，N 的净变化率非常小，并且可以以下面的方式将其设置为等于零。由上面的反应（1），（2）和（3）可得：

$$\frac{d[N]}{dt} = k_{+1}[O][N_2] - k_{-1}[NO][N] - k_{+2}[N][O_2] + k_{-2}[NO][O] - k_{+3}[N][OH] + k_{-3}[NO][H] = 0 \tag{4.17}$$

在稳定状态下求解 N：

$$[N] = \frac{k_{+1}[O][N_2] + k_{-2}[NO][O] + k_{-3}[NO][H]}{k_{-1}[NO] + k_{+2}[O_2] + k_{+3}[OH]} \tag{4.18}$$

因此，对方程（4.16）进行积分，可以得到燃烧产物中 NO 浓度与时间的函数关系。O_2、N_2、H_2O、OH 和 H 的平衡值由热力学平衡程序获得。N 的浓度可从平衡计算或从公式（4.18）中获得。方程（4.16）的速率常数（单位为 $cm^3/(mol \cdot s)$）与温度（K）的关系如下（Flagan 和 Seinfeld，1988）：

$$k_{+1} = 1.8 \times 10^{14}\exp(-38370/T)$$

$$k_{-1} = 3.8 \times 10^{13}\exp(-425/T)$$

$$k_{+2} = 1.8 \times 10^{10}\exp(-4680/T)$$

$$k_{-2} = 3.8 \times 10^{9}\exp(-20820/T)$$

$$k_{+3} = 7.1 \times 10^{13}\exp(-450/T)$$

$$k_{-3} = 1.7 \times 10^{14}\exp(-24560/T)$$

计算表明，NO 的形成速率高度依赖于温度、时间和化学计量比。让我们考虑两个 NO 形成的例子来证明这种依赖关系：炉内甲烷-空气的燃烧产物和与火花塞点火发动机条件相关的辛烷-空气燃烧产物。

例 4.3　在初始温度 298K 和 1atm 压力下，甲烷分别在 110%，100%，90%和 80%的理论空气中绝热燃烧。计算并绘制 NO 浓度与时间的函数曲线。

解：首先确定 O_2、N_2、O、H_2O、OH 和 H 的平衡浓度，绝热火焰温度和摩尔分数。平衡计算结果见下表：

理论空气/%	T/K	摩尔分数×10^3					
		O_2	N_2	O	H_2O	OH	H
110	2146	16.8	717	0.245	171	2.75	0.134
100	2227	4.46	708	0.215	183	2.87	0.393
90	2204	0.257	692	0.0442	189	1.3	0.679
80	2098	0.00943	667	0.00418	186	0.358	0.576

假设这些平衡保持不变。根据公式（4.18）确定 N 浓度，然后对公式（4.17）进行数值积分。结果绘制在图 4.4 中。

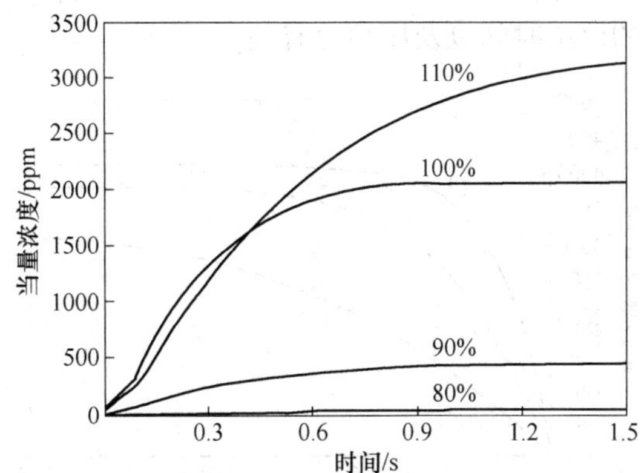

图 4.4　在 1atm 压力和初始温度为 300K 时，110%、100%、90%和 80%的理论空气条件下，甲烷-空气混合物的绝热燃烧产物中一氧化氮的计算结果

如图 4.4 所示，贫燃混合物比化学计量混合物产生更多的 NO，尽管最初 NO 的形成速率远高于化学计量的情况。由于缺乏氧气和处于较低的温度，燃料充足的情况下 NO 浓度较低。NO 含量水平在 0.5~1.5s 内达到平衡值。在较低的温度下，平衡较慢，因为逆反应变得非常重要。因此，实际系统中的 NO 排放高度依赖于过剩空气。

例 4.4　正辛烷蒸汽和空气的化学计量混合物在 1atm 和 298K 下开始被多变式压缩，然后在恒压、绝热条件下发生反应。当压缩比分别为 6、10 和 14 时，计算并绘制后焰产物中的 NO 浓度与时间的函数曲线。使用 1.3 的多变指数来模拟压缩过程中的热量损失。

解：在压缩过程中，$pV^{1.3}$恒定，对于质量恒定的理想气体，pV/T 恒定。于是有：

$$\frac{p_2}{p_1}=\left(\frac{V_1}{V_2}\right)^{1.3}$$

且有：

$$\frac{T_2}{T_1}=\frac{p_2/p_1}{V_1/V_2}$$

因此，反应的初始条件是：

V_1/V_2	p_2/atm	T_2/K
6	10.3	510
10	20	594
14	30.9	658

通过热力学平衡计算可得到以下绝热火焰温度和产物的摩尔分数（$\times 10^3$）：

V_1/V_2	T_2/K	O_2	N_2	O	H_2O	OH	H
6	2440	5.19	726	0.239	135	3.06	0.305
10	2506	5.13	726	0.238	1124	3.19	0.293
14	2552	5.1	7026	0.237	135	3.28	0.288

使用这些数据作为例 4.3 开发的方程组输入，用方程求解器求解，可得到 NO 浓度与时间的函数关系，结果如图 4.5 所示。尽管 NO 的最终平衡值在压缩比为 14 时比压缩比为 6 时仅仅高 33%，但是初始形成速率要高得多。例如，在 2.5ms 之后，压缩比分别为 6、10 和 14 时，NO 浓度分别为 0.1%、0.24%和 0.36%。因此，火花塞点火发动机的 NO 排放量与产物在气缸中的停留时间以及压缩比有关。

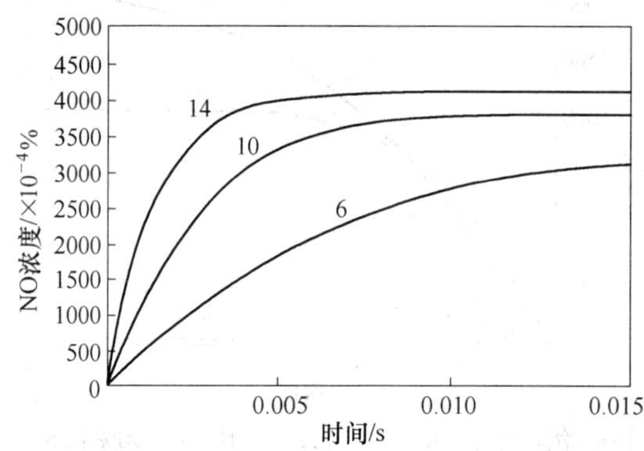

图 4.5　初始值为 1atm 和 298K，在压缩比为 6、10 和 14 的条件下经多变压缩（$n=1.3$），并在恒压、绝热条件下反应，化学计量的辛烷-空气产物中一氧化氮计算值

由例 4.3 和例 4.4 可以明显看出，减少 NO 形成的方法是避免过高的温度并减少燃烧产物中过量的氧气。另一个值得注意的重要概念是：当燃烧产物通过膨胀或传热迅速冷却时，NO 浓度趋向于冻结在一定的浓度值，因为动力学速率随着温度下降而迅速减慢。下例说明了冻结的概念。

例 4.5　化学计量正辛烷-空气混合物的燃烧产物在装有活塞的气缸中。在时间 $t=0$ 时，混合物中不存在 NO，然后产物在 $T_0=2600\text{K}$ 和 $p_0=35\text{atm}$ 下，按照如下多变规律膨胀：

$$\left(\frac{p}{p_0}\right)\left(\frac{V}{V_0}\right)^{1.35}=1.0,\quad 0\leqslant t\leqslant t_0$$

而且体积随时间增加的规律符合：

$$\frac{V}{V_0}=1+4\left[1+\sin\left(\frac{\pi t}{t_0}-\frac{\pi}{2}\right)\right]$$

计算并绘制 $t_0=0.025\text{s}$ 时，一氧化氮浓度与时间的关系曲线。在同一个图上同时绘制每个温度下的平衡 NO 浓度。

解：求解过程与例 4.4 类似，但是在该情况下，压力和温度随时间变化，所以必须在每个时间步长计算 O 和 OH 的平衡值，并用新值来求解扩展的 Zeldovich 方程。温度可从理想气体方程中获得：

$$pV = mRT$$

这意味着：
$$\frac{T}{T_0} = \frac{V}{V_0} \cdot \frac{p}{p_0}$$

这里没有给出计算的细节，但计算结果绘制在图 4.6 和图 4.7 中。由图可见，随着体积膨胀、压力和温度下降。起初 NO 迅速形成，但随着温度下降，反应速度减慢，NO 浓度冻结在 $2500\times10^{-4}\%$的恒定值。最初的理论平衡值为 $4500\times10^{-4}\%$，但是没有达到最终的理论平衡值。由于正向和逆向反应速率都非常低，NO 浓度变为恒定，所以达到零 NO 的平衡值。当膨胀更快（$t_0 = 0.01$s）时，形成 NO 的时间更少，并且浓度恒定在更低的值。

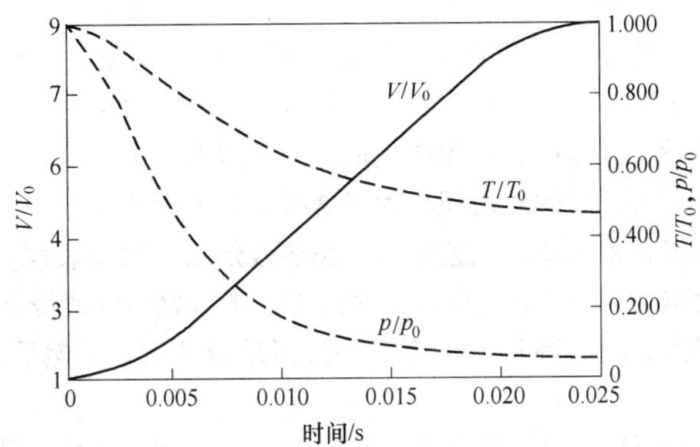

图 4.6　多变膨胀期间压力和温度的降低

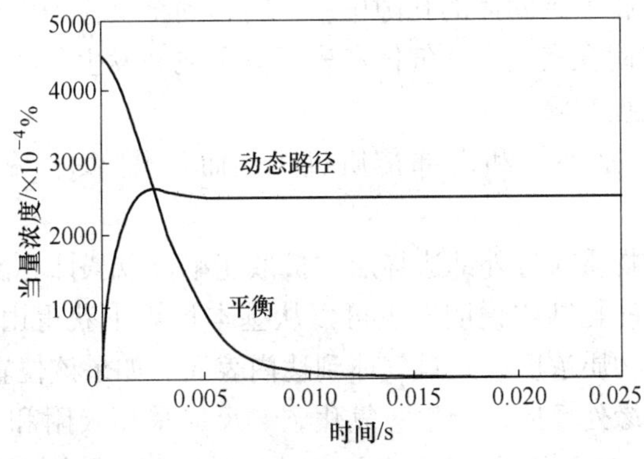

图 4.7　在正确的动力学路径条件下，例 4.5 中一氧化氮的形成

4.4.1　瞬发 NO 和燃料限制 NO

少量的 NO（40~60 ppm）可直接在火焰前端产生。这种迅速形成或瞬发的 NO 来自烃类片段与火焰中分子氮的反应，例如：

$$CH + N_2 \longrightarrow HCN + N$$
$$CH_2 + N_2 \longrightarrow HCN + NH$$

N、NH 和 HCN 物质在高温火焰区快速反应形成 NO，其中 O 和 N 可以超过平衡浓度。与热形成的 NO 相比，迅速形成或瞬发的 NO 通常较少，但是随着热力 NO 减少，迅速形成的 NO 相对更重要。

燃料限制型 NO 由燃料中的有机氮化合物产生。原油含有 0.1%~0.20%的有机氮，经精炼后浓缩在残余馏分中。煤通常含有 1.2%~1.6%的有机氮。生物体中的氮浓度取决于生物体来源以及是如何发酵的。一般来说，木材含有 0.1%~0.20%的氮。草作物（例如柳枝稷）可以具有高达 1%的氮。随着这些含氮燃料的燃烧，形成氰化氢（HCN）作为中间体，其可以与 O、OH 和 H 进一步反应，在后焰区形成 NO。在燃烧系统中，通常有 20%~50%的燃料氮转化为 NO。

4.5　固体表面上的反应

均相反应是涉及单相的反应，而非均相反应则涉及多相反应。一氧化碳在铂催化剂表面氧化成二氧化碳是非均相反应。焦炭在炉排上的氧化，或柴油发动机中的烟灰是非催化、非均相反应的例子。

在上述每种情况下，气体都会在固体表面上发生反应。反应速率取决于气相的浓度、温度、扩散速率和气相可接触的表面积。为显著提高表面反应速率，每单位质量的可接触表面积必须大，例如多孔铂浸渍陶瓷整体料或焦炭或烟灰的固体表面。通常，这几种情况的固体比表面积约为 $100m^2/g$。需向读者说明的是，喷雾燃料的燃烧并没有引用作为表面反应的例子，这是因为燃料液滴不在表面燃烧，而是液滴汽化，然后作为气体-气体反应燃烧。

固体表面的非均相反应涉及一系列传质和化学反应步骤，这些步骤是：

（1）反应气体通过与表面相关的外部气体边界层扩散。

（2）反应气体分子扩散到固体的孔隙中，同时移动至反应表面位置。

（3）气体分子被吸附在表面上，气体和表面分子之间发生化学反应。

（4）反应产物从表面解吸。

步骤（1）和（2）是外部和内部传质过程，而步骤（3）和（4）是化学动力学过程。

诸如氧之类的气体物质通过外部边界层的扩散速率可以从计算流体动力学或从传质系数中获得。只要有合适的孔结构说明，也可以从基本计算中获得由于气相（例如氧）在孔内扩散而导致的气体物质浓度。一旦气体到达内表面，如果该位置是活性的，则其与表面反应，例如氧在碳边缘处反应以产生一氧化碳。反应采用吸附和解吸速率常数来描述，其以阿伦尼乌斯（Arrhenius）形式表示（公式（4.4））。如果该位置处于非活性状态，则不会在该位置进行反应。

在燃烧工程中，相关的表面反应种类包括与氧气、水蒸气、一氧化碳、二氧化碳和氢气反应的烟灰、生物质和煤炭。回顾第 2 章，焦炭是固体燃料热解后留下的固体物质，含有碳、分散的无机微粒和少量的氢。颗粒表面温度则可能由于对流和辐射传热的变化以及表面处的放气、放热和吸热化学反应而变化。

焦炭表面具有非常多的孔，将毛孔看成由树干和树枝组成（见图 4.8）是很有用的。孔隙率通过热解（脱挥发分）建立。分支的直径范围从埃到几微米。每棵树的总表面积比树干的表面积大几个数量级。树干有大小的分布，树木重叠，所以有一个相互连接的孔隙。氧气和其他气体扩散到分支与内表面反应。在燃烧过程中，孔隙率和孔隙表面积通常随时间和温度而变化。因此，如果想考虑到所有化学和物理方面的焦炭反应性，从第一原理模拟多孔炭表面发生反应的详细过程是困难的。

在工程上，通常使用基于全局速率常数和外部固体表面积的全局非均匀反应速率。全局非均相反应速率由单一特定燃料颗粒的实验室实验获得。与全局气相反应一样，速率常数不能超出实验范围。高温下使用外部表面区域而不是内部孔隙表面是合理的，因为通过外部边界层的大量传质通常是限速步骤。焦炭的全局反应将在第 14 章讨论。

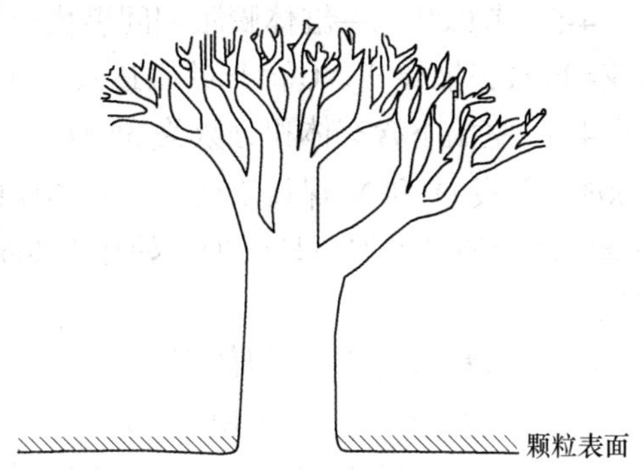

图 4.8　基于孔树模型的焦炭孔隙率示意图来显示连续分支

4.6　习题

4-1　考虑化学计量的辛烷与空气总反应：

$$C_8H_{18} + 12.5(O_2 + 3.76N_2) \longrightarrow 8CO_2 + 9H_2O + 47N_2$$

与全局速率反应速率：$\hat{r}_f = -5.7 \times 10^{11} \exp(-30000/\hat{R}T)\,[C_8H_{18}]^{0.25}\,[O_2]^{1.5}$

这里，单位是 cm，s，g/mol，大卡（calories）和 K。如果反应混合物突然升温到 2000K，压力为 1 个大气压，计算反应的初始速率是多少？如果温度保持在 2000K，体积恒定，当原始燃料的一半转换成产品时，反应速度又如何？反应速率以 gmol/($cm^3 \cdot s$) 为单位给出。

4-2　考虑如下 H_2-O_2 的燃烧。哪些反应正在发生？哪些反应正在终止？哪些是链接分支？哪些正在传播？

$$H + O_2 \longrightarrow O + OH \quad (1)$$

$$H + H + M \longrightarrow H_2 + M \quad (2)$$

$$H + OH + M \longrightarrow H_2O + M \quad (3)$$

$$H_2 + OH \longrightarrow H_2O + H \quad (4)$$

$$H + O_2 + M \longrightarrow HO_2 + M \quad (5)$$

$$HO_2 + H \longrightarrow H_2O + O \quad (6)$$

$$O + H_2O \longrightarrow OH + OH \quad (7)$$

4-3　习题 4-2 中的反应（1）和（5）均存在 H 原子竞争。压力对该竞争有什么影响？

4-4　在 H_2-O_2 系统中添加少量甲烷可能会抑制总体燃烧速率，即燃料增加、能量增加，从而导致温度提高。通过比较主分支反应的反应速率解释这种效应。

$$H + O_2 \xrightarrow{1} OH + O\,,\ k_1 = 5.13 \times 10^{16} T^{-0.816} \exp(-8307/T)$$

且有反应：$H + CH_4 \xrightarrow{2} CH_3 + H_2\,,\ k_2 = 2.24 \times 10^4 T^3 \exp(-4420/T)$

其中，T 的单位是开尔文（注意在该问题中，速率常数表达式中的活化能已经除以通用气体常数）。

4-5 考虑活塞—缸体膨胀期间燃烧产物中的 NO 预测。根据反应(d[NO]/dt) R 和体积 $V=V(t)$，推导 d[NO]/dr 的表达式。注意根据定义 [NO] $=n_{NO}=N_{NO}/V$。

4-6 室温下含有体积分数为 3% O_2 和 60% N_2 的气体混合物在 1atm 压力下突然加热到 2000K。假设 O_2 和 N_2 保持不变，求出 NO 的初始形成速率（10^{-4}%/s）。分析 NO 形成速率随时间增加是增加还是减少。使用 Zeldovich 机制和 4.4 节给出的信息，且混合物中没有氢。

4-7 重复习题 4-6，但使用 1500K。

4-8 重复习题 4-6，但使用 20 个大气压。

4-9 对于习题 4-6 的条件，求出 NO 浓度（10^{-10}%）与时间（s）的关系。

4-10 按照例 4.3 的求解过程，检查空气预热 500K 对 1 大气压和 10% 过量空气的甲烷—空气产品中 NO 浓度的影响。

4-11 按照例 4.4 实施的方法，研究稀燃烧对最初在 300K 和 1 个大气压下的正辛烷蒸汽-空气混合物中 NO 形成的影响，然后在 $V_1/V_2=10$ 的条件下多变压缩（$n=1.3$），(假设 180% 的理论空气)。

4-12 CH_4 和 O_2 的直接混合物在 1300K 和 1 个大气压下按照整体反应形成 CO 和 H_2O：

$$CH_4 + 3O_2 \longrightarrow CO + 2H_2O + 1.5O_2$$

CO 通过式（4.13）来反应。使用方程求解器，利用表 4.3 中的数据，计算并绘制 CH_4 和 CO 摩尔分数与时间的关系曲线。

4-13 纯碳颗粒的直径为 0.01μm，密度为 2000kg/m^3。计算颗粒内含有多少个碳原子？(假设原子密集，并且使用阿伏伽德罗的数字)

参 考 文 献

[1] Baulch D L, Cobos C J, Cox R A, et al. Summary Table of Evaluated Kinetic Data for Combustion Modeling Supplement 1, Combust. Flame 98 (1-2): 59-79, 1994.

[2] Benson S W, The Foundations of Chemical Kinetics, McGraw-Hill, New York, 1960.

[3] Cowart J S, Keck J C, Heywood J B, et al. Engine Knock Predictions Using a Fully-Detailed and a Reduced Chemical Kinetic Mechanism, Symp. (Int.) Combust. 23: 1055-1062, The Combustion Institute, Pittsburgh, PA, 1991.

[4] Dagaut P, Reuillon M, Cathonnet M. High Pressure Oxidation of Liquid Fuels from Low to High Temperature. 1. n-Heptane and iso-Octane, Combust. Sci. Technol. 95 (10): 233-260, 1994.

[5] Flagan R C, Seinfeld J H, Combustion Fundamentals, Chap. 2 in Fundamentals of Air Pollution Engineering, Prentice Hall, Englewood Cliffs, NJ, 1988.

[6] Frenklach M, Clary D W, Gardiner W C, et al. Detailed Kinetic Modeling of Soot Formation in Shock-Tube Pyrolysis of Acetylene, Symp. (Int.) Combust. 20: 887-901, The Combustion Institute, Pittsburgh, PA, 1985.

[7] Frenklach M, Wang H, Goldenberg M, et al. GRI-Mech-An Optimized Detailed Chemical Reaction Mechanism for Methane Combustion, Gas Research Institute Topical Report GRI-95/0058, 1995.

[8] Frenklach M, Wang H. Detailed Modeling of Soot Particle Nucleation and Growth, Symp. (Int.) Combust. 23: 1559~1566, The Combustion Institute, Pittsburgh, PA, 1991.

[9] Glassman I, Yetter R. Combustion, 4th ed., Academic Prcss, Burlington, MA, 2008.

[10] Griffiths T F. Reduced Kinetic Models and Their Application to Practical Combustion Systems, Prog. Energy- Combust. Sci. 21: 25~107, 1995.

[11] Haynes B S. Soot and Hydrocarbons in Combustion, Chap. 5 in Fossil Fuel Combustion: A Source Book, eds. Bartok, W., and Sarofim, A. F., Wiley, New York, 1991.

[12] Hoffman J S, Lee W, Litzinger T A, et al. Oxidation of Propane at Elevated Pressures: Experiments and Modelling, Combust. Sci. Technol. 77 (1~3): 95-125, 1991.

[13] Hunter T B, Wang H, Litzinger T A, et al. The Oxidation of Methane at Elevated Pressures: Experiments and Modeling, Combust. Flame 97 (2): 201~224, 1994.

[14] Kee R J, Miller J A, Jefferson T H. CHEMKIN: A General-Purpose, Problem-Independent, Transportable, FORTRAN Chemical Kinetics Code Package, Sandia National Laboratories Report, SAND 80-8003, 1980.

[15] Kuo K K. Chemical Kinetics and Reaction Mechanisms, Chap. 2 in Principles of Combustion, Wiley, New York, 1986.

[16] Lide D R, Haynes W M, eds. CRC Handbook of Chemistry and Physics, 90th ed., CRC Press, Boca Raton, FL, 2009.

[17] Miller J A, Fisk G A. Combustion Chemistry, Chem. Eng. News 65 (35): 22-31, 34-46, 1987.

[18] Müller V C, Peters N, Liñán A. Global Kinetics for n-Heptane Ignition at High Pressures, Symp. (Int.) Combust. 24: 777~784, The Combustion Institute, Pittsburgh, PA, 1992.

[19] Norton T S, Dryer F L. The Flow Reactor Oxidation of C_1-C_4 Alcohols and MTBE, Symp. (Int.) Combust. 23: 179-185, The Combustion Institute, Pittsburgh, PA, 1991.

[20] Siegla D C, Smith G W, eds. Particulate Formation During Combustion, Plenum Press New York, 1981.

[21] Simons G A. The Pore Tree Structure of Porous Char, Symp. (Int.) Combust. 19: 1067-1076, The Combustion Institute, Pittsburgh, PA, 1982.

[22] Smoot L D, Smith P J. Coal Combustion and Gasification, Plenum Press, New Yark, 1985.

[23] Westbrook C K, Dryer F L. Chemical Kinetic Modeling of Hydrocarbon Combustion, Prog. Energy Combust. Sci. 10: 1~57, 1984.

[24] Westbrook C K, Pitz, W J, A Comprehensive Chemical Kinetic Reaction Mechanism for Oxidation and Pyrolysis of Propane and Propene, Combust. Sci. Technol. 37 (3-4): 117~152, 1984.

[25] Wilk R D, Pitz W J, Westbrook C K, et al, Chemical Kinetic Modeling of Ethene Oxidation at Low and Intermediate Temperatures, Sym. (Int.) Combust. 23: 203 ~ 210, The Combustion Institute, Pittsburgh, PA, 1991.

第二篇

气体和汽化燃料的燃烧

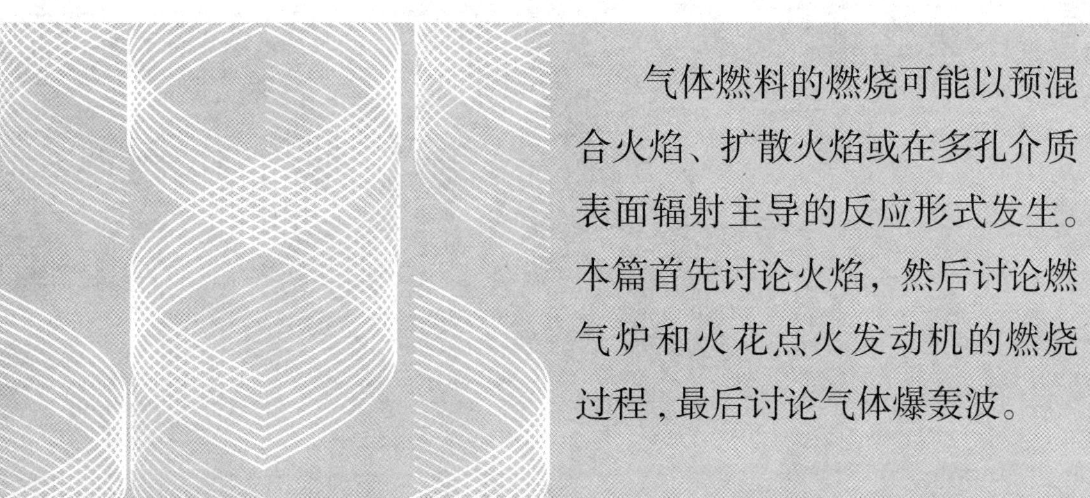

气体燃料的燃烧可能以预混合火焰、扩散火焰或在多孔介质表面辐射主导的反应形式发生。本篇首先讨论火焰，然后讨论燃气炉和火花点火发动机的燃烧过程，最后讨论气体爆轰波。

第二章

5 火　　焰

火焰是所有燃烧应用的基础。火焰是在短距离内气体燃料和氧化剂之间发生的快速放热反应。火焰可分为预混合或扩散火焰，层流或湍流火焰，静止或传播火焰。

预混合火焰是燃烧前充分混合的气态反应物燃烧而产生的。扩散火焰则是分开的气体燃料和氧化剂流燃烧产生的，当它们混合时，迅速燃烧。当气流是层流时，火焰呈层流状，火焰锋面平滑。当气流紊乱时，火焰紊乱，火焰锋面起皱或破裂。对于给定的燃料-氧化剂混合物，层状预混合火焰具有独特的火焰速度，在空气动力学压力和温度下的烃-空气混合物，其速度小于1m/s。湍流增加了火焰的速度。对于扩散火焰来说，反应物的混合速率决定了燃烧速度，而反应发生在燃料和氧化剂之间的界面上。固定火焰通过燃烧器运动或通过进入停滞区域而稳定。在静止的可燃混合物中，火焰从点火源开始以层流火焰速度从源向外传播。如果体积足够大，火焰将转变成爆炸，此时爆炸传播速度将超过1000m/s，从而导致压力的升高（见第8章）。

大多数燃烧应用需要湍流来产生紧凑系统所需能量释放的体积速率。了解层流火焰的概念有助于理解湍流火焰。大多数较小的燃气系统使用预混合湍流火焰，而较大的系统使用扩散火焰。由于预混合火焰的排放量往往较低，因此较大的系统在可能的情况下转向预混燃烧器和喷射器。层流预混火焰是最简单的火焰类型，本章从层流预混火焰开始，然后，讨论湍流预混火焰和扩散火焰。

5.1　层流预混火焰

采用火花或其他局部热源点火的静止燃料空气混合物的燃烧反应将以层状火焰传播到反应物中。类似的层流火焰可以稳定在燃烧器的顶端。放热化学反应发生在低速传播的薄区域（火焰前缘）。大气环境空气中的化学计量烃类混合物火焰（即化学反应区）厚度小于1mm，移动速度为20~40cm/s。火焰区的压力降低非常小（约1Pa），并且反应区中的温度高（2200~2600K）。如第4章所述，在火焰反应区内，大量活性自由基形成并向上游扩散以攻击燃料，然后通过化学反应将燃料碎片转化为稳定的产物。反应释放的热量从较高温部分进入反应区的较低温度部分以维持火焰。

图5.1（a）为所熟悉的本生灯燃烧器，它提供了静止层流预混火焰的例子。燃料在燃烧器底部以微小的正压进入，并通过动量交换带入空气。燃料和空气在燃烧器的管中混合，最终从燃烧器的管排出均匀的燃料-空气混合物。混合物被点燃，并随着流体向外扩张，燃烧器的尖端处于燃烧稳定状态。图5.1（b）显示了其相对于火焰区域的流线，图5.1（c）则显示了狭槽燃烧器的等温线和流线。狭槽燃烧器具有矩形横截面，产生类似于本生灯燃烧器锥形火焰的帐篷形火焰。由于辐射热损失，所观察到的火焰峰值温度稍低于绝热温度。

火焰区是静止、锥形的。圆锥形状是由于需要燃料-空气混合物的局部速度和火焰速

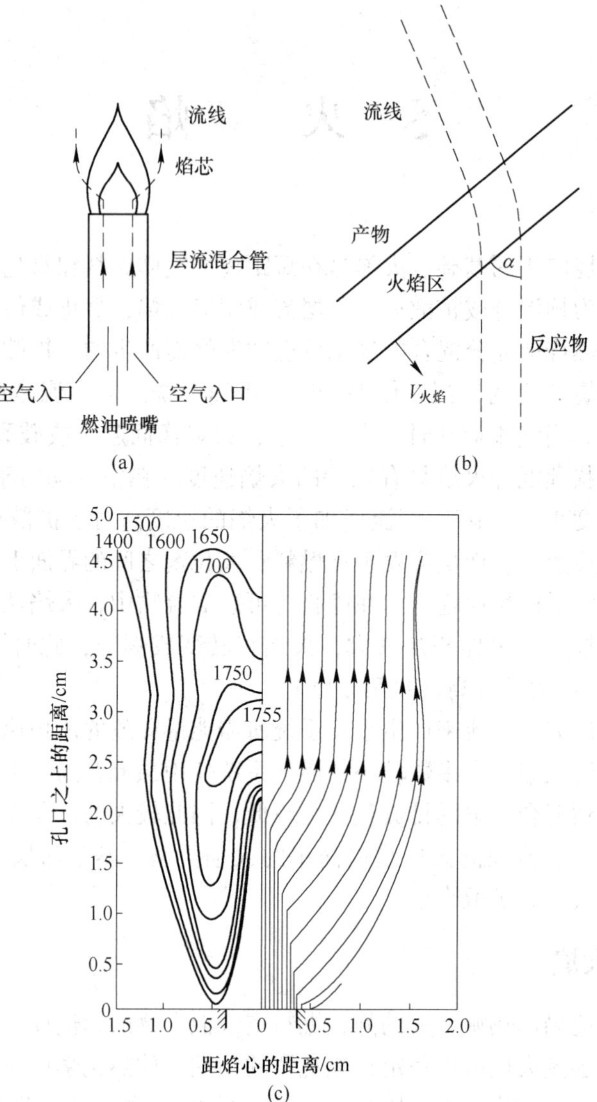

图 5.1　本生灯燃烧器火焰

(a) 燃烧器示意图；(b) 流线图；(c) 层流狭槽燃烧器的流线和温度 (℃)

(引自：Lewis, B. and Von Elbe, G., Combustion Flames and Explosions of Gases, 3rd ed., Academic Press, 1987. Academic Press, Ltd.)

度相等而产生。火焰速度定义为火焰相对于未燃烧反应物的速度。因此，当火焰静止时，混合物的反应速度和火焰的速度相等。参考图 5.1 (b)，层流速度可以通过混合物进入火焰前缘的正常速度来测量：

$$\underline{V}_{\mathrm{L}} = \underline{V}_{\mathrm{tube}} \sin\alpha \tag{5.1}$$

式中，$\underline{V}_{\mathrm{L}}$是混合物的层流火焰速度；$\underline{V}_{\mathrm{tube}}$是管内燃料-空气混合物的速度；$\alpha$ 是 $\underline{V}_{\mathrm{L}}$和 $\underline{V}_{\mathrm{tube}}$之间的角度。考虑该问题的一个简单方法就是应理解火焰速度代表了反应物的燃烧速度。随着火焰速度（即反应速率）的减慢，需要更多的表面积来匹配反应速度和反应物的质量流量。因此，火焰速度越小，锥体越尖。火焰锥不是完全平直的，而是在尖端圆化并且由于热量传递到管子而在唇部弯曲，以用于稳定火焰。而且，由于边界层效应，管中的速度不是完全均匀的。因此，应用公式（5.1）时应使用局部速度和角度。然而，仅仅通过将管中的质量平均速度乘以管的横截面积与锥体的面积之比即可获得近似值。

对于每种预混合的燃料-空气混合物，其燃料独特的层流火焰速度取决于燃料类型、燃料-空气混合比以及反应物的初始温度和压力。在考虑层流火焰的数学模型之前，本节先提供一些层流燃烧速度的基本数据。

5.1.1　化学计量对层流火焰速度的影响

燃料浓度对层流火焰速度的影响如图5.2所示。最大的火焰速度在稍微富燃的混合物发生。正如第3章所讨论的那样，发生这种情况是因为分解作用，最高的火焰温度发生在稍微富燃的混合物中。通常，较高的温度与更快的火焰速度相关联。混合曲线表示了可燃性富（rich）与贫（lean）的界限，层流火焰不会超出或低于这些限制。氢具有最高的火焰速度和最大的燃烧极限，而甲烷具有最低的名义速度和最小限度的可燃性。火焰温度在混合物的化学计量比附近最高，在接近可燃性界限处最低（见图5.3）。

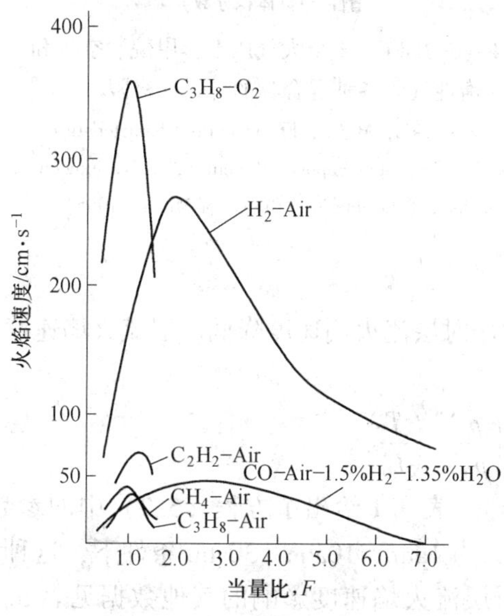

图5.2　在大气压力和温度下，层流火焰速度与各种燃料-空气混合物当量比的函数关系

（引自：Strehlow，R. A.，Fundamentals of Combustion，International Textbook Co.，Scranton，PA，1968）

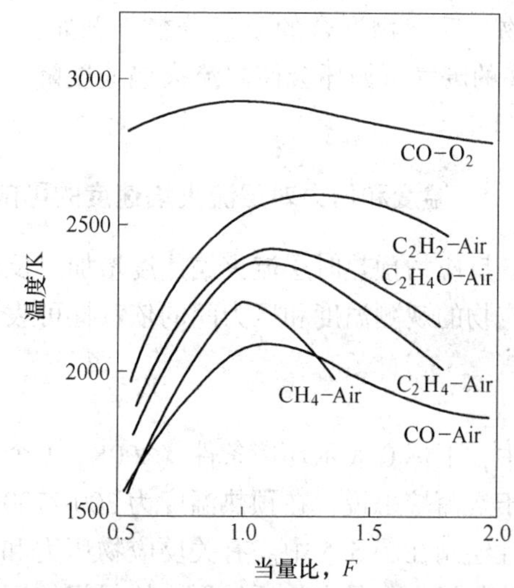

图5.3　在大气压力和温度下，各种燃料-空气混合物的火焰温度与当量比的函数关系

（引自：Strehlow，R. A.，Fundamentals of combbustion. International Textbook Co.，Scranton，PA，1968）

本章参考文献［1］中给出了甲烷、乙烷、丙烷、异辛烷、一氧化碳、甲醇和乙炔及氢几种燃料在标准状态下空气中代表性的贫乏（燃烧）极限和富余（燃烧）极限的可燃性限值。研究发现，当燃料-空气体积比约为化学计量值的50%~300%时，大部分混合物是易燃的，但氢和乙炔是例外。

通过降低火焰温度和添加非活性反应添加剂（例如二氧化碳或氮气）均可降低可燃性极限和层流火焰速度。例如，考虑到图5.4中的甲烷燃烧，随着惰性组分体积分数的增加，混合物易燃的范围缩小，直到混合物不再易燃。正如预期的那样，稀释剂热容的增加通常对可燃性极限的影响更大。对于各种燃料，稀薄（贫）极限处的火焰温度约为1475～1510K。贫燃火焰温度的限制可用于估计向反应物中添加惰性气体的反应效果。相同加入量情况下，具有高热容量的惰性气体比具有低热容量的惰性气体具有更大的效果。

最常见添加的稀释剂是燃烧产物。例如，在发电厂中，一部分燃烧产物有时与进口空气一起再循环，以降低火焰温度，从而减少产生的 NO 量。类似地，在内燃机中，来自前一循环的残余产物的一小部分与新充入燃料混合。Metghalchi 和 Keck（1982）的研究表明，干燃烧产物的添加使层流火焰速度降低了（1～2.1y_{prod}）倍，其中 y_{prod}是产物与反应物混合的质量分数。例如，10%的废气再循环会使层流火焰速度降低 21%。

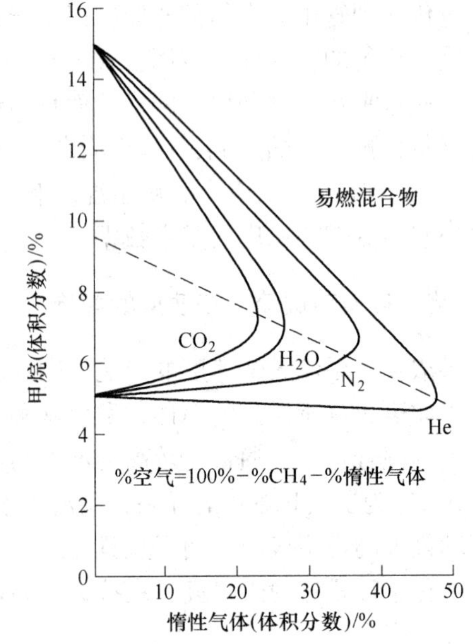

图 5.4　在 298℃、1 个大气压下，甲烷、空气和惰性气体各种混合物的可燃性极限

（引自：Zabetakis，M. C.，Flammability Characteristics of Combustible Cases and Vapors，Bulletin 627，Washington，U. S. Dept. of the lnterior，Bureau of Mines，1965）

5.1.2　温度和压力对层流火焰速度的影响

反应物预热时层流火焰速度增加，反应物加压时层流火焰速度降低。层流火焰速度下反应物的观测温度和压力间的依赖性可表示为：

$$\underline{V}_{L(p,\ T)} = \underline{V}_{L(p_0,\ T_0)} \left(\frac{p}{p_0}\right)^m \left(\frac{T}{T_0}\right)^n \tag{5.2}$$

其中，下标 0 表示环境条件（300K，1 个大气压）。表 5.1 给出了方程（5.2）中的参数。对于贫丙烷来说，在预热温度为 300～700K，压力为 1atm、10atm、30atm 条件下，这种相关性绘制在图 5.5 中。有关反应物压力和温度对层流火焰速度影响的其他数据见表 5.1。这些数据是在具有传播球形火焰封闭的恒定容积室中获得的，因此压力是逐渐增加的。这种类型的数据与内燃机有关。

表 5.1　方程（5.2）中压力和预热对层流火焰速度的影响

燃　料	$\underline{V}_L$/cm · s^{-1}	m（压力指数）	n（温度指数）
甲烷（F=0.8）	26	-0.504	2.105
甲烷（F=1）	36	-0.374	1.612
甲烷（F=1.2）	31	-0.438	2
丙烷（F=0.8～1.5）	24-138(F-1.08)^2	-0.16-0.22(F-1)	2.18-0.8(F-1)
正庚烷（F=1.1）	45	—	2.39

续表 5-1

燃　料	V_L/cm · s^{-1}	m（压力指数）	n（温度指数）
异辛烷（F=1.1）	34	—	2.19

来源：甲烷数据引自 Gu，X，T.，Haq，M. Z. Lawes. M.，and Woodley，R.. Laminar Bwning Velocity and Markstein Lengths of Methane-Air Mixtures，Combust. Flame 121：41~58. 2000（1<p<10 atm，300<T< 400K）。其他数据引自 Metghalchi，M.，and Keck，J，C.. Laminar Burning Velocity of Propane -Air Mixtures at High Temperature and Pressure，Combust. Flame 38：143-154，1980（1<p<50atm，300<T<700K），经 Elsevier 公司许可。

显然，反应物预热温度必须低于自燃温度。自燃温度是在不考虑点火延迟时间的情况下气体混合物自燃的最低温度。本章参考文献［1］中给出了在标准状态下空气中几种燃料的自燃温度及最大层流火焰速度。其中，甲烷的自燃温度及最大层流火焰速度分别为810K，34cm/s；丙烷的自燃温度及最大层流火焰速度分别为743K，39cm/s；正庚烷分别是509K，39cm/s；异辛烷分别是691K，35cm/s；一氧化碳分别是882K，39cm/s；乙炔和氢则分别是578K，141cm/s 和673K，265cm/s。

在火焰中，由于活性物质从反应区向预热区的扩散，点火温度并不完全是自燃温度。尽管如此，自燃温度提供了火焰前缘上游必要温升的一般指示，以维持点火和火焰传播。

可燃性极限受反应物温度和压力影响。反应物温度增加，贫燃极限增加。贫燃极限受压力影响较小，但当压力增加时，富燃极限显著扩大，如表5.2中所示的天然气在293K空气中的可燃极限与压力的关系。

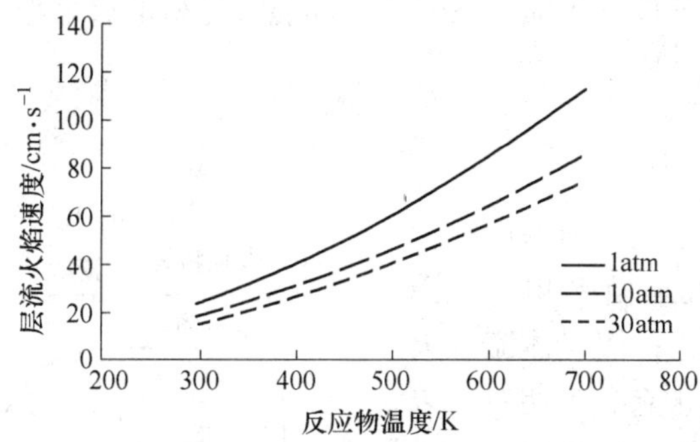

图 5.5　使用表 5.1 中的数据，在升高温度和压力下，贫燃（F=0.8）丙烷-空气混合物的层流火焰速度

表 5.2　天然气在 293K 空气中的可燃极限与压力的关系（体积分数）

压力/atm	贫燃极限	富燃极限
1	4.5	14.2
35	4.45	44.2
70	4	52.9
140	3.6	59

来源：Jones，G. W. and Kennedy，R. E.，Inflammability of Natural Gas：Effect of High Pressure Upon the Limits，U. S. Bureau of Mines Report of Investigation 3798，1945。

5.1.3 预混火焰的稳定性

圆柱形管或喷嘴端部燃烧预混火焰的表现取决于燃料浓度和气体速度的特性行为。图 5.6 显示了预混合开放式燃烧器火焰的典型特性稳定性图。如图所示，当附近的明火接近速度降低到火焰速度超过燃烧器端口部分的接近速度时，火焰闪回燃烧器（见图 5.6 的无阴影区域）。另一方面，如果每个点接近速度的增加超过火焰速度时，火焰将完全熄灭（即吹灭），或者富燃料的混合物将被提升，直到燃烧器上方的气流由于二次空气的湍流混合和稀释达到新的稳定位置。上升曲线是图 5.6 中超出点 A 的吹扫曲线的延续。喷出曲线对应于需要熄灭火焰的速度。一旦火焰升起，接近速度必须下降到远低于提升速度，火焰将退回，并在燃烧器边缘上燃烧。在 A 和 B 的燃料浓度之间，提升的火焰以低于来自端口喷出火焰的速度发生喷出。燃烧器和燃气轮机的火焰稳定性将在后面的章节中讨论。

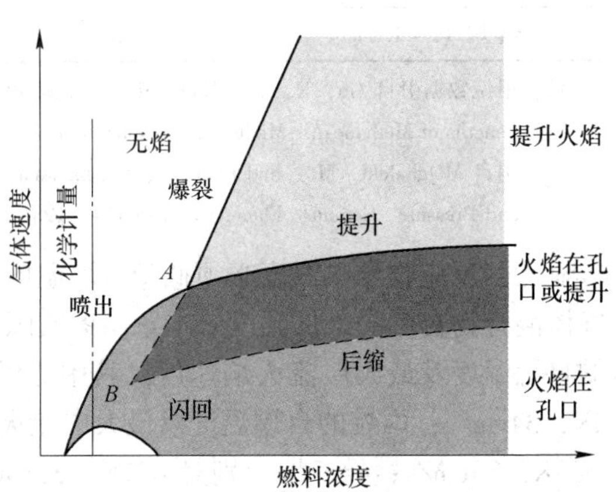

图 5.6　开放燃烧器火焰特性的稳定性图
（引自：Wohl, K., Kapp, N. M., and Gazley, C., The Stability of Open Flames, Symp. (Int.) Combust. 3: 3~21, The Combustion Institute, Pittsburgh, PA, 1949, 经燃烧研究所许可）

5.2 层流火焰理论

假定预混层流火焰不受任何壁面的影响，气体流动均匀，火焰面平坦。如图 5.7 所示，火焰保持静止，使气体流入火焰前缘。火焰速度总是被定义为相对于未燃烧的气体速度，所以在这种情况下，火焰速度是未燃的气体速度。下标反应（react）是指反应物，下标的产物（prod）是指产物的混合物。由火焰前端的质量、动量及能量守恒可得出：

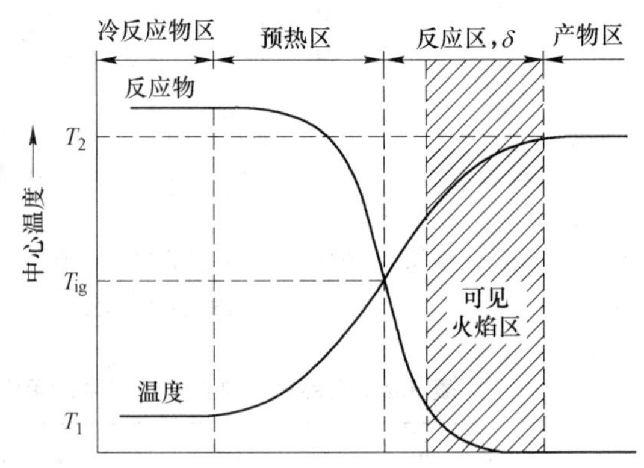

图 5.7　显示层流火焰预热区和反应区的轮廓图

$$\rho_{react} V_{react} = \rho_{prod} V_{prod} \tag{5.3}$$

$$p_{react} + \rho_{react} V_{react}^2 = p_{prod} + \rho_{prod} V_{prod}^2 \tag{5.4}$$

$$h_{react} + \frac{V_{react}^2}{2} = h_{prod} + \frac{V_{prod}^2}{2} \tag{5.5}$$

式中，h 是混合物的绝对焓。

在方程（5.3）~方程（5.5）中，ρ_{react}、p_{react} 和 h_{react} 已知，但 V_{react}、V_{prod}、ρ_{prod}、

p_{prod}和 h_{prod}未知。状态方程为：

$$p_{prod} = \rho_{prod} R_{prod} T_{prod}$$

并且 h_{prod}是 T 的函数。然而，我们仍然缺少一个求解产品状态和火焰速度 V 的方程。如果火焰的速度由实验或其他理论知道，那么产品的状态可由方程（5.3）~方程（5.5）确定。当燃烧速度足够低，方程（5.5）中的速度项与焓项相比可以忽略不计。事实上，在第 3 章中，绝热火焰温度是通过简单地假设焓在火焰上保持不变来计算的。同样，沿火焰的压力变化也是非常小的（见例题 5.1）。由于密度随温度增加而降低，因此，由方程（5.3）可知，速度的增加与温度增加成比例。另外，如果已知火焰速度 $\underline{V}_{rect}$，即可直接确定产物的状态。但仅由方程(5.3) ~方程（5.5）并不能得出火焰速度。

传统上，方程（5.3）~方程（5.5）会被合并成两个方程，将其重新整理后可得到 Rankine-Hugoniot 方程（Williams，1985）。然而，这样做并未获得新的信息，因此，作者还是趋向于将方程（5.3）~方程（5.5）直接与基本守恒方程放在一起处理。方程（5.3）~方程（5.5）还可应用于爆炸（见第 8 章）。在爆炸中 $\underline{V}_{rect}$ 是超音速的，而在火焰中 $\underline{V}_{rect}$ 是亚音速的。该区别有时太过将火焰称为爆燃过程来强调。

例 5.1 一层流火焰通过当量比为 0.9 的丙烷-空气混合物传播，压力为 5atm，温度为 300K。火焰速度为 22cm/s。计算（a）气体温度，（b）速度和（c）火焰后的压力。

解：化学计量比的反应为：

$$C_3H_8 + 5(O_2 + 3.76N_2) \longrightarrow 3CO_2 + 4H_2O + 18.8N_2$$

按照当量比 0.9 可计算出反应混合物为：

$$C_3H_8 + \frac{5}{0.9}(O_2 + 3.76N_2)$$

因此，混合物由 1mol 的 C_3H_8，5mol 的 O_2和 20.89mol 的 N_2组成。

采用方程（5.3）~方程（5.5）来求解该问题，由于速度项远小于焓项，方程（5.5）变为：

$$h_{react} = h_{prod}$$

求解该问题最简单的方法是采用热动力学平衡程序。在线即可获得几个好的热动力学平衡程序。输入每个反应物的物质的量和 $p_{react} = 5\text{atm}$，$T_{react} = 300\text{K}$ 即可采用热动力学平衡程序计算出 h_{react}，其结果为：

$$h_{react} = -0.1267 \times 10^3 \text{kJ/kg}$$
$$\rho_{react} = 5.97 \text{kg/m}^3$$
$$M_{react} = 28.318 \text{kg/kgmol}$$

（a）部分：

在方程（5.4）中，由于动量项远小于压力项，因此对于焓而言压力为常数。对于等焓及等压过程，可根据采用热动力学平衡程序计算其平衡状态为：

$$T_{prod} = 2200\text{K}$$
$$\rho_{prod} = 0.784 \text{kg/m}^3$$
$$M_{prod} = 28.23 \text{kg/kgmol}$$

（b）部分：

由方程（5.3），可得：

$$V_{\text{prod}} = \frac{\rho_{\text{react}}}{\rho_{\text{prod}}} = 0.22 \times \frac{5.97}{0.784} = 1.67\text{m/s}$$

这就是相对于火焰前沿的速度。

（c）部分：

由式（5.4）可得：

$$p_{\text{prod}} - p_{\text{react}} = p_{\text{prod}}\,(\underline{V}_{\text{prod}})^2 - p_{\text{react}}\,(\underline{V}_{\text{react}})^2 = 5.97\,(0.22)^2 - 0.784\,(1.67)^2$$

即：

$$p_{\text{prod}} - p_{\text{react}} = -1.90\text{Pa} = -0.0000187\text{atm}$$

因此，$p_{\text{prod}} = 4.999981\text{atm}$，该结果也证明了沿火焰的压力为常数的假设是正确的。

5.2.1　层流火焰差分方程

由于层流火焰守恒方程的积分形式（方程（5.3）~方程（5.5））不足以确定火焰速度，因此必须使用通过火焰区守恒方程的差分形式。层流火焰通过可燃混合物的传播速率由火焰区的化学反应速率、反应热和质量传输速率来确定。作为过程的开始点，该过程可按一维、稳态反应流动问题建模。控制方程由混合物的质量守恒方程、每个反应物的质量守恒方程和混合物的能量守恒方程组成。由例 5.1 可以看到，由于压力基本恒定，因此不需要动量方程。首先需确定层流预混火焰方程的全部形式，然后需要通过简化处理获得对火焰分析的物理含义。反应流守恒方程的推导过程超出了本书范围（反应流的守恒方程的细致推导过程参见本章中的参考文献［17］）。

对于一稳态火焰，其流动为稳态、一维，多元和层流，假定其反应区的差分单元为 dx，通过火焰的净质量通量变化为零。这可写为：

$$\frac{\mathrm{d}(\rho \underline{V})}{\mathrm{d}x} = 0 \tag{5.6}$$

积分可得：

$$\rho \underline{V} = \rho_{\text{react}}\,\underline{V}_{\text{react}} = 常数 \tag{5.7}$$

每一反应物 i 的守恒方程由于质量扩散和化学反应两种效应而复杂化。质量扩散使每一反应物 i 相对于混合物的质量平均速度而移动。扩散速度 $\underline{V}_i$ 的主因是产生普通扩散的成分梯度 $\mathrm{d}y_i/\mathrm{d}x$。扩散也可能由温度梯度而引起的热扩散而产生。即使在火焰中温度梯度也是很大的，但热扩散速度仅为普通扩散速度的 10%~20%，并且主要影响类似氢气的低分子量物质。基于此，我们将在该讨论中忽略热扩散。每一反应物 i 的速度可用总质量平均速度加该物质的扩散速度来表示：$\underline{V}_i = \underline{V} + \overline{\underline{V}_i}$。这些物质的连续性方程为：

$$\frac{\mathrm{d}}{\mathrm{d}x}\left[\rho_{yi}(\underline{V} + \overline{\underline{V}_i})\right] = \rho_{\text{react}}\,\underline{V}_{\text{react}}\frac{\mathrm{d}y_i}{\mathrm{d}x} + \frac{\mathrm{d}}{\mathrm{d}x}(\rho_{yi}\,\underline{V}_i) = M_i \vec{r}_i \tag{5.8}$$

方程（5.8）的右侧项为由于含物质 i 的化学反应而引起的单位差分体积内反应物 i 的净质量产率。由第四章可知，$\vec{r}_i$ 由包含反应物 i 的许多化学反应项组成。这些多数会影响反应速率的物质通常在部首冠以非常小的浓度。因此较好的假设是将燃料-空气火焰近似为由各种反应物与氮气组成的二元系统火焰的扩散。对于由 i 和 j 组成二元系统，普通扩散速度可由 Fick 第一扩散定律给出：

$$\bar{V}_i = -\frac{D_{ij}}{y_i}\frac{\mathrm{d}y_i}{\mathrm{d}x} \tag{5.9}$$

二元扩散系数 D_{ij}与混合物的组成及温度有关。有关扩散的细致讨论见本章参考文献[2]。

从一个差分单元开始，火焰内的能量守恒可用如下词语表达为：

［混合物焓的净对流传热通量变化］＋［净热传导通量］＋［质量传输引起的净总焓通量］＝［化学反应的总放热量］

由于非发光火焰的辐射能很小，这里将忽略辐射能通量。但富燃火焰中碳颗粒的辐射会导致火焰发光。由于黏性应力做功而引起的耗散项也未包含在能量方程中。忽略这些项的原因在于速度很小。此时能量方程为：

$$\rho_{\mathrm{react}}\underline{V}_{\mathrm{react}}c_{p(\mathrm{react})}\frac{\mathrm{d}T}{\mathrm{d}x} - \frac{\mathrm{d}}{\mathrm{d}x}\left(\bar{k}\frac{\mathrm{d}T}{\mathrm{d}x}\right) + \sum_{i=1}^{I}\rho_{yi}\underline{V}_i c_{pj}\frac{\mathrm{d}T}{\mathrm{d}x} = \sum_{i=1}^{\mathrm{I}} M_i\bar{r}_i h_i \tag{5.10}$$

由方程（5.10）可以看出，上游活性物质的导热和扩散促进了化学反应，并使火焰向对流热流的反方向移动。

具有合适边界条件的控制方程可采用数值分析方法求解。为验证数值分析求解及模型预测的正确性，Westbrook C K 和 Dryer F L（本章参考文献［31］）对包含 26 个物种、84 个反应的化学计量比甲烷-空气层流火焰区域内的温度、速度、密度和所选择物质（包括主要反应物、次要反应物和微量反应物）的成分位置变化轮廓进行了数值计算，并与高温条件下所测试的温度、成分及火焰速度进行了比较，发现在合适的边界条件下模型计算结果与实测基本吻合，同时还发现层流火焰区域中出现了 HO_2、CH_2O 等活性自由基向火焰前沿扩散的情况。

Gottgens、Mauss 和 Peters（1992）采用 82 个基本反应对六种不同燃料的层流火焰进行了计算，并开发了火焰速度及火焰厚度与初始温度、压力及贫燃当量比之间的函数关系。图 5.8 显示了他们对层流丙烷-空气火焰的计算结果。可见在内燃机和燃气涡轮发动机的高压情况下，火焰速度和火焰厚度大大减小。

5.2.2 层流火焰的简化模型

为更好的理解层流火焰，让我们来看一下 Mallard 和 Le Chatelier（1883）所提出的一个简化火焰模型。该模型认为从火焰至反应物的上游传热为速率限制过程，并假定火焰由预热区和反应区组成，同时忽略预热区中物质的扩散和化学反应。预热区与反应区的边界设定在图 5.7 所示的点火温度 T_{ig}处。基于这些假设，预热区的能量方程（方程（5.10））变为：

$$\frac{\mathrm{d}}{\mathrm{d}x}\left(\tilde{k}\frac{\mathrm{d}T}{\mathrm{d}x}\right) = \rho_{\mathrm{react}}\underline{V}_{\mathrm{react}}c_p\frac{\mathrm{d}T}{\mathrm{d}x} \tag{5.11}$$

假定 $\tilde{k}$ 和 c_p不变，求解方程（5.11）：

$$T = C_1 + C_2\exp\left(\frac{\underline{V}_{\mathrm{react}}x}{\alpha}\right) \tag{5.12}$$

式中，α 是热扩散率，其单位为 m^2/s，

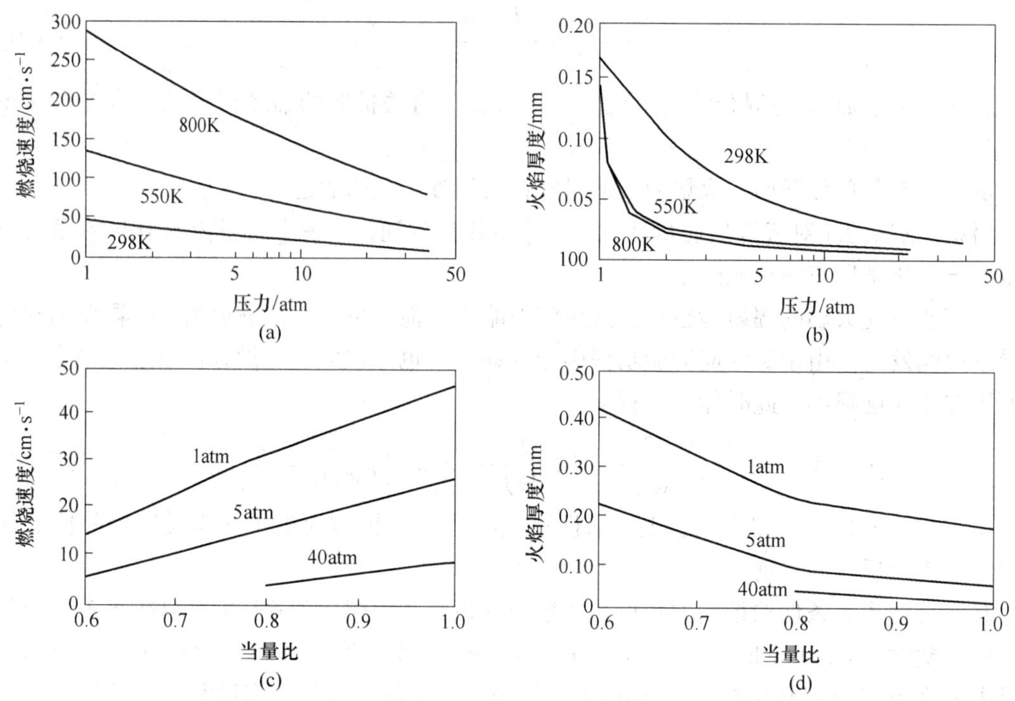

图 5.8　模型化的层流丙烷-空气火焰燃烧速度及火焰厚度

（a），（b）化学计量比；（c），（d）初始温度为 298K

（引自：Gottgens，J.，Mauss，F 和 Peters，N.，贫燃氢气、甲烷、乙烯、乙烷、乙炔及丙烷火焰的燃烧速度及火焰厚度的近似解析，Symp，（Int.）Combust，24：129~135，匹兹堡燃烧协会，1992，经燃烧协会允许）

$$\alpha = \frac{\bar{k}}{\rho c_p}$$

假定化学反应在温度 T_{ig} 开始。其中 $x=0$，边界条件是：

$$\text{当 } x = -\infty, \ T = T_{react} \tag{5.13}$$

$$\text{当 } x = 0, \ T = T_{ig} \tag{5.14}$$

方程式（5.12）变为：

$$T = T_{react} + (T_{ig} - T_{react})\exp\left(\frac{V_{react}x}{\alpha}\right) \tag{5.15}$$

我们希望获得火焰速度 V_{react} 和燃烧后的气体（产物）温度 T_{prod} 之间的关系。Mallard 和 Le Chatelicr（1883）是将点火点处的温度-距离曲线的斜率与反应区中的线性化温度斜率相匹配来实现这一点。将方程（5.15）进行微分，并设定 $x=0$ 得到点火点温度-距离曲线的斜率。

$$\left.\frac{dT}{dx}\right|_{x=0-} = \frac{V_{react}}{\alpha}(T_{ig} - T_{react}) \tag{5.16}$$

将反应区内的温度线性化，得到：

$$\left.\frac{dT}{dx}\right|_{x=0+} = \frac{T_{prod} - T_{ig}}{\delta} \tag{5.17}$$

使方程（5.16）和方程（5.17）相等，并使用 V_{react} 的层流火焰速度符号可给出由 Mallard 和 Le Ghatelier（1883）提供的结果：

$$\underline{V}_L = \frac{\alpha}{\delta}\left(\frac{T_{prod} - T_{ig}}{T_{ig} - T_{react}}\right) \tag{5.18}$$

注意到反应厚度取决于反应速率，该结果可能会被扩展。特征反应时间 τ_{chem} 可以根据平均总反应速率 $\overline{r_f}$ 来确定：

$$\tau_{chem} = \frac{n_f}{\hat{\underline{r}}_f} \tag{5.19}$$

层流火焰的厚度 δ 近似为：

$$\delta = V_L \tau_{chem} = \frac{\underline{V}_L n_f}{\hat{\underline{r}}_f} \tag{5.20}$$

将方程（5.20）代入方程（5.18）得：

$$\delta = \left[\frac{\alpha\, \bar{r}_f(T_{prod} - T_{ig})}{n_f(T_{ig} - T_{react})}\right]^{\frac{1}{2}} \tag{5.21}$$

因此，火焰速度取决于热扩散率、反应速率、初始燃料浓度、火焰温度、着火温度和反应物的初始温度。如前所述，由于活性物质在反应区的上游扩散，火焰中的实际点火温度低于自燃温度。当然，反应速度与温度有很强的函数关系。虽然方程（5.21）是不完整的，这是由于该方程忽略了扩散传质和热传递，但它仍是一个有趣的层流火焰近似模型。根据方程（5.20）和方程（5.21），火焰厚度与反应速率的平方根成反比，并且当评估方程时，温度区确实很薄（即小于 1mm：见本章习题 5-3）。

例 5.2 在 298K 和 1atm 压力的初始条件下。使用热火焰理论以一步全局反应速率估算化学计量的丙烷—空气混合物的层流火焰速度。

解： 由表 3.2 可得，$T_{flame} = 2270\text{K}$。

由本章参考文献［1］可得，$T_{ig} = 743\text{K}$。

为了从方程（5.21）中求出火焰速度，在表 4.3 的帮助下从方程（4.15）确定反应速率：

$$\hat{r}_f = -8.6 \times 10^{11}\exp(-30000/1.987T)\,(n_f)^{0.1}\,(n_{O_2})^{1.65}$$

所以要确定平均反应速度，我们需要确定一个合适的平均温度、燃料浓度和氧气浓度。反应是：

$$C_3H_8 + 5(O_2 + 3.76N_2) \longrightarrow 3CO_2 + 4H_2O + 18.8N_2$$

因此，燃料的初始摩尔分数是：

$$x_{f(init)} = \frac{1}{5 \times 4.76 + 1} = 0.0403$$

混合物中燃料的分压是：

$$p_{f(init)} = x_{f(init)}p = 0.0403\text{atm}$$

因此，有：

$$n_{f(init)} = \frac{p_{f(init)}}{RT_{react}} = \frac{0.0403\text{atm}}{(82.05\text{cm}^3 \cdot \text{atm}/(\text{gmol} \cdot \text{K}))(298\text{K})} = \frac{1.65 \times 10^{-6}\text{gmol}}{\text{cm}^3}$$

$$n_{O_{2(init)}} = 5n_{f(init)} = 8.25 \times 10^{-6}\text{gmol/cm}^3$$

知道了燃料和氧气浓度的初始值，仍然存在，在什么温度和摩尔浓度下，应该评估平均反应速率和性能的问题？我们尝试：

$$T = \frac{298 + 2270}{2} = 1284\text{K}$$

并假定燃料和氧的摩尔分数是上面计算出来的初始值的一半。也就是：

$$n_f = 1.91 \times 10^{-7}\text{gmol/cm}^3\ ,\qquad n_{O_2} = 9.55 \times 10^{-7}\text{gmol/cm}^3$$

平均反应速度是：　$\bar{r}_f = -1.67 \times 10^{-4}\text{gmol/(cm}^3 \cdot \text{s)}$

使用附录 B 中的空气属性值：

$$\tilde{k}_{air} = 0.0828\text{W/(m} \cdot \text{K)},\ \rho_{air} = 0.275\text{kg/m}^3,\ c_{p,\ air} = 1.192\text{kJ/(kg} \cdot \text{K)}$$

因此，有：

$$\alpha = \frac{\bar{k}}{\rho c_p} = 2.53\text{cm}^2/\text{s}$$

根据方程（5.21）可得：

$$\underline{V}_L = \left[\frac{(2.53\text{cm}^2/\text{s})(1.67 \times 10^{-4}\text{gmol/(cm}^3 \cdot \text{s}))}{(1.65 \times 10^{-6}\text{gmol/cm}^3)} \cdot \frac{(2270 - 743)\text{K}}{(743 - 298)\text{K}}\right]^{\frac{1}{2}} = 30\text{cm/s}$$

正确的火焰速度是 38cm/s。因此，简化的热理论可以用来指示火焰的速度，但是严格的处理需要数值求解微分方程（5.7）~方程（5.10）以及适当的全套化学反应。

5.3　湍流预混火焰

燃烧器和发动机中的燃烧使用湍流来增加单位体积的火焰速度和放热速率。湍流可以将火焰速度提高至层流火焰速度的 5~50 倍。燃烧器中的湍流预混火焰是稳定的明火，而内燃机中的火焰是正在传播的封闭火焰。火焰锋与湍流旋涡相互作用，旋涡可能有数十米/秒的波动速度，并且尺寸从几毫米到一米或更多。

湍流火焰大致可分为（a）起皱的小火焰，（b）厚起皱火焰，或者（c）根据湍流性质变厚的火焰。当湍流不是太强烈时，湍流会使薄层火焰变形或起皱，形成更像刷子状的外观。从概念上来讲，火焰前缘的皱褶是层流火焰的延伸。中等强度的湍流使反应区变厚并使火焰起皱。非常强烈的大规模湍流会导致分布式反应区含有小块反应物，当它们穿过该区域时会夹带着燃烧。

本节将讨论三种湍流火焰类型中的每一种，但首先讨论湍流和湍流反应的一些参数。

5.3.1　湍流参数、长度和时间尺度

如图 5.9 所示，在湍流中，给定点处的速度相对于平均流速随机波动。瞬时速度 $\underline{V}$ 在一个位置等于平均速度 $\bar{\underline{V}}$ 加上波动速度 $\underline{V}'$：

$$\underline{V} = \bar{\underline{V}} + \underline{V}' \tag{5.22}$$

根据定义，流量波动的平均值为零（$\overline{\underline{V}'} = 0$），但速度扰动的均方根不为零，实际上

用作湍流强度的量度：

$$V'_{rms} = \sqrt{\overline{V'^2}} \tag{5.23}$$

湍流可以看成是各种大小的旋涡。如果在相同的涡流内，则在附近两个位置处测得的湍流速度将相互关联。保持波动速度相关性的测量之间的最大距离被定义为积分长度 L_I，湍流空间尺度分布在一系列尺寸上，直到最小的旋涡，这些旋涡在黏性（分子）耗散衰减之前仅存在很短的时间。最小的旋涡采用柯尔莫哥洛夫（Kolmogorov）长度进行表征 L_K，Kolmogorov 研究表明：

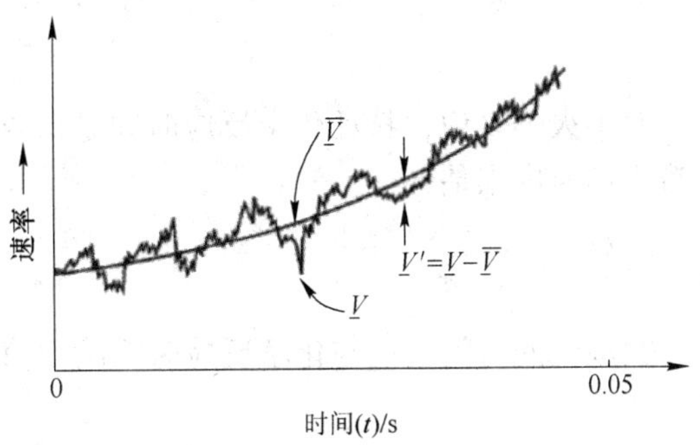

图 5.9 湍流中某一点处的速度与时间的关系

$$L_K = \left[\frac{v_3 L_I}{(V'_{rms})^3}\right]^{\frac{1}{4}} \tag{5.24}$$

对涉及总体流动的工程应用，雷诺数是一个有用的湍流度量。然而，对于火焰来说，旋涡与局部反应区的相互作用是有意义的。基于湍流强度和积分尺度的雷诺数由下式定义：

$$Re_I = \frac{V'_{rms} L_I}{v} \tag{5.25}$$

有时用 L_K代替 L_I来计算 Re_K是有用的。回想一下，雷诺数表示惯性力和黏性力的比值，这可通过下式看出：

$$Re = \frac{惯性力}{黏性力} = \frac{\rho V^2}{\mu V/L} = \frac{VL}{v} \tag{5.26}$$

因此，大的雷诺数表明惯性将主宰分子黏度的耗散效应，并且 Re_I是衡量较大涡流由于黏度而衰减多少的量度。湍流发生时，$Re_I > 1$，而在实际的燃烧装置中，Re_I通常在 100~2000 的范围内。

例 5.3 流动空气的温度为 2000K，平均速度为 1m/s，压力为（a）1atm，（b）20atm，积分长度为 1cm，速度波动的均方根为 100cm/s。根据积分尺度求出雷诺数。

解：（a）部分，从附录 B：$\rho_{air} = 0.176\text{kg/m}^3$，$\mu_{air} = 6.50 \times 10^{-5}\text{kg/(m·s)}$。

由上述数据可得运动黏度为：

$$v_{air} = \frac{\mu_{air}}{\rho_{air}} = \frac{6.50 \times 10^{-5}\text{kg}}{\text{m}\cdot\text{s}} \cdot \frac{m^3}{0.176\text{kg}} = 3.7\text{cm}^2/\text{s}$$

由方程（5.25）可得：

$$Re_I = \frac{100\text{cm}}{\text{s}} \cdot \frac{1\text{cm}}{1} \cdot \frac{\text{s}}{3.7\text{cm}^2} = 27$$

（b）部分，如果压力是 20atm，密度是 20 倍，运动黏度是 20 倍。结果 $Re_I = 540$。除了湍流尺度之外，速度波动的时间尺度也是湍流的重要特征。大的涡流特征更新时间定义为：

$$\tau_{\mathrm{flow}} = \frac{L_{\mathrm{I}}}{\underline{V}'_{\mathrm{rms}}} \tag{5.27}$$

对于火焰来说，特征化学反应时间是重要的时间尺度，并且可以由层流火焰厚度除以层流火焰速度来估计：

$$\tau_{\mathrm{chem}} = \frac{\delta}{\underline{V}_{\mathrm{L}}} \tag{5.28}$$

大涡流的时间周期与化学反应时间的比值定义为达姆科勒数（Damkohler）数：

$$Da_{\mathrm{I}} = \frac{\tau_{\mathrm{flow}}}{\tau_{\mathrm{chem}}} = \frac{L_{\mathrm{I}}}{\delta} \cdot \frac{\underline{V}_{\mathrm{L}}}{\underline{V}'_{\mathrm{rms}}} \tag{5.29}$$

当 $Da_{\mathrm{I}} = 1$ 时，化学反应速率与大规模混合速率相当。

同样，卡洛维茨（Karlovitz）数是最小涡流的时间周期与化学反应时间的比值：

$$Ka = \frac{\tau_{\mathrm{chem}}}{\tau_{\mathrm{K}}} = \frac{\delta / \underline{V}_{\mathrm{L}}}{L_{\mathrm{K}} / \underline{V}'_{\mathrm{rms}}} = \frac{\delta}{L_{\mathrm{K}}} \cdot \frac{\underline{V}'_{\mathrm{rms}}}{\underline{V}_{\mathrm{L}}} \tag{5.30}$$

5.3.2　湍流的类型

湍流预混合燃烧涉及火焰前锋和湍流涡流之间的相互作用。当层流火焰厚度小于柯尔莫哥洛夫（Kolmogorov）长度（$\delta < L_{\mathrm{K}}$）时，湍流不会进入火焰前缘，但会使火焰锋面起皱，这被称为薄火焰。此外，它也与卡洛维茨数相关。已有研究表明，当 $Ka < 1$ 时，湍流不会进入火焰前缘。这个现象被称为起皱的火焰。当 $\delta > L_{\mathrm{K}}$ 时，湍流的最小尺度能够进入反应区，并且在 $Ka > 1$ 时，湍流进入并改变火焰前缘的预热区，导致增厚的起皱火焰状态。当 $Ka > 100$ 时，预热区和反应区都受到湍流的影响，这就是所谓的加厚火焰。

为了在概念上绘制火焰类型图，如图 5.10 所示，使用归一化长度比（L_{I}/δ）与归一化速度比（$\underline{V}'_{\mathrm{rms}}/\underline{V}_{\mathrm{L}}$）是有帮助的。作为参考，图 5.10 也显示了 $Da = 1$ 时的曲线。图 5.11 显示了三种湍流火焰状态的火焰锋面概念图。放大的瞬间图像显示起皱的火焰前端由小火焰或波动的火焰舌组成。理想化的平面湍流火焰具有大的 Damkohler 数（使得反应区，即火焰片相对于湍流旋涡非常薄）如图 5.12 所示。在局部，火焰以层流火焰速度前进，而反应物以更高的速度流入火焰前端。在封闭火焰的气流管内，火焰锋面的扭曲增加了火焰锋面的表面积。进入气流管中相对于火焰的质量流量是：

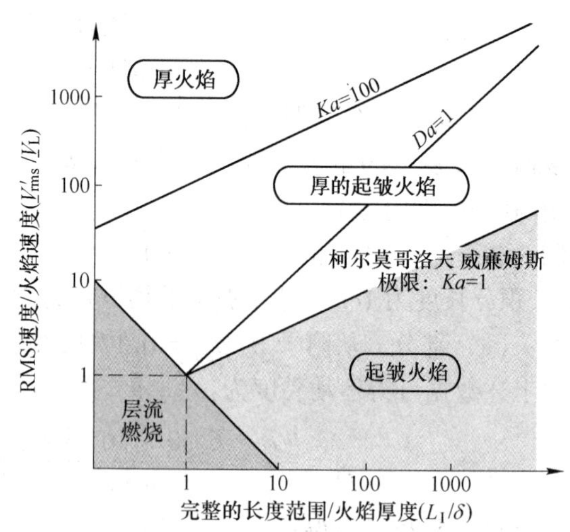

图 5.10　湍流预混燃烧图，显示了湍流介质长度/层状火焰厚度和湍流均方根速度/层压火焰速度的燃烧状态
（引自：Peters，in Poinsot，T. and Veynante，D.，Theoretical and Numerical Combustion.，2nd ed.，R. T. Edwards，Philadelphia，PA，2005. 经燃烧研究所许可）

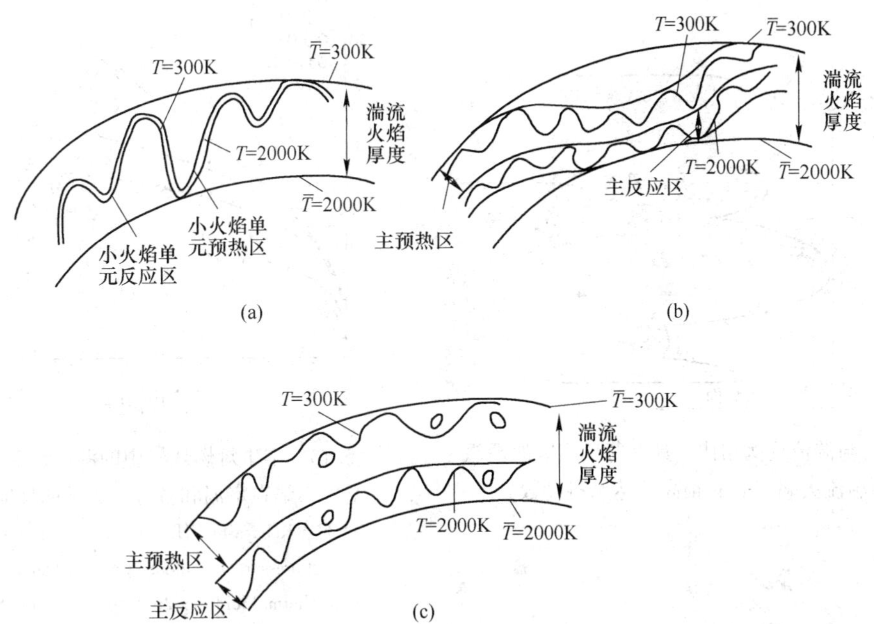

图 5.11 起皱的火焰（a），厚的起皱火焰（b）以及增厚火焰的湍流预混合火焰前缘（c）的示意图（300K 的反应物和 2000K 的产物）

（引自：Borghi and Destraiu，in Poinsot，T. and Veynante，D.，Theoretical and Numerical Combustion，2nd ed.，R. T. Edwards，Philadelphia，PA，2005. 经燃烧研究所允许）

$$\dot{m} = \rho_{\text{react}}\ \underline{V}_{\text{L}} A_{\text{smooth}} = \rho_{\text{react}}\ \underline{V}_{\text{T}} A_{\text{wrinkled}}$$

$$\underline{V}_{\text{T}} = \underline{V}_{\text{L}} \left(\frac{A_{\text{wrinkled}}}{A_{\text{smooth}}} \right) \tag{5.31}$$

因此，湍流火焰的速度与火焰表面积的增加成正比。

当然起皱的区域不容易确定。已经提出了许多火焰起皱模型，最基本的是达姆科勒（Damkohler）首先提出的一个模型：

$$\frac{A_{\text{wrinkled}}}{A_{\text{smooth}}} = 1 + \frac{\underline{V}'_{\text{rms}}}{\underline{V}_{\text{L}}} \tag{5.32}$$

更剧烈的湍流增加了起皱，从而导致火焰速度增加。图 5.13 显示了本生灯燃烧器内湍流火焰速度的例子，它是湍流强度和压力的函数。

在较高的湍流强度下，方程（5.32）不适用，因为湍流使反应区变厚，上游活性自由基的传热和扩散进一步增加了火焰速度。随着湍流更加剧烈，未反应的涡流被冲入反应区，是湍流混合速率而不是化学反应速率决定了火焰速度。通过极强的混合和快速的化学反应，火焰不再存在，相反，燃烧表现的更像是一个充分搅拌的反应器。

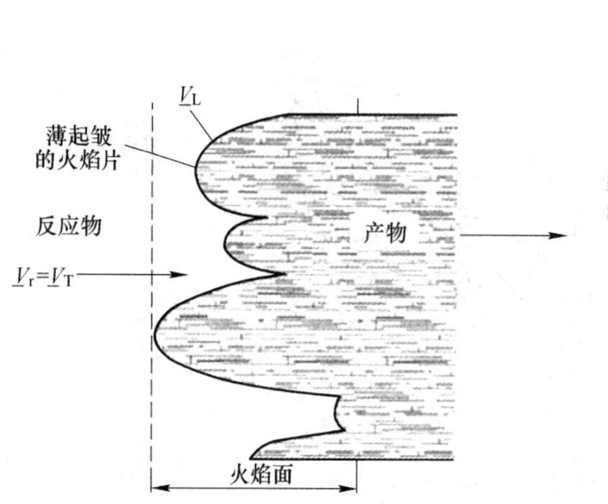

图 5.12　与湍流旋涡相比，具有薄反应区的理想平面湍流火焰（它有很高的达姆科勒数）

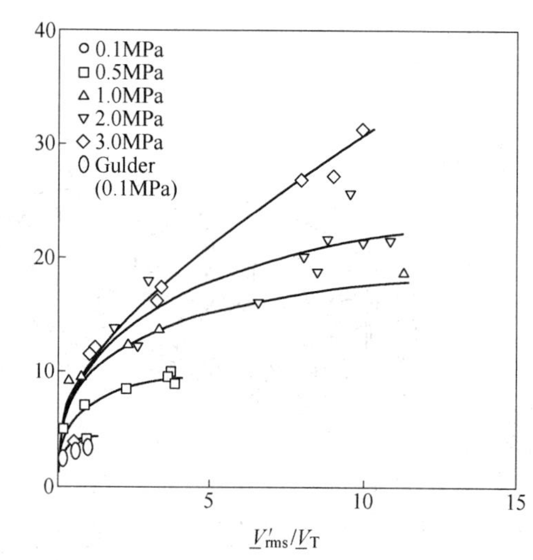

图 5.13　本生灯燃烧器中的湍流预混甲烷-空气火焰在室温和各种压力下的反应物
（来自：Kobayashi，H.，Experimental Study of Highpressure Turbulent Premixed Flames，Exp. Therm. Fluid Sci. 26（2~4）：375~387，2002，经 Elsevier 科学与技术杂志许可）

5.4　爆炸极限

当一定体积的预混合气体通过快速压缩、快速混合或快速传热而突然加热到自燃温度以上时，可能会发生爆炸而不是火焰传播。在某些情况下，突然加热和快速反应之间延迟（停留时间）会以体积爆炸（而不是火焰传播）形式发生。另外，对于某些压力和温度，即使混合物是易燃的，混合物也不会发生爆炸。因此，对于一个给定的混合物，可以创建一个如图 5.14 所示的压力-温度图上用于分隔爆炸和无爆炸的限制线曲线图。

爆炸极限与火焰传播极限不同。在火焰传播过程中，高温反应区传播到反应物中持续或熄灭。在爆炸极限内，混合物是均匀的，没有火焰区提供自由基和高温来源。因此，对于均相反应，引起快速反应的自由基必须由混合物自身内部的反应建立起来。如果自由基的破坏主导了它们的产物，反应不会引发爆炸。如果反应释放大量的能量，那么热力型自身加热机制会引起爆炸。

爆炸极限图可以很复杂，用以展现各种区域或限制线。在停留期间，大多数高分子量的碳氢化合物燃料都有一些压力温度区域，在这些区域观察到很冷的火焰。由于这些反应释放的能量非常低，因此使用术语“冷”。一个或多个化学发光火焰穿过混合物时，驻留或诱导期可能相当长（见图 5.14（a））。冷焰时期之后是热爆炸。对于甲烷来说，没有观察到两段着火，但是对于丙烷和大多数其他高级碳氢化合物来说可观察到两段着火，如图 5.14（b）所示。

爆炸极限的主要应用是内燃机，其目的是防止火花点火发动机出现爆震（见第 7 章），并促进压燃式发动机的点火（见第 12 章）。对于均质火花点火式发动机，最后燃烧的部分反应物（尾气）会被快速压缩。目前对复杂燃料动力学机制的了解尚不完整，但是一些人通过假设虚构的两阶段过程来确定爆震的模型。这是因为对尾气温度的研究表明，对于低辛烷值燃料来说，在爆震之前，尾气中释放相当多的能量，这暗示了两阶段的反应过程。

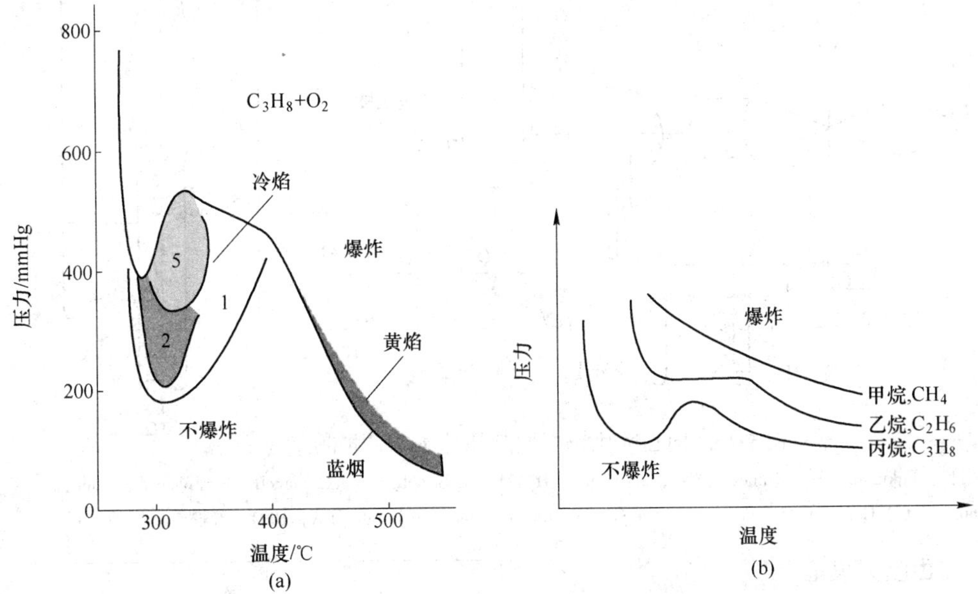

图 5.14　（a）丙烷-氧气烃的爆炸极限，显示了 1，2 和 5 个冷焰；
（b）甲烷、乙烷和丙烷混合物的区域，仅显示爆炸极限

（引自：Newitt，P. M. and Thomes，L. S，Oxidation of Propane. Part 1，The Products of the Slow Oxidation at Atmospheric and Reduced Pressures，J. Chem.. Soc. 1656~1665，1937）

5.5　扩散火焰

当燃料和氧化剂的来源在物理上分离时，就会产生扩散火焰。能量释放速率主要受混合过程的限制，化学动力学在扩散火焰的行为中起次要作用。与预混合层流火焰不同，扩散火焰没有基础的火焰速度。扩散火焰通常伴随着气体的流动、液体燃料的汽化和固体燃料的挥发过程。

图 1.1 所示的蜡烛火焰是典型的扩散火焰例子。蜡慢慢地融化，流过灯芯，并汽化。空气由于自然对流而向上流动，并伴随着蒸发燃料的向外扩散而向内扩散。火焰区域是空气和燃料区域之间的交叉区域。

图 5.15 所示的被空气包围的燃料同心射流是扩散火焰和测量火焰内物种的测试装置的一个例子。当射流在管中出现时，燃料向外扩散并且空气向内扩散。燃烧时，燃料管顶端附近的燃料稳定。

如果射流是层流、且速度相似，则火焰是层流的。如果射流具有显著不同的速度，则会产生剪切层，导致空气和燃料之间的湍流界面扩散增强。燃料、空气和燃烧产物在扩散火焰中心浓度分布的概念图如图 5.16 所示。

本章其余部分将考虑三种情况：一是一股燃料流入静止的空气中，形成一道耀斑火

焰；二是形成层流扩散火焰中心的层流燃料和空气流；三是逆流扩散火焰。燃气燃烧器的扩散火焰以及液体和固体燃料将在后面的章节中讨论。

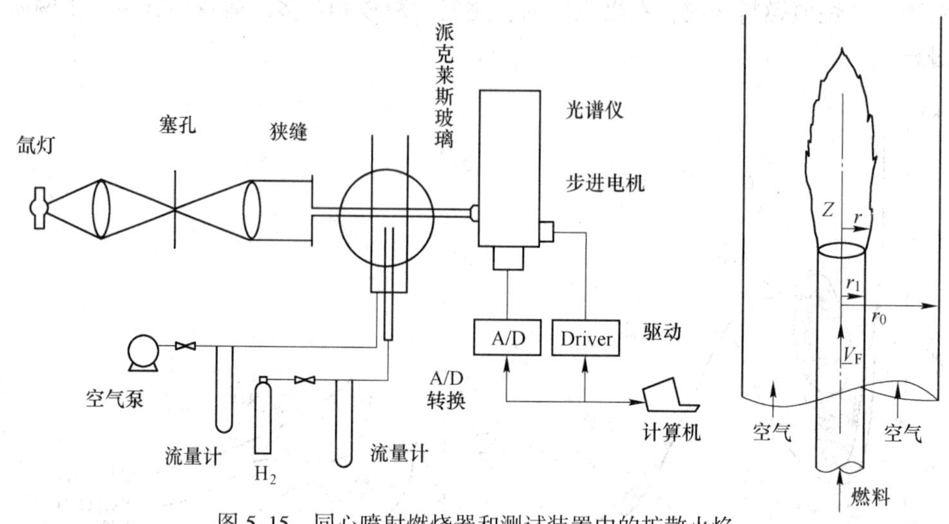

图 5.15　同心喷射燃烧器和测试装置中的扩散火焰

（引自：Fukutani，S.，Kunioshi，N.，and Jinno，H.，Flame Structure of Axisymmetric Hydrogen-Air flame，Symp.（Int.）Combust. 23：567～573，The Combustion Institute，Pittsburgh，PA，1991，经燃烧研究所许可）

5.5.1　自由喷射火焰

考虑由直径为 d_j 的喷嘴向上喷射气态燃料（见图 5.17）。这种自由喷射有时被称为火炬。随着燃料喷射速度的增加，火焰的特性也发生变化。在低喷射速度下，混合速度慢，火焰长而光滑（层流）。层流火焰高度随射流速度线性增加，直至火焰变成刷状（湍流）。由于更快速的湍流混合，火焰高度降低。在稳定、充分发展的湍流区域，火焰高度与射流速度无关。湍流火焰比层流火焰发出更多的噪音，而形成的烟尘引起黄色光度下降。层流火焰长度与 $V_j d_j^2$ 成正比，湍流火焰长度与 d_j 成正比。

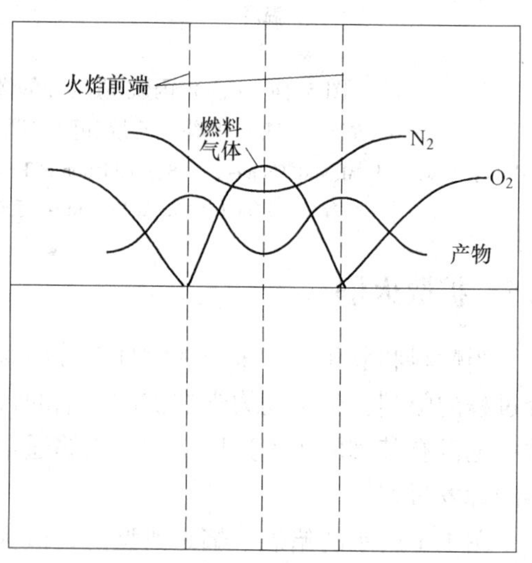

图 5.16　同心喷射燃烧器上方的浓度分布图

过渡雷诺数用于表征过渡到充分发展的湍流火焰。有趣的是，不同燃料的过渡雷诺数是不同的，这表明化学动力学以及流体力学在燃烧中起作用。表 5.3 给出了几种燃料的过渡雷诺数。

表 5.3　喷射扩散火焰向湍流火焰的过渡

燃料加入空气	过渡雷诺数
氢	2000
城市燃气	3500

续表 5.3

燃料加入空气	过渡雷诺数
一氧化碳	4800
丙烷	9000~10000
乙炔	9000~10000

来源：Hottel, H. C. and Hawthorn, W. R., Diffusion in Laminar Flame Jets, Symp. (Int.) Combust. 3: 254~266, The Combustion Institute, Pittsburgh, PA, 1949. 经燃烧研究所许可。

随着喷射速度（见图 5.17）的进一步增加，到达的一个火焰从喷嘴离开、且在底部呈现一个不燃烧区域的点。喷射速度的进一步增加导致火焰完全喷出。图 5.18 显示了乙烷空气火焰的稳定、提升和喷出区域图。

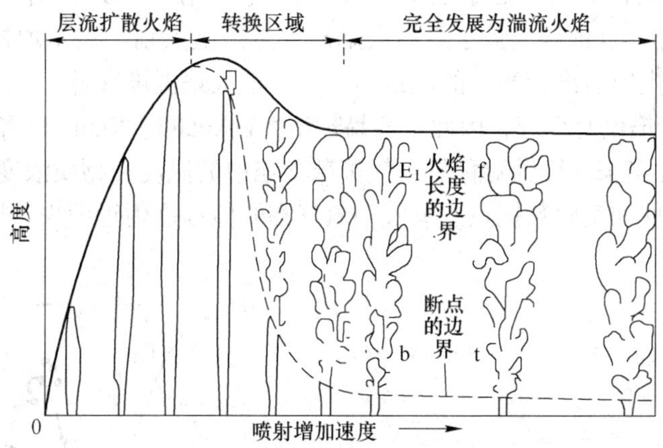

图 5.17　自由喷射扩散火焰从层流转变为湍流

（引自：Hottel, H. C. and Hawthorn, W. R., Diffusion in Laminar Flame Jets, Symp. (Int.) Combust. 3: 254~266, The Combustion Institute, Pittsburgh, PA, 1949. 经燃烧研究所许可）

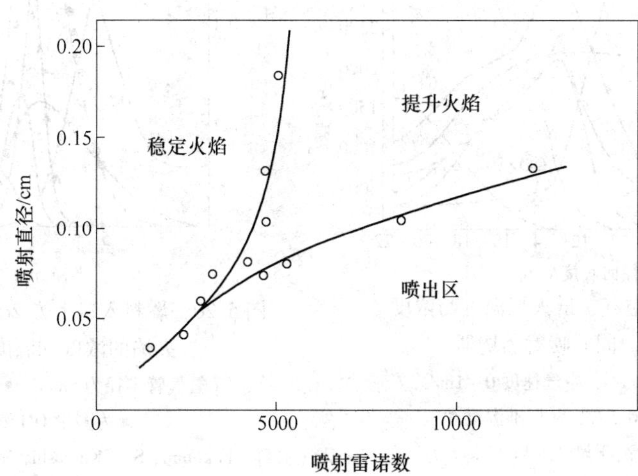

图 5.18　乙烯-空气混合物自由喷射扩散火焰的稳定性状态

（引自：Scholefield, D. A. and Garside, J. E., The Structure and Stability of Diffusion flames, Symp. (Int). Combust, 3: 102~110, The Combustion Institute, Pittsburgh, PA, 1949. 经燃烧研究所许可）

5.5.2　同心喷射火焰

喷射混合可以使用两个同心管来观察。燃油在内管中流动并流入到一个更大的流动空气同心管（见图 5.15）。每个管子的速度都可以调节，整个燃料空气流量可以通过改变管子的直径来调节。等速度时产生层流扩散火焰，速度不同时产生导致湍流的剪切流动。由于浓度梯度，燃料向外扩散到空气中，而空气向内扩散。当燃料-空气比率足以燃烧时，燃料和氧气在火焰区域被消耗。燃烧产物向内和向外扩散。虽然 1928 年伯克（Burke）和舒曼（Schumann）已开始在理论上模拟了这种情况，我们还将用一些实验结果来获得对扩散火焰的物理洞察。

层流甲烷-空气同心喷射扩散火焰的光谱测量（见图 5.19）揭示了火焰的结构。火焰在火焰区内具有一定范围的燃料与氧气比率。在火焰区域的燃料侧，燃料处于高温并且经受几乎不产生烟尘颗粒的氧气热解反应。火焰在燃料侧产生 CO，当 CO 氧化成 CO_2 时，达到最大火焰温度。NO 的峰值处于最高火焰温度点。虚点划线表示取样探针堵塞的烟尘区域。这种高温烟尘辐射出相当大的能量，导致峰值火焰温度降低。

氢-空气扩散火焰没有烟灰，因此更容易理解。Fukutani、Kunioshi 和 Jinno（1991）已经使用 21 种反应方案来计算轴对称氢空气扩散火焰中的温度和物质浓度。图 5.20 显示了一些计算的配置文件和实验数据点。氢气和氧气在峰值温度附近消失，反应分布在几毫米的距离。

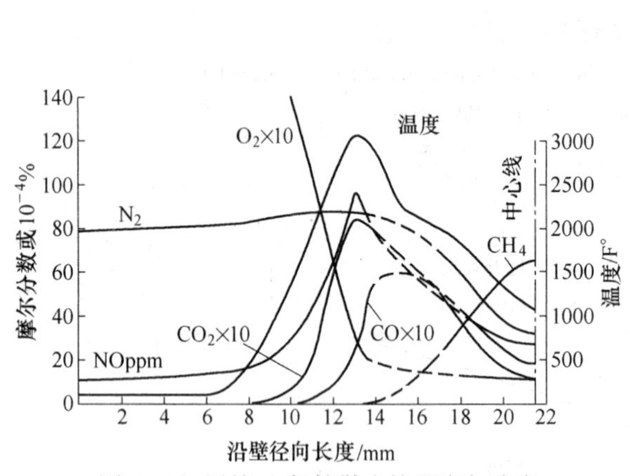

图 5.19　甲烷-空气扩散火焰温度与浓度分布曲线，同心喷射燃烧器

（甲烷速度 0.22m/s，空气速度 0.41m/s，整体燃空比 0.577，从标准温度和压力开始，高于燃料入口 17ms）

（引自：Tuteja, A. D, The Formation of Nitric Oxide in Diffusion Flames, Ph. D, thesis, University of Wisconsin-Madison, 1972）

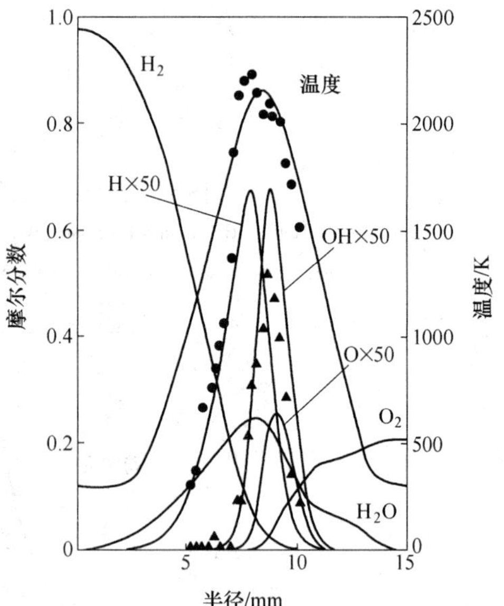

图 5.20　燃料入口上方 2cm 处氢-空气扩散火焰的浓度和温度分布图

（氢气管半径为 5mm；● 为测量温度；▲为测量 OH 浓度）

（引自：Fukutani, S., Kunioshi, N, and. Jinno, H., Flame Structure of Axisymmetric Hydrogen-Air Diffusion Flame, Symp. (Int.) Combust. 23: 567~573, The Combustion Institute, Pittsburgh, PA, 1949. 经燃烧研究所许可）

5.5.3 带非流线形体的同心喷射火焰

大多数实际的燃烧器采用一定程度回混的湍流流动，以获得单位体积的高燃烧能量释放率。图 5.21 显示了一个能够实现空气和甲烷强烈混合的共流喷射实验室装置。在非流线形体后部注入燃料，湍流旋涡和回流混合使火焰稳定，如图中灰色区域所示。火焰的结构由湍流波动所决定。激光多普勒测速和激光散射光谱技术被用于获得速度、温度和物种浓度的瞬时点测量（Eckbreth，1996）。图 5.22 中给出的散点图显示温度和产物种类与燃

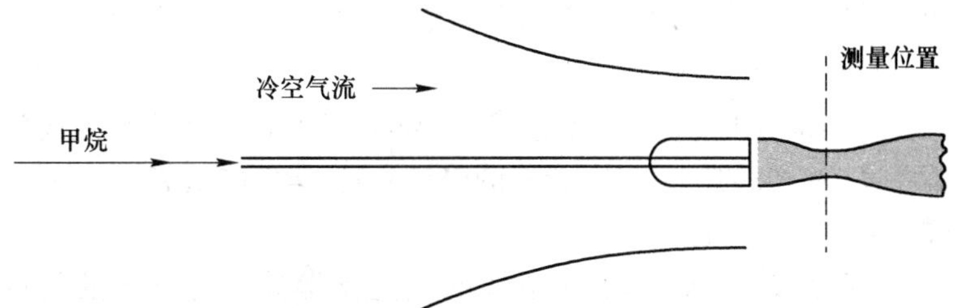

图 5.21 用于研究扩散火焰的非流线形体稳定燃烧器的示意图
（引自：Masri，A. R.，Dibble，R. W. and Barlow，R. S.，Raman-Rayleigh Measurements in Bluff Body Stabilized Flames of Hydrocarbon Puels，Sym.（Int.）Combust. 24：317~324，The Combustion Institute，Pittsburgh，PA，1949. 经燃烧研究所许可）

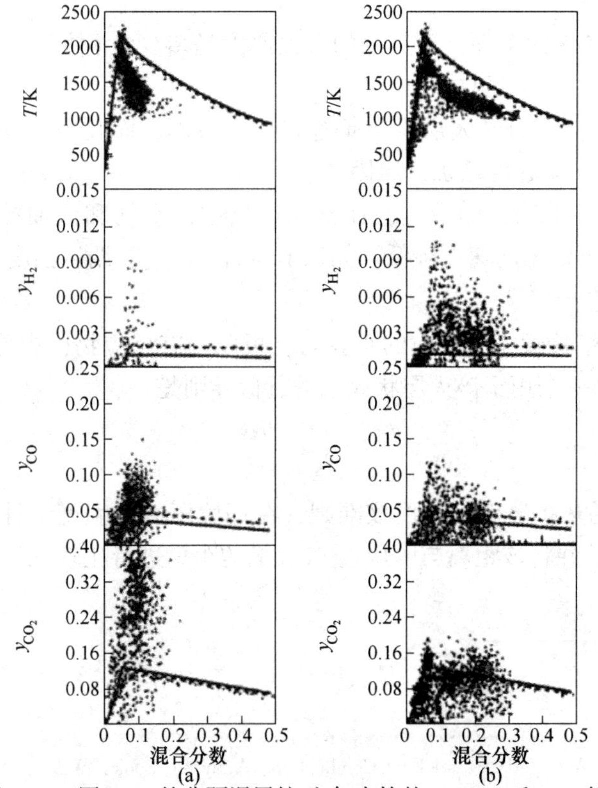

图 5.22 图 5.21 的非预混甲烷-空气火焰的 H_2、CO 和 CO_2 的温度和质量分数散点图与燃料混合分数的散点图
（数据收集在 $x/D=1.5$，风速 20m/s；燃料喷射速度（a）为 124m/s，（b）为 155m/s。实线表示完全燃烧的小火焰，虚线表示中间小火焰）
（引自：Masri，A. R.，Dibble，R W and Barlow，R. S.，Raman-Rayleigh Measurements in Bluff Body Stabilized Flames of Hydrocarbon Fuels Sym.（Int.）Combust. 24：317~324，The Combustion Institute，Pittsburgh，PA，1949. 经燃烧研究所许可）

料混合物分数的函数分布关系。湍流火焰的统计特性是明显的。湍流火焰的模拟超出了本书的范围。

5.6 习题

5-1　预混合的化学计量甲烷-空气火焰具有 0.33m/s 的层流火焰速度和 2200K 的温度。反应初始温度和压力为 300K 和 1 个大气压，求相对于火焰前缘的产物燃烧速度以及火焰上的压力变化。(假设反应进行的时间很短，且没有间断)

5-2　针对预混和化学计量的甲醇-空气火焰重复习题 5-1，火焰速度为 0.48m/s，火焰温度为 2000K。

5-3　丙烷-空气在 1atm 和 298K 化学计量的预混混合物的层流火焰速度为 0.4m/s，估算平均反应速率和反应消失的厚度。混合物的热导率是 $k=0.026(T/298)^{1/2}$。(假定在一个合适的平均混合温度和点火温度)

5-4　在 1 个大气压和 298K 下丙烷-空气的预混化学计量混合物的层流火焰速度为 0.4m/s。如果用氮气替代氦气，则使用热火焰理论估算火焰速度。假定温度不变，氦气混合物的热导率为 $k=0.036(T/298)^{1/2}$，氦气使用 $c_p=2.5R$，氮气使用 $c_p=3.5R$。实际上，由于氦气的比热低于氮气，火焰温度将会升高。定量解释这将如何改变上面估算的火焰速度。

5-5　对于习题 5-3 的条件，预热区的大致厚度是多少？（使用式（5.15），并在预热区开始时使用 $T_{react}=1.01T_I$ 的标准。）

5-6　甲烷-纯氧燃烧的最大层流火焰速度是 11m/s，而在空气中，最大火焰速度是 0.45m/s。解释导致火焰速度增加的原因。

5-7　使用表 5.3 中给出的数据，在密闭容器中，空气和汽油的化学计量混合物在 20atm 压力和 700K 下的平均速度降低。如果 $\underline{V}_T=\underline{V}_L+2\underline{V}_{rms}^2$，湍流强度 $\underline{V}'_{rms}=1.2m/s$，湍流能使火焰速度增加多少？

5-8　当传播火焰接近一个板上的小孔时，板两侧有反应物，火焰在该给定孔眼的下方将淬灭（熄灭）。一个用于淬灭层状火焰的近似准则是：

$$d_0 < \frac{8\alpha}{\underline{V}_L}$$

其中，α 是反应物的热扩散率。使用该准则，在环境压力和温度下计算化学计量的氢-空气火焰的淬灭距离，并将该距离与丙烷-空气火焰的距离进行比较。

参 考 文 献

[1] Bartok W, Sarofim A F, eds. Fossil Fuel Combustion: A Source Book, Wiley, New York, 1991.

[2] Bird R B, Stewart W E, Lightfoot E N. Transport Phenomena, 2nd ed., Wiley, New York, 2002.

[3] Borghi R, Destriau, M. Combustion and Flames: Chemical and Physical Principles (transl. of La combustion et les flammes, 1995), TECHNIP, 1998.

[4] Burke S P, Schumann T E W. Diffusion flames, Ind. Eng. Chem. 20 (10): 998~1004, 1928.

[5] Cheng R K, Littlejohn D, Strakey P A, et al. Laboratory Investigations of a Low-Swirl Injectors with H_2 and CH_4 at Gas Turbine Conditions, in Proc. Combust. Int. 32: 3001~3009, The Combustion Institute, Pittsburgh, PA, 2009.

[6] Eckbreth A C. Laser Diagnostics for Combustion, Temperature, and Species, 2nd ed., OPA (Overseas Publishers Association), Amsterdam, 1996.

[7] Fuhutani S, Kunioshi N, Jinno H. Flame Structure of Axisymmetric Hydrogen-Air Diffusion Flame, Symp. (Int.) Combust. 23: 567~573, 1991.

[8] Gottgens J, Mauss F, Peters N. Analytical Approximations of Burning Velocities and Flame Thicknesses of Lean Hydrogen, Methane, Ethylene, Ethane, Acetylene, and Propane Flames, Symp. (Int.) Combust. 24: 129~135, The Camhustion Institute, Pittsburgh, PA, 1992.

[9] Griffiths J F, Barnard J A. Flame and Combustion, 3rd ed., Blackie Academic & Professional, London, 1995.

[10] Gu X J, Haq M Z, Lawes M, et al. Laminar Burning Velocity and Markstein Lengths of Methane-Air Mixtures, Combust. Flame. 121: 41~58, 2000.

[11] Gulder O L. Laminar Burning Velocities of Methanol, Isooctane and Isooctane/Metbanol Blends, Combust. Sci. Technol. 33: 1~4, 1983.

[12] Hottel H C, Hawthorn W R. Diffusion in Laminar Flame Jets, Symp. (Int.) Combust. 3: 254~266, The Combustion Institute, Pittsburgh, PA, 1949.

[13] Jones G W, Kennedy R E. Inflammability of Natural Gas: Effect of High Pressure Upon the Limits, U. S. Bureau of Mines Report of Investigation 3798, 1945.

[14] Kee R J, Grcar J F, Smooke M D, et al. A Fortran Program for Modeling Steady Laminar One-dimensional Premixed Flames, Sandia National Lab. report SAND85-8240 UC-4, 1985.

[15] Kobayashi H. Experimental Study of High Pressure Turbulent Premixed Flames, Exp. Therm. Fluid Sci. 26 (2-4): 375~387, 2002.

[16] Kolmogorov A N. The Local Structure of Turbulence in Incompressible Viscous Fluid for Very Large Reynolds Numbers, Acad. Sci. USSR 30: 301, 1941.

[17] Law C K. Combustion Physics, Cambridge University Press, Cambridge, 2006.

[18] Lefebvre A H, Reid R. The Influence of Turbulence on the Structure and Propagation of Enclosed Flames, Combust. Flame 10: 355~366, 1966.

[19] Lewis B, Von Elbe G. Combustion Flames and Explosions of Gases, 3rd ed., Academic Press, 1987.

[20] Mallard E, Le Chatelier H L. Recherches Experimentales et Theoriques sur la Combustion des Melanges Gazeux Explosifs, Ann. Mines 8: 374~568, 1883.

[21] Masri A R, Dibble R W, Barlow R S. Raman-Rayleigh Measurements in Bluff Body Stabilized Flames of Hydrocarbon Fuels, Sym. (Int.) Combust. 24: 317 ~ 324, The Combustion Institute, Pittsburgh, PA, 1992.

[22] Matthews R D, Hall M J, Dai W, et al. Combustion Modeling in SI Engines With a Peninsula-Fractal Combustion Model, SAE paper 960072, 1996.

[23] Metghalchi M, Keck J C. Laminar Burning Velocity of Propane-Air Mixtures at High Temperature and Pressure, Combust. Flame 38: 143~154, 1980.

[24] Metghalchi M, Keck J C. Burning Velocities of Mixtures of Air with Methanol, Isooctane, and Indolene at High Pressures and Temperatures, Combust. Flame. 48: 191~210, 1982.

[25] Newitt P M, Thornes L S. Oxidation of Propane. Part 1, The Products of the Slow Oxidation at Atmospheric and Reduced Pressures, J. Chem. Soc. 1656~1665, 1937.

[26] Poinsot T, Veynante D. Theoretical and Numerical Combustion, 2nd ed, R. T. Edwards, Philadelphia, PA, 2005.

[27] Scholefield D A, Garside J E. The Structure and Stability of Diffusion Flames, Symp. (Int.) Combust. 3: 102~110, The Combustion Institute, Pittsburbh, PA, 1949.

[28] Strehlow R A. Fundamentals of Combustion, International Textbook Co., Scranton, PA, 1968.

[29] Tseng L K, Ismail M A, Faeth G M. Laminar Burning Velocities and Markstein Numbers of Hydrocarbon/Air flames, Combust. Flame 95: 410~426, 1993.

[30] Tuteja A D. The Formation of Nitric Oxide in Diffusion Flames, Ph. D. thesis, University of Wisconsin-Madison, 1972.

[31] Westbrook C K, Dryer F L. A Comprehensive Mechanism for Methanol Oxidation, Combust. Sci. Technol. 20: 125~140, 1979.

[32] Williams F A. Combustion Theory: The Fundamental Theory of Chemically Reacting Flow Systems, 2nd ed., Westview Press, Boulder, CO, 1985.

[33] Wohl K, Kapp N M, Gazley C. The Stability of Open Flames, Symp. (Int.) Combust. 3: 3~21, The Combustion Institute, Pittsburgh, PA, 1949.

[34] Zabetakis M G. Flammability Characteristics of Combustihle Gases and Vapors, Bulletin 627, Washington, U. S. Dept. of the Interior, Bureau of Mines, 1965.

6 燃气燃烧炉和锅炉

气体燃料是最容易在燃气燃烧炉和锅炉中使用的燃料。不需要燃料的准备，气体就很容易与空气混合，并迅速进行燃烧。与液体和固体燃料相比，其排放量很低。缺点是，气体燃料昂贵，有些情况下不能使用气体燃料，特别当该地的天然气管道没有接通时。由于气体燃料使用方便，它们非常适合小型燃烧系统如住宅、商业和小工厂里的加热炉和锅炉。发电厂和供热厂也使用天然气或合成气，以满足用电负荷高峰的需求。

燃气燃烧炉和锅炉使用燃烧器混合燃料和空气，还可以稳定火焰。燃烧器火焰可以是部分预混或完全预混湍流火焰。燃烧器的设计必须遵循安全、可靠和高效原则，并实现一氧化碳和氮氧化物的极低排放。除了使用天然气，燃烧器需要燃烧从固体燃料气化而来的低热值合成气。有些燃烧器是为工业生产过程中火焰形状和温度的重要特征而设计的。高效率是空间加热炉和锅炉、蒸汽工艺设备和蒸汽发电厂最重要的因素。大多数情况下，高效率的实现意味着尽可能少地使用过量的空气。在讨论燃烧器设计和性能之前，我们首先考察一下过量空气对炉子效率的影响。

6.1 能量平衡与效率

根据图 6.1 所示系统的能量平衡，可以获得给定的热量输出、排气量和从系统能量平衡中得到的锅炉综合效率。这一分析将表明，锅炉操作应尽可能使燃烧器接近化学计量比燃烧，以得到最高的效率。

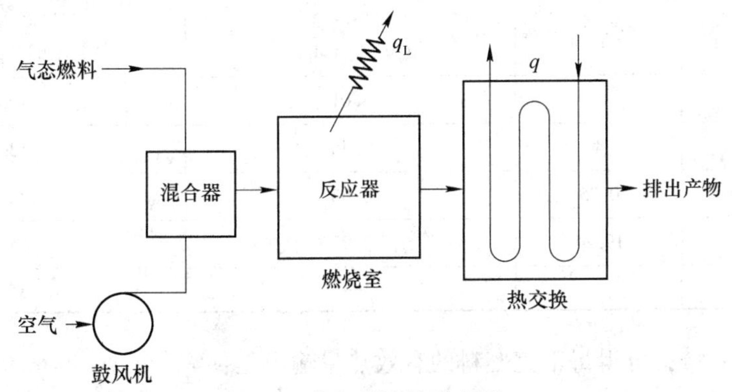

图 6.1 燃气燃烧炉示意图

在给定热输出情况下，所需空气和燃料的流量可通过一个放置在单位控制体积周围的搅拌器、燃烧室和换热器的能量和质量平衡来计算得到。

$$\dot{N}_{air}\hat{h}_{air} + \dot{N}_f\hat{h}_f = q + q_{loss} + \sum_{i=1}^{I}\dot{N}_i\hat{h}_i \tag{6.1}$$

式中，I 是产物物质的数量；q_{loss} 是多余的热量损失；q 是有用的热量输出。根据显热焓、燃料热值和汽化焓，能量平衡式为：

$$\dot{N}_{\text{air}}\hat{h}_{\text{s, air}} + \dot{N}_{\text{f}}(\hat{h}_{\text{s, f}} + \widehat{HHV}) = q + q_{\text{loss}} + \sum_{i=1}^{I}\dot{N}_i\hat{h}_{\text{s}, i} + (\dot{N}_{\text{H}_2\text{O}}\hat{h}_{\text{fg}}) \tag{6.2}$$

方程（6.2）中假定完全燃烧，即燃烧效率 100%，适用于气体燃料的有效散热量求解。

$$q = \dot{N}_{\text{f}}\left[\hat{h}_{\text{s,f}} + \widehat{HHV} + \left(\frac{N_{\text{air}}}{N_{\text{f}}}\right)\hat{h}_{\text{s, air}} - \sum_{i=1}^{I}\left(\frac{N_{\text{i}}}{N_{\text{f}}}\right)\hat{h}_{\text{s},i} - \left(\frac{N_{\text{H}_2\text{O}}}{N_{\text{f}}}\right)\hat{h}_{\text{fg}}\right] - q_{\text{loss}} \tag{6.3}$$

每摩尔燃料燃烧所需的空气和产品种类的物质的量是从燃烧过程的化学原子平衡中获得的（第 6.3 节）。因此，如果燃料流量一定，可以获得热量输出；反之，如果热输出一定，所需的燃料流量也可以计算。

例 6.1　丙烷在 5%过剩空气的炉子中完成燃烧。燃料和干燥空气在 25℃下进入。如果炉壁损失 10%的热量，而燃烧产物在 127℃下从炉子出口到烟囱，那么单位质量丙烷在炉子中燃烧的有效热量是多少？

解：化学计量反应方程式为：

$$C_3H_8 + 5(O_2 + 3.76N_2) \longrightarrow 3CO_2 + 4H_2O + 18.8N_2$$

有 5%过量空气的反应式为：

$$C_3H_8 + 1.05(5)(O_2 + 3.76N_2) \longrightarrow 3CO_2 + 4H_2O + 1.05(18.8)N_2 + 0.05(5)O_2$$

简化后：

$$C_3H_8 + 5.25(O_2 + 3.76N_2) \longrightarrow 3CO_2 + 4H_2O + 19.74N_2 + 0.25O_2$$

从表 2.2 得：　$HHV_{C_3H_8} = 50.4\text{MJ/kg}_{C_3H_8}$

得到：　$\widehat{HHV}_{C_3H_8} = \dfrac{50.4\text{MJ}}{\text{kg}_{C_3H_8}} \cdot \dfrac{44\text{kg}_{C_3H_8}}{\text{kgmol}_{C_3H_8}} = \dfrac{2218\text{MJ}}{\text{kgmol}_{C_3H_8}}$

由附录 C 中产物的焓：

产物（i）	N_i/N_f	$\hat{h}_{s,i}$ (MJ/kgmol$_i$)	$(N_i/N_f)\hat{h}_{s,i}$ (MJ/kgmol$_f$)
CO_2	3	4.01	12.03
H_2O	4	3.45	13.08
O_2	0.25	3.03	0.76
N_2	19.74	2.97	58.63
总计	—	—	85.22

由方程（6.3），可得每千克燃料的有效热量输出是：

$$q = \dot{N}_{\text{f}}\left[\hat{h}_{\text{s, f}} + \widehat{HHV} + \left(\frac{N_{\text{air}}}{N_{\text{f}}}\right)\hat{h}_{\text{s, air}} - \sum_{i=1}^{I}\left(\frac{N_i}{N_{\text{f}}}\right)\hat{h}_{\text{s}, i} - \left(\frac{N_{\text{H}_2\text{O}}}{N_{\text{f}}}\right)\hat{h}_{\text{fg}}\right] - q_{\text{loss}}$$

注意到燃料和空气在参比状态下进入：

$$\hat{h}_{\text{s},f} = 0, \qquad \hat{h}_{\text{s, air}} = 0$$

简化：

$$\frac{q}{\dot{N}_{\text{f}}} = \hat{H}\hat{H}\hat{V} - \sum_{i=1}^{I}\left(\frac{N_i}{N_{\text{f}}}\right)\hat{h}_{\text{s}, i} - \left(\frac{N_{\text{H}_2\text{O}}}{N_{\text{f}}}\right)\hat{h}_{\text{fg}} - \frac{q_{\text{loss}}}{\dot{N}_{\text{f}}}$$

代入：

$$\frac{q}{\dot{N}_f}=\frac{2218\text{MJ}}{\text{kgmol}_f}-\frac{85.22\text{MJ}}{\text{kgmol}_f}-\left(\frac{4\text{kgmol}_{H_2O}}{\text{kgmol}_f}\cdot\frac{2.44\text{MJ}}{\text{kg}_{H_2O}}\cdot\frac{18\text{kg}_{H_2O}}{\text{kgmol}_{H_2O}}\right)-\frac{0.1q}{\dot{N}_f}$$

解得：

$$\frac{q}{\dot{N}_f}=1779\text{MJ/kgmol}_f$$

和

$$\frac{q}{\dot{m}_f}=40.4\text{MJ/kg}_f$$

其热值为高位发热量的 80.3%。

图 6.2 为天然气燃烧产物的体积分析。所计算的燃料含有 83%的甲烷和 16%的乙烷。

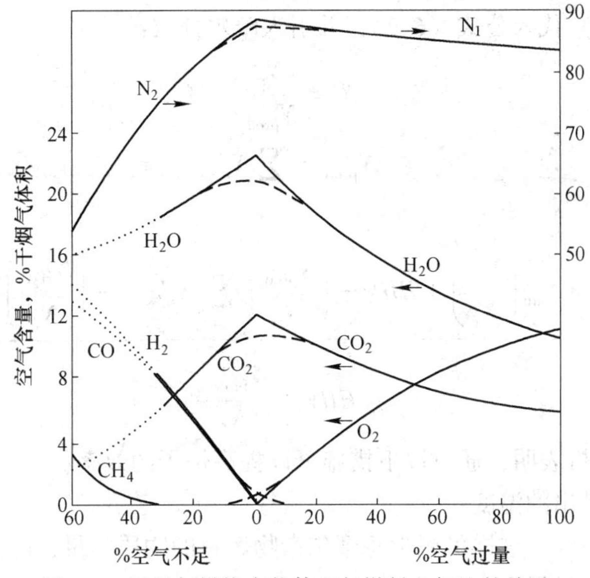

图 6.2 天然气燃烧产物体积与燃料空气比的关系

（引自：Reed, R. J., North American Combustion Handbook: A Basic Reference on the Art and Science of Industrial Heating with Gaseous and Liquid Fuels, 3rd ed., North American Manufacturing Co., Cleveland, OH, 1986. 经北美制造公司许可）

额外所需的外部热量需要超过 30%的贫燃燃料空气混合物（虚线）。虚线代表（燃料-空气）混合不良或壁面淬灭的趋势。体积分析是以干燥产物为基础，以便与需要浓缩水分的气体分析仪进行比较。请注意，完全燃烧的假设只适用于化学计量的贫乏燃烧侧。

通过分子量，从摩尔流率可得到质量流率：

$$\dot{m}=\dot{N}M \tag{6.4}$$

从摩尔流率和状态方程可得到体积流量：

$$p\dot{V}=\dot{N}\hat{R}T \tag{6.5}$$

鼓风机需要的能量来自鼓风机周围的能量平衡。其结果是：

$$\dot{W}_{blower}=\frac{V_{air}\Delta p_{air}}{\eta_{blower}} \tag{6.6}$$

式中，Δp_{air}是鼓风机的压力上升差，这相当于空气压力供给燃烧器而不在管道和空气预热器中有任何损失，η_{blower}为风机的效率。

6.1.1　燃气燃烧炉和锅炉的效率

燃气燃烧炉和锅炉的效率定义为：有用的热量输出与能量输入的比值，按照惯例，美国总是以高位发热量为基础。因此，一般来说，下式对任何类型燃料都适用：

$$\eta = \frac{q}{\dot{m}_f(HHV) + \dot{W}_{blower}} \tag{6.7}$$

炉子效率可以通过测量有效的热输出 q 和燃料流量来直接确定，也可以间接地从燃烧产物中确定。由于很多情况下并不测定燃料流量，此时就必须使用间接方法。此外，从燃烧系统的观点来看，使用间接效率评估方法评估所发生的损失，从而说明效率的提高是有用的。将方程（6.3）代入公式（6.7），并引入摩尔分数：

$$X_i = \frac{N_i}{N_{prod}}$$

其中：

$$N_{prod} = \sum_i N_i$$

得到：

$$\eta = \frac{\hat{h}_{s,f} + \hat{h}_{s,air}\left(\frac{N_{air}}{N_f}\right) + \widehat{HHV} - \left(\frac{N_{prod}}{N_f}\right)\sum_i X_i\hat{h}_{s,i} - \left(\frac{N_{H_2O}}{N_f}\right)\hat{h}_{fg} - \frac{q_{loss}}{N_f}}{\widehat{HHV} + \frac{\dot{W}_{blower}}{N_f}} \tag{6.8}$$

对式（6.8）分析表明，通过以下措施可以提高炉子的效率：

（1）降低产物排出的温度；

（2）减少过量空气，这样可减少每摩尔产物燃料的物质的量，降低鼓风机功率；

（3）减少外来热量损失；

（4）降低对风机功率的要求。

第一点可以通过增加负载的热传递，或通过清洗传热表面来完成；只有当燃料空气足够混合，并且当 CO 开始增加时才可以做到第二点；第四点则可在不需要通过风机鼓风的炉子或脉冲炉中做到，因为它们不需要鼓风机。

为了根据燃料的组成和最终成分分析（即元素分析）来评估式（6.8），通常可方便的简写为：

$$\frac{N_{prod}}{N_f} = \frac{N_{prod}}{N_c}\frac{N_c}{N_f} = \frac{\frac{N_c}{N_f}}{X_{CO_2} + X_{CO}} \tag{6.9}$$

式中，下标 prod、f 和 c 分别代表产物、燃料和碳。同时也要注意水的焓变包含水的汽化潜热，它通常是相对大的数值。因此，如果已知燃料分析，则可以利用式（6.8）和式（6.9）从产物的气体取样中确定效率。每单位燃料流量的鼓风机功率通常比加热值小，因此，在不知道燃料和空气流量的情况下，可以确定效率。当然，如果知道燃料和空气的流量，可以将间接效率法与直接法比较。

例 6.2 天然气炉的烟道气体体积分析成分如下：4%O_2，10%CO_2，17%H_2O 和 86% N_2，所有分析均为干燥基（气体样品中的水蒸气在进入测量仪器之前被冷凝）。燃料气体体积分数为 84%的 CH_4 和 16%的 C_2H_6，高位发热量为 51.15MJ/kg，燃料和空气在 25℃进入炉膛，烟囱气体的温度为 127℃，未使用鼓风机，热量损失可以忽略不计。根据高位发热量计算（a）过量空气和（b）该炉的运行效率。

解：（a）部分，根据公式（3.45），基于燃烧产物过量空气的体积分数为：

$$\text{过量空气} = 100 \times \left(\frac{x_{O_2/\text{prod}}}{\dfrac{x_{N_2/\text{prod}}}{3.76} - x_{O_2/\text{prod}}} \right) = 100 \times \left(\frac{4}{\dfrac{86}{3.76} - 4} \right) = 0.212$$

（b）部分，采用式（6.8）确定炉子的效率。该式需要产物的湿基成分分析，其体积是：

$$O_2: \frac{0.04}{1.17} = 3.42\%, \quad CO_2: \frac{0.10}{1.17} = 8.55\%, \quad H_2O: \frac{0.17}{1.17} = 14.53\%, \quad N_2: \frac{0.86}{1.17} = 75.30\%$$

在 400K 使用附录 C，产物的焓是：

$$\hat{h}_{s,\text{prod}} = \sum_i x_i \hat{h}_{s,i} = 0.0342 \times 3.03 + 0.0855 \times 4.01 + 0.1453 \times 3.45 + 0.7350 \times 2.97$$

$$\hat{h}_{s,\text{prod}} = 3.13\text{MJ/kgmol}_{\text{prod}}$$

接下来用式（6.9）计算每摩尔燃料产生产物物质的量：

$$\frac{N_{\text{prod}}}{N_f} = \frac{\dfrac{N_c}{N_f}}{X_{CO_2} + X_{CO}} = \frac{1 \times 0.84 + 2 \times 0.16}{0.0855 + 0} = \frac{13.6\text{kgmol}_{\text{prod}}}{\text{kgmol}_f}$$

式（6.8）中水蒸气冷凝那一部分的焓是：

$$\left(\frac{N_{H_2O}}{N_f} \right) \hat{h}_{s,g} = \frac{86.8\text{MJ}}{\text{kgmol}_f}$$

燃料的分子量为：

$$M_f = \frac{0.84\text{kgmol}_{CH_4}}{\text{kgmol}_f} \cdot \frac{16\text{kg}_{CH_4}}{\text{kgmol}_{CH_4}} + \frac{0.16\text{kgmol}_{C_2H_6}}{\text{kg}_{C_2H_6}} \cdot \frac{30\text{kg}_{C_2H_6}}{\text{kgmol}_{C_2H_6}} = \frac{18.24\text{kg}_f}{\text{kgmol}_f}$$

燃料摩尔高位发热值为：

$$\hat{H}\hat{H}\hat{V} = \frac{54.15\text{MJ}}{\text{kg}_f} \cdot \frac{18.24\text{kg}_f}{\text{kgmol}_f} = \frac{987.7\text{MJ}}{\text{kgmol}_f}$$

代入式（6.8），注意燃料和空气的焓值在 25℃为 0，并且没有鼓风机，热损失也可以忽略不计，基于 *HHV*（高位发热量）的炉子效率为：

$$\eta = \frac{0 + 0 + 987.7 - 13.6 \times 3.13 - 86.6}{987.7 + 0} = 0.869$$

即该炉子的效率为 86.9%。

6.2 替代燃料

对一个特定的燃烧器来说，一种气体燃料替代另一种更容易获得或使用可持续的燃料。这有时是可取的。也许生物质气化生产的气体将被替换为天然气。当使用一种新的气体燃料时，应调整燃烧器以保持加热速度、火焰的稳定性和可能情况下的火焰形状；如果代用燃料是相似的，如在丙烷代替甲烷的情况下，只要调整气流以达到适当的当量比就足够了。

如果代用的燃料是不同类，可以通过改变燃料压力或节流孔大小来调节燃料流量，以保持热速率。热速率 q 等于单位燃料的体积流量乘以单位体积燃料的热值，见下式：

$$q = \dot{V}_f(HHV)$$

燃料的体积流量由下式获得：

$$\dot{V}_f = \sqrt{\frac{2\Delta p}{\rho_f}} A_f \tag{6.10}$$

式中，Δp 为燃料孔板的压降；A_f 为燃料孔的有效面积；ρ_f 为燃料的密度。

因此，对于一个固定的孔板尺寸、燃料压力和温度，热速率可由以下公式获得：

$$q = K\frac{HHV}{\sqrt{sg_f}} = K(WI) \tag{6.11}$$

式中，K 为常数；WI 为沃泊（Wobbe）指数，它是衡量燃料可交换性的数据，由下式定义：

$$WI = \frac{HHV}{\sqrt{sg_f}} \tag{6.12}$$

如果替代燃料的沃泊指数与设计燃料明显不同，那么燃烧器应该修改，此外，还应考虑火焰长度、回火和吹脱特性。燃料的密度不能通过增加压力而明显地改变，因为这样会增加流量，使燃烧器离开稳定的设计区域。对于低热值燃料，如生物质汽化燃料，燃料流量必须高于相同热输出天然气的流量。产物的量也将会更多，这可能需要更大的管道系统。

例 6.3　对比木材生产气和天然气的沃泊指数，评价这两种燃料的互换性。

解：根据式（6.12），木材生产气与天然气的沃泊指数之比为：

$$\frac{WI_{木材气}}{WI_{天然气}} = \left(\frac{HHV}{\sqrt{\rho}}\Big/_{木材气}\right)\left(\frac{\sqrt{\rho}}{HHV}\Big/_{天然气}\right) = \frac{HHV_{木材气}}{HHV_{天然气}} \cdot \sqrt{\frac{\rho_{天然气}}{\rho_{木材气}}}$$

根据表 2.2，木材生产气与天然气高位体积热值分别为 4.8MJ/m^3 和 38.3MJ/m^3，质量之比与气体密度之比是成比例的，因此它们的分子量比如下：

$$\sqrt{\frac{sg_{天然气}}{sg_{木材气}}} = \sqrt{\frac{\rho_{天然气}}{\rho_{木材气}}} = \sqrt{\frac{[pM/\hat{R}T]_{天然气}}{[pM/\hat{R}T]_{木材气}}} = \sqrt{\frac{M_{天然气}}{M_{木材气}}}$$

根据表 2.1 可知，木材气的分子量约为 23，天然气的分子量约为 17。因此：

$$\frac{WI_{木材气}}{WI_{天然气}} = \frac{HHV_{木材气}}{HHV_{天然气}}\sqrt{\frac{M_{天然气}}{M_{木材气}}} = \frac{4.8}{38.3} \times \sqrt{\frac{17}{23}} = 0.11$$

由于木材气的沃泊指数约为天然气的 1/10，因此，不仅需要提高燃料流量来保持相同的热输出，而且需要调节燃烧炉来保证燃烧的稳定性。

6.3 住宅燃烧器

如上所述，燃烧器应尽可能接近化学计量比燃烧，以尽可能保持低的排放和实现高效率。火焰的形状和分布应与炉膛的燃烧室相匹配。一般来说，对于较小的系统，最好是火焰充满燃烧室，但不撞击炉膛或锅炉墙。住宅或家用燃烧器要么部分预混，要么完全预混。

有些老式住宅使用部分混合燃烧器，并且不使用鼓风机。相反，周围环境中助燃空气被燃料旋流夹带，这在某种程度上类似于本生灯。燃料以低压（0.5~15 kPa）进入时，以很高的速度通过一个孔板，如图 6.3 所示。由于燃料的喷射动量，一次空气通过快门打开，并通过调节进口百叶窗来控制。文丘里管的弯管改善了卷吸，使混合气体在扩充管和弯管部位发生反应。混合物流经燃烧器头部，并作为燃烧器的附加火焰燃烧。火焰夹带二次空气的动量使燃烧完全。这种夹带空气的燃烧器运行时一般需要 40%的过量空气。

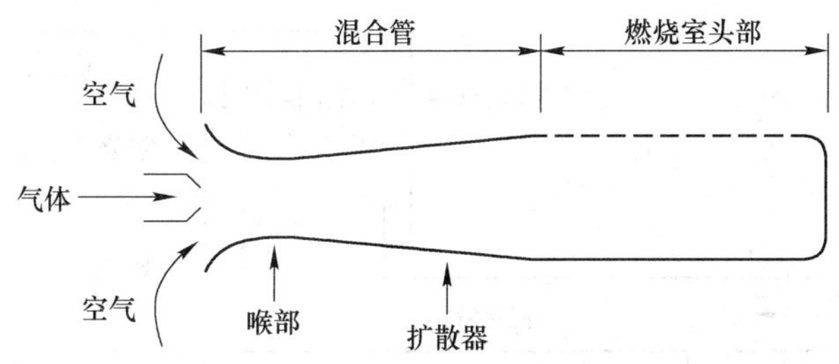

图 6.3　多接口部分预混大气式燃气燃烧器

燃烧器头部的端口直径一般为 1~2mm，边缘间距为 4~8mm，端口负荷为 10W/mm^2，主通风为 50%（理论空气的体积分数）。端口载荷定义为燃料流量乘以低位发热值除以端口面积：

$$q''_{\text{port}} = \frac{\dot{m}_{\text{f}} LHV_{\text{f}}}{A_{\text{port}}} \tag{6.13}$$

燃烧器的稳定性取决于主通风、燃烧器端口负荷和端口间距。如果反应物的流速与火焰速度相比太高，火焰将变得不稳定并升空（见图 6.4）。在低通气量时，端口燃烧形成排列的单锥体，但随着空气量的增加，每个端口作为单个圆锥体燃烧。确切的稳定区域大小和位置取决于特定的燃烧器结构。端口直径必须足够小（即 1~2mm），以防止火焰的回火。含氢量大的气体由于火焰速度高而有不同的稳定性。因此，含有较高量的氢火焰有更大的闪回倾向和较小的上升趋势，因此这类燃料的最小淬火直径为 0.8mm。

夹带二次空气的部分预混燃烧器不符合现今的燃烧效率及一氧化碳和氮氧化物的排放标准。新的家用燃烧器使用鼓风机提供强制空气和完全预混合燃料和空气，而不需要二次空气（见图 6.5）。燃烧器以这种方式可以在化学计量条件下操作，并具有低的过量空气。然而，氮氧化物的排放量往往超过万分之一。通过将一部分烟气再循环到入口空气中，使火焰温度降低，并且在保持良好的单位面积热量输入情况下，氮氧化物排放可降至百万分之二十以下。

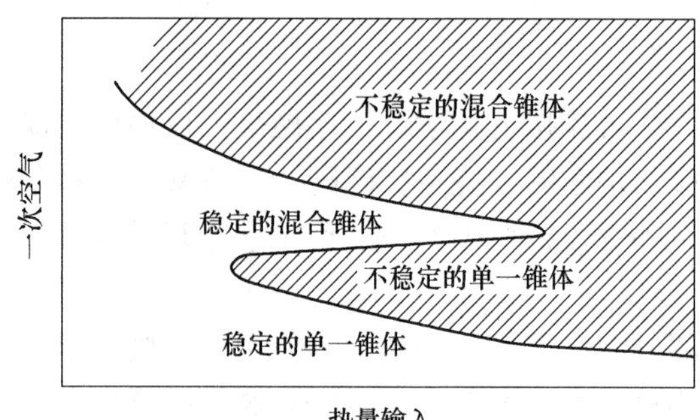

图 6.4　多端口，部分预混大气式燃烧器显示
不稳定上升极限的典型稳定图
（引自：Jones，H. R. N.，The Application of Combustion Principles to Domestic Gas Buner Design，Taylor Francis，Boca Raton，FL，1990. 英国天然气）

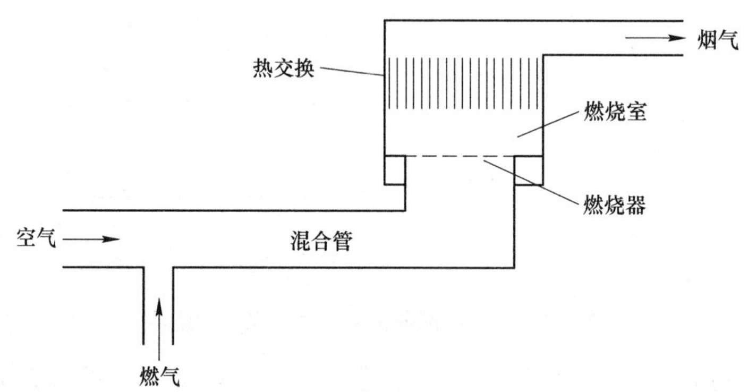

图 6.5　使用鼓风机提供空气的预混合气体燃烧器（住宅大小）

6.4　工业气体燃烧器

工业燃烧器广泛适用于对气体温度、传热和火焰形状有重要要求的空间加热以外的过程。例如，预混式隧道燃烧器（见图 6.6）满足了一定的需要，但随着热输入的增加和操作条件的限制，由于从喷嘴到预混合器（见图 6.6 中的灰色区域）的闪回限制，可能有必要使用非预混燃烧器。

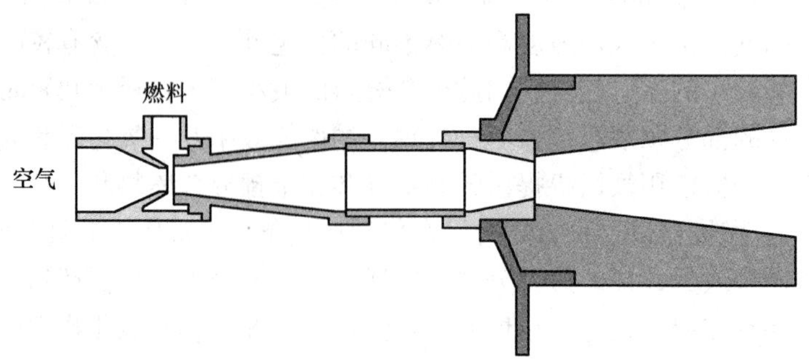

图 6.6　预混式隧道燃烧器（工业尺寸）

考虑到燃烧器的安全性和灵活性，发展了喷嘴混合燃烧器，燃料和空气分别被引入并混合在一个耐火材料喷嘴中。通过火焰重新辐射热量，耐火喷嘴稳定了火焰。图6.7显示了两级喷嘴混合燃烧器。单级喷嘴混合燃烧器仅使用内部的耐火喷嘴，但氮氧化物的排放量往往很高。通过分成两个阶段，第一阶段可以使燃烧充分，第二阶段可以燃烧贫乏燃料，从而避免火焰的峰值温度。通过改变一、二次风的比率和风量及采用不同的成型耐火喷嘴，可以为不同的应用和不同的燃料实现各种各样的火焰形状。两级喷嘴混合燃烧器有较宽的调节范围。

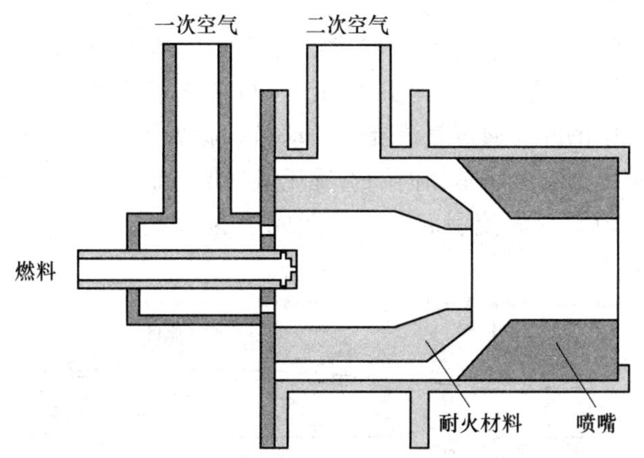

图6.7 带两个空气段（工业尺寸）的喷嘴混合燃烧器

对于中小型工业燃烧器，一个有趣的概念是陶瓷纤维燃烧器，它使用多孔的陶瓷和金属纤维制成圆柱形管（见图6.8）。预混燃料和空气流均匀地通过多孔材料，在催化反应的帮助下，在纤维基质中燃烧。低导电率的纤维和流出的反应物的对流冷却，使燃烧器安全运行，在表面速度低于混合火焰的速度时没有闪回趋势。表面温度应保持在1370K以下以减少氮氧化物的形成，但应超过1250K实现CO的完全燃烧。表面温度部分取决于反应物通过表面的速度。调节比从6到1变化时，有可能使热释放速率高达800kW/m^2。通

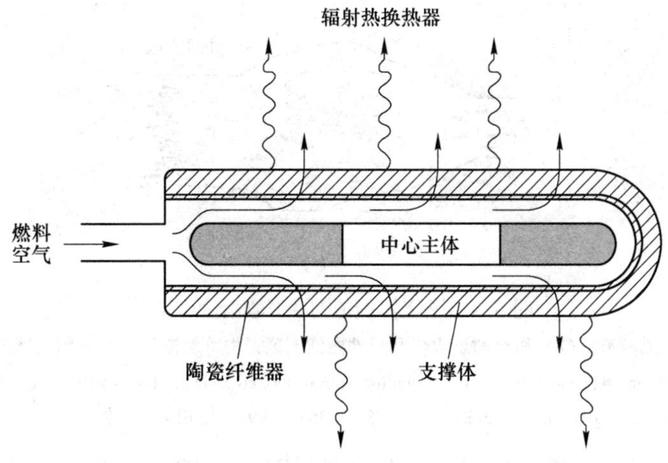

图6.8 纤维基质燃烧器的截面图

常 70%的热量释放是通过热辐射传递的。光纤纤维基质燃烧器可减少氮氧化物排放低至 15×10^{-4}%的水平。由于单位面积燃烧器的放热减少，纤维基质燃烧器的面积必须比火焰面积大，这限制了某些场合的应用。过量空气可能低至 10%，但不会增加一氧化碳或碳氢化合物的排放。

6.5　公用燃气燃烧器

电力和区域供热锅炉的燃气燃烧器在低的过量空气下运行，以达到较高的系统效率，同时保持非常低的一氧化碳和氮氧化物的排放。近化学计量操作的高火焰温度形成过量的氧化氮，让烟气与空气混合降低火焰温度。然而，如没有额外的措施，烟气再循环（FGR）将使火焰不稳定。通过向气流引入涡流，可使火焰趋于稳定。旋流围绕喷嘴中心轴线旋转流动，气流中的叶片通过气流提供角动量。旋流传播至火焰，增强了混合和火焰稳定性。图 6.9 显示了火焰形状是如何随着旋流量的增加而变化的。高涡流封闭内回流区的正径向压力梯度形成是由涡流引起的，这造成了返混。这样，即使有大量的烟气再循环，火焰也是稳定的。

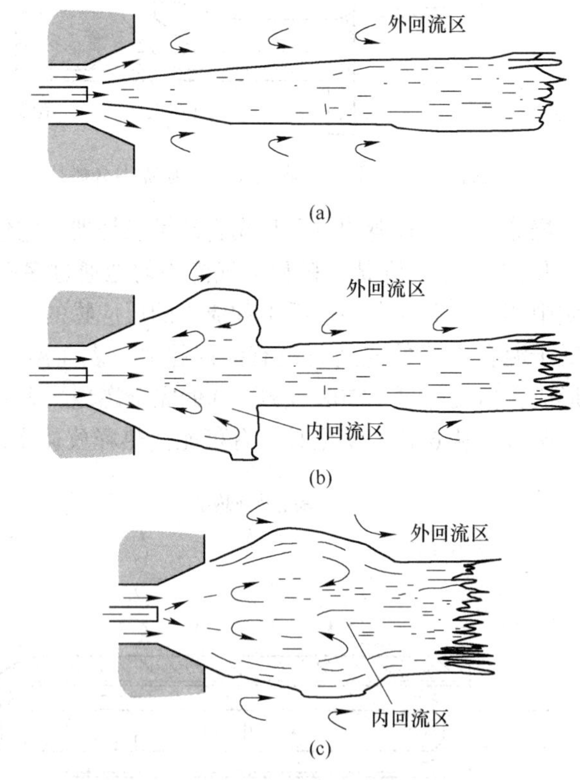

图 6.9　燃烧器旋流对火焰类型的影响

（a）长喷射火焰，无旋流；（b）组合喷射火焰和局部内回流区，中等旋流；（c）封闭内回流区火焰，高旋流

（引自：Weber. R，and Dugne，J.，Combustion Accelerated Swirling Flows in High Confinements，Prog. Energy Combust. Sci. 18（4）：349~367，1992. 经 Elsevier 科学公司许可）

从旋流叶片顶端注入燃料的高旋流燃烧器如图 6.10 所示。即使有 260℃ 的预热（见图 6.11），该设计也实现了非常低的氮氧化物排放（产物中氧含量为 3%（质量分数）

时，排放量低于万分之一）。在热输入量高达 12MW（热），该燃烧器在高达 50%的烟气再循环时（FGR）仍然稳定。对于 12MW 以上的热输入，可在额外燃料注入的地方放置一个外圈叶片。外圈的叶片是直的，不使用外旋流。

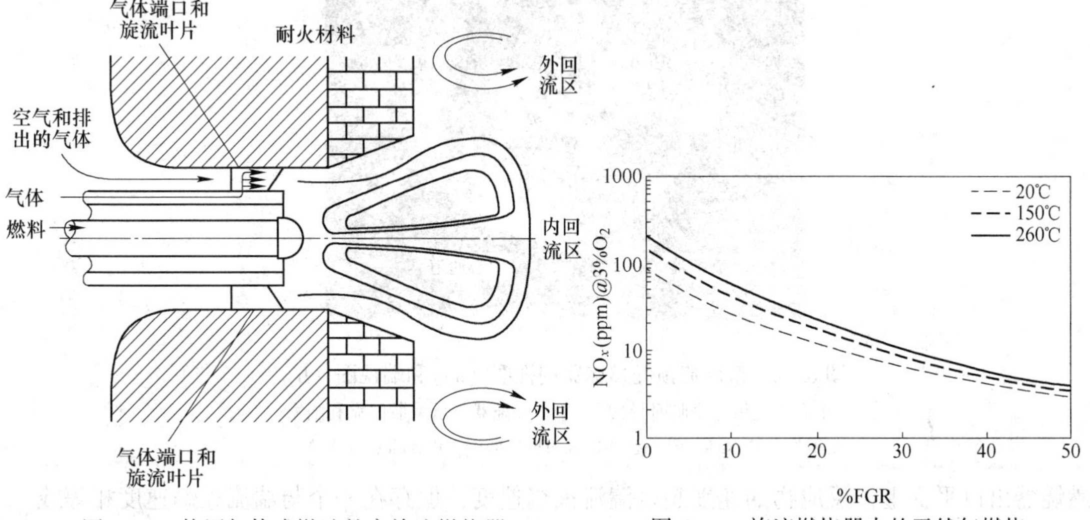

图 6.10 使用气体或燃油的高旋流燃烧器
（引自：Baukal，C. E. and Schwartz，R. E.，eds.，The John Zink Combustion Handbook，CRC Press，Boca Baton. FL，2001. p581，已经许可）

图 6.11 旋流燃烧器中的天然气燃烧排放物作为烟气再循环利用
（引自：Baukal，C. E. and Schwartz，R. E.，eds.，The John Zink Combustion Handbook，CRC Press，Boca Baton. FL，2001. p584，已经许可）

6.6 低旋流燃气燃烧器

最近，开发了使用不同方式旋流的低旋流燃烧器，并表现出稳定的运行和低排放。环形叶片旋流器围绕圆筒状的中心通道（见图 6.12）。

一个穿孔板被放置在中心通道的流动路径中，以建立一个湍流水平的控制。气流通过中心通道时不产生旋流。气体燃料从喷嘴中注入混合区。旋流的离心力作用于非旋转中心，使燃烧器出口下游产生气体发散流动。由于气流的发散，出口面以外的速度减小，中心线附近的轴向速度降为零。由于旋流量低，且燃烧器中心是开放的，没有再循环区。在

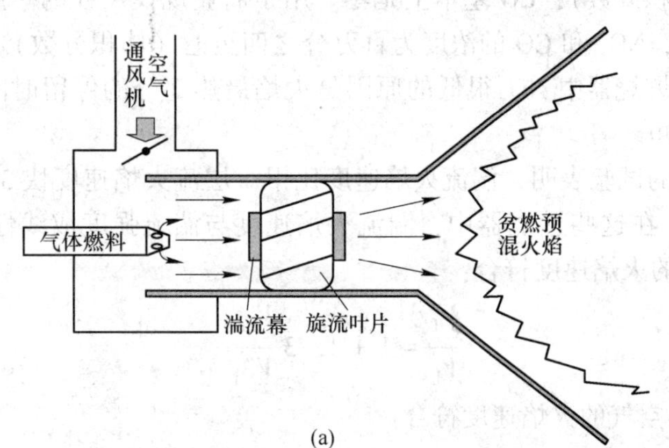

(a)

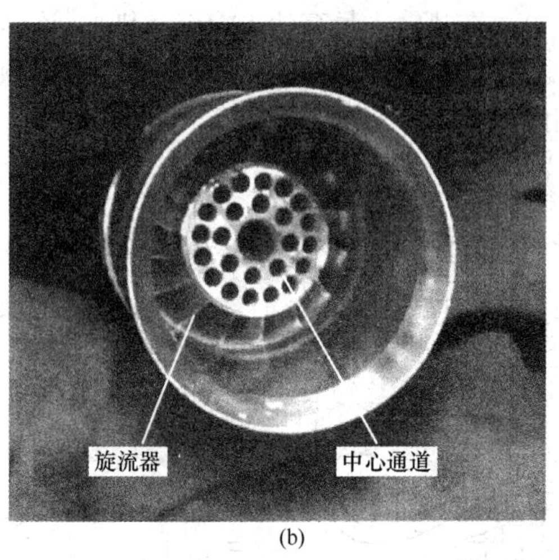

(b)

图 6.12　低旋流预混燃烧器侧视图（a）和端视图（b）
（中心孔提供一个临时导向器/中心燃烧器。承蒙斯伯克利国家实验室的 R. K. Cheng 和 U. S. DOE 提供，Berkeley，CA.）

燃烧器出口平面上，反应物的速度超过湍流火焰速度，但存在一个与湍流火焰速度相等或相反的对峙距离。由于扩散流型的不同，反应区的湍流火焰呈环状，流线在环内再循环。

高旋流燃烧器通常有一个固体中心体，火焰稳定在燃烧器面上（如图 6.10 中的耐火喷嘴）。然而，随着低旋流燃烧器中心的开放，燃烧器运行稳定的上升火焰。随着负载（即热输入率）的增大，反应物的湍流强度增大，火焰位置相对不变。低旋流燃烧器实际使用参数已经达到直径 2.5~71cm、输入功率 5kW~44MW，其调节范围大于 10∶1。

现已开发出低旋流燃烧器设计的比例准则。其中心通道半径与外旋流器半径比为 0.4~0.55。通过中心通道的质量流量近似等于流经旋流环的质量流量。通过改变湍流筛中的孔数来调节质量流量比，其筛阻可从 60%至 80%调节。旋流叶片的角度为 37°~45°。甲烷在燃烧器内的平均速度为 5~25m/s，对甲烷而言这些燃烧器中的回火发生在 1.7m/s，脱火发生在 25m/s 以上速度。

采用天然气燃烧，生产能力为 100%、烟气中 O_2 含量为 3%时，排放物（体积分数）NO_x 约为百万分之五，CO 约为百万分之三。生产能力为 20%时，采用天然气燃烧，NO_x 约为万分之六（体积分数），CO 基本上是零。用于商业规模尺寸的一般燃烧器中，烟气中 O_2 含量为 3%时，NO_x 和 CO 的浓度为百万分之四至七（体积分数）。没有 FGR（烟气再循环）时，旋流燃烧器中 NO_x 很低的原因是火焰最热部分的停留时间比有内部回流区的高旋流燃烧器要短。

低旋流燃烧器的试验表明，湍流火焰速度比甲烷层流火焰速度快 30 倍，比氢气层流火焰速度快 50 倍。在这些燃烧器中，湍流火焰速度与湍流强度成线性关系（Cheng 等，2000）。甲烷-空气的火焰速度符合：

$$\frac{\underline{V}_{\mathrm{T}}}{\underline{V}_{\mathrm{L}}} = 1 + 1.73\,\frac{V'_{\mathrm{rms}}}{\underline{V'}_{\mathrm{L}}} \tag{6.14}$$

而低旋流燃烧器氢-空气的火焰速度符合：

$$\frac{\overline{V}_T}{\overline{V}_L} = 1 + 3.15\frac{V'_{rms}}{\overline{V}'_L} \tag{6.15}$$

6.7 习题

6-1 住宅用炉的有效热量为30kW。燃料是甲烷，热量损失是有效热量的10%。烟囱温度为400K，过量空气量为40%。空气和燃料在298K和1atm进入炉子。在完全燃烧情况下，计算：（a）甲烷的流量（标准 m^3/min）；（b）空气进气流量（标准 m^3/min）；（c）排气产物的流量（实际 m^3/min）；（d）炉子的效率。

6-2 重复习题6-1，但假设燃烧产物离开温度为310K，水蒸气在热交换器中被冷凝。

6-3 重复习题6-1，但假设燃烧产物离开温度为310K，热量损失可以忽略不计，过量空气量为5%。

6-4 夹带空气的燃烧器使用甲烷气体。空气和燃料在298K进入，烟囱温度为400K，二氧化碳体积浓度为9%，CO体积浓度为 10^{-5}。假设多余的热量损失可以忽略不计，炉子的效率是多少？甲烷的高位发热量为55.5MJ/kg。

6-5 使用丙烷的住宅燃烧器，额定热输入30kW。假设燃烧器头由1mm直径孔组成，在等边三角形晶格孔中心之间偏移量为4mm。需要多少个孔？燃烧器的面积是多少平方厘米？假设燃烧器负载为 $30W/mm^2$，每平方厘米的燃烧器头热释放率是多少？假设最初的通风面积为80%，燃烧器头的温度为323℃时，燃烧器接口处的气流速率是多少？这与层流火焰速度相比如何？从表2.2中得到丙烷的低位发热量为 $83.6MJ/m^3$。使用附录表A.3中的数据。

6-6 一个额定功率为30kW的燃炉，燃料为甲烷。如果在炉子中使用低旋流燃烧器，燃烧器的合适直径为多少？假设通道占据中心面积的50%，燃料和空气以化学计量混合，平均燃烧速度为17m/s。

6-7 一台发电机在燃烧天然气时产生500MW的电力，该工厂的总热效率为33%，空气在2.0kPa、300K条件下进入燃烧器，求天然气每小时需要多少钱，假设天然气的价格为 \$ 20/MW·h。另外求出在300K，把燃烧器的空气通过2kPa压力送上去需要的能量，假设清洁燃烧所必需的过量空气是10%，鼓风机效率为90%。假设化学计量的空气-燃料质量比为17.2。

6-8 木材气化炉产生的煤气由20% CO、13% H_2、3% CH_4、10% CO_2、10% H_2O 和44% N_2 的体积分数组成。木材气化炉是用来翻新额定功率150kW的工业天然气炉，计算空气和燃料的标准体积流量（用scmh，即每小时标准立方米），两种燃烧方法都假设10%的过量空气。燃烧器将如何改装改造？在这种情况下，燃烧产物的标准体积流量与天然气燃烧相比如何？天然气是由体积为84% CH_4 和16% C_2H_6 组成。使用表2.2的加热值数据。每小时标准立方米（scmh）是在1个大气压和15℃测定的。

6-9 外部空气通过隔热良好的管道直接进入燃气炉。燃烧器最初设置为294K的空气化学计量混合物。在冬天260K，燃烧器的当量比例是多少？

6-10 确定绝热火焰温度和燃烧产物的20%循环回到燃烧器入口和有15%过量空气的甲烷空气火焰的NO平衡浓度。入口空气和再循环产物温度为250℃，1atm。

参 考 文 献

[1] Bartok W, Sarofim A E, eds. Fossil Fuel Combustion: A Source Book, Wiley, New York, 1991.

[2] Baukal C E, ed. Industrial Burners Handbook, CRC Press, Boca Raton, FL, 2004.

[3] Baukal C E, Schwartz R E, eds. The John Zink Combustion Handbook, CRC Press, Boca Baton. FL, 2001.

[4] Breen B P, Bell A W, Bayard de volo N, et al. Combustion Control for Elimination of Nitric Oxide Emissions for Fossil-Fuel Power Plants, Symp. (Int.) Combust. 13: 391~401, The Combustion Institute. Pittsburgh, PA, 1970.

[5] Cheng R K, Yegian D T, Miyasato M M, et al. Scaling and Development of Low-Swirl Burners for Low E-mission Furnaces and Boilers, Symp. (Int.) Combust. 28: 1305~1313, The Combustion Institute, Pittsburgh, PA, 2000.

[6] Faulkner E A. Guide to Efficient Buner Operation: Gas, Oil and Dual Fuel, 2nd ed., Fairmont Press, Atlanta, GA, 1987.

[7] Griffiths J F, Barnard J A. Flame Combust, 3rd ed., Blackie Academic & Professional, London, 1995.

[8] Jones H R N. The Application of Combustion Principles to Domestic Gas Buner Design, Taylor Francis, Boca Raton, FL, 1990.

[9] Kamal M M, Mohamed A A. Combustion in Porous Media, Pros. Inst. Mech. Eng., Part A 220 (5): 387~508,2006.

[10] Reed R J. North American Combustion Handbook : A Basic Reference on the Art and Science of Industrial Heating with Gaseous and Liquid Fuels, 3rd ed., North American Manufacturing Co., Cleveland, OH, 1986.

[11] Rhine J M, Tucker R J. Modeling Gas-Fired Furnaces crud boilers: And Other Industrial Heating Processes, McGraw-Hill, New York, 1990.

[12] Sayre A, Lallemant N, Dugue J, et al. Effect of Radiation on Nitrogen Oxide Emissions From Nonsooty Swirling Flames of Natural Gas, Symp. (Int.) Combust. 25: 235~242, The Combustion Institute, Pittsburgh, PA, 1994.

[13] Toqan M A, Beer J M, Jansohn P, et al. Low NO_x Emission from Radially Stratified Natural Gas-Air Turbulent Diffusion Flames, Symp. (Int.) Combust. 24: 1391 ~ 1397, The Combustion Institute, Pittsburgh, PA, 1992.

[14] United States Environmental Protection Agency, Compilation of Air Pollutant Emission factors. Vol. 1: Stationary Point and Area Sources, 5th ed., EPA-AP-42, 5th ed., 1995.

[15] Weber E J, Vandaveer F E. Gas Burner Design, Chap. 12 in Gas Engineers Handbook, ed. C. G. Segeler, The Industrial Press, New York, 1965.

[16] Weber R, Dugne J. Combustion Accelerated Swirling Flows in High Confinements, Prog. Energy Combust. Sci. 18 (4): 349~367, 1992.

[17] Weber R, Visser B M. Assessment of Turbulent Modeling for Engineering Prediction of Swirling Vortices in the Near Burner Zone, Int. J. Heat Fluid Flow 11 (3): 225~235, 1990.

7 预混合型发动机燃烧

汽车、轻型卡车、越野车和小型汽车所用发动机都使用挥发性液体燃料作为内燃机燃料，特别是汽油。燃料迅速蒸发与空气在发动机中混合燃烧，因此称为“预混合型发动机”。这里讨论的仅限于汽车火花点火发动机，并重点针对的是发动机燃烧方面而不是整体性能或机械车辆的设计。本章末给出了内燃机术语的汇编，以帮助读者阅读。

7.1 火花点火发动机简介

从燃烧角度看，内燃机由多个活塞缸组成，每个气缸都有单独的进排气阀和火花塞。火花塞点火后，火焰从火花塞向外传播。这种火焰前端会对活塞和连杆产生较高的压力，从而在驱动轴上产生扭矩。活塞在上止点（TDC）之间插入和在下止点（BDC）完全撤出为活塞的一个重复周期。气缸的四冲程发动机顺序（见图 7.1）如下：（1）进气阀打开，排气阀关闭，空气和燃料的混合气吸入气缸，活塞向下移动到下止点（BDC）；（2）所有阀门关闭，随着活塞上升到上止点（TDC）时，燃料空气被压缩；（3）火花放电时，燃料空气混合物几乎完全压缩，由于燃料在气缸内燃烧做功，缸内高压迫使活塞迅速向下移动至下止点；（4）当活塞接近下止点时，排气阀打开，然后活塞向 TDC 移动同时排出燃烧产物。随着活塞对传动轴做功的产生，活塞连续不断循环移动。

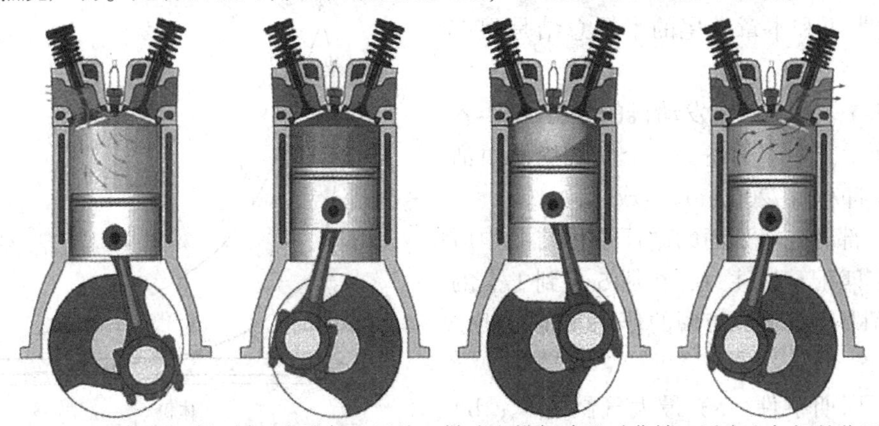

图 7.1　四冲程发动机循环在进气、压缩、做功和排气冲程时曲轴、活塞和气门的位置

（曲轴顺时针转动 720 CA°为一个完整周期）

（承蒙威斯康星大学麦迪逊分校的 K. Hoag 提供）

在新型发动机中，火花塞位于中心位置以减少火焰传播距离，通常有两个进气门和两个排气阀以确保良好的循环和进气过程控制。活塞位移一定量，在上止点有一个间隙容积。例如，在 2.4L 缸发动机中，由四个气缸，行程为 91.4mm。每个气缸置换体积为 0.6 L，间隙容积为 6.7cm^3。如果压缩比为 10，在 TDC 点的体积是 0.0667L（66.7cm^3）。

发动机产生的扭矩是施加在活塞上压力的函数。然后活塞在传动轴上施加力，发动机产生的功率是扭矩乘以单位时间内轴的运动周期数。发动机扭矩通过主进气管中的节流阀控制。在节流阀全开时容积效率几乎是100%（通常为90%~96%），但随着节流阀减小，节流压降增大，空气质量（和燃料进入气缸对应的量）减少。在低油门位置，容积效率低至30%。

通过喷油嘴将相对于空气适量比例的燃料注入到每个气缸的进气支管。在较旧的汽车里，用化油器来供给燃料。由于用于控制污染物排放的催化排气系统的存在，必须在所有油门设置中保持接近化学计量的燃料空气混合物。排气管中的氧传感器为燃料喷射器提供反馈控制，以维持接近化学计量比的燃料空气比，喷射器比化油器更精确。

汽车通常在慢速时转速为500r/min，最高转速为5000r/min。转速的不同决定了完全燃烧的时间有很大不同。排放后，一些残余的燃烧产物留在汽缸内，被称为固有的废气再循环（EGR），根据转速和气门定时，固有的废气再循环质量从5%到20%变化。

燃烧并不是瞬时的，但随着火焰前缘从火花塞向外传播并扫过未燃烧的混合物。这通常发生在曲轴转角30~60CA°，360 CA°曲柄的角运动（在1400r/min的发动机转速中，约8ms）。火花塞点火时，平均气体温度及压力大约为700K和700kPa，燃烧时，压力可达到2MPa，温度会达到2400K。火花定时（曲柄角度设定）设定在活塞循环的前上止点（BTDC），它决定于反应物的燃烧速率和发动机速度。低的火焰速度将导致燃烬延迟，这意味着，排放时会导致更多的燃烧能量损失。此外，除非点火提前（设定快速点火），否则排放量会增加；然而，这可能会降低峰值压力和功率。将点火定时调整，使压力峰值发生在5~20CA°后上止点（ATDC）的效率最佳，排放最低时，测量扭矩也最大。幸运的是，随着发动机转速增加，由于缸内湍流增加，火焰传播速度会增加。

在继续学习之前，读者会发现学习例7.1中的术语和本章结尾的术语总结是很有用的。

例7.1　火花点火发动机的气缸压力-容积如图所示。如前所述，一个燃烧周期由活塞的两个冲程（720CA°）组成。

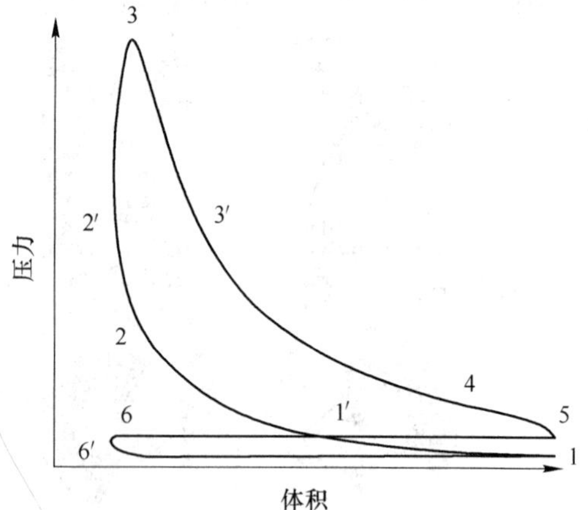

（a）部分：将下面的循环事件与图中所示的数字匹配。请注意，在从6点到1点的进气冲程中，由于节流阀的作用其压力低于周围环境压力。

循环周期事件：a）最大气缸容积；b）进气阀关闭；c）火花放电启动；d）清扫（余隙）体积；e）燃烧峰值压力；f）燃烧放热结束；g）排气阀开启；h）BDC膨胀冲程；i）进气阀打开；j）排气阀关闭。

（b）部分：根据上面的循环事件和图上显示的数字来描述下面的每一个过程参数。

工艺参数：k）位移体积；l）压缩比；m）发动机循环的封闭循环部分；n）发动机循环的气体交换部分；o）燃烧持续时间；p）汽缸中的捕获质量；q）汽缸中的理论质量；r）容积效率（%）；s）废气的排放部分；t）气门重叠周期；u）泵做功；v）指示功；w）指示平均有效压力；x）净指示功。

解：（a）部分：a）1 ；b）1′；c）2；d）2′；e）3；f）3′；g）4；h）5；i）6；

j）6′。

（b）部分：k）从 1 到 2′；l）$d/(d+k)$；m）从 1′到 4；n）从 4 到 1′；o）从 2 到 3′；p）在 1′气缸内的质量；q）$\rho_0(d+k)$；r）$100(p/q)$；s）从 4 到 5；t）从 6 到 6′；u）$\int_5^1 p\mathrm{d}V$；v）$\int_1^5 p\mathrm{d}V$；w）v/k；x）$u+v$。

注：d）是最小气缸容积；t）气缸内的一些产物（残气）倒入进气口；u）虽然阀不在 TDC 和 BDC 点，仍这样定义；通常泵做的功是在油门部分开启时较大（公路荷载条件指示功约 40%），但在节流阀全开时小（<10%）；x）大于发动机轴功（制动功），因为摩擦和驱动附件做功。

7.2 发动机效率

在热力学教科书中给出的这类发动机的理想循环（奥托循环）由等熵压缩、瞬时定容燃烧、等熵膨胀和瞬时恒容排气组成。可以证明，这一循环理想的热效率仅取决于压缩比（CR）和比热比（γ）：

$$\eta_{\mathrm{t,\,ideal}} = 1 - (CR)^{1-\gamma} \tag{7.1}$$

这里：

$$\eta_{\mathrm{t}} = \text{输出功/燃料输入能量}$$

例如，当压缩比为 8 和比热比为 1.3 时，理想发动机的热效率是 0.464。当压缩比为 10、比热比为 1.3 时，理想热效率为 0.536。这是因为排气过程中排出的热量和活塞做功需要压缩荷载。

对于给定的压缩比，发动机的实际热效率低于理想的热效率，这是因为：（1）到达上止点前后的燃烧时间有限；（2）活塞头和汽缸壁的热损失；（3）活塞环和气缸之间的摩擦；（4）活塞与气缸之间的余隙容积损失和漏气；（5）不完全燃烧；（6）排气冲程期间的正压和进气冲程中的负压，尤其是当节流阀启动时；（7）系统中的机械损耗。发动机的热效率 η_{t} 是在实验室中用测功机测量输出扭矩（τ），然后根据发动机输出轴转速（ω）和燃油流量按如下公式计算：

$$\eta_{\mathrm{t}} = \frac{\dot{W}_{\mathrm{b}}}{\eta_{\mathrm{comb}}\dot{m}_{\mathrm{f}}LHV} \tag{7.2}$$

式中，制动功 $\dot{W}_{\mathrm{b}}$ 是：

$$\dot{W}_{\mathrm{b}} = 2\pi\tau\omega$$

由于不完全燃烧，通常燃烧效率为 0.95~0.98。为了确定燃烧效率，发动机被当作稳定流动装置，测量燃料和空气的质量流量，并在环境温度下评估进入和离开发动机的气体的焓。即：

$$\eta_{\mathrm{comb}} = \frac{\dot{m}_{\mathrm{f}}h_{\mathrm{f}} + \dot{m}_{\mathrm{air}}h_{\mathrm{air}} - \dot{m}_{\mathrm{out}}h_{\mathrm{out}}}{\dot{m}_{\mathrm{f}}LHV} \tag{7.3}$$

发动机总效率是热效率和燃烧效率的乘积。根据经验，燃料中大约三分之一的能量为活塞提供了净能量，其中三分之一的能量是活塞和气缸壁的热量损失，其中三分之一的能量从出口被排出。至于转移到活塞的能量，部分用来驱动轮子，部分用于发动机的辅助设备如水泵、燃油泵、空调，部分动力用于行驶中的摩擦损失。

提高压缩比的主要限制是爆震燃烧。当火焰从火花塞向外传播时，燃烧气体的最后部分（尾气）经历了预热，可以进行快速反应，从而导致整个剩余未燃气体的自燃。快速自燃产生压力波和噪声，导致发动机振动和热量损失增加。可以调整发动机从而避免爆震，如延缓火花（设置火花迟一些点燃燃料空气混合物，例如，靠近 TDC 点），但这往往会增加排放量。减少爆震的一个更基本的方法取决于理解燃料化学和火焰在发动机里的传播。在过去的 15 年中，对这一现象的了解使得有可能将压缩比从 8 提高到 10，同时仍保持排气中三元催化剂所需的燃料空气混合物，以保持碳氢化合物、一氧化碳和氮氧化物的低排放。在紧凑型排放控制出现之前，火花发动机实现了更高的压缩比，即使是在贫乏燃烧的情况下也没有爆震。然而，目前的三元催化转化器需要满足废气中基本上没有游离氧的排放控制要求。因此，在今天的火花点火发动机中，需要化学计量燃烧。

爆震会降低效率，增加传热，如果发动机损坏严重，发动机的压缩比通常要求高辛烷值汽油以避免爆震。爆震的倾向是随着压缩比提高、点火正时提高（即运动的火花定时在活塞到达上止点前允许更长的燃烧时间）、大幅度打开节流阀，稍微富余的混合物、增加入口空气温度、提高冷却液温度、在气缸壁堆积沉积物而恶化。爆震可通过部分节流、贫乏或过富余混合物、提高发动机转速、降低进口压力而阻止。通过腔室形状设计和调整火花塞位置来减少末端气体反应的时间，通过将排气阀定位在末端气体之外，也可阻止爆震。

7.3　活塞缸单区燃烧模型

气缸单区燃烧模型是一个简化的模型，封闭气缸内的物质可认为是一个单一均匀的加压、燃烧和均匀加热的物质。虽然均质燃烧的假设并不严格正确，但单区燃烧模型有助于计算放热率和汽缸平均温度与曲柄角的关系。

考虑一个阀门关闭的活塞缸，进气阀关闭时，已知被捕获均质燃料与空气的混合物质量为 m（见图 7.2）。气缸内的容积和压力随时间而变化，并由测量确定。捕获物质的能量方程为：

$$m\frac{\mathrm{d}u}{\mathrm{d}t}=q_{\mathrm{chem}}-q_{\mathrm{loss}}-p\frac{\mathrm{d}V}{\mathrm{d}t} \tag{7.4}$$

式中，q_{chem} 为燃烧放热速率；q_{loss} 为活塞头、气缸壁和阀门的热量损失率；$p\frac{\mathrm{d}V}{\mathrm{d}t}$ 为转移到活塞上的做功速率。活塞壁的热损失可以根据测量的相关性来估计。假设分子量恒定，且为理想气体混合物：

$$pV=mRT \tag{7.5}$$

微分、并整理：

$$mR\frac{\mathrm{d}T}{\mathrm{d}t}=\frac{\mathrm{d}(pV)}{\mathrm{d}t}$$

替代：

$$\mathrm{d}u=c_V\mathrm{d}T \tag{7.6}$$

利用：

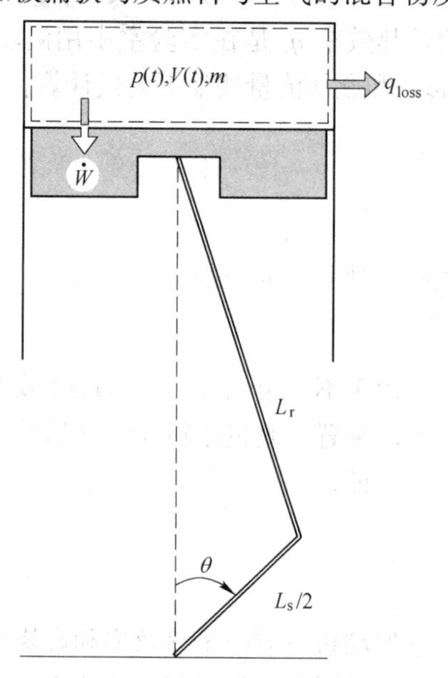

图 7.2　气缸中单区燃烧模型示意图（显示连接杆，滑动和曲轴转角）

$$R = c_p - c_V = c_V(\gamma - 1) \tag{7.7}$$

接下来：

$$m\frac{\mathrm{d}u}{\mathrm{d}t} = \frac{1}{\gamma - 1} \cdot \frac{\mathrm{d}(pV)}{\mathrm{d}t} \tag{7.8}$$

在展开方程（7.8）的右边，并代入方程（7.4）得到：

$$q_{\text{chem}} = \frac{\gamma}{\gamma - 1} \cdot p\frac{\mathrm{d}V}{\mathrm{d}t} + \frac{1}{\gamma - 1} \cdot V\frac{\mathrm{d}p}{\mathrm{d}t} + q_{\text{loss}} \tag{7.9}$$

估计混合气体的比热率，通常在燃烧过程中取 1.26，在吸入时取 1.40。

利用对流换热系数和有效面积来模拟传热：

$$q_{\text{loss}} = \tilde{h}A(T - T_{\text{w}}) \tag{7.10}$$

在此，采用由 Woschni（1967）使用的关系式：

$$\tilde{h} = 3.26\, L_{\text{b}}^{-0.2}\, p^{0.8}\, T^{-0.55}\left[2.28\,\overline{V}_{\text{P}} + 0.00324\,\frac{V_{\text{d}}T_1}{p_1V_1}(p - p_{\text{motored}})\right]^{0.8} \tag{7.11}$$

式中，L_{b} 为气缸孔径；$\overline{V}_{\text{P}}$ 为活塞的平均速度；T_1、V_1、p_1 为进气阀关闭时的参考值；V_{d} 为气缸移动体积。$\tilde{h}$ 的单位是 kW/(m² · K)，在任意特定的曲柄角暴露的表面面积是：

$$A_{\text{wall}} = A_{\text{pistonhead}} + A_{\text{cylhead}} + \frac{\pi L_{\text{b}}L_{\text{s}}}{2}\left[r_{\text{c}} + 1 - \cos\theta - (r_{\text{c}}^2 - \sin\theta^2)^{\frac{1}{2}}\right] \tag{7.12}$$

其中，r_{c} 是连杆长度与曲柄半径之比。发动机壁热损失测量的一个例子如图 7.3 所示。

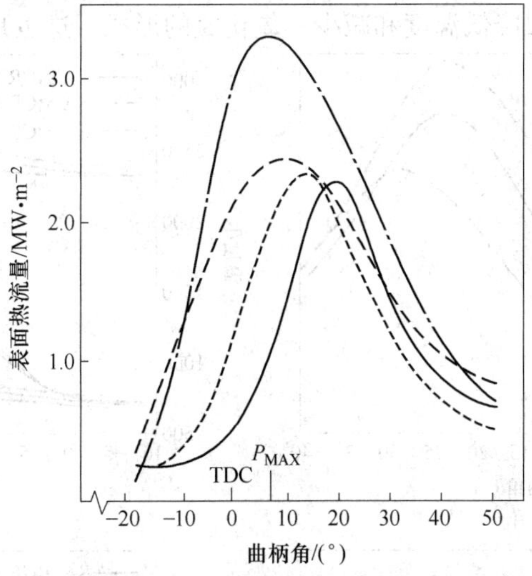

图 7.3　气缸头上四个位置的热流量测量

（发动机转速为 2000r/min，空气燃料比为 18）

（引自：Alkidas，A. C，and Myers，J. P，Transient Heat-Flux Measurements in the Combustion Chamber of a Spark-Ignition Engine，J. Heat Transfer 104（1）：62~67，1982. 经美国机械工程师协会许可）

方程（7.9）中的体积由所知气缸的内径、连杆和曲柄的尺寸和曲柄角决定。这与每分钟测量的转数有关（见本章结尾的发动机方程的小结）。在汽缸的体积上压力基本上是均匀的，用曲柄角的函数来测量，然后被过滤去噪声，平均超过 100 个周期来确定精确的时间导数。利用曲柄转角与时间的关系，用有限差分法求解方程（7.9）：

$$\Delta\theta = \frac{360°}{\text{rev}} \cdot \frac{(\text{r/min})\text{rev}}{\text{min}} \cdot \frac{\text{min}}{60\text{s}} \frac{\Delta t\text{s}}{1} = 6(\text{r/min})\Delta t \tag{7.13}$$

燃料燃烧速率由下式确定：

$$\frac{\mathrm{d}m_\mathrm{f}}{\mathrm{d}t} = \frac{q_\mathrm{chem}}{\eta_\mathrm{comb} LHV} \tag{7.14}$$

燃料燃烧的质量分数，可根据某一曲柄角处的释放热除以进气阀关闭（IVC）和排气阀开启（EVO）间的总释放热来计算。

单区燃烧模型在单缸发动机测量中的应用如图 7.4 所示。测量压力是曲柄角的函数，根据曲柄角度计算体积。对表 7.1 给出的特定发动机工况参数，绘制了计算出的温度（方程式（7.5））和燃烧速率（从方程（7.9）和方程（7.14））与曲轴角度的关系图。发动机性能参数见表 7.2。对于压缩比较高的情况，燃烧速率快，峰值压力高，热效率略高。这三种情况的峰值温度相似。压缩比为 10 的净引擎效率是 27%。表 7.2 中使用了术语“indicated（表示）”是因为采用的是通过测量气缸压力和曲柄转角（体积）来计算的功率，而不是用功率计测定的功率。

确定单区燃烧模型的温度和燃烧速率对于评估混合不良、非最佳火花和气门正时以及燃料的性能影响是有用的。实际上，捕获的物质可能包含前一个周期 5%～10%的残余燃烧产物，可以进行修正。还可以对活塞和气缸之间的余隙体积进行热量和质量损失的额外小修正，这通常是余隙体积的 1%～2%。在某些发动机中，废气再循环（EGR）故意将废气添加到进气支管中，以降低温度和减少一氧化氮的形成，这也是可以考虑的。

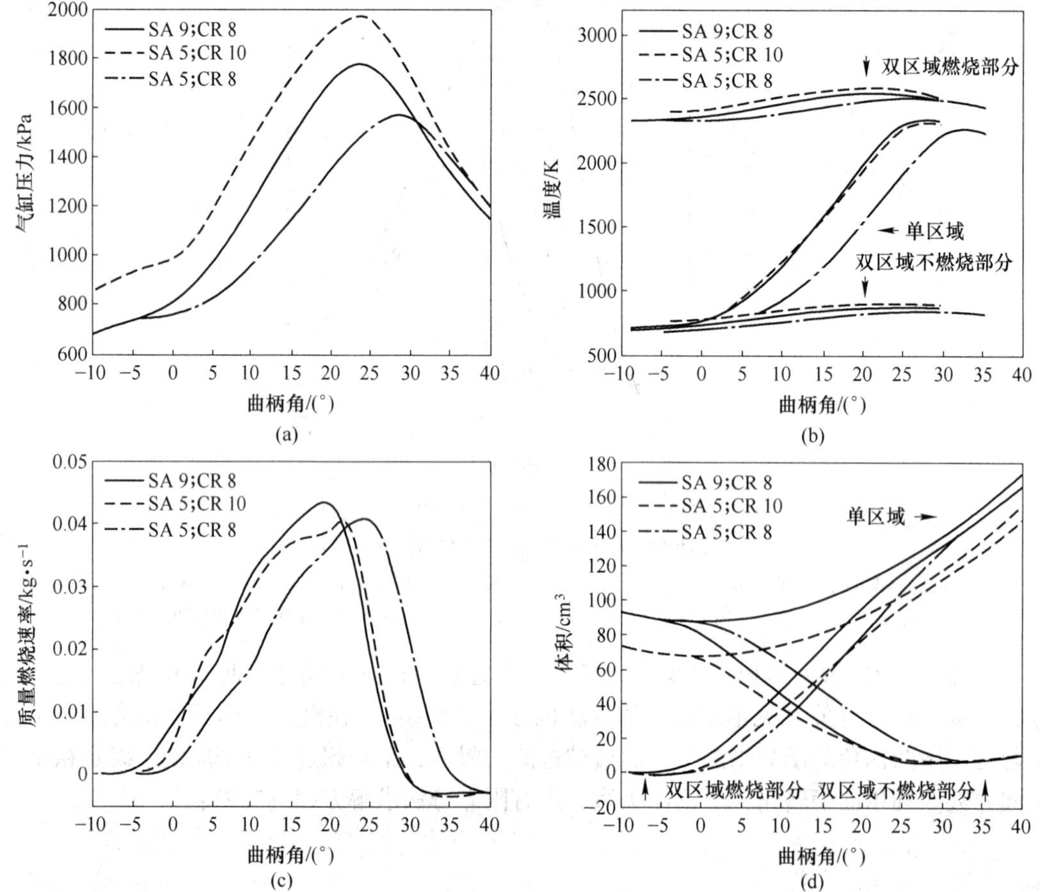

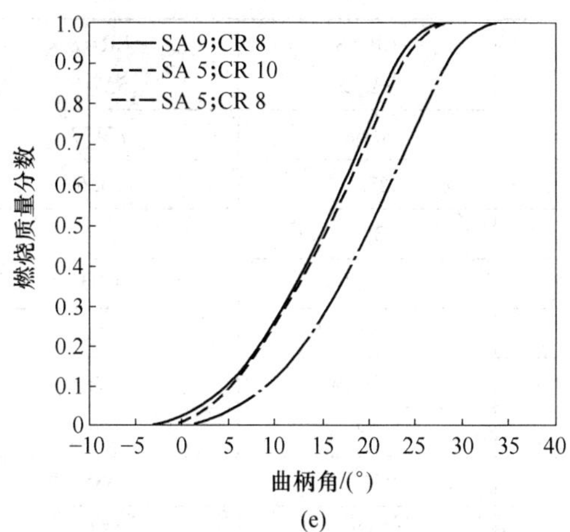

图 7.4　三种点火提前和压缩比条件下气缸压力和体积测量的温度、燃料质量分数和燃速的单区模型计算
（两区模型计算未燃烧和燃烧体积，未燃烧和燃烧的温度都包括在内。引擎参数见表 7.1 和表 7.2。
承蒙密歇根理工大学的 Naber 和 Yeliana 提供，Houghton，MI）

表 7.1　图 7.4 的发动机试验参数

孔径/mm	82.55
行程/mm	114.3
连杆长度/mm	254
气缸数	1
移动体积/cm^3	611.7
压缩比	8，8，10
点火提前/CA°	5，9，5
发动机转速/$r\cdot min^{-1}$	900
进气压力/kPa	500
进气门开正时/CA°	−350
进气门全关时/CA°	−146
排气阀全开时/CA°	140
排气阀全关时/CA°	375
空气燃料比	14.54
内部 EGR/%	12.9，13.0，10.8
外部 EGR/%	0
乙醇含量/%	0
汽油 LHV/$MJ\cdot kg^{-1}$	43.46
每循环的燃油流量率/mg	300

来源：承蒙密歇根理工大学的 Naber 和 Yeliana 提供，Houghton，MI。

注：TDC 在 0CA°

表 7.2　由压力和曲轴转角测量得到的发动机试验数据

性能参数	CR = 8 SA = 5	CR = 8 SA = 9	CR = 10 SA = 5
最大压力/kPa	1568	17777	1966
最大压力位置/CA°	28. 5	23. 6	23. 6
总的 IMEP/kPa	371	374	378
总指示功率/W	1702	1715	1735
总指示扭矩/J	18. 1	18. 2	18. 4
总指示功/J	227	229	231
总指示效率/%	28	29	30
净 IMEP/kPa	333	335	336
净指示功率/W	1530	1538	1539
净指示扭矩/J	16. 2	16. 3	16. 3
净指示功/J	204	205	205
净指示效率/%	25	26	27
10%燃烧时间/CA°	13. 1	13. 0	9. 6
50%燃烧时间/CA°	24. 6	23. 8	20. 1
90%燃烧时间/CA°	33. 2	31. 9	28. 6

来源：承蒙密歇根理工大学的 Naber 和 Yeliana 提供，Houghton，MI。

注：CR 为压缩比；SA 为从 TDC 的反方向上的火花前移。

虽然单区模型在工程上有用，但它确实有局限性，特别是假定在任何给定时间的温度是汽缸体的平均温度。由于火焰在燃烧过程中从火花塞向外传播，气缸内的捕获物质由燃烧区和未燃区组成。虽然这两个区域的压力相同，但燃烧区和未燃烧区的温度有很大不同，而这直接影响了汽缸中一氧化氮形成的模拟结果。鉴于模拟汽缸中一氧化氮形成的重要性，我们将在下一节中按照读者意愿提供描述该方面的双区燃烧模型。正如读者可能预见的那样，考虑到目前的计算资源，多区域、反应、计算流体动力学（CFD）的燃烧模拟对详细设计、优化和研究更有用。然而，讨论计算汽缸内反应流的 CFD 超出了本书的范围。对该问题探究感兴趣的读者可进一步参阅 Poinset 和 Veynante 的参考书（2005）（本章参考文献［26］）。

7.4　活塞缸双区燃烧模型

在发动机汽缸的双区燃烧模型中，气缸内的预混填入物被视为由两个区组成：未燃区（u）和燃烧区（b）。未燃区和燃烧区被极细的紊流火焰隔开（见图 7.5）。双区模型的方程组由质量和体积约束下的燃烧区和未燃区的质量守恒方程和能量守恒方程，以及未燃区及燃烧区的理想气体状态方程组成。由于火焰很薄，可假设从未燃区到燃烧区的质量和焓变化等于燃烧区的焓变化。气缸压力 $P(t)$ 均匀，且质量恒定。定义每个区到活塞气缸壁的传热率由 q_u 和 q_b 表示，并根据测量值建立模型。双区模型的控制方程为：

质量守恒：

$$\frac{\mathrm{d}m_u}{\mathrm{d}t} = -\dot{m}_u \tag{7.15}$$

$$\frac{\mathrm{d}m_b}{\mathrm{d}t} = \dot{m}_u \tag{7.16}$$

能量守恒：

$$\frac{\mathrm{d}(m_u u_u)}{\mathrm{d}t} = -h_u \dot{m}_u - p\frac{\mathrm{d}V_u}{\mathrm{d}t} - q_u \tag{7.17}$$

$$\frac{\mathrm{d}(m_b u_b)}{\mathrm{d}t} = h_b \dot{m}_b - p\frac{\mathrm{d}V_b}{\mathrm{d}t} - q_b \tag{7.18}$$

质量约束：

$$m_u + m_b = m \tag{7.19}$$

体积约束：

$$V_u + V_b = V \tag{7.20}$$

状态方程：

$$P = \frac{m_u R_u T_u}{V_u} \tag{7.21}$$

$$P = \frac{m_b R_b T_b}{V_b} \tag{7.22}$$

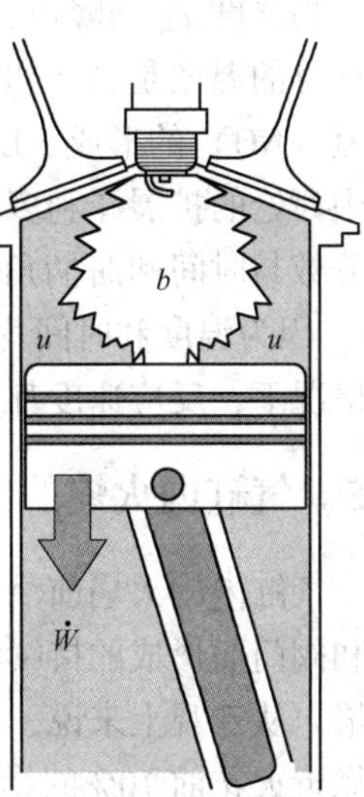

图 7.5 燃烧区（b）和未燃区（u）的双区燃烧模型示意图

先将方程（7.15）和方程（7.16）代入方程（7.17）和方程（7.18），将等式左边展开，并使用比热，能量方程变为：

$$(h_u - u_u)\frac{\mathrm{d}m_u}{\mathrm{d}t} = m_u c_{v,u}\frac{\mathrm{d}T_u}{\mathrm{d}t} + p\left(\frac{\mathrm{d}V_u}{\mathrm{d}t}\right) + q_u \tag{7.23}$$

$$(h_b - u_b)\frac{\mathrm{d}m_b}{\mathrm{d}t} = m_b c_{v,b}\frac{\mathrm{d}T_b}{\mathrm{d}t} + p\left(\frac{\mathrm{d}V_b}{\mathrm{d}t}\right) + q_b \tag{7.24}$$

在六个需要求解的方程（方程（7.19）～方程（7.24））中，未知量是 m_u、m_b、T_u、T_b。测量的 V_u、V_b、$V(t)$ 和 $P(t)$ 是已知的；此外，根据燃料规格和空气燃料比可知 R_u、R_b 和 m；从传热关联模型也可知 q_u 和 q_b；u、h 和 c_v 也已知，它们是 T_u 和 T_b 的函数。总传热是各区域传热的总和：

$$q = q_u + q_b \tag{7.25}$$

用对流传热系数模拟各区域的换热：

$$q_u = \tilde{h} A_u (T_u - T_{\mathrm{wall}}) \tag{7.26}$$

$$q_b = \tilde{h} A_b (T_b - T_{\mathrm{wall}}) \tag{7.27}$$

在应用方程（7.26）和方程（7.27）时，要确定汽缸面积 A_u 和 A_b，有必要对 V_u 和 V_b 的形状进行建模，例如，假设火花从内向外为球形膨胀。

初始条件设定在火花点火时。在绝热火焰温度下，一个小而有限体积的产物作为初始燃烧区。六个耦合方程用有限差分法求解。

图 7.4 中的温度和体积图显示了上面提到的相同发动机数据的双区模型求解结果。燃

烧产物温度 T_b 的峰值，峰值在 2500K 左右，而未燃烬的混合物温度小于 1000K（单区模型计算的温度是燃烧和未燃烧区温度的平均值）。知道燃烧的温度和体积有助于理解一氧化氮（NO）的形成。Lavoie G A、Heywood J B 和 Keck J C（本章参考文献［21］）按 4.4 节中讨论的扩展泽利多维奇 NO 动力学形成机理计算出了燃烧过程中燃烧气体中 NO 的质量分数与时间和曲柄角的关系。计算结果表明：从质量上来说，燃烧初期会形成更多的 NO，因为温度和时间均比燃烧即将结束时要高和长。但在燃烧初期和燃烧即将结束的两种情况下，反应速度都太慢，无法遵循移动平衡。

7.5　气缸内火焰的结构

气缸内的火焰前沿不是光滑的，而是褶皱的火焰。火焰表面的刷状是由于通过进气支管和阀门而形成的持续湍流。放大来看，化学反应区（火焰锋）瞬间出现为稀薄的层流火焰。从宏观上来说，火焰从火花塞向外传播，就像一张刷子状的布满皱纹的火焰片。对于靠近火花前 10% 的燃烧，火焰速度与发动机转速无关，而且速度要慢得多，然后，在减速之前，火焰以与发动机转速有关的大约高达 10m/s 的恒定火焰速度在壁面附近传播。1988 年，Bracco F V 透过石英窗口拍摄了 300r/min、1200r/min 和 2000r/min 三种发动机速度下缸内火焰传播的激光照片（本章参考文献［8］）。照片显示出反应区火焰高度皱折的性质。在发动机转速的全范围（500～5000r/min），从怠速到满负荷，缸体内湍流雷诺数从 10 到 6000 变化。Damköhler 数是穿越湍流旋涡时间与化学反应时间的比值，从 1 到 1500 变化。火焰高度皱折，在某些情况下，反应区内会产生未燃烧的气体。

反应表面积比火焰面积大得多（例如，在 2000r/min 时，反应区与火焰面积的比率通常为 10），而且传播速度比层流火焰速度快得多。有趣的是，火焰传播速度与发动机转速成正比，它也与气缸内的湍流强度成正比。可以很方便地定义一个火焰速度比（*FSR*）作为实际的火焰传播速度除以相对于未燃气体的层流火焰传播速度。

$$FSR = \frac{\underline{V}_{\text{flame}}}{\underline{V}_{\text{L}}} \tag{7.28}$$

FSR 的值从低发动机转速的 3 到高发动机转速的 35 变化，*FSR* 与湍流强度有关：

$$FSR = \sqrt{1 + \left(\frac{\underline{V}'}{\underline{V}_L}\right)^2} \tag{7.29}$$

当然，如果实际火焰速度没有随转速的增加而增加，那么在高转速下就不可能有低排放。随着转速的增加，通过支管和阀门的流量增加，气缸内的湍流变得更加强烈。湍流是由于弯曲进气歧管内的大尺度涡流和翻滚引起的，而当充入物流过阀门时，会产生较小尺度的湍流。

7.6　燃烧室设计

现代燃烧室趋向于更紧凑的设计，它能提供更大的火焰面积和更快的燃烧速率。位于中心位置的火花塞（见图 7.1）提供了最大的火焰面积，并使热产物尽可能长的远离壁面，从而减少传热。这很重要，因为减少 10% 的传热会使有效压力平均增加 3%，从而降低功率。强大的滚流也经常被用来产生更多的湍流和提高的火焰速度，同时也用于减少火焰的循环性变化。循环性变化的降低使得点火时间在较长的周期中是最佳的。快速燃烧设计更能承受采用高的废气再循环（EGR）量，这有助于提高无爆震的压缩比。在油门全开时，不降低容积效率获得涡流对最大功率是很重要的。大多数的设计使用每缸四气门，以便更好地进气。

避免发动机爆震是燃烧室设计中的一个重要考虑因素。末端气体（燃烧气体的最后一部分）应在腔室的冷却口（远离排气阀），尽可能在压缩条件下保留更短的时间。中心火花塞位置的涡流和滚流相结合的快速燃烧几何，允许在爆震发生之前有更高的压缩比。

现在的发动机已经大大改进了接口的燃料喷射、电子控制、高能点火系统和快速燃烧室的设计，并使用三元催化剂闭环控制，以维持混合物的化学计量比。今后发动机的进一步改进措施可能是：通过减少节流损失、减少传热损失、改善进气、在汽缸中产生理想的湍流，以较少的周期或循环变化或增加传热和提供可变的进排气门定时。正在研究其他发动机的概念，例如在汽缸中有分层而不是均质的充填，不使用火花塞，而是使用压缩式点燃和替代燃料。

7.7 排放控制

20 世纪 60 年代初，在洛杉矶，汽车尾气被认为是光化学烟雾的主要来源。光化学烟雾是世界上主要城市在阳光灿烂时出现的褐色烟雾。阳光下的碳氢化合物和城市大气中的一氧化氮、二氧化氮经过臭氧光化学反应，形成更多的氮氧化物、醛和气溶胶颗粒物。烟雾是一种眼睛刺激物，会引起呼吸道疾病，对某些植物有害。

从 1968 年开始，环境保护署要求在美国行驶的车辆应符合国会规定的排放标准。第一步是安装曲轴箱强制通风阀，防止碳氢化合物油烟从润滑油箱排放到大气中。在过去的 40 年中，随着人们更好地了解排放物对人和自然的影响，碳氢化合物（HC）、一氧化碳（CO）和氮氧化物（NO_x）的排放标准已逐步收紧，以便保护人类健康和环境（见表 7.3）。

轻型车辆（客车、客货两用车、运动型多用途车和轻型货车）的排放标准，按规定的城市和公路行驶周期单位驱动距离（g/mi 或 g/km）排放的污染物的质量（g）表示。美国城市驾驶测试周期为 31min，车速可达每小时 56 英里，包括 23 站；高速公路的测试周期为 12.5min，速度更高、且没有停车。整车在测力计上进行测试。在实验室里，排放物被收集在一个袋子里。排放标准同样适用于小型和大型车辆，而不是使用每克燃料排放的标准污染物。

在排气歧管催化转化器问世之前，发动机在略微贫乏的燃烧状态运行，以减少 CO 和 HC 的排放。此外，汽车制造商把精力集中在更好的燃料-空气混合的准备上，在启动和加速时更好的控制混合，以及减少汽缸活塞的间隙，以减少 HC 排放。由于不完全燃烧会导致 HC 和 CO 排放，应在活塞、火花塞、阀门和汽缸壁附近的淬灭层中捕获燃料。然而，尽管有这些努力，缺氧燃烧不足以满足更严格的排放标准，也不可能减少一氧化碳、HC 和氮氧化物无废气排放。尤其是，缺氧燃烧倾向于增加氮氧化物排放。更贫乏的缺氧燃烧虽降低了氮氧化物，但火焰速度变得太慢。此外，提前点火正时，将导致更长的燃烧时间，过度降低发动机效率。

表 7.3　美国历史上客车和轻型卡车排放标准

年款	CO	NO_x	NMHC[①]	注　释
1960	(84)	(4.1)	(10.6)	典型的前标准
1970[②]	34	—	4.1	美国清洁空气法案开始
1972[②]	28.0	3.1	3.0	—
1975	15.0	3.1	1.5	氧化催化剂的使用
1978	7.0	2.0	1.5	—
1980	7.0	2.0	0.41	—
1981	3.4	1.0	0.41	三元催化剂的使用
1997	3.4	0.4	0.25	—
2008[③]	2.1	0.05	0.075	每 7 辆车废气的平均数

① 非甲烷碳氢化合物。

② 1975 年开始调整发动机程序为联邦政府提供测试的数据。

③ 仅适用于超过联邦环境空气质量标准的美国地区；也包括在这些地区的 0.01g/mi 和 0.015g/mi 甲醛排放标准的颗粒物排放标准；需要汽油中的硫含量小于 3×10^{-5}。

1975 年，一些火花点火式发动机车上使用双元催化转化器，以减少一氧化碳和 HC 的排放。为满足排放控制，在 1981 引进三元催化，在氧化 CO 和 HC 的同时降低 NO_x。三元催化剂要求在所有发动机转速和负荷条件下的燃料空气比保持或接近化学计量比。通过在进气歧管中的喷油器和排气歧管加装氧传感器来替换化油器，用燃油喷射器的反馈控制来保持混合物的化学计量比。

随着催化转化器的出现，由于汽油中的铅会使催化剂失效，使用无铅汽油成为必要。由于发现铅没有同样便宜、有效和环保的替代品，普通无铅汽油辛烷值下降。1975 年，随着除铅添加剂的添加，为避免爆震，压缩比开始由 9~9.5 下降到 8~8.5，压缩比和时序调整减少造成大约 15%发动机效率的降低。今天，发动机采用更好的设计和调整，压缩比接近 10。

1993 年，Cheng W K 等（本章参考文献［11］）研究了火花点火式汽车发动机中进入每个汽缸的汽油燃料流程。研究表明，正常燃烧时，会有 9%的燃料逃逸。其中，9%逃逸的燃料中大约有三分之一直接作为燃料，三分之二作为燃料空气混合物，最终大约有 1.8%的燃料从发动机中逸出，进入催化转化器。催化剂的使用可使车辆发动机的 HC 排放降低为燃料的 0.1%~0.4%。据估计，由于这 9%的燃料没有经过正常燃烧过程，燃油经济损失约为 6%。达到冷启动和开车前 15min 左右的预热条件，未燃烧的燃料量较高。在催化剂达到预热状态之前，有助于降低燃料经济性和较高的 HC 排放。如表 7.3 所示，最新的排放标准要求在环境空气臭氧超标的国家中进一步加强 HC、CO 和 NO_x 的排放控制，以减少光化学烟雾。在美国，一些非达标地区运营的车辆需要使用新的汽油。

7.8　乙醇替代燃料的考虑

2007 年的《能源独立与安全法》规定了 2022 年乙醇的生产目标是 360 亿加仑（1360 亿升）。2007 年美国从 30 亿蒲式耳玉米中生产了 65 亿加仑乙醇。在未来，纤维素，而不是玉米糖，很可能会被用来生产乙醇。乙醇和汽油的燃料特性有显著差异，主要表现在：

（1）相同体积条件下，乙醇的低位发热值为汽油的66%。因此，每加仑乙醇行驶的英里数较低。

（2）乙醇混合燃料的燃烧效率略高，因为乙醇燃烧变化性小，初始燃烧率略高。

（3）与汽油的辛烷值为86~93相比，乙醇的辛烷值为100（研究法中的汽车辛烷平均值），因此使用乙醇时压缩比可以稍微增加。

（4）乙醇的化学计量比为9，汽油的是14.7。

（5）乙醇的含氧量质量分数为34.7%，而汽油约为2.7%。

（6）与汽油相比，乙醇具有更好的稀释性，因此更多的废气再循环EGR可以使用。

（7）乙醇的沸点是78°C，相比之下汽油的沸点是30~225°C。因此，在较低的温度下冷启动时汽油蒸发更容易。相比之下，乙醇在冷启动时不好启动，但是E85能很好地冷启动。

在理论空燃比和恒定运行下，用平均有效压力（IMEP）进行汽油和E85发动机对比试验、阀门和火花定时显示两种燃料之间的差别不大。峰值压力发生在相同的曲柄角，90%的燃烧曲柄角中乙醇快约7%。乙醇的HC排放量很低，尽管HC排放确实含有乙醛，它在大气中是光化学活性的。乙醇中氮氧化物的排放量与汽油无显著差异。

7.9　预混气体、四冲程发动机术语回顾

A. 几何学

CR	压缩比	气缸最大容积/气缸最小容积 $CR=(V_d+V_c)/V_c$
L_b	气缸孔径	气缸套内径
L_r	连杆长度	连杆将$L_s/2$的曲柄连接到活塞上的长度
L_s	行程长度	$0\leqslant L_s,\ \theta\leqslant L_s$ $L_{s,\theta}=\frac{L_s}{2}\cos\theta+\left[L_r^2-\left(\frac{L_s}{2}\right)^2\sin^2\theta\right]$
r_c	连杆长度与曲柄半径之比	$r_c=2L_r/L_s$ 通常$r_c=3\sim4$
r/min	发动机转速	每分钟转数
V_θ	角度为θ时的气缸容积	$V_\theta=V_{d,\theta}+V_c=x_cV_d+V_c$ $V_\theta=[x_\theta(CR-1)+1]V_c$
V_c	清扫体积	发生在上止点的最小汽缸容积
V_d	移动体积	$V_d=\frac{\pi L_sL_b^2}{4}$ $V_{d,\theta}=x_cV_d$ $V_{d,\theta}=\left(\frac{L_s}{2}+L_r-L_{s,\theta}\right)\left(\frac{\pi}{4}\right)L_b^2+V_c$
V_r	余隙体积	混合物填充但不能正常燃烧的体积，包括活塞头和顶部活塞环之间的空间

续表

$\underline{V}_p$	活塞速度	$\underline{V}_p=\frac{dL_{s,\theta}}{d\theta}\left(\frac{d\theta}{dt}\right)=\bar{\underline{V}}_p\ \frac{\pi\sin\theta}{2}\left[1+\frac{\cos\theta}{[4(L_r/L_s)^2-\sin^2\theta]^{1/2}}\right]$
$\bar{\underline{V}}_p$	活塞平均速度	$\bar{\underline{V}}_p=2L_s\omega_e$
ω_e	发动机旋转速度	
x_θ	冲程分数	$x_\theta=\frac{1}{2}\left[1-\cos\theta+r_c-r_c\sqrt{1-\left(\frac{\sin\theta}{r_c}\right)^2}\right]$

B. 定时器

θ	曲柄转角	θ 表示 CA°上止点中心前（BTDC）和上止点中心后（ATDC）与 $\theta=0$CA°的压缩行程。 $\Delta\theta=\frac{360(r/min)\Delta t}{60}$
θ_s	火花定时	火花放电开始的曲柄角度。定时功能是其中最大的一个给定的转矩和制动操作状态。定时是从“阻燃”功能开始，如果它是很接近上止点就“延迟”，如果它是进一步移动远离回到压缩就“提前”
	气门正时	进气阀和排气阀的开启和关闭的曲柄角度简称 IVO，IVC，EVO，EVC。进气阀和排气阀开的间隔期间称为“气门重叠期”

C. 气体交换

m_t	滞留（捕获）质量	在 IVC 点，汽缸内气体的质量
η_v	容积效率	在 BDC 点充满气缸，为捕获物与吸入空气的质量百分比，进气点的密度为 ρ_0 $\eta_v=\frac{100m_t}{\rho_0(V_d+V_c)}$
X_r	残留分数	残留物中从上一个周期中保留的产物的质量分数
EGR	废弃再循环	一些排气产物循环至新产物中，减少排放
Blowback	反吹	从进气阀开启或结束开始时从气缸流向进气口的产物
Blowby	漏气	从气缸中逸出的气体，主要是由于活塞环的泄漏
Blowdown	排放	EVO 和 BDC 之间阶段膨胀冲程的快速排气

D. 性能参数

注意：发动机性能是以气缸气体作为系统的表示值和基于发动机测功机的制动值来表示。

W_i	指示功	按照惯例，净功 pdV 的计算是从 BDC 的压缩冲程到 BDC 膨胀冲程的积分
W_p	泵功	按照惯例，净功 pdV 的计算从 BDC 的排气冲程到 BDC 吸入冲程的积分
W_{in}	净指示功	$W_{in}=W_i+W_p$ 在循环周期的两个旋转过程中气缸气体对移动活塞所做的净功
IMEP	平均指示有效压力	$IMEP=W_i/V_d$
PMEP	泵的平均有效压力	对每一个汽缸而言，根据发动机的型号确定输出功 $PMEP=W_p/V_d$

续表

$\dot{W}_i$	指示功率	$W_i=n(IMEP)\omega/2$ 其中 $\omega/2$ 是单位时间做功行程的指数。对于一个气缸发动机的平均值为 *IMEP*
ISFC	燃料的消耗特性	$ISFC=\dfrac{\dot{m}_f}{\dot{W}_i}$
W_b	制动功	基于测量的发动机轴输出功，由于泵送、摩擦和辅助功低于指示功
BMEP	平均有效制动压力	$BMEF=\dfrac{W_b}{nV_d}$ 这里 n 是有助于 W_b 的气缸数
$\dot{W}_b$	制动功率	$W_b=2\pi\omega\tau$ 其中，τ 是发动机测量的轴扭矩。制动功率是发动机反抗负载工作的比率
BSFC	燃料制动消耗特性	$BSFC=\dfrac{\dot{m}_f}{\dot{W}_b}$
η_c	燃烧效率	$\eta_c=\dfrac{\dot{m}_f h_f+\dot{m}_{air}h_{air}-\dot{m}_p h_p}{\dot{m}_f LHV}$ 发动机被视为稳定的流动装置，在室温 T 时燃料和空气进入， 在温度为 T_0 时排出废弃物。这表明产物不完全转化， 贫乏至化学计量混合物在 0.95~0.98
η_t	热效率	$\eta_t=\dfrac{\dot{W}_b}{\eta_c\dot{m}_f LHV}$

7.10 习题

7-1　计算辛烷与大气压力下的空气以化学计量比混合的露点温度。使用附录 A 中的数据。

7-2　考虑空气燃料混合物压缩对湍流的影响，假设一个理想化的在大气压力和温度下的湍流涡流为直径为 3mm、0.5mm 厚的气体圆盘。圆盘绕着它的轴以 1000r/min 旋转。在绝热条件下压缩到 25atm 的圆盘角速度是多少？气体圆盘在径向和轴向上均被压缩，也就是说，从湍流的角度讨论你的结果。

7-3　假定燃烧室的温度可以用双区燃烧模型来表示。第 1 区是气体的热核心区，第 2 区是靠近汽缸壁的冷边界层。用以下数据，估算在 100mm 口径和 10mm 高度的馅饼状燃烧室中的核心气体的温度，质量平均气体温度 = 2500K，压力 = 1800kPa，平均表面温度 = 500K，平均边界层厚度 = 0.5mm。假设：$T_2=(T_{wall}+T_1)/2$。

7-4　下图是一个总的燃烧质量分数 m_b/m 与燃烧体积分数 V_b/V 的函数图，对于一个馅饼状的燃烧室，绘制汽缸半径归一化的火焰半径 r_f/r_c 与燃烧质量分数的关系。假设火焰从气缸的中心开始燃烧，将火焰形状（在简单二维几何方向上）近似为与燃烧室轴线和深度相同的形状。

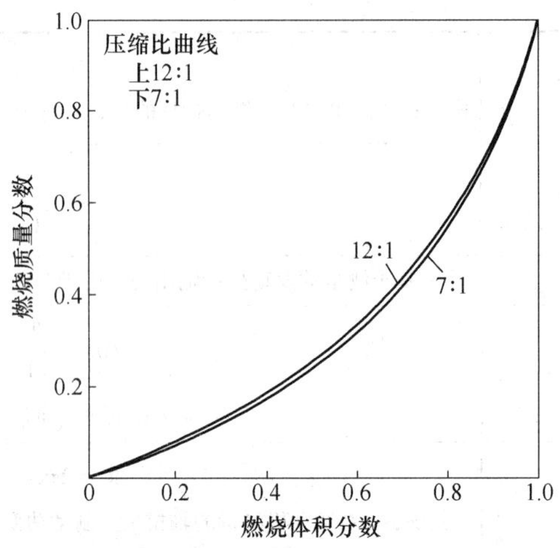

“总”的质量分数与燃烧体积分数燃烧曲线

7-5　火花点火式发动机燃烧过程中冷却器未燃烧燃料空气混合物的密度与热燃烧产物的密度之比（ρ_u/ρ_b）约为4。使用下面的公式

$$\frac{V_b}{V} = \frac{4m_b/m}{1 + 3m_b/m}$$

用习题7-4中的图，将质量燃烧分数与该公式中体积燃烧分数的函数进行比较。

7-6　有人建议，在下面的示意图中，活塞的湍流水平可以通过80%体积以下的半径处有一个凸起的边缘的活塞来提高。讨论这可能对火焰传播有什么影响。

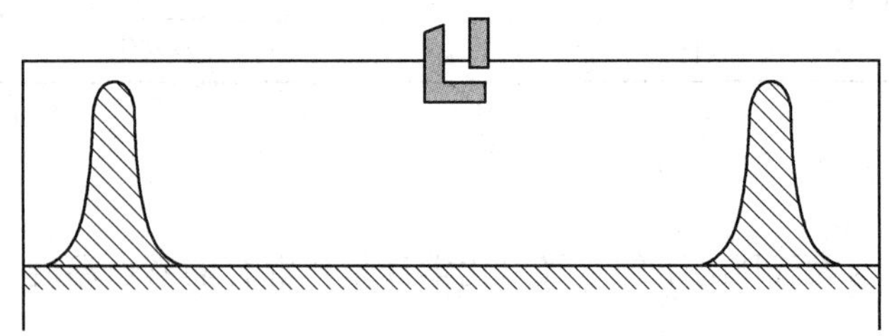

7-7　在双半球室中考虑一个中心火花位置（参见草图）长距离火花塞位置（B）是否会显著降低传统位置（A）的传热？

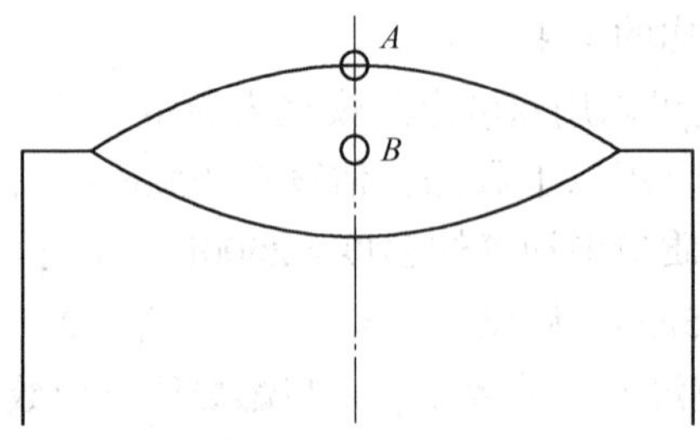

7-8　回到习题7-4和草图，以扩散火焰和气缸壁在80%的质量燃烧点。使用与习题

7-6类似的图，但没有凸起的边框。假设发动机口径125mm，冲程125mm，压缩比为8∶1。80%质量燃烧点是在TDC后的20CA°曲轴转角。在这个曲柄角度，体积是它在TDC值的1.25倍。注意起皱的火焰覆盖厚度大约5~6mn。

7-9　用一张0.1mm厚的等腰三角形纸成比例的描绘起皱的火焰。皱纹的火焰厚度为6mm，其火焰速度比（FSR）是20。

7-10　假设你从一个火花点火发动机气缸的双区燃烧模型得到详细的输出。用文字说明如何计算如图7.6所示的氮氧化物浓度与曲轴转角的关系。尽可能详细地解释这一点(只用语句表述，不用方程式)。

7-11　讨论书中给出的爆震发展趋势的原因，给出物理论据。

7-12　使用所提供的符号填写表格中的空白，说明发动机操作变量对点火和火焰传播的影响，并根据控制现象讨论你的结果。

点火系统变量	影　响	
	点火	火焰传播
提高点火能量		
更热的火花		
发动机变量		
增加压缩比		
提高混合物的混合力度		
增加残余气体		
增加火焰传播距离		

符号：增强↑，减弱↓，无影响—。

7-13　下列因素影响循环周期的变化和最小变化的最佳条件。在每一个案例中，如果你认为这个因素很可能是重要的，简要地讨论你认为可行的机制。

因　素	循环周期变化和最小变化的最佳条件
燃料	提供最佳燃烧速度的燃料
燃料空气比	略富余的化学计量比
火花塞	击穿能量高，持续时间长，火花隙宽，薄或尖，尖电极， 间隙放电方向垂直于均值流动，是4m/s
湍流	整缸容积时，点火时间比例小，湍流强度高

7-14　通常情况下，循环$n+1$次的峰值压力与循环n次的峰值压力没有相关的函数关系，也就是说，过去周期压力对未来循环压力没有影响，而且变化是随机的。然而，在非常贫乏空气燃料比在部分负荷或空载的情况下，会观察到随着$n+1$次循环高峰值压力的出现，n次循环的峰值压力非常低。这就是所谓的“前循环效应”。讨论为什么典型的情况应该是随机的，什么可能导致贫乏燃料空气比的前循环效应？

7-15　汽车汽油蒸馏曲线的选择是不同操作要求之间的折衷。对于下方的蒸馏曲线图，将下列操作特性与曲线上的位置相匹配：(a) 热启动不良，汽锁和高蒸发损失；(b)

燃烧沉积物和燃油稀释；（c）长期行驶经济性不佳；（d）预热不良、粗放加速、短程经济性差；（e）积冰增加；（f）冷启动不良。

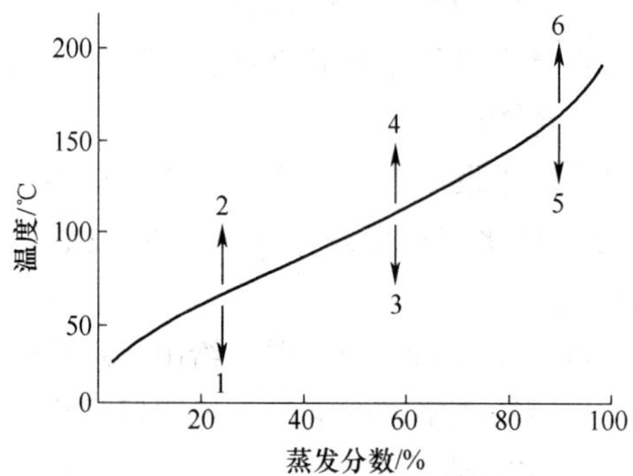

7-16　鉴于习题7-15所指出的问题，讨论单组分燃料如乙醇作为汽油替代燃料时可能出现的问题。

参 考 文 献

[1] Abraham J, Williams F A, Bracco F V. A Discussion of Turbulent Flame Structure in Premixed Charges, SAE paper 850345, 1985.

[2] Alkidas A C, Myers J P. Transient Heat-Flux Measurements in the Combustion Chamber of a Spark-Ignition Engine, J. Heat Transfer, 104 (1): 62~67, 1982.

[3] Annand W J D. Heat Transfer in the Cylinders of Reciprocating Internal Combustion Engines, Proc. Inst. Mech. Eng. 177 (36): 973~996, 1963.

[4] Arcoumanis C, Hu Z, Vafidis C, et al. Tumbling Motions-A Mechanism of Turbulence Enhancement in Spark-Ignition Engines, SAE paper 900060, 1990.

[5] Benson R S, Whitehouse N D. Internal Combustion Engines: A Detailed Introduction to the Thermndynamics of Spark and Compression Ignition Engines, Their Design and Development, Pergamon Press, Oxford, 1979.

[6] Bianco Y, Cheng W K, Heywood J B. The Effects of Initial Flame Kernel Conditions on Flame Development in SI Engine, SAE paper 912402, 1991.

[7] Borman G, Nishiwaki K. Internal-Combustion Engine Heat Transfer, Prog. Energy Combust. Sci. 13 (1): 1~46, 1987.

[8] Bracco F V. Structure of Flames in Premixed-Charge IC Engines, Combust. Sci. Technol. 58: 209~230, 1988.

[9] Catania A E, Misul D, Mittica A, et al. A Relined Two-Zone Heat Release Model for Combustion Analysis in SI Engines, JSME Int. J. Ser. B 46 (1): 75~85, 2003.

[10] Cheng W K, Hamrin D, Heywood J B, et al. An overview of Hydrocarbon Emissions Mechanisms in Spark-Ignition Engines, SAE paper 932708, 1993.

[11] Chun K M, Heywood J B. Estimating Heat Release and Mass-of-Mixture Burned from Spark-Ignition Engine Pressure Data, Combust. Sci. Technol. 54: 133~143, 1987.

[12] Eriksson L E. Requirements for and a Systematic Method for Identifying Heat Release Model Parameters,

SAE paper 980626, 1998.

[13] Ferguson C R, Kirkpatrick A T. Internal Combustion Engines: Applied Thermosciences, 2nd ed., Wiley, New York, 2001.

[14] Foster D E. An Overview of Zero-Dimensional Thermodynamic Models for IC Engine Data Analysis, SAE paper 852070, 1985.

[15] Fox J W, Cheng W K, Heywood J B. A Model for Predicting Residual Gas Fraction in Spark-Ignition Engines, SAE paper 931025, 1993.

[16] Groff E G, Matekunas F A. The Nature of Turbulent Flame Propagation in a Homogeneous Spark-Ignited Engine, SAE paper 800133, 1980.

[17] Heywood J B. Internal Combustion Engine Fundamentals, McGraw-HiII, New York, 1988.

[18] Heywood J B, Higgins J M, Watts P A, et al. Development and Use of a Cycle Simulation to Predict SI Engine Efficiency and Emissions, SAE paper 790291, 1979.

[19] Krieger R B, Borman G L. The Computation of Apparent Heat Release for Internal Combustion Engines, ASME 66-WA/DGP-4, 1966.

[20] Kummer J T. Catalysts for Automobile Emission Control, Prog. Energy Combust. Sci. 6 (2): 177~199, 1980.

[21] Lavoie G A, Heywood J B, Keck J C. Experimental and Theoretical Study of Nitric Oxide Formation in Internal Combustion Engines, Combust. Sci. Technol. 1 (4): 313~326. 1970.

[22] Mattavi J N, Groff E G, Lienesch J H, et al. Engine Improvements Through Combustion Modeling, in Combustion Modeling in Reciprocating Engines, J. N. Mattavi and C. A. Amann, eds., 537~587, Plenum Press, New York, 1980.

[23] Muranaka S, Takagi Y, Ishida T. Factors Limiting the Improvement in Thermal Efficiency of S. I. Engine at Higher Compression Ratio, SAE paper 870548, 1987.

[24] Obert E E. Internal Combustion Engines and Air Pollution, 3rd ed., Intext Education Publishers, New York, 1973.

[25] Poulos S G, Heywood J B. The Effect of Chamber Geometry on Spark-Ignition Engine Combustion, SAE paper 830334, 1983.

[26] Poinsot T. Veynante D. Theoretical and Numerical Combustion, 2nd ed., Edwards, Philadelphia, PA, 2005.

[27] Reitz R D. Assessment of Wall Heat Transfer Models for Premixed-Charge Engines Combustion Computations, SAE paper 910267, 1991.

[28] Woschni G. Universally Applicable Equation for the Instantaneous Heat Transfer Coefficient in the Internal Combustion Engine, SAE paper 670931, 1967.

[29] Yeliana Y, Cooney C, Worm J, et al. The Calculation of Mass Fraction Burn of Ethanol-Gasoline Blended Fuels Using Single and Two-Zone Models, SAE paper 2008-01-0320, 2008.

[30] Zur Loye A O, Bracco F V. Two-Dimensional Visualization of Premlixed-Charge Flame Structure in an IC Engine, SAE Paper 870454, 1987.

8 气态混合物的爆炸

爆炸是以超音速传播的燃烧波，能在很短的时间内产生高温高压。爆炸是一个重要的燃烧议题，因为给定足够的体积和时间，传播的火焰（爆燃）可以变成爆炸。爆炸往往会造成危险，比如建筑物内因天然气泄漏引起爆炸，因甲烷引起的煤矿爆炸，或者在过热的核反应堆中发生氢氧爆炸。对爆炸进行研究可以找到预防此类事故的方法。

就像层状预混火焰具有独特的火焰速度一样，每种燃料和空气混合物都具有独特的起爆速度。然而，起爆速度比静态混合物的声速要快，在反应前沿产生冲击波。在大气中，典型的爆炸传播速度比层流火焰速度快大约1000倍。气体爆炸时压力上升10~30倍，而火焰的压力基本不变。

本章后面将讨论到已经有尝试将爆炸强烈燃烧应用于能源领域，但实际的爆炸能源使用尚未得到开发。我们首先考虑从火焰到爆炸的过渡，然后再考虑稳态爆炸的特点。

8.1 爆炸转变

考虑在长管中气体燃料和空气的混合物。在管封闭端点燃混合物，形成的火焰以层流火焰速度沿长管开始传播。传播的火焰逐渐失去光滑的形状，起皱。由于有效火焰表面积的增加，火焰相对于未燃烧的气体加速。起皱、波动的火焰前方产生湍流和微弱的压力脉冲，并逐渐预热火焰前方的气体，使火焰加速。从火焰到爆炸转变的高速纹影摄影（对密度梯度敏感的光散射技术）表明，随着火焰的加速，压力脉冲变强、集聚，并进一步预热火焰前方的气体。最终，在火焰前面的一小部分气体达到其自燃温度并产生局部爆炸。迅速膨胀的气体产生冲击波，与壁面相互作用，向前冲击传播，迅速点燃前方燃料，而向后移动的冲击消失。向前移动的冲击燃烧是爆炸，而向后移动的冲击被称为回爆（见图8.1)，其速度可以从图8.1中所示的各种线的斜率中获得。

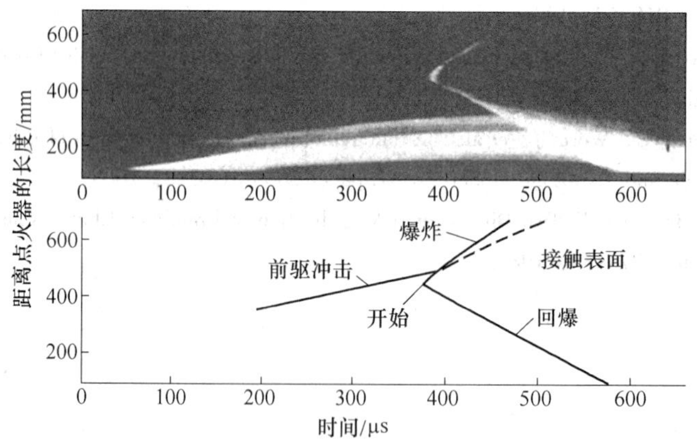

图8.1　条纹自拍照片和爆炸发生的解释（爆炸发生在点火后375μs）

爆炸转变也可以在大直径管道和球形几何形状空间中发生，例如在球形室中心或气体热射流处进行激光聚焦点火，从点火到爆炸的过渡距离取决于点火源强度和燃料混合物。在标准温度和压力下，一般需要 1～4m 的距离和 2～200ms 的时间才能引发气体燃料的爆炸。从火焰到爆炸转变可以通过引入湍流至火焰前沿（例如粗糙或不规则的壁或射流）来加速。

8.2 稳态爆炸

爆炸在宏观上可以被看作是燃烧后的冲击波。放热与冲击波耦合并驱动冲击波。爆炸传播速度取决于燃烧引起的放热。如表 8.1 所示，典型爆速是相应层流火焰速度的 1000 倍。与产生的火焰情况一样，氧-燃料混合物的爆炸速度比空气-燃料混合物高。爆炸引起的压力增加 10～30 倍，尽管是瞬态的，但是这可能具有非常大的破坏性。爆炸速度也取决于燃料-空气比，并表现出比可燃性极限稍窄的混合物的富、贫燃极限。

表 8.1　初始条件为 1 个大气压和 25℃下，各种预混气体的爆炸速度

混　合　物	爆炸速度/$m \cdot s^{-1}$
化学计量 H_2-O_2	2840
化学计量 H_2-空气	1970
1.12 化学计量 H_2-O_2	3390
0.37 化学计量 H_2-O_2	1760
化学计量 CH_4-O_2	2320
化学计量 CH_4-空气	1800
1.5 化学计量 CH_4-O_2	2530
1.2 化学计量 CH_4-O_2	2470
化学计量 C_2H_2-空气	1870
化学计量 C_2H_2-O_2	2430
化学计量 CO-O_2	1800
化学计量 C_3H_8-O_2	2350
化学计量 C_3H_8-空气	1800

来源：Soloukhin，R. I. Shock Waves and Detonations in Gases，Mono Book，Baltimore，MD，1966。

对气体爆炸波结构的详细测量表明，图像比正常快速燃烧的冲击波更加复杂。事实上，理论中（在 20 世纪 60 年代的详细实验观察之后）正常冲击波后的燃烧是不稳定的，并以蜂窝状的方式扭曲冲击。冲击波由一个三维的冲击交点网格组成，当冲击波向前移动时，冲击交点网格横向移动到波前。这个观点有助于解释在爆炸中发生的快速反应，因为局部温度和压力比一维模型中的要高。实验上，当压力低于大气压力时，爆炸蜂窝更大，因而能更好地观察到三维蜂窝爆炸前沿。爆炸极限附近的混合物具有比化学计量混合物更大的蜂窝，并且在极限处呈现垂直于传播方向的旋转运动。

图 8.2 是乙炔-氧气爆炸的高速、自发光照片。发光区域是由三次冲击交叉点引起的，这些交叉点横扫爆炸前方，消耗燃料。如图 8.3 所示，爆炸反射产生的烟灰黑化壁的印记

可以用来研究爆炸波的蜂窝本质。使用特别设计的压力传感器来测量爆炸波的压力峰值，并且观察到峰值压力超过正常冲击理论的预测压力的两倍。

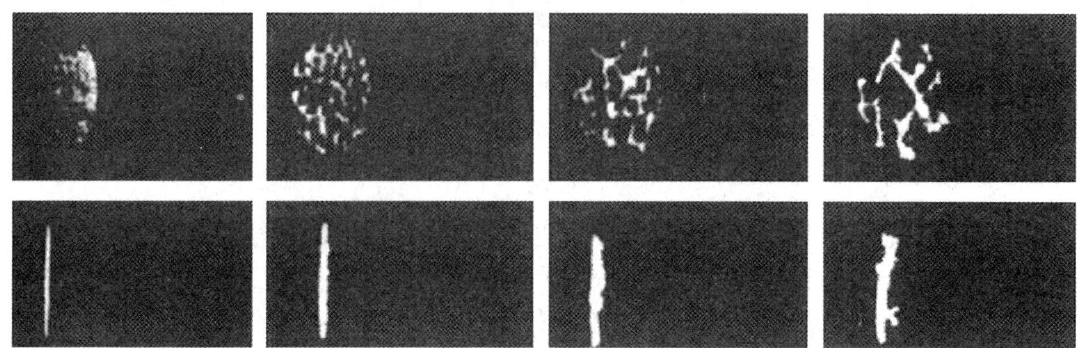

图 8.2　乙炔-氧气爆炸波的自发光照片

（上面的一排是正面照片，下面一排是斜角度照片）

（引自：Soloukhin，R. I. Shock Waves and Detonations in Gases，Mono Book，Baltimore，MD，1966）

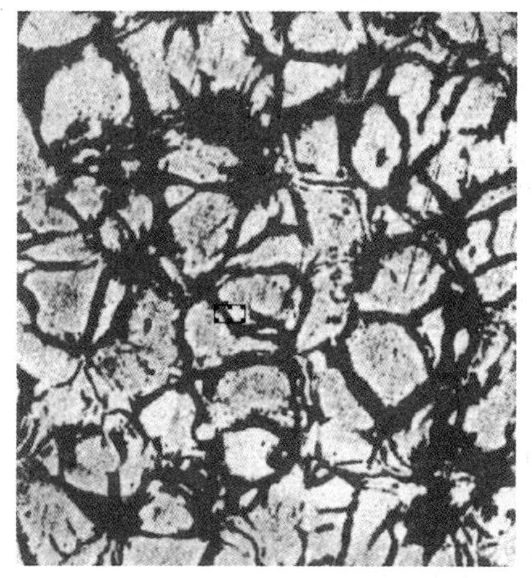

图 8.3　被烟灰覆盖的端壁上的爆炸反射印记

（引自：Schelkin，K. I.，Troshin，Ya，K.，Gas dynamics of combustion translated from "Gazodinamika Goreniya"，Moscow Izd. Akad. Nauk SSSR，1963，NASA Technical Translation NASA-TT-F-231，Washington，DC，1964）

爆炸峰面的蜂窝性质是快速放热造成的燃烧阵面弯曲，从而导致曲线型的冲击波，如图 8.4 所示，这是由三重冲击相互作用产生（由图 8.4 可以看出，不存在双重冲击相互作用）。三重结构包括入射、透射和反射冲击波。入射冲击是倾斜的并将流体引向交叉点。入射冲击相交的震动（称为马赫冲击）几乎与缺陷正交，因此更强。反射冲击平衡压力，并且滑流包括温度不同但压力恒定的区域。三重点沿着弯曲的路径传播并周期性地碰撞，在烟熏箔上留下图案，如图 8.5 所示。入射和反射的冲击波延伸到三叉点的轨迹上方，并且传播的冲击和滑动流延伸到下面。爆炸冲击是弯曲的，并延伸到另一个三叉点。透射和反射的冲击也是弯曲的，在三叉点碰撞并从交点消失的地方加剧。将爆炸结构的 Rayleigh 光散射照片与图 8.6 中的纹影照片和数值分析进行比较，Rayleigh 散射使用脉冲激光并测量气体密度，而纹影图像测量密度梯度，且对冲击波和湍流敏感。Rayleigh 散射图像显示了在主要冲击前沿的后面存在一个高密度三叉点区域。

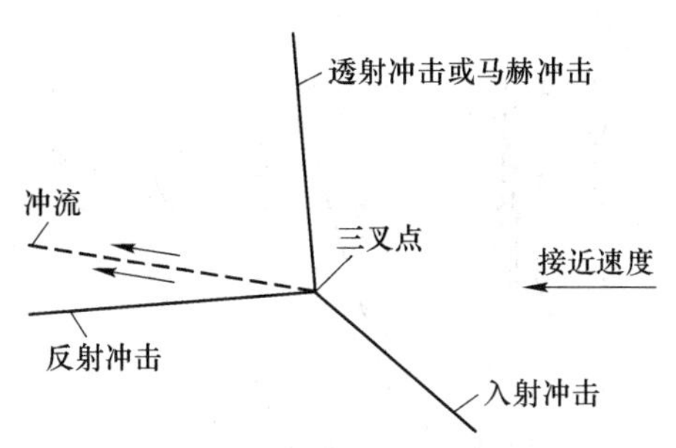

图 8.4　爆炸前三重冲击轮廓的示意图

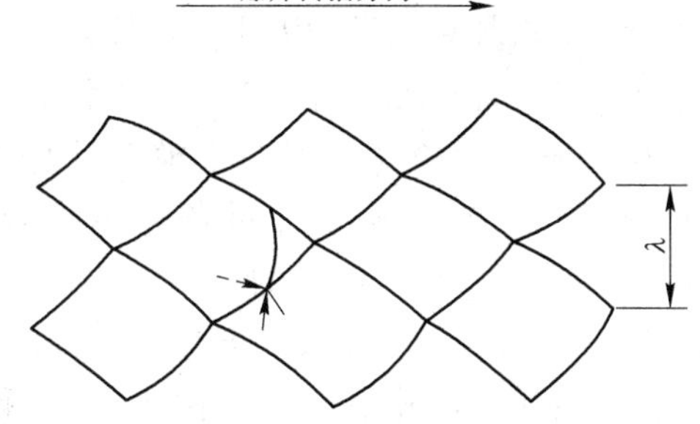

图 8.5　沿着侧壁扫过爆炸三重点形成的烟尘轨迹
（特征单元尺寸是 λ，三重冲击交叉点（箭头）
在箔片上蚀刻的烟灰轨迹）

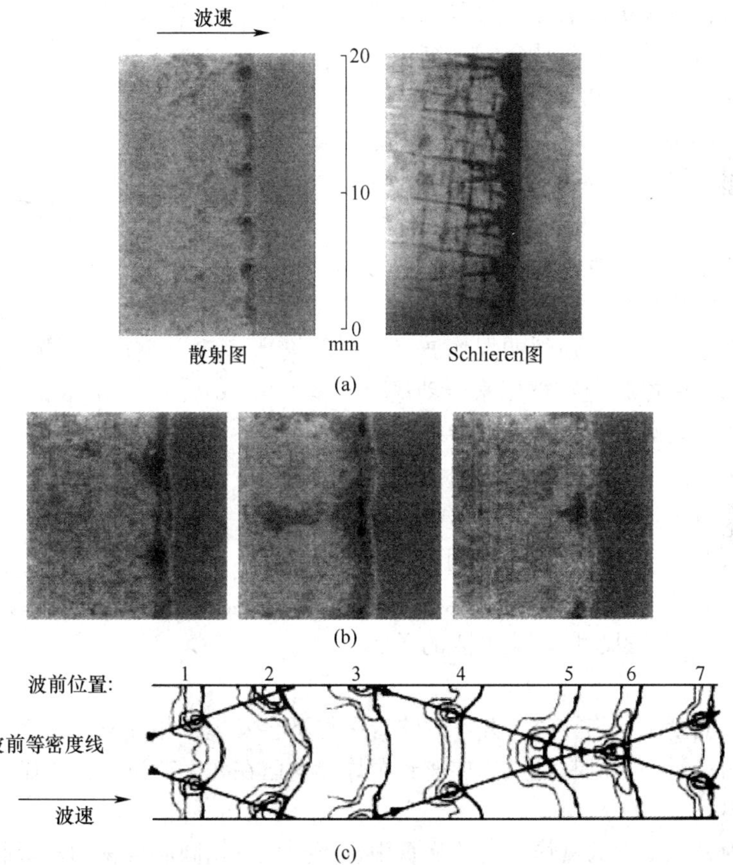

图 8.6　在 0.374 大气压的氢-氧-氩混合气体中爆炸波的结构
（a）同一波阵面同时采集的 Rayleigh 和纹影图像；（b）Rayleigh 图像的单元结构；
（c）密度等高线的比较（来自 Kailasanat 等的数值分析，直线表示三重点轨迹）
（引自：Anderson，T. J.，Dabora，E. K.，Measurements of normal detonation wave structure using Rayleign imaging，Symp.（Int.）Combust. 24：1853~1860，The combustion institute，Pittsburgh，PA，1992）

大部分的热量在三叉点附近释放，三叉点之间的距离定义了一个爆炸单元的大小（λ）。爆炸单元尺寸是爆炸波的基本特征长度，可以将混合物极限以及初始能量和淬火行为相关联。图 8.7 显示了各种燃料和大气压下当量比的爆炸单元尺寸大小。实线是基于理论相关性，即单元尺寸（λ）等于常数乘以燃料反应的距离（根据一维模型计算常数）。常数（A）在化学计量条件下拟合，且对于每种燃料是不同的（例如，对于 C_2H_2，$A=10.1$，对于 H_2，$A=52.2$）。在纯氧中爆炸的单元尺寸小于空气中的尺寸，稀释剂如氩气或二氧化碳能够改变单元尺寸。

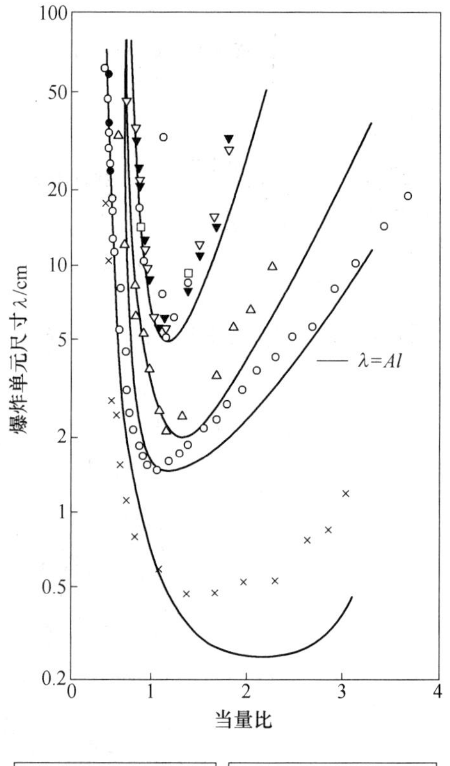

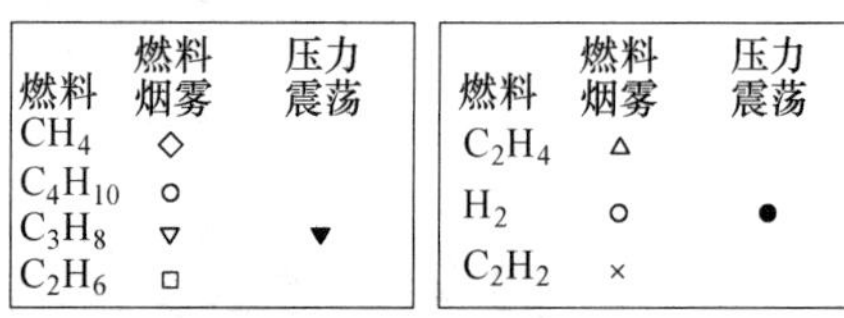

燃料	燃料烟雾	压力震荡
CH_4	◇	
C_4H_{10}	○	
C_3H_8	▽	▼
C_2H_6	□	

燃料	燃料烟雾	压力震荡
C_2H_4	△	
H_2	○	●
C_2H_2	×	

图 8.7　1 个大气压下燃料-空气混合物的爆炸单元尺寸

（引自：Lee, J. H. S., Dynamic parameters of gaseous detonations, Annu, Rev. of Fluid Mech 16: 311~336, 1984）

由图 8.7 可以估算燃料-空气混合物的爆炸极限。在贫乏和富余极限附近，爆炸单元尺寸变得很大，且冲击波衰减，爆炸又最终变成火焰。对于氢气-空气混合物，富余和贫乏的极限大约是 $F=0.4\sim3.5$；对于乙炔-空气混合物，$F=0.4\sim3.0$；对于乙烷-空气、丙烷-空气和丁烷-空气混合物，$F=0.7\sim2.0$。由于与壁面的相互作用，小直径管中的爆炸极限变窄。实验观察表明，管直径必须比维持爆炸的特征孔尺寸大约 13 倍。

直接引爆意味着一个强烈的爆炸波（如由固体爆炸物或聚焦激光）被用来启动这个过程，并且能量渐渐衰减直至变成单元尺寸恒定的稳定爆炸波。如果点火能量小于一定的临界值，反应区随着衰减而逐渐脱离爆炸波，并产生爆燃（火焰）。实验表明，直接引爆爆炸所需的点火能量与单元尺寸的立方成正比，因此，单元尺寸是爆炸性的关键指标。

如果点火能量小于临界值，并不意味着爆炸不会发生，相反意味着爆炸会间接而不是直接引发。间接引爆的机制是火焰加速到爆炸，这已在 8.1 节讨论，这比直接引爆需要更长的转变距离。

当直径为 d 管子中的爆炸波突然从管中进入到含有相同混合物的非限制体积中时，满足下列条件爆炸淬熄就会发生：

$$d < 13\lambda \tag{8.1}$$

其中，λ 是单元尺寸，这里的淬熄意味着爆炸恢复到爆燃（火焰）。这种相关性适用于各种各样比例的燃料和混合物，包括通过节流孔的流量。对于非圆形孔：

$$d_{\mathrm{eff}} < 13\lambda \tag{8.2}$$

其中，d_{eff}是最小和最大开口的平均值。例如，对于长度为 L 的方孔，有效直径是：

$$d_{\mathrm{eff}} = 0.5(L + \sqrt{2}L) = 1.2L \tag{8.3}$$

由于这里的淬熄意味着爆炸的熄灭而不是火焰的熄灭，所以很有可能给定足够的距离，火焰可以再次加速转化为爆炸。

8.3　爆炸波传播速度、压力和温度上升的一维模型

由于爆炸具有三维微观结构，对于化学动力学的分析而言，爆炸结构的一维模型是不现实的。然而，一维气体动力学模型可以很准确的预测爆炸速度和反应后的压力和温度，因此对于工程应用是有帮助的。通过编写一维方程来描述爆炸波的质量、动量和能量守恒，可以得到爆炸速度、平均压力升高和爆炸平均温度升高的表达式。

考虑一个平面爆炸波进入一个静止的预混合可燃气体。气体可以在大容器内，也可以在一个管子内。无论哪种情况，反应区都很薄，因此暴露于壁的反应区的面积可以忽略不计，并且壁的损失可以被忽略。爆炸波扫过反应物，在高压和高温下将其转化为产物，并使产物运动。但是在空间固定位置（或在管中），存在不稳定的问题。因此，如图 8.8 所示，通过将与爆炸速度 $\underline{V}_{D}$ 等量、方向相反的速度叠加到空间（或管）中的气体上，将速度转换为固定波的坐标系是很方便的。固定波（驻波）坐标系统与固定空间（行波）坐标系统之间的转换如式（8.4）和式（8.5）所示。

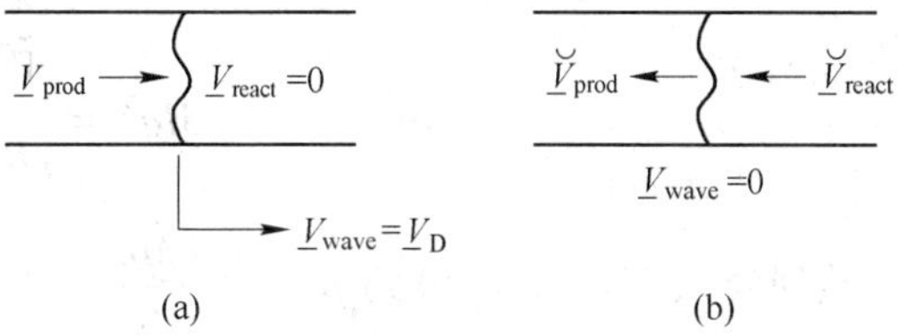

(a)　(b)

图 8.8　行波（a）和驻波（b）之间的坐标转换

$$\breve{\underline{V}}_{\text{react}} = \underline{V}_{\text{D}} \tag{8.4}$$

$$\breve{\underline{V}}_{\text{prod}} = \underline{V}_{\text{D}} - \underline{V}_{\text{prod}} \tag{8.5}$$

其中，$\breve{\underline{V}}$ 表示驻波坐标系中的速度，$\underline{V}$ 表示行波坐标系中的速度。在驻波坐标系中，爆炸过程中质量、动量和能量的守恒方程与层流火焰的式（5.3）到式（5.5）相同。这些守恒方程也描述了正常冲击波的条件。火焰是由于加热引起的亚音速流动的快速变化。冲击波（固定坐标波动）是一种无加热的超音速到亚音速流动的突变，爆炸是由加热引起的超音速到亚音速流的急剧变化。以固定坐标波动表示的爆炸、冲击或火焰的守恒方程为：

$$\rho_{\text{react}}\breve{\underline{V}}_{\text{react}} = \rho_{\text{prod}}\breve{\underline{V}}_{\text{prod}} \tag{8.6}$$

$$p_{\text{react}} + \rho_{\text{react}}\breve{\underline{V}}^{2}_{\text{react}} = p_{\text{prod}} + \rho_{\text{prod}}\breve{\underline{V}}^{2}_{\text{prod}} \tag{8.7}$$

$$h_{\text{react}} + \frac{\breve{\underline{V}}^{2}_{\text{react}}}{2} = h_{\text{prod}} + \frac{\breve{\underline{V}}_{\text{prod}}}{2} \tag{8.8}$$

爆炸的问题通常表现为“给定 p_{react}，T_{react}，ρ_{react} 以及 h_{react}（单位质量反应物的绝对焓）等条件，利用状态方程 $p=\rho RT$ 和焓值表，求解 $\breve{\underline{V}}_{\text{react}}$，$\breve{\underline{V}}_{\text{prod}}$，$p_{\text{prod}}$，$T_{\text{prod}}$ 和 ρ_{prod} 等的结果”。很明显，和层流火焰一样，我们简化了方程。对于爆炸来说，通过设定产物的速度 $\breve{\underline{V}}_{\text{prod}}$ 为音速（相对于波前和相对于热气体）来克服这个难题，这被称为 Chapman-Jouguet 条件。这是一个合理的假设，因为它准确地预测了观察到的爆炸速度 $\breve{\underline{V}}_{\text{react}}$。从物理上来看，将增加的热量视作窒息的流动是合理的，即使产物流速趋向于 $\breve{Ma}_{\text{prod}} = 1$。有

了这个假设，现在就可以解决问题了。

在爆炸过程中物质组分发生变化，假定产物处于化学平衡状态，即产物的声速 a_{prod} 为：

$$a_{\text{prod}} = \sqrt{\left(\frac{\partial p_{\text{prod}}}{\partial \rho_{\text{prod}}}\right)_s} \tag{8.9}$$

其中，s 指等熵，一般反应混合物的音速不等于 $\sqrt{\gamma_{\text{prod}} R_{\text{prod}} T_{\text{prod}}}$。类似地，反应混合物的等熵指数通常也不等于比热比。为了包含可变的分子量和比热，方程式（8.6）到式（8.8）可以改写成 Rankine-Hugoniot 形式的反应混合物（Kuo，2005）。通过假定分子量和比热比为恒定值来解决 Chapman-Jouguet 爆炸问题是很有用的，因为这些因素的影响相对较小。

可以方便将方程式（8.6）到式（8.8）改写为含压力、温度和马赫数的形式。马赫数通过下式得出：

$$\breve{M}a^2 = \frac{\underline{\breve{V}}^2}{\gamma RT} = \frac{\rho \underline{\breve{V}}^2}{\gamma p} \tag{8.10}$$

整理公式（8.10）得到 $\rho = \dfrac{\gamma p(\breve{M}a^2)}{\underline{\breve{V}}^2}$ 和 $\underline{\breve{V}}^2 = \gamma RT(\breve{M}a^2)$，代入方程（8.6）和式（8.7）并简化后，质量守恒和动量方程就变成：

$$\frac{p_{\text{react}}^2(\breve{M}a_{\text{react}}^2)}{T_{\text{react}}} = \frac{p_{\text{prod}}^2(\breve{M}a_{\text{prod}}^2)}{T_{\text{prod}}} \tag{8.11}$$

$$p_{\text{react}}(1 + \gamma \breve{M}a_{\text{react}}^2) = p_{\text{prod}}(1 + \gamma \breve{M}a_{\text{prod}}^2) \tag{8.12}$$

结合能量和连续性方程（方程（8.6）和式（8.8））：

$$\left(c_{p,\ \text{prod}} T_{\text{prod}} + \frac{\underline{\breve{V}}_{\text{prod}}^2}{2}\right) - \left(c_{p,\ \text{react}} T_{\text{react}} + \frac{\underline{\breve{V}}_{\text{react}}^2}{2}\right) = \frac{q}{\dot{m}} \tag{8.13}$$

其中，$q/\dot{m}$ 是单位质量反应物的反应热，除以 $c_{p,\ \text{react}}$：

$$c_p = \gamma R/(\gamma - 1)$$

方程（8.13）变成：

$$T_{\text{react}}\left(1 + \frac{\gamma - 1}{2}\breve{M}a_{\text{react}}^2\right) + \frac{q}{\dot{m} c_{\text{p},\ \text{react}}} = T_{\text{prod}}\left(1 + \frac{\gamma - 1}{2}\breve{M}a_{\text{prod}}^2\right) \tag{8.14}$$

现在可得到压力和温度跳跃（爆炸马赫数），$\breve{M}a_{\text{react}} = Ma_{\text{D}}$，并且在方程（8.12）中利用 Chapman-Jouguet 条件，即 $\breve{M}a_{\text{prod}} = 1$，得到：

$$\frac{p_{\text{prod}}}{p_{\text{react}}} = \frac{1 + \gamma \breve{M}a_{\text{react}}^2}{1 + \gamma} \tag{8.15}$$

结合方程（8.11）和式（8.15）：

$$\frac{T_{\text{prod}}}{T_{\text{react}}} = \frac{(1 + \gamma \breve{M}a_{\text{react}}^2)^2}{\breve{M}a_{\text{react}}^2(1 + \gamma)^2} \tag{8.16}$$

将公式（8.14）除以 T_{react}，并代入方程（8.16）得到：

$$\frac{(1+\gamma \breve{M}a_{react}^2)^2}{2\breve{M}a_{react}^2(1+\gamma)} - \left[1+\frac{(\gamma-1)}{2}\breve{M}a_{react}^2\right] = \frac{q}{\dot{m}c_{p,\ react}T_{react}} \tag{8.17}$$

当 $\breve{M}a_{react}^2 >> 1$ 时，方程（8.17）可以简化为：

$$\breve{M}a_{react} = Ma_D = \left[\frac{2(\gamma+1)}{c_{p,\ react}T_{react}}\left(\frac{q}{\dot{m}}\right)\right]^{1/2} \tag{8.18}$$

从公式（8.18）可以看出，爆炸传播速率主要取决于单位质量反应物的放热量，又取决于燃料发热量和空气燃料比。初始温度和初始压力可以影响单位质量反应物的放热量。预热初始气体混合物会导致更多的产物最终分解，从而降低爆炸速度，而增加初始压力会减少分解从而增加爆速。使用热力学平衡程序来计算 Chapman-Jouguet 爆炸性质，部分具有代表性的结果如表 8.2 所示。燃料空气比和初始压力对甲烷-空气爆炸的影响如图 8.9所示。

表 8.2 在 298K 和 1atm 初始条件下，计算的几种气体混合物爆炸性质

反应物							
燃料（1mol）	C_2H_2	C_2H_2	CO	H_2	H_2	CH_4	C_3H_8
O_2/mol	2.5	2.5	0.5	0.5	0.5	2	5
N_2/mol	0	9.32	0	0	1.88	7.52	18.8
爆炸产物（摩尔分数）							
CO_2	0.0930	0.0880	0.4033	0	0	0.0696	0.0836
H_2O	0.0872	0.0615	0	0.5304	0.2943	0.1721	0.1384
O_2	0.1167	0.0221	0.1659	0.0486	0.0078	0.0098	0.0116
CO	0.3463	0.0660	0.3813	0	0	0.0235	0.0300
OH	0.1157	0.0146	0	0.1370	0.0183	0.0097	0.0099
O	0.1288	0.0056	0.0495	0.0386	0.0021	0.0012	0.0015
H	0.0746	0.0039	0	0.0811	0.0060	0.0017	0.0017
NO	0	0.0169	0	0	0.0078	0.0072	0.0085
H_2	0.0370	0.0062	0	0.1641	0.0317	0.0085	0.0072
N_2	0	0.7152	0	0	0.6319	0.6967	0.7076
爆炸参数							
$V_D/m \cdot s^{-1}$	2425	1867	1799	2841	1971	1804	1801
Ma_D	7.36	5.41	5.24	5.28	4.84	5.11	5.31
T_{prod}/K	4214	3113	3525	3682	2949	2780	2823
p_{prod}/p_{react}	33.87	19.13	13.98	18.85	15.62	17.20	18.27
γ_{prod}	1.152	1.157	1.125	1.129	1.163	1.169	1.166
$\alpha_{prod}/m \cdot s^{-1}$	1317	1027	977	1545	1092	999	994
M_{prod}	23.3	28.4	34.5	14.5	23.9	27.0	27.7

来自：Soloukhin，R.I，Shock Waves and Detonations in Gases，Mono Book，Baltimore，MD，1966。

例 8.1 在 1atm 和 25℃下，存在大量含有甲烷和空气的化学计量混合物。使用表 8.1 中给出的爆速，计算爆炸波后压力、温度和气体速度的近似值。

解：甲烷-空气反应的化学计量平衡方程是：

$$CH_4 + 2(O_2 + 3.76N_2) \longrightarrow CO_2 + 2H_2O + 7.52N_2$$

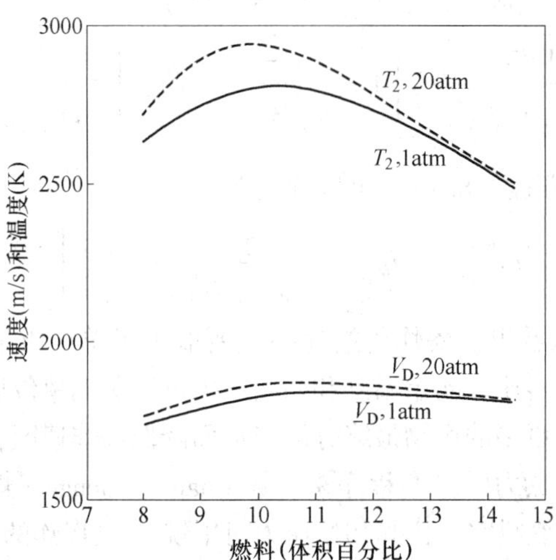

图 8.9　在 298K 温度和 1atm 及 20atm 下，在贫乏和富余极限之间，甲烷-空气混合物的 Chapman-Jouquet 爆炸速度和产物温度

（化学计量甲烷-空气混合物中甲烷含量为 9.51%）

由此得出，化学计量的甲烷-空气混合物的分子量为：

$$M_{react} = \frac{\frac{1kgmol_{CH_4}}{1}\cdot\frac{16kg_{CH_4}}{kgmol_{CH_4}} + \frac{9.52kgmol_{air}}{1}\cdot\frac{29kg_{air}}{kgmol_{air}}}{10.52kgmol_{react}}$$

$$M_{react} = 27.8kg/kgmol$$

从表 8.1 中：　　$\underline{V}_D = \underline{V}_{react} = 1800m/s$

反应物音速为：

$$a_{react} = (\gamma R_{react} T_{react})^{1/2} = \left[1.4\left(\frac{8314kg\cdot m^2/s^2}{kgmol\cdot K}\cdot\frac{kgmol}{27.8kg}\right)(298K)\right]^{1/2} = 353m/s$$

而马赫数为：　　$Ma_{react} = \frac{1800}{353} = 5.10$

利用公式（8.15）和式（8.16）：

$$p_{prod} = (1atm)\frac{1+1.4\times5.10^2}{1+1.4} = 15.6atm,\quad T_{prod} = (298K)\frac{1+1.4\times5.10^2}{5.10^2(1+1.4)^2} = 2784K$$

得出的压力 p_{prod} 低于表 8.2 中给出的更精确的计算，温度 T_{prod} 略高。需要注意的是，如果在公式 8.14 的分母中使用表 8.2 中的 $\gamma_{prod}=1.169$，那么就能预测 p_{prod} 的正确值。产物音速是：

$$a_{react} = \left[1.4\left(\frac{8314kg\cdot m^2/s^2}{kgmol\cdot K}\cdot\frac{kgmol}{27.8kg}\right)(2784K)\right]^{1/2} = 1080m/s$$

使用 Chapman-Jouguet 条件和方程（8.5）来获得室内固定坐标中爆炸后的速度：

$$\underline{V}_{prod} = \underline{V}_D - a_{prod} = 1800 - 1080 = 720m/s$$

因此，室内固定坐标中爆炸波后的马赫数为：

$$Ma_{prod} = \frac{720m/s}{1080m/s} = 0.667$$

例 8.2 在 1atm 和 25℃下，存在大量含有甲烷和空气的化学计量混合物。利用甲烷的低位发热值计算混合物的爆炸马赫数，并将结果与表 8.2 进行比较。

解： 从表 2.2 可以看出甲烷的低位热值是 50MJ/kg。甲烷-空气反应的化学计量平衡方程是：

$$CH_4 + 2(O_2 + 3.76N_2) \longrightarrow CO_2 + 2H_2O + 7.52N_2$$

忽略分解（虽然它肯定是重要的），反应的热量估算为：

$$\frac{q}{\dot{m}} = \frac{50\text{MJ}}{\text{kg}_{CH_4}} \cdot \frac{16\text{kg}_{CH_4}}{(16 + 9.52 \times 29.0)\text{kg}_{\text{react}}} = 2739\text{kJ/kg}_{\text{react}}$$

使用公式（8.18）中的 $\gamma = 1.4$ 和 $c_{p,\text{react}} = 1.0\text{kJ/kg}$，得到：

$$Ma_{\text{react}} = \left[\frac{2(1.4 + 1)}{(1.0\text{kJ/kg} \cdot \text{K})298\text{K}}(2739\text{kJ/kg})\right]^{1/2} = 6.6$$

使用公式（8.17），$\breve{M}a_{\text{react}} = 6.8$。但是表 8.2 是基于反应混合物的热化学计算，给出 $\breve{M}a_{\text{react}} = Ma_{\text{D}} = 5.1$。但是由于产物的离解，我们选择的热释放太大，所以产生了错误。此外，公式（8.17）和式（8.18）假定了恒定的分子量与恒定的比热比 γ。放热完成后的恒定比热爆炸模型高估了爆炸马赫数，但是给出了正确的趋势。

8.4 持续和脉冲爆炸

可以通过火焰固定器或通过特殊的流动模式如旋涡稳定器来固定火焰。同样，通过建立装置可以稳定正常冲击波背后的爆炸。图 8.10 中显示了三种这样的设计。由于没有观察到三维横波，所以出现了这样的问题，即它们是否是真正的爆炸。然而，爆炸的发生确实会迫使正常的冲击波重新调整到新的上游位置，因此它们被认为是爆炸。人们已经尝试用稳定爆炸波来开发化学激光器。

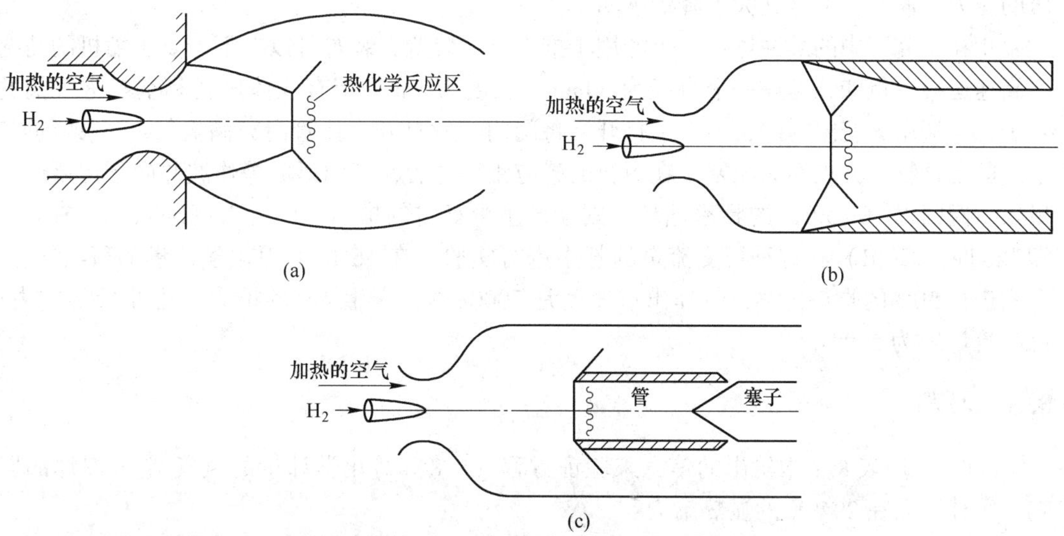

图 8.10 稳定爆炸实验在过度膨胀喷嘴的冲击瓶后面（a），两个倾斜冲击的马赫杆上（b）以及通过塞子堵塞管的边缘上的正常冲击波后面（c）

（引自：Strehlow，R. A，Liaugminas，R.，Watson，R. H，and Eyman . J. R.，Transverse Wave Structure in Detonations，Symp.（Int.）Combust. 11：683~692，The Combustion Institute，Pittsburgh，PA，1967）

英国、苏联和美国已经研究了在连续补充新鲜可燃物的环空中的持续爆炸波概念。利用如图 8.11 所示的环形室。将气体燃料如甲烷或氢气以及空气或氧气引入到供给两个喷嘴环的歧管中。喷嘴喷射，混合，并将可爆炸混合物输入燃烧室。爆炸波由切向引入环空的高温高压气体脉冲引发。爆炸波在环空中传播，波前的高压逐渐衰减，新生成的反应物流入燃烧室，产物排出燃烧室。

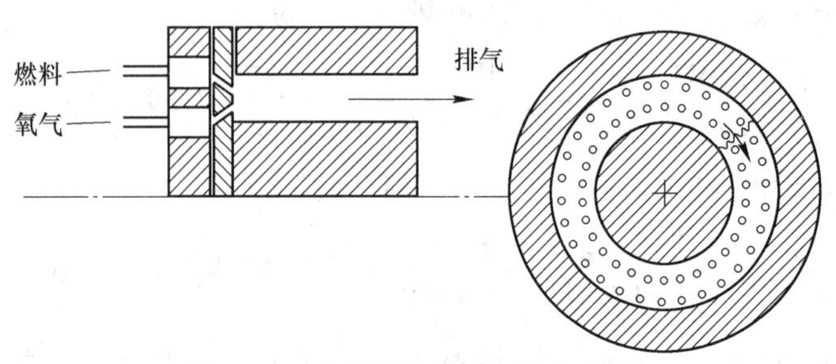

图 8.11　旋转爆轰燃烧器的概念图

（引自：Nicholls，J. A. and Dabora，E. K.，Recent Results on Standing Detonation Waves，Symp.（Int.）Combust. 8：644~655，The Combustion Institute，Pittsburgh，PA，1961，The Combustion Institute 授权）

因为爆炸传播速度比火焰快数千倍，如果旋转的爆炸能够持续，单位体积放热量的增加将是巨大的。已经有人提出了在环形燃烧室的末端使用喷嘴并且制造旋转爆炸波火箭发动机的建议。其他人提出了旋转爆炸波燃气轮机燃烧器，从环形室排出的燃烧产物的高频高速旋流也许能在短距离内有效地与稀释空气混合。这样的设计可能会降低在涡轮入口处温度的周向变化，同时也减小了燃烧器的尺寸。

然而，旋转爆炸波燃烧并不是没有问题。它会趋向于形成多波，不能提供足够的新鲜燃料，最终燃烧过程不断衰落直至爆燃。唯一能够证实阻止多波形成的方式是在低于大气压的压力下操作，但这又大大降低了功率。

正在研究管中的脉冲爆炸，可能用于推力产生装置，装置可以在不需要压缩机的情况下高速运转。例如，考虑一个直径为 50mm、长度为 1m 的带有气体燃料和空气进气阀的管子，一端用火花塞封闭，另一端打开。将阀门短暂打开，让管内充满氢气-空气或丙烷-空气的混合物，并点燃火花塞。在短暂的感应距离之后，管内形成爆炸波并向下传播。如果入口阀门以 10~50Hz 的频率循环，则会产生半稳定的推力。已有人（Schauer、Stutrud 和 Bradley，2001）在这种可变流量的管中进行实验。在 16Hz 下用化学计量的氢-空气混合物进行 50%的吹扫比率，爆炸出口速度是 2000m/s，产生 4lb 的推力，比冲量（推力/燃料流量）为 5000s。

8.5　习题

8-1　使用表 8.2 中给出的信息来验证方程（8.8）对化学计量的氢气-空气爆炸的影响。每种产品在 2949K 的显热焓为：

产　物	h_s/MJ · kgmol^{-1}
H_2O	123.52
O_2	96.06

续表

产 物	h_s/MJ · kgmol^{-1}
OH	87.71
O	30.84
H	30.63
NO	93.06
H_2	86.85
N_2	90.85

8-2 使用表 8.2 中化学计量比氢气-空气混合物的爆炸马赫数将方程式（8.15）和式（8.16）与表 8.2 中 p_{prod}/p_{react} 和 T_{prod} 进行比较。

8-3 使用表 8.2 中化学计量比丙烷-空气混合物的爆炸马赫数将方程式（8.15）和式（8.16）与表 8.2 中 p_{prod}/p_{react} 和 T_{prod} 进行比较。

8-4 对于标准初始条件下的甲烷和空气混合物，使用公式（8.18）计算在化学计量和在贫乏极限和富余极限下的爆速。评论公式（8.18）的有效性。图 8.9 显示了甲烷-空气爆炸的贫乏极限和富余极限。

8-5 在标准初始条件使用公式（8.18）来计算化学计量的丙烷-空气混合物的爆速，评论方程（8.18）的有效性。

8-6 使用表 8.2 中给出的丙烷-空气混合物的信息来计算爆炸后气体相对于实验室坐标的速度，是亚音速还是超音速?

8-7 化学计量的汽油蒸气-空气混合物在初始 300K 和 1 个大气压下被等熵压缩到其初始体积的 1/8。如果爆炸发生在压缩之后，估算可能产生的峰值压力和温度。使用表 2.4 和表 3.1 中给出的汽油数据，使用附录 C 中给出的 N_2 的比热，假定 $\gamma=1.4$。

8-8 对于贫乏爆炸极限下的甲烷-空气爆炸，估计可能产生的峰值压力。假设反应物是在 20℃ 和 1 个大气压下，并使用一维模型，评论一维模型的有效性。甲烷-空气爆炸的贫燃极限如图 8.9 所示，使用表 2.2 中给出的甲烷数据，使用附录 C 给出的 N_2 的比热，假定 $\gamma=1.4$。

8-9 用 3mm 壁钢管爆破 0.5m 直径需要的压力是多少? 假设钢的屈服应力为 250MPa，如果管中的初始压力是 1 个大气压，基于爆炸反应区末端的压力，多大的马赫数会产生这个压力。对于薄壁管而言：

$$\sigma = \frac{pr_0}{t}$$

其中，σ 是应力，p 是管内压力，r_0 是管半径，t 是管的厚度，假设 $\gamma=1.4$。

参 考 文 献

[1] Anderson T J, Dabora E K. Measurements of Normal Detonation Wave Structure Using Rayleigh Imaging, Symp (Int) Combust. 24: 1853~1860, The Combustion Insutute, Pittsburgh, PA, 1992.

[2] Bowen J R, Ragland K W, Steffes F, et al. Heterogeneous Detonation Supported by Fuel Fogs or Films, Symp. (Int.) Combust. 13: 1131~1139, The Combustion Institute, Pittsburgh, PA, 1971.

[3] Cullen R E, Nicholls J A, Ragland K W. Feasibility Studies of a Rotating Detonation Wave Rocket Motor, J. Spacer. Rockets 3 (6): 893~898, 1966.

[4] Edwards B D. Maintained Detonation Waves in an Annular Channel: A Hypothesis Which Provides the Link Between Classical Acoustic Combustion Instability and Detonation Waves, Symp. (Int.) Combust. 16: 1611~1618, The Combustion Institute, Pittsbuegh, PA, 1977.

[5] Gordon S, McBride B J. Computer Program for Calculation of Complex Chemical Equilibrium. Compositions, Rocket Performancd. Incident and Reflected Shocks and Chapman-Jouguet Detonations, NASA-SP-273, 1976.

[6] Kailasanath K, Oran E S, Boris J P, et al. Determination of Detonation Cell Size and the Role of Transverse Waves in Two-Dimensional Detonations, Combust. Flame 61 (3): 199~209, 1985.

[7] Knystautas R, Guirao C, Lee J H, et al. Measurement of Cell Size in Hydrocarbon-Air Mixtures and Predictions of Critical Tube Diameter, Critical Initiation Energy, and Detonability Limits, Prog. Astronaut. Aeronaut. 94: 23~37, 1984.

[8] Kuo K K. Detonation and Deflagration Waves of Premixed Gases, in Principles of Combustion, 354~435. 2nd ed., John Wiley & Sons, Hoboken, NJ, 2005.

[9] Law C K. Combustion in Supersonic Flows, in Combustion Physics, 634~686, Cambridge University Press, Cambridge, UK, 2006.

[10] Lee J H S. Dynamic Parameters of Gaseous Detonations, Annu. Rev. of Fluid Mech. 16: 311~336, 1984.

[11] Nicholls J A, Dabora E K. Recent Results on Standing Detonation Waves, Symp. (Int.) Combust. 8: 644~655, The Combustion Institute, Pittsburgh, PA, 1961.

[12] Oppenheim A K, Urtiew P A, Weinberg F J. The Use of Laser-Light Sources in Schlieren-Interferometer Systems, Proc. Royal Soc., A 291 (1425): 279~290, 1966.

[13] Schauer F, Stutrud J, Bradley R. Detonation Initiation Studies and Performance Results for Pulsed Detonation Engine Applications, 39th AIAA Aerospace Sciences Meeting, Reno, NV, 2001.

[14] Shchelkin K I, Troshin Ya K. Gas Dynamics of Combustion translated from "Gazodinamika Goreniya", Moscow Izd. Akad. Nauk SSSR, 1963, NASA Technical Translation NASA-TT-F-231, Washington, DC, 1964.

[15] Soioukhin R I. Shock Waves and Detonations in Gases, Mono Book, Baltimore, MD, 1966.

[16] Strchlow R A, Liaugminas R, Watson R H, et al. Transverse Wave Structure in Detonations, Symp. (Int.) Combust. 11: 683~692, The Combustion Institute Pittsburgh, PA, 1967.

[17] Strehlow R A. Detonations, Chap. 9 in Combustion Fundamentals, McGraw-Hill, New York, 1984.

[18] Taki S, Fujiwara T. Numerical Simulation of Triple Shock Behavior of Gaseous Detonation, Symp. (Int.) Combust. 18: 1671~1681, The Combustion Institute, Pittsburgh, PA, 1981.

[19] Williams F A. Detonation Phenomena, Chap. 6 in Combustion Theory, Westview Press, Boulder, CO, 2nd ed., 1994.

第三篇

液体燃料的燃烧

燃油炉，燃气轮机燃烧器和柴油发动机包含喷雾燃烧，类似于气体爆炸，液体燃料也可以以爆炸模式燃烧。本篇首先讨论液体燃料的喷雾，然后讨论了在燃油炉、燃气轮机和柴油机中的喷雾燃烧。在阅读第三篇之前，希望读者先复习回顾第 2 章中有关液体燃料的内容。

9 喷雾的形成和液滴行为

与气体燃料燃烧不同，液体燃料必须先被汽化然后燃烧，因此燃烧过程更加复杂。在气体燃料燃烧系统的分析中，我们关注的是燃料的能量密度、反应速率、放热速率、火焰温度和火焰速度，所有这些因素都联系在一起。在液体燃料燃烧系统的分析中，我们也是关注燃料的能量密度、反应速率、放热率、火焰温度和火焰速度，但速率项现象是燃料的蒸发。

学习本书的学生可能会在此时提出疑问，第二篇“气体和汽化燃料的燃烧”中讨论了火花点火引擎。汽油是汽化后燃烧的液体。汽油在火花点火发动机中的汽化和燃烧与我们在此讨论的情况有什么不同？不同之处在于，在火花点火发动机中，汽油汽化和汽油燃烧是分离的独立过程，也就是说，汽油首先被汽化并与空气混合，然后被引入到燃烧环境（汽缸）中。我们将在本书第三篇考察液体燃料燃烧系统，液体燃料进入燃烧室，然后作为燃烧过程的一部分蒸发。

几乎所有的液体燃料燃烧时，液体燃料进入燃烧室，被分解成细小的液滴喷雾，然后被引入燃烧的炉子和锅炉。燃气涡轮机和柴油发动机通过液体燃料喷雾液滴来增加燃料表面积，从而增加汽化和燃烧速率。举例来说，将一个 3mm 的液滴分解成 30μm 的液滴会生成一百万个液滴，所以燃料的表面积增加了 100 倍。由于液滴燃烧速度与直径的平方近似成反比，假设在相同的环境条件下燃烧液滴，在这个例子中燃烧速度就增加了一万倍。因此使用喷雾是很有必要的，良好的雾化（创造细致均匀的喷雾）是完全燃烧和低排放的关键。

在将液体燃料喷射到燃烧室中时，液滴分解成大量不同尺寸和速度的小液滴。一些小液滴可能继续破碎，一些小液滴可能在碰撞中重新组合，这取决于喷雾的密度和环境条件。一旦燃料破碎成液滴，就开始汽化。燃料蒸汽与周围的气体混合，如果周围存在高温的空气或者明火，就会引发蒸汽-空气混合物的燃烧。燃烧的热产物与未燃烧的燃料-空气蒸汽和液滴混合，如果给予足够的时间或燃烧室长度，燃料将完全转化为燃烧产物。

本章将讨论喷雾形成机理、液滴尺寸分布、喷嘴类型和液滴汽化，为后续章节中研究液体燃料在燃烧炉、锅炉、燃气轮机和柴油发动机中的燃烧提供基础。

9.1 喷雾的形成

喷雾形成的方式有很多种。液体燃料喷雾通常通过加压喷射雾化或喷气雾化来形成。在加压喷射雾化中，通过加压液体并迫使液体相对周围的空气以高速通过喷嘴从而形成喷雾。空气喷射雾化则通过相对缓慢移动的液体射流与高速气流撞击而产生喷雾。

当液体射流从孔口流入气体时，可从液体的拉伸或变窄开始顺序地可视化观察到破碎机制，随后在液体中出现波纹、突起和韧带，这导致液体迅速地塌陷成液滴。随后由于液滴的振动和剪切而发生进一步的破碎，并且如果喷雾不稀释，在碰撞过程中一些液滴会形成团聚体。喷雾形成和液滴破裂的图像可参见 Saminy（2004）和 Van Dyke（1982）等人拍摄的照片。

喷雾形成的过程可用三个无量纲准数表征，它们是：

（1）喷射雷诺数（惯性力与黏性力的比值）：

$$Re_{jet} = \frac{\rho_\ell V_{jet} d_{jet}}{\mu_\ell} \tag{9.1}$$

（2）喷射韦伯数（惯性力与表面张力之比）：

$$We_{jet} = \frac{\rho_g V_{jet}^2 d_{jet}}{\sigma} \tag{9.2}$$

（3）奥内佐格数（黏滞力与表面张力之比）：

$$Oh = \frac{\mu_\ell}{\sqrt{\rho_\ell \sigma d_{jet}}} = \frac{[(\rho_\ell/\rho_g) We_{jet}]^{1/2}}{Re_{jet}} \tag{9.3}$$

式中，下标 jet、ℓ 和 g 分别指进入的射流、雾化液体的性质以及液体射流被雾化为气体的性质。例如，参数 d_{jet} 是未分布射流的直径，σ 是液体的表面张力。

当液体流入孔口时，在液体中产生涡流，射流形成一个更宽的圆锥形片，并以和普通射流相似的波浪状的方式破裂（见图 9.1）。来自平面或旋流式孔口的喷雾在空气中静止之前穿过一定的距离。上述三个无量纲数对于描述液滴尺寸、喷雾角度和渗透三者之间的关系是有用的。对于由空气动力学破碎（空气喷射雾化）引起的液体射流破裂时，雷诺数和韦伯数是由液滴来定义的，而不是从喷射角度定义，并且用到了空气密度、相对于气体的液滴速度和液滴直径等数据。即，液滴雷诺数和韦伯数分别是：

$$Re_{drop} = \frac{\rho_g V_{drop} d_{drop}}{\mu_g} \tag{9.4}$$

$$We_{drop} = \frac{\rho_g V_{drop}^2 d_{drop}}{\sigma} \tag{9.5}$$

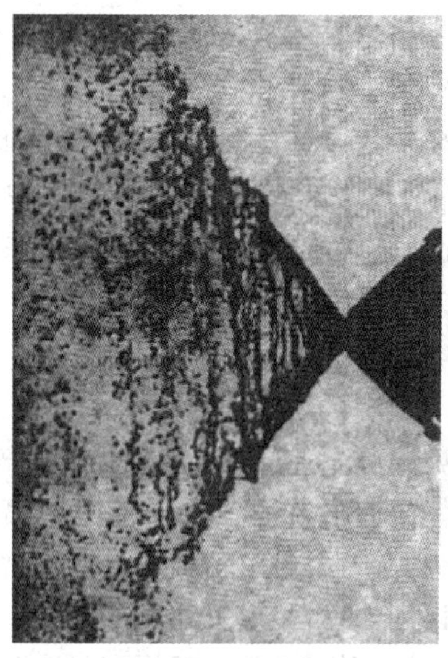
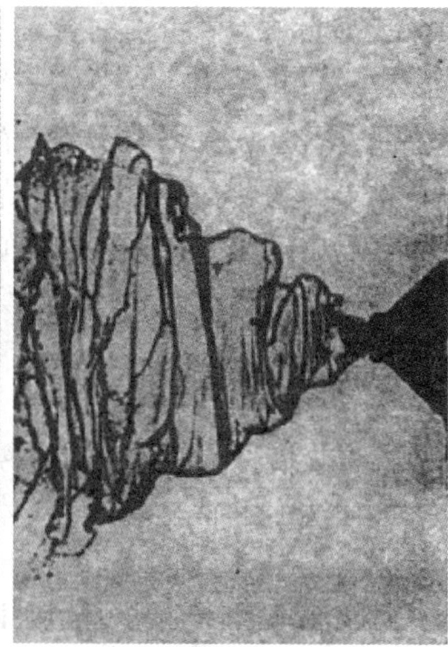

图 9.1　旋涡孔板在静止的空气中形成一个薄锥形射流，干扰增长直到薄片分解成液滴
（引自：Van Dyke，M，An Album of Fluid Montion.，Parabolic Press，10th ed.，Stanford，CA. 1982. Courtesy of H. E. Fiedler，Technical University of Berlin）

当 We_{drop} >12 时，液滴破裂。当 We_{drop} 值更大时，小液滴从母液滴中剥离，因为母液滴变形为椭圆形状，其主轴垂直于气流。这种微滴脱落机制发生的条件如下：

$$\frac{We_{drop}}{\sqrt{Re_{drop}}} > 0.7 \tag{9.6}$$

在高压和高温下（远高于液体临界点），在氦气中观察液态 CO_2 液滴下降的现象表明，随着环境压力和温度升高，液滴首先破碎，然后在更高的压力和温度下完全瓦解。这种现象表明，液滴表面混合物已经达到其热力学临界点，表面张力可以忽略不计。

例 9.1 一个 15μm 的燃料液滴以相对于周围空气 200m/s 的速度移动，燃料密度为 850kg/m³，表面张力 σ 为 0.031N/m。空气被压缩到 6.2MPa 和 864K，空气的密度是 25kg/m³。计算液滴韦伯数和液滴雷诺数。判断燃料液滴是否会破碎？

解：

$$We_{drop} = \frac{\rho_g V_{drop}^2 d_{drop}}{\sigma} = \frac{25\text{kg}}{\text{m}^3} \cdot \left(\frac{200\text{m}}{\text{s}}\right)^2 \cdot \frac{15 \times 10^{-6}\text{m}}{1} \cdot \frac{\text{m}}{3.1 \times 10^{-2}\text{N}} = 500$$

通过附录 B 的线性插值可得到：

$$\mu_g = 3.819 \times 10^{-5}\text{kg/ms}$$

$$Re_{drop} = \frac{\rho_g V_{drop} d_{drop}}{\mu_g} = \frac{25\text{kg}}{\text{m}^3} \cdot \frac{\text{m} \cdot \text{s}}{3.819 \times 10^{-5}\text{kg}} \cdot \frac{200\text{m}}{\text{s}} \cdot \frac{15 \times 10^{-6}\text{m}}{1} = 1960$$

$$\frac{We_{drop}}{\sqrt{Re_{drop}}} = \frac{500}{\sqrt{1960}} = 11$$

液滴会破碎，因为 $We_{drop} > 12$，并且 $\frac{We_{drop}}{\sqrt{Re_{drop}}} > 0.7$。

注意韦伯数是惯性力与表面张力之比，可见在这种情况下表面张力非常弱。在此基础上，预计液滴会严重破碎。

9.2 液滴尺寸分布

使用各种光学技术可测量喷雾中的液滴尺寸。例如，可以使用短脉冲激光来穿透喷雾并照亮高分辨率数字相机屏幕，然后将来自相机的数字图像传送到计算机，并使用颗粒尺寸分析软件分析获得的图像来建立粒径分布。通过双脉冲激光，可以获得粒径尺寸和速度分布。通过在给定的时间对给定体积中的液滴进行计数来获得空间分布。通过计数所有通过给定表面的液滴来获得时间分布。

通常将液滴尺寸分布测试结果绘制为直方图，如图 9.2 所示，其中，ΔN_i是在尺寸间隔 Δd_i中计数液滴的分数。随着尺寸间隔 Δd_i变得越来越小，直方图将微分数字分布的形式 $\mathrm{d}N_i/\mathrm{d}d$ 作为直径的函数。计算液滴尺寸分布的另一种方法是绘制累积数量分数 CNF_k，液滴分数小于给定液滴直径，d_k。

$$CNF_k = \frac{\sum_{i=1}^{k}(d_i \Delta N_i)}{\sum_{i=1}^{\infty}(d_i \Delta N_i)} \tag{9.7}$$

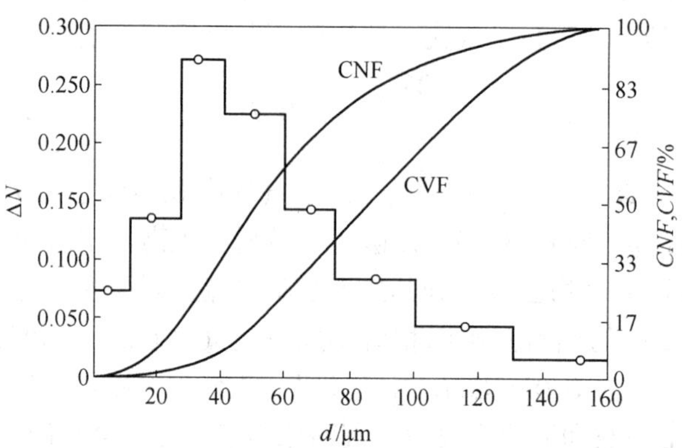

图 9.2　例 9.2 中液滴尺寸的分布

累积体积分数，*CVF*，是所有小于 d_k尺寸的液滴的体积分数：

$$CVF_k = \frac{\sum_{i=1}^{k}(d_i^3 \Delta N_i)}{\sum_{i=1}^{\infty}(d_i^3 \Delta N_i)} \tag{9.8}$$

直方图可以用一个连续的平滑曲线来代替，并且用积分代替总和来得到：

$$CVF = \int_0^d \left[d^3 \cdot \frac{\mathrm{d}N}{\mathrm{d}d}\right]\mathrm{d}d \tag{9.9}$$

平均液滴体积由下式得到：

$$\bar{V}_{\mathrm{drop}} = \frac{\pi}{6}\sum_i (d_i^3 \Delta N_i) \tag{9.10}$$

有五种不同的直径测量值用来描述液滴分布的平均大小。它们分别是最可几直径、平均直径、面积平均直径、体积平均直径和 Sauter（索特）平均直径。

（1）最可几液滴直径是指具有最大几率液滴的液滴直径。

（2）平均直径（$\bar{d}_1$）是基于每一直径液滴分数的一组液滴的平均直径：

$$\bar{d}_1 = \sum_{i=1}^{\infty}(d_i \Delta N_i) \tag{9.11}$$

（3）面积平均直径（*AMD* 或 $\bar{d}_2$）是基于具有给定液滴表面积分数的平均直径：

$$AMD = \bar{d}_2 = \left[\sum_{i=1}^{\infty}(d_i^2 \Delta N_i)\right]^{1/2} \tag{9.12}$$

（4）体积平均直径（*VMD* 或 $\bar{d}_3$）是基于给定体积的液滴分数的平均直径：

$$VMD = \bar{d}_3 = \left[\sum_{i=1}^{\infty}(d_i^3 \Delta N_i)\right]^{1/3} \tag{9.13}$$

（5）Sauter 平均直径（*SMD* 或 $\bar{d}_{32}$）用于多种喷雾型号，*SMD* 是 *VMD* 除以 *AMD* 得到的：

$$SMD = \bar{d}_{32} = \frac{\sum_{i=1}^{\infty}(d_i^3 \Delta N_i)}{\sum_{i=1}^{\infty}(d_i^2 \Delta N_i)} \tag{9.14}$$

例 9.2　已经通过实验获得下面的液滴尺寸分布数据：确定尺寸分布、累积数量分数和累积体积分数分布。确定最可几直径、平均直径、面积平均直径、体积中值直径和Sauter 平均直径。

尺寸间隔/μm	液滴数
0~10	80
11~25	150
26~40	300
41~60	250
61~75	160
76~100	95
100~130	50
131~170	20
171~220	0
全部（0~220）	1105

解：

	1	2	3	4	5	6	7
	d_i/μm	ΔN_i	$d_i \Delta N_i$	CNF/%	$d_i^2\ \Delta N_i$	$d_i^3\ \Delta N_i$	CVF/%
	5	0.072	0.36	0.7	1.8	9	0.003
	18	0.136	2.44	5.8	44.0	791	0.3
	33	0.272	8.96	24.3	295.7	9757	3.8
	50.5	0.226	11.42	47.8	576.9	29132	14.4
	68	0.145	9.85	68.0	669.6	45530	31.0
	88	0.086	7.56	83.6	665.7	58586	52.2
	115.5	0.045	5.23	94.4	603.6	69721	77.6
	150.5	0.018	2.74	100	410.0	61700	100
	195.5	0.000	0	100	0	0	100
总计	—	1.000	48.5	—	3267	275226	—

粒径分布在第 2 列中给出，是特定粒径间隔内的液滴数量除以液滴总数（1105）得到的。*CNF* 和 *CVF* 分别在第 4 和第 7 列中给出。粒径分布，*CNF* 和 *CVF* 如图 9.2 所示。

（1）从第 2 列可见，最可几直径 = 33μm。

（2）从第 3 列的总和中可以看出，平均直径 = 48μm。

（3）面积平均直径是第 5 列之和的平方根：$d_2 = \sqrt{3267} = 57\mu m$。

（4）体积平均直径是第 6 列之和的立方根：$d_3 = \sqrt[3]{275226} = 65\mu m$。

（5）Sauter 平均直径是第 6 列之和除以第 5 列之和：$\bar{d}_{32}$ = 275226/3267 = 84μm。

有很多种方程可以用来描述液滴粒径分布函数。常用的一种可以追溯到 Nukiyama 和 Tanasawa 的早期工作（1939），a、b、c 和 q 是经验导出的参数。

$$\frac{\mathrm{d}(VF)}{\mathrm{d}(d)} = ad^b\exp(-cd^q) \tag{9.15}$$

这里，VF 是体积分数。如果液体密度不变，VF 也代表质量分数。

累积体积分布通常由 Rosin-Rammler 分布（Rosin 和 Rammler，1933）表示，这种分布最初用于破碎的粉末：

$$CVF_i = 1 - \exp[-(d/d_0)^q] \tag{9.16}$$

参考直径 d_0 的选择如下：

$$CVF_i = 1 - \exp(-1) = 63.2\%$$

指数 q 可以通过数据的非线性曲线拟合得到：

$$(d_i/d_0)^q = \ln[(1 - CVF_i)^{-1}] \tag{9.17}$$

在例 9.2 中，可以从第 7 列的线性插值得到 d_0 = 100μm。对公式（9.17）的数据进行非线性曲线拟合得到 q = 2.7。图 9.3 显示了以图形方式估算累积体积分数。

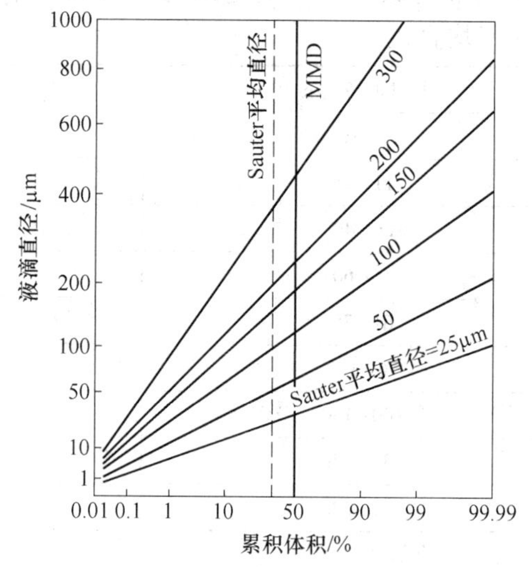

图 9.3　用于估算给定液滴尺寸下的累积体积分数的绘图

（引自：Simmons，H. C，The Correlation of Drop-Size Distributions in Fuel Nozzle Sprays. Parts Ⅰ and Ⅱ，J. Eng. Power 99（3）：309～319，1977，经 ASME 许可）

9.3　燃油喷射器

喷油器应能提供渗透性好和分散性好的小液滴，并允许其与燃烧空气充分混合。所需的雾化程度主要取决于可用于汽化、混合和燃烧的时间。首先，我们将讨论稳定流量喷射器，然后讨论间歇喷射器。

9.3.1　稳流喷射器

最简单的喷射器是具有长度为 L、孔径为 d_{orf} 的孔板中注入静止空气。根据流体黏度和表面张力，喷雾锥角在 5°和 15°之间。由 Tanasawa 和 Toyoda（1955）提出的平面孔口的 Sauter 平均直径（SMD）的关系式是：

$$SMD = 47\frac{d_{\mathrm{orf}}}{V_{\mathrm{jet}}}\left(\frac{\sigma}{\rho_{\mathrm{g}}}\right)^{0.25}\left(1 + 331\frac{\mu_\ell}{(\sigma\rho_\ell d_{\mathrm{orf}})^{0.5}}\right) \tag{9.18}$$

公式（9.18）中的所有变量均以标准 SI 单位给出，例如 m、s、m/s、kg/m³ 和 N/m。需要注意的是，公式（9.18）（以及许多下面的公式）并不是基于无量纲的数字，而是代表曲线拟合数据使用特定的单位。读者需要注意各种情况，以确保使用正确单位。

图 9.4 所示的单纯旋流式雾化器在平面孔口上进行液滴分散有了明显的进步。雾化器中的切向斜坡给流体赋予角动量，使得流体形成中空的锥体，从孔口出来，从而在锥体内部形成空气核心涡流。喷射角度可以很大（高达 90°），d_s/d_{orf}比值应为 3.3 左右，以获得最高的流出系数。孔口的 L/d_{orf} 比应尽可能小，但实际使用中将其限制在 0.2~0.5 范围内。

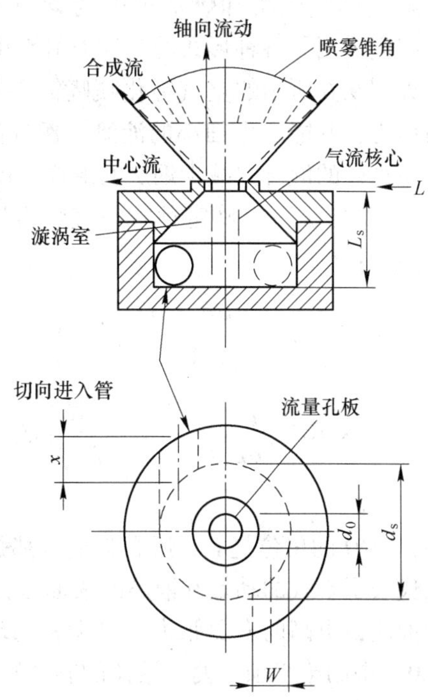

图 9.4 单纯压力旋流雾化器

压力旋流雾化器的 Sauter 平均直径取决于液体表面张力和黏度、液体的质量流量以及雾化器两端的压降。Radcliffe 提出的关系式（参见 Lefebvre，1989）是：

$$SMD = 7.3\sigma^{0.6}\upsilon_{\ell}^{0.2}m_{\ell}^{0.25}\Delta p^{-0.4} \quad (9.19)$$

这里，*SMD* 的单位是 μm，所有其他参数都是标准的 SI 单位。

图 9.5 显示了从一个典型的压力旋流型喷嘴获得的基于质量和密度的液滴尺寸分布。这个喷雾器的平均 *SMD* 大约为 45μm，在出口下端 50mm 处，喷雾直径为 10cm，*SMD* 从边缘处的 80μm 变化到轴处的 10μm。体积分数在离轴约 4cm 时达到峰值。

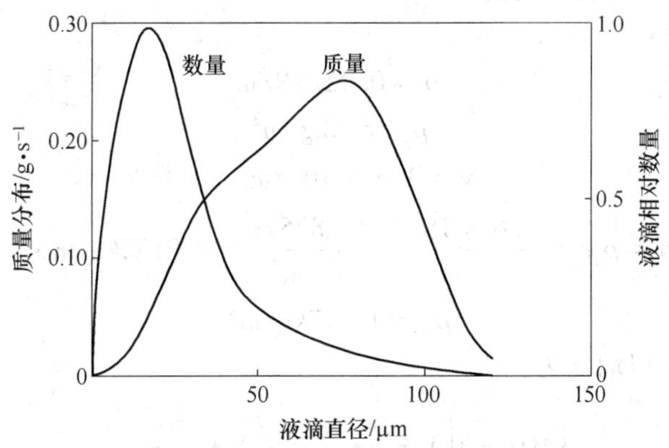

图 9.5 锥角为 80°的压力旋流雾化器的液滴测量尺寸分布

（雾化器两端的压差为 689kPa；燃料是飞机燃气轮机测试Ⅱ型燃料）

（引自：data of Dodge，L. G. anc，5chwalb，J. A.，Fuel Spray Evolution；Comparison of Experiment and CFD Simulation of Nonevaporating Spray，. J. Eng. Gas Turbines Power 111（1）：15~23，1989，经 ASME 许可）

旋流雾化器的流量与喷射压差的平方根成正比。对于飞机涡轮机可能需要 20∶1 的流量范围，较高的流量需要大约 400atm 的压力，以确保在最低流量速率下的操作令人满意。这样的压力代表了柴油喷射压力的下限，但是对于燃气轮机或燃烧炉的大流量而言太高。

为了解决燃气轮机和燃油炉中的燃料消耗问题，我们采用了各种形式的空气喷射雾化器。

如图 9.6 所示的空气雾化喷嘴需要较低的燃料压力，并能产生细小的液滴。额外的空气能产生良好的混合并减少烟灰的形成。Lefebvre (1989) 给出了一个确定预吹空气喷雾器 *SMD* 的表达式：

$$SMD = 3.33 \times 10^{-3}\left(\frac{\sigma\rho_\ell d_p}{\rho_{air}^2 V_{air}^2}\right)^{0.5}\left(1+\frac{\dot{m}_\ell}{\dot{m}_{air}}\right) + 13 \times 10^{-3}\left(\frac{\mu_\ell^2}{\sigma\rho_\ell}\right)^{0.425}\left(1+\frac{\dot{m}_\ell}{\dot{m}_{air}}\right)^2 d_p^{0.575} \tag{9.20}$$

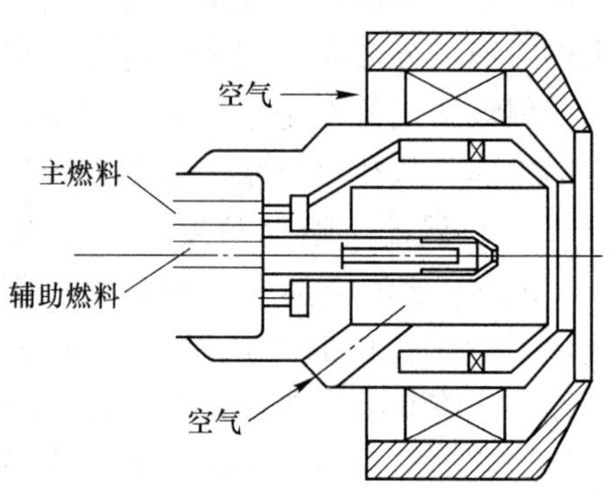

图 9.6　具有导入辅助燃料的用于低调节的空气雾化喷嘴（十字架代表旋流叶片）

其中，*SMD* 的单位是 m，所有其他量都是 SI 单位，d_p是针孔的直径。公式（9.20）的第一项代表了空气的动量和液滴的表面张力，较高的速度和较高的空气密度起作用来产生较小的液滴，更高的表面张力、更稠密的液体和更大的液滴在抵抗破碎方面更有效。公式（9.20）中的第二项平衡了液体的黏度和表面张力，更黏的流体会阻止变形并导致更下游的韧带破裂，产生更大的液滴。将空气与液体流量之比提高到五以上时几乎没有影响。

例 9.3　在空气流量与液体燃料流量比从 1 到 10 的范围内计算并绘制来自预膜空气喷嘴的煤油喷雾的 *SMD*。空气处于标准温度和压力下，控制风速为 50、75、100 和 125m/s 的恒定值，辅助针孔的直径是 36mm。

解：煤油性质是：

$$\sigma = 0.0275\text{N/m} \qquad \text{附录 A.6}$$

$$\rho_\ell = 825\text{kg/m}^3 \qquad \text{表 2.7}$$

$$\nu_\ell = 1.6 \times 10^{-6}\text{m}^2/\text{s} \qquad \text{表 2.7}$$

$$\mu_\ell = \rho_\ell \nu_\ell = \frac{1.6 \times 10^{-6}\text{m}^2}{\text{s}} \cdot \frac{825\text{kg}}{\text{m}^3} = 0.0132\text{kg/m} \cdot \text{s}$$

从附录 B 可知：　$\rho_{air} = 1.177\text{kg/m}^3$

公式（9.20）可以简化为：

$$SMD = A\left(1+\frac{\dot{m}_\ell}{\dot{m}_{air}}\right) + B\left(1+\frac{\dot{m}_\ell}{\dot{m}_{air}}\right)^2$$

这里：

$$A = 3.33 \times 10^{-3}\left(\frac{\sigma\rho_\ell d_p}{\rho_{air}^2 V_{air}^2}\right)^{0.5}$$

$$A = 3.33 \times 10^{-3}\left(\frac{0.0275\text{N}}{\text{m}} \cdot \frac{825\text{kg}}{\text{m}^3} \cdot \frac{0.036\text{m}}{1} \cdot \frac{\text{kg} \cdot \text{s}^2}{\text{N} \cdot \text{m}}\right)^{0.5} \frac{\text{m}^3}{1.177\text{kg}} \cdot \frac{\text{s}}{V_{air}\text{m}} \cdot \frac{10^6\mu\text{m}}{\text{m}}$$

$$A = \frac{3009}{V_{air}}\mu\text{m}$$

以及

$$B = 13 \times 10^{-3}\left(\frac{\mu_\ell^2}{\sigma\rho_\ell}\right)^{0.425} d_p^{0.575}$$

$$B = 13 \times 10^{-3}\left[\left(\frac{0.00132\text{kg}}{\text{m}\cdot\text{s}}\right)^2 \frac{\text{m}}{0.0275\text{N}}\cdot\frac{\text{m}^3}{825\text{kg}}\cdot\frac{\text{N}\cdot\text{s}^2}{\text{kg}\cdot\text{m}}\right]^{0.425}\frac{(0.036\text{m})^{0.575}}{1}\cdot\frac{10^6\mu\text{m}}{\text{m}}$$

$$B = 1.820\mu\text{m}$$

SMD 作为燃料流量与气流和空气速度之比的函数为：

$$SMD = \frac{3009}{V_{\text{air}}}\left(1+\frac{\dot{m}_\ell}{\dot{m}_{\text{air}}}\right) + 1.820\left(1+\frac{\dot{m}_\ell}{\dot{m}_{\text{air}}}\right)^2 \mu\text{m}$$

绘制成下图。如图所示，当气液比低于 2 时，雾化质量开始下降。当气液比大于 3 时，通过增加更多的空气，雾化质量只有轻微的改善。

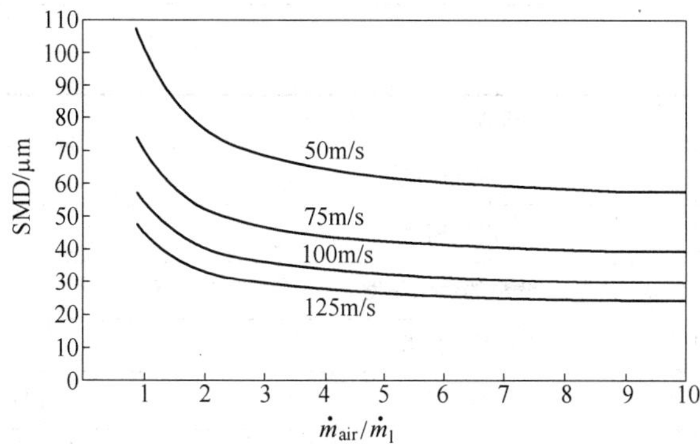

9.3.2 间歇喷射器

直接喷射到内燃机的进气口或气缸中的喷射器，会在每个燃烧循环中以短脉冲运行一次。直接喷射已经主要用于柴油发动机，最近也已被用在许多火花点火式发动机中。柴油喷射系统使用高压（300~1400 大气压）来实现喷射的良好雾化和电子控制。

典型的柴油机燃料喷射器是平口型喷射器，针孔向内打开。图 9.7 显示了一个多孔柴油喷嘴，（a）显示了针下方的针阀压力室容积，在注射结束时引起液体滴下，而（b）针阀压力室容积被消除，这减少了烟雾的排放。图 9.8 显示了标准和节流针阀喷嘴，这是典型的单孔喷嘴。节流针阀喷嘴在喷射开始时倾向于防止弱喷射，并且更快地关闭以防止喷射结束时的液体滴下。

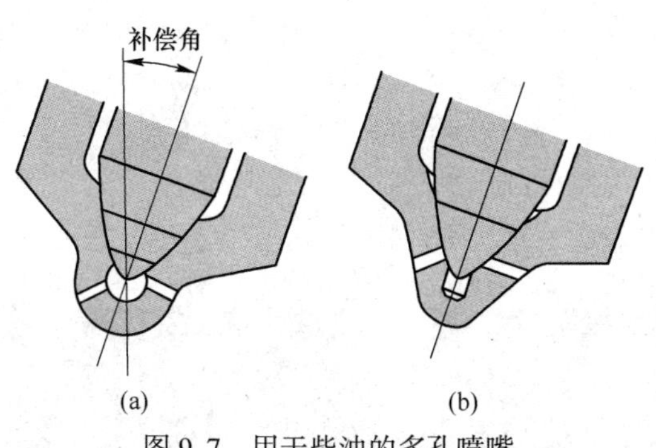

图 9.7 用于柴油的多孔喷嘴

（a）带针阀压力室容积的喷嘴；（b）无针阀喷嘴

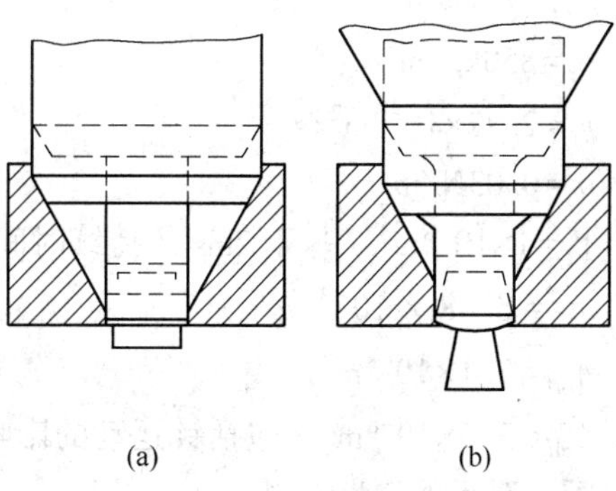

图 9.8 针喷嘴

（a）标准；（b）节流

表 9. 1 给出了 Sauter（索特）平均直径的三个较老的关系式，这在 20 世纪 90 年代之前适用于较低喷射压力的重载柴油机。需注意，最后两个公式的空气密度的正指数可能是累积效应的结果。这些公式给出了趋势，但不能严格应用于喷雾建模。

表 9. 1　柴油喷雾 Sauter（索特）平均直径公式

来　源	$SMD/\mu m$
Elkotb（1982）	$(3.08\times10^{6})v_f^{0.385}\sigma^{0.737}\rho_f^{0.737}\rho_{air}^{0.06}\Delta p^{-0.54}$
Knight（1955）	$(1.605\times10^{6})\Delta p^{-0.458}\dot{m}_f^{0.209}v_f^{0.215}(A_{orf}/A(t)_{eff})^{0.916}$
Hiroyasu 和 Kadota（1974）	$(2.33\times10^{6})\Delta p^{-0.135}\rho_{air}^{0.121}V_f^{0.131}$

这里

Δp	喷油器之间的压差	Pa
ρ_{air}	空气密度	kg/m^3
ρ_f	燃料密度	kg/m^3
v_f	燃料的运动黏度	m^2/s
σ	表面张力	N/m
V_f	喷油量	m^3/stroke（行程）
$\dot{m}_f$	注射率	kg/s
A_{orf}	喷嘴孔的面积	m^2
A_{eff}	在 Δp 时喷嘴孔的有效面积	m^2

来源：Elkotb. M. M.，Fuel Atomization for Spray Modeling，Prog. Energy Combust. Sci. 8（1）：61～91，1982；Knight. B. E，Communication on A. Radcliffe. The Performance of a Type of Swirl Atomizer，Proc. Inst. Mech. Eng. 169：104～105，1955；Hiroyasu H. and Kadota. T.，Fuel Droplet Size Distribution in Diesel Combustion Chamber：SAE paper 740715，1974。

例 9. 4　将以下数据用于多孔柴油喷油器的单个孔，根据表 9. 1 的公式计算 *SMD*。

$d_{jet}=0.0003m$（0. 3mm）

$\Delta p=35.5MPa$（基于最高喷射压力和 6. 2MPa 的气压）

$\rho_{air}=25kg/m^3$

$\rho_f=850kg/m^3$

$v_f=2.82\times10^{-6}m^2/s$

$\sigma=0.03N/m$

$V_f=1\times10^{-8}m^3$（基于 2ms 的持续时间）

$m_f=8.68\times10^{-3}kg/s$

$A_{orf}=7.1\times10^{-8}m^2$

$A_{eff}=3.5\times10^{-8}m^2$（包括针运动的影响）

解：对于 Knight 公式：

$$SMD=1.605\times10^{6}(35.5\times10^{6})^{-0.458}\times(8.68\times10^{-3})^{0.209}(2.82\times10^{-6})^{0.215}\left(\frac{7.1\times10^{-8}}{3.5\times10^{-8}}\right)^{0.916}$$

$$SMD = 25.4\mu m$$

对于 Hiroyasu 和 Kadota 的公式：

$$SMD = 2.33 \times 10^3 (35.5 \times 10^6)^{-0.135} \times (25)^{0.121} (1 \times 10^{-8})^{0.131}$$

$$SMD = 29.5\mu m$$

对于 Elkotb 的公式：

$$SMD = 3.08 \times 10^6 (2.82 \times 10^{-6})^{0.385} \times 0.03^{0.737} \times 850^{0.737} \times 25^{0.06} (35.5 \times 10^6)^{-0.54}$$

$$SMD = 24.8\mu m$$

尽管这三个公式对这些数据给出了非常相似的结果，但所有变量的趋势并不相同。例如，Hiroyasu 和 Kadota 的公式不包括黏度的影响，而 Knight 公式不包括空气密度的影响。研究发现，随着空气密度的增加，会导致液滴聚集增加，从而导致 *SMD* 的增加。当然，随着 *SMD* 测量的位置从喷射器孔向下游移动，累积效应也会增加。

Hiroyasu、Arai 和 Tabata（1989）基于 Fraunhofer 衍射测量得到的数据给出了两个公式，这些数据应用于压力为 3.5~90MPa 的喷射器。较低喷射速度的数据由方程（9.21a）拟合，较高喷射速度的数据由方程（9.21b）拟合。*SMD* 的值取两个方程中较大的那一个。

$$SMD = 4.12\, Re_{jet}^{0.12} We_{jet,\ell}^{-0.75} \left(\frac{\mu_\ell}{\mu_{air}}\right)^{0.54} \left(\frac{\rho_\ell}{\rho_{air}}\right)^{0.18} d_{jet} \tag{9.21a}$$

$$SMD = 0.38\, Re_{jet}^{0.25} We_{jet,\ell}^{-0.32} \left(\frac{\mu_\ell}{\mu_{air}}\right)^{0.37} \left(\frac{\rho_\ell}{\rho_{air}}\right)^{-0.47} d_{jet} \tag{9.21b}$$

当使用公式（9.21a）和式（9.21b）时，需要注意，在这些公式中喷射韦伯数的定义与公式（9.2）不同。这种情况下，ρ_ℓ 被用来定义韦伯数而不是 ρ_g。我们将这里的韦伯数标记为 $We_{jet,\ell}$。

$$We_{jet,\ell} = \frac{\rho_l V_{jet}^2 d_{jet}}{\sigma} \tag{9.22}$$

奥内佐格（Ohnesorge）数可以写成与 $We_{jet,\ell}$ 有关的形式：

$$Oh = \frac{(We_{jet,\ell})^{1/2}}{Re_{jet}} \tag{9.23}$$

例 9.5 一个直径为 0.2mm 的喷嘴孔，柴油的流量为 0.00531kg/s，燃料密度为 850kg/m³。将柴油喷入密度为 25kg/m³、压力 6.2MPa 的压缩空气内，压缩之前的空气为 1 个大气压、25℃。使用公式（9.21a）和式（9.21b）来计算 *SMD* 并选择较大的值。

解：首先计算 Re_{jet}、$We_{jet,\ell}$ 和 Oh 的值。

$$V_{jet} = \frac{m_l}{\rho_l A_{jet}} = \frac{0.00531\text{kg}}{\text{s}} \cdot \frac{\text{m}^3}{850\text{kg}} \cdot \frac{4}{\pi (0.0002)^2 \text{m}^2} = 199\text{m/s}$$

柴油的黏度为：

$$\mu_\ell = 2.4 \times 10^{-3}\text{kg/m} \cdot \text{s}$$ 附录 A.5

然后就能得到雷诺数：

$$Re_{jet} = \frac{\rho_\ell V_{jet} d_{jet}}{\mu_\ell} = \frac{850\text{kg}}{\text{m}^3} \cdot \frac{0.2 \times 10^{-3}\text{m}}{1} \cdot \frac{199\text{m}}{\text{s}} \cdot \frac{\text{m} \cdot \text{s}}{2.4 \times 10^{-3}\text{kg}} = 14100$$

从附录 A. 6 可知： $\sigma = 3 \times 10^{-2}\text{N/m}$

$$We_{\text{jet},\ell} = \frac{\rho_\ell V_{\text{jet}} d_{\text{jet}}}{\sigma}$$

$$We_{\text{jet},\ell} = \frac{850\text{kg}}{\text{m}^3} \cdot \frac{0.2 \times 10^{-3}\text{m}}{1} \cdot \left(\frac{199\text{m}}{\text{s}}\right)^2 \cdot \frac{\text{m}}{3 \times 10^{-2}\text{N}} \cdot \frac{\text{N} \cdot \text{s}^2}{\text{kg} \cdot \text{m}}$$

$$We_{\text{jet},1} = 224 \times 10^3$$

且：

$$Oh = \frac{(We_{\text{jet}})^{1/2}}{Re_{\text{jet}}} = \frac{(224 \times 10^3)^{1/2}}{14100} = 0.0336$$

从理想气体方程可知：

$$T_{\text{air}} = \frac{p_{\text{air}}}{p_{\text{air},0}} \cdot \frac{\rho_{\text{air},0}}{\rho_{\text{air}}} T_{\text{air},0} = \frac{6.2}{0.1} \cdot \frac{1.177}{25} 298 = 870\text{K}$$

从附录 B 可知： $\mu_{\text{air}} = 3.836 \times 10^{-5}\text{kg/m} \cdot \text{s}$

因此：

$$\frac{SMD}{d_{\text{jet}}} = 4.12\,(14100)^{0.12}\,(224 \times 10^3)^{-0.75} \left(\frac{2.4 \times 10^{-5}}{3.836 \times 10^{-5}}\right)^{0.54} \left(\frac{850}{25}\right)^{0.18} = 0.0222$$

$$\frac{SMD}{d_{\text{jet}}} = 0.38\,(14100)^{0.25}\,(224 \times 10^3)^{-0.32} \left(\frac{2.4 \times 10^{-5}}{3.836 \times 10^{-5}}\right)^{0.37} \left(\frac{850}{25}\right)^{-0.47} = 0.0708$$

选择较大的值： $SMD = (0.0708)(200) = 14\mu\text{m}$

对于脉冲液体喷雾而言，夹带的空气随喷雾时间和位置而变化。1984 年，Ha 等（本章文献［7］）研究了柴油喷雾和夹带模式随时间变化的演化。发现，空气首先被带入喷雾中，然后在 t=1.05ms 所示的喷雾轮廓上指定的长度 l_c之后，流体向外流动；其研究结果还表明，在尖端区域的喷雾内存在再循环模式。在特定时间内注入的单位质量燃料的夹带空气质量，$m_{\text{air}}/m_{\text{f}}$，可由下式计算：

$$1 + \frac{m_{\text{air}}}{m_{\text{f}}} = \alpha_\varepsilon \left(\frac{x}{d_{\text{orf}}}\right) \left(\frac{\rho_{\text{air}}}{\rho_{\text{f}}}\right)^{1/2} \tag{9.24}$$

其中，x 是喷嘴尖端的轴向距离，α_ε是夹带系数。大约 1ms 后，α_ε近似为常数，其值为 0.25 ±0.05。该公式基于在常温下将燃料注射到“加压炸弹形装置”中的数据推导，不包括除由喷雾引起的蒸发或空气运动的影响。

由压力雾化形成的厚喷雾的实验观察已经进行了 60 多年。测量的基本对象是喷雾锥角和喷嘴尖端的穿透距离。对于柴油喷雾进入停滞的空气有几十种计算公式。在短时间 t_b 内，在喷雾的早期发展中，尖端随着时间线性地移动；之后，喷雾长度与时间的平方根成正比。对于初始线性部分（$t \leqslant t_b$），渗透距离 L 由 Arai 等人给出（1984）：

$$\frac{L}{L_b} = 0.0349 \left(\frac{\rho_{\text{air}}}{\rho_\ell}\right)^{1/2} \left(\frac{\Delta p}{\rho_\ell}\right)^{1/2} \left(\frac{t}{d_{\text{orf}}}\right) \tag{9.25a}$$

式中：

$$t_b = 28.65 \left(\frac{\rho_\ell}{\rho_{\text{air}}}\right)^{1/2} \left(\frac{\rho_\ell}{\Delta p}\right)^{1/2} d_{\text{orf}}$$

和：

$$L_b = 15.8 d_{\text{orf}} \left(\frac{\rho_\ell}{\rho_{\text{air}}}\right)^{1/2}$$

对于 $t \geqslant t_b$，渗透距离与压力差的 1/4 次幂和孔径的平方根成正比：

$$L = 2.95\left[d_{orf}t\left(\frac{\Delta p}{\rho_{air}}\right)^{1/2}\right]^{1/2} \tag{9.25b}$$

需要注意的是，这些公式给出了在时间 t_b 的斜率的不连续性。特别的，在时间 t_b 之前的初始线性部分的斜率是等式（9.25b）给出的时间 t_b 之后斜率的两倍。

例 9.6 用以下数据计算柴油机燃料喷射器的穿透距离和时间：六孔喷嘴的每个孔具有 0.2mm 直径，在 0.002s 的持续时间内喷射 75mm^3 的燃料。气缸内的空气密度为 25kg/m^3，气压为 6.2MPa。标称燃料密度为 850kg/m^3，燃料-空气密度比为 34。实验中，喷嘴孔的流量系数为 0.7，即：

$$A_{eff} = 0.7A_{actual}$$

解：

$$L_b = 15.8 \times 0.2 \times \left(\frac{850}{25}\right)^{1/2} = 18.4\text{mm}$$

要计算 t_b，先找到 Δp

$$\dot{m}_{f,total} = \frac{75\text{mm}^3}{1}\cdot\frac{850\text{kg}}{\text{m}^3}\cdot\frac{\text{m}^3}{10^9\text{mm}^3}\cdot\frac{1}{0.002\text{s}} = 0.0319\text{kg/s}$$

或者

$$\dot{m}_{f,hole} = 0.00531\text{kg/s}$$

每个喷油器孔的面积是：

$$A = \frac{\pi d^2}{4} = \frac{\pi(0.0002)^2\text{m}^2}{4} = 0.0314 \times 10^{-6}\text{m}^2$$

使用 0.7 的流量系数，注射速度是：

$$\underline{V}_f = \frac{\dot{m}_f}{\rho_f(0.7A)} = \frac{0.00531\text{kg}}{\text{s}}\cdot\frac{\text{m}^3}{850\text{kg}}\cdot\frac{1}{0.7(0.0314\times10^{-6}\text{m}^2)} = 284\text{m/s}$$

从流体力学中可知，具有恒定 Δp 的孔口上的压降是：

$$p = \frac{\rho_f \underline{V}_f^2}{2} = \frac{1}{2}\cdot\frac{850\text{kg}}{\text{m}^3}\cdot\left(\frac{284\text{m}}{\text{s}}\right)^2\cdot\frac{\text{Pa}\cdot\text{m}\cdot\text{s}^2}{\text{kg}}\cdot\frac{\text{MPa}}{10^6\text{Pa}} = 34.3\text{MPa}$$

这是 Δp 的平均值，所以平均注入压力为 40.53MPa，且：

$$t_b = 28.65\left(\frac{\rho_\ell}{\rho_{air}}\right)^{1/2}\left(\frac{\rho_\ell}{p}\right)^{1/2}d_{orf}$$

$$t_b = 28.65\left(\frac{850}{25}\right)^{1/2}\left(\frac{850\text{kg}}{\text{m}^3}\cdot\frac{1}{34.3\times10^6\text{Pa}}\cdot\frac{\text{Pa}\cdot\text{m}\cdot\text{s}^2}{\text{kg}}\right)^{1/2}0.0002\text{m}$$

$$t_b = 0.166\text{ms}$$

这是喷雾持续时间的 8.3%：

$$\frac{0.166\text{ms}}{2\text{ms}} = 8.3\%$$

从方程（9.25b）可知，喷雾渗透距离是：

$$L = 2.95\left[d_{orf}t\left(\frac{\Delta p}{\rho_{air}}\right)^{1/2}\right]^{1/2}$$

$$L = 2.95\left[(0.0002\text{m})(0.002\text{s})\left(\frac{34.3\times10^6\text{Pa}}{1}\cdot\frac{\text{m}^3}{25\text{kg}}\cdot\frac{\text{kg}}{\text{Pa}\cdot\text{m}\cdot\text{s}^2}\right)^{1/2}\right]^{1/2}$$

$$L = 0.0639\text{m}$$

因此在喷射结束时，喷头距离喷嘴约 64mm。

横流速度影响的校正因子由 Arai 等（1984）给出。横流被看作是一个实体旋转，其喷雾从旋转中心径向向外移动。交叉流动的渗透力 L_{cf} 由下式给出：

$$\frac{L_{cf}}{L} = \frac{1}{1 + 2\pi\omega L/\underline{V}_\ell} \tag{9.26}$$

式中，ω 是空气的转速，$\underline{V}_\ell$ 是孔口处液体的速度。

例 9.7　考虑上面的例子，$L = 64\text{mm}$ 和 $\underline{V}_\ell = 200\text{m/s}$。对于速度为 1800r/min、旋流速度比为 3 的发动机，计算喷雾的渗透。需要说明的是，气穴可以改变排出流体的密度，因此速度是不确定的，然而这个效应在这里被忽略。

解：

$$\omega = \frac{3 \times 1800\text{rev/min}}{60\text{min/s}} = 90\text{s}^{-1}$$

利用公式（9.26）：

$$\frac{L_{cf}}{L} = \frac{1}{1 + 2\pi\omega L/\underline{V}_\ell} = \frac{1}{1 + 2\pi(90)64/(200000)} = 0.847$$

所以

$$L_{cf} = 54\text{mm}$$

因此，旋流引起的燃料分布体积约为非旋流情况的 2/3，但这在较小的体积内改善了燃料-空气的混合。

喷雾的总锥角 θ（以度表示）是孔的几何形状的函数，但对于简单的孔，可近似表示为：

$$\theta = 0.05\left(\frac{\Delta p d_{orf}^2}{\rho_{air}\nu_{air}^2}\right)^{1/4} \tag{9.27}$$

从测量中获得的锥角有时用来计算近似的夹带空气量。

例 9.8　考虑直径为 0.2mm 的喷嘴孔，Δp 为 34.3MPa。柴油喷入 25kg/m^3 的密度和 6.2MPa 压力的压缩空气中。在压缩之前，空气为 1 大气压，25℃，计算喷雾的总锥角 θ。

解：由理想气体方程可知：

$$T_a = \frac{p_{air}}{p_{air,0}}\frac{\rho_{air,0}}{\rho_{air}}T_{air,0} = \frac{6.2}{0.1}\cdot\frac{1.177}{25}(298\text{K}) = 870\text{K}$$

从附录 B 可知

$$\mu_{air} = 3.836 \times 10^{-5}\text{kg/m}\cdot\text{s}$$

所以

$$\nu_{air} = \frac{3.836 \times 10^{-5}\text{kg}}{\text{m}\cdot\text{s}}\cdot\frac{\text{m}^3}{25\text{kg}} = 1.534 \times 10^{-6}\text{m}^2/\text{s}$$

代入公式（9.27）：

$$\theta = 0.05\left[\frac{34.3 \times 10^6\text{Pa}}{1}\cdot\frac{\text{m}^3}{25\text{kg}}\cdot\left(\frac{0.0002\text{m}}{1}\right)^2\left(\frac{\text{s}}{1.534 \times 10^{-6}\text{m}^2}\right)^2\cdot\frac{\text{kg}}{\text{Pa}\cdot\text{m}\cdot\text{s}^2}\right]^{1/4}$$

$$\theta = 19.5°$$

9.4　单液滴的蒸发

液滴蒸发速率和单个液滴完全蒸发的时间对于燃烧系统的设计具有重要意义。在许多燃烧系统中，蒸发是限速步骤。蒸发速率取决于液滴的汽化潜热、液滴的沸点、液滴的大小、气体温度和压力以及液滴和气体之间的相对速度。在大多数情况下，液滴与周围气体之间的相对速度很小，是一个不需考虑的因素。纯燃料具有固定的沸点，但是诸如柴油和喷气燃料的混合物具有一定范围的沸点。高压导致潜热下降，并且在接近临界点时，潜热达到零。

通过将一滴液滴悬浮在精细的热电偶丝上，并且拍摄液滴直径随时间的变化来广泛地测量液滴的蒸发速率。在初始过渡期后，观察到液滴直径的平方随时间线性下降；

$$d^2 = d_0^2 - \beta t \tag{9.28}$$

其中，β 是汽化常数，代入 $d=0$ 并重新整理方程（9.28），尺寸为 d_0 的液滴的蒸发时间为：

$$t_v = \frac{d_0^2}{\beta} \tag{9.29}$$

如图 9.9 所示，液滴蒸发过程分为两步。最初，来自环境的传热加热了液滴，并且几乎不蒸发。随着液滴升温，液体的蒸气压上升，蒸发速度开始上升。液滴蒸发过程中会损失热量，并且快速达到能量平衡，其中液滴由于蒸发而损失的能量等于向液滴的传热量。此时，蒸发速率受向液滴传热速率的限制。对于液体球（液滴）来说，质量是：

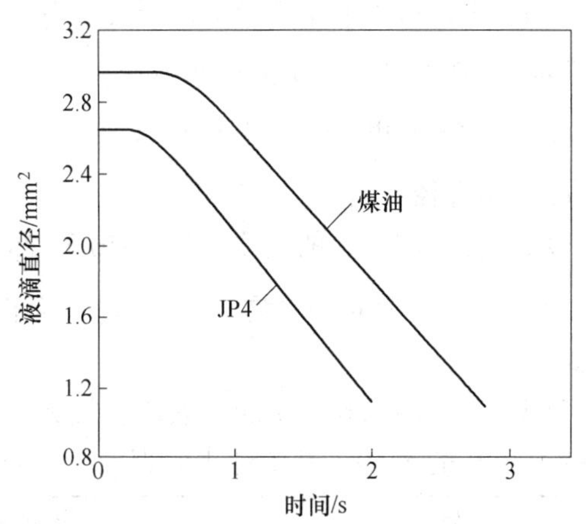

图 9.9 煤油和喷气燃料的蒸发率曲线

（引自：Wood，B. J.，Wise，H.，and Inami，S. H.，Heterogeneous Combustion of Multicomponent Fuels，Combust. Flame 4：235~242，1960）

$$\dot{m}_\ell = \frac{\rho_\ell \pi d^3}{6} \tag{9.30}$$

微分液滴的质量损失为：

$$\dot{m}_\ell = \frac{\mathrm{d}m_\ell}{\mathrm{d}t} = \frac{\mathrm{d}}{\mathrm{d}t}\left(\frac{\rho_\ell \pi d^3}{6}\right) \tag{9.31}$$

假设液体的密度保持不变，则稳态蒸发速率由下式给出：

$$\dot{m}_\ell = \frac{\rho_\ell \pi}{6} \cdot \frac{\mathrm{d}d^3}{\mathrm{d}t} = \frac{\rho_\ell \pi}{2} d^2 \frac{\mathrm{d}d}{\mathrm{d}t} \tag{9.32}$$

重新整理：

$$\dot{m}_\ell = \frac{\rho_\ell \pi}{4} d \frac{\mathrm{d}d^2}{\mathrm{d}t} \tag{9.33}$$

将公式（9.28）代入公式（9.33）得出：

$$\dot{m}_\ell = \frac{\rho_\ell \pi}{4} d \frac{\mathrm{d}(d_0^2 - \beta t)}{\mathrm{d}t} = -\frac{\rho_\ell \pi \beta d}{4} \tag{9.34}$$

1974 年，Hiroyasu H（本章参考文献［8］）测定了停滞氮气中大的正庚烷液滴的汽化常数 β 与环境压力和温度的关系。发现，正庚烷汽化常数随环境压力和气体温度的提高而升高。1991 年，Bartok W 和 Sarofim A F（本章参考文献［2］）则研究了 1atm 压力下空气温度对汽油、煤油和柴油燃料汽化常数的影响。发现，三种燃料的汽化常数也均随空气温度的升高而增加。

对于纯液体燃料的球形液滴，并且假设辐射传热可忽略不计，传热传质理论可以用来计算蒸发常数β，并由下式计算：

$$\beta = \frac{8kg}{\rho_\ell c_{p,g}} \ln(1 + B) \tag{9.35}$$

其中，B 是传质驱动力。在通常遇到的高温燃烧下（约 1400~2000K）：

$$B = \frac{c_{p,g}(T_\infty - T_{boil})}{h_{fg}} \tag{9.36}$$

其中，T_{boil}是液体的沸点温度。

9.5 习题

9-1 考虑以下非常简单的液滴尺寸分布：液滴的 1/4 直径为 10μm；液滴的 1/2 直径为 20μm；液滴的 1/4 直径为 30μm。

计算此液滴分布的平均直径（$\bar{d}_1$），面积平均直径（$\bar{d}_2$），体积平均直径（$\bar{d}_3$）和 Sauter 平均直径（$\bar{d}_{32}$）。

9-2 使用图 9.3 的曲线，绘制 50 和 25μm 的 SMDs 的累积体积分数与液滴直径的表格。每一种尺寸分布的平均直径（$\bar{d}_1$），面积平均直径（$\bar{d}_2$）和体积平均直径（$\bar{d}_3$）分别是多少？

9-3 对于图 9.6 所示的预膜式空气雾化喷雾器，使用以下数据和公式（9.20），计算燃料 A 和 B 的 *SMD*。其中针头的直径为 1cm。

属　性	燃料 A	燃料 B
$\sigma/\mathrm{kg\cdot s^{-2}}$	27×10^{-3}	74×10^{-3}
$\rho_l/\mathrm{kg\cdot m^{-3}}$	784	1000
$\mu_l/\mathrm{kg\cdot(m\cdot s)^{-1}}$	1.0×10^{-3}	53×10^{-3}
p_{air}/kPa	100	100
T_{air}/K	295	295
$\underline{V}_{air}/\mathrm{m\cdot s^{-1}}$	100	100
$\dot{m}_{air}/\dot{m}_l$	3	3

如果空气速度增加一倍，但空气的质量损失率（$\dot{m}_{air}$）保持不变，那么对每种燃料 *SMD* 的影响是多少。讨论这两种燃料的雾化机制是如何不同的。

9-4 假设液体燃料喷雾的形状可以被模拟为在顶端具有半球的角度为 B 的锥体；它会看起来像一个单一的冰淇淋锥，锥内有一半的冰淇淋。使用角度和渗透公式，计算喷雾体积与时间的关系式，其中在 13.5atm 压力和 20℃ 温度下的空气中喷雾。注射孔口直径为 0.32mm，液体质量流量恒定在 0.014kg/s，注射压力为 22.6MPa。喷雾喷射到大量的空气中，4ms 后喷射结束，燃料是十二烷。绘制当 $t\leqslant4$ms 时喷雾体积的平均燃空比，假设所有的燃料都保持在喷雾体积并忽略汽化。液滴蒸发会对该方法的有效性产生什么影响？与图 9.9 进行比较。

9-5 考虑以下情况：十二烷滴已经部分汽化并转移到以局部整体速度运动的区域，并在 450K 的稳态温度下汽化。(a) 空气的温度是 1500K，压力为 1 个大气压，计算直径为 30μm 的液滴的汽化常数和蒸发时间。燃料性质请参阅附录 A.9。(b) 液滴所在区域的旋涡平均大小为 3000μm，转速为 300r/s。如果 30μm 的滴液绕着旋涡的外边缘以相对速度为零传播，那么在它被汽化之前它必须绕过环形的 3000μm 的路径多少次？(c) 在 (a) 部分给出相同的条件下，什么尺寸的液滴在其一生中只会进行一次旋涡运动？

9-6 对于特定的单纯旋流喷嘴，喷雾的 Sauter 平均直径由下式给出：

$$SMD = 2.25\sigma^{0.25}\mu_\ell^{0.25}m_\ell^{0.25}\Delta p^{-0.5}\rho_{air}^{-0.25}$$

(a) 用σ、μ_1、d_{orf}（孔径）、Δp 和 ρ_{air} 来重写这个方程。也就是说，导出 $\dot{m}_f$ 和 d_0 之间的关系，并替代，这里 $\dot{m}_f$ 是液体的质量流量。孔的流量系数为 K。提示：查看伯努利方程。

(b) 对 *SMD* 使用上述表达式，如果 *SMD* 减少了 2 倍，而除压降之外的所有部分保持不变，则燃油泵的功率增加多少？

9-7 在 700℃和绝对压力为 1atm 的空气中，对于初始直径为 1mm 的煤油滴，(a) 计算蒸发液滴初始质量的 50%，90%和 100%需要的时间，和 (b) 当液滴蒸发 50%和 90%时来自液滴的质量流量？

9-8 对于 971K 和 1atm 的空气中的柴油燃料，使用表 9.2 和表 2.4 中的数据，计算 100μm、50μm、25μm 和 10μm 的液滴完全蒸发所需的时间。并计算各个尺寸液滴的初始质量流速，以及液滴蒸发 50%时的质量流量。

参 考 文 献

[1] Arai M, Tabata M, Hiroyasu H, et al., Disintegrating Process and Spray Characterization of Fuel Jet Injected by a Diesel Nozzle, SEM paper 840275, 1984.

[2] Bartok W, Sarofim A F. Fossil Fuel Combustion: A Source Book, Wiley, New York, 1991.

[3] Bosch. Diesel fuel Injection. SAF International, 1997.

[4] Curbs E W, Farrell P V. A Numerical Study of High-Pressure Droplet Vaporization. Combust, Flame 90 (2): 85~102, 1992.

[5] Dodge L G, Schwalb J A. Fuel Spray evolution: Comparison of Experiment and CFD Simulation of Nonevaporating Spray, J. Eng. Gas Turbines Power 11 (1): 15~23, 1989.

[6] Elkotb M M. Fuel Atomization for Spray Modeling, Prog. Energy Combust. Sci. 8 (1): 61~91, 1982.

[7] Ha J Y, Iida N, Sato G T, et al. Experimental Investigation of the Entrainment into a Diesel Spray, SAE paper 841078, 1984.

[8] Hiroyasu H, Kadota T. Fuel Droplet Size Distribution in Diesel Combustion Chamber, SAE paper 740715, 1974

[9] Hiroyasu H, Arai M, Tabata M. Empirical Equations for the Sauter Mean Diameter of a Diesel Spray, SAE paper 890464, 1989.

[10] Knight B E. Communication on A. Radcliffe, The Performance of a Type of Swirl Atomizer, Proc. Inst.

Mech. Eng. 169: 104~105, 1955.

[11] Kadota T, Hiroyasu H. Evaporation of a Single Droplet at Elevated Pressures and Temperatures, Bull. JSME 19 (138): 1515~1521, 1976.

[12] Kong S C, Reitz R D. Spray Combustion Processes in Internal Combustion Engines, in Recent Advances in Spray Combustion: Spray Combustion Measurements and Model Simulation Vol. 2, cd. K. K. Kuo, 171: 395~424, ed. P Zarchan, American Institute of Aeronautics and Astronautics. 1996.

[13] Lefebvre A H. Atomization and Sprays, Taylor & Francis, Boca Raton, PL, 1989.

[14] Nukiyama S, Tanasawa Y. An Experiment on the Atomization of Liquid. Ⅲ. Distribution of the Size of Drops, Trans. Jpn. Soc. Mech. Eng. 5 (18): 63~67, 1939.

[15] Reitz R D, Bracco F V. Mechanisms of Breakup of Round Liquid Jets, in Encyclopedia of Fuel Mechanics, 233~249, ed. N. P. Cheremisnoff, Gulf Publishing, Houston, TX, 1986.

[16] Rosin P, Rammler E. The Laws Governing the Fineness of Powdered Coal, J. Inst. Fuel 7: 29~36, 1933.

[17] Saminy M, Breuer K S, Leal L G, et al. A Gallery of Fluid Motion, Cambridge University Press, Cambridge, UK, 2004.

[18] Sirignano W A. Fluid Dynamics and Transport of Droplets and Sprays, 2nd ed. , Cambridge University Press, Cambridge, UK, 2010.

[19] Simmons H C. The Correlation of Drop-Size Distributions in Fuel Nozzle Sprays. Parts Ⅰ and Ⅱ, J. Eng. Power 99 (3): 309~319, 1977.

[20] Stiesch G. Modeling Engine Spray and Combustion Processes, Springer Verlag, Berlin, 2003.

[21] Tanasawa Y, Toyoda S. On the Atomization of a Liquid Jet Issuing from a Cylindrical Nozzle, Technol. Rep. Tohoku Univ. , Japan 19: 135, 1955.

[22] —, On the Atomization Characteristics of Injection for Diesel Engines, Technol. Rep. Tohoku Univ. , Japan 21: 117, 1956.

[23] Van Dyke M. An Album of Fluid Motion, Parabolic Press, 10th ed, Stanford, CA, 1982.

[24] Wood B J, Wise H, Inami S H. Heterogeneous Combustion of Multicomponent Fuels, Combust. Flame 4: 235~242, 1960.

10 燃油炉燃烧

本章首先考虑燃油炉和锅炉系统，然后讨论喷雾燃烧并开发一个简单的液滴燃烧塞流模型，最后考察燃油炉和锅炉的排放。

在工业应用中，燃油炉和锅炉用于产生热量和蒸汽过程以及其他一些应用。馏分燃料油（2 号）用于住宅、商业和工业炉以及锅炉，残渣燃料油（6 号）用于发电厂和大型工业锅炉。因为需要优化汽油炼油厂的原油，因此很少有 3 号、4 号和 5 号燃料油。馏分燃料油费用太高，很少用于大型燃烧器。

燃油通过喷嘴雾化以实现快速燃烧。煤油是一种例外，因为煤油会像温热的液体一样迅速蒸发。因此，小型煤油空间加热器是用灯芯或燃烧锅炉制造的，来自煤油火焰的热量加热并汽化燃料。2 号燃料油在常温下（即使在寒冷的气候下）就能雾化，但 6 号燃油必须加热到 100℃，以确保正常泵送和雾化。

10.1 燃油炉系统

图 10.1 是一个燃油炉的示意图。燃油通过喷嘴喷出，燃油滴与鼓风机中的空气在燃烧器中混合，两相混合物在燃烧室内燃烧。对于给定热量输出的燃料和空气流量要求，需通过燃烧室和热交换器周围的能量平衡计算。如公式（6.1）~公式（6.6）所示，得到的方程组与燃气炉周围的能量平衡相同，唯一重要的区别是做工与燃油泵有关。燃油泵所需的功率是从泵周围的能量平衡获得：

$$\dot{W}_{\text{pump}} = \frac{\dot{V}_{\text{f}}\Delta p_{\text{f}}}{\eta_{\text{pump}}} \tag{10.1}$$

其中，Δp_{f}是通过燃油泵的压力升高，基本上等于供给燃油喷嘴的燃油压力，η_{pump}是泵的效率。然后可将炉子或锅炉的效率定义为有用输出热量与输入热量的比率。按照美国的惯例，效率通常基于高位发热值：

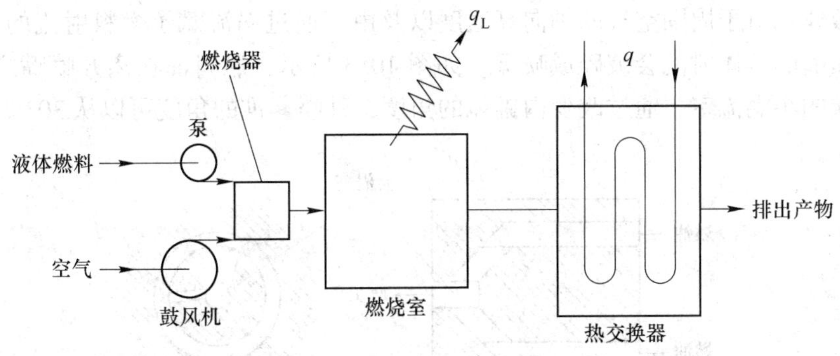

图 10.1　燃油炉的示意图

（其中 q 为有用的热量输出）

$$\eta = \frac{q}{\dot{m}_{\mathrm{f}}(HHV) + \dot{W}_{\mathrm{blower}} + \dot{W}_{\mathrm{pump}}} \tag{10.2}$$

这里，风机的功由公式（6.6）给出。

在小型燃烧系统中，燃烧室内衬是耐火材料以促进燃烧。耐火材料是耐高温（通常为陶瓷）材料，在炉中提供结构强度和绝缘。在大型燃油系统中，燃烧器的火焰直接进入包含表面热交换器的大容积腔室。火管锅炉通常用于小型应用，其燃烧产物穿过浸入水槽中的管；水管锅炉常用于大型系统，流水管暴露于燃烧产物中。

与燃气炉和锅炉一样，通过在稍微过量的空气中完全燃烧燃料来获得最高的效率。这需要燃料的细雾化和空气迅速渗透到喷雾中。较老的国产馏分油燃烧炉和锅炉需要40%~60%的过量空气，效率为75%~80%。以前的商用燃油燃烧器需要30%的过量空气，而工业燃油燃烧器可能只需要15%的过量空气，使用残渣燃油的电站锅炉只需要3%的过量空气。通过不充分的混合来减少多余空气的做法，会导致微粒（烟）排放增加。较新的系统改善了混合，降低了过量空气，从而减少了微粒排放。

典型燃油的雾化方法有三种：单流体雾化器，双流体雾化器和旋转杯雾化器。燃烧器设计应包括燃油滤清器和燃油泵、燃油雾化器和进气鼓风机。燃烧器应具有提供低过量空气的稳定火焰，排放量低，耐用可靠等特点。

单流体压力喷雾雾化器广泛用于燃烧2号燃料油的住宅、商业和小型工业炉。在这种类型的应用中，燃烧器被称为高压枪式燃烧器（见图10.2）。燃料油被加压到7个大气压并通过喷嘴将液体雾化成小液滴，其质量平均直径通常为40μm，并且10%的液滴直径大于100μm。来自低压（2.45kPa）鼓风机的空气在燃料喷嘴周围流动并与喷雾混合。为了使燃料液滴和空气充分混合，在喷嘴附近安装导向叶片。

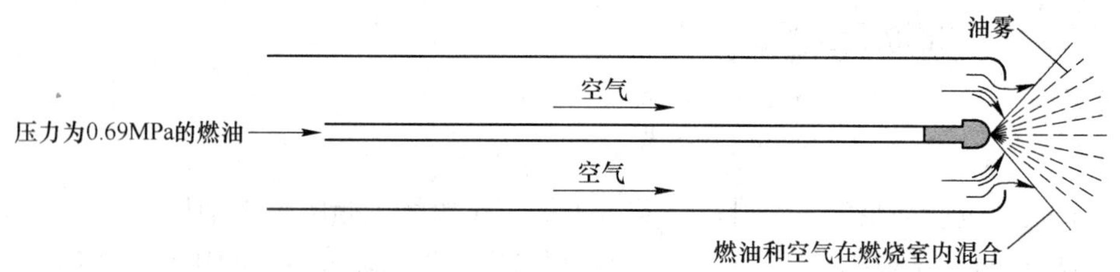

图10.2　高压枪式燃油炉

由于液体相对于周围空气的轴向高速度以及由于通过涡流赋予燃料射流的切向速度，来自燃料喷嘴的液体射流会破碎成喷雾。如图10.3所示，燃料油在离开喷嘴之前切向流入喷嘴末端的小涡流室。通过改变内锥体的角度，外喷雾锥的角度可以从30°变化到90°，

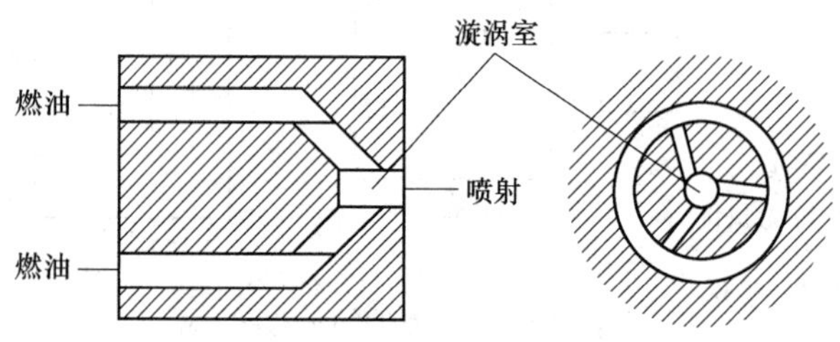

图10.3　馏分燃料油的压力雾化喷嘴

从而改变了射流的轴向速度与旋转速度之比。一种 80°空心锥形喷嘴是典型的家庭使用型，向位于喷雾上游边缘附近的电极提供连续的点火源。

住宅燃油燃烧器通常的燃料使用速率为 2~10L/h。商业和小型工业燃烧器使用的单个喷嘴速率高达 130L/h。燃料液滴的大小分布在 50μm 和 300μm 之间。无法通过降低油压来调节，因为这会增加液滴的尺寸，从而导致小炉燃烧不完全。燃烧率的控制是通过关闭喷嘴的油压来实现的。住宅单元只有一个喷嘴，因此使用开关控制。

小型燃油燃烧器的设计既改善了燃料与空气的混合，又通过向空气中添加涡流以及火焰保持装置（见图 10.4）来减少过量空气。通过在燃烧器罐内安装导向叶片实现空气涡流。火焰保持装置是一个金属锥体，安装在离喷嘴很近的位置。喷嘴和锥体之间的间隙，以及锥体中的狭缝和孔允许空气渗透到喷雾中。锥体作为稳定火焰的空气屏障，产生更紧凑和更强烈的火焰。涡流在火焰保持锥以外产生更多的混合，这样可以减少过量的空气，从而提高效率。

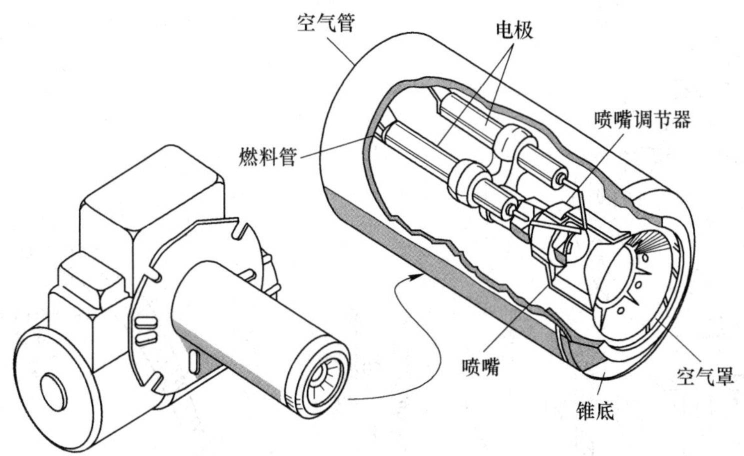

图 10.4 带有火焰保持空气罩的住宅燃油炉

（引自：Offen，G. R，Kesselring，J. p.，Lee，K.，Poe，G. and Wolfe，K. J.，Control of Particulate Matter from oil Burners and Boilers，Environmental Protection Agency EPA-450/3-76-005，1970）

单孔喷雾燃烧器在低于 2L/min 的条件下不能燃烧，这代表了大约 75MJ/h，这是因为不能减少孔尺寸。有许多应用需要较小的燃烧速率。一种选择是在锅炉中预先汽化燃料，然而，这往往会产生黑烟火焰。Babbington（巴宾顿）燃烧器按照不同的原理运行，可以以低得多的流量速率清洁地燃烧。该燃烧器使用图 10.5 所示的“内外”喷嘴，液体燃料流过空心球的外部并流出进入燃料回转管中。70kPa 的低压空气流入球体，并通过一个小孔将燃料薄膜雾化。雾化空气的量约为燃烧空气的 1%，2 号燃料油的质量平均液滴尺寸约为 15μm，其中仅有少于 1%的液滴尺寸大于 70μm，这种小液滴尺寸有利于良好的混合和低排放。喷雾是通过使燃料膜破裂而形成的，并且液滴大小取决于表面张力而不是黏度。通过减少燃料流量来调节燃烧器，这减少了球体上燃料膜的厚度。已经证明了燃料流量速率能从 4L/h 减小到 2L/周。

使用重质燃油的公共设施和大型工业燃烧器采用单流体或双流体雾化器。如图 10.6

（a）所示，在用于重燃料油的流体压力喷雾雾化器中，燃油压力通常约为 30 个大气压，每个喷嘴燃料流量高达 4700L/h。液体以速度的切向分量进入涡流室并作为环形薄膜通过排出孔，然后在中央核心空气射流的辅助下破碎成喷雾。重油的体积分布如图 10.6（b）所示，质量平均直径是 155μm。图 10.7 所示的溢流压力喷射雾化器是基于图 10.6（a）所示的雾化器的一种改进，添加了调节和关闭的功能。在喷嘴内部提供油的返回路径，从而通过对返回流施加背压来实现最高达 3∶1 的调节。但是，这没有了中央空气核心。

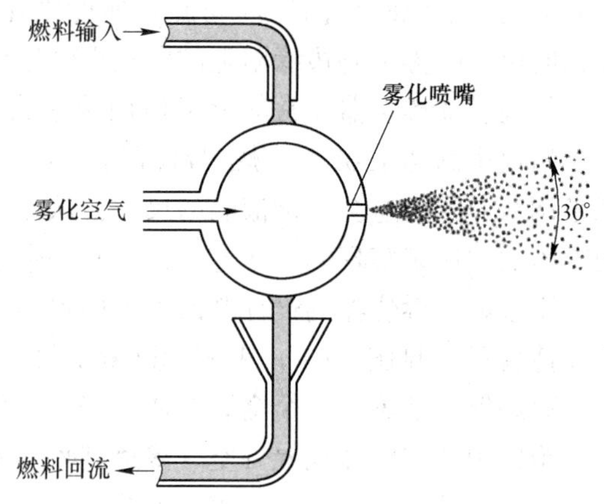

图 10.5　Babbington 雾化原理（燃烧器）

（引自：Babbington，R. S. McLean，Virginia，personal communication，1993）

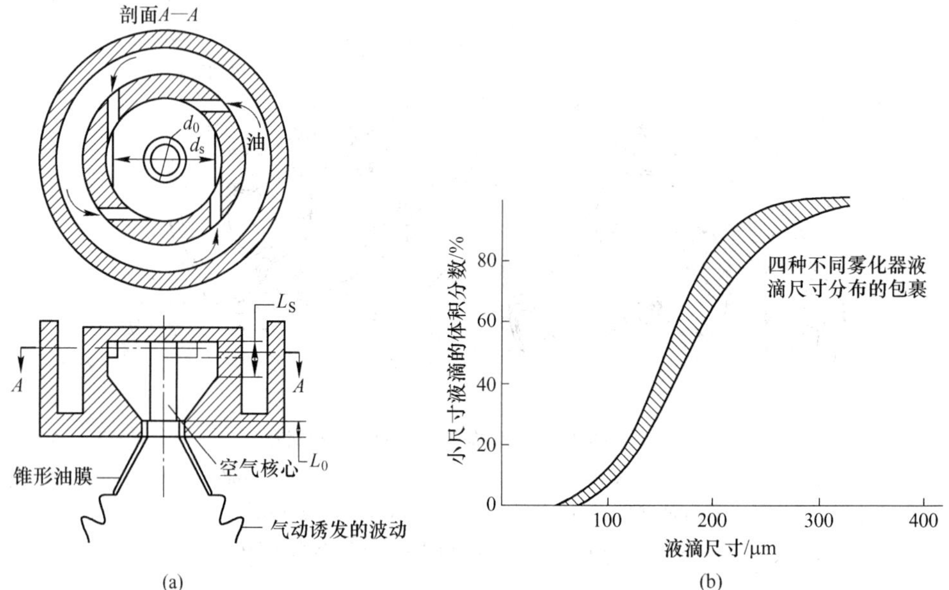

图 10.6　用于重质燃料油带有涡流的高压燃油喷雾雾化器

（a）雾化器；（b）液滴尺寸分布

（引自：Lawn，C. J.，ed.，Principles of Combustion engineering for Boilers，Academic Press，London，1987，经作者许可）

双流体雾化器使用喷射的蒸汽或空气来撞击燃料射流。图 10.8 显示了 Y 型蒸汽雾化喷嘴。通常，蒸汽压力只比油压高 1~3 个大气压，在出口处形成两相混合物，并从端口向外膨胀以形成喷雾。蒸汽流量不得超过油流量的 10%。当然，这需要补充锅炉水，并略微降低锅炉效率。如果没有蒸汽，可以使用压缩空气。液滴尺寸分布与单流体雾化器相似。双流体喷雾器的主要优点是可以降低燃料压力。

可以通过引入旋转杯雾化器来进一步降低所需的油压。如图 10.9 所示，通过空心旋转轴内的管将油输送到锥形杯中，轴和杯子以 3500r/min 的速度转动。油成片沿着杯内流动，在离心力的作用下被引入周围的空气流中。这种雾化器形成的液滴尺寸比提及的其他两种雾化器大得多，这往往会导致冒烟。因此，近年来旋转杯雾化器的使用比其他类型的雾化器少。

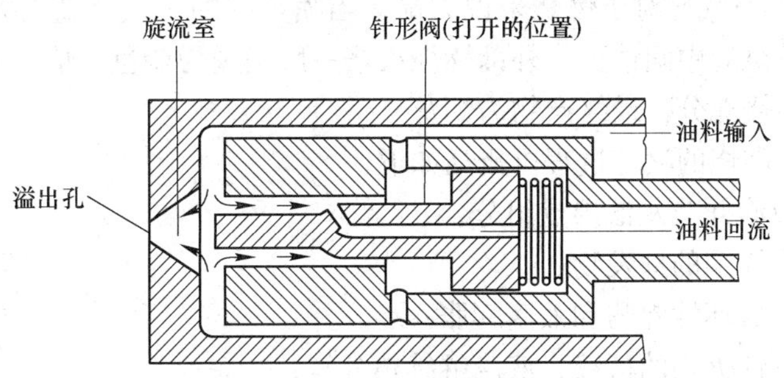

图 10.7 溢出流、带关闭的压力喷嘴雾化器

（引自：Lawn，C..J.，ed，Principles of Combustion Engineering for Boilers，Academic Press，London，1987，经作者许可）

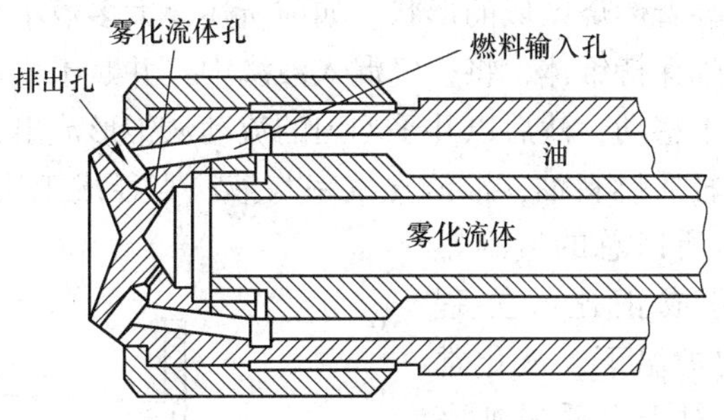

图 10.8 Y 型喷嘴雾化器

（引自：Lawn，C. 1.，ed.，Principles of Cnrnbustion. Engineering for Boilers，Academic Press，London，1987，经作者许可）

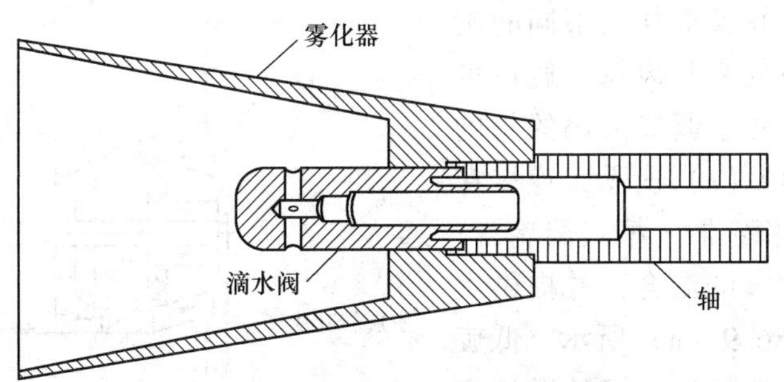

图 10.9 旋转杯式雾化器

（引自：Lawn，C. L，ed，Principles of Combustion Engineerirrg for Boilers，Academic Press，London，1987，经作者许可）

10.2 燃烧炉和锅炉的雾化燃烧

液体燃料喷雾燃烧的过程取决于喷雾的数量密度、湍流混合程度和燃料挥发性。如果

数量密度低、混合程度高、燃料挥发性相对较低，喷雾会形成由单个火焰包围的单个液滴并燃烧。如果喷雾的数量密度高（即浓密的喷雾）、混合程度低、燃料挥发性高，那么液滴会蒸发，但火焰是出现在喷雾的外边缘。这被称为外部燃烧，因为除了在喷雾的外边缘之外，局部的燃料-空气比对于燃烧来说太高。当喷雾内的一组液滴以大单滴的方式燃烧时，会发生组合燃烧的中间情况。外部燃烧火焰一般呈现为蓝色火焰，而液滴燃烧火焰一般呈黄色，表明燃烧充分，最终产物为烟灰。

多组分燃料油燃烧的喷雾过程可概括如下：

（1）加热小液滴并蒸发低沸点组分；

（2）点燃液滴周围的挥发物；

（3）热分解、破坏性沸腾和液滴膨胀；

（4）随着挥发性火焰的持续，液滴继续热分解；

（5）剩余液滴表面含碳残余物的燃烧，大约是液滴初始燃烧速率的十分之一。

含有水的燃料油在点火之前表现出增强的沸腾和膨胀。通过从母液滴喷射出较小的附属液滴，大范围的液滴破坏性沸腾导致更好的雾化。附属滴可能在母滴之前被点燃。

空气的动力流动主导着燃烧区域的形状。如前所述，大多数小型燃油燃烧器使用能够稳定初始火焰区域的火焰保持锥体，将空气混入液滴中，并赋予少量的涡流。液滴在该锥形区域中在设定的轨迹上移动，然后以几乎均匀的流动从锥形流出，一直燃烧主要是作为单个液滴的集合。对于轻质燃料油，液滴蒸发率与液滴直径成正比（方程（9.34））。汽化控制液滴燃烧速度，所以总的液滴燃烧时间与直径的平方成正比（方程（9.29））。在 1000K 的炉温下，汽化常数 β 约为 1.25mm^2/s。对于重质燃油来说，“直径平方法”不成立，因为液滴会膨胀，并在表面形成炭质残渣。

在较大的喷嘴型燃烧器中，喷雾以高动量轴向喷射，并且空气以不同的旋流量吹入。燃烧空气来自风箱，通过可移动的寄存器，以便于调节火焰的长度和形状。如图 10.10（a）所示，连接在燃料喷嘴上的叶片稳定器（槽式湍流器）可以引起空气和喷雾的混合，并提供火焰的稳定性。如图 6.9（a）所示，低旋涡的火焰又长又窄。靠近火焰的燃烧室内的气体被射流的动量夹带，因此在火焰边界处引起再循环和混合。液滴以直线运动，并以单独的液滴火焰和外部火焰组合的形式燃烬。如果使用发散的燃料喷雾并且空气被吹入旋涡（见图 10.10（b）），则会产生很短的刷状火焰，这种

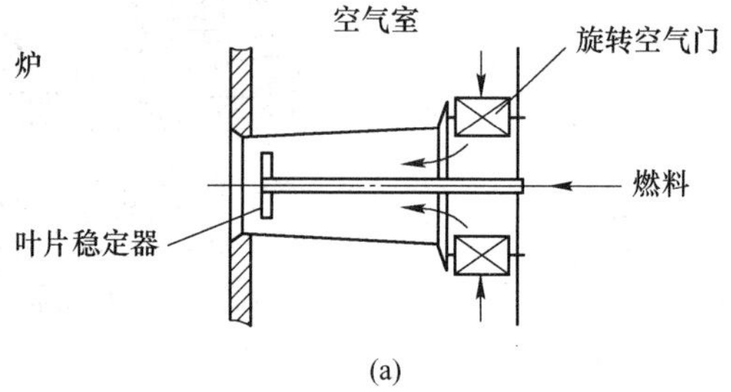

(a)

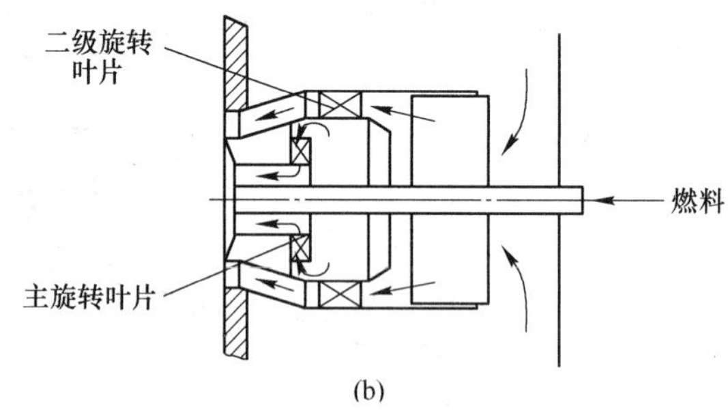

(b)

图 10.10　显示气流路径的工业燃烧器

（a）带叶片的稳定器（槽式湍流器）；（b）双旋流燃烧器

（引自：Lawn，C. J.，ed.，Principles of Combustion Engineering for Boilers，Academic Press，London，1987，经作者许可）

火焰稳定在燃烧器的耐火喷嘴的表面上（称为燃道）。高旋涡处有一个封闭的内部回流区，能够促进短而高强度的火焰。不同的装置使用不同类型的火焰，在角落燃烧的锅炉和使用辐射传热的工业过程中使用长喷射火焰。壁面燃烧锅炉和工业加热器使用旋流火焰。图 10.10（b）的燃烧器附近的温度轮廓如图 10.11 所示。在这种情况下没有证据表明存在封闭的再循环区域。

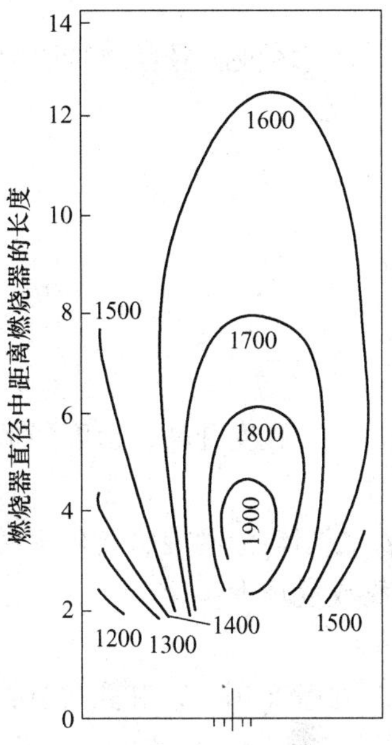

图 10.11 使用重质燃油的旋流压力喷嘴的温度（K）轮廓

（引自：Lawn，C.，T.，ed.，Principles of Combustion Engineering for Boilers，Academic Press，London，1987，经作者许可）

大型工业和公用燃烧器通常燃烧残渣燃料油，并且液滴燃烧方式很不同，比馏分液滴更慢。当残渣油的油滴处于 1300℃ 高温气体中时，它会升温并在约 200℃ 时开始蒸发，伴有轻微的膨胀直至开始沸腾。液滴扩张与收缩快速交替，总体直径增加，最终达到初始直径的两倍左右。在此阶段会喷出蒸汽泡，并且与母液滴的距离达到 10 个直径。有时附属液滴会被驱散，在特殊情况下整个液滴会分裂。通常，挥发通过蒸馏（沸点越来越高的化合物的沸腾）和高温热解（分子键断裂形成低分子量化合物）进行。随着挥发物的释放，会形成 0.02～0.2μm 的烟灰颗粒，它们可以聚集成长达数千微米的长丝，然后在火焰的较贫弱区域燃烧。在挥发性损失阶段结束时，液滴变得非常黏稠并固化成多孔焦炭颗粒。沥青质含量高的燃料倾向于形成焦炭。来自残渣油喷雾的焦炭是一种多孔的含碳颗粒，随着密度的降低而燃烧，燃烬时会发生碎裂。固体颗粒燃烧将在第 14 章中详细讨论。

10.3 均匀场液滴的活塞流模型

喷射燃油的燃烧通常包含液滴复杂的三维流动和与空气湍流混合、液滴汽化和燃烧。然而，有必要通过假设在空气中包含一维恒压和包含均匀的单分散小滴流的恒面积流管来简化问题。单分散意味着均匀间隔的均匀尺寸液滴，液滴和气体具有相同的速度，这种情况被称为活塞流，也适用于低旋流。

如图 10.12 所示，汽化和点火从 $x=0$ 开始。目的是找出温度和距离的关系函数、反应区的长度和整体燃烧强度（单位体积的放热量）。与液滴蒸发时间相比，假定混合和化学反应时间短是合理的。喷雾是稀释的，所以喷雾不会占据相当大的体积，但它确实会增加质量。在 $x=0$ 时，特定燃料空气比下单位体积的液滴数量 n_0' 可以通过以下方法确定。给定微分体积 $A\mathrm{d}x$，最初的燃料质量是：

$$m_{\mathrm{f},\,0}=n_0'\rho_\ell\frac{\pi d_0^3}{6}A\mathrm{d}x \tag{10.3}$$

式中，下标 0 表示位置 $x=0$。同样地，空气的质量是：

$$m_{\text{air},0} = m_{\text{total},0} - m_{\text{f},0} = (p_0 - n_0 p_\ell \frac{\pi d_0^3}{6}) A\text{d}x \tag{10.4}$$

式中，ρ_ℓ为气体液滴混合物的初始密度。初始燃料空气比可以通过方程（10.3）除以等式（10.4）得到：

$$f = \frac{(n_0' p_\ell \pi d_0^3/6) A\text{d}x}{[p_0 - (n_0' p_\ell \pi d_0^3/6)] A\text{d}x} \tag{10.5}$$

求解 n_0'：

$$n_0' = \frac{f}{1+f} \cdot \frac{p_0}{p_\ell} \cdot \frac{6}{\pi d_0^3} \tag{10.6}$$

向下游移动，温度升高、密度降低、速度增加。面积不变，质量守恒方程为：

$$\rho_0 \underline{V}_0 = \rho \underline{V} \tag{10.7}$$

其中，ρ 是气体-液滴混合物的密度。液滴的数量保持不变，但由于气体的膨胀，单位体积的液滴数量减少：

$$n_0' V_0 = n' V \tag{10.8}$$

结合方程（10.7）和式（10.8）并简化：

$$n' = n_0' \rho / \rho_0 \tag{10.9}$$

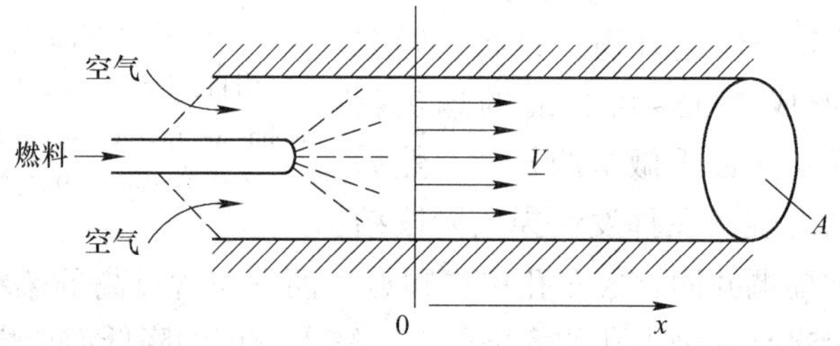

图 10.12　喷雾燃烧的塞流模型

由第 9 章，在稳定状态条件下液滴的蒸发量根据下式计算：

$$\dot{m}_{\text{drop}} = -\frac{\rho_\ell \pi \beta d}{4}$$

液滴直径的平方随时间线性下降：

$$d^2 = d_0^2 - \beta t$$

其中，β 是蒸发速率常数。

通过传导和扩散的能量传输比扩展反应区对流传输能量小（见图 10.12）。基于这种微分体积的能量守恒，$A\text{d}x$ 为：

$$p \underline{V} A c_p \frac{\text{d}T}{\text{d}x} \text{d}x = q''' A\text{d}x \tag{10.10}$$

其中，q''' 是由于燃烧引起的单位体积的放热率。消除体积单元 $A\text{d}x$，注意到 $V = \text{d}x/\text{d}t$，能量方程就变成：

$$p c_p \frac{\text{d}T}{\text{d}t} = q''' \tag{10.11}$$

微分元的单位体积的放热率是：

$$q''' = -n'm_{\mathrm{drop}}(LHV) \tag{10.12}$$

将方程式（10.6）、式（10.9）、式（9.34）和式（10.12）代入方程式（10.11）并简化得：

$$\frac{\mathrm{d}T}{\mathrm{d}t} = \frac{3}{2}\cdot\frac{f}{1+f}\cdot\frac{\beta(LHV)}{c_p d_0^3}\cdot d \tag{10.13}$$

微分方程（9.28）可得：

$$\mathrm{d}t = -\frac{2d}{\beta}\mathrm{d}(d) \tag{10.14}$$

将方程（10.14）代入方程（10.13）：

$$\mathrm{d}T = -3\left(\frac{f}{1+f}\right)\frac{(LHV)d^2}{c_p {d_0}^3}\mathrm{d}d \tag{10.15}$$

积分得：

$$T = T_0 + \frac{f}{1+f}\cdot\frac{LHV}{c_p}\left[1-\left(\frac{d}{d_0}\right)^3\right] \tag{10.16}$$

由第 3 章可知，绝热火焰的温度是：

$$T_{\mathrm{flame}} = T_0 + \frac{f}{1+f}\cdot\frac{LHV}{c_p}$$

将方程（3.71）代入方程（10.16）得：

$$T = T_0 + (T_{\mathrm{flame}} - T_0)\left[1-\left(\frac{d}{d_0}\right)^3\right] \tag{10.17}$$

反应区的长度由下式给出：

$$L_v = \int_0^{t_v} \underline{V}\mathrm{d}t \tag{10.18}$$

将方程（10.7）和理想气体方程（记住压力是常数）代入方程（10.18）得：

$$L_v = \underline{V}_0 \int_0^{t_v} \frac{T}{T_0}\mathrm{d}t \tag{10.19}$$

将方程（10.17）代入方程（10.19）得到：

$$L_v = \underline{V}_0 \int_0^{t_v}\left[1+\left(\frac{T_{\mathrm{flame}}}{T_0}-1\right)\left(1-\frac{d^3}{d_0^3}\right)\right]\mathrm{d}t \tag{10.20}$$

将方程（10.14）代入方程（10.20）并积分得到：

$$L_v = \frac{\underline{V}_0 d_0^2}{\beta}\left(\frac{2}{5}+\frac{3}{5}\cdot\frac{T_{\mathrm{flame}}}{T_0}\right) \tag{10.21}$$

最后，可以通过假设混合和化学反应比蒸发快得多来估算燃烧强度，即单位体积的放热量。可得到：

$$I = \frac{\dot{m}_{\mathrm{f}}(LHV)}{AL_v} \tag{10.22}$$

式中，$\dot{m}_{\mathrm{f}}$ 是燃烧器的燃料供给速率。这可很容易得出：

$$\dot{m}_{\mathrm{f}} = \dot{m}_{\mathrm{total}}\frac{f}{1+f} = \rho_0\,\underline{V}_0 A\,\frac{f}{1+f} \tag{10.23}$$

然后：

$$I = \frac{\rho_0 V_0}{L_v} \cdot \frac{f}{1+f} LHV \tag{10.24}$$

或者将方程（3.71）代入方程（10.24）得：

$$I = \frac{\rho_0 V_0}{L_v} c_p (T_{\text{flame}} - T_0) \tag{10.25}$$

下面的例子将探讨这些关系。

例 10.1　单分散的喷雾液滴在空气的塞流中移动，燃料空气比为 0.077，初始液滴直径为 100μm，火焰温度为 2100K，燃烧速率常数为 0.25mm²/s，初始速度为 1m/s，初始空气温度为 500K，液滴密度为 900kg/m³，压力为 1 个大气压。计算初始液滴数量密度，蒸发时间，反应区长度和燃烧强度。

解：

$$\rho_{\text{air},0} = 0.760\text{kg/m}^3 \qquad \text{附录 B}$$

$$\rho_0 = \rho_{\text{air},0} + \rho_{1,0} = \rho_{\text{air},0}(1+f) = 0.706\text{kg/m}^3 \times 1.077 = 0.760\text{kg/m}^3$$

根据方程（10.6），初始液滴数密度是：

$$n_0' = \left(\frac{0.077}{1.077}\right)\left(\frac{0.760\text{kg/m}^3}{900\text{kg/m}^3}\right)\left(\frac{6}{\pi\,(10^{-2}\text{cm})^3}\right) = 115/\text{cm}^3$$

根据方程（9.29），蒸发时间是：

$$t_v = \frac{100 \times 10^{-3}\text{mm}}{0.25\text{mm}^2/\text{s}} = 0.04\text{s} = 40\text{ms}$$

评估方程（10.21）：

$$L_v = \frac{1\text{m/s} \times 0.10^2\text{mm}^2}{0.25\text{mm}^2/\text{s}} \cdot \left(\frac{2}{5} + \frac{3}{5} \cdot \frac{2100\text{K}}{500\text{K}}\right) = 0.11\text{m} = 11\text{cm}$$

比热是适合温度范围的平均值。在此基础上，我们将选择使用平均温度（1300K）。注意，空气是混合物的主要成分，由附录 B 中可知：

$$c_p = 1.195\text{kJ/(kg} \cdot \text{K)}$$

代入方程（10.25）：

$$I = \frac{0.760\text{kg/m}^3 \times 1\text{m/s}}{0.11\text{m}} \times 1.195\text{kJ/(kg} \cdot \text{K)} \times 2100 - 500)\text{K} = 13.2\text{MW/m}^3$$

该计算假定混合和化学反应速率与蒸发速率相比是非常快的，使得真实的反应区将会长于 11cm。使用这些关系，可以确定速度和温度分布相对于沿着反应区的距离。当然，当使用旋流时，流场会变得更加复杂。

10.4　燃油炉和锅炉的排放

颗粒物和氮氧化物是馏分燃料燃油炉主要关注的排放物，然而，燃烧残渣燃料油时还必须考虑硫氧化物。燃料油含有少量不燃灰，2 号燃料油含有大约 0.1%的灰分，而 6 号燃料油含有高达 1.5%的灰分。表 10.1 给出了 6 号燃料油灰分的代表性组成。残渣燃油燃烧器的颗粒物排放有三种来源：灰分，煤烟和硫酸盐。油中约 5%的硫转化为三氧化硫，其余的转化为二氧化硫。SO_3遇到水时容易转化成硫酸，或者与钙、镁和钠结合形成硫酸盐。一些油中明显存在五氧化二钒，起催化剂作用，将 SO_2 转化成 SO_3，因此提高 V_2O_5

含量意味着增加了微粒排放。硫酸盐化合物可以增加不透明度（光散射）和微粒排放。而且在烟囱上部，烟气温度可能下降到硫酸的露点以下。如果发生这种情况，酸会在飞灰上凝结，使其变黏并容易沉积在烟囱壁上。

表 10.1 残渣燃料油的代表性灰分

成　分	质量分数/%
SiO_2	1.7
Al_2O_3	0.3
Fe_2O_3	3.8
CaO	1.7
MgO	1.1
NiO	1.9
V_2O_5	7.9
Na_2O	31.8
SO_3	42.3

燃料油中的钠和钒都可能在锅炉内部形成黏性灰分化合物，导致热交换器表面结垢。需要频繁的吹灰来清理这些表面，吹灰过程使用强制空气、水或蒸汽来清理换热器表面。已经发现燃料油添加剂如氧化铝、白云石和氧化镁能够有效减少结垢和腐蚀。添加剂要么产生不融合在一起的较高熔点的灰沉积物，要么形成在吹灰时更容易除去的耐火硫酸盐。其他燃料油添加剂可以减少烟气，例如对烟灰氧化具有催化作用的锰、铁和碳的有机金属化合物。添加剂通常会增加颗粒物的排放量，但它们会把硫酸雾变成干粉。然而，可以通过良好的燃烧器设计来控制烟尘，并用添加剂来控制酸雾。

诸如燃料油之类的烃燃料在燃烧区富含燃料的区域中倾向于产生烟灰。在高温挥发过程中，燃料油易于裂解或分裂成较低相对分子质量的化合物，然后在富含燃料的区域中聚合或再次消耗氢气。新鲜煤烟的经验化学表达式为 C_8H。在聚合过程中，燃料离子成核后的相对原子质量约为 10000，然后形成微晶，最后形成烟粒。烟尘颗粒形成的最后阶段是球体聚集成长丝。炉内的煤烟颗粒可以通过明亮的白—黄辐射（连续辐射）来识别，因此，烟灰有效地将热量传递到锅炉壁上。但是，烟尘比气态挥发性物质更难燃烧，因此，为了避免烟尘排放，特别是在小型燃油炉和锅炉中，使空气与挥发性喷雾直接接触很重要。例如，由于烟尘减少，随着过剩空气变多，馏分油燃烧器的颗粒排放量会减少。

Bacharach（巴哈拉赫）烟数用于表征微粒排放。在该方法中，通过过滤器手动拉出少量的烟气，并且过滤器上斑点的黑度通过眼睛匹配到 0 至 10 的范围。实际上，过剩空气会减少（以提高效率）直到烟指数超过 2。可以通过改进设计，如前面讨论的火焰保留，来减少过剩空气。然而，由于处于较热的火焰区域，火焰保持头具有比标准燃烧器配置更高的 NO_x 排放。

氮氧化合物由空气中的氮以及与有机燃料分子结合的氮形成。6 号燃料含有 0.1%~0.5%的燃料结合氮，而 2 号燃料含有约 0.01%的燃料结合氮。当燃料燃烧时，10%~60%的燃料氮被氧化成 NO，这部分取决于燃料分子分解后可用的氧气量。如果燃烧区富含燃料，则燃料分子分解，大部分氮会形成氮气。减少过量空气有助于降低热 NO 和 SO_3 的形成。在使用残渣燃油燃烧器的电站锅炉中，随着气流减少，燃烧器上方过度燃烧空气口减少了 NO 排放，没有过量的碳烟形成。如图 10.13 所示，已经开发了低 NO_x 燃油燃烧器，用于电站锅炉内部空气的分级。这种燃烧器类似于相同的燃气燃烧器，只是燃料喷嘴被用于提高火焰稳定性和调节火焰性质的稳定盘包围。带有多级涡流叶片的双重空气区域可调节燃烧空气，涡流的流量和程度影响进入火焰的富燃料核心空气的混合。扩展的火焰区将降低火焰峰值温度。

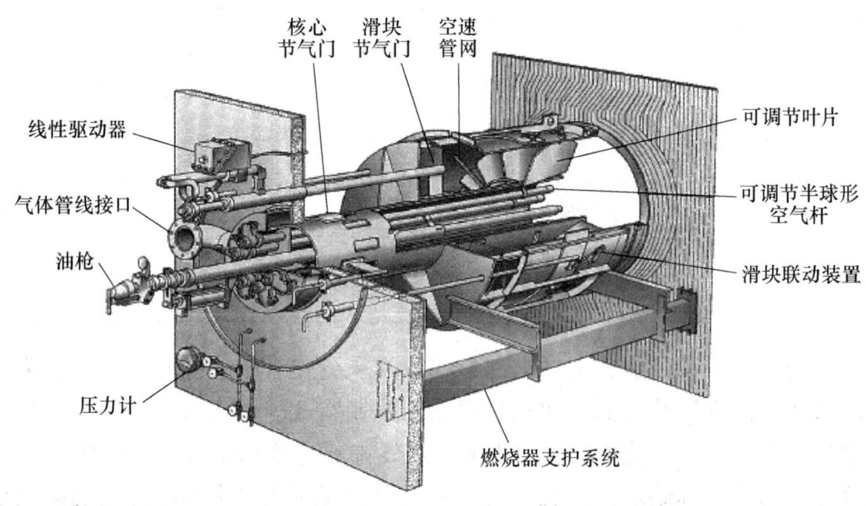

图 10.13 低 NO_x 组合燃油或煤气燃烧器

（引自：Kitto，J. B. and Stultz，S. C，Steam：Its Generation and use，41st ed，Babcock and Wilcox，Barberton，OH，2005. 已经许可）

美国环境保护署测试了许多燃油炉和锅炉，并制定了通用住宅、商业、工业和公用燃烧器的排放因子（表 10.2）。这些数值在不同的模型之间可能会有很大差异，这取决于单位的维护和调整情况。估算排放物的常用方程是：

$$E = AR \cdot EF(1 - ER/100) \tag{10.26}$$

其中，E 是排放率，AR 是活化率，EF 是排放因子，ER 是满足排放标准所需的排放减少百分比。表 10.3 列出了新的大型排放源联邦排放标准（大于 260GJ/h）。

表 10.2 燃油燃烧不受控制的排放因子 （$kg/10^3L$）

类 型	颗粒	SO_2	NO_x（如 NO_2）
住宅（D）	0.3	17S	2.2
商业和工业（D）	0.24	18S	2.4
工业和实用（R）	1.09S+0.38	19S	2.5+12.5N

来源：US Environmental Protection Agency，Compilation of Air Pollution Emission Factors：Vol. I-Stationary Point Source. 5th ed.，EPA-AP-42，1995。

注：D 表示馏分燃料油；R 表示 6 号残渣燃料油；S 表示乘以油中硫的百分比（3%表示 S=3）；N 表示乘以油中氮百分比（0.2%表示 N=0.2）。

表 10.3　新的大型排放源联邦排放标准　　（$\times 10^{-6}$g/kJ）

排放物	公用事业	工业
颗粒①	13	43
$SO_2$②	344	344
NO_x如 NO_2	130	172

来源：US Environmental Protection Agency. Compilation of Air Pollution Emission Factors, Vol. I-Stationary Point Sources and Area Sources, 5th ed., EPA-AP-42, 1995.

① 还需要 20%的不透明度限制。

② 还需要减少 90%，但不低于 86g/10^6kJ。

例 10.2　大型工业燃烧器提出使用含 3%硫和 0.3%氮的残渣燃料油，高位发热值为 42000kJ/L。要达到美国环境保护署的排放标准，需要减排多少？

解：使用表 10.2 和公式（10.26）中的因子，不受控制的微粒排放（$ER=0$）是：

$$\frac{E}{AR}=\frac{(1.09\times 3+0.38)\text{kg}}{10^3\text{L}}\times\frac{1000\text{g}}{\text{kg}}\times\frac{10^3\text{L}}{42\times 10^6\text{kJ}}=\frac{86.9\text{g}}{10^6\text{kJ}}$$

硫氧化合物不受控制的排放是：

$$\frac{E}{AR}=\frac{19\times 3\text{kg}}{10^3\text{L}}\times\frac{1000\text{g}}{\text{kg}}\times\frac{10^3\text{L}}{42\times 10^6\text{kJ}}=\frac{1357\text{g}}{10^6\text{kJ}}$$

氮氧化合物不受控制的排放是：

$$\frac{E}{AR}=\frac{(2.5+12.5\times 0.3)\text{kg}}{10^3\text{L}}\times\frac{1000\text{g}}{\text{kg}}\times\frac{10^3\text{L}}{42\times 10^6\text{kJ}}=\frac{149\text{g}}{10^6\text{kJ}}$$

使用表 10.3 并重新整理方程（10.26），所要求的颗粒物减排量为：

$$ER=\left(1-\frac{E}{AR\cdot EF}\right)\times 100=\left(1-\frac{13}{86.9}\right)\times 100=85\%$$

要求硫氧化合物的减排量为 344g/10^6kJ 或 90%，但不低于 86g/10^6kJ（见表 10.3 脚注①）。硫氧化合物排放量减少 90%的量是 136g/10^6kJ。所需的硫氧化合物减排量是 90%。氮氧化合物控制所要求的减排量是：

$$ER=\left(1-\frac{344}{1357}\right)\times 100=75\%$$

在这种情况下，微粒控制需要袋式除尘器或静电除尘器，硫氧化合物的控制需要一个洗涤器，氮氧化合物的控制需要调整燃烧。

10.5　习题

10-1　燃烧器的额定功率为 180000MJ/h（基于 *HHV*），使用加压至 7MPa 的 6 号燃油，并通过雾化喷嘴喷射，计算燃烧器所需的辅助动力。燃烧器的空气压降为 125mmH_2O 柱，进入的空气温度为 400K，假定使用 10%的过量空气。燃料泵效率为 90%，鼓风机效率为 70%，计算燃油泵和鼓风机所需的功率。使用表 2.7 和表 3.1 中提供的 6 号燃油的数据，使用附录 B 的空气性质。

10-2　工业锅炉使用残渣燃料油（6 号燃料油）在 4.5MPa 下产生 68000kg/h 的饱和蒸汽。环境空气温度为 255K，这也是储油罐的温度。没有空气预热器，但是油被预热到

373K，并被加压到5MPa。风管和风箱的水压降为50mmH_2O柱。再热器将补给水加热到400K，烟囱温度为470K。不完全燃烧产生的热量损失占总热量输入的0.5%，辐射传热损失占总热量输入的5%。过剩空气测量值为5%。泵的效率是90%，鼓风机的效率是70%。计算锅炉效率。假设燃烧产物性质与空气的性质相同（附录B）。使用表2.7、表3.1和附录A中的数据查6号燃料油的性能，400K水的焓为535kJ/kg，4.5MPa饱和蒸汽的焓为2794kJ/kg。对于提高锅炉效率你有什么建议？

10-3　商用燃油炉的额定输入功率为30000kJ/h，使用2号燃油。采用的雾化喷嘴压力为700kPa，流量系数为0.8（$A_{eff}=0.8A$）。计算燃油流量和喷嘴的直径。使用表2.7中给出2号燃油性能的数据。

10-4　50μm和300μm的馏分燃料油（2号燃料油）液滴在炉内燃烧掉大约需要多少时间？假设$\beta=1.75mm^2/s$。这个结果取决于火焰温度、过量空气还是湍流？并解释。

10-5　对例10.1，计算并绘制沿着反应区的速度和温度与距离的关系图。这可以通过分析或者使用数值方程求解器来完成。

10-6　在不超过联邦排放标准的情况下，可以燃烧的残渣燃料油（2号燃料油）中硫的最大百分比是多少？

参考文献

[1] Babbington, R S. McLean, Virginia, personal communication, 1993.

[2] Burkhardt C H. Domestic and Commercial Oil Burners: Installation and Servicing, 3rd ed. Glencoe/McGraw-Hill, New York, 1969.

[3] Kitto J B, Stultz S C. Steam: Its Generation and Use, 41st cd., Babcock and Wilcox, Barberton, OH, 2005.

[4] Lawn C J, ed. Principles of Combustion Engineering for Boilers, Academic Press, London, 1987.

[5] Lightman P, Street P J. Single Drop Behaviour of Heavy Fuel Oils and Fuel Oil Fractions, J. Inst. Energy 56 (426): 3~11, 1983.

[6] Offen G R, Kesselring J P, Lee K, et al. Control of Particulate Matter from Oil Burners and Boilers, Environmental Protection Agency EPA-450/3-76-005, 1976.

[7] Sayre A N, Dugue J, Weber R, et al. Characterization of Semi-Industrial-Scale Fuel-Oil Sprays Issued from a Y-Jet Atomiser, J. Inst. Energy 67 (471): 70~77, 1994.

[8] US Enviromnental Protection Agency, Compilation of Air Pollution Emission Factor-s; vol. I-Stationary Point Sources and Area Sources, 5th ed., EPA-AP-42, 1995.

[9] Williams A. Combustion of Liquid Fuel Sprays, Butterworth-Heinemann. Burlington, MA, 1990.

[10] Williams A. Fundamentals of Oil Combustion, Prog. Energy Combust. Sci. 2: 167~179, 1976.

11 燃气轮机喷雾燃烧

燃气涡轮发动机用于产生飞机的推力和固定发电。如图 11.1 所示，燃气轮机的基本部件由旋转式压缩机，燃烧室，驱动压缩机的涡轮机和发电机等负载组成。在飞机应用中，燃烧产物通过涡轮机膨胀并以高速排出来产生推力。与活塞式发动机相比，燃气轮机具有单位体积能量输出高的特点，因此非常适合应用于飞机。在工业和公共事业应用中，涡轮机产生轴功率，并且排气可以用于热回收蒸汽发生器中以用于过程热量或在联合循环中驱动蒸汽涡轮机。在联合循环中，燃气轮机和蒸汽轮机均产生电力。飞机燃气轮机可以使用液体馏分燃料，固定式燃气轮机使用气体燃料和液体燃料。

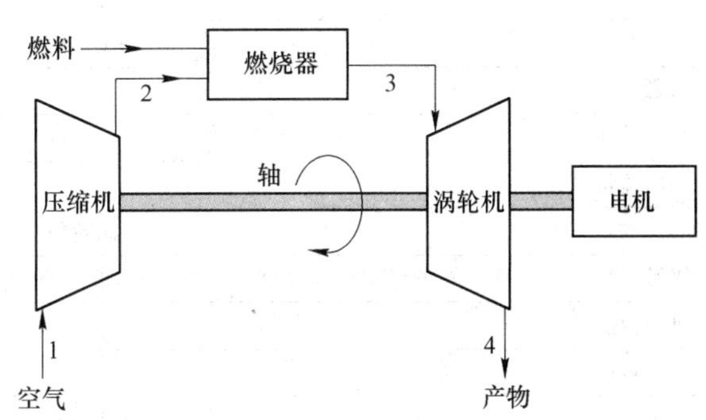

图 11.1　开式循环燃气轮机系统示意图

在本章中，我们首先讨论燃气轮机燃烧器的操作参数，然后讨论燃烧器的设计、燃烧过程、传热和排放。

11.1　燃气轮机运行参数

燃气轮机燃烧室的运行压力从 3 个大气压的小型简单涡轮机到 40 个大气压以上的新飞机发动机涡轮机。新工业涡轮机的压力比范围从 17：1 到 35：1。燃烧器的入口温度取决于压缩机压缩比和是否使用再生加热。燃烧室入口空气温度范围为 200~450℃时无再生加热，为 400~600℃需再生加热。燃烧室出口温度由涡轮机叶片的冶金要求设定，工业涡轮机的工作温度范围为 1000~1500℃，飞机涡轮机的工作温度范围为 1300~1700℃。与所有的热机一样，燃气轮机的循环效率也是最高的，具有最高的涡轮机入口工作温度。由于馏分燃料的化学计量火焰温度超过 2000℃，必须使用大量的过量空气来防止涡轮叶片的前几个段的过热。表 11.1 给出了一个大型工业燃气轮机设计参数的例子。

为了进一步考虑燃烧压力，温度和循环效率之间的关系，考虑理想空气循环燃气轮机或布雷顿循环的压力-体积和温度-熵的关系（见图 11.2）。通过压缩机（1~2）的理想流量和通过涡轮机（3~4）的膨胀是等熵的。通过燃烧室的压降通常约为 3%，但在这里将被忽略。简单循环的理想净功率输出是：

$$\dot{W}_{net} = \dot{m}[(h_3 - h_4) - (h_2 - h_1)] \tag{11.1}$$

对于具有恒定比热的理想气体，符合：

$$\frac{p_2}{p_1} = \frac{p_3}{p_4} \text{ 和 } \frac{T_2}{T_1} = \frac{T_3}{T_4} = T_{ratio}$$

代入公式（11.1）：

$$\dot{W}_{\text{net}} = \dot{m}c_p\left[T_3\left(1-\frac{1}{T_{\text{ratio}}}\right)-T_1(T_{\text{ratio}})-1\right] \tag{11.2}$$

表 11.1　大型工业燃气轮机的设计参数

简单循环燃气轮机	
输出功率	136MW
热率	10390Btu/kW · h
联合循环燃气轮机和蒸汽轮机	
输出功率	200MW
热率	6828Btu/kW · h
压缩机	
级数	18
总压缩比	13.5∶1
空气流量	287kg/s
涡轮机	
级数	3
进口温度	1260℃
出口温度	593℃
燃烧器	
燃烧室数	14
每燃烧室燃料喷嘴数	6

来源：Bandt, D. E., Henvy-duty Turbopower: The MS7001F, Mech. Eng. 109（7）：28~37，1987。

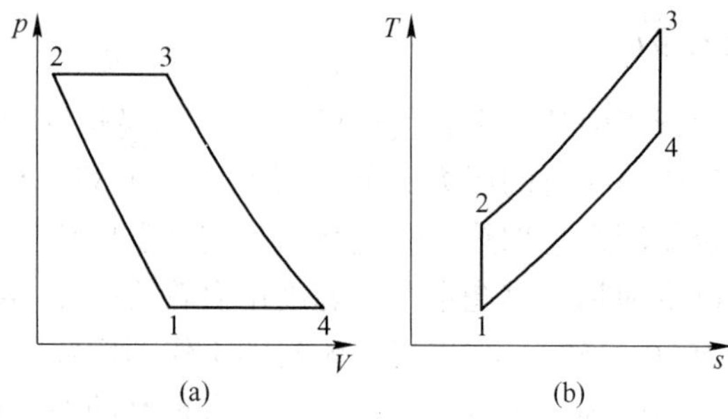

图 11.2　理想的布雷顿循环压力-体积图（a）和温度-熵图（b）

通过变换公式（11.2），可以得到一个最佳的温度比率，即在固定的入口温度下每单位质量的最大功率。对公式（11.2）进行微分，并将 T_{ratio} 设为零：

$$T_3 = \frac{T_2^2}{T_1} \tag{11.3}$$

或：

$$\left(\frac{T_2}{T_1}\right)_{\text{opt}} = \left(\frac{T_3}{T_1}\right)^{\frac{1}{2}} \tag{11.4}$$

对于等熵压缩，最大功率的压力比是：

$$\left(\frac{p_2}{p_1}\right)_{opt} = \left(\frac{T_3}{T_1}\right)_{opt}^{\gamma/(\gamma-1)} = \left(\frac{T_3}{T_1}\right)^{\gamma/2(\gamma-1)} \tag{11.5}$$

例如，如果入口空气温度为300K，燃烧室出口温度为1200K，压缩机的最佳压力比为11。如果燃烧室出口温度为1800K，则压缩机的最佳压力比为23。另一方面，涡轮机效率随着压缩比的增加而继续增加。

燃气轮机循环效率是净功率输出除以输入到燃烧器的热量：

$$\eta = \frac{(h_3 - h_4) - (h_2 - h_1)}{h_3 - h_2} \tag{11.6}$$

假设比热恒定：

$$\eta = 1 - \frac{T_1}{T_2} = 1 - \frac{T_4}{T_3} \tag{11.7}$$

因此，对于没有流量损失的理想气体来说：

$$\eta = 1 - \frac{1}{(p_2/p_1)^{(\gamma-1)/\gamma}} \tag{11.8}$$

热率（*HR*）是燃料的热输入除以净输出功率，也是循环效率的倒数。在美国的电力工程中，习惯上使用英国热量单位每小时输入和千瓦输出，因此：

$$HR = \frac{q_{in}}{\dot{W}_{net}} \cdot \frac{\mathrm{Btu}}{\mathrm{kW \cdot h}}$$

注意效率是无量纲的：$\eta = \dfrac{\dot{W}_{net}}{q_{in}}$

热率和效率可以如下关联：

$$HR = \frac{3413}{\eta} \cdot \frac{\mathrm{Btu}}{\mathrm{kW \cdot h}} \tag{11.9}$$

例 11.1　假设与图11.2相关的一个简单，理想的空气循环燃气轮机。压缩机入口空气为27℃和1个大气压，燃烧室出口温度为1260℃，计算获得最大功率的燃烧室压力。在此最佳压力下，计算理想的压缩机出口温度，理想的循环效率和理想的热率。

解：给定 $T_1 = 300\mathrm{K}$，$T_3 = 1260℃$，$p_1 = 1\mathrm{atm}$，理想气体的比热为1.4，重新排列方程（11.5），可计算最佳压力：

$$p_{2opt} = p_1 \left(\frac{T_3}{T_1}\right)^{\gamma/2(\gamma-1)}$$

$$p_{2opt} = 1\mathrm{atm} \left(\frac{(1260 + 273)}{300}\right)^{1.4/2(1.4-1)}$$

$$p_{2opt} = 17.4\mathrm{atm}$$

记住对于等熵压缩：$\dfrac{p_2}{p_1} = \left(\dfrac{T_2}{T_1}\right)^{\gamma/(\gamma-1)}$

可计算理想的压缩机出口温度是：

$$T_2 = T_1 \left(\frac{p_2}{p_1}\right)^{(\gamma-1)/\gamma} = 300\mathrm{K} \times \left(\frac{17.4}{1}\right)^{(1.4-1)/1.4} = 679\mathrm{K}$$

由公式（11.8）：

$$\eta = 1 - \frac{1}{(p_2/p_1)^{(\gamma-1)/\gamma}} = 0.558$$

由公式（11.9）可得理想的涡轮机的热率是：

$$HR = \frac{3413}{\eta} = \frac{3413}{0.558} = 6114\text{Btu}/(\text{kW}\cdot\text{h})$$

11.2　燃烧器设计

燃气轮机燃烧器应具有低压力损失、高燃烧效率、宽稳定性限制（即能够在宽范围的压力和气流速率下稳定运行）、均匀的出口温度和低排放。另外，飞机上使用的燃气轮机必须小巧轻便。为满足这些要求，燃烧室内的速度不能太高或压力损失过大。此外，燃料和空气的混合必须很好，燃料空气比必须保持在一定范围内，燃烧器停留时间必须足以完成燃烧，温度必须与金属耐久性兼容，污染物排放量必须低。

传统的燃气轮机燃烧器包括（燃气轮机燃烧室的主要组元详见本章参考文献［10］）：用于减慢速度的入口扩散器部分，燃料喷射器，具有空气旋流器以维持回混的主燃烧区，完成分解产物燃烧的中间燃烧区，以及满足涡轮机入口温度要求的稀释区域。二次空气流经燃烧室内衬的孔和槽通过燃烧器的流动模式如图 11.3 所示。扩散器部分降低了空气的流动速度，并在主燃烧区（15%～20%）和衬管空气（80%～85%）之间分流。空气速度降低了由于加热引起的压力损失，减少了火焰吹离的机会。衬管将空气混入中间燃烧区和稀释区。

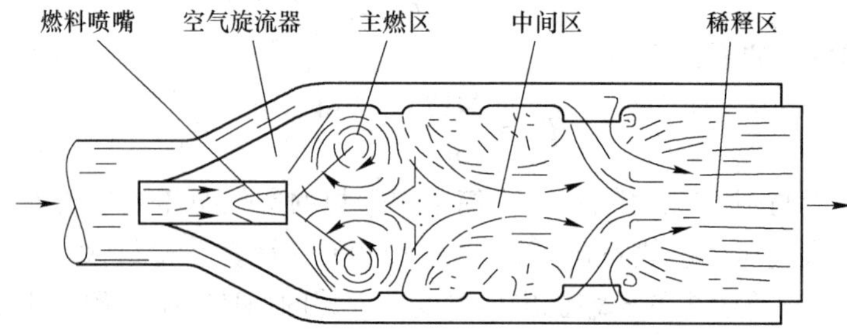

图 11.3　由旋流叶片和径向射流形成的燃烧室中的流动模式

（主燃区域添加 20%空气，中间区域 30%，稀释区域 50%）

燃气轮机燃烧器中使用的液体燃料喷射器通常是涡流压力或气流式类型（见第 9 章）。典型的索特平均直径为 30～60μm，并且燃料喷嘴压降在 5～20atm 的范围内。飞机燃气轮机使用 JP-4 等液体燃料，而工业燃气轮机使用煤油、燃料油或天然气。天然气喷射器有文丘里喷嘴的普通孔板。

燃气轮机燃烧器有三种基本配置：环形，管状和筒仓型。图 11.4 显示了这些配置的示意图。在环形结构中，有一个同心安装在环形壳体内的环形燃烧室衬套。老式飞机燃气轮机和重型工业燃气轮机采用的是空心设计，其中多达 18 个管状燃烧“罐”安装在环形气室中，一些工业燃气轮机使用单筒式燃烧室设计。

图 11.5 所示的飞机燃气轮机推进系统是一台产生 274kN 推力的涡轮风扇发动机：高压涡轮机驱动风扇和压缩机；低压涡轮机和风扇提供推力。环形燃烧室结构非常紧凑，重

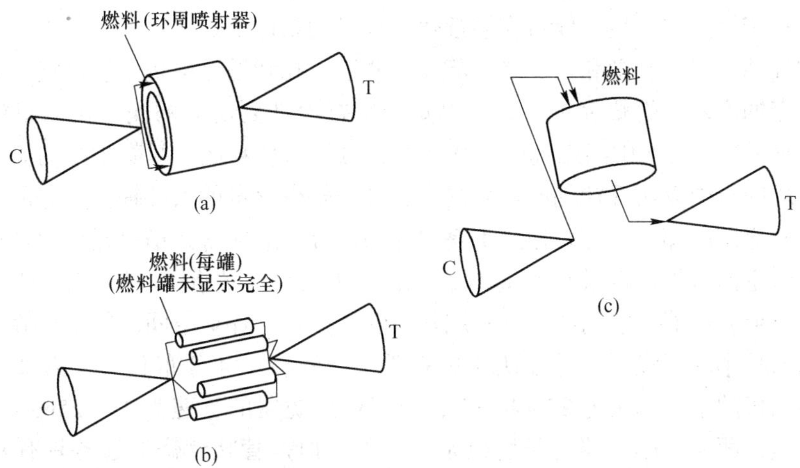

图 11.4 飞机燃气轮机燃烧器类型（“C”表示燃烧器侧，“T”表示涡轮侧）
（a）环形；（b）套管；（c）筒仓

量轻，可为燃气轮机提供几乎均匀的热气。一种飞机衍生的空心式设计的工业发动机与图 11.5 所示的类似，只是没有风扇、低压压缩机或排气喷嘴。发电机与涡轮轴连接并恒速运转，负荷变化。本章参考文献［10］中介绍了一种重型燃气涡轮发动机，该发动机带有一个可使用难燃燃料的筒仓式燃烧室。

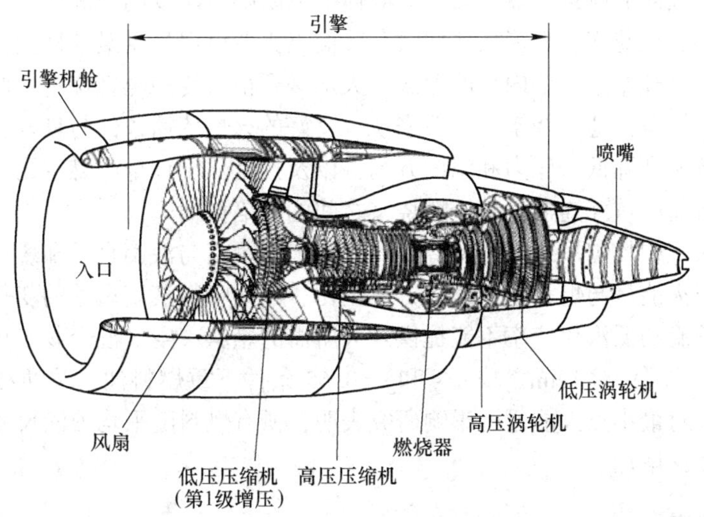

图 11.5 具有环形燃烧室的飞机燃气轮机
（该引擎质量流量为 812kg/s，压力比 31.9，总长度 4m，风扇直径 2.4m，重量 4220kg，起飞推力 274kN。
承蒙通用电气公司，Schenectady，NY）

图 11.5 所示的飞机燃气轮机和本章参考文献［10］中重型燃气涡轮发动机燃烧过程是相似的。燃料通过雾化喷嘴喷入主燃烧区。火花塞用于点火。火焰稳定通过给予主要进气的涡流来提供。涡流叶片弯曲 45°的流动给位于燃料喷嘴周围的一次空气提供一个切向速度分量。流体膨胀进入燃烧室并与燃料喷雾混合。如图 11.3 所示，由于涡流中心的压力较低，并且由于初级燃烧中轴向压力梯度的增加，通过入口涡流产生的涡旋运动建立了

再循环模式。由于通过火焰管壁增加了二次空气，通过反向混合热燃烧产物来提供火焰的空气动力学稳定性。主燃烧区保持在接近化学计量的条件下。

二次和稀释空气在套管和衬套之间流动，并通过孔和槽逐渐进入燃烧室。通过这种方式实现了衬套的冷却，燃烧完成，并且燃烧产物被冷却到所需的涡轮机入口温度。大约30%的空气通过衬管流入中间燃烧区，其余的50%流入稀释区。衬套中孔的尺寸和数量是在大量小孔之间折中以实现精细的尺寸混合，其中较少数量的大孔提供更好的穿透性并且在进入涡轮机之前冷却中心芯。通过重叠内衬的部分，形成薄狭槽以提供内衬壁的薄膜冷却。飞机燃烧室的衬里通常只有1mm厚，因此槽的设计至关重要。图 11. 3 所示的流动模式也适用于环形燃烧器，它们使用一圈燃料喷嘴和排列到环形空间内的空气旋流器。

给定输出功率的燃烧器尺寸取决于燃料类型，液滴尺寸分布和其他因素。需注意的是，飞机涡轮机的平均流速为 25~40m/s，而工业燃烧器的流速为 15~25m/s，据此可以粗略地确定横截面积。燃烧器的长度也是变化的，但是管状燃烧器通常具有基于内衬的3~6 的长径比。2 号燃料油需要更多的空间和更好的内衬冷却，因为燃料油滴蒸发率较低，辐射传热较高。必须小心限制燃料中的无机化合物，以避免涡轮叶片侵蚀和腐蚀。

11. 2. 1 点火

点火和再点火在飞机燃气轮机中具有显著的重要性。典型地，点火是采用短持续时间脉冲的火花塞以每分钟 60~250 次脉冲的连续速率引起的。也可使用半导体材料薄膜在击发端分离电极的表面放电点火器点火。半导体的电阻随着温度的升高而下降，从而产生快速放电。当燃料在火花塞表面形成薄层时，表面点火器可以提供最佳性能。

点火过程本身开始于火焰内核的形成。火焰必须很快传播至燃烧室，对于管状的燃烧室火焰还必须传播至其他燃烧室。一般来说，良好的火焰传播条件与良好稳定性所需的条件类似：主燃区速度降低，压力和温度升高，以及接近化学计量的燃空比。具有低热损失的短的大面积流通区域互连器有助于燃烧室之间的火焰传播。

对于静止大气中均匀尺寸的燃料雾滴，火焰熄灭距离与液滴直径和燃料密度的平方根成正比。最小点火能量与熄灭距离的立方成正比，因此喷雾液滴尺寸的变化对点火有重要影响。大尺寸液滴的低汽化速率不能提供点火所需的燃料—空气混合物。Ballal，D. R. 等（本章参考文献［1］）对 1atm，15m/s 和 $f=0.65$ 条件下重燃料油、柴油和异辛烷三种燃料平均液滴尺寸对最小点火能量的影响研究表明，所有燃料随平均液滴尺寸增加，最小点燃能量也几乎线性增加。

11. 2. 2 火焰稳定

为使火焰稳定，火焰的速度必须与沿着火焰每个点的反应物速度相等且相反。通过产生入口高旋流来实现火焰稳定，将会导致燃烧产物的回混。确定给定设计火焰稳定性的实验需要在恒定的入口空气温度、压力和速度下进行。通过改变燃料流量，确定出贫燃和富余燃料的熄火极限即可获得燃烧室火焰稳定曲线图。1999 年，Lefebvre A H 在恒定压力下，通过重复实验研究了不同气流速度下汽轮机燃烧室火焰的稳定性，并获得了类似于图 11. 6 所示的火焰稳定性弯曲图。有趣的是，曲线的形状与充分搅拌的反应器中井喷数据曲线相似（将在下一节讨论）。一般而言，井喷速度和稳定极限可以通过以下措施来扩展：

(1) 降低主流速度和湍流强度；
(2) 增加入口温度，压力和旋涡；
(3) 保持主燃烧区接近化学计量比；
(4) 使用更高的挥发性燃料；
(5) 减小液滴大小。

最大的稳定性是通过少量的大孔喷入初级空气来达到的。其基本思想是产生大规模的循环模式。在高功率条件下，燃料效应并不重要，但在空转条件下，火焰稳定性为燃料汽化限制状态时，燃料的作用很重要。对于空气爆炸的原子来说，混合物几乎是均匀的，并且搅拌式反应器的相关系数可以用来预测贫燃料的极限。

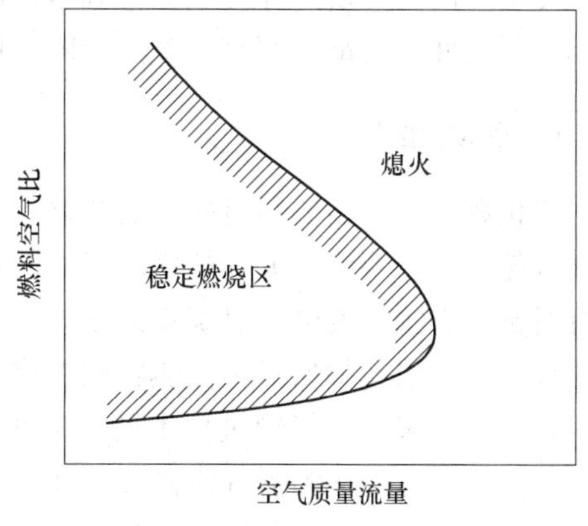

图 11.6 恒定进口压力下燃烧室的稳定示意图

11.2.3 特殊燃烧室的设计

本章参考文献［6］提供了表 11.1 中设计参数所示的重型管式工业燃气轮机 14 个燃烧室中的一个燃烧室组件图，同时还提供了该燃烧室的帽和衬里，以及过渡段的实物照片。其中，燃烧室 13°的倾斜允许更紧凑的燃烧室和燃气轮机的设计。该管式工业燃气轮机的燃烧系统包括一个燃料喷嘴总成、一个流套筒、一个帽和衬套总成，以及一个过渡件。燃烧系统采用先进的衬里冷却技术，允许燃烧温度 1560K。点火用火花塞在 14 个燃烧室中的 2 个通过交叉连接，实现燃烧室的点火平衡。在火花塞的对面，有四个紫外火焰探测器能感应到点火的成功。

具体气流路径是：在离开压缩机的扩散器区域后，气流经过过渡段，并向尾部衬里的头部移动。在进入衬里之前，空气会在两条平行的路径之间分开。一些空气通过在过渡段的撞击套管中提供的小孔来进行冷却；空气通过流套筒上的多个孔的阵列平衡。衬管外的空气被用于稀释、混合和冷却，因为它进入了衬套套筒，空气和燃料在进入涡轮部分之前，空气和燃料会发生反应，并通过过渡段流到下游。

燃料喷嘴总成的设计目的是使用天然气或馏分燃料，并在操作过程中从一种燃料转移到另一种燃料。6 个单独的双燃料喷嘴连接到一个内部的封盖上。每个燃油喷嘴由一个旋转喷嘴、一个雾化的空气喷嘴和一个馏分油喷嘴组成。气体燃料通过旋流器的计量孔注入。连续雾化空气与馏分燃料喷雾一起使用。与单喷嘴设计相比，多喷嘴设计具有两大优点：首先，它允许对反应区的燃料和空气进行更彻底的混合和控制，从而缩短了火焰长度，提高了燃烧性能；其次，它产生的噪音比单喷嘴的噪音要低得多，因此改善了组件的磨损。

燃烧室含有阀帽和衬管。相对短的衬管长度是多喷嘴设计的另一个优点，它产生的反应区域比单喷嘴的短。较短的衬板有较小的冷却表面积。该帽是中心的薄膜冷却和燃料喷嘴周围的区域冷却。暴露在热气体中的帽子和衬里的表面被涂上了陶瓷热阻挡层，以进一步限制金属温度，并降低热梯度的影响。

燃烧室的过渡部分用于引导从衬套套筒出口到涡轮进口的热气体。这个过渡段被一个有很多孔的套筒包围着。气流通过孔、并在过渡段的背面撞击，从而为表面提供有效的冲击式冷却。使用冲击冷却可以更精确地控制过渡段的冷却，而对整体压降具有很小的不利影响。过渡件的内部表面有一个陶瓷隔热层涂层，它限制了金属的最大温度。

11.3　燃烧速度

飞机燃气轮机需要尽可能小的燃烧室，并且具有尽可能高的燃烧速率。用于固定动力的燃气轮机不需要满足如此严格的尺寸限制；尽管如此，来自飞机发动机的燃气涡轮发动机有时被用于固定发电。燃烧室设计人员需要了解各种操作条件，如进口压力和温度，控制燃烧速率，以及如何对不同燃料的燃烧室的大小进行调整。由于对燃烧室内部观察过程的困难，多年来，燃气轮机技术的发展采用了基于多年经验和广泛测试的直观设计。最近，计算建模已经成为燃气轮机设计和工程中的一个重要工具。

由于燃烧系统的复杂性和构建、分析反应系统的复杂多尺度模型需要时间，计算模型通常用于探索燃烧系统的一个方面或区域而不是设计整个系统（Liu and Niksa 2004）。例如，目前还没有一个包括压缩机，燃烧、传热和涡轮的完整燃气轮机模型。可以应用于实际设计的建模是使用简化模型来探索和设计燃烧系统。被称为降级模型或代理模型，这些模型基于物理方法或非物理方法。基于非物理的方法建立了输入和输出之间的数学关系。这些方法与线性回归和插值类似（但通常要复杂得多）。这些方法包括正交分解、神经网络和其他类似的技术。

基于物理的方法从基础物理的简化模型开始，然后将这些模型组合在一起构建模型系统。这些模型广泛应用于工艺系统的设计和工程中，广泛应用于液体和固体燃料系统的分析中。在这种方法中，目标是识别具有共同特征的能量系统中的区域，并可以建立更简单的模型。在许多情况下，这些简化的模型会使用 CFD 或实验结果进行调优。如果需要，在调优和确认之后，这些简化的模型可以被编织成一个描述燃烧/能量系统或过程的多区域模型系统。虽然这个模型开发和集成的过程不是本书的内容，但我们已经在本书中看到了许多用于描述和理解燃烧系统所发生过程的简化模型。例如，第 10 章使用了一种雾化流动燃烧塞流式模型来描述一个油燃烧器的初始燃烧区域。虽然这个模型不包括复杂的三维流动、湍流的混合以及液滴相互作用的细节，但它确实为我们提供了一个了解油燃烧器中发生现象的起点。这些简化模型对工程设计中需要的定性和定量的理解都很有用。但是读者们应该记住，调优和验证是模型应用时的关键过程。

例如，在一个燃气轮机燃烧室中，我们可以识别几个不同的区域，它们可以分别建模。来自压缩机的空气被分成两股流。这两股流中的较小的流进入主燃区，而第二流则是在中间和稀释区的下游添加，以使产物进入涡轮前完成燃烧过程。由于高温和湍流对流和辐射传热，在主燃烧区，液滴的蒸发速度非常快。在主燃烧室中，由于旋涡的入口流、来自衬里部件的喷流，以及小液滴间的局部湍流，燃料蒸汽和气体混合迅速发生。因为蒸发和混合速率快，以及高旋流引起反向混合，所以首先将燃烧器的主要区域（本章参考文献［10］）模拟成充分搅拌的反应器具有很好的指导意义。图 11.7 显示了一个良好搅拌的反应器，结合了一种快速达到混合状态的方法。燃料和空气通过相反的喷射流进入一个球形的、隔热的空间，使燃烧的产品通过许多孔向外流动，而不是在球体上。由于混合是强烈的，所以在整个反应器中，可认为温度和物质组成是均匀一致的。

每个物种的质量守恒和能量守恒都被应用到反应器中。空气和燃料的入口质量流量

m，等于产物的流出流量。在搅拌良好的反应器中，使用的物种守恒方程是：

$$\dot{m}(y_i - y_{i,\text{in}}) = \hat{r}_i M_i V \qquad (11.10)$$

式中，y_i 为物种 i 的质量分数，V 为反应器体积，$\hat{r}_i$ 为物种 i 每单位体积的摩尔反应速率，M_i 为物种 i 的分子量。搅拌良好反应器的能量守恒是：

$$\dot{m}\sum_{i=1}^{I}(y_i h_i - y_{i,\text{in}} h_{i,\text{in}}) + q = 0 \qquad (11.11)$$

式中，q 为通过壁面的热损失率，而 h_i 为物种 i 的绝对焓。可得到名义停留时间为：

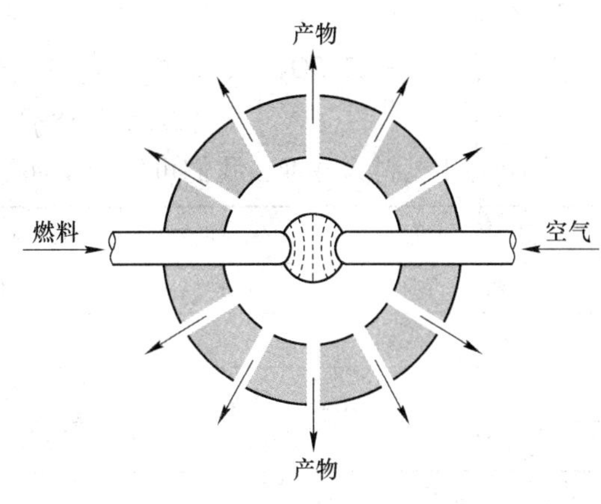

图 11.7 一个搅拌良好反应器的物理模型

$$\tau = \frac{\rho V}{\dot{m}} \qquad (11.12)$$

其中：

$$\rho = \frac{p\overline{M}}{RT} \qquad (11.13)$$

方程（11.10）和式（11.11）可以包含许多物种和反应步骤。为了简化分析，让我们考虑全局化学反应，其中唯一的物种是燃料，并与空气反应生成产物。由方程（4.15）可得燃料的摩尔反应速率是：

$$\hat{r}_{\text{f}} = -AT^n p^m \exp\left(-\frac{E}{RT}\right)(n_{\text{f}})^a (n_{O_2})^b \qquad (11.14)$$

方程（11.10）到式（11.14）提供了一组足够的方程组，用来确定给定体积内和燃烧效率的最大热量释放。让我们以例 11.2 来探讨这个问题。

例 11.2 将燃气轮机的主要燃烧区看作是一个搅拌良好的反应器，其容积为 900cm^3。煤油和空气在 298K，以当量比为 0.80 流进搅拌良好的反应器，其运行参数为 10 个 atm 和 2000K。假设混合和液滴蒸发速度相对于燃烧来说很快。为简单起见，忽略离解和热损失，并假定产品完全燃烧。煤油的低位热值是 42.5MJ/kg。假设为单步全局动力学反应，$A = 5\times10^{11}$，$E = 30000$cal/gmol，$a = 0.25$，$b = 1.5$，$m = n = 0$。假设煤油是 $C_{12}H_{24}$。计算煤油燃烧产品从反应器流出前煤油的质量分数、燃料质量流量及反应器的热输出。

解：由方程（3.42）得：

$$\text{过量空气} = \frac{1-F}{F} = \frac{1-0.80}{0.80} = 0.25$$

反应为：

$$C_{12}H_{24} + (1.25)(18)(O_2 + 3.76N_2) \longrightarrow 12\eta CO_2 + 12\eta H_2O + (1-\eta)C_{12}H_{24} +$$
$$[(1.25)(18) - 12\eta - 6\eta]O_2 + (1.25)(18)(3.76)N_2$$

其中，η 是反应器中消耗燃料的比例（过程进行时的变量）：

$$\eta = 1 - \frac{y_f}{y_{f,\text{in}}}$$

简化后：

$$C_{12}H_{24} + 22.5O_2 + 84.6N_2 \longrightarrow 12\eta CO_2 + 12\eta H_2O + (1-\eta)C_{12}H_{24} + (22.5-18\eta)O_2 + 84.6N_2$$

以 1kgmol 燃料为基准，我们可以确定如下流入反应器物质的质量分数：

物　质	N_i/kgmol	M_i/kg · kgmol^{-1}	m_i/kg	$y_{i,\ in}$
燃料	1	168	168	0.0514
O_2	22.5	32	720	0.2202
N_2	84.6	28.16	2382	0.7284
总　计	108.1	—	3270	1.000

流入反应器的燃料和空气质量等于产物流出的质量：

$$\dot{m}_{air} + \dot{m}_f = \dot{m}_{prod}$$

因为产物中的水蒸气没有凝聚，反应器中燃料消耗的低位热值等于从反应器中流出物质的显焓和燃料、空气进入反应器的能量之间的差值。即：

$$\dot{m}_f(\eta)LHV = \dot{m}_{prod}h_{prod} - (\dot{m}_{air}h_{air} + \dot{m}_f h_f)$$

其中，所有的焓均为显焓。由于在本例中，进入的燃料和空气均为参考状态，即 $h_{air}=h_f=0$。重新整理，并利用总质量守恒，简化：

$$\eta = \frac{\dot{m}_{prod}}{m_f} \cdot \frac{h_{prod}}{LHV} = \frac{h_{prod}}{y_{f,in}(LHV)}$$

为简单起见，h_{prod} 是从氮气表中提取的，产物的焓变为：

$$h_{prod} = \frac{56.14\text{MJ}}{\text{kgmol}} \cdot \frac{\text{kgmol}}{28\text{kg}} = 2.00\text{MJ/kg}$$

带入该值：

$$\eta = \frac{2.00}{0.0514 \times 42.5} = 0.916$$

因此，在该种情况下，我们看到 8.4%的燃料从反应器中流出而没有反应。

现在以 1kgmol 燃料为基准，来确定这个搅拌良好的反应器中，上述反应每摩尔燃料中物质的含量和摩尔分数：

物　质	N_i/kgmol	x_i	M_i/kg · kgmol^{-1}	m_i/kg
CO_2	10.86	0.096	44	478
H_2O	10.86	0.096	18	195
燃料	0.095	0.00084	168	16
O_2	6.21	0.055	32	199
N_2	84.6	0.751	28.16	2382
总　计	112.6	1.00	—	3270

为从方程（11.14）确定燃料的反应速率，需要用反应器中的燃料和氧气的物质的量。反应器中的总物质的量是：

$$n = \frac{P}{\hat{R}T} = \frac{10\text{atm}}{1} \cdot \frac{\text{gmol} \cdot \text{K}}{82.05\text{cm}^3 \cdot \text{atm}} \frac{1}{2000\text{K}} = 6.09 \times 10^{-5}\text{gmol/cm}^3$$

反应器里的燃料和氧气的物质的量：

$$n_{\text{f}} = x_{\text{f}} n = 0.00084 \times 6.09 \times 10^{-5} = 5.12 \times 10^{-8}\text{gmol/cm}^3$$

$$n_{\text{O}_2} = x_{\text{O}_2} n = 0.055 \times 6.09 \times 10^{-5} = 3.35 \times 10^{-6}\text{gmol/cm}^3$$

现在，燃料的摩尔反应速率可以评估为：

$$\hat{r}_{\text{f}} = -5 \times 10^{11} \exp\left(\frac{-30000}{1.987 \times 2000}\right) \times (5.12 \times 10^{-8})^{0.25} \times (3.35 \times 10^{-6})^{1.5}$$

$$\hat{r}_{\text{f}} = -0.0243\text{gmol/(cm}^3 \cdot \text{s)}$$

由燃料的连续性方程（方程（11.10）），可获得燃料的质量流量：

$$\dot{m}_{\text{f,in}} - \ddot{m}_{\text{f,out}} = -\hat{r}_{\text{f}} M_{\text{f}} V$$

$$\dot{m}_{\text{f,in}}\left(\frac{\dot{m}_{\text{f,in}} - \dot{m}_{\text{f,out}}}{\dot{m}_{\text{f,in}}}\right) = \dot{m}_{\text{f,in}}(\eta) = -\hat{r}_{\text{f}} M_{\text{f}} V$$

因此：

$$\dot{m}_{\text{f,in}} = -\frac{\hat{r}_{\text{f}} M_{\text{f}} V}{\eta}$$

$$\dot{m}_{\text{f,in}} = \frac{0.0243\text{gmol}}{\text{cm}^3 \cdot \text{s}} \cdot \frac{168\text{g}}{\text{gmol}} \cdot \frac{\text{kg}}{1000\text{g}} \cdot \frac{900\text{cm}^3}{0.914}$$

$$\dot{m}_{\text{f,in}} = 4.02\text{kg/s}$$

反应器的热量输出是：

$$\eta(\dot{m}_{\text{f,in}} LHV) = 0.914 \frac{4.02\text{kg}}{\text{kg}} \cdot \frac{42.5\text{MJ}}{\text{kg}} = 156\text{MW}$$

每单位体积的热输出是 174kW/cm^3。虽然这个热输出很大，但是应该注意到它的大小和一个大约 1mm 厚的层流火焰的大小差不多。

例 11.3 将燃气轮机的主燃区看作是一个搅拌良好的反应器，其容积为 900cm^3，而条件与例题 11.2 中一致。在这种情况下，假设燃烧和混合相对于液滴蒸发很快。假设直径为 10μm 的液滴的大小分布。使用第 9 章所给出的液滴蒸发关系。计算蒸发时间、燃料流量和反应器的热输出。煤油的蒸发热是 250kJ/kg，沸点温度是 500K。

解：在一个搅拌良好的反应器中，温度和压力是恒定的。由方程（9.29），蒸发时间是：

$$t_{\text{v}} = \frac{d_0^2}{\beta}$$

可以由方程（9.35）和方程（9.36）来决定：

$$\beta = 8\left(\frac{k_{\text{g}}}{\rho_\ell c_{p,\text{g}}}\right)\ln(1 + B),\ B = \frac{c_{p,\text{g}}(T_\infty - T_{\text{b}})}{h_{\text{fg}}}$$

假设产物的比热为氮的比热（附录 C）和空气的导热性（附录 B）。

$$B = \left(\frac{35.99\text{kJ}}{\text{kgmol} \cdot \text{K}} \cdot \frac{\text{kgmol}}{28\text{kg}}\right)\left(\frac{(2000 - 500)\text{K}}{1}\right)\left(\frac{\text{kg}}{250\text{kJ}}\right) = 7.71$$

$$\beta = 8\left(\frac{0.124\text{W}}{\text{m}\cdot\text{K}}\right)\left(\frac{\text{m}^3}{800\text{kg}}\right)\left(\frac{\text{kgmol}}{35.99\text{kJ}}\cdot\frac{28\text{kg}}{\text{kgmol}}\right)\left(\frac{\text{kJ}}{1000\text{W}\cdot\text{s}}\right)\frac{1\times10^6\text{mm}^2}{\text{m}^2}\ln(1+7.71)$$

$$\beta = 2.1\text{mm}^2/\text{s}$$

代入方程（9.29）：

$$t_{\text{v}} = \frac{(10\times10^{-3}\text{mm})^2}{1}\cdot\frac{\text{s}}{2.1\text{mm}^2} = 48\times10^{-6}\text{s}$$

反应器的停留时间：

$$\tau_{\text{res}} = \frac{m_{\text{reactor}}}{\dot{m}_{\text{prod}}}$$

其中，m_{reactor}是搅拌良好反应器中反应物质的质量，τ_{res}是停留时间。作为第一个近似值，我们可以设定停留时间等于蒸发时间。从例 11.2 中的总物质的量中得到反应器中的总质量，且假设产物的分子量是氮的分子量，并且使用汽化时间作为停留时间：

$$\dot{m}_{\text{prod}} = \frac{6.09\times10^{-5}\text{gmol}}{\text{cm}^3}\frac{28\text{g}}{\text{gmol}}\frac{\text{kg}}{1000\text{g}}\frac{900\text{cm}^3}{1}\frac{1}{48\times10^{-6}\text{s}} = 32.2\text{kg/s}$$

由于进入反应器的质量流量等于反应器外产物的质量流量，因此燃料流量为：

$$\dot{m}_{\text{f, in}} = (32.2\text{kg/s})\frac{168}{3270} = 1.66\text{kg/s}$$

假设燃烧反应相对于蒸发是快速的，且注意到反应进程的变量 η 具有与例 11.2 中相同的值，则热释放速率是：

$$\eta(\dot{m}_{\text{f, in}}LHV) = (0.905)\frac{1.66\text{kg}}{\text{s}}\cdot\frac{42.5\text{MJ}}{\text{kg}} = 63.8\text{MW}$$

每单位体积的热量输出为 71kW/cm^3。这大约是例 11.2 中的一半；因此它提醒我们，在处理特定的燃烧器时，我们将需要一套详细的模型来解决所有的物理和化学问题。记住，我们的蒸发模型未考虑辐射传热，也没有考虑到良好搅拌的反应器的高剪切快速混合环境的影响，且假定的是单尺寸的液滴而不是用实际的液滴尺寸分布（来得出结果）。该模型对假定的液滴尺寸非常敏感。如果选择直径为 50μm 的液滴，则热量输出降至 2.5MW（2.8kW/cm^3）。尽管如此，这类模型可以提供一个获得对燃烧定性理解的起点。

当燃料流量增加时，对于搅拌良好的反应器，温度会上升到发生爆炸的程度。在爆炸时，温度低于绝热火焰温度，且 η 小于 1。对于给定的小于爆炸值的总流量，有两个反应器温度满足方程式，一个具有较小的 η 值，另一个具有较大 η 的值。当 η 接近 1 时，质量流率接近零，反应器温度接近绝热火焰温度。

充分搅拌的反应器计算对化学反应速率非常敏感。单一总反应率是一个大的近似值。更严格的方法是使用更详细的一组动力学反应，如 Frenklach（1995）提出的动力学反应。考虑到有限的汽化和混合时间以及多个动力学反应的充分搅拌的反应器计算。从燃烧器的主要区域，产物流入中间区域和稀释区域，并在进入涡轮机之前完成燃烧过程。

11.4　线性传热

传递到燃烧室内衬的热量来自对流和辐射传热。主辐射传热部件来自在燃烧器的富燃料部分中形成的烟灰颗粒。这些颗粒尺寸小于1mm，且辐射近似为黑体。由于它们的体积小，它们的温度非常接近当地的气体温度。燃烧过程形成的烟灰量随着压力达到约20atm而急剧增加。因此，从5atm增加到15atm的压力使辐射传热通量增加了大约4倍。增加空气燃料比会降低烟尘浓度，同时降低温度，从而大大降低辐射传热通量。将空气燃料比加倍可以将辐射降低3倍。典型的辐射传热通量是距离喷射器距离的函数，在喷射器下游5~10cm处显示最大的辐射传热通量。随着空气燃料比减小，辐射传热通量的最大点向下游移动。然后，由于烟灰氧化以及温度下降，辐射传热通量在该最大点的下游减小。辐射传热部分占全部传热量可高达50%。图11.8显示了几种燃料的衬管直径与衬管壁总热通量的关系。可以看出，热通量非常高，因此需要冷却衬管的有效手段。增加压力和入口温度增加了热通量并导致衬管温度的相应增加。增加的气流速度降低了衬管温度，因为尽管冷却侧和燃烧侧对流系数都增加了，但是燃烧侧的对流分量只占总流量的一半。因此，加倍将使冷却侧热阻减小2倍，而将燃烧侧热阻减小3/4倍。如果空气-燃料比保持恒定，则增加进入主燃区的入口质量流量分数将增加主燃区的对流系数，并因此增加该区域中的衬管温度。对于比化学计量浓度高10%的混合物，衬里温度在主燃区达到最大值，这也相当于均匀混合物的最高火焰温度。

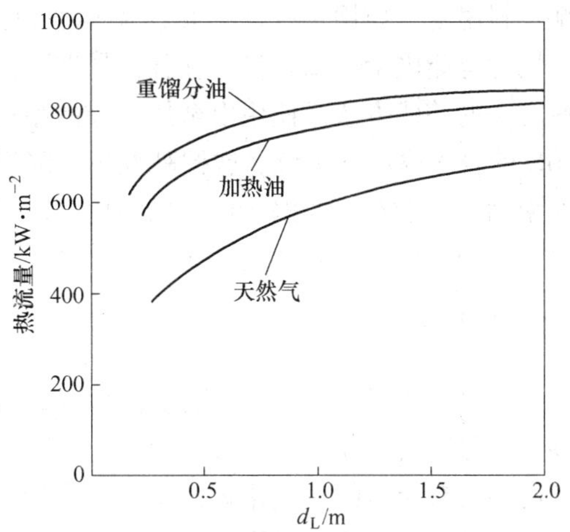

图11.8 燃烧器衬管壁的典型热通量与不同燃料衬管直径的关系

(引自：Lefebvre，A. H.，Gas Turbine Combustion，2nd ed.，Taylor & Francis，Philadelphia，PA，1999. Taylor & Francis)

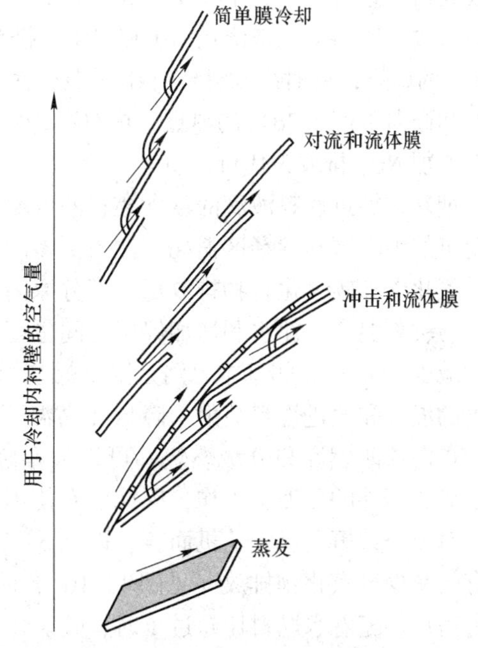

图11.9 燃烧器衬里壁冷却设计的类型

(引自：Lefebvre，A. H.，Gas Turbine Combustion，2nd ed.，Taylor & Francis，Philadelphia，PA，1999. Taylor & Francis)

高性能燃烧器设计取决于燃烧侧衬里的膜冷却以及衬里的空气侧冷却。通过衬内缝隙提供薄膜冷却，沿着衬里的内部引入壁喷射。也可以通过蒸发冷却来冷却壁。也就是说，通过使冷却空气流过多孔衬里。使用多个小孔的内衬近似蒸发冷却，称为渗流冷却。图11.9以概念的方式显示了这些薄膜冷却方法。

由于传热的大部分是通过辐射，狭缝冷却只能部分地减少空气侧内衬冷却剂负荷和气体侧内衬温度。使用具有许多互连流动通道的多层壁的蒸发或渗出冷却可以提高内衬强度，同时也能内部冷却内衬。在任何情况下，狭缝和孔都会受到烟灰的堵塞或部分堵塞。这些方法的替代方法是使用由金属支撑的耐火材料内衬来增强强度。耐火内衬可以在高达1900K 的表面温度下工作。这种高温防止碳积聚并减少壁面淬火。耐火材料衬里的质量和体积限制了它们在工业涡轮机上的应用。对于航天业而言，特别是在下游产业的薄陶瓷内衬涂层已经尝试取得了适度的成功。

11.5　低排放燃烧室

在过去的 50 年里，燃气轮机燃烧器已经发展到使用旋流稳定扩散火焰实现高稳定性和高燃烧强度（单位体积的高放热量）。今天，除了高稳定性和强度之外，燃气轮机燃烧器还必须具有更少的一氧化碳、碳氢化合物、氮氧化物和烟尘排放量。使用馏分液体燃料或天然气控制燃气轮机燃烧器排放的主要因素有四个：（1）主要区域的燃烧温度和当量比；（2）主要区域的混合程度；（3）停留时间；（4）燃烧器内衬的淬火特性。

过去的做法是把主燃烧区的当量比保持在 0.7~0.9 之间，这稍有贫燃。对于更贫燃的混合物，由于氧化速度慢和停留时间相对较短，所以 CO 水平高。碳氢化合物（HC）排放是由于燃料喷雾的不完全汽化造成的。例如，通过使用精心设计的空气雾化喷嘴，可以通过改善燃料雾化来降低 CO 和 HC 的排放。通过中间燃烧区内衬的空气流过完成 HC 和 CO 的燃烧，同时冷却外壁。由于混合倾向于不均匀，可能产生淬灭 HC 和 CO 燃烬的冷点和倾向于产生 NO_x 的热点。内衬冷却空气的减少有效地减少了 HC 和 CO 的排放，但是以增加 NO_x 排放为代价。

烟灰在靠近燃料液滴的富含燃料的区域中形成。大部分烟灰在主燃区产生，并在高温涡轮机的中间区和稀释区消耗。注入更多的空气进入主燃区可减少烟尘排放，但代价是增加一氧化碳和碳氢化合物排放量。部分原因是烟尘在高压下更严重，因为烟尘更靠近喷嘴形成。改善混合，注水和增加停留时间也可减少烟尘排放。

减少 NO_x 排放的基本思路是降低燃烧过程中的峰值温度和高温时间。通过改善内衬空气的混合和改进燃料喷射，降低在高温下的停留时间可以适度降低 NO_x 排放。通过注水、预混稀薄燃烧和分级燃烧，可以大幅降低 NO_x 排放。废气再循环也可以减少 NO_x，但是需要额外的压缩机工作，因此没有使用。

对于公共事业燃气轮机而言，以 0.5~1.5 倍燃料流量的速率将水直接注入主要区域可有效减少氮氧化物排放（见图 11.10），而随着水燃料比例增加到 1，HC 和 CO 排放量略有增加。随着水燃料比超过 1 时，碳氢化合物和一氧化碳排放量迅速增加。注入水增加的功达到 16%左右。然而，由于温度较低，循环效率下降到 4%。除了由于效率较低造成的成本之外，注水也是额外的花费，因为水需要去除矿物质以免污染涡轮机。有时使用注水来满足在 15%氧气下约 0.016%的 NO_x 的联邦固定污染源排放标准（实际排放标准取决于加热速率和燃料氮含量（如果有的话））。更严格的标准，如加利福尼亚州的 $2.5\times10^{-3}\%$标准，采用预混贫燃燃烧。

在贫燃时，稀释剂是空气而不是水。将燃料空气比降低到接近贫燃燃烧极限将使 NO_x 水平在 15%O_2 时降低到 $2.5\times10^{-3}\%$以下。然而，贫燃燃烧器有两个设计困难需要克服。首先，必须确保燃烧稳定性，并且第二必须保持调节能力，因为燃气轮机必须在一定负载

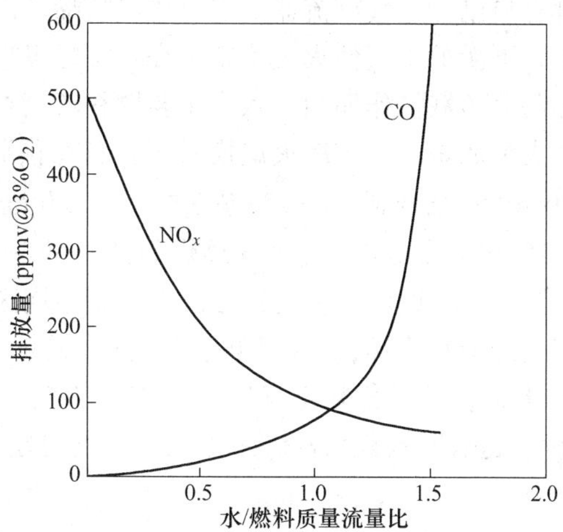

图 11.10　注水对大型燃气轮机 NO_x 和 CO 排放的影响

（引自：Bowman，C. T.，Control of Combustion- Generated Nitrogen Oxid Emissions：Technology Driven by Regulation，Symp.（Int.）Combust. 24：859~878，The Combustion Institute Pittsburgh，PA，1992，经燃烧研究所许可）

范围内点燃、加速和操作。使用预混合的气体燃料可实现最低的 NO_x 水平。

图 11.11 为预混低 NO_x 燃烧器的一个例子。燃烧器壁附近广泛地空气使用冷却。它

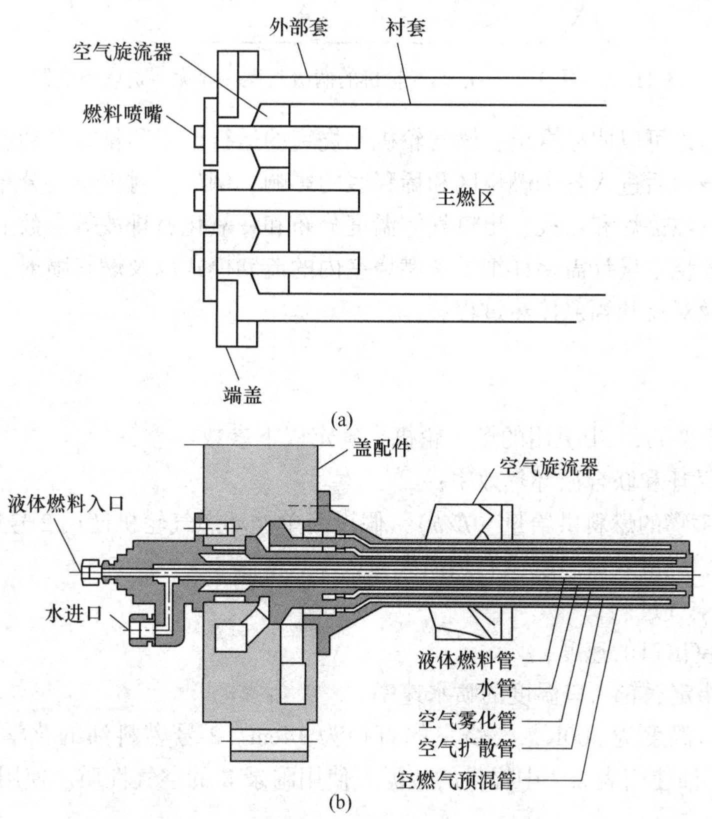

图 11.11　用于燃气轮机燃烧器（a）和燃料喷嘴（b）的低 NO_x 燃烧器的示意图

（Courtesy of General Electric Co，Schenectady，NY）

有六个燃料喷嘴，每个都有自己的空气旋流器。来自燃料喷嘴的燃料与旋流空气混合并流经文丘里喉管，文丘里喉管下游的旋流使火焰稳定下来。文丘里喉管加速流动并阻止火焰传播回预混区。在启动和部分负载操作期间，六个主要燃料喷嘴在由燃料喷嘴和文氏管喉部形成的区域中进行扩散火焰燃烧。在扩散火焰模式下，且在预混合模式下运行时，NO_x 排放量比在 15%O_2 时的 2×10^{-3}%高两到三倍。满负荷时，一氧化碳排放量小于 1×10^{-3}%。

对于液体燃料，贫燃燃烧器无法实现使用气体燃料达到的 NO_x 排放减少。在这种情况下，使用两级燃烧。如图 11. 12 所示，在这种方法中，主燃烧区运行富燃料，一次燃烧区的燃烧产物通过入口空气的传热冷却，二次燃烧区运行贫燃料。保持整体的化学计量，但传热倾向于猝灭 NO_x 的形成，并且稀释空气倾向于减少热点。燃烧器的分级已经实现了 75%的 NO_x 排放量减少，这有时被称为富燃—淬火—贫燃的方法。

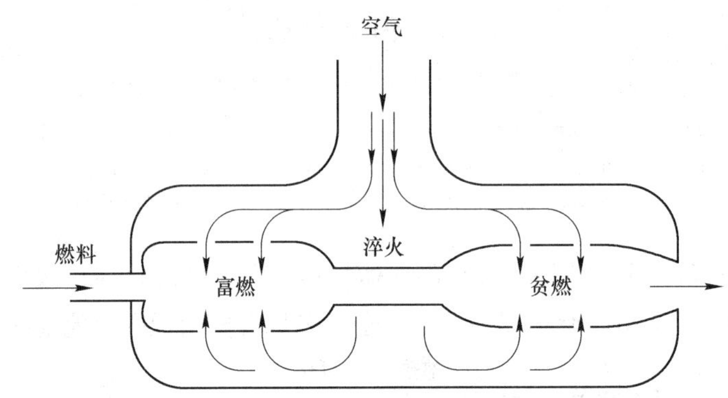

图 11. 12　用于低 NO_x 燃气轮机的两级富燃—淬火—贫燃燃烧器

从上面的讨论可以明显看出，燃气轮机燃烧室的运行性能和排放受到燃烧室前端的设计细节以及空气随后进入各个燃烧区和稀释区的影响。例如，衬里空气分布的微小变化可以导致在诸如贫燃爆炸和点火、出口气体温度分布和一氧化氮排放等参数上产生相当大的变化。改进的燃烧室设计需要详细了解燃烧室内的流动模式以及燃料喷射、蒸发混合、燃烧化学过程以及对流和辐射传热过程。

11. 6　习题

11-1　对于表 11. 1 中引用的燃气轮机，确定以下参数：

(a) 简单循环和联合循环热效率；

(b) 单位喷嘴的燃料供给量（L/h），假设简单循环燃气轮机使用 2 号燃油；

(c) 假设燃烧室入口温度没有热损失；

(d) 整体空气过剩；

(e) 燃烧室出口的速度；

(f) 满足指定涡轮入口温度的喷水速率。

压缩机入口温度为 300K，燃烧室的直径为 14cm。2 号燃料油的化学计量空燃比为 14. 5。2 号燃料油使用表 2. 7 中提供的数据。使用附录 B 的空气性质。使用附录 C H_2O 的属性。

11-2　假设一个理想的燃气轮机，进气温度为 300K，压力为 1 个大气压。对于 1200K

和 1800K 的燃烧室温度，将燃烧室压力从 1atm 改为 35atm。确定：（a）每单位质量流量对燃烧室压力的理想燃气轮机功率；（b）效率；（c）热量率。假设 $c_p = 1.0\text{kJ/kg}\cdot\text{K}$，$\gamma = 1.4$。

11-3 燃烧效率是燃烧完全性的量度，由燃料的能量来衡量。

$$\eta_{\text{comb}} = \frac{q_{\text{chem}}}{\dot{m}_{\text{f}}(LHV)}$$

正如第 4 章所讨论的那样，CO 氧化是碳氢化合物燃烧反应复杂过程中的最后一步。基于这一点，对于气体和液体燃料，我们可以假设燃烧效率低于 100%反映了由 CO 到 CO_2 的不完全氧化所损失的能量。考虑在贫燃-空气（$F = 0.5$）混合气体中使用煤油燃气轮机。产物由 H_2O、CO_2、CO、O_2 和 N_2 组成。如果燃烧效率为 98%，那么产物中 CO 的摩尔分数（$10^{-4}\%$）是多少？煤油的低位发热值为 42.5MJ/kg。使用表 2.2 中给出的 CO 的热值。

11-4 习题 11-3 的燃气轮机燃烧器的燃烧产物将在足够的时间内进一步反应。习题 11-3 中 CO、O_2、H_2O 的摩尔分数分别为 0.000125，0.0045 和 0.075，压力为 10 个大气压，温度为 1400K。注意，O_2 和 H_2O 相对于 CO 不会显著变化。一氧化碳减少到 1ppm 需要多长时间？假设没有逆反应。

11-5 体积为 900cm^3 的充分搅拌反应器在 10atm 压力和 2000K 下操作。25℃的甲烷以 11.2gmol/s 流入，200℃的空气以 106.6gmol/s 的流量流入。对于甲烷反应生成 CO_2 和 H_2O 的一步反应，在离开反应器之前甲烷反应的百分比是多少？使用表 2.2 中给出的甲烷低位热值。假设产物具有 N_2 的焓（附录 C）。

11-6 对于例 11.2 的实施条件，以 100K 增量将反应器温度从 1600K 变到 2300K。什么反应器温度提供了最大的热输出？最大的热输出率（MW）是多少？确定每个温度下的入口燃料流量和反应进程变量 η。

11-7 对于例 11.2 的实施条件，除了将入口空气预热到 600K，以 100K 增量将反应器温度从 1600K 增加到 2300K。什么反应器温度提供了最大的热输出？最大的热输出率（MW）是多少？确定每个温度下的入口燃料流量和反应进程变量 η。

11-8 对于例 11.2 的实施条件，除了使用 15atm 压力而不是 10atm 压力外，以 100K 增量将反应器温度从 1600K 增加到 2300K。什么反应器温度提供了最大的热输出？最大的热输出率（MW）是多少？确定每个温度下的入口燃料流量和反应进程变量 η。

11-9 对于例 11.2 的实施条件，确定反应器中的平均停留时间。

11-10 用 20μm 液滴和 1600K 重复例 11.3。计算：（a）燃烧效率；（b）燃料的质量流率；（c）热输出率。

参 考 文 献

[1] Ballal D R, Lefebvre A H. Ignition and Flame Quenching of Flowing Heterogeneous Fuel-Air Mixtures, Combust. Flame 35: 155~168, 1979.

[2] Bathie W W. Fundamentals of Gas Turbines, 2nd ed., Wiley, NY, 1995.

[3] Bowman C T. Control of Combustion-Generated Nitrogen Oxide Emissions: Technology Driven by Regulation, Symp. (Int.) Combust. 24: 859~878, The Combustion Institute, Pittsburgh, PA, 1992.

[4] Boyce M P. Gas Turbine Engineering Handbook, 3rd ed., Gulf Professional Publishing, Burlington, MA, 2006.

[5] Brandt D E. Heavy Duty Turbopower: The MS7001F, Mech. Eng. 109 (7): 28~37, 1987.

[6] Claeys J P, Elward K M, Mick W J, et al. Combustion System Performance and Field Test Results of the MS7001F Gas Turbine, J. Eng. Gas Turbines Power 115 (3): 537~546, 1993.

[7] Davis L B, Washam R M. Development of a Dry Low NOx Combustor., ASME paper 89-GT~255, 1989.

[8] EI-Wakil, M M. Chap. 8 in Powerplant Technology, McGraw-Hill, New York, 1984.

[9] Frenklach M, Wang, Goldenberg M, et al. GRI-Mech- An Optimized Detailed Chemical Reaction Mechanism for Methane Combustion, report GRI-95/0058, Gas Research Institute, Chicago, IL, 1995.

[10] Lefebvre A H. Gas Turbine Combustion, 2nd ed., Taylor & Francis, Philadelphia, PA, 1999.

[11] Lefebvre A H, Ballal D P, eds. Gas Turbine Combustion: Alternative Fuels and Emissions, 3rd ed., CRC Press, Boca Raton, 2010.

[12] Liu G S, Niksa S. Coal Conversion Submodels for Design Applications at Elevated Pressures, Part Ⅱ Char Gasification, Prog. Energy Combust. Sci. 30 (6): 679~717, 2004.

[13] Longwell J P, Weiss M A. High Temperature Reaction Rates in Hydrocarbon Combustion, Ind. Engr. Chem. 47 (8): 1634~1643, 1955.

[14] Odgers J, Kretschmer D. Gas Turbine Fuels and Their Influence on Combustion, Abacus Press, Tunbridge Wells, Kent, UK, 1986.

[15] Rizk N K, Mongia H C. Three-Dimensional Gas Turbine Combustion Emissions Modeling, J Eng. Gas Turbines Power 115 (3): 603~611, 1993.

[16] Sawyer J W, Japikse D, eds. Sawyer's Gas Turbine Engineering Handbook, Vols. 1~3, 3rd ed., Turbomachinery International, Norwalk, CT, 1985.

12 柴油机燃烧

柴油机是重型越野车，海上运输和工业动力源的主要发动机。虽然一些轻型汽车（2700 公斤以下）使用柴油发动机，但重量、噪音、气味和排放等问题限制了轻型汽车柴油发动机的使用，特别是在美国。如果轻型柴油车辆能够达到排放标准，则可以提高车辆的燃油经济性。

柴油发动机遵循与火花点火（SI）发动机相同的四冲程循环。主要区别在于，柴油发动机中的燃料点火是通过压缩，并且没有火花塞。在理想的热力学循环中，柴油燃烧在恒定压力下进行，而奥托循环中的燃烧在恒定体积下进行。实践中，这两种类型的发动机，燃烧过程中的压力和体积都会改变。类似于 SI 发动机的柴油发动机在增加的压缩比下具有更高的热效率。具有进气口喷射预混燃料和空气的 SI 发动机中的压缩比受到爆震燃烧的限制。直接将液体燃料喷射到每个汽缸中的柴油发动机不经历爆震，因此可以具有比 SI 发动机更高的压缩比。而柴油发动机的压缩比可能在 12~18 之间，而 SI 发动机的压缩比限制在 10 左右。另外，柴油发动机通过减少注入每个气缸的燃料量来控制负载（功率输出）。相反，SI 发动机通过节气门限制空气和燃料的负载，以便在所有负载下保持化学计量混合物。节气门增加了进气冲程的压力损失，降低了 SI 发动机的净热效率。

在继续讨论柴油发动机之前，希望读者查阅第 7 章末尾给出的预混火花点火发动机的发动机术语。

12.1 柴油发动机燃烧简介

在压缩冲程期间，柴油燃料通过多孔喷射器分别喷射到每个气缸中。活塞头具有一个凹型的碗，以便由喷射器形成的液滴喷射到碗中而不是喷到活塞头上。柴油的挥发性低于汽油，但点火延迟时间较短。由于压缩的温度，在每个液滴周围发生点火。最初，每个液滴周围的局部燃料-空气混合物是富燃的，但是当汽化和混合发生时，整个混合物是贫燃的。由于放热速率受到液滴蒸发的限制，燃烧相对平缓，爆震不成问题。为了在可用的时间内完成燃烧，液滴必须很小，因此喷射器压力很高。

由于燃烧过程中温度较高，混合物在喷射后不久就会变浓，燃烧会在液滴周围形成局部扩散火焰，因此形成烟灰颗粒的趋势是存在的。幸运的是，随着整个混合物变得稀薄，许多烟灰颗粒在汽缸中燃烧，然而，一些没有燃烧的烟灰颗粒会排放出去。一氧化碳和碳氢化合物通常完全燃烧。然而，由于总体过量的氧气和高温，氮氧化物形成并排放。正因为如此，柴油发动机的工程挑战是在保持低排放的同时，在单位重量的高能量输出的发动机中实现高效率。

大多数柴油发动机是涡轮增压，以获得更大的单位气缸容积的功率。涡轮增压器是直接连接到离心式空气压缩机的小型离心式涡轮机，用于恢复一些排气压力并提高气缸进气压力和温度。重型柴油发动机有时是涡轮增压的（即涡轮增压器的一部分驱动进气压缩机，部分动力与输出轴相连)，有时也使用中间冷却器来增加进气口空气的密度。

柴油发动机的尺寸范围很广，从小型工业发动机到巨大的船舶发动机。尽管曲轴转速从最大型发动机的 50r/min 到最小型发动机的 5000r/min，平均活塞速度几乎不会像曲轴转速那么大。小型发动机比大型发动机产生更小的扭矩，但是通过以更高的每分钟转速运转，它们可以提高单位气缸容积的功率输出。表 12.1 给出了各种尺寸和功率输出柴油发动机的例子。

表 12.1　柴油发动机的典型尺寸及输出功率

内径/mm	45	80	127	280	400	840
冲程/mm	37	80	120	300	460	2900
位移（L/cylinder）	0.06	0.40	1.77	18.5	57.8	1607
缸体 No.	1	4L*	8V+	6~9L*	6~9L*	4~12L*
每缸输出/kW	0.7	10	40	325	550	3380
相对速度/r · min^{-1}	4800	3600	2100	1000	520	55~76
平均有效压力/atm	4	7.5	13	22	22	17

注：V+原型为 V 型缸体排列；L*原型为缸体直线型排列。

在本章的以下几节中将讨论燃烧室几何形状和流动模式、燃料喷射、点火延迟、燃烧性能和排放。提出了改善柴油机燃烧的方法，包括双燃料部分预混燃烧的概念。

12.2　燃烧室几何形状和流动模式

燃烧室包括汽缸和活塞。燃料通过喷油器提供，空气通过进气阀和进气口进入燃烧室，燃烧产物通过排气阀排出。喷油器位于气缸的凸缘中央。喷油器通过四到八个等间隔的孔，横向喷射加压的燃料。活塞头具有对称的凹型碗以减缓喷射对活塞头的冲击。图 12.1 显示了靠近上止点（TDC）的汽缸容积的一个波瓣。还显示了活塞和汽缸壁之间的小缝隙体积。

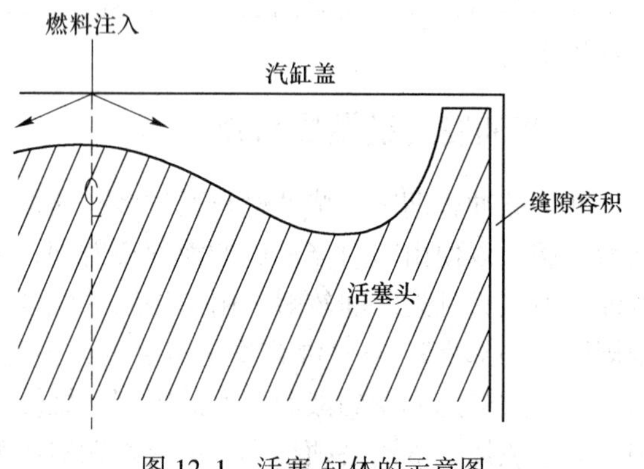

图 12.1　活塞-缸体的示意图
（显示了活塞头 TDC 附近一个波瓣的缸体积）

气缸内的流量特性取决于端口和阀门配置以及活塞头的形状。进气阀打开，活塞离开 TDC 将空气吸入气缸。围绕气缸轴线的涡流由进气口的曲率引起。进气阀关闭，当活塞向上移动时，气缸空气被推入活塞的碗内，迫使一股径向压气流进入碗中。动量守恒要求随着碗内旋转气体半径的减小，碗内的涡流增加。当活塞向上移动时，活塞表面的空气必须处于活塞的速度。活塞运动向空气传递一个挤压它的速度。挤压速度在大小上与涡流速度相似。涡流比被定义为每分钟旋转转数与每分钟发动机转速的比率。其中涡流比被认为是非常低的，并且这种腔室设计通常被称为“静态的”，即使腔室内的流动非常湍流并且包括复杂的大规模流动。3~4 的进气涡流比是常见的，且可导致涡流比为 10~15

的小活塞碗的碗孔比。

较小的发动机倾向于在气缸中具有高的空气涡流，而较大的发动机倾向于低涡流。高涡流发动机在活塞头上有一个深碗，孔的数量很少（通常为四个），且有适度的燃料喷射压力（13~340大气压）。低涡流燃烧室发动机在活塞头中有一个浅碗，燃料喷射器有较多的孔（通常是八个孔），燃料喷射压力较高（500~1400大气压）。对于每一种发动机负荷和速度，设计参数都有一些不同的最佳组合，没有一种设计能在很宽的速度和负荷范围内都提供最佳的性能。

旋流影响喷射期间燃料羽流和空气之间的混合。旋涡也倾向于稳定流动，由此减少周期循环流动变化。低旋流的室倾向于有翻滚的旋涡，可以从一个循环转移到下一个循环。然而，过多的旋涡会导致少量的高热致密产物移动到燃烧室中心，从而减少混合和喷射渗透，产生仅部分燃烧的贫燃混合物，导致烃和CO排放。而且，过多的旋涡导致传热增加。低涡流发动机采用浅、宽碗式燃烧室，高喷射压力和有许多孔（8~10个）的喷嘴，以补偿由旋流引起的切向混合的缺乏。低涡流燃烧室通常在燃烧期的后期缺少混合。

12.3 燃油喷射

在考虑的最佳扭矩和排放情况下，燃料被注入。根据给定发动机设计的燃料十六烷值（点火延迟时间）和发动机转速，典型的燃料喷射开始范围在TDC之前30°至TDC之间。每个汽缸头的燃油喷射器，在汽缸头的高压下，间歇喷射非常小的燃料液滴喷流，并将液滴与周围的空气混合。例如，Sakaguchi等人（2008）在孔下游10mm处测量了在1500atm下通过0.20mm孔注入2.6ms的柴油燃料的液滴尺寸分布。沿着中心线，最可能的液滴尺寸是50μm，液滴直径在10~150μm之间。最大的燃料-空气比由允许的微粒水平决定，通常约为0.5当量比，每个循环的相关燃料量在满负荷时每升排量约为100mm^3。

由于发动机负荷是由燃油喷射量控制的，因此喷油器必须处理大于一个数量级范围的燃油。对于每个循环周期喷射的固定量燃料和固定的喷射持续时间，喷射压力必须与发动机速度的平方成比例的增加，或者喷油器喷嘴的有效流动面积必须与发动机速度成比例地增加。或者，可以使用容积式燃料喷射系统来计量燃料。喷射的灵活性有助于提高性能，降低排放和更好的燃料耐受性。例如，可以在喷射其余燃料之前，有喷射少量燃料的辅助喷射。

柴油喷射质量由液滴尺寸分布，喷雾穿透过程和喷雾角度来判断。影响燃烧速率和排放的其他因素包括喷射器喷嘴孔中的湍流，孔洞中的空化，喷射速率形状，液滴蒸发，喷雾内的空间分布，活塞碗表面上的喷雾冲击以及影响湍流混合率的喷雾方式。

回顾第9章，柴油喷雾中的平均液滴尺寸与喷嘴上压降的平方根成正比：$\bar{d} \propto \sqrt{\Delta p}$ 并且喷射渗透距离与喷嘴上的压降的四分之一方成正比：$L \propto (\Delta p)^{1/4}$。

因此，高注射压力具有产生小液滴和快速汽化的优点，但是高压可能导致喷雾冲击活塞碗，增加烟灰排放。对于较小的发动机，这点需要特别关注。

第9章中的喷雾准则是针对非汽化的情况而开发的。由于蒸发，喷雾渗透降低约10%~20%。喷雾渗透是由新形成的液滴超过并通过先前形成的液滴引起的，使得蒸发最少的液滴引导尖端渗透。对于具有小喷嘴孔（0.1mm）的非常高压喷雾（2000大气压），液滴非常小，因此喷雾快速蒸发，产生类似气体喷射的行为。激光片诊断表明，在满负荷下，喷雾从喷嘴蒸发的距离小于 25mm。与低压喷雾相比，高压喷雾的高动量大大增加了混合。一般来说，必须注意的是该喷雾射流不会撞击活塞碗表面。

液滴尺寸对蒸发速率的影响可以根据第 9 章提出的理论进行估算。沿着喷雾轴有很窄的核心，其长度大约为瓦解长度（见式（9.25a））。这个核心具有很高的动量，显示出连续液体的一些性质；因此它通常被称为“完整的核心”。正在蒸发的高压喷雾的照片显示即使所有周围的喷雾已经蒸发，该核心仍然存在。

12.4 点火延迟

最影响点火延迟的参数是延迟期间空气的温度和压力以及由十六烷值表示的燃料动力学。回顾第 2 章，十六烷值评级将给定燃料相对于参考燃料的点火延迟进行排序。更具体地说，十六烷值是必须加到异十六烷（七甲基壬烷）上的十六烷（正十六烷）的百分数，以相同的压缩比产生 13CA 的点火延迟，使得 13CA 的点火延迟在 TDC 点点燃试验燃料。与十六烷相比，异辛烷具有相对较长的点火延迟。十六烷的十六烷值任意设定为 100，异十六烷的十六烷值设定为 15。CFR 发动机（标准化的单缸试验发动机）以 900r/min 的转速运转，进气温度为 339K，以确定十六烷值。

长时间的点火延迟不能很好地被柴油机所接受，因为如果延迟很长，大量的燃料会在点火之前蒸发并与空气混合。当点火终于发生时，这种汽化燃料迅速燃烧，因此产生高的压力升高速率，产生特有的尖锐噪声和高的氮氧化物排放。延缓喷射时间或加热进气可能有助于缩短点火延迟，但是这可能会引起性能和微粒排放不良变化。

已经从发动机和恒定体积测试中获得预测点火延迟的公式。独立变量通常是延迟期间的平均气缸气体压力和温度，燃料十六烷值以及整个燃料-空气比。典型的点火延迟相关公式如下：

$$\Delta t = Cp^{a}F^{b}\exp(E/T) \tag{12.1}$$

式中，F 是整体燃料-空气当量比；常数 E 取决于燃料类型；C 是常数；a 和 b 是负经验常数。考虑下面的例子。

例 12.1 对于十六烷值为 45 的柴油机，运行的涡轮增压柴油发动机点火延迟公式如下：

$$\Delta t = 0.075p^{-1.637}F^{-0.445}\exp\left(\frac{3812}{T}\right)$$

式中，Δt 是点火延迟时间，ms；p 是延迟期间的平均压力，MPa；T 是延迟期间的平均温度，K。该柴油机的压缩比为 13.25，连杆与曲柄半径比为 4.25。在 TDC 之前 $\theta=20°$，$F=0.6$，发动机转速为 1500r/min 时，发动机的压力和温度分别为 $p=3.13$MPa 和 $T=816$K。

（1）计算点火延迟和喷油开始时平均曲柄角 θ 为 0°、5°、10°、15°和 20°情况下的点火延迟时间及其曲轴转角。

（2）列出计算结果，假定点火延迟期间的平均压力和温度出现在平均曲柄角处，并且由指数为 1.35 的体积比 V_θ/V_{20} 的多变函数给出，具体如下：

$$\frac{p_\theta}{p_{20}} = \left(\frac{V_{20}}{V_\theta}\right)^{1.35} \quad 和 \quad \frac{T_\theta}{T_{20}} = \left(\frac{V_{20}}{V_\theta}\right)^{0.35}$$

其中，V_{20} 是 TDC 前 20°曲柄角处的燃烧室容积（$\theta=20°$）。

解：从7.9节的表A，得：

$$V_\theta = [x_\theta(CR - 1) + 1]V_c$$

其中，V_c 是余隙体积，x_θ 是冲程分数。代入下式：

$$\frac{V_{20}}{V_0} = \frac{x_{20}(CR - 1) + 1}{x_\theta(CR - 1) + 1}$$

由7.9节的表A：

$$x_\theta = \frac{1}{2}\left[1 - \cos\theta + r_c - r_c\sqrt{1 - \left(\frac{\sin\theta}{r_c}\right)^2}\right]$$

其中，r_c是连杆长度与曲柄半径之比，代入20°的曲轴转角得：

$$x_{20} = \frac{1}{2}\left[1 - \cos20° = 4.25 - 4.25\sqrt{1 - \left(\frac{\sin20°}{4.25}\right)^2}\right] = 0.0370$$

代入：

$$\frac{V_{20}}{V_\theta} = \frac{0.0370(13.25 - 1) + 1}{x_\theta(13.25 - 1) + 1}$$

问题中给出了 p_{20}和 T_{20}。这个问题现在可以通过先求出 x_θ 来解决。给定 x_θ，则可以确定 V_{20}/V_θ和 p_θ，T_θ。用问题中给出的点火延迟公式代替 Δt。在 $\theta = 20°$ 时，$\Delta t = 1.555\text{ms}$。在1500r/min时，$\Delta\theta=9\Delta t$，因为：

$$\theta = \frac{1500\text{rev}}{\text{min}} \cdot \frac{\text{min}}{60\text{s}} \cdot \frac{\text{s}}{1000\text{ms}} \cdot \frac{360°}{\text{rev}} \cdot \frac{t\text{ms}}{1}$$

开始注射（SOI）为：

$$\text{SOI} = \theta + \frac{\theta}{2}$$

结果列在下表中：

θ/CA°	x_θ	V_{20}/V_θ	P/MPa	T/K	Δt/ms	$\Delta\theta$/CA°	SOI/CA°
0	0.0000	0.688	5.19	930	0.383	3.45	1.72
5	0.0023	0.708	4.99	921	0.424	3.82	6.91
10	0.0094	0.767	4.48	895	0.571	5.14	12.6
15	0.0210	0.865	3.81	859	0.893	8.04	19.0
20	0.0370	1.000	3.13	816	1.555	14.0	27.0

因此，对于 $\theta=15°$和 $\Delta\theta=8°$，SOI=19°，并且在TDC之前11°燃烧开始（SOC）。

12.5　单区模型和燃烧率

经过短暂的点火延迟后，一小部分燃油喷雾汽化，与空气混合、自燃，并迅速燃烧。这个预混合燃烧阶段是短暂的，因为混合物量相对较小并且在TDC附近发生燃烧。构成放热量的85%或更多喷雾的主要扩散燃烧是由于在燃烧过程中液滴的汽化。柴油燃烧过程的详细计算模型超出了本书的范围，换种方法，我们按照第7章的引导，利用单区模型中的压力和体积测量来确定热释放率。尽管燃烧的概念图像是不同的，但是单区模型的制定与汽油发动机的相同。在火花点火发动机中，火焰前缘扫过燃烧室，而在柴油发动机中，每个喷雾火焰周围都有多个燃烧区，混合物不均匀。

$$q_{\text{chem}} = \left(\frac{\gamma}{\gamma - 1}\right) p \frac{\mathrm{d}V}{\mathrm{d}t} + \left(\frac{1}{\gamma - 1}\right) V \frac{\mathrm{d}p}{\mathrm{d}t} + q_{\text{loss}}$$

式中，γ 是比热比。

最初气缸仅包含空气，然后燃料注射。在单区模型中，假定空气和燃料以与燃料燃烧速率相等的速率完美混合。按照第 7 章的单区模型，放热率由气缸压力与体积测量值确定，热损失 q_{loss}，包括辐射和对流热损失。低烟灰式发动机将辐射分量减少到小于向燃烧室表面总传热量的 15%。图 12.2 显示了在燃烧的涡轮增压柴油发动机的头部测量的总热量和辐射热通量的历史。Woschni 和 Anisits（1974）广泛使用传热的关联式。该公式将辐射项线性化，并将其与对流项组合，得到：

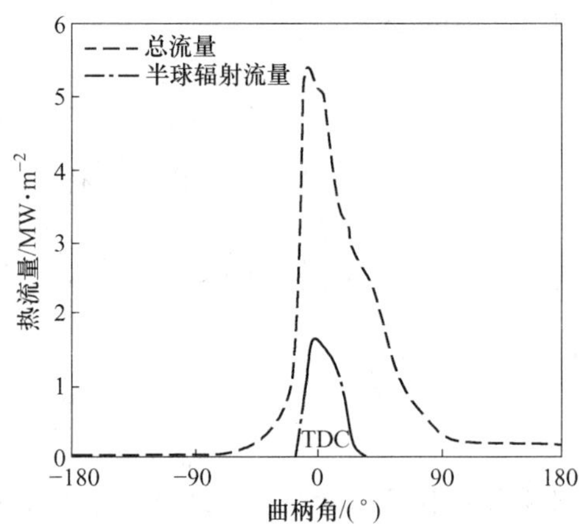

图 12.2　在 1500r/min，F=0.4 和 200kPa 进气压力下，排气量为 2.33L 的敞式柴油发动机头部测量的总热辐射和热辐射通量

（引自：McDonald，J，Construction and Testing of a Facility for Diesel Engines，Heat Transfer and Particulate Research，Master's Thesis，University of Wisconsin-Madison，1984）

$$q_{\text{loss}} = \tilde{h} A_{\text{wall}} (T - T_{\text{wall}}) \qquad (12.2)$$

式中：$T = T_{\theta}$ = 质量平均气体温度（K）

T_{wall} = 壁表面面积 A_{wall}（K）的温度

$$\tilde{h} = 0.82 L_{\mathrm{b}}^{-0.2} W^{0.8} p^{0.8} T^{-0.55} (\mathrm{kW/(m^2 \cdot K)})$$

$p = p_{\theta}$ = 气缸压力(MPa)，L_{b} = 气缸内径(m)

$$W = 2.28 \bar{V}_p + 000324 (p - p_0) \left(\frac{V_{\mathrm{d}} T_1}{p_1 V_1}\right)$$

p_1、V_1 和 T_1 进气门关闭时的参考值。

p_0 = 驾驶汽车的汽缸气压（MPa）

$\bar{V}_p$ = 平均活塞速度（m/s）

V_{d} = 排气量（$\mathrm{m^3}$）

单缸柴油机的测试结果和使用单区模型的计算结果如图 12.3 所示。气缸压力测量，从−360～+360CA°范围按照每 $\frac{1}{4}$CA°记录一次，每个数据点的排量由表 12.2 中的发动机参数计算。平均气缸温度由下式计算：

$$\frac{pV}{T} = \text{constant}$$

根据公式（7.9）计算每个曲柄角度的散热量。燃烧的燃料质量分数由该曲轴转角处的放热量除以进气门关闭（IVC）和排气门开度（EVO）之间的总放热量之和计算得出。

三次测试的结果绘制在图 12.3 中。

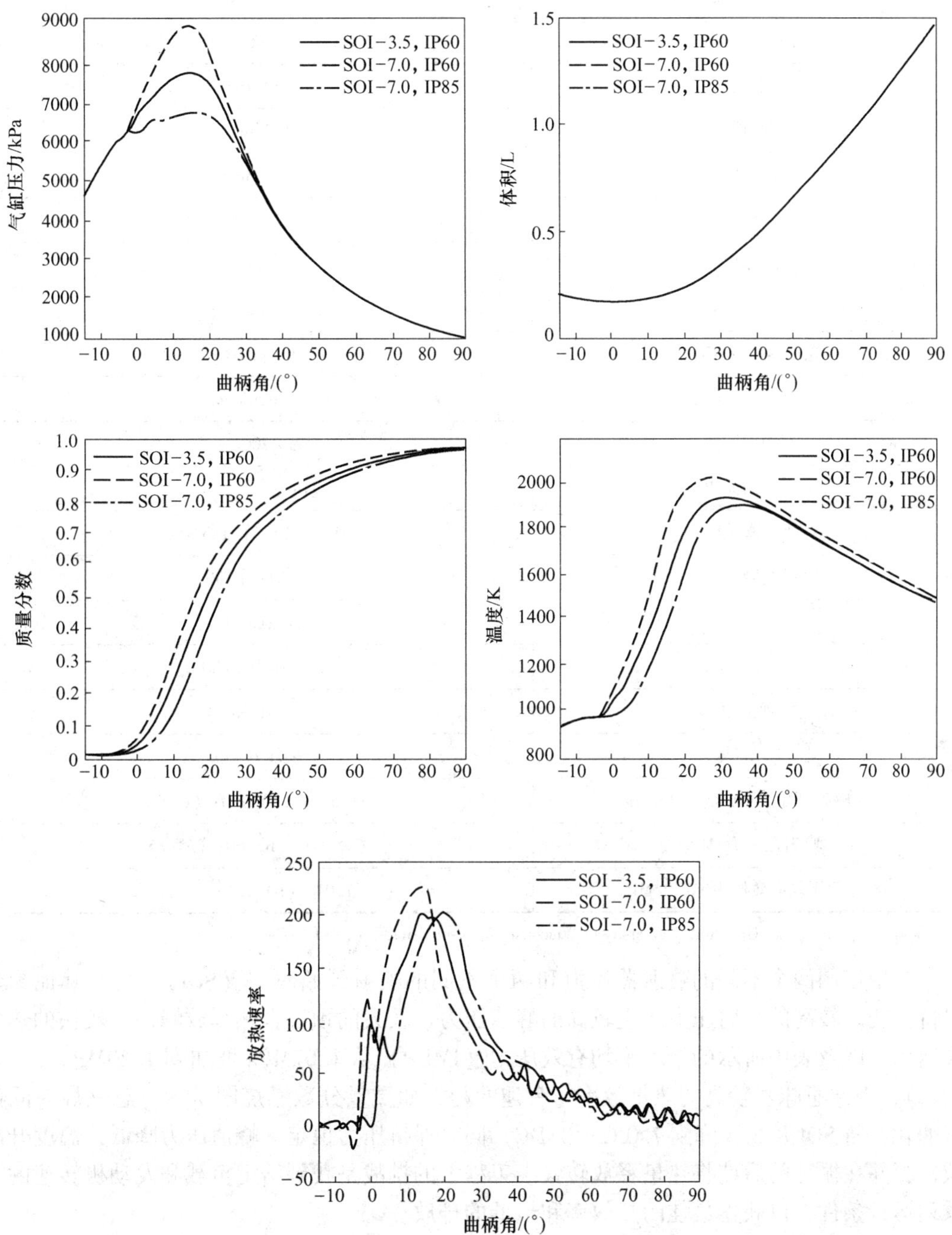

图 12.3　三台康明斯 N14 柴油发动机运行的测试，测量了气缸压力与曲轴转角的关系，并计算了燃烧质量分数，放热率，体积和气体温度与曲轴转角之间的关系

（测试条件：（a）在 TDC 之前 3.5°处喷射开始（SOI），喷射器压力 60MPa，IMEP = 1.07MPa；（b）在 TDC 之前 7°的 SOI，喷射器压力 60MPa，IMEP = 1.13MPa；（c）在 TDC 之前 7°的 SOI，喷射器压力 85MPa，IMEP = 1.2MPa。发动机参数和测试条件见表 12.2）

表 12.2　康明斯 N14 柴油机的测试发动机运行参数

参　　数	数　　值
涡轮增压器	无
气缸内径	139.7mm
冲程	152.4mm
连杆	304.8mm
排量	2.336L
压缩比	16
燃料种类	2 号柴油
燃料热值（*HHV*）	43.8MJ/kg
引擎速度	1200r/min
平均周期数	200
排气阀关闭	TDC 点后-355°
进气阀关闭	TDC 点后-143°
排气阀打开	TDC 点后 130°
进气阀打开	TDC 点后 335°
空气吸收压力	绝对压力 149kPa
空气吸收温度	319K
排气背压	表压 65kPa
喷射开始（CA°前 TDC）	(a) 3.5；(b) 7.0；(c) 7.0
喷射器压力/MPa	(a) 60；(b) 60；(c) 85
净指示平均有效压力 IMEP/MPa	(a) 1.07；(b) 1.13；(c) 1.20

来源：Courtesy of J. Ghandhi, University of Wisconsin-Madison, Madison, WI。

其中使用两个不同的喷射器压力和两个不同的喷射开始时间（SOI），所有其他参数保持不变。较高的喷射压力产生较高的峰值压力、较大的预混合热释放峰值、较快的热释放速率，以及表中所示的指示平均有效压力（IMEP）从 1.07MPa 增加到 1.20MPa（见表 12.2），因此意味着较高的热量效率。有趣的是，如质量分数燃烧图所示，总燃烧时间没有变化。将 SOI 从 3.5 降到 7.0 CA°BTDC，同时保持压力恒定，峰值压力降低，温度升高减慢，并在循环的后期将热量释放转移。工程上的挑战是找到给定负载和发动机转速的一系列运行条件，以获得最佳的热效率和最低的排放。

12.6　发动机排放

颗粒物和氮氧化物是柴油机最重要的排放物。由于整体混合物的贫燃，除了轻载时，未燃烧的碳氢化合物和一氧化碳的排放量通常是微不足道的。在轻负荷下，燃料不太容易撞击在表面上，但是由于糟糕的燃料分配，大量的过量空气以及低的排气温度，贫燃料-空气混合区可能存在且逃逸到排放气体中。有时在低负载条件下观察到的白烟实际上是燃料颗粒雾。在更多的典型黑烟中，有时会在负荷增加的时期观察到黑烟，或者在较高负荷的较旧发动机中观察到黑烟，主要是碳颗粒（煤烟）。在更高的负载和更高的气缸温度下，高比例的碳颗粒倾向于被氧化。

柴油发动机中氮氧化物的产生是由于贫燃燃烧期间存在的过量氧气和燃烧产物的高温有利于热 NO_x 产生。有两种减少 NO_x 排放的有效方法。第一种方法是延缓喷射开始（早于 SOI）。这将导致燃料经济性的降低，但是因为它减少了预混合燃烧的量，所以是有效的。第二种方法是将一些排放废气再循环回到进气歧管（EGR），从而降低燃烧温度。综合起来，这两种方法可以显著减少氮氧化物排放量，但是由于颗粒物排放量的增加以及温度降低时燃料的经济性会下降，所以限制它们的使用。

燃烧产生的大部分颗粒在气缸内被氧化，实际上只有 5%～10%的烟灰形成排气。当燃料喷雾从空气供应中被切断并被来自预混合燃烧的非常热的产物所包围时，烟尘产生的最大高峰是在扩散燃烧开始。随后与气缸中的高温空气混合，迅速氧化成烟灰。燃烧结束后产生的烟灰由于产品膨胀而温度较低，因此不容易被氧化。最初形成的微小烟灰颗粒在被排放到大气中之前趋于团聚形成更大的微米级颗粒。图 12.4 显示了烟尘形成过程中的事件顺序，表 12.3 列出了每个阶段的特征时间。

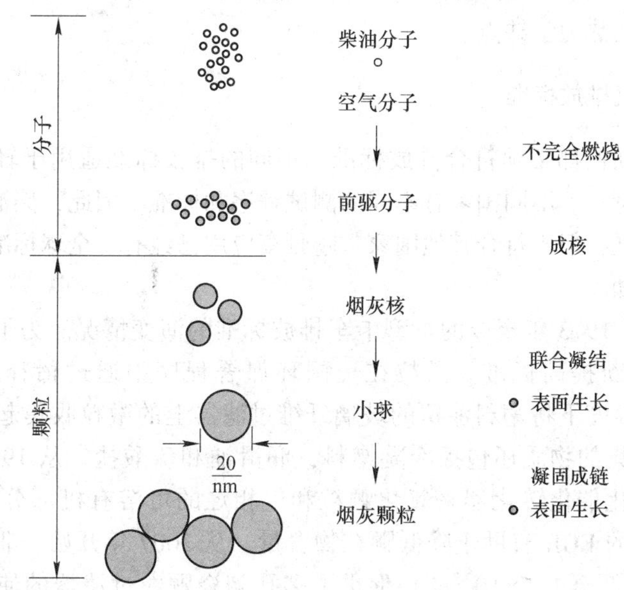

图 12.4 柴油发动机中的煤烟形成过程

（由不完全燃烧的气体分子开始，反应生成较大的分子，分子形成结合并生长的烟灰核）

根据 10CA°内喷射的体积可以进一步了解烟灰的形成。首先液体喷雾羽流开始形成，然后由最小的液滴形成燃油蒸气。在开始喷射 5°后，形成多环芳烃（PAHs），但是在开始喷射后 6.5°，没有观察到 PAHs。随着喷射开始后扩散火焰增长到 8°时，则可观察到烟尘集中。其他实验表明，在一定压力和温度条件下，烟尘很快由 PAHs 形成。发动机中的颗粒物取样表明，在排气阀打开的时候，95%的烟尘已被消耗；然而，剩下排放出的 5%是有问题的。

表 12.3　柴油烟尘形成各个方面的时间常数

过　程	大概的时间
前驱体/形核的形成	几微秒
合并凝结	局部成核之后 0.5ms
小球身份固定识别	在合并停止之后
链形成凝结	在合并停止之后几微秒
前驱体耗尽	成核后 0.2ms
不粘连碰撞	成核后几毫秒
颗粒氧化	4ms
燃烧循环完成	3~4ms
烟尘上烃的沉积	在膨胀和排气期间

分流注入是一种减少颗粒烟尘和 NO_x 的方法。在这种技术中，部分柴油被注入，停留时间短，然后喷射第二个燃料脉冲。有时在第一次喷射之前使用小的辅助喷射。通过优化点火开始、喷射脉冲之间的分离、脉冲的比率以及 EGR 的量，可以在不增加烟灰的情况下显着减少 NO_x，但代价是降低热效率并因此降低燃料经济性。多次喷射策略具有喷射和燃料燃烧时间长的热力学缺点。

12.6.1　柴油发动机排放标准

所有的柴油发动机都必须符合排放标准。不同的排放标准适用于轻型车辆、重型卡车、公共汽车和越野车。不同国家有不同的测试程序和标准。因此，柴油发动机可能符合世界部分国家的标准，但不符合其他国家。越野车应用已经有了全球标准，表明全球标准合作是受欢迎的行动。

表 12.4 显示了 1973 年至今的重型卡车排放标准的演变情况。为了保护人类健康和环境，法规要求不断提高标准。微粒在美国环保署程序中通过稀释废气并在不超过 52℃（125°F）的温度下将塑料涂覆的玻璃纤维过滤器上的微粒收集起来进行测量。除了碳微粒以外，收集的物质还包括冷凝燃料，润滑油和硫酸盐。从 1994 年开始，柴油发动机开始使用氧化催化转化器来氧化颗粒和气相烃的可溶有机部分。2004 年，高压燃油喷射和更广泛的 EGR 有助于降低颗粒物含量。从 2007 年开始，非常低含硫量的柴油燃料（从 0.05%低至 $1.5\times10^{-3}\%$）促进了多孔陶瓷颗粒过滤器的使用。阻止碳氢化合物排放物的氧化催化剂先于颗粒过滤器。减少柴油机 NO_x 排放的主要方法是增加 EGR（高达 49%），并在排气歧管中注入氨的选择性催化还原（SCR）。氨必须在单独的罐中运送。

表 12.4　美国环保署重型柴油车排放标准　　(g/(kW · h))

年　份	CO	HC + NO_x	微粒物质
1973	—	—	烟（3）
1974（1）	53.6	16	（3）
1979（1）	33.5	10	（3）

续表 12.4

年　份	CO	HC	NO_x	微粒物质
1983（2）	20.8	1.7	14.3	（3）
1988	20.8	1.7	6.0	0.80
1991	20.8	1.7	6.7	0.33（4）
1994	20.8	1.7	6.7	0.135
1998	20.8	1.7	5.4	0.135
2010	标准中删除	0.19	0.27	0.135（5）

注：（1）热启动，多模式排放测试；（2）冷启动，启动多模式排放测试；（3）颗粒标准以不透明度而不是质量来定；（4）公交车的微粒标准设定为 0.10；（5）燃料硫减少到<15ppm。在 2002～2007 年期间，HC 和 NO_x 标准回复到 HC+NO_x=3.35。HC 指非甲烷碳氢化合物。

12.7　柴油发动机的改进

柴油机的主要能量损失通常包括排气泄漏（36%），发动机冷却液传热（16%），泵工作和机械摩擦（4%）。净正功（net positive work）约为 44%。这显然比传统的 SI 发动机更好，其通常效率约为 25%。在汽车中使用柴油发动机的主要障碍是满足适用于汽车的更严格的微粒排放标准。增加燃油喷射压力，SOI 时间调整、分流燃油喷射、增加 EGR 以及改善气缸内的混合都是帮助改善逐步实现新排放标准的步骤。

提高净效率和减少排放的方法正在进行中。燃烧策略是在燃烧过程早期避免高温下局部富燃混合物（其增强了烟尘形成），并避免燃烧贫乏（其增强 NO 形成）阶段后期的高温，同时保持良好的热效率。为了使局部富燃混合物最小化，部分预混合燃烧是合乎需要的，即一些燃料应在点火之前蒸发和混合。延迟 SOI 是在点火之前增加预混的一种方法，但这会降低 IMEP。实现部分预混合的另一种方法是将一些蒸发燃料与入口空气一起引入。如果燃料是 100%蒸汽并且没有使用喷雾液滴，则压力升高速率会过高。但是，如果选择了正确的蒸汽和液滴混合物，则可以优化压力升高的速度和持续时间，并且通过使用适量的 EGR，温度可保持足够低以限制 NO 形成。由于柴油燃料很难在汽缸外完全汽化，所以需要另一种方法。

Hanson 和 Reitz 在 2010 年已经建议在进气歧管中喷射汽油以及在汽缸中直接喷射柴油燃料。这需要单独的汽油和柴油燃料箱，但如果成功实施，选择性催化还原所需的氨罐（在 12.6.1 节中讨论）可以去除。有人可能会质疑这种方法，因为与柴油相比，汽油混合物在压缩时点燃速度较慢。柴油的十六烷值大约为 50，而汽油的十六烷值小于 15。然而，通过双重喷射，柴油燃料液滴首先点燃，并为预混汽油提供许多点燃点。因此，气缸内的燃烧可以得到显著改善。

通过计算机模拟和各种汽油与柴油的燃料比率的发动机测试，柴油机燃料喷射分流和时间以及 EGR 量，可以优化燃烧并减少排放。例如，测试运行在一个单缸上，四个阀门的卡特彼勒发动机排量为 2.44L，并且有效的压缩比为 10。图 12.5 则显示了三种汽油/柴油比率的压力，NO_x 和烟灰测量。11 个 atm 的 IMEP 约为该发动机满载的 60%。标明的特定燃料消耗量为 180g/(kW·h) 时，换算成热效率为 53%，而以标准柴油模式运行的发动机将具有约45%的热效率。计算结果表明，在低于1900K的温度下，循环过程中的大部分燃烧阶段都处于贫燃状态。颗粒物和氮氧化物的排放远低于美国2010年排放重型柴油的排放标准。对于每种负载情况，都会有一些不同的最佳燃料组合。这些结果非常有希望为柴油发动机的重大改进指明方向。

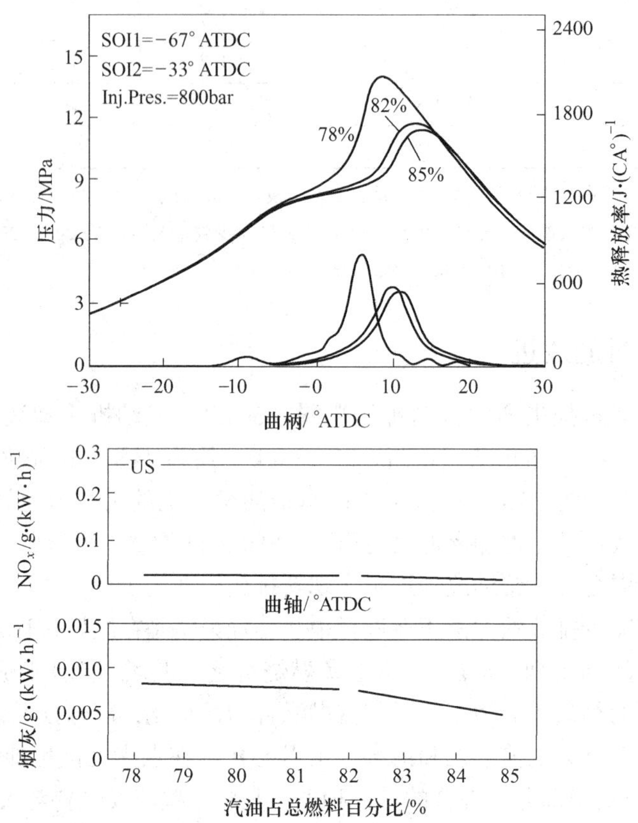

图 12.5　Caterpillar 单缸柴油发动机中的双燃料部分预混压缩点火燃烧测试

（HD 限额（氮氧化物排放量和烟尘排放量的上限）是联邦重柴油排放限额）

12.8　习题

12-1　使用表 12.1 中的数据，计算每台发动机的平均活塞速度。绘制平均活塞速度与排量的关系图。

12-2　考虑一个直径为 60mm，深度为 30mm 的轴上圆柱形碗。孔径和行程分别为 120mm。计算下死点（BDC）的体积和压缩比。假设活塞和头部之间的挤气区间隙为 1mm。

12-3　对于习题 12-2 的数据，在稳流台架测试中测得的涡流比为 3（涡流比是气体的平均旋转速率（r/min）除以发动机的转速）。通过使用角动量守恒和忽略摩擦计算 TDC 点的涡流比。假定流体固体旋转。

12-4　计算碗边缘的时间平均挤压速度（由流入碗的流动引起的径向向内速度），并将其与平均活塞速度和切向旋流速度（使用问题 3 的旋流数据）进行比较。假设

2000r/min。

12-5 计算 Δp 为 55MPa 的 0.2mm 喷射孔的排出速度和质量流量。使用表 A.1 中的流量系数 0.7 和十二烷的性质。

12-6 四孔喷射器质量流量为 25g/s。计算以下参数的一个循环的喷射持续时间（以毫秒和曲柄角度为单位）：燃料当量比为 0.8，容积效率为 95%，并且在进气密度为 1.2kg/m^3时自然吸气。燃料是十二烷，化学计量燃料-空气比为 0.067。气缸排量为 1500cm^3，发动机转速为 2000r/min。要做到这一点首先找到捕获质量。

12-7 十二烷通过孔径为 0.20mm，喷射压力为 15MPa，喷射时间为 3.4ms 的 4 孔柴油机喷射器喷雾。使用公式（9.25b）进行渗透以及问题 12-2 的几何形状。（a）计算喷射结束时的喷射渗透距离，而不考虑汽缸壁。（b）估算喷雾撞击碗侧面的时间和曲轴转角。假定在 TDC 开始前 20°喷雾。假设渗透的线性部分时间非常短，并且在整个时间内应用方程（9.25b）。气缸排量为 1500cm^3，压缩比为 15，气缸内捕获的空气质量为 1.7g。

12-8 以 2000r/min 运转的柴油发动机在碗中具有 12 的涡流比。如果喷雾羽流渗透 100mm 而没有涡流，则使用公式（9.26）计算涡流穿透。燃料射流的初始速度是 270m/s。对于附加了旋涡、习题 12-2 的几何形状喷雾是否碰到了碗（从喷射器点到碗的内角为 42mm）？（涡流比是气体角旋转速度与活塞转速的比值）。

12-9 使用公式（12.1），$C=0.0197$ms，$a=-1$，$b=-1.75$ 和 $E=4500$K，比较下列情况下的点火延迟。在每种情况下，发动机压缩比均为 16∶1，并且在 TDC 之前的 20CA°处开始喷射。假设每种情况下的容积效率为 100%，并且每种情况下添加的燃料质量相同。当量比为 $F=0.8$。计算 2500r/min 的曲轴转角点火延迟。忽略残余分数效应。

（a）自然吸气：1 大气压，300K 的进气；

（b）涡轮增压：2 大气压，380K 的进气；

（c）中间冷却器涡轮增压：2 大气压，312K 的进气。

12-10 柴油发动机克服了许多降低火花点火发动机效率的限制。定性解释以下各项如何限制 SI 发动机效率，并解释柴油发动机克服这些限制的原因。

（a）燃料辛烷值；

（b）火焰在稀混合气中的传播；

（c）周期到周期的变化；

（d）燃料被困在缝隙体积中。

参 考 文 献

[1] Abraham J, Magi V. Modeling Radiant Heat Loss Characteristics in a Diesel Engine, SAE paper 970888, 1997.

[2] Akihama K, Takatori Y, Inagki K, Sasaki S, et al. Mechanism of the Smokeless Rich Diesel Combustion by Reducing Temperature, SAE paper 2001-01-0655, 2001.

[3] Amann C A, Stivender D L, Plee S L, et al. Some Rudiments of Diesel Particulate Emissions, SAE paper 800251, 1980.

[4] Arcoumanis C, Gavaises M. Effect of Fuel Injection Processes on the Structure of Diesel Sprays, SAE paper 970799, 1997.

[5] Baumgard K J, Johnson J H. The Effect of Fuel and Engine Design on Diesel Exhaust Particle Size Distributions, SAE paper 960131, 1996.

[6] Benson R S, Whitehouse N D. Internal Combustion Engines: A Detailed Introduction to the Thermodynamics of Spark and Compression Ignition Engines, Their Design and Development, Pergamon Press, Oxford, UK, 1979.

[7] Bessonette P W, Schleyer C H, Duffy K P, et al. Effects of Fuel Property Changes on Heavy-Duty HCCI Combustion, SAE paper 2007-01-0191, 2007.

[8] Borman G L, Brown W L. Pathways to Emissions Reduction in Diesel Engines, Second International Engine Combustion Workshop, C. N. R. , Capri, Italy, 1992.

[9] Bosch R. Diesel Fuel Injection, Society of Automotive Engineers, Warrendale, PA, 1974.

[10] Cartellieri W P, Herzog P L. Swirl Supported or Quiescent Combustion for 1990s Heavy-Duty DI Diesel Engines-An Analysis, SAE paper 880342, 1988.

[11] Dec J E, Espey C. Ignition and Early Soot Formation in a DI Diesel Engine Using Multiple 2-D Imaging Diagnostics, SAE paper 950456, 1995.

[12] Ferguson C R, Kirkpatrick A T. Internal Combustion Engines: Applied Thermosciences, 2nd ed. , Wiley, New York, 2001.

[13] Han Z, Uludogan A, Hampson G J, et al. Mechanism of Soot and NO_x Emission Reduction Using Multiple-Injection in a Diesel Engine, SAE paper 960633, 1996.

[14] Hanson R, Reitz R D, Splitter D, et al. An Experimental Investigation of Fuel Reactivity Controlled PCCI Combustion in a Heavy-Duty Engine, SAE paper 2010-01-0864, SP-2279, SAE Int. J. Engines 3 (1): 700~716, 2010.

[15] Heywood J B. Combustion in Compression Ignition Engines, Chap. 10 in Internal Combustion Engine Fundamentals, McGraw-Hill, New York, 1988.

[16] Hiroyasu H. Diesel Combustion and Its Modeling, COMODIA paper C85 p053 JSME, 1985.

[17] Kalghatgi G T, Risberg P, Angstrom H E. Partially Pre-Mixed Auto-Ignition of Gasoline to Attain Low Smoke and Low NO_x at High Load in a Compression Ignition Engine and Comparison with a Diesel Fuel, SAE paper 2007-01-0006, 2007.

[18] Karnimoto T, Kobayashi H. Combustion Processes in Diesel Engines, Prog. Energy Combust. Sci. 17 (2): 163~189, 1991.

[19] Kong S C, Reitz R D. " Multidimensional Modeling of Diesel Ignition and Combustion Using a Multistep Kinetics Model," J. Eng. Gas Turbines Power 115 (4): 781~789, 1993.

[20] Kong S C, Reitz R D. Spray Combustion Processes in Internal Combustion Engines, in Recent Advances in Spray Combustion: Spray Combustion Measurements and Model Simulation, vol. 2, ed. K. Kuo, 395~424, AIAA, 1996.

[21] McDonald J. Construction and Testing of a Facility for Diesel Engines, Heat Transfer and Particulate Research, Master' s Thesis, University of Wiscons in -Madison, 1984.

[22] Naber J D, Siebers D L. Effects of Gas Density and Vaporization on Penetration and Dispersion of Diesel Sprays, SAE paper 960034, 1996.

[23] Pierpont D A, Reitz R D. Effects of Injection Pressure and Nozzle Geometry on D. I. Diesel Emissions and Performance, SAE paper 950604, 1995.

[24] Sakaguchi D, Le Arnida O, Ueki H, et al. Measurement of Droplet Size Distribution in Core Region of

High-Speed Spray by Micro-Probe L2F. , J. Therm. Sci. 17 (1): 90~96, 2008.

[25] Shimoda M, Shigemori M, Tsuruoka S. Effect of Combustion Chamber Configuration on In-Cylinder Air Motion and Combustion Characteristics of D. I. Diesel Engine, SAE paper 850070, 1985.

[26] Shayler P J, Brooks T D, Pugh G J, et al. The Influence of Pilot and Split Main Injection Parameters on Diesel Emissions and Fuel Consumption, SAE paper 2005-01-0375, 2005.

[27] Sihling K, Woschni G. Experimental Investigation of the Instantaneous Heat Transfer in the Cylinder of a High Speed Diesel Engine, SAE paper 790833, 1979.

[28] Szybist J P, Song J, Alam M, et al. Biodiesel Combustion, Emissions ano Emission Control, Fuel Process. Technol. 88 (7): 679~691, 2007.

[29] Van Gerpen J H, Huang C W, Borman G L. The Effects of Swirl and Injection Parameters on Diesel Combustion and Heat Transfer. , SAE paper 850265, 1985.

[30] Woschni G, Anisits F. Experimental investigation and Mathematical Presentation of Rate of Heat Release in Diesel Engines Dependent Upon Engine Operating Conditions; SAE paper 740086, 1974.

[31] Yan J, Borman G L. A New Instrument for Radiation Flux Measurement in Diesel Engines, SAE paper 891901, 1989.

[32] Yoshikawa S, Furusawa R, Arai M, Hiroyasu H. Optimizing Spray Behavior to Improve Engine Performance and to Reduce Exhaust Emissions in a Small DI Diesel Engine, SAE paper 890463, 1989.

13 液体和气体混合物的爆炸

与100多年前发现的气体爆炸波形成对比的是，直到20世纪60年代，人们尚未认识到爆炸波能通过液体燃料和气态氧化剂的两相混合物传播。燃料可以是液滴或管壁上的液膜。本章将首先讨论喷雾爆炸，然后讨论液体层爆炸。非挥发性燃料可能会发生两相爆炸，且挥发性更强的燃料爆炸速度相比更高。虽然这些类型的爆炸通常由于所涉及的可能非常具有破坏性的高瞬时压力而被避免，但是也许还存在一些可开发的两相爆轰的实际应用。

与喷雾爆炸有关的现象可能发生在柴油机中。如果燃料以非常高的压力喷射到汽缸中，那么喷雾的前导液滴可能会被剥离形成微喷雾。高压和高温以及快速混合可能传导点燃气缸内的局部压力波。由于所涉及的距离和时间很短，因此不应该被视作警报，而应该将其视为燃烧过程中气缸中发生的事情（也许是推测性的）的另一种样貌。

大型液体燃料火箭发动机偶尔会出现波浪式的压力偏移，这些偏移已被详细记录。这种类型的燃烧不稳定性可能非常具有破坏性，并且会使薄壁火箭发动机破裂。尽管一些燃烧不稳定性本质上是声学的并且由于高传热而导致失效，但是还存在另一种与伴随的压力波类似的爆炸失效模式。声学不稳定性的解决方法是设计适当的衬垫，而类似爆炸的不稳定性需要放置适当的挡板。

已知液体燃料膜爆炸发生在长且部分填充的管线中。在得克萨斯州的一个案例中，在部分充满油的管道上进行了一些清洁和焊接工作，燃烧从开放端开始，发展成爆炸，并在一个部分使管道破裂，从而释放了压力并减缓了爆炸。然后在管道下面重新建立了爆炸，在爆炸波撞击阀门之前，管道在不同位置破裂了几英里的距离。另一个潜在的问题是在油封弹射器中，高压空气与气缸壁上的油层接触会产生由摩擦加热引起的火焰，并且火焰可能发展成爆炸。

作为利用非凡的爆轰波燃烧强度的可能方式，第8章中提到的旋转爆轰燃烧器可能更容易用液体燃料而不是气体燃料来实现。由于液体燃料的密度通常比气体燃料高500倍，因此使用液体燃料在爆炸波之前供应新鲜燃料更为容易。另外，由于非均质爆炸与气体爆炸相比具有扩展的反应区，所以在环面上形成多个波的趋势较小，这是困扰气体旋转爆轰燃烧器的因素。

13.1 液体燃料的喷雾爆炸

对于接近化学计量比的混合物，液滴的体积是气体体积的1/1000。在这些稀燃料液滴喷雾中，冲击波可以很容易地通过混合物传播。然而，因为气体爆炸的反应区在几微秒内完成，所以人们会试图假设来自液滴的燃料不能迅速进入放热化学反应以允许自保持的爆炸。至少人们可能会认为有一定的液滴尺寸，在此尺寸之上爆炸波不能持续。然而，仔细研究前导冲击波前后的燃料液滴的行为是理解这种类型燃烧的本质所必需的。

类似于气体爆炸的方式，喷雾爆炸可以被看作是正常冲击波，接着是液滴的动力学瓦解，然后由于产物气体的快速膨胀而快速燃烧蒸发的微喷雾，从而驱动前导冲击前沿。其次，不应该排除像气体爆炸那样存在的次级横向冲击波。

13.1.1 液滴瓦解

在进一步讨论喷雾爆炸性质之前，让我们考虑在正常冲击波背后的对流流动液滴的瓦解。想象一下，在1个大气压和室温的静态气体中，均匀尺寸的液滴稀释喷雾。冲击波迈过喷雾使液滴经受高压、高温和高速流动。流动的动能（$\rho \underline{V}^2/2$）倾向于通过拉伸液滴流动横截面来扭曲液滴。这种扭曲发生是因为液滴前端的压力较高，而在驻点起90°处较低。这种扁平效应与液滴内的惯性和黏性应力相反。对于冲击波后的高速流动，表面张力相对较小。液滴变平并在液滴内部形成内部循环。液滴中的液体流向扁平液滴的边缘，并从表面剥离，从而在激发的母液滴中形成微喷雾，如图13.1所示。微喷雾微滴的尺寸非常小，可能小于母液滴直径的1%。

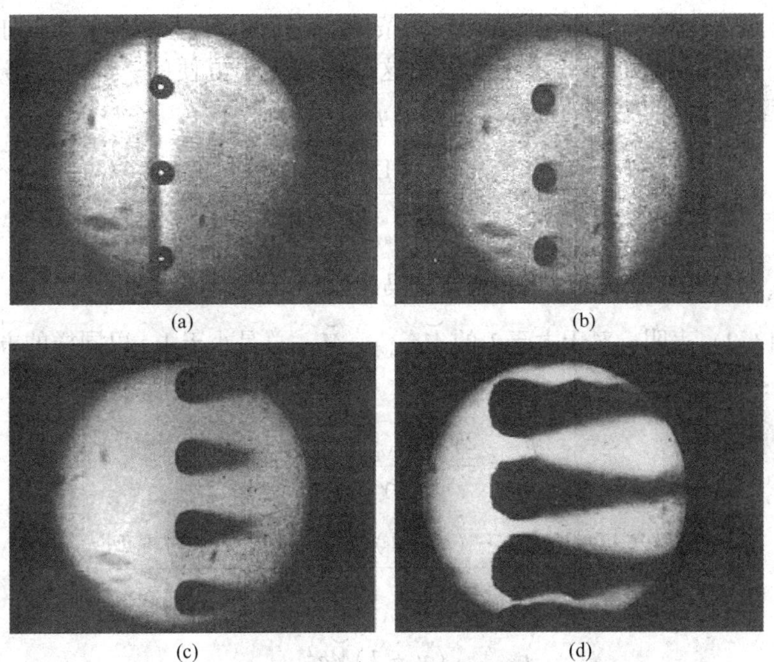

图13.1 在冲击波通过之前，大气中的液滴由于 $Ma=2.7$ 的冲击波而瓦解的750μm水滴的阴影照片

（a）未受干扰；（b）2.6μs冲击后；（c）4.4μs冲击后，（d）14.4μs冲击后

（引自：Dabora，E.K.，Ragland，K.W. and Nicholls，J. A.，Drop Size Effects in Spray Detonations，Symp.（Int.）Combust. 12（1）：19~26，The Combustion Institute，Pittsburgh，PA，1969，已许可）

在气体爆炸的情况下，冲击和燃烧之间几乎没有间隔，但是在非均匀爆燃中，在燃烧将热量加热到流动之前存在显著的时间和距离延迟。因此，我们可以将这个流动看作是一个冲击波，然后是燃烧，但是足够接近以至于燃烧驱动冲击波。换句话说，气体爆炸（第8章）具有三维结构的冲击耦合燃烧，但本章讨论的两相爆轰具有引导的主要平面冲

击前沿，冲击前沿与燃烧之间有间隔。正因为如此，当我们分析两相爆炸时，分开讨论冲击和燃烧，并将两者结合是有帮助的。但是，我们不能将第 8 章讨论过的瓦斯爆炸事件进行分离。这一点延续到我们将在本章中使用的符号。在第 8 章中，当考虑到冲击之前和之后，我们讨论了反应物和产物时用到（例如，$\underline{V}_{react}$和 $\underline{V}_{prod}$）。在两相爆炸有三种状态：冲击前，冲击后及燃烧前和燃烧后。在本章的注释中，这些状态被称为状态 1，状态 2 和状态 3；分别或简称下标 1，2 和 3。

这里的推导假定最初静止的空气微滴混合物（$\underline{V}_1=0$）。由冲击波后面的对流产生的非燃烧液滴的液滴瓦解时间 t_b 由下式给出：

$$t_b=\frac{K_1 d\sqrt{\rho_\ell}}{\sqrt{\rho_2\,\underline{V}_2^2/2}} \tag{13.1}$$

其中，d 是初始液滴直径，$\underline{V}_2$ 是冲击波前沿后的对流速度（实验室坐标系），K_1 是一个常数，对动态压力的依赖性很小，可以取为 7，ρ_2 是冲击波前沿后的气体（空气）密度，ρ_ℓ 是液滴的密度。

紧接在冲击波前沿面后面（状态 2）的条件是通过波固定坐标中的质量守恒，动量和能量获得的。用马赫数而不是速度来表达这些方程是很方便的。经过与第 8 章（方程(8.11)~方程(8.14)）类似的推导，但采用 $q=0$ 可得到：

$$\breve{Ma}_2^2=\frac{(\gamma-1)\breve{Ma}_{wave}^2+2}{2\gamma\breve{Ma}_{wave}^2-(\gamma-1)} \tag{13.2}$$

其中，$\breve{Ma}_{wave}$ 是指相对于状态 1 的传播波的马赫数。

公式（13.2）表明，对于大于 1 的 $\breve{Ma}_{wave}$，$\breve{Ma}_2$ 总是小于 1。以同样的方式可以确定 p_2，T_2 和 ρ_2：

$$\frac{p_2}{p_1}=\frac{2\gamma\breve{Ma}_{wave}^2-(\gamma-1)}{\gamma+1} \tag{13.3}$$

$$\frac{T_2}{T_1}=\frac{[2\gamma\breve{Ma}_{wave}^2-(\gamma-1)][(\gamma-1)\breve{Ma}_{wave}^2+2]}{(\gamma+1)\breve{Ma}_{wave}^2} \tag{13.4}$$

$$\frac{\rho_2}{\rho_1}=\frac{(\gamma+1)\breve{Ma}_{wave}^2}{(\gamma-1)\breve{Ma}_{wave}^2+2} \tag{13.5}$$

当液滴微喷雾形成并且液滴瓦解时，可以使用状态 2 条件评估液滴时间并且从实验中选择 K_1 以调整部分放热。首先我们需要将公式（13.1）中的 $\underline{V}_2$ 转换成波形固定坐标。

$$\breve{\underline{V}}_2=\breve{Ma}_2(a_2)=\breve{Ma}_2\sqrt{\gamma RT_2} \tag{13.6}$$

并从波形固定坐标转换为实验室坐标：

$$\breve{\underline{V}}_2=\underline{V}_{wave}-\breve{\underline{V}}_2$$

此外，注意，在实验室坐标系中，$\breve{Ma}_2$ 可以是亚音速或超音速，具体取决于传播速度 $\underline{V}_{wave}$。

在一系列液滴尺寸和冲击前沿速度范围进行的实验已经表明，微喷雾在瓦解和燃烧过程中的动力学压力仅为正常冲击的一半。因此，可取 K_1 为 7，公式（13.1）变为：

$$t_b = \frac{10d}{\underline{V}_2}\sqrt{\frac{\rho_\ell}{\rho_1}}\sqrt{\frac{\rho_1}{\rho_2}} \tag{13.7}$$

无量纲瓦解时间由下式给出：

$$\tau_b = t_b\frac{\underline{V}_{\text{wave}}}{d} = 10\left(\frac{\rho_\ell}{\rho_1}\right)^{1/2}\left[\frac{(\rho_1/\rho_2)^{1/2}}{1-\rho_1/\rho_2}\right] \tag{13.8}$$

式（13.8）给出了在 $Ma=3$ 时的 $\tau_b=162$，并且在标准条件下最初在氧气中的癸烷液滴，当 $Ma\to\infty$ 时降低到 $\tau_b=120$。例如，标准氧气中 $Ma=3$ 爆炸的 3mm 小滴将耗费 0.5ms 的时间来瓦解。标准氧气的声速为 330m/s，瓦解距离为：

$$3\times\left(\frac{330\text{m}}{S}\right)\times 0.5\text{ms} = 0.5\text{m}$$

由于在主要冲击锋面后的母滴快速剥离成细小液滴的微喷雾，可能在燃料喷雾中引起爆炸，即使相对较大的液滴也会发生。

13.1.2 喷雾爆炸

已经使用了多分散喷雾和具有精确控制液滴尺寸的喷雾进行实验，其中液滴尺寸从 2~2600μm 直径变化。在每种情况下都实现了自保持爆炸，并且传播速度比等效的气体爆炸速度低 2%~35%。这些实验是用分散在标准氧气中的二乙基环己烷液滴完成的。选择这种燃料是因为它在室温下具有比癸烷更低的蒸气压，因此排除了初始燃料蒸发。实验在长管中进行，点火通过位于较大管顶部的小冲击管的脉冲来实现。依据不同尺寸液滴实验爆速以及采用 Chapman-Jouguet 条件计算理想气体爆炸的结果表明大直径液滴喷雾在空气中的爆炸需要更易挥发的燃料。

喷雾爆炸建模表明，对于直径小于 10μm 的非挥发性液滴，单独液滴的气化足够快可以允许在氧气中引爆。对于 10μm 和 1000μm 之间的液滴，如果液滴剥离形成微喷雾足够快可以支持爆炸。对于大于 1000μm 的液滴，需要额外的机制来产生爆炸。实验表明，这种附加机制是关于母液滴的局部爆炸。

质量，动量和能量守恒的一维方程可以应用于喷雾爆炸，就像在第 8 章中对气体爆炸所做的那样，现在我们将标记从 $\underline{V}_{\text{wave}}$ 转换到 $\underline{V}_D$，以识别到该过程是爆炸。另外，由于反应区的扩展，热量传递到壁上，并且由于加速了延伸的反应区内壁上的液滴和壁面阻力而导致动量损失。同样，Chapman-Jouguet 假设反应区末端的速度 $\underline{V}_3$ 相对于冲击波面是声波。根据前面的讨论，符号如下：1 表示上游空气，2 表示刚冲击后的空气，3 表示反应区末端的燃烧产物。液体在控制体积之外。已经得到以下沿整个爆炸波的压力和温度变化结果：

$$\frac{p_3}{p_1} = \frac{\gamma(\underline{V}_D^2/a_1^2)(1+f)Z}{1+\gamma} \tag{13.9}$$

$$\frac{T_3}{T_1} = \frac{\gamma^2 M_3(\underline{V}_D^2/a_1^2)Z^2}{(1+\gamma)^2 M_1} \tag{13.10}$$

其中，M_3 和 M_1 分别是产物的分子量和冲击波前沿气相的分子量。Z 是一个修正系数，可代表壁面的阻力和热量损失。

$$Z = 1 + \frac{1}{\gamma(\underline{V}_D^2/a_1^2)(1+f)} + \frac{C_H A_R \underline{V}_2^2}{2(1+f)A_s \underline{V}_D \breve{\underline{V}}_2}$$

下标如图 13.2 所示；A_R是与管壁接触的反应区的表面积，A_s是引导冲击波前沿的正面面积。$\breve{V}_2$ 是参考系中冲击波面后相对于冲击的速度，其可以通过冲击波所测得数据的表格作为马赫数的函数来计算或获得。C_H是传热系数，对于喷雾爆炸，测得其大约为 2.5×10^{-3}，其中 C_H是无量纲的，并且由下式计算：

$$C_H = \frac{\int_2^3 q_{wall}\mathrm{d}x}{p_2 \underline{V}_2(h_2 + \underline{V}_2^2/2 - h_{wall})} \tag{13.11}$$

其中，h_{wall}是壁面温度下的气体焓。

喷雾爆炸的传播速度小于等效的气体爆炸速度 $\underline{V}_{D0}$，由下式给出：

$$\underline{V}_D = \frac{\underline{V}_{D0}}{\left[1 + \frac{2\gamma^2 C_H A_R \underline{V}_2^2}{\underline{V}_D \breve{\underline{V}}_2(1+f)A_s}\right]^{1/2}} \tag{13.12}$$

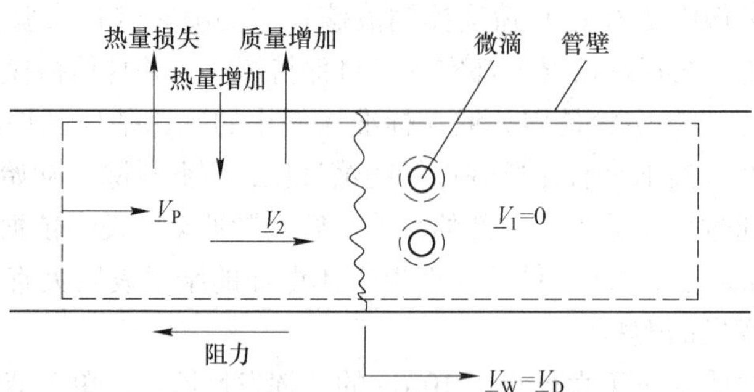

图 13.2　用于分析非均匀爆炸的控制体积
（所示的速度是相对于固定的实验室坐标）

阻力系数并未出现在公式（13.12）中，因为应用了雷诺数相似 $C_D = 2C_H$。由于式（13.12）是一个隐式方程，为了预测的目的，首先从计算等效的气相爆炸参数开始，然后迭代几次。对于尺寸小于 1000μm 的液滴，可以根据公式（13.7）估算 A_R，因为液滴的碎裂是主要限速步骤。虽然喷雾爆炸的结构复杂，但由喷雾动力学碎裂所控制的反应区内的摩擦及传热损失的一维理论能够以合理的精度预测热力学状态和传播速度。

13.2　液体燃料层的爆炸

考虑一个含有空气或氧气的长管，管内壁涂有非挥发性燃料。强烈的点火源，例如来自小型激波管的脉冲，将导致加速的冲击波，然后在壁面上燃烧燃料。在一个过渡距离之后，将达到稳态传播速度。该过程类似于喷雾爆炸的过程，但没有喷雾，只有壁面上的非挥发性燃料。在冲击波锋面的后面，壁面上的燃料层蒸发且可能会从壁面上剥落。

薄膜爆炸实验表明，燃料沿着冲击锋前方壁面的薄区域燃烧。例如，在一个 5cm×

5cm 的方管中，其中两个壁涂覆有二乙基环已烷，行进 2m 后传播速度达到 1370m/s 的稳定值。如图 13.3 所示，通过石英窗口的两个自发光照片，拍摄到在略微不同时间内爆炸的向下移动。燃烧从壁面开始并向内扩展。其他照片显示，直到点火点后约 0.5ms 或 0.6ms，辐射燃烧产物也不会填充测试部分的中心。

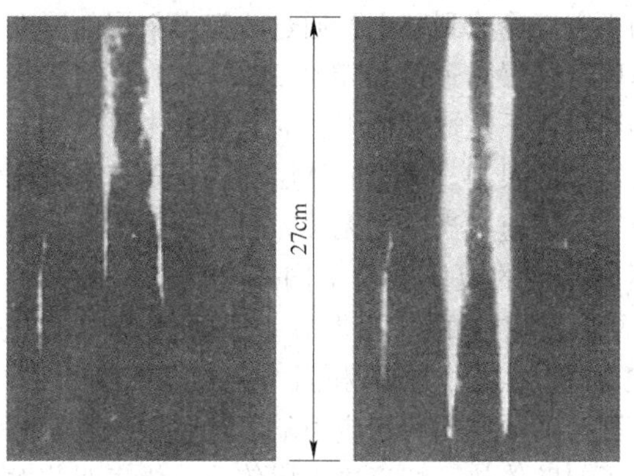

图 13.3　两个壁上的非挥发性燃料在爆炸向下移动，略微不同的时间通过石英窗口时薄膜爆炸的自发光照片

（引自：Ragland，K. W. and Nicholls，J. A.，Two-Phase Detonation of a Liquid Layer，AIAA J. 7（5）：859~863，1969，美国航空航天学会 AIAA 授权）

采用与图 13.3 相同的测试装置可获取图 13.4 中的火花纹影照片，它显示了冲击波结构和反应区的高度湍流性质。爆炸正在向下行进。纹影技术使用准直光源，对密度梯度敏感，但不能自我发光。在这种情况下，燃料仅在一个壁上，传播速度为 1065m/s。即使热量主要在靠近壁面的地方释放，引导的冲击波前沿也是惊人的平面。然而，显而易见的是，当其传播时，引导的冲击波锋面正受到各种各样的压力扰动。靠近壁面的黑暗区域是

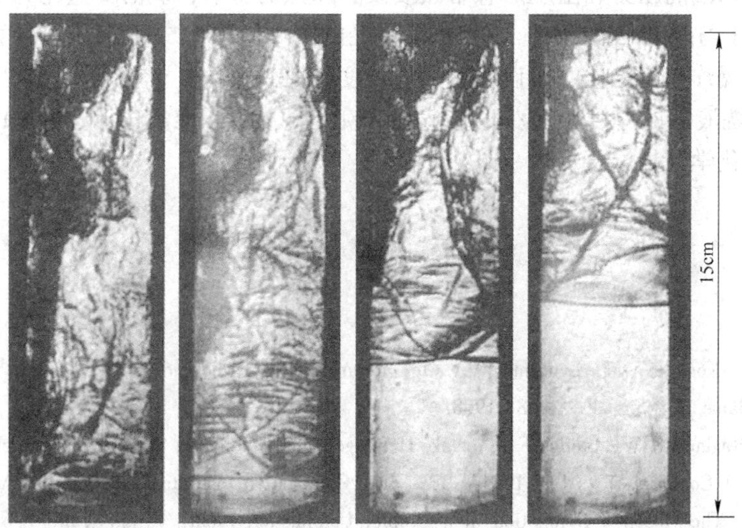

图 13.4　在四个连续的时间间隔内拍摄的一幅壁面上带有非挥发性燃料薄膜爆炸的火花纹影照片

（时间从右到左递进，爆炸正在向下传播）

（引自：Ragland，K. W. and Nicholls，J. A.，Two-Phase Detonation of a Liquid Layer，AIAA J. 7（5）：859~863，1969，经 AIAA 许可）

燃烧蒸汽和相关湍流的燃烧层。来自压力传感器和条纹影像的证据表明，局部爆炸发生在冲击波后的边界层内，在某种程度上与大的液滴爆炸有点类似。这可由图 13.4 中的外部波得到证实。

有研究考察了不同尺寸的充氧环管中癸烷液体层的爆炸速度与当量比的关系，首先经过冷却管壁将固体层的十六烷冷冻到壁上，通过改变燃料层的厚度来改变当量比。试验发现，要达到稳态爆炸速度，其爆炸速度恒定在 2%以内，则需要相当于 L/d 比至少为 120 的长度。所实验的最小当量比不是贫燃极限，而是实验中可以均匀分布在管上最小量的液体。液体或固体层没有富燃的限制。对于液体层而言，随着当量比的增加，爆速会降低达到平衡。对于固体层而言，爆速与当量比无关。对于小管中富燃的混合物，固体速度曲线比液体曲线高，说明不同厚度的液体层对不同厚度固体层的燃料进入反应的不同速率。固、液两相爆炸速度均低于相应的气相爆炸。喷雾爆炸开发的方程（13.8）~方程（13.10）也适用于薄膜爆炸。当然，传热和阻力系数会有所不同。事实上，薄膜爆炸的自维持性质是有利的，因为液体层的剪切应力随着液体层的蒸发和燃烧而大大降低。类似地，液体层的存在减少了向壁传热。湍流边界层传热分析表明蒸发速率足够快可以支持观察到的传播速度和反应区厚度。另外，二次冲击波可以追赶并加强引导冲击波面。

13.3 习题

13-1 当 0.1mm 水滴承受 $Ma=2.5$ 冲击波，并在最初 1 个大气压和 293K 下传播通过静止空气液滴混合物的瓦解时间和瓦解距离是多少？空气的比热比是 1.40。

13-2 单个 50μm 的十六烷液滴以 50m/s 注入高压空气中的瓦解时间是多少？空气在 35 个大气压下和温度为 800K。这些条件代表柴油机中大多数情况。

13-3 估算标准氧气中十六烷滴的化学计量混合物由于在 2100m/s 下传播而完全发展的爆炸反应区末端的压力和温度。忽略热损失和摩擦的影响，氧的比热比为 1.40。

13-4 对于习题 13-3 的条件，在 10cm 直径的管中使用 0.5mm 液滴，计算喷雾爆炸传播速度与气体爆炸速度之比。假设反应区的长度是 33mm。

13-5 癸烷液层的厚度是多少时，它将产生与（a）标准氧气和（b）1cm 直径管中的标准空气的化学计量混合物？

参考文献

[1] Borisov A A, Kogarko S M, Lyubimov A V. Ignition of Fuel Films behind Shock Waves in Air and Oxygen, Combust. Flame 12 (5): 465~468, 1968.

[2] Bowe J R, Ragland K W, Steffes F J, et al. Heterogeneous Detonation Supported by Fuel Fogs or Films, Symp. (Int.) Combust. 13 (1): 1131~1139, The Combustion Institute, Pittsburgh, PA, 1971.

[3] Cramer F B. The Onset of Detonation in a Droplet Combustion Field, Symp. (Int.) Combust. 9 (1): 482~487 , The Combustion Institute, Pittsburgh, PA, 1963.

[4] Dabora E K, Ragland K W, Nicholls J A. Drop Size Effects in Spray Detonations, Symp. (Int.) Combust. 12 (1): 19-26, The Combustion Institute, Pittsburgh, PA, 1969.

[5] Gordeev V E, Komov V F, Troshin Ya K. Detonation Burning in Heterogeneous Systems, Dokl. Akad.

Nauk SSSR 160 (4): 853~856, 1965. (in Russian).

[6] Komov V F, Troshin Ya K. Characteristics of Detonation in Some Heterogeneous Systems, Dokl. Akad. Nauk SSSR 175 (1): 109~112, 1967. (in Russian).

[7] Lin Z C, Nicholls J A, Tang M J, et al. Vapor Pressure and Sensitization Effects in Detonation of a Decane Spray, Symp. (Int.) Combust. 20 (1): 1709~1716, The Combustion Institute, Pittsburgh, PA, 1984.

[8] Pinaev A V, Sobbotin V A. Reaction Zone Structure in Detonation of Gas-Film Type Systems, Combust. Explos. Shock Waves 18 (5): 585 ~ 591 (translated from Fiz Goreniya Vzryva 18 (5): 103 ~ 111, 1982), 1982.

[9] Ragland K W, Dabora E K, Nicholls J A. Observed Structure of Spray Detonations, Phys. Fluids 11 (11): 2377~2388, 1968.

[10] Ragland K W, Garcia C F. Ignition Delay Measurements in Two-Phase Detonations, Combust. Flame 18 (1): 53~58, 1972.

[11] Ragland K W, Nicholls J A. Two-Phase Detonation of a Liquid Layer, AIAA J. 7 (5): 859~863, 1969.

[12] Webber W T. Spray Combustion in the Presence of a Traveling Wave, Symp. (Int.) Combust. 8 (1): 1129~1140, The Combustion Institute, Pittsburgh, PA, 1961.

第四篇

固体燃料的燃烧

固体燃料的燃烧主要有固定床燃烧、悬浮燃烧和流化床燃烧三种类型，在考察固体燃料燃烧系统之前，本篇首先讨论了热流动气体中单个固体燃料颗粒的燃烧。固定床燃烧系统讨论了三石篝火系统、发电厂锅炉用大型振动炉排抛煤机和住宅空间加热炉。固体燃料悬浮燃烧系统主要用于大型中心发电厂，流化床燃烧和气化系统也主要用于加热和发电。在学习本篇之前，希望读者首先复习第 2 章中有关固体燃料的内容。

14 固体燃料燃烧机理

本章将考察煤炭和生物质固体燃料颗粒的燃烧情况。燃料尺寸涉及范围广，小到磨细的玉米淀粉大小般的粉状燃料，大到锯末，甚至被粉碎、切削或切碎的燃料以及木棍或者木头。探究单个固体燃料颗粒的特性有助于火炉、熔炉和锅炉的设计和性能，这些将在第15~17章讨论。

当固体燃料颗粒暴露在热气流中，它将经历干燥、挥发（热解）和固定碳燃烧三个阶段的质量损失。燃料的工业分析成分则表明了这三个过程相互之间的重要性。例如，相比生物燃料来说，烟煤具有较少的水分、较少的挥发物和更多的固定碳。对于非常细小的颗粒，如悬浮的煤粉，颗粒干燥、挥发和固定碳燃烧依次发生，并且固定碳燃烧时间比挥发和干燥时间更长。对于更大的颗粒，在整个颗粒存在的大部分过程中，干燥、挥发和固定碳燃烧同时发生。

14.1 固体燃料的干燥

煤炭和生物质是多孔材料，其孔径范围为0.01~30μm。取决于燃料中的水分含量，湿气可能附着于这些孔中。褐煤含水量高达40%（质量分数），而烟煤具有相对较小的孔隙，仅含有百分之几的水。木料中的水分含量从非常干燥木材的5%（质量分数）左右到绿色木材的50%（质量分数）以上。如第2章所述，在木质基材中，水以水蒸气形式存在，液态水通过化学结合的形式存在于木材细胞内（吸附水），游离的液态水存在于木材孔隙中。在木材内，水首先作为结合水被吸收，直到所有可用的吸附位被占据，达到纤维饱和点，然后在孔内成为游离水。在纤维饱和点，吸附热几乎为零。随着木材含水量的降低，吸附水分的能量不断增加。这种关系已经被Stanish，Schajer和Kayihan（1986）通过假定吸附热随着束缚水含量的改变呈二次曲线变化，零水分含量等于汽化热而进行代数表示。

$$h_{sorp} = 0.4h_{fg}\left(1 - \frac{MC_b}{MC_{fsp}}\right)^2 \tag{14.1}$$

其中，MC_b和MC_{fsp}分别是束缚水含水量和纤维饱和点的含水量。木材纤维饱和点的干燥基约为30%。从30%水分到0%水分（干基）积分公式（14.1）后，可以得到，对于30%的水分含量，平均吸附热是汽化热的4%。基于此，通常忽略湿木材（含水量大于30%）的吸附热。然而，在较低的湿度下，吸附热是显著的，应予以考虑。

假设在燃烧系统中不涉及蒸发热量，仅考虑汽化热，燃料中水的热损失为2400kJ/kg。对于高湿度的燃料，在将燃料送入燃烧室之前将其干燥是有利的。这里讨论的是在燃烧室内进行干燥。我们考虑两种情况：在热解和碳燃烧发生之前发生小颗粒的干燥，较大颗粒则同时发生干燥和热解。

14.1.1　小颗粒的干燥

考虑送入炉内悬浮的煤粉或小生物质颗粒，在进入气流中时，热量通过对流和辐射传到颗粒表面并传导到颗粒中。对于悬浮颗粒（例如 10μm 大小），在释放挥发物之前，水被蒸发并迅速通过颗粒的孔排出。由于粒子内的温度梯度较小，所以粒子被认为是小的，Biot 数（Bi）应该小于 0.2：

$$Bi = \frac{\widetilde{h}d}{\widetilde{k}_{\mathrm{p}}} \tag{14.2}$$

式中，$\widetilde{h}$ 是颗粒的传热系数，d 是颗粒的最小尺寸（直径），$\widetilde{k}_{\mathrm{p}}$ 是颗粒的导热系数。

小颗粒粉末的干燥时间就是将颗粒加热到汽化点并驱离水所需的时间。小颗粒的能量平衡可以写成：

$$\frac{\mathrm{d}}{\mathrm{d}t}(m_{\mathrm{w}}u_{\mathrm{w}} + m_{\mathrm{dry}}u_{\mathrm{dry}}) = -\dot{m}_{\mathrm{w}}h_{\mathrm{dry}} + q \tag{14.3}$$

式（14.3）中的第一项是粒子内能量的时间变化率。式中 $-\dot{m}_{\mathrm{w}}h_{\mathrm{dry}}$ 包含蒸发颗粒中水的热消耗率，q 是通过对流和辐射对颗粒的净传热速率。下标 w 指水，下标 dry 指干燃料。

热量传递到颗粒的速率 q 取决于背景炉的温度 T_{b}，假定它等于周围的气体温度。使用发射率为 ε，视角因子为 1，对流传热系数为 $\widetilde{h}$ 的灰体进行辐射。

$$q = \varepsilon\sigma A_{\mathrm{p}}(T_{\mathrm{b}}^4 - T_{\mathrm{p}}^4) + \widetilde{h}^* A_{\mathrm{p}}(T_{\mathrm{g}} - T_{\mathrm{p}}) \tag{14.4}$$

其中，$\widetilde{h}^*$ 是针对传质校正的对流传热系数。从初始温度到水的沸点对方程 14.3 和方程 14.4 积分，使用关系式 $\mathrm{d}u = c\mathrm{d}T$，并注意到水的沸点温度比背景炉温度低得多，可以得到颗粒的干燥时间。

$$t_{\mathrm{dry}} = \frac{(m_{\mathrm{w,init}}c_{\mathrm{w}} + m_{\mathrm{dry}}c_{\mathrm{dry}})(373 - T_{\mathrm{init}}) + m_{\mathrm{w,init}}h_{\mathrm{dry}}}{\varepsilon\sigma A_{\mathrm{p}}(T_{\mathrm{b}}^4 - T_{\mathrm{p}}^4) + \widetilde{h}^* A_{\mathrm{p}}(T_{\mathrm{g}} - T_{\mathrm{p}})} \tag{14.5}$$

式中，$m_{\mathrm{w,init}}$ 是粒子中水的初始质量，h_{dry} 是用于干燥颗粒的能量，包括吸附热和汽化热。

$$h_{\mathrm{dry}} = h_{\mathrm{sorp}} + h_{\mathrm{fg}} \tag{14.6}$$

为了评估对流传热系数，使用颗粒膜温度 T_{m}：

$$T_{\mathrm{m}} = \frac{T_{\mathrm{p}} + T_{\mathrm{g}}}{2} \tag{14.7}$$

T_{m}与努塞尔特数相关。兰兹和马歇尔（1952）发现，对于低蒸发率的液滴：

$$Nu = \frac{\widetilde{h}d}{\widetilde{k}_{\mathrm{g}}} = 2 + 0.6\,Re_{\mathrm{d}}^{\frac{1}{2}}\,Pr^{\frac{1}{3}} \tag{14.8}$$

当汽化速率较高时，$\widetilde{h}$ 必须进行两方面修正：蒸汽从表面离开产生过热的影响和蒸汽在边界层上运动的吹动效应。其中过热效应校正的 $\widetilde{h}$ 值是（Bird 等，2007）：

$$\widetilde{h}^* = \widetilde{h}Z \tag{14.9}$$

式中：

$$Z = \frac{z}{e^z - 1}$$

并且：

$$z = -\frac{\dot{m}_w c_{p,\ vapor}}{\tilde{h} A_p}$$

正如预期的那样，$\tilde{h}^*$ 的值是传质速率的函数，质量传递是粒子辐射和对流传热的函数。另外，对于小的蒸发率，Z 将小于 1，并且 $\tilde{h}^* < \tilde{h}$。直觉上这是正确的，因为流动蒸汽离开表面，必须在边界层加热，直至达到边界层边缘的环境温度。在非常小的惰性粒子的燃烧温度下，粒子的辐射换热和对流换热基本相同。在湿粒子的情况下，从方程（14.9）可以得出，逸出的水蒸气有效地保护粒子不受对流换热的影响，但是不会阻挡对粒子的辐射传热。

例 14.1 将含有 40%水分（干基）的 100μm 橡木颗粒放入 1500K 的炉中。橡木颗粒的初始温度为 300K，干密度为 690kg/m³，计算出干燥时间。

解：假设粒子的滑移速度（颗粒与气体的相对速度）很小，由方程（14.8）得：

$$Nu = \frac{\tilde{h} d}{\tilde{k}_g} = 2$$

使用 900K 的膜温度，确定炉内空气的热导率为：

$$\tilde{k}_g = 0.0625 \mathrm{W/(m \cdot K)} \qquad \text{附录 B}$$

重新整理，并代入：

$$\tilde{h} = 2\frac{\tilde{k}_g}{d} = 2 \cdot \frac{0.0625\mathrm{W}}{\mathrm{m \cdot K}} \cdot \frac{1}{100 \times 10^{-6}\mathrm{m}} = 1250\mathrm{W/(m^2 \cdot K)}$$

使用加热过程中的平均温度，木材的比热容为：

$$c_{dry} = 0.387 \times 3.36 + 0.103 = 1.4 \mathrm{kJ/(kg \cdot K)} \qquad \text{表 A.4}$$

水的比热容为： $c_w = 4.2\mathrm{kJ/(kg \cdot K)}$

汽化热为： $h_{fg} = 2400\mathrm{kJ/kg}$

假定木材的发射率： $\varepsilon = 0.90$

干燥木材和水的质量分别是：

$$m_{dry} = \rho_{dry}\frac{\pi d^3}{6} = \frac{690\mathrm{kg}}{\mathrm{m^3}} \cdot \frac{\pi(100 \times 10^{-6})^3 \mathrm{m^3}}{6} = 3.61 \times 1^{-10}\mathrm{kg}$$

$$m_w = 0.40(3.61 \times 10^{-10}\mathrm{kg}) = 1.44 \times 10^{-10}\mathrm{kg}$$

粒子的面积： $A_p = \pi(100 \times 10^{-6})^2\mathrm{m^2} = 3.14 \times 10^{-8}\mathrm{m^2}$

由方程（14.5）可获得干燥时间：

$$t_{dry} = \frac{(m_{w,init}c_w + m_{dry}c_{dry})(373 - T_{init}) + m_{w,init}h_{dry}}{\varepsilon\sigma(T_b^4 + T_p^4) + \tilde{h}^* A_p(T_g - T_p)} = \frac{a + b}{c + d}$$

式中：

$$a = \left(g\frac{1.44\times10^{-10}}{1}\cdot\frac{4.2\text{kJ}}{\text{kg}\cdot\text{K}} + \frac{3.61\times10^{-10}\text{kg}}{1}\cdot\frac{1.4\text{kJ}}{\text{kg}\cdot\text{K}}\right)(373-300)\text{K}$$

$$a = 8.104\times10^{-8}\text{kJ},\ b = (1.44\times10^{10}\text{kg})\left(\frac{2400\text{kJ}}{\text{kg}}\right) = 34.56\times10^{-8}\text{kJ}$$

就像预期的那样，查看由 a 给出用来加热粒子的能量，由 b 给出用来干燥粒子的能量，我们会发现大部分的能量被用来干燥粒子。

$$c = 0.9\times\left(5.67\times10^{-8}\frac{\text{W}}{\text{m}^2\cdot\text{K}^4}\right)\times(3.14\times10^{-8}\text{m}^2)\times(1500^4-336^4)\text{K}^4$$

$$c = 8.096\times10^{-3}\text{W}$$

$$d = 1250\frac{\text{W}}{\text{m}^2\cdot\text{K}}(3.14\times10^{-8}\text{m}^2)\times(1500-336)\text{K} = 45.71\times10^{-3}\text{W}$$

计算干燥时间：

$$t_{\text{dry}} = \frac{a+b}{c+d} = \frac{(8.104\times10^{-5}+34.56\times10^{-5})\text{J}}{(8.096\times10^{-3}+45.71\times10^{-3})\text{W}}$$

$$t_{\text{dry}} \approx 7.9\text{ms}$$

这里应该指出由于缺乏对传质速率的估算，还没有包括对流传热中颗粒的自我屏蔽（见方程（14.9））。使用当前计算的干燥时间，可以求出干燥过程中的平均传质速率。

$$\dot{m}_{\text{w}} = \frac{m_{\text{w}}}{t_{\text{dry}}} = \frac{1.44\times10^{-10}\text{kg}}{7.9\times10^{-3}\text{s}} = \frac{1.82\times10^{-8}\text{kg}}{\text{s}}$$

在附录 C 中，膜温度下的水蒸气比热为：

$$c_{\text{p,vapor}} = \frac{39.94\text{kJ}}{\text{kgmol}_{\text{H}_2\text{O}}\cdot\text{K}}\cdot\frac{\text{kgmol}_{\text{H}_2\text{O}}}{18\text{kg}_{\text{H}_2\text{O}}} = \frac{2.22\text{kJ}}{\text{kg}_{\text{H}_2\text{O}}\cdot\text{K}}$$

解 z：

$$z = -\frac{\dot{m}_{\text{w}}c_{\text{p,vapor}}}{\tilde{h}A_{\text{p}}} = \frac{1.82\times10^{-8}\ \text{kg}_{\text{H}_2\text{O}}}{\text{s}}\cdot\frac{2.22\text{kJ}}{1250\text{W}}\cdot\frac{\text{m}^2\cdot\text{K}}{1250\text{W}}\cdot\frac{1}{3.14\times10^{-8}\text{m}^2}\cdot\frac{1000\text{W}}{\text{kJ}\cdot\text{s}}$$

$$z = 1.03$$

Z 的值：

$$Z = \frac{1.03}{\text{e}^{1.03}-1} = 0.572$$

基于此，传热系数为：

$$\tilde{h}^* = 0.562\times1250 = 715\text{W}/(\text{m}^2\cdot\text{K})$$

由此得出：

$$t_{\text{dry}} = \frac{a+b}{c+0.572d} = \frac{(7.841\times10^{-5}+34.56\times10^{-5})\text{J}}{(8.096\times10^{-3}+0.572\times45.71\times10^{-3})\text{W}} = 12\text{ms}$$

这里采用不同的平均传质速率估算值，因此需要使用新的传质速率重复分析。多次重复这个过程，直到获得一致的质量传递值，得到：

$$Z = 0.660 \quad 和 \quad t_{\text{dry}} = 11\text{ms}$$

虽然 11ms 似乎是一个相对较短的时间，但在被点燃之前还要运动很长距离。例如，如果我们试图改造燃油炉燃烧木屑，当速度为 10m/s，则在点燃之前干燥的距离为 11cm。

这可能会很难在稳定燃烧器中产生火焰，所以燃料在被放到燃烧器之前应该被干燥。

14.1.2　大颗粒的干燥

对于相对较大的燃料颗粒，例如对流流动中的炉煤或木屑，假定颗粒温度均匀，那么均匀干燥是无效的，因此方程（14.5）也无效。由于颗粒内的温度梯度分布，水分从颗粒内部蒸发，而挥发物在颗粒外壳附近被驱除。由于水分在颗粒外层的挥发过程中，干燥区燃料孔隙中的压力很高，一些水分被迫朝向颗粒的中心，直到压力释放到整个颗粒内。因此，大型固体燃料颗粒的干燥最初涉及水蒸气的向内迁移以及向外流动。热解层从颗粒的外缘开始，逐渐向内移动，同时释放挥发物形成焦炭。水分的释放减少了传递到颗粒表面的热量和质量，从而降低了颗粒的质量损失率（燃烧速率）。随着水分损失和挥发的减少，固定碳表面开始反应。

1986 年，Simmons 和 Ragland（本章参考文献［13］），将一个 10mm 的松木立方体静放在处于 1100K 气流中的电子天平上，研究了在 1100K 和 $Re=120$ 的空气中，三种湿度（0%，15%和 200%）对 10mm 松木立方体燃烧的标准化质量和标准化燃烧速率（质量/初始质量的时间导数）的影响。通过测量 H_2O，CO_2 和 CO 气体表明，热解产物在燃料干燥时被释放；对于 200%湿度的情况，干燥和热解在 120s 内完成，此时一些焦炭已经燃烧，剩余的焦炭在空气中燃烧并产生 CO 和 CO_2。

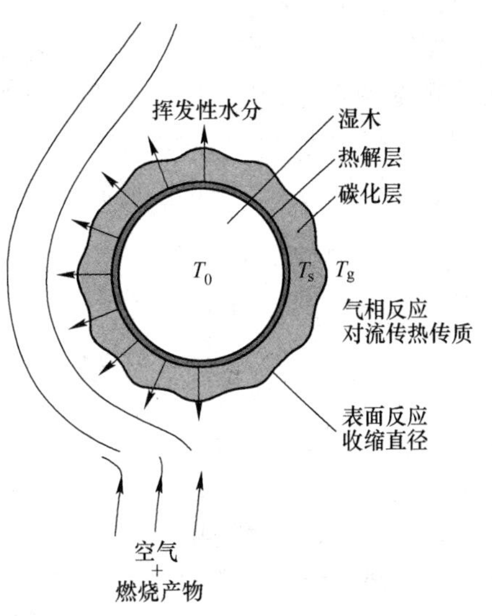

图 14.1　经反应后原木的横截面图
（表明焦炭、热解区和未受干扰的木材区）

当木柴在炊火、篝火或壁炉中燃烧时，干燥、热解和固定碳燃烧同时发生的时间占燃烧时间的很大一部分。类似地，当木屑或煤颗粒在熔炉或锅炉的炉排上燃烧时，直到大部分焦炭层被消耗，颗粒的中心才会干燥。图 14.1 显示了部分燃烧颗粒的三个区域。外面的炭层是黑色和多孔的。热解区是炭层内部的一层薄薄的褐色层，颗粒的内部是白色的。例如，木材在 250℃ 开始变棕，在 300℃ 以上变黑。水分和挥发物阻碍热量向内传导，并且在大部分燃烧时间仍然保留着一些水分。

14.2　固体燃料的热解

当小颗粒燃料或大颗粒燃料内的温度升高到 250~400℃ 以上时，固体燃料开始热解，释放挥发物。由于挥发物通过孔隙从固体中流出，所以外部氧气不能渗透到颗粒中，因此挥发被称为热解阶段。挥发率和热解产物的组成取决于燃料的温度和类型。当氧气扩散到产物中时，热解产物点燃并在颗粒周围形成附着的火焰。火焰反过来加热颗粒，提高热解率。当水蒸气从孔中流出时，火焰温度会变低，火焰变弱。一旦所有的水蒸气从粒子中被赶走，火焰温度就会变得更高。煤的热解始于 300~400℃，初始阶段 CO 和 CO_2 是主要挥发物。当温度达到 400~600℃，挥发物开始燃烧。当温度达到 700~900℃时，会产生一氧化碳，二氧化碳，化学结合水，碳氢化合物蒸汽，焦油和氢气。温度达到 900℃以上时热解基本完成，将会残留炭（固定碳）和灰分。

由于烟煤含有较少的氧，因此烟煤的挥发过程与褐煤或次烟煤不同。首先烟煤会变成塑料，部分烟煤会显著膨胀。颗粒内的压力增加，焦油被挤出颗粒。由于内部压力，煤颗粒可能会破碎成几块。同时，热解进行并释放出一氧化碳，碳氢化合物和煤烟。这些热解产物作为附着在颗粒周围的扩散火焰燃烧。释放挥发物的反应速率可以用 4.3 节中的一步和两步整体碳氢化合物反应速率近似计算。

对于木材，半纤维素在 250~325℃热解，纤维素在 325~375℃、木质素则在 300~500℃热解。某些提取物如萜烯（仅相当于木材的百分之几）在低于 225℃时逸出。在燃烧条件下，将会形成各种碳氢化合物蒸汽、液体和焦油，并迅速分解成水。因此燃烧环境中的热解产物可能被认为是短链碳氢化合物、二氧化碳、一氧化碳和水蒸气。与煤一样，产物成分是加热速率的函数。如果存在足够的氧气，则热解产物作为颗粒周围的扩散火焰燃烧。

如果目标是使固体燃料汽化而不是完全燃烧，例如让锅炉或柴油机的汽化炉运行，那么只提供足够的氧气，使燃料干燥和发生热解的放热反应，不稳定的火焰是不存在的。产物是短链碳氢化合物、一氧化碳、氢气、二氧化碳、水蒸气、氮气和焦油。焦油、焦炭和灰分颗粒以及任何汽化的无机化合物必须在热气体热解产物中过滤，然后才能在发动机中使用。这被称为燃烧前的热气净化。

固体燃料的挥发率可以近似表示为具有阿伦尼乌斯速率常数的一级反应：

$$\frac{\mathrm{d}m_{\mathrm{v}}}{\mathrm{d}t} = -m_{\mathrm{v}}k_{\mathrm{pyr}} \tag{14.10}$$

$$k_{\mathrm{pyr}} = -k_{0,\mathrm{pyr}}\exp\left(-\frac{E_{\mathrm{pyr}}}{\hat{R}T_{\mathrm{p}}}\right) \tag{14.11}$$

其中的 pyr 与热解有关：

$$m_{\mathrm{v}} = m_{\mathrm{dry}} - m_{\mathrm{char}} - m_{\mathrm{ash}} \tag{14.12}$$

式中，m_{v}、m_{dry}、m_{char} 和 m_{ash} 分别是挥发物、干颗粒、炭的质量和灰的质量。只要颗粒温度恒定，热解速率与颗粒大小无关。一般来说，与粉状燃料的热解时间相比，加热时间短。对于大颗粒，必须考虑颗粒的瞬时加热，颗粒的热解速率需根据局部温度求和。Bryden，Ragland 和 Rutland（2002）给出了这类分析的更多细节。

对于特定的燃烧条件和燃料类型，必须通过实验确定活化能和预指数因子。表 14.1 中给出了预指数因子和活化能的特征值。焦炭的质量可以通过近似分析来确定，但在高加热率下，如在煤粉火焰中加热下，挥发率较高，而焦炭产率低于近似分析的结果。特征煤粉挥发率为 50%，木屑为 90%。如果在挥发期间颗粒温度是恒定的，那么 k_{pyr} 是常数，并且可以将方程式（14.10）积分以获得在热解期间作为时间函数的质量损失。

$$\ln\left(\frac{m_{\mathrm{dry}} - m_{\mathrm{char}} - m_{\mathrm{ash}}}{m_{\mathrm{dry,\ init}} - m_{\mathrm{char}} - m_{\mathrm{ash}}}\right) = -k_{\mathrm{pyr}}t \tag{14.13}$$

公式（14.13）意味着单一的化学反应使固体燃料转化为热解产物。实际上，固体燃料如煤炭和木材是复杂的化合物，当它们被加热时会发生许多反应。这些反应中部分吸热、部分放热，并且以不同的速率进行。然而，一般认为挥发过程的净热量接近于零，并且方程式（14.10）是一个有用的近似全过程的热解率。

表 14.1　几种固体燃料的代表性热解参数

燃　料	$k_{0,\mathrm{pyr}}/\mathrm{s}^{-1}$	$E_{\mathrm{pyr}}/\mathrm{kcal}\cdot\mathrm{gmol}^{-1}$
褐煤	280	11.3
烟煤	700	11.8
木材	7×10^{7}	31.0

例 14.2　粉碎的烟煤颗粒温度为 1500K。计算除去 90%挥发性物质质量的时间。

解：由表 14.1：$k_{0,\mathrm{pyr}} = 700\mathrm{s}^{-1}$，$E_{\mathrm{pyr}} = 11.8\mathrm{kcal/gmol}$。

因此：$$k_{\mathrm{pyr}} = (700\mathrm{s}^{-1})\exp\left[-\frac{11.800\mathrm{cal/gmol}}{(1.987\mathrm{cal/(gmol\cdot K)})(1500\mathrm{K})}\right] = 13.35\mathrm{s}^{-1}$$

由公式（14.13）：$$t_{\mathrm{pyr}} = -\frac{\ln 0.10}{13.35\mathrm{s}^{-1}} = 0.17\mathrm{s}$$

对于较大的燃料颗粒，在将颗粒送入燃烧环境之后，需要相当长的时间来将颗粒加热到热解温度，并且热解过程逐渐渗透到颗粒中。例如，将单个煤颗粒送入热气流中获得的实验数据如图 14.2 和图 14.3 所示。煤颗粒附着于悬挂在电子天平上的细石英棒上。在图

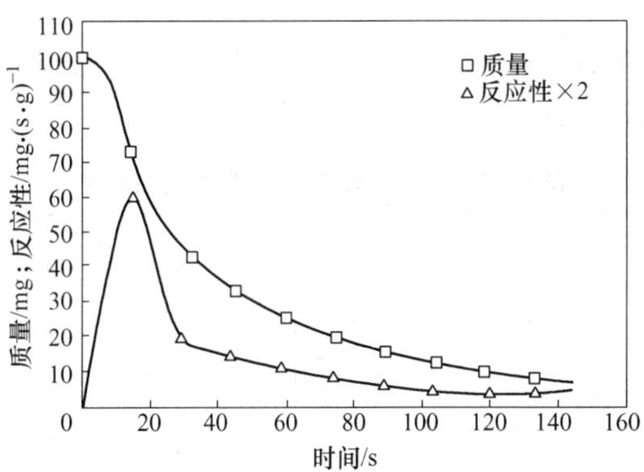

图 14.2　在 2m/s 的 1100K 空气中 5.3mm 烟煤颗粒的瞬态质量和反应性的典型曲线

（引自：Ragland, K. W. and Yang, J. T., Combustion of Millimeter Sized Coal Particles in Convective Flow, Combust Flame 60: 285~297, 1985, 由 Elsevier 科学公司许可）

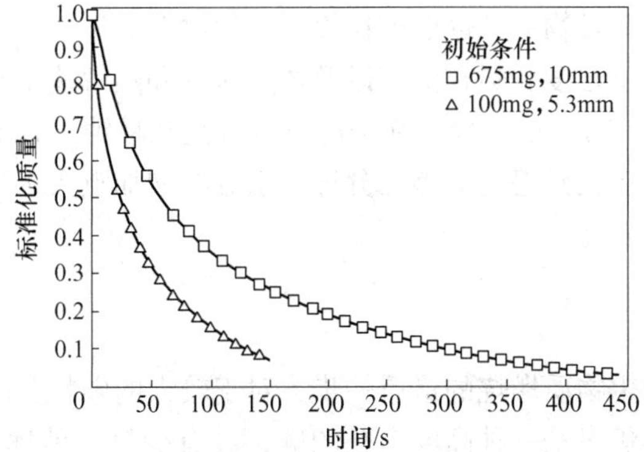

图 14.3　在 2m/s 的 1200K 空气流中，颗粒大小对烟煤颗粒瞬态质量的影响

（引自：Ragland, K. W. and Yang, J. T., Combustion of Millimeter Sized Coal Particles in Convective Flow, Combust. Flame 60: 285~297, 1985, 由 Elsevier 科学公司许可）

14.2 所示的情况下，5.3mm 直径（100mg）的 C 级烟煤颗粒悬浮在 1100K 空气流中，点燃的延迟时间只有几秒，而后一个挥发的火焰点燃并保持附着在颗粒上持续 30s。挥发性火焰熄灭时，损失了 55%的质量，质量损失率显著下降。近似分析表明，在挥发结束时，只有 40%的物质将会损失。而典型的固体燃料会经历高加热率，挥发率大于近似分析。

图 14.3 表明，当直径为 5mm 的烟煤颗粒送入温度为 1200K、流速为 2m/s 的气流中时，热解时间为 22s，而 10mm 颗粒的热解时间为 62s。类似地，图 14.1 所示 10mm 立方形干燥松木需要 25s 热解。10mm 烟煤颗粒最初重达 675mg，热解了质量的 55%，而松木重 400mg，热解 90%的质量。因此，10mm 煤颗粒的平均热解速率为 6.0mg/s，10mm 松木颗粒的平均热解速率为 14.4mg/s。这与一般性论述相一致，即木材比煤更具反应性。

要想点燃固体燃料的话，可以点燃燃料表面上的固定碳（焦炭），或点燃颗粒周围边界层中的挥发物。哪种机制首先发生实际上取决于颗粒的对流和辐射传热速率。如果辐射传热足够高以使表面迅速升温至碳的着火温度，或者如果对流加热的速率足够高以使表面迅速升温，则点火将首先发生在表面，但是挥发性物质在可燃混合物积聚之前将被冲走。另一方面，如果表面加热温度低，那么挥发物可能首先点燃，因为它们具有比碳低的点燃温度。

各种燃料的引燃温度如表 14.2 所示。注意，木炭的引燃温度比石墨低得多。这意味着木炭不是纯碳，事实上焦炭中含有一些氢和碳。

表 14.2　所选固体燃料的典型点燃温度

燃　料	点燃温度/℃
石墨	820
烟煤焦炭	410
烟煤挥发物	350
木炭	340
白松挥发物	260
纸	230

在通常的燃烧条件下热解并不能驱除所有的氢气。注意，木炭可以在比煤炭更低的温度下点燃，同样，木材挥发物的点燃温度比煤的挥发物低。

点火时间延迟取决于粒度和热扩散率以及加热速率和热解速率。粉状燃料的点火时间通常为几毫秒，而对于 10mm 的颗粒，在炉况下可以是几秒钟。如果温度刚刚高于点火温度，那么对于大颗粒，点火延迟可能是几分钟。水分会增加点火延迟。点火延迟是设计燃烧器燃烧的重要考虑因素。

14.3　焦炭的燃烧

焦炭燃烧是粉煤和生物质燃烧的最后一步。对于较大的颗粒，随着颗粒的干燥和挥发发生，焦炭将会燃烧。焦炭是一种高度多孔的碳，具有少量其他挥发物和分散的矿物质。在本节中，我们假设焦炭中的少量非碳材料对焦炭动力学的影响忽略不计。木炭的孔隙率约为 0.9（空隙率为 90%），而煤炭的孔隙率约为 0.7，但是这种差异很大。焦炭的内表面积中煤焦为 100m^2/g，木焦约 10000m^2/g。如果颗粒内部干燥并热解，则氧可以通过外部边界层扩散进入焦炭颗粒。否则，气相反应仅限于颗粒的外表面。焦炭表面反应主要产生 CO，然后 CO 在颗粒外反应形成 CO_2。当氧气存在时，表面反应可使焦炭的温度比外部气体温度高 100~200℃。

为了工程目的，使用基于焦炭外部表面积的总反应速率来确定的焦炭燃烧速率是恰当的。另一种方法是使用固有的（基本的）反应速率；然而，这需要在边界层和炭的孔隙结构内进行详细的计算。根据外表面单位面积的煤焦质量和颗粒边界层外的气体浓度，计算出反应速率。与所有整体反应一样，其结果应在特定应用的操作条件范围内进行实验验证。

焦炭与表面的氧反应形成 CO 和 CO_2，但通常 CO 是主要产物：

$$C+\frac{1}{2}O_2 \longrightarrow CO \tag{a}$$

碳表面还会根据以下还原反应与二氧化碳和水蒸气反应：

$$C+CO_2 \longrightarrow 2CO \tag{b}$$

$$C+H_2O \longrightarrow CO+H_2 \tag{c}$$

还原反应（b）和（c）通常比氧化反应（a）慢得多，并且对于燃烧通常只需要考虑反应（a）。如果氧气耗尽，那么这些还原反应是重要的。对于有 n 级氧气参与的总体反应速率，焦炭燃烧速率由下式给出：

$$\frac{\mathrm{d}m_{\mathrm{char}}}{\mathrm{d}t}=-i\left(\frac{M_{\mathrm{c}}}{M_{O_2}}\right)A_{\mathrm{p}}k_{\mathrm{c}}(\rho_{O_2,\mathrm{surf}})^n \tag{14.14}$$

式中，i 是每摩尔氧的摩尔化学计量比（对于反应（a）是 2），A_{p}是外部颗粒表面积，k_{c}是动力学速率常数，$\rho_{O_2,\mathrm{surf}}$ 是颗粒表面的氧气密度，n 是反应的级数。颗粒表面的氧气浓度是未知的；然而，可以通过将焦炭消耗的氧近似等于扩散穿过颗粒边界层的氧来消除。因为当反应级数为 1 时可以进行简化，所以我们只考虑这种情况，然后：

$$A_{\mathrm{p}}k_{\mathrm{c}}\rho_{O_2,\mathrm{surf}}=A_{\mathrm{p}}\widetilde{h}_{\mathrm{D}}(\rho_{O_2}-\rho_{O_2,\mathrm{surf}}) \tag{14.15}$$

求解出氧密度为：

$$\rho_{O_2,\mathrm{surf}}=\frac{\widetilde{h}_{\mathrm{D}}}{k_{\mathrm{c}}+\widetilde{h}_{\mathrm{D}}}\rho_{O_2,\infty} \tag{14.16}$$

因此方程（14.14）变成：

$$\frac{\mathrm{d}m_{\mathrm{char}}}{\mathrm{d}t}=-\frac{12}{16}A_{\mathrm{p}}k_{\mathrm{e}}\rho_{O_2,\infty} \tag{14.17}$$

式中，有效速率常数 k_{e} 包括动力学速率常数和扩散速率常数：

$$k_{\mathrm{e}}=\frac{\widetilde{h}_{\mathrm{D}}k_{\mathrm{c}}}{\widetilde{h}_{\mathrm{D}}+k_{\mathrm{c}}} \tag{14.18}$$

动力学速率常数由阿伦尼乌斯关系计算：

$$k_{\mathrm{c}}=k_{\mathrm{c},0}\exp\left(-\frac{E_{\mathrm{c}}}{\hat{R}T_{\mathrm{p}}}\right) \tag{14.19}$$

有时，整体焦炭动力学反应速率常数是基于氧气压力而不是氧气浓度的函数：

$$k_{\mathrm{p}} = k_{\mathrm{p},0}\exp\left(-\frac{E_{\mathrm{c}}}{\hat{R}T_{\mathrm{p}}}\right) \tag{14.20}$$

表 14.3 列出了几种煤炭的整体动力学参数。注意，k_{p} 的单位是 $\mathrm{g_{O_2}/(cm^2 \cdot s \cdot atm_{O_2})}$，而 k_{c} 的单位是 $\mathrm{g_{O_2}/(cm^2 \cdot s \cdot g_{O_2}/cm^3)}$ 或 cm/s。k_{c} 的值可以根据 k_{p} 得到：

$$k_{\mathrm{c}} = k_{\mathrm{p}}\frac{T_{\mathrm{g}}\hat{R}}{M_{\mathrm{O_2}}} \tag{14.21}$$

传质系数 $\hat{h}_{\mathrm{D}}(\mathrm{cm/s})$ 由舍伍德数得出：

$$Sh = \frac{\widetilde{h}_{\mathrm{D}}d}{D_{\mathrm{AB}}}$$

表 14.3　特征煤炭的整体氧化速率常数

煤的种类	$k_{\mathrm{p},0}/\mathrm{g_{O_2}\cdot(cm^2\cdot s\cdot atm_{O_2})^{-1}}$	$E/\mathrm{cal\cdot gmol^{-1}}$
无烟煤	20.4	19000
沥青（高挥发性 A）	66	20360
沥青（高挥发性 C）	60	17150
亚烟煤（C 级）	145	19970

当颗粒周围流速非常低，通过以下推理得出 $Sh=2$。考虑一下球形炭颗粒被停滞的空气包围，氧在表面的扩散取决于扩散方程，与热传导方程相似。注意 r 是半径，而不是反应速率。

$$\frac{\mathrm{d}}{\mathrm{d}r}\left(r^2\frac{\mathrm{d}\rho_{\mathrm{O_2}}}{\mathrm{d}r}\right) = 0 \tag{14.22}$$

积分两次得：

$$\rho_{\mathrm{O_2}} = -\frac{a_1}{r} + a_2 \tag{14.23}$$

假设颗粒表面所有氧都被消耗掉，那么边界条件为：颗粒中心处，$\rho_{\mathrm{O_2}} = 0$；并且颗粒边缘处，$\rho_{\mathrm{O_2}} = \rho_{\mathrm{O_2},\infty}$。

因此方程（14.23）变为：

$$\rho_{\mathrm{O_2}} = \rho_{\mathrm{O_2},\infty}\left(1 - \frac{\mathrm{d}}{2r}\right) \tag{14.24}$$

对方程（14.24）微分，并使 $r=d/2$，氧气到表面的通量是：

$$\left.\frac{\mathrm{d}\rho_{\mathrm{O_2}}}{\mathrm{d}r}\right|_{r=d/2} = \frac{\mathrm{d}\rho_{\mathrm{O_2},\infty}}{\mathrm{d}} \tag{14.25}$$

由传质系数的定义，传递到表面的氧气流量由下式给出：

$$\frac{\mathrm{d}\rho_{\mathrm{O_2}}}{\mathrm{d}r} = \frac{\widetilde{h}_{\mathrm{D}}}{D_{\mathrm{AB}}}(\rho_{\mathrm{O_2},\infty} - \rho_{\mathrm{O_2},\mathrm{surf}}) \tag{14.26}$$

联立方程式（14.25）和式（14.26），假设表面上没有氧气：

$$\frac{\widetilde{h}_{\mathrm{D}} d}{D_{\mathrm{AB}}} = Sh = 2 \tag{14.27}$$

当颗粒的雷诺数不小于 1 时，根据传热的类比，可以使用兰兹-马歇尔方程（方程(14.8)）。

$$Sh = (2 + 0.6\,Re^{1/2}\,Sc^{1/3})\,\Phi \tag{14.28}$$

式中，施密特数 Sc 通常为 0.73（$Sc = \upsilon/D_{\mathrm{AB}}$）。由于燃烧产物会向外快速流动，于是引入传质筛选因子 Φ。传质筛选因子对于焦炭而言并不特别，但是取决于水分和挥发物的释放速率，其可以在 0.6~1.0 之间变化，并且对于焦炭而言约为 0.9。

14.3.1　焦炭的燃烬

为了方便起见，对方程（14.17），不考虑下标符号∞，假设表面形成了一氧化碳，总焦炭燃烧率是：

$$\frac{\mathrm{d}m_{\mathrm{char}}}{\mathrm{d}t} = -\frac{12}{16} A_{\mathrm{p}} k_{\mathrm{e}} \rho_{\mathrm{O_2}} \tag{14.29}$$

让我们考虑以下极限情况：（1）焦炭以恒定的直径（随着密度的减小）燃烬；或者（2）焦炭以恒定的密度（随着直径的减小）燃烬。如果直径不变，可以对方程（14.29）直接进行积分。

对于恒定密度的情况则是：

$$m_{\mathrm{char}} = \rho_{\mathrm{char}} \frac{\pi d^3}{6} \tag{14.30}$$

可以通过求解方程（14.30）得到 d，并代入方程（14.29）得到：

$$\frac{\mathrm{d}m_{\mathrm{char}}}{\mathrm{d}t} = -\pi \left(\frac{6m_{\mathrm{char}}}{\pi\rho_{\mathrm{char}}}\right)^{2/3} \frac{12}{16} k_{\mathrm{e}} \rho_{\mathrm{O_2}} \tag{14.31}$$

对于高温和大颗粒，$k_{\mathrm{c}} \gg \widetilde{h}_{\mathrm{D}}$，因此扩散是限速过程。在这种情况下，从方程（14.18）可以很快得到 $k_{\mathrm{e}} = \widetilde{h}_{\mathrm{D}}$。整理方程（14.27）：

$$\widetilde{h}_{\mathrm{D}} = 2\frac{D_{\mathrm{AB}}}{d}$$

代入方程（14.31）并简化，恒定密度扩散限制情况下的焦炭燃烬速率为：

$$\frac{\mathrm{d}m_{\mathrm{char}}}{\mathrm{d}t} = -\left(\frac{12}{16}\right)\left[2\pi\left(\frac{6m_{\mathrm{char}}}{\pi\rho_{\mathrm{char}}}\right)^{1/3}\right] D_{\mathrm{AB}} \rho_{\mathrm{O_2}} \tag{14.32}$$

对于低温和小颗粒，$\widetilde{h}_{\mathrm{D}} >> k_{\mathrm{c}}$，因此表面反应速率受反应动力学（动力学控制）的限制。再从方程（4.18）可以很快看出 $k_{\mathrm{e}} = k_{\mathrm{c}}$，并且代入方程（14.31），在恒定密度、动力学限制情况下，焦炭燃烬速率是：

$$\frac{\mathrm{d}m_{\mathrm{char}}}{\mathrm{d}t} = -\pi \left(\frac{6m_{\mathrm{char}}}{\pi\rho_{\mathrm{char}}}\right)^{2/3} \frac{12}{16} k_{\mathrm{c}} \rho_{\mathrm{O_2}} \tag{14.33}$$

纯焦炭颗粒（不含挥发物或水分）的燃烬时间可以由方程式（14.29）、式（14.32）

和式（14.33）从初始焦炭质量到零积分获得。

恒定直径模型：

$$t_{char} = \rho_{char,\ init} \frac{d_{init}}{4.5k_e\rho_{O_2}} \tag{14.34}$$

恒定密度、扩散控制：

$$t_{char} = \rho_{char} \frac{d_{init}^2}{6D_{AB}\rho_{O_2}} \tag{14.35}$$

恒定密度、动力学控制：

$$t_{char} = \rho_{char} \frac{\rho_{char} d_{init}}{1.5k_c\rho_{O_2}} \tag{14.36}$$

在评估二元扩散系数时，我们推荐使用附录 B 中给出的氧气在氮气中的分子扩散系数。考虑到湍流会增加扩散，为了解决湍流问题，我们建议使用公式（14.28）的雷诺数中合适的均方根湍流速度来增加舍伍德数。

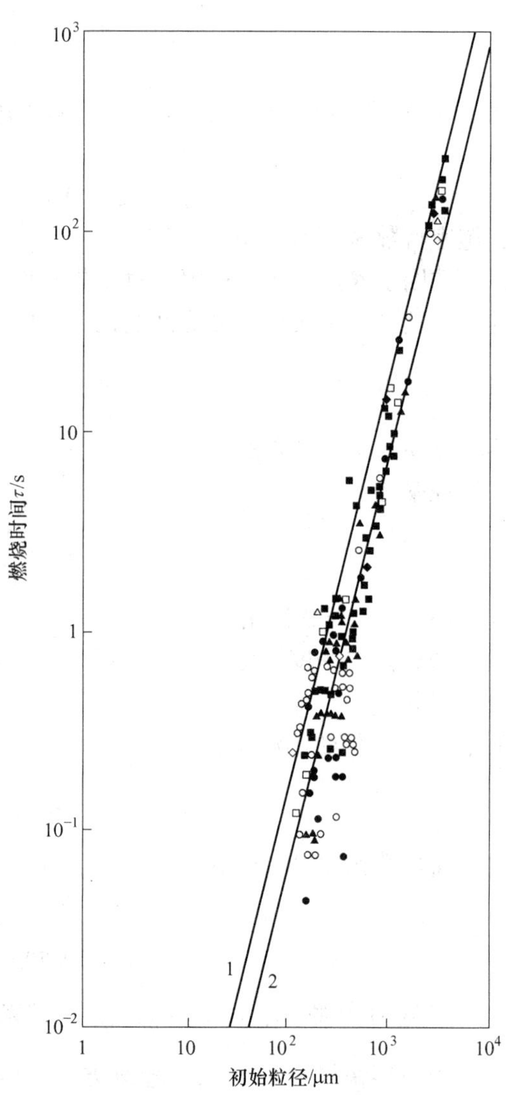

图 14.4　在 1 个大气压和 1500K 的空气中单个煤颗粒燃烧时间与颗粒尺寸的关系

（曲线由公式（14.33）计算得出：

1—ρ = 2g/cm^3；2—ρ = 1g/cm^3

引自：Essenhigh, R. H., Fundamentals of Coal Combustion, in Chemistry of Coal Utilization Second Supplementary Volume, ed. M. A. Elliot, 1153~312, Wiley Interscience, New York, 1981, courtesy of the National Acaemies Press）

图 14.4 给出了在 1500K 空气中，总燃烧时间与煤颗粒直径（0.1 ~ 5mm）的关系总结。这些数据涵盖了不同类型的煤。表 14.4 列出了在 25% 过量空气和峰值温度 1400 ~ 1500K 情况下，多种尺寸的道格拉斯冷杉树皮的点火延迟和总燃烧时间的数据。通过比较表 14.4 和图 14.4，可以看出，一个树皮颗粒的燃烧速度大约是同样大小煤粒的两倍，这是因为树皮比煤更易挥发，炭化少，减少了焦炭燃烬时间。

假定 $k_p = 0.1 g_{O_2}/(cm^2 \cdot s \cdot atm_{O_2})$ 和 $k_c \to \infty$，这表示扩散控制燃烧率。图 14.5 显示了恒定直径模型方程（14.29）和恒定密度模型方程（14.32）的解，意味着颗粒的雷诺数远小于 1。

表 14.4　道格拉斯（Dougls）树皮颗粒的典型点火延迟时间和总燃烧时间

颗粒尺寸/μm	水分/%	点火延迟/ms	燃烬时间/ms
30	10	0	30
300	10	5	540

续表 14.4

颗粒尺寸/μm	水分/%	点火延迟/ms	燃烬时间/ms
300	28	30	570
612	10	20	655

图 14.5 表示在四种不同假设下燃烬 100μm 悬浮炭粒所需要的大致停留时间。

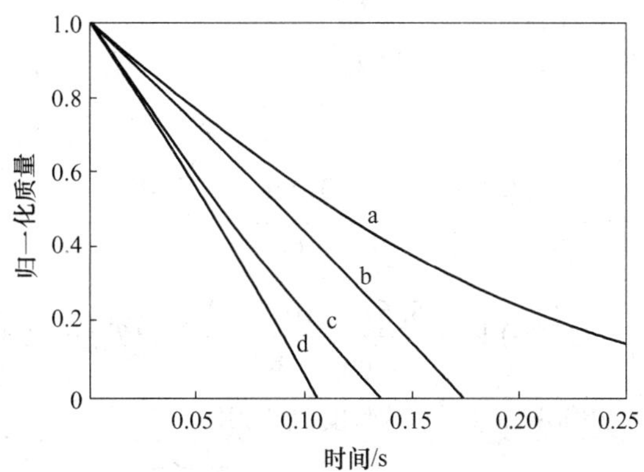

图 14.5 在 1600K，10%氧气含量，1 个大气压，初始焦炭密度 0.8g/cm^3，燃烧直径为 100μm 的煤炭颗粒

(a) ρ=常数，$k_p = 0.1 g_{O_2}/(cm^2 \cdot s \cdot atm_{O_2})$；(b) d=常数，$k_p = 0.1 g_{O_2}/(cm^2 \cdot s \cdot atm_{O_2})$；(c) ρ=常数，$k_c = h_D$；(d) d=常数，$k_c = h_D$

14.3.2 焦炭的表面温度

当焦炭颗粒的表面处于氧化环境中时，颗粒表面温度通常比周围气体温度高。从表面传导到颗粒内部的热损失很小，可以忽略不计。稳态能量平衡是表面产生的热量等于对流和辐射造成的热损失。

$$H_{char}\frac{dm_{char}}{dt} = \tilde{h}A_p(T_p - T_g) + \sigma\varepsilon A_p(T_p^4 - T_b^4) \tag{14.37}$$

颗粒温度与燃烧速率相关联。记住，我们假定除灰分以外，焦炭完全是碳，焦炭的反应热 H_{char} 基于碳-氧反应：

$$C + \frac{1}{2}O_2 \longrightarrow CO$$

对于一个小的焦炭颗粒，努塞尔特数（Sh）是 2。在下面的例子中，颗粒温度是针对特定情况确定的。

例 14.3 确定在焦炭表面 C 燃烧为 CO 后的焦炭颗粒温度，其条件如下：氧分压为 0.1 个大气压，颗粒尺寸为 100μm，气温为 1700K，环境温度为 1500K，颗粒发射率为 0.9，焦炭反应速率常数为 $0.071 g_{O_2}/(cm^2 \cdot s \cdot atm_{O_2})$。

解： C 到 CO 反应的反应热可以从附录 C 中获得：

$$H_{char} = 9.2 kJ/g_c$$

1700K 时的空气热导率：

$$\widetilde{k}_g = 0.105\mathrm{W}/(\mathrm{m} \cdot \mathrm{K})$$ 附录 B

因为努赛尔特数（Sh）为 2：

$$\widetilde{h} = \frac{2\widetilde{k}_g}{d} = \frac{2 \times 0.105\mathrm{W}/(\mathrm{m} \cdot \mathrm{K})}{100 \times 10^{-6}\mathrm{m}} = 2.1\mathrm{kW}/(\mathrm{m}^2 \cdot \mathrm{K})$$

将方程（14.29）代入方程（14.37）并除以 A_p 得到：

$$H_{char}\left(\frac{12}{16}\right)k_e\rho_{O_2} = \widetilde{h}(T_p - T_g) + \sigma\varepsilon(T_p^4 - T_b^4)$$

替换：

$$\left(\frac{9.2\mathrm{kJ}}{\mathrm{kg_c}}\right)\left(\frac{12\mathrm{kg_c}}{16\mathrm{kg_{O_2}}}\right)\left(\frac{0.071\mathrm{g_{O_2}}}{\mathrm{cm^2 \cdot s \cdot atm_{O_2}}}\right)\frac{0.1\mathrm{atm_{O_2}}}{1}$$

$$= \frac{2.1 \times 10^{-4}\mathrm{kW}}{\mathrm{cm^2 \cdot K}}(T_p - 1700)\mathrm{K} + \frac{5.67 \times 10^{-15}\mathrm{kW}}{\mathrm{cm^2 \cdot K^4}}0.9(T_p^4 - 1500^4)\mathrm{K}^4$$

毫无疑问可以得出，$T_p = 1800\mathrm{K}$，比气体温度高 100K。

14.4　灰烬的组成

固体燃料中矿物质的类型和多少会影响反应速率。生物质中的矿物质含量从 1%到 6%，而煤矿物质的含量范围可以从几个百分点到 50%，低等级的煤甚至更高。当焦炭燃烧时，分散在矿物中以离子和亚微米颗粒形式的矿物质将转化为焦炭表面上的一层灰。在高温煤粉燃烧过程中，灰分倾向于形成中空玻璃球，称为空心微珠。在较低的温度下，灰分趋于保持较软的状态。灰层对热容量、辐射传热和催化表面反应以及氧气的扩散阻力都有显著影响，特别是在烧焦后期。在燃烧系统中，如果颗粒温度太高，则由矿物质形成的灰渣可能在辐射传热表面上形成渣并且堵塞对流传热表面。结渣和结垢将在第 16 章中讨论。矿物质也是气化系统在工作中需要考虑的重要因素，颗粒排放物的大小和组成受矿物质的性质和时间-温度变化历史的影响。

14.5　习题

14-1　一个 100μm 的烟煤颗粒，初始温度 300K，含有 5%水分（收到基），被送入到 1500K 的炉中，求解出达到燃烧温度的时间。假设努赛尔特数为 2，忽略可能发生的任何热解。假定颗粒是热稀薄，忽视到颗粒的辐射传热。使用煤炭干密度为 $1.3\mathrm{g/cm^3}$，煤的比热容 $1.3\mathrm{J/(g \cdot K)}$。

14-2　假设每个颗粒在 1200K 和 1500K 均匀分布，计算 100μm 褐煤颗粒和 500μm 褐煤颗粒达到 99%挥发的时间，忽略颗粒加热和干燥时间。使用表 14.1 中的数据。

14-3　计算木片 90%挥发物所需的时间，其中木片突然达到 900K 和 1200K 的均匀温度。使用表 14.1 中的数据。

14-4　一个干褐煤颗粒，包含 50%挥发物，40%焦炭和 10%灰分，突然达到 1500K 的均匀温度。计算并绘制在挥发期间颗粒质量除以初始质量随时间变化的关系图。使用表 14.1 中的数据。

14-5 表观活化能为 17.15kcal/gmol，预指数常数 $k_{p,0}$ 为 $60g_{O_2}/(cm^2 \cdot s \cdot atm_{O_2})$ 的煤炭在氧气体积分数为 10%，温度为 1450K 和气压为 1 个大气压的气流中燃烧。假设颗粒温度为 1450K，颗粒与气体之间的滑移速度为零，分别计算 10、100 和 1000μm 颗粒的焦炭燃烧时间。考虑恒定密度和恒定直径燃烧的两种极限情况。将你的结果制作成表格，使用焦炭比重为 0.8。

14-6 计算表 14.4 给出的 612 和 300μm 道格拉斯冷杉松颗粒的焦炭燃烧时间，假设扩散是限速步骤。将计算出的焦炭燃烧时间与表 14.4 给出的燃烬时间数据进行比较，并对结果进行评论。使用 1450K 的温度，4.5%的氧气分压和 0.20g/cm^3 的焦炭密度。

14-7 直径为 1mm 的沥青（A）煤焦颗粒在含有 5%氧的气流中燃烧，颗粒和气体之间的滑移速度为 0.15m/s。假设气体流温度为 1500K 和 1700K，恒定焦炭密度，问焦炭燃烧时间为多少？假设 $\rho_{char} = 0.8g/cm^3$，颗粒温度与气体温度相同。

14-8 推导焦炭燃烧时间方程 14.35，并陈述所有的假设。

14-9 100μm 的沥青（C）煤焦颗粒，其氧气分压远小于 0.1 个大气压。当气体温度为 2000K 时，计算出焦炭表面的氧分压。假设颗粒温度比气体温度高 100K，颗粒和气体之间没有相对速度。重复并获得 1500K 的气体温度。

14-10 直径为 50μm 的沥青（A）焦炭颗粒在 1 个大气压和 1600K 的产物气体中燃烧。当颗粒燃烧形成一氧化碳时，放热量为 $9200kJ/g_{char}$。燃烧速率常数为 $0.05g_{O_2}/(cm^2 \cdot s \cdot atm_{O_2})$，在 0.06 个大气压，0.13 个大气压和 0.21 个大气压的氧气分压下，计算颗粒的稳态表面温度。考虑颗粒的对流和辐射热损失，假定颗粒发射率是 0.8，努塞尔特数为 2。

14-11 考虑在 1 个大气压和 2000K 的静态空气中，两个亚烟煤（C）焦炭颗粒，一个是 50μm 颗粒，另一个是 200μm 颗粒。比较两个颗粒的初始燃烧速率。

14-12 将一个褐煤焦炭颗粒放在 1 个大气压，1500K，颗粒与气体滑移速度为 1m/s 的气流中，如果动力学速率常数等于扩散反应速率常数，颗粒直径是多少？假设 k_c = 24.4cm/s，反应级数 $n=1$。

14-13 一个木炭的总比表面积（外部+内部）为 1000m^2/g，如果这是一个密度为 2g/cm^{3}的实心板，那么该板会有多厚？

参 考 文 献

[1] Bird R B, Stewart W E, Lightfoot E N. Transport Phenomena, 2nd ed., Wiley, New York, 2007.

[2] Bryden K M, Ragland K W. Combustion of a Single Wood Log under Furace Conditions, in Developments in Thermochemical Biomass Conversion, vol. 2, eds. A. V. Bridgwater and D. G. B. Boocock, 1331～1345, Blackie Academic and Professional, London, 1997.

[3] Bryden K M, Ragland K W, Rutland C J. Modeling Thermally Thick Pyrolysis of Wood, Biomass Bioenergy 22 (1): 41～53, 2002.

[4] Bryden K M, Hagge M J. Modeling the Combined Impact of Moisture and Char Shrinkage on the Pyrolysis of a Biomass Particle, Fuel 82 (13): 1633～1644, 2003.

[5] Di Blasi C. Modeling and Simulation of Combustion Processes of Charring and NonCharring Solid Fuels, Prog. Energy Combust. Sci. 19 (1): 71~104, 1993.

[6] Essenhigh R H. Fundamentals of Coal Combustion, in Chemistry of Coal Utilization: Second Supplementary Volume, ed. M. A. Elliott, 1153~1312, Wiley Interscience, New York, 1981.

[7] Hagge M J, Bryden K M. Modeling the Impact of Shrinkage on the Pyrolysis of Dry Biomass, Chem. Eng. Sci. 57 (14): 2811~2823, 2002.

[8] Howard J B. Fundamentals of Coal Pyrolysis and Hydropyrolysis, in Chemistry of Coal Utilization: Second Supplementary Volume, ed. M. A. Elliott, 665~784, Wilcy Interscience, New York, 1981.

[9] Lyczkowski R W, Chao Y T. Comparison of Stefan Model with two-phase Model of coal Drying, Int. J. Heat Mass Transfer 27 (8): 1157~1169, 1984.

[10] Miller B, Tillman D. Combustion Engineering Issues for Solid Fuel Systems, Academic Press. Burlington, MA, 2008.

[11] Ragland K W, Yang J T. Combustion of Millimeter Sized Coal Particles in Convective Flow, Combust. Flame 60 (3): 285~297, 1985.

[12] Ranz W E, Marshall W R, Jr. Evaporization from Droplets, Chem. Eng. Prog. 48: 141~146 and 173~180, 1952.

[13] Simmons W W, Ragland K W. Burning Rate of Millimeter Sized Wood Particles in a Furnace, Combust. Sci. Technol. 46 (1~2): 1~15, 1986.

[14] Smith I W. Combustion Rates of Coal Chars: A Review, Symp. (Int.) Combust. 19: 1045~1065, The Combustion Institute, Pittsburgh, PA, 1982.

[15] Stanish M A, Schaer G S, Kayihan F. A Mathematical Model of Drying for Hygroscopic Porous Media, AICHE J. 32 (8): 1301~1311, 1986.

[16] Van Loo S, Koppejan J, eds. The Handbook of Biomass Combustion and Co-firing, Earthscan, London, 2008.

[17] Williams A, Pourkashanian M, Jones J M, et al. Combustion and Gasification of Coal, Taylor & Francis, New York, 2000.

15 固定床燃烧

固定床燃烧系统，即从简单的炉灶到在燃料炉上燃烧固体燃料并用于区域供热和发电的大型炉排。高效的燃料利用率、易于调节和热量输出控制，以及良好的燃烧强度（每单位体积的热量输出）是理想的目标。除了燃烧本身之外，在任何固体燃料燃烧室设计中都必须考虑燃料的处理和供给，包括内表面的灰垢和结渣以及气体和颗粒的排放。与粉末燃料和流化床燃烧系统相比，固定床系统使用相对较大的燃料块并且只需要最少量的处理工序就能减小燃料的尺寸。

本章主要介绍几种针对固体燃料的固定床燃烧器，其中包括生物质锅炉、生物质空间加热炉、煤和生物质的大型炉排燃烧系统。

15.1 生物质锅炉

用来烹饪的火炉和炉灶是人类最早开发的一些技术。煮一锅水最简单的方法就是在地上放一小堆可燃的木柴，并用三块石头包围起来，然后把锅放在石头上。要煎肉或烤肉，只需要把肉挂在棍棒上，并将它放到木柴堆上，烹饪的燃料通常在当地就可以找到，包括木材、农业废料、粪便和木炭。现阶段，世界三分之一的人口每天日常生活中需要收集木材用于烹饪，因此，令人惊讶的是，我们还没有为发展中国家开发低成本、可持续的、可在当地维护的烹饪系统。结果，对于全世界三分之一的人口来说，一个家庭的简单烹饪和取暖的行为促进了森林的砍伐，并增加了疾病和受伤的风险。

今天，生物质锅炉受到越来越多的关注，一定程度上是因为它们对环境的影响。最近的研究发现，造成全球变暖的因素中，18%来源于黑碳或煤烟，位居第二，第一是占40%的二氧化碳。据估计，家用生物燃料约占这些黑碳排放量的18%（Bond 等，2004）。另外，当黑碳沉积在北极、南极和其他冰雪覆盖的冰雪地区时，会降低冰雪的反射率，导致这些地区冰雪融化速度加快。最近的研究估计，从1890年到2007年，黑碳占导致北极变暖原因的50%（Shindell 和 Faluvegi，2009）。

烹饪火炉灶可以分为三种：三石篝火、提高了燃料效率的早期改良炉灶设计和减少了室内外空气污染的新炉设计。如图15.1所示的三石篝火具有很多优点，它通过就地取材直接制作而成，能燃烧各种固体燃料，易于调节，能快速给沸水提供强烈的火焰。尽管有这些优点，但三石篝火效率低下并且污染严重。低效率的主要原因不是燃烧效率，而是热量传递到锅的过程。在三石篝火中，辐射和对流对周围环境造成的热损失很大，燃烧产物在锅周围不受限制地流动，限制了对流传热；此外，因辐射损失到周围环境的能量不会重新获得。由于燃料和空气没有很好的接触，并且燃烧气体遇到冷的锅和周围空气快速熄灭导致不完全燃烧，这就造成了烟尘和其他污染物排放量很高。

燃烧炉的传热效率可以通过封闭和隔绝燃烧室、限制燃烧室的尺寸、使用锅裙或其他装置将热气流引导到锅表面旁边来改善。另外，通过提高燃烧室的温度来限制空气流动并提高炉子的性能。例如，20世纪80年代 Larry Winiarski 博士开发的火箭炉，如图15.2所示，燃烧室很小，一般直径 12~20cm，高 30~50cm。在任何给定的时间，小腔室限制了燃烧的燃料量，确保相对于烹饪任务不会使用过度的燃料。有了一团明火后，就希望制造更大的火，以便能更快速地烹饪。但是火的高效区域大小会受到烹饪锅的尺寸影响。另外，燃烧室隔热良好而限制了锅炉的热损失，并将热气引导到锅下，从而提高了传热效率。木材放在平台上，空气受自然对流被吸入使完全燃烧同时又限制了过量空气。

图 15.1　用来烹饪的传统三石篝火

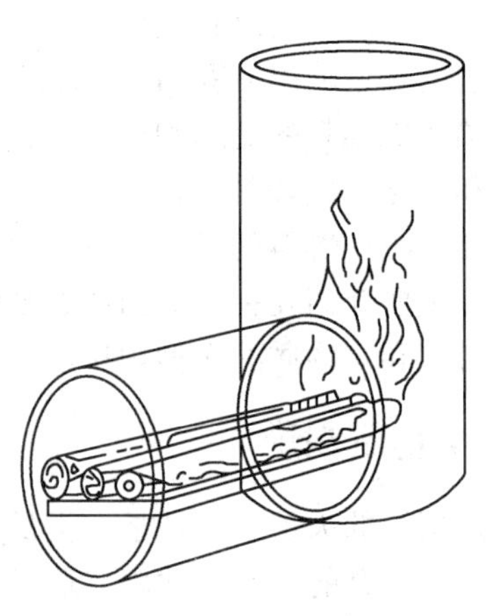

图 15.2　简易火箭炉

在许多类型的炉灶设计中也使用了类似的原则。图 15.3 显示了一个专门用于美国中部带烟囱的封闭式炉灶。如图所示，燃烧室和进料类似于火箭炉。燃烧室嵌入在局部可用的绝缘材料中，外部是增强的金属板盒，顶部的钢板（有时是铸铁）用于烹饪。热气从燃烧室流入灶台下方的薄且平坦的腔室，然后通过烟囱排出。

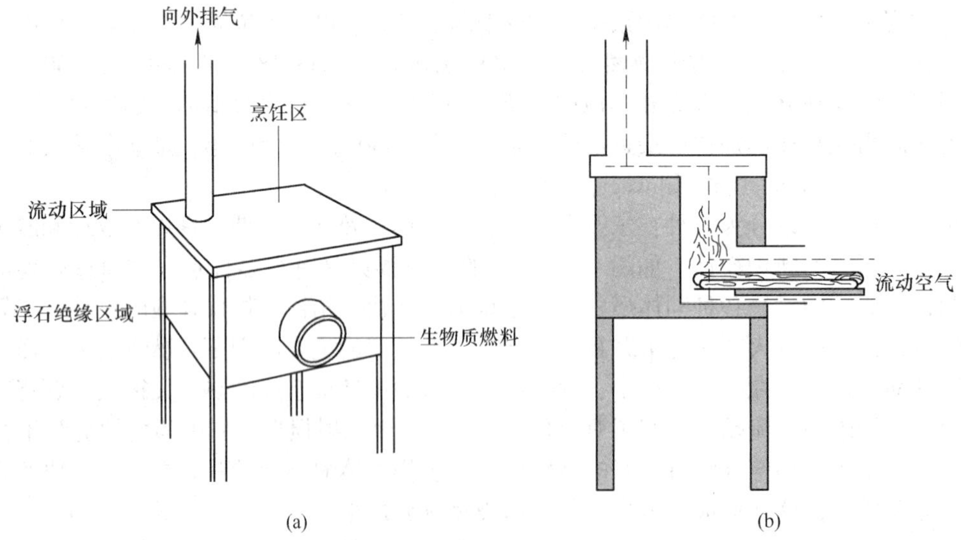

图 15.3　使用木棒的封闭自然通风炉灶

（a）等距视图；（b）气流路径的横截面图

这些炉子效率比较高，同时减少了室内的空气污染。然而，这些炉子是自然通风炉，其中空气流动和燃烧速度耦合在一起。精心的设计可以帮助限制空气流动，但炉子操作方式的差异使得难以充分限制空气。降低排放的关键是要认真控制空气，保证燃料与空气的良好混合，提高燃烧室温度，促使燃烧产物燃烬。在几乎所有的情况下，只需要在炉子上加一个风扇，就能更好的控制空气流动。风扇可以由电池、热电发电机或热声发电器供电。通过将空气流动与燃烧速度分离，采取调节空气流量的方式来增加燃烧强度，从而有利于调节和有效节省燃料。更重要的是，风扇可以更好地混合空气，更好地控制空气流通路径。增加涡型气流会延长空气的通路，从而为燃烧提供更多的时间，更好的混合保证了燃烧不受局部有效氧的限制。

例 15.1 西非村庄的一个典型的烹饪过程：使用三石篝火加热 5L 水，水温从 20℃至 100℃，然后保持 1h。假设三石篝火的传热效率是 5%，而最低功率是 1000W，这足以使盖着的锅保温。原木的湿度为 30%，灰分为 0.8%，堆积木材的密度是木材密度的 45%。对于干燥无灰的木材，其中 C、H、O、N、S 的质量分数分别为 51.2%、5.8%、42.4%、0.6%和 0%。木材的干密度是 640kg/m^3，干燥无灰木材的 *HHV* 为 19.7MJ/kg。

（a）原木的收到基低位热值 *LHV* 为多少？（kJ/kg）

（b）原木的收到基密度是多少？（kg/m^3）

（c）收到基堆在一起的原木密度为多少？（kg/m^3）

（d）如果要完成烹饪任务，需要收到基多少体积（L）的原木（堆叠后）和多少质量（kg）的原木？

解：（a）首先确定原木质量与干燥无灰木头质量的比值：

$$m_{\text{as-recd}} = m_{\text{daf}} + m_{\text{w}} + m_{\text{ash}}$$

$$\frac{m_{\text{daf}}}{m_{\text{as-recd}}} = \frac{m_{\text{as-recd}}(1 - 0.3 - 0.008)}{m_{\text{as-recd}}} = 0.692$$

原木的 *HHV* 为：

$$HHV_{\text{as-recd}} = HHV_{\text{daf}}\frac{m_{\text{daf}}}{m_{\text{as-recd}}} = \frac{19.7\text{MJ}}{\text{kg}_{\text{daf}}} \cdot \frac{0.692\text{kg}_{\text{daf}}}{\text{kg}_{\text{as-recd}}} = 13.6\text{MJ/kg}_{\text{as-recd}}$$

100kg 干燥无灰木头产物中水的质量为：

$$m_{\text{H}_2\text{O,daf}} = \frac{5.8\text{kg}_{\text{H}}}{1} \cdot \frac{1\text{kgmol}_{\text{H}}}{1\text{kg}_{\text{H}}} \cdot \frac{1\text{kgmol}_{\text{H}_2\text{O}}}{2\text{kgmol}_{\text{H}}} \cdot \frac{18\text{kg}_{\text{H}_2\text{O}}}{1\text{kgmol}_{\text{H}_2\text{O}}}$$

$$m_{\text{H}_2\text{O, daf}} = 52.2\ \text{kg}_{\text{H}_2\text{O}}$$

原木收到基水的质量：

$$m_{\text{H}_2\text{O,as-recd}} = 30\text{kg}_{\text{H}_2\text{O}} + 0.692(52.2\ \text{kg}_{\text{H}_2\text{O}}) = 66.1\text{kg}_{\text{H}_2\text{O}}$$

由方程（2.1）得：

$$LHV_{\text{as-recd}} = HHV_{\text{as-recd}} - \left(\frac{m_{\text{H}_2\text{O}}}{m_{\text{f}}}\right)h_{\text{fg}}$$

$$LHV_{\text{as-recd}} = \frac{13.6\text{MJ}}{\text{kg}_{\text{as-recd}}} - \frac{66.1\text{kg}_{\text{H}_2\text{O}}}{100\text{kg}_{\text{as-recd}}} \cdot \frac{2.44\text{MJ}}{\text{kg}_{\text{H}_2\text{O}}} = 12.0\text{MJ/kg}$$

（b）同理（a）：

$$\rho_{as-recd} = \frac{640kg_{dry}}{m^3} \cdot \frac{kg_{as-recd}}{0.7kg_{dry}} = 914kg_{as-recd}/m^3$$

(c)
$$\rho_{bulk} = 0.45\rho_{as-recd} = 411kg/m^3$$

(d) 所需的能量是加热水所需的热量+保温所需的热量：

$$Q_{heat} = mc_pT = \frac{5L}{1} \cdot \frac{1kg}{1L} \cdot \frac{4.186kg}{kg \cdot K} \cdot \frac{80K}{1} = 1.7MJ$$

$$Q_{simmer} = \frac{1kW(1h)}{1} \cdot \frac{1kJ}{kW \cdot s} \cdot \frac{3600s}{h} = 3.6MJ$$

$$Q_{total} = 5.3MJ$$

考虑锅炉的效率：

$$Q_{wood} = \frac{Q_{total}}{\eta} = \frac{5.3MJ}{0.05} = 106MJ$$

原木的质量：

$$m_{as-recd} = \frac{106MJ}{1} \cdot \frac{kg_{as-recd}}{12.0MJ} = 8.8kg$$

堆积的原木体积：

$$V = 8.8kg \cdot \frac{m^3}{411kg} \cdot \frac{100L}{m^3} = 21L$$

使用低位发热值是因为燃烧过程中，水蒸气不会被明火或炉灶冷凝。

15.2 使用木材的空间加热炉

家用木材炉在世界各地都很常见。据估计，在美国有1200多万个加热用的火炉被投入使用，其中约75%是旧的并且效率低下。随着住户们将生物燃料代替昂贵的不可再生燃料后，全国炉灶数量进一步增加。

大部分的住宅火炉依靠空气的自然循环，并没有风扇。许多空间采暖炉需要手动加入木材，部分炉子能够自动加入木材或农业垃圾材料。尽管目前有许多设计可用，但在这里我们只考虑具有几个重要特征的通用木材炉子设计。图15.4是一个典型的烧木住宅炉灶。木材放置在预热空气的管道上，并将空气从木材下方向上引导至次级室，更彻底地使挥发物燃烧，内部挡板有助于调节通过炉子的气流量，并产生混合湍流使之燃烧更完全。侧门用于启动，催化转换器由浸渍了一层贵金属薄层的蜂窝状陶瓷构成，一般用于进一步减少有机物的排放。为了提高火焰温度，燃烧室的下部是绝缘的，而这提高了燃烧效率。

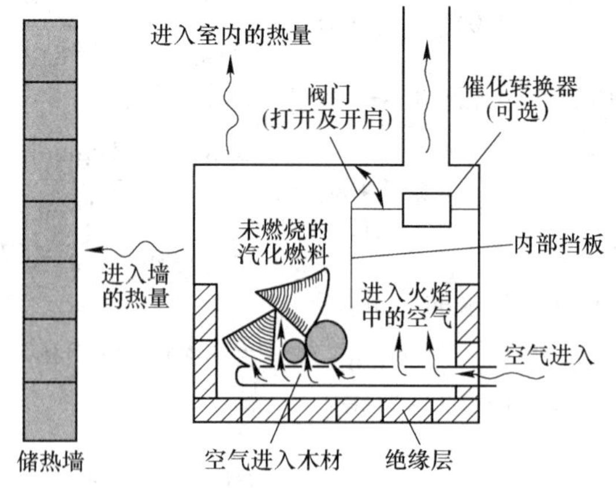

图15.4 住宅空间加热木炉的示意图

大量的不燃材料如石块、砖块或紧邻炉子的水箱可用来储存热量。一般来说，应该使用能提供足够多热量的最小炉子。大炉子与小炉子以同样的燃烧速度燃烧的话，大炉子将会产生更高的热损失、更低的燃烧室温度，还会生成更多的浓缩有机化合物，如杂酚油。最好的燃料是已经风干一年的硬木，木材的湿度已经降到原木的25%或更低。风干的软木，由于其树脂含量较高，一定程度上难以清洁燃烧。直径为10~15cm或更大的木材是最好的。大块木材限制了挥发率，使得可燃物与炉内可用的空气完全燃烧。湿度过高的木材，如刚刚砍下的绿色木材（按收到基准50%湿度）会使火焰燃烧过度，导致部分有机物质未发生燃烧，热量输出较低。过于干燥的木材（窑或烘箱烘干过的）和尺寸太小的木材燃烧得太快，导致空气不足，增加了有机物和烟尘的排放。在这种类型的系统中不推荐使用煤炭和处理过的木材及废料。

木材炉子的设计改进包括预热空气、微半球形的燃烧室、催化火焰防护罩和自动恒温控制阻尼器。有了这些改进，有可能使颗粒物排放量小于平均3g/h。例如，美国俄勒冈州已经为住宅催化木炉设定了4g/h的标准，非催化炉的标准为9g/h，相比于传统炉子，排放量减少了75%。良好的设计和规范的人员操作能更好的实现这个标准。

木材的燃烧速度与空气供给有关。添加新的木材需要打开风门，由于木材挥发，大部分炭仍然存在，风门会减小。对于大量木材需要整夜燃烧，炉内烧焦的木材应当隔几个小时收集后关闭风门。

15.3 炉排燃烧系统的热量和功率

在炉排上燃烧粉煤和各种生物质燃料，产生热蒸汽为建筑和小区供暖。当使用较高压力的蒸汽时，热量和电力都会产生。对于最大50mm的大尺寸燃料，使用两种炉排来支撑燃料：活动的炉排和振动的炉排。这两种炉排都是空气冷却或水冷的，首先空气通过炉排中的小孔向上流动，当炉底空气被预热能够获得较高的放热率时，需要水冷炉排。用于活动和振动炉排燃烧的供料器可以是通过重力将燃料落在炉排一端上的质量型供料器或者将燃料抛过炉排的炉排抛煤机供料器。这两种类型的给料器都能使燃料连续流入炉排。炉膛燃烧系统对于生物质尤其有效，例如农业废料中的木屑和木球。

为确保在灰烬倾倒之前燃料颗粒燃烬，燃料床相对较浅。对于水冷炉排质量型供料器系统，单位炉排面积的热释放率通常为1.6MW/m^2。对于炉排抛煤机，煤的放热率约为2.4MW/m^2，木片或农业颗粒的放热率为3.5MW/m^2。运行的话，使用木材的炉排系统蒸汽容量为100kg/s，使用煤的为50kg/s。下面，让我们更详细地考虑链式炉排和振动炉排系统。

15.3.1 链式炉排抛煤机

图15.5显示了一个带有链式炉排的抛煤机，燃料通过重力从料斗输送到加煤机，加煤机把燃料扔向炉排的尽头。较大的燃料颗粒（25~50mm）倾向于向后，而中等大小的颗粒在炉排的中间部分脱落。细小颗粒（小于1mm）被向上的气体冲到上方，并在悬浮物中燃烧，而不是在炉排上。对于燃煤系统，煤落在搅拌桨上，桨叶将燃料颗粒扔过炉排。尤其是对于生物质材料，空气喷射喷口将燃料颗粒吹射到炉排上。

炉排以12m/h的速度缓慢行进，调节炉排的速度使燃料在到达炉排边缘之前燃烬，并将灰渣倒入灰坑。燃料床保持在 10~20cm 的深度。调节燃料供给速率以改变热负荷，同时调节空气流量和炉排速度以保证燃料按期望燃烧并控制燃料层的厚度。当燃料大小或燃料性质如湿度或类型改变时，进料速率和炉排速度应相应地调整。钢炉排有直径约 6mm 的孔（一次）用于炉底进风。上部（二次）空气通过侧壁上的喷嘴供应，以完成燃料床上方的燃烧。对于生物质燃料，一次与二次空气的比例通常为 40/60，而煤炭则使用更多的一次空气和二次空气，因为煤的挥发物比生物质少。

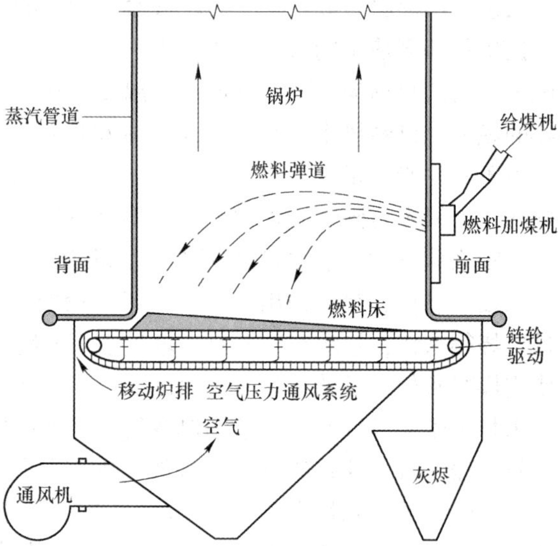

图 15.5　带有空冷的链式炉排抛煤机

再次参考图 15.5，当床沿水平移动并且新的燃料落在床的顶部时，空气向上流过多孔燃料床，燃料微粒和挥发性气体在床上燃烧。燃料床的顶部暴露于锅炉壁和床上燃烧的辐射中。在床中加热燃料颗粒，除去水分和挥发物，其中包括碳氢化合物蒸气、焦油、一氧化碳、二氧化碳和氢气。在燃料床的顶部点火，火焰随着气流向下传播。当前沿反应进行时，燃料被加热到更高的温度，挥发增加并在床颗粒的表面上形成焦炭。如果有足够的氧气，床层中的挥发物和焦炭就会燃烧。根据床层深度和空气流速，在床层的某一点氧气被消耗。随着炉排的移动，炭层逐渐消失，灰渣被倒入灰坑中。

一次气流需设定得足够高才能快速干燥、挥发和燃烧焦炭，但不能太高，防止在床中产生过高的温度。大部分灰保留在炉排上，从而使炉排与最高温度隔绝，焦炭氧化区的床层温度最高。如果灰分温度超过灰分软化温度（煤炭约 1300℃，木灰约 1200℃），则会形成熟料（凝聚的灰分）。床上方喷射的空气用于挥发物和小颗粒炭的燃烧。40%~60%的放热发生在床上方，上方空气射入火球后能促使混合物更完全的燃烧。

15.3.2　振动炉排抛煤机

图 15.6 所示的振动炉排抛煤机与链式炉排抛煤机系统相似，不同之处在于炉排是间歇振动，而不是在水平方向上连续运动，倾角大约为 6°，以使燃料在燃烧时沿着炉排滑动，使灰落入灰斗。振动周期通常为 6 周/s，振动 2s 后关闭 2min（即炉排振动小于总时间的 2%），保持低的振幅，炉排由带有钻孔的金属板构成。对于高温炉底空气（300℃），炉排是水冷却的，这种水包括循环的锅炉水。振动炉排的优点是它的运动部件比链式炉排少，因此需要的维护相对较少。此外，振动倾向于使燃料床更均匀，因此整个燃料床中的空气流动更均匀。

由于炉排的坡度和振动，燃料在 30~60min 内从后向前缓慢移动。总的来说，可以将燃料床的后部看做为干燥和挥发的部分，并将燃料床的前部（灰坑附近）视为焦炭燃烧的部分，一次空气在炉排的不同部分会有不同的流量。

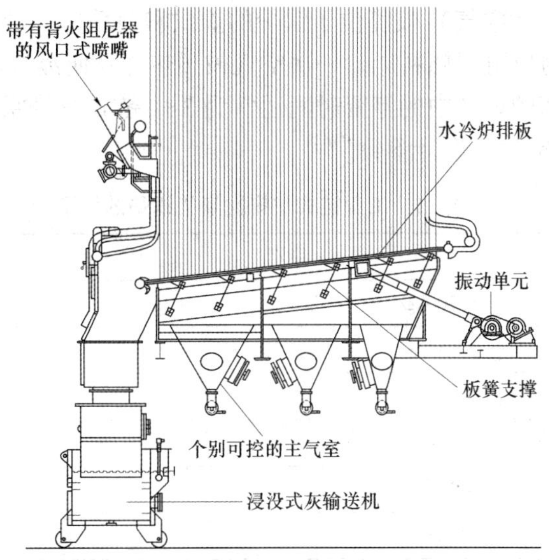

图 15.6　带有水冷的振动炉排抛煤机

（承蒙 The Babcock and Wilcox Company，Barberton，OH. 提供）

图 15.7 显示了一个完整的锅炉剖面，包括喷射式进料器、振动炉排和辅助壁式燃气

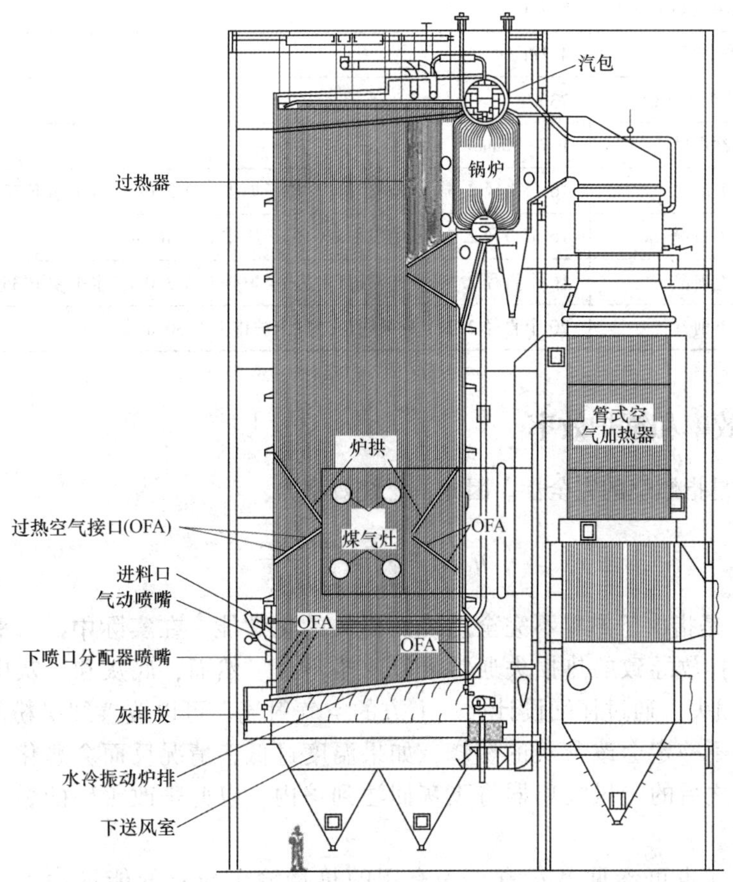

图 15.7　生物质和辅助燃气燃烧器设计的锅炉振动炉排

（承蒙 The Babcock and Wilcox Company，Barberton，OH. 提供）

燃烧器。上方空气（二次空气）喷嘴位于锅炉的炉拱和前后壁。炉拱表面是耐火材料衬，能够引导流动并将辐射反射回燃料床。一次空气被预热并且使蒸汽过热，燃烧产物和小颗粒在炉排和过热器之间的炉区中的停留时间通常为 3s。链式炉排系统的锅炉也是类似的，表 15.1 给出了一个老锅炉的设计参数。

表 15.1　工业链式炉排抛煤机锅炉的例子

项　目		设 计 参 数
锅炉	蒸汽能力设计	56700kg/h
	压力设计	2.9MPa
	蒸汽最终温度	316℃
	锅炉受热面积	$1288m^2$
	水热面积	$240m^2$
	节热面积	$753m^2$
	炉体积	$231m^3$
加煤机和炉排	进料器数量	6
	炉排类型	前部连续排出
	炉排长度（轴对轴）	5.7m
	炉排宽度	4.1m
	有效炉排面积	$23m^2$
	推荐煤尺寸	1.7~32mm
火焰上方空气	上后壁	16 个直径 2.54cm 的喷射口，位于炉排上方 3.0m，水平朝下 30°
	下后壁	16 个直径 2.54cm 的喷射口，位于炉排上方 46cm
	上前壁	16 个直径 2.54cm 的喷射口，位于炉排上方 3.0m，水平朝下 35°
	下前臂	20 个直径 2.2cm 的喷射口，位于炉排上方 30cm

15.4　燃烧效率和锅炉效率

燃烧效率是指燃烧的完全性。因此，燃烧效率为：

$$\eta_{\text{chem}} = 1 - \frac{q_{\text{chem,loss}}}{\dot{m}_{\text{f}}HHV} \tag{15.1}$$

式中，$q_{\text{chem,loss}}$ 是指由于燃料不完全燃烧而损失的化学能。在实际中，一氧化碳和未燃碳氢化合物的排放导致的热损失通常可以忽略不计。然而，底灰和飞灰中的碳通常有代表性 1%的损失。通过仔细设计火焰上方的空气射流，可以改善细炭粉的燃烧，增加过剩空气总量不一定会改善炭的燃烧，如果温度过低，情况反而会恶化。通过利用过热器和锅炉组之后的旋风收集器将飞灰回注到炉内，以此来改善碳的燃烧，但是增加了细灰的排放。

锅炉效率（也可参见第 6 章）为有用的热量输出与总的能量输入之比，参考图 15.8 有：

$$\eta_b = \frac{q}{\dot{m}_f HHV + \dot{W}_{aux}} \tag{15.2}$$

式中，$\dot{W}_{aux}$是运行风扇、泵和进料器的辅助动力。如果燃料流量已知，那么锅炉的效率可以直接由公式（15.2）确定。一般不直接测量燃料流量，而是使用公式（6.8）给出的间接方法，间接法对于研究提高效率也很有用。在第6章中，我们注意到，通过减少过剩空气、减少外部热量损失以及减少排气（烟囱）温度，能有效提高锅炉效率。过剩空气量应该减少到一氧化碳、飞灰中的可燃物和烟囱的不透明度开始增加时的这个点。大型锅炉墙壁的辐射热损失一般小于1%。

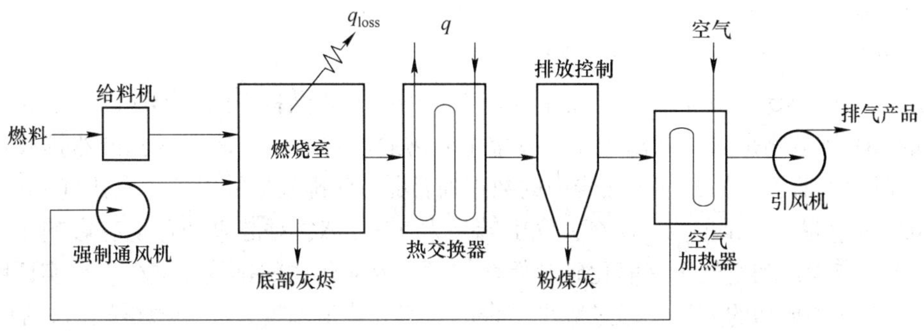

图15.8 固体燃料锅炉系统图

15.5 炉排燃烧系统的排放

燃烧煤炭时，重点注意颗粒物、硫氧化物、氮氧化物和汞的排放。对于生物质，硫氧化物和汞在显著减少，排放主要是由于飞灰中存在的矿物质和未燃的炭。对于生物质燃料来说，燃料中的灰分主要来自收获、储存、运输过程中生物质夹带的污垢和其他物质。微粒排放量主要取决于炉子的设计和运行条件，如负荷（或炉排热释放率）、空气预热、过量空气、上方空气输入口的设计和数量以及燃料粒度。在炉排抛煤机中，高达80%的灰分可以作为底灰保留，而对于悬浮燃烧和流化床，由于灰从燃烧室吹出，底灰很少。一般来说，较高的单位面积热释放率（较高的负载）会导致较高的微粒排放。颗粒物的排放由多重旋风收集器（通常位于节热器之后）和织物过滤器袋式除尘器或静电除尘器（位于空气预热器之后）控制。

表15.2给出了炉排抛煤机的排放因子（由美国环境保护局现场检测）。在玻璃纤维过滤器上收集可过滤的微粒，小于0.3μm的蒸气和颗粒将会穿过过滤器。飞灰回注指的是由锅炉下的旋风收集器收集灰分的过程（见图15.7），并将灰送回到床上方的燃烧区域。这样飞灰中的碳被烧掉，从而提高了锅炉的效率。

尽管大约5%的硫与灰结合形成硫酸盐或三氧化硫和气态硫酸盐，煤中的硫主要以二氧化硫的形式排放。可以向煤中加入粉状石灰石来增强二氧化硫的捕集，但目前还没有人证明这种方法是有效的。在过热器管道和空气加热器下游的管道系统中，注入粉状石灰石使二氧化硫转化成硫酸钙，并且转化率高达50%，然后通过颗粒控制设备除去。当需要去除90%的二氧化硫时，使用具有溶解石灰石的燃气洗涤器。

表 15.2 燃烧烟煤和木材，不控制排放的炉排抛煤机排放因子

污 染 物	煤/$g \cdot kg_{coal}^{-1}$	木材/$kg \cdot 10^{-6}kJ$
微粒	—	—
未经多重旋风收集	33	0.17
多重旋风收集但没有回注	8.5	—
多重旋风收集并回注	6	0.13
氮氧化物（按 NO_2）	5.5	0.21
二氧化硫	19S	0.011
一氧化碳	2.5	0.26

来源：U.S. Environmental Protection Agency, *Compilation of Air Pollutant Emission Factors*, Vol. 1：Stationary Point and Area Sources, 5th ed., EPA-AP-42, 1995, updated 2003。

注：S 是煤中硫的质量分数（5%硫意指 S 的数值是 5）。

氮氧化物（NO_x）排放物，主要是入口空气中的氮和燃料中的氮形成的一氧化氮。少于 1%的 NO_x 排放物是以二氧化氮和硝酸盐化合物的形式存在，请注意，虽然排放量大多为 NO，但为了监管目的，排放报告中的数据通常是 NO 排放量乘以分子量比（46/30）得到的 NO_2 排放量。这是因为 NO 在大气中转化为 NO_2，NO 对健康和环境有影响，而 NO_2 没有。通过减少过剩空气至一氧化碳开始增加时，氮氧化物的排放会减少。事实证明，烟气再循环是一种成功的方法，通过减少多余的氧气和峰值温度来减少抛煤机锅炉的 NO 排放。一部分废气被导回到火焰下层空气室和火焰上层空气喷嘴。例如，在燃气中有 10%剩余氧气的空气流量被 65%空气和 35%燃气组成的相同流量替代时，氧气剩余量降低到 4%。过剩空气的减少降低了 NO 的形成并提高了系统的效率。进一步降低 NO 的排放量需要用氨溶液洗涤烟气。

联邦政府设定大型锅炉（大于 $250 \times 10^6 kJ/h$）的排放标准，而州政府设定相对小的。表 15.3 所示的排放标准适用于所有类型的固体燃料熔炉和锅炉，而不仅仅是抛煤机。除上述标准外，大型新的熔炉和锅炉必须在平均 6min 内达到 20%的不透明度标准，不透明度达到 27%且超过 6min/h 后，需要吹灰以清洁锅炉管。不透明度是指烟道气体的透光率，是表示可见度降低的量度。相对粒度标准，不透明度标准可能需要更严格的控制颗粒，特别是对于细颗粒。

表 15.3 针对大型燃煤锅炉①的联邦新资源排放标准

污 染 物	排 放 标 准
颗粒物②	$13g/10^6kJ$
二氧化硫	$520g/10^6kJ$
氮氧化物（按 NO_2）	$260g/10^6kJ$

来源：U.S. Code of Federal Regulations 40, Part 60, Subpart D, Nov. 15, 2010。

① 对于大于 73MW 热输入的设备。

② 需要烟囱烟气不透明度小于 20%。

例 15.2 带有多重旋风收集器和飞灰回注装置的大型炉排抛煤机，燃烧 12t/h、含 9%灰分的烟煤，其热值为 27MJ/kg。假设适用典型的排放因子，需要控制的微粒排放量为多少？

解：热输入率为：

$$\frac{12\text{T}}{\text{h}}\cdot\frac{1000\text{kg}}{\text{T}}\cdot\frac{27000\text{kJ}}{\text{kg}}=324\times10^{6}\text{kJ/h}=90\text{MW}$$

使用表 15.2，典型的颗粒排放率是：

$$\frac{8.5\text{g}}{\text{kg}}\cdot\frac{12\text{T}}{\text{h}}\cdot\frac{1000\text{kg}}{\text{T}}=102000\text{g/h}\quad 或\quad \frac{102000\text{g}}{\text{h}}\cdot\frac{\text{h}}{324\times10^{6}\text{kJ}}=315\text{g/}10^{6}\text{kJ}$$

百分比控制需要满足表 15.3 中 $13\text{g}/10^6\text{kJ}$ 的颗粒标准：

$$\eta_{\text{control}}=\left(\frac{315-13}{315}\right)\times100\%=95.9\%$$

这种程度的控制需要织物过滤袋式除尘器或静电除尘器。

15.6　炉排上固体燃料燃烧的建模

链式或振动炉排上的薄固体燃料床由干燥、挥发和焦炭燃烧后的燃料颗粒组成。当床横向运输时，燃料颗粒表面的干燥物和挥发物从床由上向下向炉排传播，并且也逐渐从颗粒的表面渗透到颗粒的中心。在灰烬倾倒之前，颗粒表面上的焦炭变稠并燃烬。请注意，按第 14 章所说，炉排上的燃料颗粒因为太大而不能被视为热稀释。在燃料床之上，气体由 CO、CO_2、CH_4、H_2、其他碳氢化合物和少量片状细碳颗粒和二次空气组成。床上反应和流动的建模是通过计算流体动力学完成的，这超出了本书的范围。作为一个开始，让我们考虑焦炭颗粒固定床的建模。

15.6.1　焦炭固定床燃烧的建模

考虑一个在炉排上燃烧的焦炭颗粒固定床（见图 15.9），空气向上流过炉排和颗粒床，随着焦炭燃烬，焦炭以 $\underline{V}_s$ 的速度缓慢向下流动。为了简化情况，只考虑一个炭床，以便我们可以忽略热解和干燥。燃料床的一维模型用于表示大型燃料床的垂直截面。

空气流过炉排并与焦炭表面反应形成一氧化碳：

$$\text{C}+\frac{1}{2}\text{O}_2\longrightarrow\text{CO}$$

同时发生一氧化碳的气相氧化：

$$\text{CO}+\frac{1}{2}\text{O}_2\longrightarrow\text{CO}_2$$

当氧气在床上消耗时，二氧化碳在炭表面被还原成一氧化碳：

$$\text{C}+\text{CO}_2\longrightarrow2\text{CO}$$

随着通过床的空气流通速度变大，焦炭的燃烧速率随之增加，CO_2 生成量也在增加，还原区的位置向上移动。当然，空气流量必须保持低于使灰或炭颗粒从床上吹出的程度。图 15.10 表示了 O_2、CO 和 CO_2 之间的关系。注意，在氧被消耗后，焦炭颗粒随着与 CO 的反应而继续收缩。

为了获得炭层的温度分布和燃烧速率，需要建立固相和气相的质量守恒和能量守恒方程以及物种的守恒方程。预热的空气流过炉排，床中生成的气体包括氮气、氧气、一氧化碳和二氧化碳。表 15.4 给出了反应速率常数和反应热（在本例中水蒸气不存在，但为了完整性，包括在表中）。

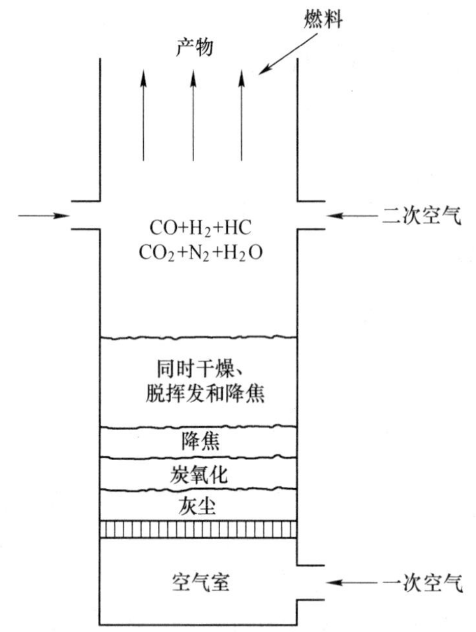

图 15.9 固体燃料床燃烧过程中概念层图解

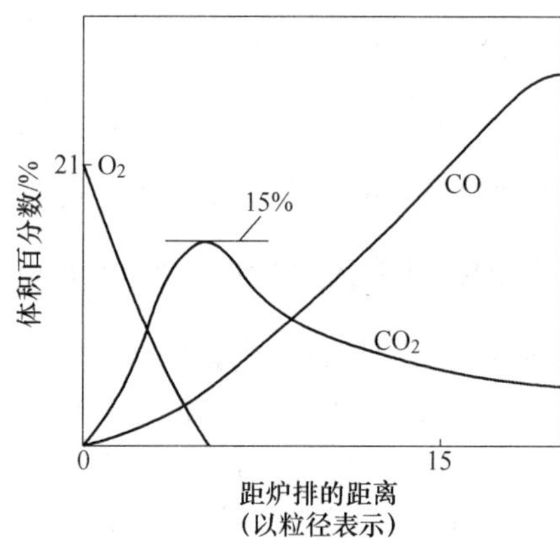

图 15.10 炭层中的特征气体分析

表 15.4 焦炭的特征速率常数和反应热

反 应	$k_{CO}/g\cdot(cm^2\cdot s\cdot atm)^{-1}$	$E/kcal\cdot gmol^{-1}$	$H/MJ\cdot kg^{-1}$
(1) $C+\frac{1}{2}O_2\longrightarrow CO$	见 14.3 部分	—	9.2MJ/kg_C
(2) $CO+\frac{1}{2}O_2\longrightarrow CO_2$	见方程 (4.13)	40	10.1MJ/kg_{CO}
(3) $C+CO_2\longrightarrow 2CO$	2×10^5	50	-14.4MJ/kg_C
(4) $C+H_2O\longrightarrow H_2+CO$	4×10^5	50	-10.9MJ/kg_C

考虑一个穿过床，横截面积为 Δz 的切片 A。从炭的质量守恒来看，焦炭颗粒向炉排传播的净速率等于切片内炭被消耗的速率：

$$\rho_{char}\underline{V}_sA_{char}|_{z+\Delta z}-\rho_{char}\underline{V}_sA_{char}|_z=r_{char}(A\Delta z) \tag{15.3}$$

式中，r_{char} 是单位体积床的焦炭燃烧速率，$\underline{V}_s$ 是焦炭向炉排移动的固体速度，A_{char} 是炭床横截面的面积，是：

$$A_{char}=A(1-\varepsilon) \tag{15.4}$$

式中，ε 是床的空隙率（未被固体材料占据的面积），将方程（15.4）代入方程（15.3）得到：

$$(1-\varepsilon)\rho_{char}\underline{V}_sA|_{z+\Delta z}-(1-\varepsilon)\rho_{char}\underline{V}_sA|_z=r_{char}(A\Delta z) \tag{15.5}$$

假设 A、ρ、ε 保持不变，除以 $A\Delta z$ 得到：

$$\rho_{char}(1-\varepsilon)\frac{d\underline{V}_s}{dz}=r_{char} \tag{15.6}$$

式中，r_{char}是单位体积焦炭的燃烧速率，从表 15.4 可以看出，在这种情况下，焦炭的两个反应是反应（1）（焦炭+氧气）和反应（3）（焦炭+二氧化碳）。

$$\rho_{char}(1-\varepsilon)\frac{d\underline{V}_s}{dz}=r_1+r_3 \tag{15.7}$$

引入单位体积的颗粒面积 A_v：

$$r_1=\frac{12}{16}k_{e1}\rho_{O_2}A_v \tag{15.8}$$

$$r_3=\frac{12}{44}k_{e3}\rho_{CO_2}A_v \tag{15.9}$$

回想一下，有效速率常数（k_e）是颗粒表面温度的函数，包括扩散效应（见 14.3 节）。

床层温度分布由能量守恒方程得出，为了使分析相对简单，假定气体和颗粒温度相等，而由导热、辐射和扩散的能量传递与对流能量传递相比很小，同时假设固体的感生能量通量比气体的小，则能量方程为：

$$\frac{d}{dz}(\rho_g\underline{V}_gH_g)=r_1H_1+r_2H_2+r_3H_3 \tag{15.10}$$

式中，$\underline{V}_g$ 是表面气体速度（即如果气体流过没有炭的相同横截面时的气速）。可以从 h_g 确定温度从而确定反应速率，反应热和反应速率常数在表 15.4 中给出。

注意，H 是吸热反应，因此具有负反应热（为了保证气体和固体之间的温度不同，必须写出两相的能量方程，并且使用适合于固定床的努塞尔特数来描绘相之间的对流热传递，一个完整的分析应该包括热传导和辐射的影响）。

使用表 15.4 中所示的反应常数通过 CO_2、O_2、CO 和 N_2 的物质连续性方程来计算出每种气体的密度。

$$\frac{d}{dz}(\rho_{CO_2}\underline{V}_g)=r_2\frac{M_{CO_2}}{M_{CO}}-r_3\frac{M_{CO_2}}{M_C} \tag{15.11}$$

$$\frac{d}{dz}(\rho_{O_2}\underline{V}_g)=r_1\frac{M_{O_2}}{M_C}-0.5r_2\frac{M_{O_2}}{M_{CO}} \tag{15.12}$$

$$\frac{d}{dz}(\rho_{CO}\underline{V}_g)=(r_1+2r_3)\frac{M_{CO}}{M_C}-r_2 \tag{15.13}$$

$$\frac{d}{dz}(\rho_{N_2}\underline{V}_g)=0 \tag{15.14}$$

或

$$[\rho_{N_2}\underline{V}_g]_{z=0}=\rho_{N_2}\underline{V}_g$$

此外，气体密度在任意点上都是每部分气体密度之和：

$$\rho_g=\rho_{O_2}+\rho_{CO}+\rho_{CO_2}+\rho_{N_2} \tag{15.15}$$

气体状态方程：

$$\rho_g=\frac{P}{RT} \tag{15.16}$$

通过使用一个刚性常微分方程求解器求解一阶常微分守恒方程（方程（15.7）和方程（15.10）~方程（15.14）），可以求出 6 个主变量（$\underline{V}_s$，h_g，ρ_{O_2}，ρ_{CO_2}，ρ_{CO}，ρ_{N_2}）。如前所述，温度是从气体的焓中找到的，必须指定系统压力并用于方程（15.16）来解出气体密度，单位体积的表面积 A_v 与等效球体的粒径有关：

$$A_v = \frac{6d^2(1-\varepsilon)}{d^3} = \frac{6(1-\varepsilon)}{d} \tag{15.17}$$

边界条件需要在炉排（$z=0$）处指定，包括温度、每种气体的密度、气流速度、固体速度和颗粒直径。炉排中固体速度为零，在炉排上颗粒的直径趋近于零，但为了使解稳定，必须选择小但有限的直径，以便 A_v 具有有限值。床顶部的焦炭大小也需要被确定，求解步骤是从炉排开始，并在数值上对方程（15.7）和方程（15.10）~方程（15.14）进行积分，直到达到初始颗粒直径，表明到达了床的顶部。

图 15.11 为 10cm 深床和在床顶部有一个直径为 1cm 的焦炭颗粒的求解结果。床高 10cm，密度恒定，并且采用恒密度收缩球模型。温度随着炉排上部距离的提高先缓慢上升，在消耗氧气的地方，温度迅速上升到峰值然后下降。CO 先增加，然后随着温度的升高转化为 CO_2，当氧气耗尽时，CO 再次升高。在床的顶部固体速度为 0.32mm/s，随着炭向下移动而变小。放热率可以由床顶部的固体速度确定，当上方通入空气时，放热率为 2.5MW/m。注意，焦炭—CO_2 还原反应增加了固体速度，因此增加了整体的放热率，但比焦炭—O_2 氧化反应的程度小。气流速度的增加使峰值温度远离炉排，并提高了放热率。如果涉及固相中的热传导和辐射，温度分布将会更全面。另外，入口空气预热但是低于焦炭着火温度，可以发现，过多增加空气流量会促使燃烧。

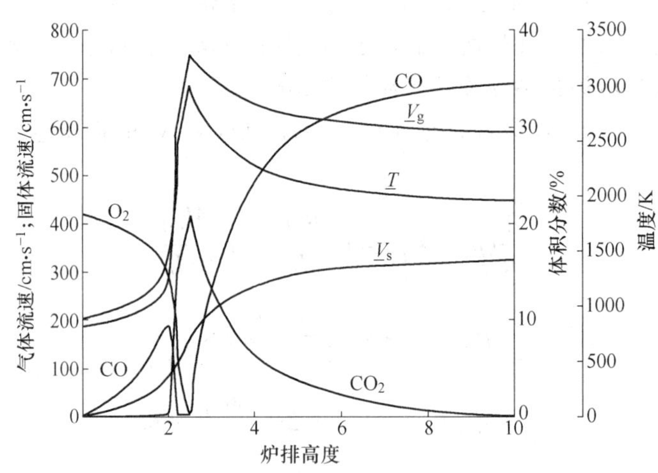

图 15.11 炉排上焦炭的固定床燃烧

（方程（5.7）和方程（15.10）~方程（15.17）的解，其中 800K 温度下 d_{init} = 1.0cm，d_{final} = 0.1cm，ρ_{char} = 0.8g/cm^3，ε = 0.4，$\underline{V}_g$ = 2m/s）

15.6.2 生物质固定床燃烧的建模

抛煤机床上不同尺寸的煤、木屑、球团或木料床的燃烧建模类似于炭床建模，但气相中必须包含至少七种气体：床层氧气、一氧化碳、二氧化碳、水蒸气、氢气、碳氢化合物以及氮气，因为当颗粒表面反应时，同时颗粒也会挥发和干燥。在这种情况下存在：

（1）七种物料的守恒方程；

（2）固相质量守恒方程；

（3）整体质量守恒方程；

（4）固相能量守恒方程；

（5）气相能量守恒方程。

建立的 11 个一阶微分方程同时求解，其中还包括作为固体温度函数的干燥率和挥发率。

与悬浮燃烧相反，大到足以在填充床中燃烧的颗粒不能被认为是热稀薄的。相反，颗粒内部温度梯度较大，颗粒内部同时发生干燥、挥发和焦炭燃烧。因此，要想建立颗粒内的子模型需要模拟颗粒内的干燥和热解，这些模型可以是非常详细的，并通过建立时间相关的微分来模拟粒子内部的变化。有关这些类型的详细模型的例子，请参见本章参考文献 Bryden（1998）或 Di Blasi（1996）。

在许多情况下，可以使用更简单的粒子内部子模型，例如，在特定条件下燃烧的原木，已经知道热解速率可能与焦炭燃烧速率有关（Bryden 和 Ragland，1996）：

$$r'_{pyr} = \delta_{pyr} r_{char} \tag{15.18}$$

式中，δ_{pyr} 是发生热解和干燥的木材与消耗炭的比例，r'_{pyr} 是热解速率，r_{char} 是焦炭燃烧速率。

在这个模型中，假定热解和干燥在无限薄的区域中一起发生，这是一个合理的假设。木料的直径为 15～20cm，热解区一般厚度为 1～3mm，干燥区在热解区附近，通常非常薄。对于木材来说，热解和干燥木材与消耗炭的比例最初在床的顶部是高的，因为木材被快速热解和干燥，并且随着木材的直径收缩开始降低。实验中，对于直径为 12～21cm 的木料，燃烧温度从 950℃到 1340℃，在不同的氧气、二氧化碳和水蒸气浓度下，观察到的最厚炭层为 2cm（Bryden 和 Ragland，1997）。基于此，当焦炭厚度达到 2cm 时，假定燃料已经完全热解。之后观察到热解—干燥层下方的木材基本上未受干扰，热解和干燥的木材与炭的消耗率之比可以适当模型化为：

$$\delta_p = C\left(\frac{\Delta_c}{2} - 2\right)^{\frac{1}{2}} \tag{15.19}$$

式中，Δ_c 是未热解核心的半径，C 是选择常数，对这种情况选择床层顶部的炭层厚度为零。值得注意的是，这种关系仅仅是近似的，并且是针对 12～20cm 大直径的木料而开发的。此外，这种关系运行良好，因为计算的能量释放率、质量消耗率和床层深度并没有显著地受到其关系形式的影响。如果需要关于床内物种和燃烧的详细空间信息，则需要更详细的二维或三维模型以及更详细的子模型。

考虑一下在固定炉排上燃烧的木料流化床。这种类型的系统多用于燃木的住宅炉和锅炉。固定炉排上的木料或整个树段的深层流化床已经被用来代替需要大量蒸汽的链式、振动炉排中的木片或球粒（Ostlie，1993）。对于这种大型深床系统，一次空气需要维持在足够高的水平，以便将灰从炉排上方吹出，并且通过一个活塞进料器从床的上方输送木料。使用木料而不是木屑或生物质颗粒的优点是燃料制备成本较低，并且燃烧器单位面积的热释放较大。

使用表 15.5 中给出的挥发产物和方程（15.18）及方程（15.19）中描述的子模型，得出图 15.12 中一个模拟木料深层流化床燃烧结果的例子。在这个例子中，初始木料直径为 20cm，水分为 23%，床层深度为 3.7m，床层空隙率为 0.65，入口空气温度为 400℃，入口空气速度为 3.2m/s 的燃料床中的气态物料分布预测也被展示出来，氧气在床的前 35%（1.4m）中被消耗，而剩下的 65%是以焦炭—二氧化碳和焦炭—水蒸气反应为主导地位的还原区。碳氢化合物、一氧化碳和氢气积聚在还原区域，在上方空气区域燃烬。整个床中，多于 98%的燃料在床上挥发，而纯炭仅存在床最低处的 2%处。因为高浓度的氧气与纯炭发生反应，所以炉排上方的固体表面温度很高。随着炭表面反应降低，挥发物和水分通过燃料表面逸出，表面温度迅速下降，但由于和气态燃烧产物之间的热传递，炉排上面的表面温度进一步上升。在炉排上方 1.4m 处，氧气被消耗，焦炭还原反应逐渐降低至床层中的温度。与试验台的测量结果相比较，单位面积的预燃烧率为 2630kg/(m^2·h)。

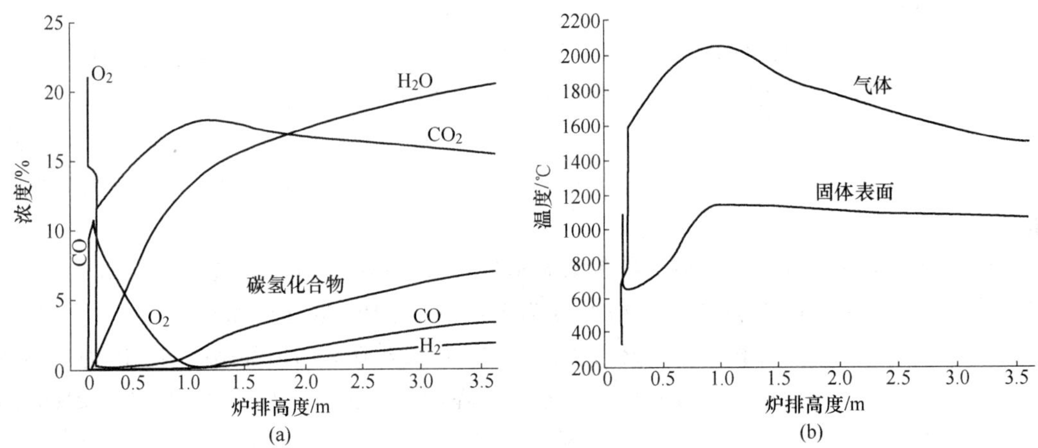

图 15.12　炉排上杂交杨木深层固定床（深度 = 3.6m）的燃烧模型计算

（下方空气温度 400℃，d_{init} = 20cm，ρ_{char} = 0.8g/cm^3，ε = 0.65，$\underline{V}_g$ = 3.7m/s，初始燃料湿度 = 23%。

图（a）表示气体浓度，图（b）表示固体表面温度和气体温度）

（引自：Bryden，K. M. and Ragland，K. W.，Numerical Modeling of a Deep，Fixed Bed Combustor，Energy Fuels 10(2)：269~275，1996，经美国化学学会许可）

表 15.5　热固定床中木材挥发产物的质量分数（干燥，无灰基）　　（%）

焦炭	0.200
水	0.250
碳氢化合物	0.247
一氧化碳	0.283
二氧化碳	0.115
氢气	0.005

对于链式或振动炉排上正在燃烧的固定燃料床，在床的顶部开始点火，床在炉排的后部，炉排由抛煤机供料，干燥和挥发层向下传播。对于这种情况，需要将时间相关项加到守恒方程中。按这种方法，温度、物种分布和燃料燃烧率可以由炉排上的位置、主要气流和燃料性质的函数决定。

15.7 习　　题

15-1　使用改进的炉子将 1L 水从 20℃加热到 100℃所需的松木片的体积（L）是多少？假定原木具有收到基 20%的湿分，假设基于低位发热值下的热效率为 30%。使用表 2.10 和附录 A.5 中给出的信息。

15-2　有些养殖户用编织草做饭。假定最初的时候，草的收到基有 5%的水分和 8.6%的灰分。假定干燥无灰基的草中，C、H、O、N 和 S 组分分别为 49.4%、5.9%、43.4%、1.3%和 0.0%。编织草的堆积密度是草密度的 20%。草的干密度是 250kg/m^3。干燥无灰基草的 *HHV* 为 17.4MJ/kg。假设三石篝火的传热效率是 5%，而三石篝火的最低功率是 1000W，这足以使盖着的锅保温。计算：

（a）草的收到基 *LHV* 热值为多少？（kJ/kg）

（b）草的收到基密度是多少？（kg/m^3）

（c）堆在一起的草的收到基密度为多少？（kg/m^3）

（d）如果要将 5L 水从 20℃加热到 100℃并保温 1h，需要多少体积（L）和多少质量（kg）的草？

（e）将结果与例 15.1 结果进行比较。

15-3　考虑一下村里妇女们收集木材做饭的情况。假设村里有 1000 人，每天有 100 名妇女，且每人每天收集 20kg 木材，村庄周边的森林以 3m^3/(ha · yr）的速度生长，木材的密度为 600kg/m^3，木材的能量为 20MJ/kg。假设所有的木材都用于烹饪：

（a）需要多少土地才能确保木材能够被可持续采伐？

（b）假设可持续能源所需要的土地在村庄周围是一圈，平均来说，一个女人从村庄的中心到边缘的一半（距离 $d/4$），以 3km/h 的速度收集木材，包括收集时间。每个女人每天要花多少时间来采集木材？

（c）村里生火烹饪每年要排放多少吨二氧化碳？如果使用改良的炉灶，二氧化碳排放量将减少 3 倍，那么二氧化碳减少的排放量对村庄产生多少价值？假设二氧化碳减排价值为 25 美元/t。二氧化碳减排价值的一半返回到村庄，二氧化碳减排价值的另一半用于项目管理。

15-4　燃木火炉的发热量为 10kW，基于 *HHV* 的效率为 60%。假设橡木含水量为 20%（以干基计），在 24h 内需要多少千克的木材。这种木材占据了多少的体积？使用表 2.10 和附录 A 中的数据。

15-5　根据假设估算用于顶部进料、上升气流、固定床燃烧所需的炉底空气与火上空气之比，其中按化学计量比确定的炉底空气用来焦炭的完全燃烧，火上空气用来燃烧挥发物。假设焦炭是纯碳，用下面的分析进行褐煤和木材的计算。

近似分析（未经处理）	褐煤（质量分数）/%	木材（质量分数）/%
水分	25	25
挥发物	35	59
固定碳	30	15
灰	10	1

续表

最终分析（干燥无灰）	褐煤（质量分数）/%	木材（质量分数）/%
C	70	50
H	5	6
O	25	44

15-6　对于习题 15-5，假设床内外没有辐射或传导性热损失，计算床上的最大可能温度。假设空气和燃料在 25℃进入，焦炭是纯碳，同时假设没有分解，使用附录 C 中的数据求解该问题。

15-7　在一个拥有 20%过量空气的链式炉排抛煤机中将收到基 30%湿分的杂交杨木完全燃烧，如果烟气再循环的使用率为 25%，（a）烟气中的氧气的体积百分比是多少？（b）在 450K 的烟囱温度和 1atm 压力下，每 100kg 燃料（未经处理）的烟气体积是多少？使用表 2. 10 中给出的数据。

15-8　建议在链式炉排抛煤机上收获和燃烧海带。将海带风干至收到基 50%的湿分，然后在链式炉排抛煤机上用 10%过量的空气完全燃烧。使用表 2. 10 中给出的数据计算：

（a）相对于海带本身的能量，在抛煤机中烘干海带收到基 50%的水量需要多少能量？

（b）燃烧海带的绝热火焰温度是多少？在假设没有分解的情况下使用附录 C 中的数据求解该问题。

（c）你对这个提议有何评论？

15-9　垃圾衍生燃料（RDF）在具有 30%过量空气的链式炉排锅炉中以 10000kg/h 的速率燃烧。在 200℃和 1atm 压力下排放烟气，根据以下内容分析收到基燃料：

（a）烟气中 CO_2、H_2O、O_2 和 N_2 的体积百分比。

（b）分别计算烟气中的 SO_2、HCl 和 NO（N 仅来自燃料）的浓度（ppm）。假设 S、N 和 Cl 分别转化为 SO_2、NO 和 HCl。

（c）烟气的体积流量（m^3/h）。

（d）未加控制下 SO_2、HCl 和 NO 的排放率（g/s）。

（e）假设所有的铅被汽化，然后在飞灰上重新凝结，65%的灰是飞灰，85%的飞灰是受控的，铅的排放量（g/s）是多少？

RDF 分析成分	质量分数/%
水分	20. 90
碳	33. 80
氢气	4. 50
氮气	0. 42
氯	0. 31
硫	0. 21
灰	13. 63
氧气	26. 20
铅	0. 03
总和	100

注：*HHV* 为 13. 44MJ/kg。

15-10 证明：对于球形颗粒的填充床，单位体积床的颗粒表面积是 $A_v = 6(1-\varepsilon)/d$，雷诺数为 $Re = 6\frac{\rho_g \underline{V}_g}{A_v \mu}$。

参 考 文 献

[1] Baldwin S F. Biomass Stoves: Engineering Design, Development, and Dissemination Volunteers in Technical Assistance, Arlington, VA, 1987.

[2] Bond T C, Streets D G, Yarber K F, et al. A technology-based Global Inventory of Black and Organic Carbon Emissions from Combustion, J. Geophys. Res. 109 (D14): D14203/1-D14203/43, doi: 10.1029/2003JD003697, 2004.

[3] Bryden K M. Computational Modeling of Wood Combustion, Phd Diss., University of Wisconsin-Madison, 1998.

[4] Bryden K M, Ragland K W. Numerical Modeling of a Deep, Fixed Bed Combustor, Energy Fuels, 10 (2): 269~275, 1996.

[5] Bryden K M, Ragland K W. Combustion of a Single Wood Log under Furnace Conditions in Developments in Thermochemical Biomass Conersion, Vol. 2, eds. A. V. Bridgwater and D. G. B. Boocock, 1331 ~ 1345, Blackie Academic and Professional, London, 1997.

[6] Bussman P J T. Woodstoves: Theory and Applications in Developing Countries, Phd Diss., Eindhoven University of technology, Eindhoven, Netherlands, 1988.

[7] Ceely F J, Daman E L. Combustion Process Technology, in Chemistry of Coal Utilization, Second Supplementary Volume, ed. M. A. Elliott, 1313~1387, Wiley-Interscience, New York, 1981.

[8] Di Blasi C. Heat, Momentum, and Mass Transport Through a Shrinking Biomass Particle Exposed to Thermal Radiation, Chem. Eng. Sci. 51 (7): 1121~1132, 1996.

[9] Goldman J, Xieu D, Oko A, et al. A Comparison of Prediction and Experiment in the Gasification of Anthracite in Air and Oxygen-Enriched Steam Mixtures, Sym, (Int.) Combust. 20 (1): 1365~1372, The Combustion Institute, Pittsburgh, PA, 1984.

[10] Johansson R, Thunman H, Leckner B. Sensitivity Analysis of a Fixed Bed Combustion Model, Energy Fuels, 21 (3): 1493~1503, 2007.

[11] Kitto J B, Stultz S C, eds. Steam: Its Generation and Use, 41st ed., The Babcock and Wilcox Co., Barberton, OH, 2005.

[12] Kowalczyk J F, Tombleson B J. Oregon's Woodstove Certification Program, J. Air Pollut. Control. Assoc., 35 (6): 619~625, 1985.

[13] Langsjoen P L, Burlingame J O, Gabrielson J E. Emissions and Efficiency Performance of Industrial Coal Stoker Fired Boilers, EPA-600/S7-81-11a or PB-82-115312 (ECD citations), 1981.

[14] Maccarty N, Ogle D, Still D, et al. A Laboratory Comparison the Global Warming Impact of Five Maior Types of Biomass Cooking Stoves, Energy Sustain. Dev. 12 (2): 5~14, 2008.

[15] Ostlie L D, Schaller B J, Ragland K W, et al. Whole Tree Energy™ Design, vols. 1 ~ 3, EPRI report TR-101564, 1993.

[16] Pumomo Aerts D J, Ragland K W. Pressurized Downdraft Combustion of Woodchips, Symp. (Int.) Combust, 23 (1): 1025~1032, The Combustion Institute, Pittsburgh, PA, 1991.

[17] Ragland K W, Aerts D J. Baker A J. Properties of Wood for Combustion Analysis, Bioresour. Technol. 37

(2)：161~168，1991.

[18] Reed T B，Das D. Handbook of Biomass Downdraft Gasifier Ingine Systems，SERI/SP-271-3022，Solar Energy Research Institute，Golden，CO，1988.

[19] Rönnbäck M，Axell M，Gustavsson L，et al. Combustion Processes in a Biomass Fuel bed-Experimental Results，in Progress in Thermochemical Biomass Conversion，ed. Bridgewater A V，743~757，Blackwell Science，Oxford，2001.

[20] Prasad K K，Verhaart P，eds. Wood heat for Cooking，Indian Academy of Sciences，Bangalore，1983.

[21] Shelton J W. The Wood burners Encyclopedia，Vermont Crossroads Press，Waitsfield，VT，1976.

[22] Shindell D，Faluvegi G. Climate Response to Regional Radiative Forcing During the Twentieth Century，Nat. Geosci，2：294~300，2009.

[23] Singer J G，ed. Combustion：Fossil Power System：A Reference Book on Fuel Burning and Steam Generation，4th ed.，Combustion Engineering Power Systems Group，1993.

[24] Smoot L D，ed. Fundamentals of Coal Combustion for Clean and Efficient Use，Elsevier，New York，1993.

[25] U. S. Environmental Protection Agency，Compilation of Air Pollutant Emission Factors，vol. 1：Stationary Point and Area Sources，5th ed.，EPA-AP-42，1995.

[26] Wakao N，Kaguei S. Heat and Mass Transfer in Packed Beds，Gordon and Breach，New York，1982.

[27] Yin C，Rosendahl L A，Kaer S K. Grate-firing of Biomass for Heat and Power Production，Prog. Energy Combust. Sci . 34（6）：725~754，2008.

16 悬浮燃烧

悬浮燃烧炉和锅炉通过燃烧器喷嘴将粉末燃料颗粒吹入体积足够大的炉中燃烧，以使得燃料的焦炭更快燃烬。当小燃料颗粒流过该空间时，悬浮的粉煤和生物质分别燃烧或一起燃烧（共同燃烧）。由于煤炭是脆性的、比较容易粉碎，而生物质是纤维状的，更难以粉碎。当今世界上的大部分电力是由煤粉火力发电厂产生。本章首先考虑燃料的制备及燃烧，然后考虑排放和排放控制，包括讨论二氧化碳的捕获和封存。

悬浮燃烧与固定床燃烧相比优点在于：系统可以扩展到非常大的尺寸，并且它更能响应需求和负载的变化（热量和功率输出）。大型悬浮燃烧系统由于需要粉碎燃料和更加复杂的蒸汽循环，因此比固定床系统更复杂。

16.1 煤粉燃烧系统

图 16.1 是悬浮燃烧蒸汽动力装置的示意图。煤从煤仓或箱子进入粉碎机。粉碎机将煤的大小从厘米级减小到细粉级粉末。从粉碎机出来的煤粉与空气经管道输送至燃烧器，在燃烧器里燃料与来自风箱的预热空气混合。燃烧器稳定挥发的火焰，焦炭在炉子的辐射区域燃烬。炉壁是在合金钢管间采用窄钢条焊接而成，以形成气密的壁面。进来的水被泵送至高压，在省煤器中预热，送到下部蒸汽鼓，并通过降液管到炉底的集管。辐射区域水冷壁管中的水被加热成蒸汽—水混合物，湿的蒸汽上升到上鼓，在上鼓中水汽两相混合物分离：蒸汽流向对流换热区域的过热管路中，随着湿蒸汽在对流沸腾管中向上流动，水则流入到下鼓。该过热蒸汽流向蒸汽轮机发电机。蒸汽循环是一个复杂的朗肯循环，通常包括涡轮机几个部分之间的蒸汽再热和多个蒸汽提取的给水加热器。

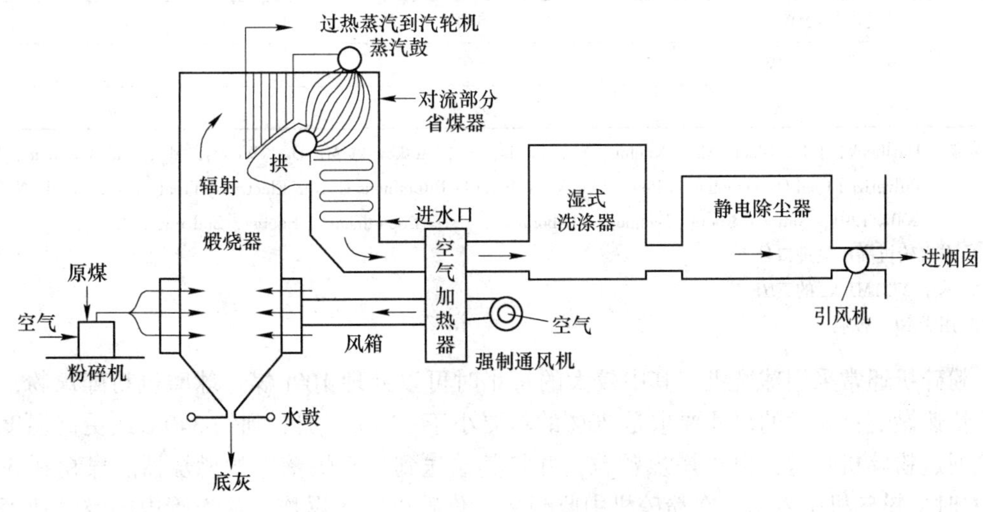

图 16.1　公用事业规模的煤粉燃烧系统

对于设计使用的超临界蒸汽（蒸汽压力和温度高于 22.1MPa 和 374℃）锅炉，因为没有离散的相变，所以不需要蒸汽鼓，水在进入蒸汽涡轮机之前流过锅炉。超临界锅炉的压力和温度远高于临界点，如 28MPa 和 730℃。汽轮机进口的蒸汽压力和温度越高，净循环效率越高。蒸汽压力和温度受蒸汽管的耐久性和涡轮机的蒸汽温度和压力的限制。蒸汽温度一般设计成远低于燃烧气体温度，但随着先进的涡轮机材料的开发，蒸汽温度逐渐增加。

对于燃烧气体方面，烟气流过对流水冷壁管、省煤器管和空气加热器连接到湿式洗涤器以控制二氧化硫排放，然后到静电除尘器或织物过滤袋式除尘器控制微粒排放（飞灰和未燃碳）。洗涤器和织物过滤器也有助于控制汞的排放。在烟囱前引入风机，强制一次风进气风机和干燥过热风机，以均衡系统空气压力，并保持理想的燃烧器气流。

大型超临界锅炉和超大型超临界锅炉的典型运行参数如表 16.1 所示。该表所代表的超大型超临界锅炉是这种类型的最新技术，预计在不久的将来运行使用。高的蒸汽温度和压力增加了电厂的净效率。虽然燃气轮机的设计进气温度（使用馏分燃料）多年来一直稳步上升，现在已经超过 1200℃，但是由于燃烧气体的腐蚀性，公用汽轮机的进口蒸汽温度（见表 16.1 中的 732℃）增加得更慢。

表 16.1 大型壁燃蒸汽锅炉产生 550MW 净功率的运行及性能参数

参　数	超临界蒸汽锅炉	超超临界蒸汽锅炉
蒸汽压力①/MPa	24.4	27.9
蒸汽温度①/℃	593	732
蒸汽流量/kg · h^{-1}	1618000	1388000
煤炭投入/kg · h^{-1}	185000	164000
一次燃烧空气/kg · h^{-1}	427000	377000
过热燃烧空气/kg · h^{-1}	1390000	1228000
氨注入量③/L · h^{-1}	480	420
石灰石浆液/kg · h^{-1}	61000	53000
总发电量/MW	580	577
产生的净电力/MW	550	550
净电站效率②/%	39.4	44.6

来源：Haslbeck，J. L，Black，J.，Kuehn，N.，Lewis，E.，Rutkowski M. D.，Woods，M.，and Vaysman，V.，Pulverized Coal Oxycombustion Power Plants，Volume I：Bituminous Coal to Electricity Final Report，DOE/NETL-2007/1291，National Energy Technology Laboratory，U. S. Department of Energy，2nd rev.，2008。

① 在汽轮机高压段进口处。

② 基于 27.1MJ/kg 的 *HHV*。

③ 用于 NO_x 控制。

粉碎机通常采用球磨机，其中较大的每小时可以处理 100t 煤。球磨机粉碎煤粉，以确保快速燃烧；典型的尺寸要求是 70% 的粉要小于 33μm。加热到约 340℃ 或更高温度的空气通过粉碎机吹送，以干燥煤颗粒，并将其输送到位于炉壁中的燃烧器。煤粉在 50～100℃ 时从粉碎机中溢出，在粉碎机中监测一氧化碳以防止爆炸。输送管内的空气速度应该大于 15m/s，以避免煤粉沉降，输送管线应避免直角，以使其侵蚀最小化。

如图 16.2 所示，从粉碎机中将煤气混合物输送到燃烧器。输送空气称为一次空气，约为所需燃烧空气的 20%。通常情况下，煤和一次风在 75℃和 25m/s 时离开燃烧器喷嘴。二次风或主供气预热到 300℃，以约 40m/s 的速度旋流离开燃烧器。火焰的形状由二次旋涡空气的量和燃烧器喉部的轮廓控制。再循环模式将几个喉部直径延伸到炉内，并为挥发物的点燃和燃烧提供稳定的区域。空气预热和旋流是两个确保在燃烧器的喉部点火并且挥发性火焰稳定的手段。为了维持稳定性，粉煤燃料的挥发物含量应至少为 20%，其中包括除无烟煤以外的大部分固体燃料。每个喷嘴使用高达 165×10^6kJ/h 的热量。

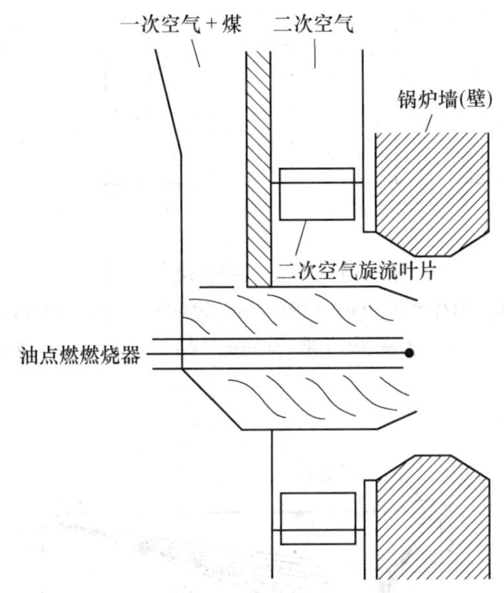

图 16.2　煤粉燃烧器喷嘴

空气和煤在喷嘴中的一次气流速度必须大于火焰传播的速度，以避免回火。火焰速度取决于燃空比、煤中挥发物和灰分的量、粒度分布（研磨的细度）、空气预热和管的直径。最大火焰速度与湍流预混气态烃火焰相当。对于低挥发分和/或高灰分煤来说，火焰速度低，并且来自二次喷嘴的空气混合得更慢，以避免不稳定性。

16.1.1　燃料和空气喷嘴的位置

已经尝试了许多燃料和空气喷嘴定位和定向的方法，如图 16.3 所示。在水平方式下，喷嘴位于前壁或者前后壁上，这就是所谓的相对水平方向的燃烧。另一种在大型锅炉中燃烧煤粉的方法是切向燃烧法，如图 16.3（c）和图 16.4 所示。燃料喷嘴没有旋涡，位于锅炉的角落，来自喷嘴的煤气混合物沿着与锅炉中心的一个圆相切的一条直线。一次风喷嘴的混合相对较少，但喷嘴之间的相互作用一起在锅炉中心形成了一个大规模的旋涡，造成强烈的混合。角落的喷嘴由煤喷嘴和二次空气喷嘴的垂直阵列组成。针对热释放和壁面上的灰结渣，可以调整喷嘴的角度和速度，以优化火球的大小和位置。图 16.3（d）~（f）所示的相对倾斜燃烧以及 U 和双 U 形设计用于更难以燃烧的燃料如焦炭、无烟煤和高灰分煤。向下的燃烧将导致在炉内停留更长的时间。

图 16.3 中所示的燃烧方法是干底炉的例子，这意味着温度是这样的，大多数灰分不

会聚结成熔球，并因此不会落到炉底部。这里落到炉底部的灰分，只是总灰分的 10%～20%，因为有足够的炉膛容积确保通过辐射传递到炉壁而降低峰值燃烧温度，所以它们仍然是非熔融的。

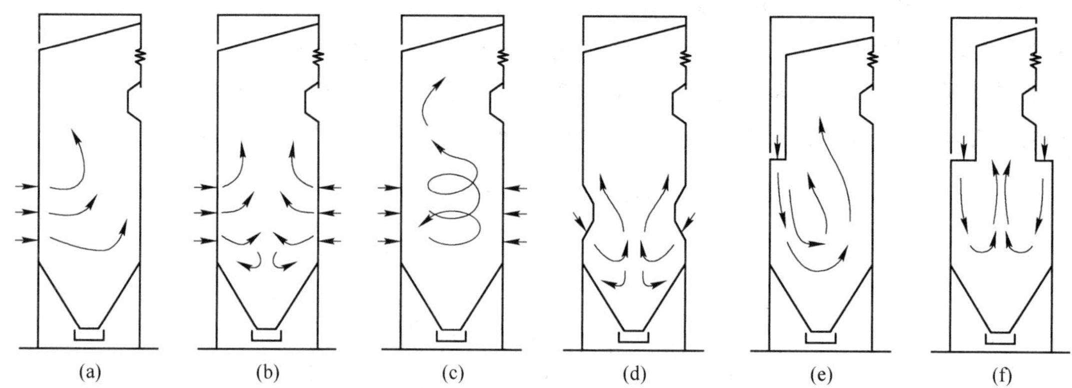

图 16.3　干底炉和燃烧器布局

（a）水平（前部和后部）；（b）相对水平；（c）切向；（d）相对倾斜；（e）单马蹄形火焰；（f）双马蹄形火焰

（引自：Elliott，承蒙 National Academy Press，Washington，DC 提供）

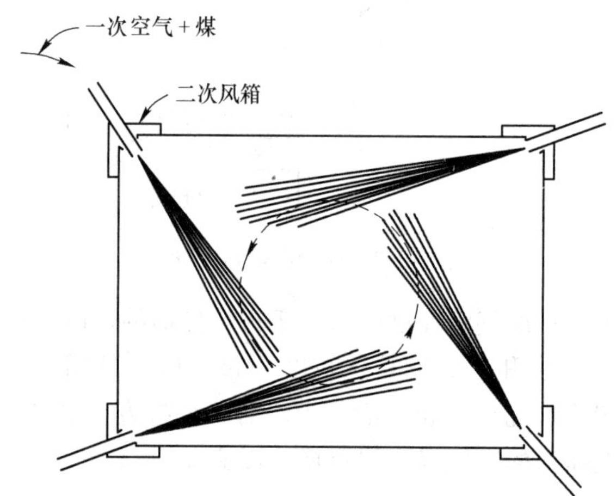

图 16.4　切向喷射角落燃烧锅炉横截面示意图

（燃烧器是倾斜的，有几个燃烧面）

湿底燃烧是已经使用的另一种设计方法。熔灰所需的高温是将喷嘴的位置设置尽量靠近，且靠近炉底部，并用耐火材料在附近的壁上铺设来产生。此外，还建造了各种类型的双室或挡板室，以提供两级燃烧，其中第一级非常热，从而使灰渣结渣。在某些湿煤底部设计和某些煤炭的运行条件下，有高达 75%的灰分保留。经验表明，使用干燥的底部系统可以最好地实现各种煤和负载条件的长期运行（30 年或更长时间）。湿底系统更容易结渣和腐蚀，并且具有更高的 NO_x 排放。但干底系统具有较高的不可控制的粉煤灰排放量。无论哪种情况，都需要颗粒控制设备。

16.1.2　窑炉设计

图 16.5 为一种实用尺寸的熔炉，其高度可达 50m，侧面高达 10m。燃烧从燃料喷嘴

的喉部开始，在过热器前的锅炉辐射段完成。喷嘴附近的峰值温度可能达到1650℃，并且由于壁面的辐射传热，温度逐渐下降到1100℃。辐射段必须足够大，以提供足够的停留时间，以使燃料颗粒完全燃烬，并且必须在锅炉对流段之前提取足够的热量使温度降到低于软化温度，以避免过热器管结垢。

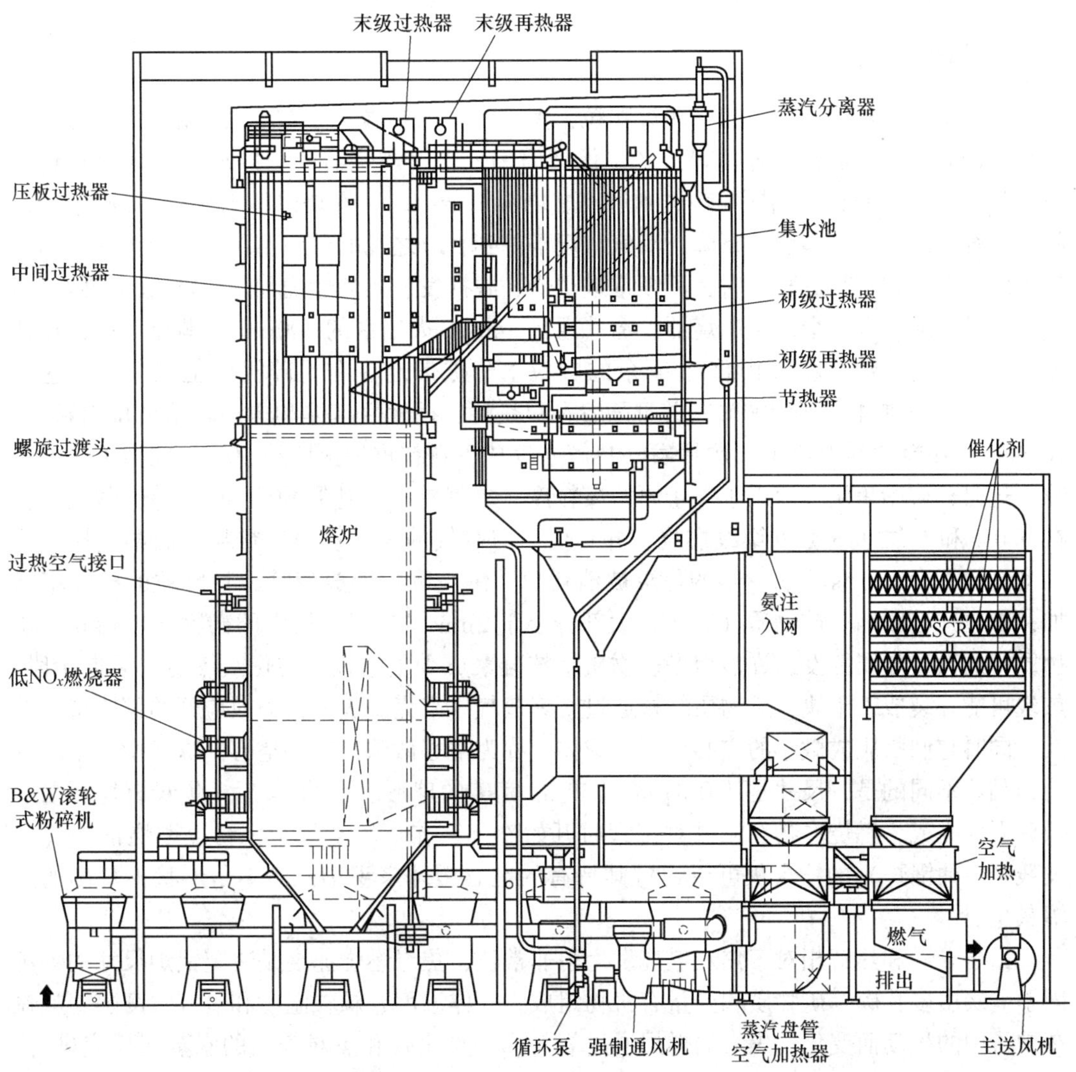

图 16.5　产生超临界蒸汽的粉煤燃烧锅炉

（引自：Kitto，J. B. and Stultz，S. C. Steam：Its Generation and Use，41st ed.，Babcock and Wilcox，承蒙 The Babcock and Wilcox Company，Barberton OH 提供）

辐射部分上部的拱形部分用于使燃烧室的上角周围提供更均匀的流动，以便增加对流部分中的传热。对流部分包含用于过热蒸汽的管子，并为多级涡轮机提供再次加热。对流部分的设计旨在尽可能小的空间内提取尽可能多的热量。对于燃煤熔炉，对流段的气体速度应严格限制在约20m/s，以尽量减少飞灰导致的管道侵蚀。如果燃料的灰分含量高或者含有特别硬的化合物如石英，那么必须降低气体流速，以便扩大对流区域。对流段入口处的烟气温度通常限制在1100℃，以减少管道腐蚀。在对流管以及省煤器和空气预热器管上定期使用由蒸汽或压缩空气喷嘴组成的吹灰器，以保持有效的热传递，并减少由于管表面积灰造成的烟气压力降低。如灰分中的钠、钾和铁等元素会导致灰渣沉积在锅炉管上并烧结，从而降低吹灰器的效率。沉积物中的硫酸盐和氯离子会导致管表面腐蚀。当更换燃料时，在特定的锅炉设计中，必须考虑结渣、侵蚀和腐蚀的影响。

16.2　粉煤燃烧

考虑由燃烧器吹入炉内的一团煤颗粒，大约80%的颗粒大小在10μm和100μm之间。燃烧器的旋涡和回混在燃烧器附近产生停留时间，来自燃烧器的辐射加热（耐火材料内衬喷嘴）点燃颗粒云。当颗粒输送到远离燃烧器炉子中时，燃烧热辐射到较冷的水管壁。随着燃烧的进行，气体温度下降，氧气浓度下降到百分之几的最终值。因此，当在不同条件下颗粒沿着弹道轨迹移动时，不断推进干燥、脱挥发、焦炭燃烧和灰分形成的步骤。

更具体地，以一个流经燃烧器喷嘴并遇到1400℃火焰区的100μm煤颗粒为例，在几分之一毫秒内，颗粒达到100℃，剩余的颗粒水分被带走（在粉碎机中也发生了一些干燥）；1ms时，颗粒达到400℃，并且随着颗粒热解、挥发性气体和焦油开始被排出颗粒；10ms后，颗粒达到1000℃，脱挥发（热解）完成，颗粒重量保留约50%，成为了多孔颗粒。这时，初始焦炭粒度大于等于原始煤粒度。氧气首次到达颗粒表面，焦炭开始燃烧。在0.01s和1s之间，焦炭继续燃烧，并且由于与氧气的表面反应，颗粒表面温度比气体温度高数百度。0.5s后，一半的焦炭被消耗掉。焦炭颗粒形成裂缝，且颗粒的孔隙率增加，颗粒开始收缩。矿物质（分布在大部分小于2μm大小的结核中的矿物质）熔化，矿物质中的微量金属挥发，许多熔融矿物质结核凝聚成少量结核，在焦炭燃烧的后期阶段，焦炭可能碎裂成若干块，矿物质结核通过凝聚蒸气压来克服表面张力效应开始膨胀得足够大，同时它们膨胀成微小的空心玻璃状球体，称为空心微珠，这些空心微珠像微型圣诞树装饰品。不同的是，尺寸是从0.1μm到50μm完美的球形。大约1s后，焦炭燃烧和空心微珠形成完成，燃烧产物在流过对流管时开始冷却。在环境空气中，粉煤燃烧锅炉（以及残余燃油锅炉）的粉煤灰可以通过其特有的空心微珠来识别，而不是形状不规则的土壤灰尘。

由于干燥和热解相对于焦炭燃烧发生得非常快，焦炭燃烧速度是决定锅炉尺寸的关键因素。炭由多孔碳、矿物质和少量有机物组成。气体温度、颗粒温度和氧气浓度随着颗粒在炉子中的移动而变化。焦炭的燃烬通过氧气、二氧化碳和焦炭表面的水蒸气反应进行；然而，起决定作用的环节是与氧气反应。焦炭颗粒的燃烧取决于传热及反应气体和产物通过颗粒外部的扩散；炭颗粒的孔内扩散和热传递；反应物气体的化学吸附、表面反应和产物的解吸。这里所发生的颗粒外部和炭颗粒孔内扩散的化学动力学是重要的。单个颗粒的表面可及性和表面反应性随时间而变化。

为了解固体燃料悬浮燃烧的燃烧过程，让我们考虑使用基于外表面积反应速率活塞流中焦炭燃烧的简化情况。等温塞流将首先出现，然后是非等温塞流。

16.2.1　粉煤的等温塞流

考虑在含氧的热气体中等温、均匀分布着均匀流动的焦炭颗粒。由燃烧引起的放热速率恰好等于燃烧室壁的传热。假设焦炭颗粒很小，扩散速率是限制性环节（动力学控制燃烧），$k_e=k_c$。从方程（14.29）可得到全局表面反应速率常数，并假设焦炭从表面转入CO，则焦炭粒子的燃烧符合：

$$\frac{\mathrm{d}m_{\mathrm{char}}}{\mathrm{d}t}=-\frac{12}{16}A_{\mathrm{p}}k_{\mathrm{c}}p_{\mathrm{O_2}} \tag{16.1}$$

将 k_p 代入 k_c（方程（14.21））：

$$\frac{\mathrm{d}m_{\mathrm{char}}}{\mathrm{d}t}=-\frac{12}{16}A_{\mathrm{p}}k_{\mathrm{p}}p_{\mathrm{O_2}} \tag{16.2}$$

式中，p_{O_2}是离开颗粒表面气体的氧分压，k_p 的单位是 $g_{O_2}/(cm^2 \cdot s \cdot atm_{O_2})$。对于球形颗粒，面积与质量相关。

$$A_{\mathrm{p}}=\pi\left(\frac{6\mathrm{m}_{\mathrm{char}}}{\rho_{\mathrm{char}}\pi}\right)^{2/3} \tag{16.3}$$

由于焦炭的燃烧，氧气压力沿着流动路径减小：

$$p_{\mathrm{O_2}}=p_{\mathrm{O_2,init}}\frac{m_{\mathrm{O_2}}}{m_{\mathrm{O_2,init}}} \tag{16.4}$$

式中，下标 init 是指初始的。引入过量空气 EA（或相当于过量的氧气），下标 comb 是指燃烧所消耗的质量，下标 s 是指化学计量条件。

$$p_{\mathrm{O_2}}=p_{\mathrm{O_2,init}}\left[\frac{m_{\mathrm{O_2(s)}}(1+EA)-m_{\mathrm{O_2(comb)}}}{m_{\mathrm{O_2(s)}}(1+EA)}\right] \tag{16.5}$$

整理得：

$$p_{\mathrm{O_2}}=p_{\mathrm{O_2,init}}\left(1-\frac{m_{\mathrm{O_2(comb)}}}{m_{\mathrm{O_2(s)}}}+EA\right)\left(\frac{1}{1+EA}\right) \tag{16.6}$$

或者记住化学计量消耗的氧分数比例等于消耗的碳的分数，

$$p_{\mathrm{O_2}}=p_{\mathrm{O_2,init}}\left(1-\frac{m_{\mathrm{char}}}{m_{\mathrm{char,init}}}+EA\right)\left(\frac{1}{1+EA}\right) \tag{16.7}$$

将方程（16.3）和方程（16.7）代入式（16.2），等温塞流中焦炭燃烧速率变为：

$$\frac{\mathrm{d}m_{\mathrm{char}}}{\mathrm{d}t}=-\frac{12}{16}\pi\left(\frac{6\mathrm{m}_{\mathrm{char}}}{\rho_{\mathrm{char}}\pi}\right)^{2/3}k_{\mathrm{p}}p_{\mathrm{O_2,init}}\left(\frac{m_{\mathrm{char}}}{m_{\mathrm{char,init}}}+EA\right)\left(\frac{1}{1+EA}\right) \tag{16.8}$$

在下面的例子中，这些方程式解决了大小一致炭颗粒的反应云。请注意，化学计量和过量空气是指 $C+O_2 \longrightarrow CO_2$ 反应，而表面反应是 $C+1/2O_2 \longrightarrow CO$。如果燃烧时间从方程（16.8）已知，并且平均速度已知，那么也可以确定颗粒燃烬的平均距离。

例 16.1 一个均匀 50μm 的焦炭颗粒云在 20%过剩氧量的热等温气体中流动，基于99%燃烬率计算颗粒燃烬时间，并画出颗粒质量与初始颗粒质量比与时间的函数。使用 $0.5g_{O_2}/(cm^2 \cdot s \cdot atm_{O_2})$ 的有效焦炭动力学速率常数，焦炭密度为 0.8g/cm³，并且初始氧气压力为 0.1atm。重复计算 100μm 的焦炭颗粒云基于99%燃烬率的燃烬时间，并对比。

解：通过除以 $m_{\mathrm{char,init}}$来无量纲化方程（16.7）：

$$\frac{\mathrm{d}}{\mathrm{d}t}\left(\frac{m_{\mathrm{char}}}{m_{\mathrm{char,init}}}\right)=-\frac{12}{16}\frac{\pi}{(m_{\mathrm{char,init}})^{1/3}}\left(\frac{6}{\rho_{\mathrm{char}}\pi}\frac{m_{\mathrm{char}}}{m_{\mathrm{char,init}}}\right)^{2/3}k_{\mathrm{p}}p_{\mathrm{O_2,init}}\left(\frac{m_{\mathrm{char}}}{m_{\mathrm{char,init}}}+EA\right)\left(\frac{1}{1+EA}\right)$$

50μm 焦炭颗粒的初始质量为：

$$m_{\text{char,init}} = \rho\frac{\pi d^3}{6} = \frac{0.8\text{g}_{\text{char}}}{\text{cm}^3}\cdot\frac{\pi}{6}\left(\frac{50\times10^{-4}\text{cm}}{1}\right)^3 = 5.236\times10^{-8}\text{g}_{\text{char}}$$

代入：

$$\frac{\mathrm{d}}{\mathrm{d}t}\left(\frac{m_{\text{char}}}{m_{\text{char, init}}}\right) = -\frac{12\text{g}_{\text{char}}}{16\text{g}_{\text{O}_2}}\cdot\frac{\pi}{1}\cdot\frac{1}{(5.236\times10^{-8}\text{g}_{\text{char}})^{1/3}}\cdot\left(\frac{\text{cm}^3}{0.8\text{g}_{\text{char}}}\cdot\frac{6}{\pi}\cdot\frac{m_{\text{char}}}{m_{\text{char,init}}}\right)\times$$
$$\frac{2}{3}\cdot\frac{0.5\text{g}_{\text{O}_2}}{\text{cm}^2\cdot\text{s}\cdot\text{atm}_{\text{O}_2}}\cdot\frac{0.1\text{atm}_{\text{O}_2}}{1}\left(\frac{m_{\text{char}}}{m_{\text{char,init}}}+0.2\right)\left(\frac{1}{1+0.2}\right)$$

简化：

$$\frac{\mathrm{d}}{\mathrm{d}t}\left(\frac{m_{\text{char}}}{m_{\text{char,init}}}\right) = -46.88\left(\frac{m_{\text{char}}}{m_{\text{char,init}}}\right)^{2/3}\left(\frac{m_{\text{char}}}{m_{\text{char,init}}}+0.2\right)$$

用方程求解程序可以很容易地求解这个问题。重复计算 100μm 的颗粒云，可得：

$$m_{\text{char,init}} = \rho\frac{\pi d^3}{6} = \frac{0.8\text{g}_{\text{char}}}{\text{cm}^3}\cdot\frac{\pi}{6}\cdot\left(\frac{100\times10^{-4}\text{cm}}{1}\right)^3 = 4.189\times10^{-7}\text{g}_{\text{char}}$$

和

$$\frac{\mathrm{d}}{\mathrm{d}t}\left(\frac{m_{\text{char}}}{m_{\text{char,init}}}\right) = -23.44\left(\frac{m_{\text{char}}}{m_{\text{char,init}}}\right)^{2/3}\left(\frac{m_{\text{char}}}{m_{\text{char,init}}}+0.2\right)$$

如下图所示，在这些条件下，50μm 颗粒的 99%燃烬时间为 0.126s，100μm 颗粒的燃烬时间为 0.251s。

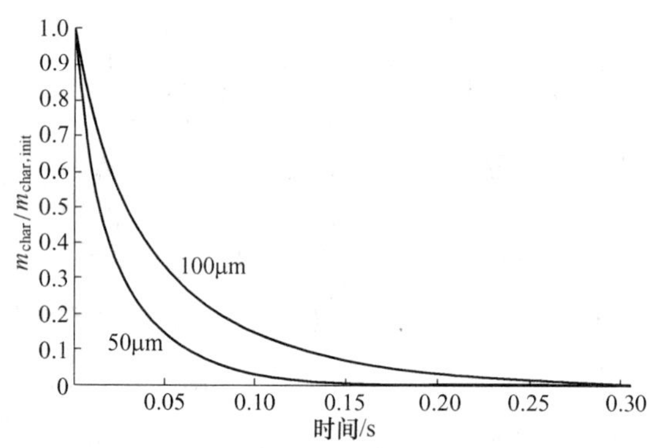

例 16.2　对于例 16.1 中验证的 50μm 焦炭均匀颗粒云，绘制燃烬颗粒质量除以初始质量与时间的关系，并确定 0%、5%、20%和 40%过量空气的燃烬时间。使用 $0.5\text{g}_{\text{O}_2}/(\text{cm}^2\cdot\text{s}\cdot\text{atm}_{\text{O}_2})$ 的有效焦炭动力学速率常数，焦炭密度为 0.8g/cm³，初始氧气压力为 0.1atm。

解：从例 16.1 得到的一般方程是：

$$\frac{\mathrm{d}}{\mathrm{d}t}\left(\frac{m_{\text{char}}}{m_{\text{char,init}}}\right) = -\frac{12}{16}\frac{\pi}{(m_{\text{char,init}})^{1/3}}\left(\frac{6}{\rho_{\text{char}}\pi}\frac{m_{\text{char}}}{m_{\text{char,init}}}\right)^{2/3}k_{\text{p}}p_{\text{O}_2,\text{init}}\left(\frac{m_{\text{char}}}{m_{\text{char,init}}}+EA\right)\left(\frac{1}{1+EA}\right)$$

代入并简化：

$$\frac{\mathrm{d}}{\mathrm{d}t}\left(\frac{m_{\text{char}}}{m_{\text{char,init}}}\right) = -\frac{56.26}{1+EA}\left(\frac{m_{\text{char}}}{m_{\text{char,init}}}\right)^{2/3}\left(\frac{m_{\text{char}}}{m_{\text{char,init}}}+EA\right)$$

用数值积分求解器求解得到下面的图，如下所示，对于 0%、5%、20%和 40%的过量空气，燃烬时间分别为 0.527s、0.237s、0.126s 和 0.092s；如下图所示，随着过量空气的减少，燃烬时间显著增加。例如，使用最初 5%过量空气达到 99%的燃烬率的燃烬时间比初始过量空气为 20%要高 88%。相反，要达到 99%的燃烬率，使用 40%过量空气需要的燃烬时间比初始 20%过量空气要少 27%。请注意，这个例子已经被简化了。k_p 是氧气初始分压和温度的函数，两者都可以依赖于过量的空气，并且不包括这种效应。

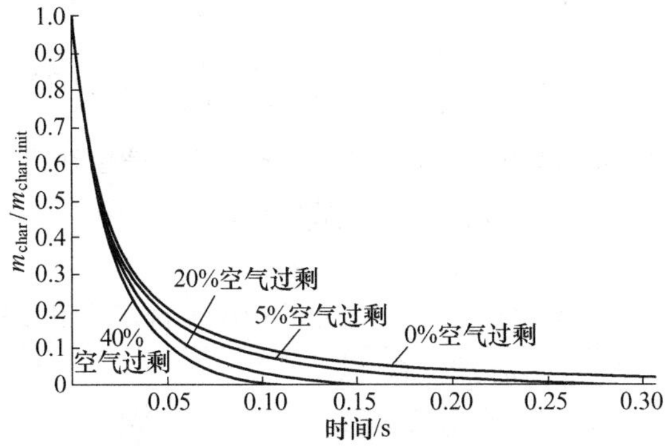

对于颗粒大小的分布，由于细颗粒的快速燃烬，初始燃烧速率大于具有相同平均直径的单粒径云团的燃烧速率。同样，由于耗尽大颗粒所需的时间，燃烬曲线的尾部更长。较大颗粒的燃烬时间由于颗粒的尺寸而减慢，并且由于细颗粒的燃烧降低了可用于燃烧大颗粒的氧含量。

单位流动面积的热输入 HR'' 取决于单位体积的焦炭颗粒的数量 n'、每个颗粒的质量 m_{char}、流速 $\underline{V}$ 和低位发热值 LHV。

$$HR'' = n' m_{char} \underline{V}(LHV) \tag{16.9}$$

单位体积的颗粒数是单位体积的燃料质量除以每个颗粒的质量，

$$n' = f\frac{\rho_g}{m_{char}} \tag{16.10}$$

式中，f 是燃料-空气比。将方程（16.9）和方程（16.10）用于焦炭颗粒的等温塞流，在例 16.3 中已经说明。

例 16.3 确定每单位面积的热输入率和空气中 50μm 焦炭颗粒的燃烬距离。颗粒负载的空气速度是 10m/s。反应温度是 1600K。假设焦炭是由碳和可以忽略不计的灰分组成。假定焦炭的 HHV 是 31MJ/kg。使用有效的焦炭动力学速率常数为 $0.5\mathrm{g_{O_2}}/(\mathrm{cm^2 \cdot s \cdot atm_{O_2}})$，焦炭密度为 $0.8\mathrm{g/cm^3}$，初始氧气压力为 0.21atm。

解：从例 16.1 可知，一般性的方程是：

$$\frac{\mathrm{d}}{\mathrm{d}t}\left(\frac{m_{char}}{m_{char,init}}\right) = -\frac{12}{16}\cdot\frac{\pi}{(m_{char,init})^{1/3}}\left(\frac{6}{\rho_{char}\pi}\frac{m_{char}}{m_{char,init}}\right)^{2/3} k_p p_{O_2,init}\left(\frac{m_{char}}{m_{char,init}} + EA\right)\left(\frac{1}{1+EA}\right)$$

一个 50μm 炭粒的质量是：

$$m_{char,init} = \rho_{char}\frac{\pi d^3}{6} = \frac{0.8\mathrm{g_{char}}}{\mathrm{cm^3}}\cdot\frac{\pi}{6}\cdot\left(\frac{50\times10^{-4}\mathrm{cm}}{1}\right)^3 = 5.236\times10^{-8}\mathrm{g_{char}}$$

代入并简化：

$$\frac{\mathrm{d}}{\mathrm{d}t}\left(\frac{m_{\mathrm{char}}}{m_{\mathrm{char,init}}}\right)=-98.43\left(\frac{m_{\mathrm{char}}}{m_{\mathrm{char,init}}}\right)^{2/3}\left(\frac{m_{\mathrm{char}}}{m_{\mathrm{char,init}}}+0.2\right)$$

使用方程求解器求解，99%燃烬的时间是 0.060s。对于 1mol 的碳加入 1mol 的 CO_2 和含有 20%过量空气的反应，平衡方程为：

$$C+1.2(O_2+3.76N_2)\longrightarrow CO_2+0.2O_2+4.51N_2$$

由该式，可得燃料-空气比是：

$$f=\frac{1\mathrm{mol_C}}{5.71\mathrm{mol_{air}}}\cdot\frac{12\mathrm{g_C}}{\mathrm{mol_C}}\cdot\frac{\mathrm{mol_{air}}}{29\mathrm{g_{air}}}\cdot\frac{1\mathrm{g_{char}}}{1\mathrm{g_C}}=0.0725$$

由于炭颗粒中不存在氢气或湿气，所以低位热值等于高位热值，空气密度是：

$$\rho_{\mathrm{air}}=0.000221\mathrm{g/cm^3}\qquad\text{附录 B}$$

粒子质量是：

$$m_{\mathrm{char,init}}=\rho_{\mathrm{char}}\frac{\pi d^3}{6}=\frac{0.8\mathrm{g_{char}}}{\mathrm{cm^3}}\cdot\frac{\pi}{6}\cdot\left(\frac{50\times10^{-4}\mathrm{cm}}{1}\right)^3=\frac{5.236\times10^{-8}\mathrm{g_{char}}}{\text{颗粒}}$$

由方程（16.10）：

$$n'=\frac{0.0725\mathrm{g_{char}}}{\mathrm{g_{air}}}\cdot\frac{2.21\times10^{-4}\mathrm{g_{air}}}{\mathrm{cm^3}}\cdot\frac{\text{颗粒}}{5.236\times10^{-8}\mathrm{g_{char}}}$$

$$n'=306\ \text{颗粒数}/\mathrm{cm^3}$$

使用方程（16.9），热输入率是：

$$HR''=\frac{306\ \text{颗粒数}}{\mathrm{cm^3}}\cdot\frac{5.236\times10^{-8}\mathrm{g_{char}}}{\text{颗粒}}\cdot\frac{1000\mathrm{cm}}{\mathrm{s}}\cdot\frac{31\mathrm{kJ}}{\mathrm{g_{char}}}$$

$$HR''=0.50\mathrm{kW/cm^2}=5.0\mathrm{MW/m^2}$$

如前所述，50mm 焦炭颗粒的燃烬时间为 0.06s，所以行驶距离 x 为：

$$x=\frac{0.060\mathrm{s}}{1}\cdot\frac{10\mathrm{m}}{\mathrm{s}}=0.6\mathrm{m}$$

由此我们可以找到平均能量密度（每单位体积的放热率）为：

$$q'''=\frac{HR''}{x}=\frac{5.0\mathrm{MW}}{\mathrm{m^2}}\cdot\frac{1}{0.6\mathrm{m}}=\frac{8.3\mathrm{MW}}{\mathrm{m^3}}$$

这说明粉煤焦燃烧的功率密度相对较高。

16.2.2　悬浮粉煤的非等温塞流

考虑悬浮在空气中炭颗粒均匀混合物的均匀流动。气体和颗粒之间没有相对速度。颗粒流动被充分地稀释，使得悬浮颗粒占据的体积可以忽略不计。流量稳定，压降可以忽略不计。与对流传热相比，气相热传导可忽略不计。随着颗粒沿着流线流动，由于氧气从气体到固体的动力学和扩散，炭与氧反应。该反应在颗粒表面附近生成 CO，然后在气相中迅速反应产生 CO_2。相对于焦炭与氧气的反应速率，CO_2 与焦炭的反应速率较小，可以忽略不计。按照 14.3 节的讨论，每单位体积的气体的焦炭燃烧速率是：

$$r_{\mathrm{char}}=\frac{\mathrm{d}m'''_{\mathrm{char}}}{\mathrm{d}t}=\frac{12}{16}k_{\mathrm{e}}p_{\mathrm{O_2}}A_{\mathrm{v}}\tag{16.11}$$

式中，A_v 是每单位体积气体的燃料外表面积，由下式给出：

$$A_v = A_p n' \tag{16.12}$$

随着焦炭颗粒云的移动，颗粒直径和氧气密度下降，并且由于燃烧，颗粒的温度和速度增加。

由于CO与焦炭相比反应迅速，因此气体中的CO可忽略不计，气相由O_2、CO_2和N_2组成。

$$r_{CO_2} = -r_C \frac{M_{CO_2}}{M_C} \tag{16.13}$$

$$r_{O_2} = r_C \frac{M_{O_2}}{M_C} \tag{16.14}$$

记住我们已经假设焦炭是由碳组成的，$r_{char} = r_c$，能量守恒和质量守恒以及物种的连续性可分别用于获得沿着流线的温度、速度和物质分布。气相的能量守恒方程是：

$$\frac{d}{dx}(\rho_g h_g \underline{V}) = r_{char} H_{char} - q'''_{rad} \tag{16.15}$$

式中，q'''_{rad}是由于辐射引起的每单位体积的燃烧室壁的热损失。表面反应速率 r_{char}受表面CO形成速率控制。然而，与炭表面CO的形成速率相比，CO迅速反应形成CO_2。结果H_{char}是以下反应的热量：

$$C + O_2 \longrightarrow CO_2$$

气相质量守恒是：

$$\frac{d}{dx}(\rho_g \underline{V}) = r_{char} \tag{16.16}$$

需要物质连续性方程来获得气体密度：

$$\rho_g = \rho_{O_2} + \rho_{CO_2} + \rho_{N_2} \tag{16.17}$$

$$\frac{d}{dx}(\rho_{O_2} \underline{V}) = r_{O_2} \tag{16.18}$$

$$\frac{d}{dx}(\rho_{CO_2} \underline{V}) = r_{CO_2} \tag{16.19}$$

注意到消耗每一个氧分子，产生一个二氧化碳分子：

$$\rho_{N_2} = \rho_{N_2,init} \frac{T_{init}}{T} \tag{16.20}$$

对于混合物：

$$h_g = \sum_i h_i y_i \tag{16.21}$$

式中：

$$y_i = \frac{\rho_i}{\rho_g} \tag{16.22}$$

隐含的解决方案如下：给定入口压力p、温度T、速度$\underline{V}$、粒子尺寸d和燃空比f，以上方程可逐渐假设一个小Δx通过方程（16.11）获得r_{char}。然后由方程（16.15）确定气体的焓h_g，气体的温度T_g由h_g更新。气体密度从方程（16.17）~方程（16.20）得出，速度由方程（16.16）得出。距离x逐渐由Δx递增，重复该过程，直到焦炭燃烧完。在方程（16.11）中使用的颗粒直径和获得质量传递系数 $\tilde{h}_D$（它是 k_e 的一部分）通过从 $\overline{x/V}$ 和使用方程（16.11）获得，如 14.3 节所做的那样。颗粒温度可能与气体温度不同，可从 14.3 节的关系中获得。

图 16.6 给出了在泥煤煤粉悬浮燃烧中应用详细塞流关系（包括干燥，粒子升温和热

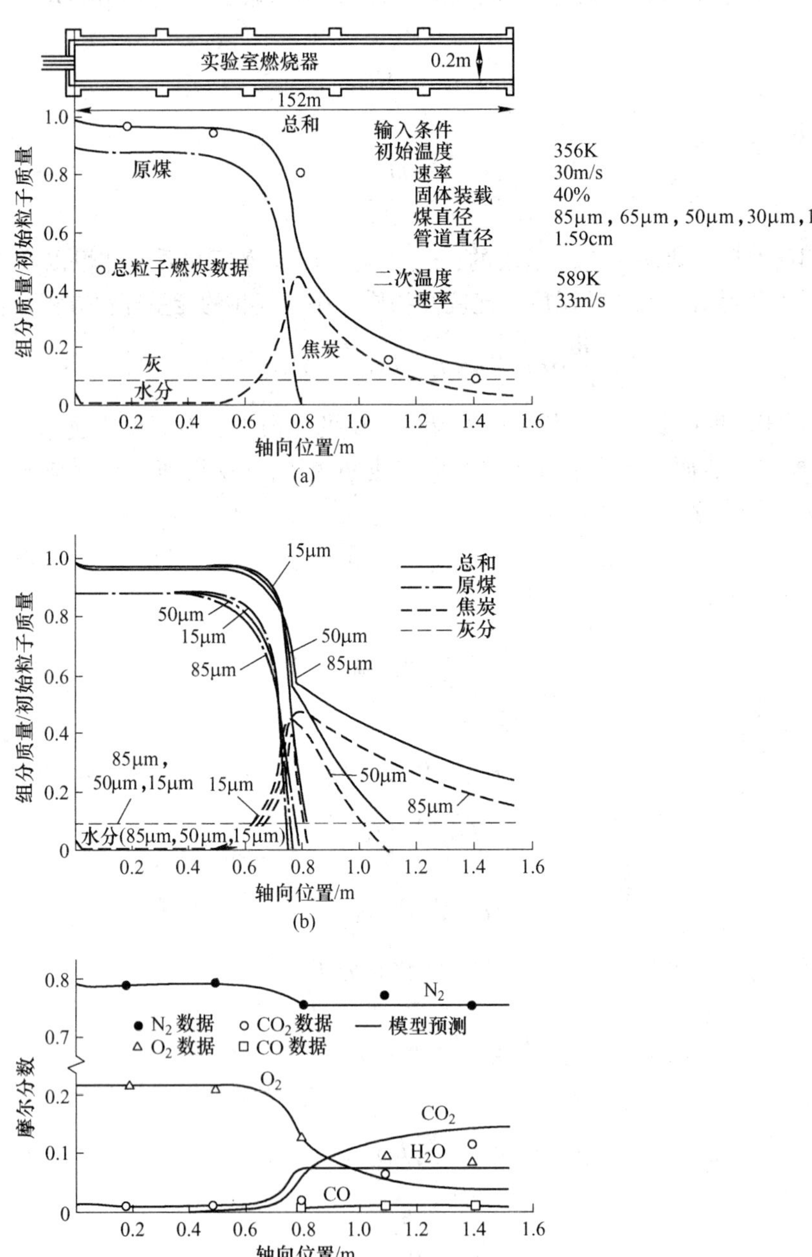

图 16.6　煤粉燃烧非等温塞流的预测和测量

（a）煤颗粒燃烬；（b）多分散云中的单个颗粒历史；（c）气体摩尔分数

（引自：Smoot，L. D and Smith，P. J，Coal Combustion and Gasification，Plenum Press，New York，1985，经许可）

解）的计算结果。在该例中，粒子升温需要大约1/3的距离。如图16.6所示，在加热之后热解迅速进行，该实例中，在收集器出口处可获得过量的氧气。燃烬85μm颗粒所需的时间超过燃烧室长度的可用时间。当然，在实际的炉子中，流动是三维的，但是这些计算类型为炉膛高度必须如此之大提供了有用的见解。完整的三维计算流体动力学计算用于辅助设计燃烧器，燃烬风喷嘴、辐射水冷壁管和锅炉对流沸腾管。

16.3 灰分的行为

灰分是影响锅炉性能的主要因素。灰尘不仅沉积在换热器表面和烟气通道上，还会导致传热管的腐蚀和侵蚀。沉积、侵蚀和腐蚀会严重限制锅炉管的效率和使用寿命。

灰的沉积称为结渣和结垢。结渣通常是指熔融灰在换热器表面上的黏结，一般是在辐射管上的黏附。结垢是指通过冲击和扩散在对流管和表面上沉积非熔融灰。结渣和结垢的严重程度取决于矿物质的性质和所涉及的温度和速度。

煤中的矿物质变化很大，但通常由硅铝酸盐（黏土）、硫化物、碳酸盐、氧化物和氯化物组成（见表16.2）。在燃烧期间，矿物化合物转化为氧化物。典型地，灰分的报告成分为单独的氧化物，例如SiO_2、Al_2O_3、Fe_2O_3、CaO、MgO、Na_2O和K_2O。然而，实际上形成了更复杂的无机化合物。煤灰可能在低至650℃的温度下开始烧结。烧结是灰分粒子发生化学结合而不熔化。在1000℃以上的温度下，会发生明显的熔化。高于约1400℃时，会形成高度黏稠的液态炉渣。2.3.5节讨论的锥形灰熔融温度测试是特定煤结渣潜力的粗略指标。

表16.2 煤中常见的矿物质

类　型	化合物①	化学式
黏土	伊利石	$KAl_2(AlSi_3O_{10})(OH)_2$
	高岭石	$Al_2Si_4O_{10}(OH)_2$
硫化物	黄铁矿	FeS_2
碳酸盐	方解石	$CaCO_3$
	白云石	$CaMg(CO_3)_2$
	陨铁	$FeCO_3$
氧化物	石英	SiO_2
氯化物	岩盐	NaCl
	钾盐	KCl

① 化合物差别很大，只显示了一些常见的化合物。

可采用两种技术去除难处理的矿渣沉积物：（1）利用高速喷射的蒸汽、空气或水的射流来破坏矿渣与管壁之间的结合；（2）降低燃烧速度以降低炉子温度。矿渣与管壁的结合主要源于矿渣中存在的碱金属化合物，如Na_2SO_4和K_2SO_4。钠、钾在火焰区挥发，约在500℃与二氧化硫迅速反应，凝结在外管表面，使外管表面变黏。随着烟道气流过管道，一些较大的飞灰颗粒在管道的上游侧沉积。由于湍流扩散，小于约3μm的颗粒可沉积在管的背面。

具有相对较高的钠和钾含量的煤倾向于更容易结垢。如表16.3所示，已经为沥青煤开发的结垢指数提供了评估具有潜在高或低结渣特征煤的标准。添加剂，如氧化铝粉末，有时用于减轻结垢。

表 16.3　烟煤灰分结垢指数

结垢指数 R_{foul}①	严重程度
<0.2	低
0.2~0.5	中
0.5~1.0	高
>1.0	严重

①$R_{foul}=(m_B/m_A)(m_{Na_2O})$，其中 m_B 是碱性化合物，如 Fe_2O_3、CaO、MgO、K_2O 和 Na_2O 的质量，m_A 是酸性化合物，如 SiO_2、Al_2O_3 和 TiO_2 的质量。

16.4　来自煤粉锅炉的排放物

微粒物质、二氧化硫、氮氧化物和二氧化碳是煤粉锅炉最重要的污染物排放物。二氧化碳排放量的减小将在下一节讨论。对于一些煤，汞排放量很大。用于微粒和二氧化硫排放的控制设备通常会捕获一些汞。碳氢化合物和一氧化碳在适当的操作系统中不会大量排放。新的煤粉发电厂需要使用最好的控制技术（见表 16.4）。

表 16.4　燃煤锅炉最佳排放控制技术（排放量/供热量）

污染物	排放限额	控制技术
二氧化硫	<0.036kg/GJ	湿石灰石 FGD
氮氧化物	<0.03kg/GJ	LNB+OFA+SCR
颗粒物质	99.8%或<0.0064kg/GJ	织物过滤器
汞	90%去除	协同效应捕获①

来源：Haslbeck, J, L., Black, J., Kuehn, N., Lewis, E., Rutkowski, M. D., Woods, M., and Vaysman, V., Pulverized Coal Oxycombustion Power Plants, Volume 1: Bituminous Coal to Electricity Final Report, DOE/NETL-2007/1291, National Energy Technology Laboratory, U. S. Department of Energy, 2nd rev., 2008。

注：FGD—烟气脱硫；LNB—低 NO_x 燃烧器；OFA—燃烬风；SCR—用氨注入选择性催化还原。

① 在 FGD 洗涤器和织物过滤器中捕获的汞。

燃料中的灰分转化为底灰和飞灰。微粒排放指的是飞灰。飞灰中的碳含量非常低，因为一般情况下，碳的燃烬量是好的。约 40%的飞灰尺寸往往小于 10μm，如果排放的话会在大气中悬浮数星期。颗粒小于 2.5μm 可渗入人体肺部，对健康造成不良影响。排放气流中的微粒控制设备需要减少微粒排放。静电除尘器通常收集 99%以上的烟气中的微粒，织物过滤器（称为袋式除尘器）收集大约 99.80%的微粒。

在燃烧过程中，燃料中的硫很容易转化为二氧化硫。大约 4%的硫与飞灰中的钙和镁结合，形成硫酸钙和硫酸镁微粒。约 1%~2%的硫形成凝结在亚微米颗粒上的硫酸，并有助于烟羽不透明。除非煤中硫含量很低（通常低于 0.6%的硫），否则需要湿式洗涤器来控制二氧化硫的排放。将粉碎的石灰石（$CaCO_3$）或熟石灰（$Ca(OH)_2$）的浆料喷入烟道气中，水汽蒸发，采用微粒控制设备将所得的硫酸钙水合物（$CaSO_4 \cdot 2H_2O$）颗粒（石膏）与烟道气分离。一般设计用洗涤器来捕获 90%的二氧化硫。由于温度太高，将干石灰石直接注入燃烧室是无效的。

煤粉锅炉排放的氮氧化物通常含有 95%的一氧化氮和 5%的二氧化氮。火焰温度和停留时间使得约 75%的 NO_x 排放物由燃料结合的氮形成，并且 25%由燃烧器空气中的氮气受热形成。一些燃料结合氮在挥发性火焰中以 HCN 和 NH_3 出现，并且一些出现在焦炭燃烬时的燃烧器辐射部分。改进的燃烧器设计有助于限制氮氧化物的初始燃烧。低 NO_x 燃烧器设计的两个例子如图 16.7 和图 16.8 所示。煤和贫燃一次空气（化学计量比为 15%~30%）流过燃烧器中心。仔细控制内部和外部涡流的二次空气逐渐将空气混入贫焰芯，以保持峰值温度尽可能低到既能保持稳定的火焰，又能使足够的炭燃烬。

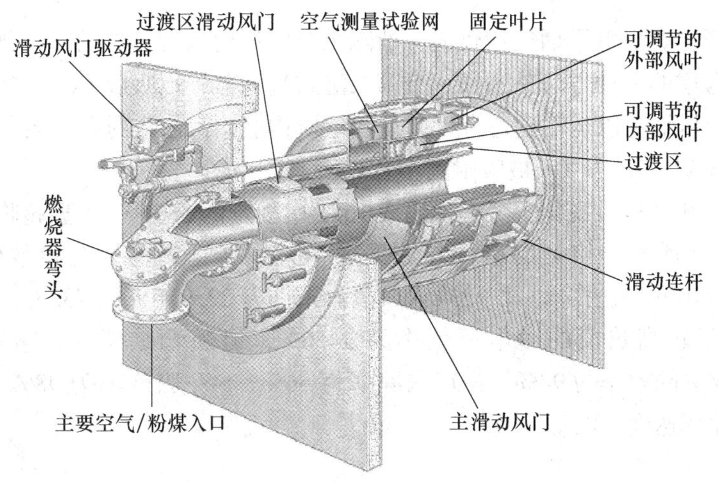

图 16.7 低 NO_x 煤粉燃烧器

（引自：Kitto J. B. and Stultz，S. C，Steam：Its Generation and Use，41st ed.，Babcock and Wilcox，2005。承蒙 The Babcock and Wilcox Company，Barberton，OH 提供）

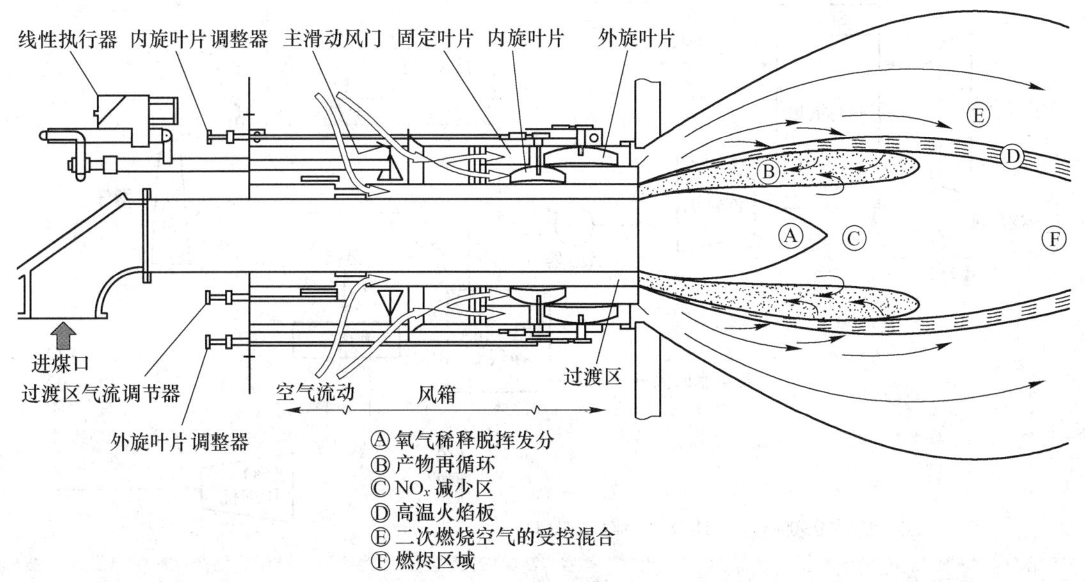

图 16.8 显示燃烧区的低 NO_x 煤粉燃烧器

（引自：Kitto J. B. and Stultz，S. C，Steam：Its Generation and Use，41st ed.，Babcock and Wilcox，2005。承蒙 The Babcock and Wilcox Company，Barberton，OH 提供）

为达到足够低的氮氧化物排放，即使在低 NO_x 燃烧器的情况下也能达到新型燃煤锅炉的排放标准，烟气通常通过涂覆有钒的催化膜网，将剩余的 NO_x 还原成 N_2，效率达 80%~90%。这就是所谓的选择性催化还原（SCR）。此外，将尿素（$(NH_2)_2CO$）喷射到 SCR 上游的烟气中以促进反应。

16.5　二氧化碳的捕获和封存

由于公用规模燃煤电厂烟气量较大，消除燃煤电厂向大气排放的二氧化碳是一项重大的事业。已经考虑的一种方法是添加一个第二湿式洗涤器，以吸收 CO_2，然后解吸浓缩的 CO_2 和在管道中压缩它以运输到适合于通过在地质构造中深注入封存地质站点，如旧油井或深不可用的煤矿，其中 CO_2 被吸附到多孔表面上。

为了使碳捕获过程可视化，考虑采用表 16.1 中规定的 550MW 大型超临界锅炉。系统流程图如图 16.9 所示，相关的运行参数见表 16.5。所选择的运行参数代表了预计到 2015~2020 年可用的先进技术。汽轮机入口蒸汽条件为 27.9MPa 和 732℃。在没有碳捕获的情况下，基于较高热值的净电厂效率为 44.6%，但随着碳捕获，净电厂效率降至 33.2%。颗粒物去除效率为 98%，NO_x 去除率为 86%，SO_x 去除率为 98%，Hg 去除率为 90%，CO_2 去除率达到 90%。

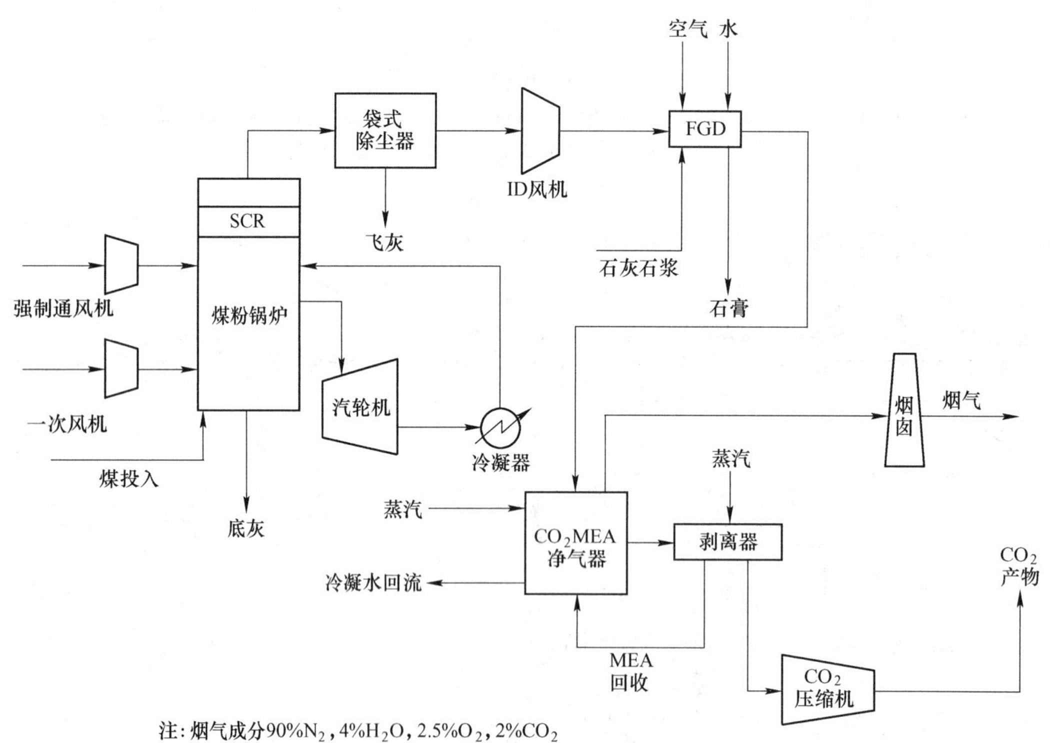

图 16.9　煤粉和氧燃烧锅炉的流程图（包括 NO_x、颗粒物、SO_x 和 CO_2 捕集）

（引自：Haslbeck, J. L, Black, J., Kuehn, N., Lewis, E., Rutkowski M. D., Woods, M., and Vaysman, V., Pulverized Coal Oxycombustion Power Plants, Volume1: Bituminous Coal to Electricity Final Report, DOE/NETL-2007/1291, National Energy Technology Laboratory, U. S. Department of Energy, 2nd rev., 2008)

正在考虑的另一种方法是使用氧气而不是空气来燃烧煤。在这种情况下，通过二氧化碳洗涤器的烟气量减少，如表16.5所示。通过在空气中低温分离 N_2 或使用在1.4MPa和800℃下运行的陶瓷膜来获得氧气。然而，由于额外的辅助电力需求，两种氧气制备方法都不能改善净电厂效率，使用氧气而不是空气不会显著降低相对于使用空气的总发电厂成本：使用不含 CO_2 的空气成本为$1414/kW；捕获二氧化碳的空气成本为$2312/kW；使用捕获二氧化碳的氧气成本为$2238/kW。因此，本报告中的碳捕获量使发电厂的效率降低了25%，资本成本增加了58%。

表16.5　一台大型燃煤蒸汽锅炉运行的性能参数（具有 CO_2 捕获，生成550MW净电力）

参　数	无二氧化碳捕集的USC①蒸汽	二氧化碳捕集的USC①蒸汽	USC①蒸汽与氧燃烧和二氧化碳捕获
蒸汽压力/MPa	27.9	27.9	27.9
蒸汽温度/℃	732	732	732
蒸汽流量/$kg \cdot h^{-1}$	1388000	1845000	2368000
煤炭进给速度/$kg \cdot h^{-1}$	164000	220000	221000
一次燃烧空气/$kg \cdot h^{-1}$	377000	506000	500000
过热燃烧空气/$kg \cdot h^{-1}$	1228000	1648000	1628000②
石灰石/$kg \cdot h^{-1}$	18400	22400	22300
烟气到袋式除尘器/$kg \cdot h^{-1}$	2021000	2395000	2368000
烟气转化为 SO_2 洗涤器/$kg \cdot h^{-1}$	2132000	2525000	2301000
压缩的 CO_2 产品/$kg \cdot h^{-1}$	NA	469000	598000
总发电量/MW	577	644	759
产生的净电力/MW	550	550	550
净电站效率/%	44.6	33.2	33.0
SO_x 排放③/$ton \cdot yr^{-1}$	1220	348	442
NO_x 排放③/$ton \cdot yr^{-1}$	995	1472	1484
颗粒排放③/$ton \cdot yr^{-1}$	185	273	276
Hg排放③/$ton \cdot yr^{-1}$	0.016	0.024	0.002
CO_x 排放③/$ton \cdot yr^{-1}$	2983000	428000	267000

来源：Haslbeck, J. L., Black, J., Kuehn, N., Lewis, E., Rutkowski, M. D., Woods, M., and Vausman, V., Pulverized Coal Oxycombustion Power Plants, Volume 1: Bituminous Coal to Electricity Final Report, DOE/NETL-2007/1291, National Energy Technology Laboratory, U. S. Department of Energy, 2nd rev., 2008。

① 超超临界。

② 26%O_2、7%N_2、53%CO_2、11%H_2O。

③ 假定85%捕获的系数。

16.6　生物质燃烧锅炉

使用悬浮燃烧锅炉的大型发电厂可以将生物质与煤一起燃烧，只要生物质被磨碎或粉碎。将柳枝稷或其他草捆打碎并粉碎或研磨成质量平均长度为25mm或更小、纤维厚度约为1mm的纤维。生物质的收获相对靠近发电厂，以便通过卡车运输将运输成本降到最低，但如果使用驳船或铁路运输，则距离电力工厂并不重要。在不改变燃烧器设计的情况下，在热替代的基础上，可以将高达 10%粉碎的农业残余物或草类共烧。燃料气中的过量空气维持在 2%~3%的氧气含量。木材可以通过在煤粉碎机中添加木屑来进行共同燃烧，最多 5%更换而不会降低煤粉碎机的粉磨效率。木屑的含水量不应超过 25%。

设计中的问题是要确定生物质必须被粉碎好，以获得适当的燃烧器性能。由于生物质焦比煤焦更具反应性，所以生物质的粒径可以大于煤。粒度分布也必须考虑在内。必须考虑锅炉的燃烧器稳定性和微粒燃烬。对于工业规模较小的系统，砂磨机粉尘燃烧器和其他细粉碎的生物质也可以在市场上买到。

生物质气化是替代化石燃料的另一种方法。在气化过程中，生物质在独立的气化器中气化，产生通过管道连接到锅炉燃烧器的合成气。合成气可能取代部分或全部化石燃料，固体燃料的气化将在下一章讨论。

16.7 习题

16-1 大型粉煤燃烧干底锅炉与朗肯循环蒸汽轮机配套使用，可提供 500MW 的电力。烟煤具有 20.1MJ/kg 的高热值，10%的灰分和 3%的硫含量。一台静电除尘器去除废气中 99%的二氧化硫，总体系统效率为 35%。计算如下问题：

（a）供煤率（t/h）；

（b）颗粒排放量（t/h）和（kg/10^5kJ 输入）；

（c）二氧化硫排放量（t/h）和（kg/10^6kJ 输入）；

（d）每年的燃料成本，假设全年每小时全功率，煤炭成本 30 美元/t；

（e）如果 Ca/S 物质的量之比为 3，需要石灰石（$CaCO_3$）的进料速率（t/h）。

16-2 烟煤在炉中粉碎并燃烧。在干燥无灰基最终的分析是 5%H，82%C 和 13%O。干燥无灰基的高位热值为 32.5MJ/kg。干基灰分含量为 10%。假设燃料水分在粉碎机中蒸发。燃料和 20%的空气在 298K 进入炉内。在 600K 二级进气和三次进气。使用总共 10%的过量空气。假定煤炭在燃料喷嘴附近完全燃烧。使用附录 C 的气体特性数据，计算：

（a）单位质量煤（收到基）的传热量（MJ/kg）是多少，以便将火焰峰值温度限制在 1660K？

（b）在炉子辐射区，从 1700K 降到 1100K 所需的每单位质量煤的传热（收到基）是多少？

（c）如果烟囱气温度为 170℃，环境温度为 25℃，每千克煤（收到基）的烟囱排出的热量是多少？

16-3 50μm 均匀的煤焦炭颗粒云在含有 10%过量氧气的热气流中流动。计算并绘制焦炭颗粒质量/初始质量与时间的关系曲线。使用有效的焦炭动力学速率常数为 0.5g/(cm^2 · s · atm_{O_2})，焦炭密度为 0.8g/cm^3，初始氧气压力为 0.1atm。

16-4 50μm 木炭颗粒的均匀云团在含有 10%过量氧气的热气流中流动。计算并绘制焦炭颗粒质量/初始质量与时间的关系曲线。使用 0.5g/(cm^2 · s · atm_{O_2}) 的有效焦炭动力学速率常数，0.4g/cm^3的焦炭密度和 0.05atm 的初始氧气压力（因为焦炭燃烧之前挥发物将消耗空气中的大部分氧气）。

16-5 考虑在 1600K 和 1atm 下具有 20%过量空气的 40μm 焦炭颗粒等温塞流。每立方厘米颗粒的数量是多少？每个粒子之间的距离是多少？

16-6 考虑包含 50% 的 50μm 颗粒和 50% 的 100μm 颗粒的等温煤颗粒云，在含有 20%过量氧的热等温气体流中流动。根据 99%的燃烬确定颗粒燃烬时间，并绘出颗粒质量除以初始颗粒质量作为时间的函数关系曲线。使用有效的炭动力学速率常数 $0.5g/(cm^2 \cdot s \cdot atm_{O_2})$，焦炭密度 $0.8g/cm^3$ 和初始氧气压力为 0.1atm。重复计算 100μm 的颗粒，并根据 99%的燃烬比较燃烬时间。讨论例 16.1 的单尺寸粒子云与两个尺寸粒子云燃烬之间的差异。

16-7 考虑一个 50μm 焦炭颗粒的等温塞流，它在含有 20%过量氧的等温热气流中流动。使用仅由扩散效应引起的焦炭反应速率常数，并且因此随着颗粒收缩而变化，基于 99%的燃烬确定颗粒燃烬时间，并绘出颗粒质量除以初始颗粒质量作为时间的函数关系曲线。使用缩小的球体恒定密度模型。气体温度为 1600K，焦炭密度为 $0.8g/cm^3$，初始氧气压力为 0.1atm。将你的分析结果与例 16.1 的结果进行比较。

16-8 考虑 70μm 的焦炭均匀颗粒云在等温气体中流动，对于 5%，10%和 20%过量空气确定：（a）基于 99%燃烬率的颗粒燃烬时间；（b）绘制等热气体流中流颗粒质量除以初始颗粒质量为时间的函数关系曲线。使用 $0.5g/(cm^2 \cdot s \cdot atm_{O_2})$ 的有效焦炭动力学速率常数，$0.8g/cm^3$ 的焦炭密度和 0.1atm 的初始氧气压力。

16-9 对于例 16.1 的条件，使用第 14 章给出的信息估算直径为 50μm 和直径为 100μm 的烟煤颗粒的热解时间。假设颗粒温度为 1000K 和 1500K。这与例 16.1 中的焦炭燃烬时间相比如何？

16-10 查找 SiO_2、Al_2O_3、Fe_2O_3、CaO、MgO、K_2O、Na_2O、HgO、Hg_2O 和 PbO 各自的熔点。一旦它们离开锅炉的对流段和空气加热器，评论这些化合物中的每一个。

16-11 给定焦炭颗粒的松香—拉姆勒尺寸分布，其中 $d_0 = 50\mu m$ 和 $q = 1.2$，根据下式计算直径，其将尺寸分布分成 10 个相等加权的尺寸增量（$y = 0.05, 0.15, 0.25, \cdots, 0.95$）质量。

$$y_i = 1 - \exp\left[-\left(\frac{d_i}{d_0}\right)^q\right]$$

16-12 对于表 16.5 和图 16.9 中规定的无 CO_2 洗涤的 550MW 电厂，假定锅炉辐射段的平均气体温度为 1500K，辐射锅炉的横截面为 10m×10m，在燃烧器上方的辐射部分是 25m。计算锅炉辐射段的气体速度和颗粒停留时间。你的结果是否合理？解释为什么如果加入 CO_2 洗涤器并指定净功率输出为 550MW，锅炉的尺寸将需要改变。

16-13 对于表 16.5 中规定的 550MW 电厂，假定煤炭含有 9.7%的灰分和 2.51%的硫。计算三个电厂配置的颗粒物和 SO_2 排放量的排放控制程度（%）。

参 考 文 献

[1] Aerts D J, Bryden K M, Hoerning J M, et al. Co-Firing Switchgrass in a 50MW Pulverized Coal Boiler, Proc. Am. Power Conf. 59 (2): 1180~1185, 1997.

[2] Backreedy R I, Jones J M, Pourkashanian M, et al. Burn-out of Pulverized Coal and Biomass Chars, Fuel 82 (15~17): 2097~2105, 2003.

[3] Breen B P. Combustion in Large Boilers: Design and Operating Effects on Efficiency and Emission, Symp. (Int.) Combust, 16: 19~35, The Combustion Institute, PA, 1977.

[4] Cooper C D, Alley F C. Air Pollution Control, 3rd ed., Waveland Press, Long Grove, IL, 2002.

[5] Elliott M A, ed. Chemistry of Coal Utilization: Second Supplementary Volume, Wiley Interscience, New York, 1981.

[6] EI-Wakil M M. Powerplant Technology, McGraw-Hill, New York, 1984.

[7] Essenhigh R H. Coal Combustion, in Coal Conversion Technology, eds. C. Y. Wen and E. S. Lee, 171~312, Addison-Wesley, Reading, MA, 1979.

[8] Haslbeck J L, Black J, Kuehn N, et al. Pulverized Coal Oxycombustion Power Plants, Volume 1: Bituminous Coal to Electricity Final Report, DOE/NETL-2007/1291, National Energy Technology Laboratory, U. S. Department of Energy, 2nd rev., 2008.

[9] Kitto J B, Stultz S C. Steam: Its Generation and Use, 41st ed., Babcock and Wilcox, Barberton, OH, 2005.

[10] Lawn C J, ed. Principles of Combustion Engineering for Boilers, Academic Press, London, 1987.

[11] Rayaprolu K. Boilers for Power and Process, CRC Press, Boca Raton, FL, 2009.

[12] Reid W T. The Relation of Mineral Composition to Slagging, Fouling and Erosion During and After Combustion, Prog. Energy Combust. Sci. 10 (2): 159~175, 1984.

[13] Singer J G, Owens K R. Combustion: Fossil Power Systems: A Reference Book on Fuel Burning and Steam Generation, 4th ed. Combustion Engineering Power Systems Group, 1993.

[14] Smart J P, Weber R. Reduction of Nitrogen Oxides (NO_x) and Optimization of Burnout with an Aerodynamically Air-Staged Burner and an Air-Staged Precomhustor Burner, J. Inst. Energy, 62 (453): 237~245, 1989.

[15] Smoot L D, Pratt D T. Pulverized Coal Combustion and Gasification: Theory and Applications for Continuous Flow Processes, Plenum Press, New York, 1989.

[16] Smoot L D, Smith P J. Coal Combustion and Gasification, Plenum Press, New York, 1985.

[17] Smoot L D, ed. Fundamentals of Coal Combustion for Clean and Efficient Use, Elsevier, New York, 1993.

[18] Syred N, Claypole T C, MacGregor S A. Cyclone Combustors, in Principles of Combustion Engineering for Boilers, ed. Lawn, C. J, 451~519, Academic Press, London, 1987.

[19] Tomeczek J. Coal Combustion, Krieger, Malabar, FL, 1994.

[20] U. S. Environmental Protection Agency, Cornpilation of Air Pollutant Emission Factors, Vol. 1: Stationary Point and Area Sources, 5th ed., EPA-AP-42, 1995.

[21] Wall T F. The Combustion of Coal as Pulverized Fuel through Swirl Burners, in Principles of Combustion Engineering for Boilers, ed. Lawn, C. J., 197~335, Academic Press, London, 1987.

[22] Weber R, Dugue J, Sayre A, et al. Quarl Zone Flow Field and Chemistry of Swirling Pulverized Coal Flames; Measurement and Computations; Symp. (Int.) Combust, 24: 1373~1380, The Combustion Institute, Pittsburgh, PA, 1992.

[23] Williams A, Pourkashanian M, Jones J M. The Combustion of Coal and Some Other Solid Fuels, Proc. Combust. Inst., 28 (2): 2141~2162, 2000.

[24] Wornat M J, Hurt R H, Yang N Y C, et al. Structural and Compositional Transformations of Biomass Chars During Combustion, Combust Flame, 100 (1~2): 131~143, 1995.

17　流化床燃烧

流化床燃烧是固体燃料利用的第三种方法。历史上，首先开发的是固定床燃烧器，其次是悬浮燃烧系统，最后才是流化床系统。这三种类型系统选择哪一种取决于固体燃料的类型和尺寸以及最终用途。一般来说，流化床已经用于碎煤和生物质燃料，碎煤指需要捕集硫但不能通过烟气洗涤器的碎煤，生物质燃烧指针对悬浮燃烧尺寸太大或采用炉篦燃烧太小和湿度变化太大的生物质燃料。

流化床是通过向上吹气流穿过床而使固体颗粒运动的床。气流的速度必须足够大以使颗粒局部悬浮（流化床），但是速度又必须足够小以确保颗粒不会从床中吹出。该床与液体相似，似乎是沸腾的，表现出浮力和静压头。因此被称为流化床。如图 17.1 所示，流化床的主要组成部分是空气充气室、空气分配器、床和干舷。干舷用于脱离床面上方抛出的颗粒，完成挥发性物质和在床内没有完全燃烧的细小颗粒燃烧。这种类型的流化床称为鼓泡流化床。第二种类型的流化床——循环流化床以较高的气体速度运行，该气体携带部分燃料和床颗粒并将其再循环回到床的下部。

石油工业多年来一直使用流化床催化裂化原油生产汽油，并将其用于冶金矿石焙烧、石灰石煅烧和石化生产等许多其他应用。虽然气态和液态燃料可能在流化床中燃烧，但流化床燃烧系统的主要应用是燃烧生物质和煤等固体燃料。燃炉和锅炉中使用的流化床在常压下操作。目前正在开发用于固体燃料气化的加压流化床来为燃气轮机—蒸汽轮机联合循环系统提供动力。气化与燃烧相似，但使用的是低于化学计量比的空气来生产富含氢和一氧化碳的低热值气体。

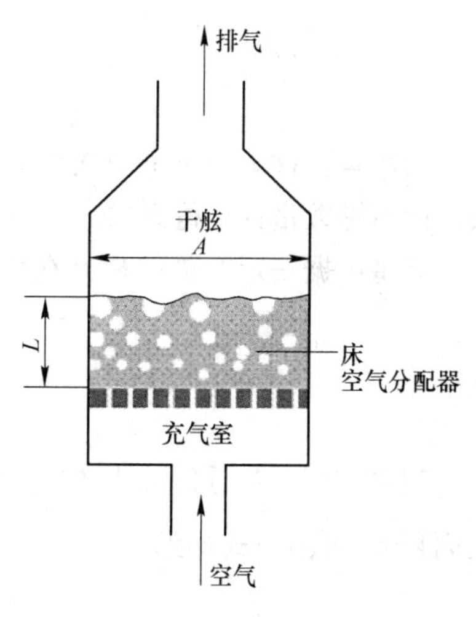

图 17.1　流化床示意图

流化床锅炉克服了传统的加煤机和粉煤燃烧锅炉的几个限制。流化床锅炉由于床温相对较低而具有低的 NO_x 排放。流化床具有良好的燃料灵活性，可以燃烧各种各样的固体燃料，其灰分和水分含量变化很大。在流化床中可以燃烧较高水分燃料而没有燃烧不稳定性或失火的危险。由于燃烧温度较低，因此高灰分燃料可以燃烧而具有较小的坍塌危险。由于床铺混合良好，送料和分配燃料更容易。对于煤，可以使用石灰石床材料来捕获一些二氧化硫。

本章重点介绍与流化床鼓泡床、循环流化床和加压流化床有关的流化和床内燃烧过程的基本原理。由于流化床同样适合作为气化器或燃烧器工作，所以也讨论了气化系统。

17.1　流态化基础

如前所述，流化床由充气室、分配器、床和干舷组成。通常床是流化床系统中的主要组分。床通常由大量不同尺寸和形状的固体颗粒组成。实际上，床料的有效直径可以通过将床料分成一系列尺寸增量的筛分分析来确定。通过基于平均比颗粒表面积（颗粒表面积除以颗粒体积）的筛选分析来计算平均直径，它适用于考虑压降和表面反应速率的情况。床中颗粒的平均比表面积是：

$$\bar{A}_p = \sum_i \left(y_i \frac{表面积}{体积} \right) = \sum_i \left(y_i \frac{6}{d_i} \right) \tag{17.1}$$

式中，y_i 是增量 i 的质量分数，d_i 是增量 i 的直径。通过假定具有与平均比颗粒表面积相同的表面积与体积比的等效球体可得到平均直径 $\bar{d}$：

$$\bar{A}_p = \frac{6}{\pi \bar{d}^3} \cdot \frac{\pi \bar{d}^2}{1} = \frac{6}{\bar{d}} \tag{17.2}$$

结合式（17.1）和式（17.2）可得：

$$\sum_i \left(y_i \frac{6}{d_i} \right) = \frac{6}{\bar{d}} \tag{17.3}$$

简化：

$$\bar{d} = \frac{1}{\sum_i \frac{y_i}{d_i}} \tag{17.4}$$

请注意，这等同于书中 9.2 节中定义的索特平均直径（见习题 17.1），是从质量分数，而不是数量计算得到的。

床将占据一定的总体积，在该体积内将会有一定的空隙空间，只含有气体。空隙率 ε 是：

$$\varepsilon = \frac{空隙体积}{床体积} = \frac{V_{void}}{V_{bed}} \tag{17.5}$$

空隙体积分数近似等于床中任何点的空隙所占截面的分数。每单位床体积的平均颗粒表面积 $\bar{A}_v$ 可由下式得到：

$$V_{bed} = V_{void} + V_p \tag{17.6}$$

用公式（17.6）除以床体积并用公式（17.5）简化：

$$\frac{V_p}{V_{bed}} = 1 - \varepsilon \tag{17.7}$$

将公式（17.2）乘以公式（17.7）：

$$\frac{6}{\bar{d}} \frac{V_p}{V_{bed}} = (1 - \varepsilon) \bar{A}_p$$

上式左侧的量是每个颗粒体积的平均颗粒表面积乘以每单位床体积的颗粒体积，简化：

$$\bar{A}_v = (1 - \varepsilon) \bar{A}_p \tag{17.8}$$

式中，$\overline{A}_v$ 为每单位床体积的平均颗粒表面积。通过床的有效局部速度称为间隙速度$\underline{V}_I$：

$$\underline{V}_I = \frac{\dot{V}}{A\varepsilon} \tag{17.9}$$

式中，$\dot{V}$ 为通过床的体积流量，A 为床的横截面积，如图 17.1 所示。表观速度 $\underline{V}_s$ 仅仅是如果不存在床时的气体速度：

$$\underline{V}_s = \frac{\dot{V}}{A} \tag{17.10}$$

例 17.1 对下面的颗粒筛分分析，计算平均颗粒直径$\overline{d}$、床中颗粒的平均比表面积 $\overline{A}_p$ 和床单位体积的平均颗粒表面积 $\overline{A}_v$。空隙率为 0.40。

泰勒网格号	网格尺寸/mm	筛上的质量/kg
8	2.36	0
10	1.65	60
14	1.17	80
20	0.83	40
35	0.42	20
48	0.29	0
总　计		200

解：首先，我们需要确定每个尺寸范围内的质量分数，并评估公式（17.4）。注意 d_i 是特定网格的平均直径。例如，网格的平均直径 No. 10（粒子的第一个仓）是：

$$d_i = \frac{2.36 + 1.65}{2} = 2.00\text{mm}$$

确定其余的直径并将结果列在下面的表格中：

d_i/mm	y_i	$y_i/d_i/\text{mm}^{-1}$
2.00	0.30	0.150
1.41	0.40	0.283
1.00	0.20	0.2000
0.62	0.10	0.160
0.35	0.00	0.000
总计	1.00	0.793

因此根据公式（17.4），颗粒表面平均直径是：

$$\overline{d} = \frac{1}{0.793\text{mm}^{-1}} = 1.26\text{mm}$$

根据公式（17.2），床中颗粒的平均比表面积是：

$$\overline{A}_p = \frac{6}{1.26\text{mm}} \cdot \frac{1000\text{mm}}{\text{m}} = 4760\text{m}^2/\text{m}^3$$

根据公式（17.8），每单位床体积的平均颗粒表面积是：

$$\overline{A}_{\mathrm{v}} = \overline{A}_{\mathrm{p}}(1-\varepsilon) = 4760 \times (1-0.4) = 2856\mathrm{m}^2/\mathrm{m}^3$$

17.1.1 床上的压力降

考虑一个床，其流速不足以使床流态化，而是仍然作为填充床。气体通过床上曲折的路径流动。与管道流动类似，流化床的压降除以深度 L 是间隙速度、通过床曲折路径的有效直径以及气体的密度和黏度的函数：

$$\frac{\Delta p}{L} = f(\underline{V}_{\mathrm{I}},\ d_{\mathrm{eff}},\ \rho_{\mathrm{g}},\ \mu) \tag{17.11}$$

从量纲分析来看，有两个无量纲的组可以写成：

$$\frac{\Delta p}{L}\frac{d_{\mathrm{eff}}}{\rho\, \underline{V}_{\mathrm{I}}^2} = f\left(\frac{\underline{V}_{\mathrm{I}}}{\mu} d_{\mathrm{eff}}\rho_{\mathrm{g}}\right) \tag{17.12}$$

曲折路径的有效直径可以从水力直径概念中获得。水力直径是流体体积的四倍除以流体润湿的表面积：

$$d_{\mathrm{eff}} = 4\,\frac{V_{\mathrm{void}}}{V_{\mathrm{bed}}} \cdot \frac{1}{\overline{A}_{\mathrm{v}}} = \frac{4\varepsilon}{\overline{A}_{\mathrm{v}}} \tag{17.13}$$

代入式（17.8）和式（17.2）得到：

$$d_{\mathrm{eff}} = \frac{4\varepsilon}{(1-\varepsilon)\overline{A}_{\mathrm{p}}} = \frac{2}{3}\frac{\varepsilon \overline{d}}{1-\varepsilon} \tag{17.14}$$

和管道流的做法相似，式（17.12）可以写成：

$$f_{\mathrm{pm}} = f(Re_{\mathrm{pm}}) \tag{17.15}$$

式中，f_{pm}为多孔介质摩擦系数，Re_{pm}为多孔介质雷诺数。多孔介质的摩擦系数是：

$$f_{\mathrm{pm}} = \frac{\Delta p}{L}\frac{d_{\mathrm{eff}}}{\rho_{\mathrm{g}}\, \underline{V}_{\mathrm{I}}^2} \tag{17.16}$$

将式（17.2）和式（17.14）代入式（17.16），并删除“2/3”常数项得到：

$$f_{\mathrm{pm}} = \left[\frac{\varepsilon^3 \overline{d}}{\rho_{\mathrm{g}} \underline{V}_{\mathrm{s}}^2 (1-\varepsilon)}\right]\frac{\Delta p}{L} \tag{17.17}$$

同样，多孔介质雷诺数 Re_{pm}变成：

$$Re_{\mathrm{pm}} = \frac{\underline{V}_{\mathrm{I}} d_{\mathrm{eff}}\rho_{\mathrm{g}}}{\mu} = \frac{\overline{d}\,\underline{V}_{\mathrm{s}}\rho_{\mathrm{g}}}{(1-\varepsilon)\mu} \tag{17.18}$$

在填充床上进行的实验已经表明式（17.15）成立并具有如下函数关系：

$$f_{\mathrm{pm}} = \frac{150}{Re_{\mathrm{pm}}} + 1.75 \tag{17.19}$$

这是 Ergun 方程（土耳其化学工程师 Sabri Ergun 于 1952 年推导得到）（Kuinii 和 Levenspiel，1991）。第一项代表层流，第二项代表湍流，由于极端的粗糙度，它与雷诺数无关。结合式（17.17）~式(17.19)，填充床的压降可写为：

$$p = \frac{150\underline{V}_{s}\mu(1-\varepsilon)^2 L}{\varepsilon^3 \bar{d}^2} + \frac{1.75\underline{V}_{s}^2(1-\varepsilon)\rho_g L}{\varepsilon^3 \bar{d}} \tag{17.20}$$

17.1.2 最小流化速度

当向上流动气体引起的床中颗粒的阻力恰好等于床层的重量时，就会开始发生流化。这相当于床层上的压降与床层面积的乘积恰好等于流化开始时的床层重量的状态。

$$\Delta pA = LA(1-\varepsilon)(\rho_p - \rho_g)g \tag{17.21}$$

将式（17.20）代入式（17.21）并略微整理可得到最小表观流化速度 $\underline{V}_{mf}$ 的二次方程。

$$\frac{1.75\rho_g}{\bar{d}\varepsilon^3}\underline{V}_{mf}^2 + \frac{150\mu(1-\varepsilon)}{\bar{d}^2\varepsilon^3}\underline{V}_{mf} = (\rho_p - \rho_g)g \tag{17.22}$$

如果 Re_{pm} 小于 10，第一项可忽略；如果 Re_{pm} 大于 1000，第二项可忽略。

当流量增加超过最小流态化流量时，压降基本保持恒定。当流量进一步增加时，颗粒最终将被吹出床外。极限情况是单粒子终端速度 $\underline{V}_t$，这种行为总结在图 17.2 中。因为对于均匀尺寸的颗粒，$\underline{V}_t$ 至少比 $\underline{V}_{mf}$ 大十倍。流化操作流量有一定范围。当然，如果床层含有大颗粒和小颗粒，小颗粒将在大颗粒之前被吹出床层。

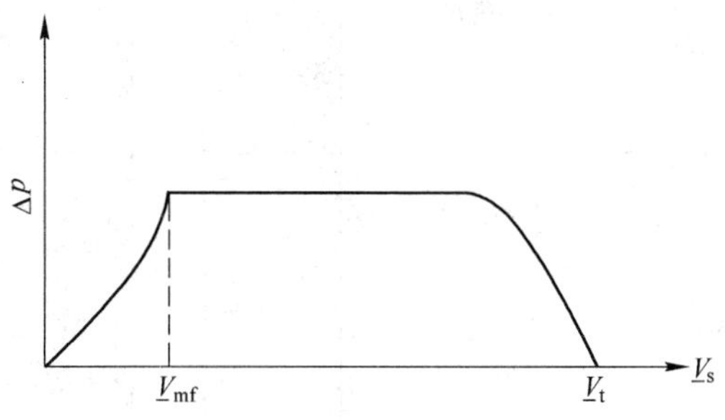

图 17.2 床层压降与表观流速的关系

17.1.3 单粒子终端速度

单个颗粒的终端速度是通过将颗粒的质量设定为等于阻力来获得。该阻力是：

$$F_D = C_D A_F \frac{\rho g \underline{V}_{slip}^2}{2} \tag{17.23}$$

式中，$\underline{V}_{slip}$ 为气体和颗粒之间的滑动速度；A_F 为颗粒的前部面积。在平衡时：

$$\frac{\pi d^3}{6}\rho_p g = C_D \frac{\pi d^2}{4}\frac{\rho_g \underline{V}_t^2}{2}$$

整理得：

$$\underline{V}_t = \left(\frac{4d\rho_p g}{3C_D\rho_g}\right)^{1/2} \tag{17.24}$$

对于球形粒子：

$$C_D = \frac{24}{Re} + \frac{3.6}{Re^{0.313}} \quad (Re<1000) \tag{17.25a}$$

和

$$C_D = 0.43 \quad (1000<Re<200000) \tag{17.25b}$$

17.1.4 鼓泡床

在最小流态化速率下，床是均匀的，即气体围绕每个颗粒，颗粒开始运动。整个床表现为密相流体。当表观速度增加到最小流化速率以上时，形成气泡。这些气泡基本上没有固体，主要含有气体。这些气泡被称为稀相。气泡的初始尺寸取决于所使用的空气分配板的类型，如图 17.3 所示。具有几个大孔入口的板将在该板附近具有较大的气泡，而具有许多小入口的板将在该板附近具有许多小气泡。然而，随着气泡上升，它们聚结、尺寸增大，密相和稀相之间的分布变得与入口空气分布设计无关。

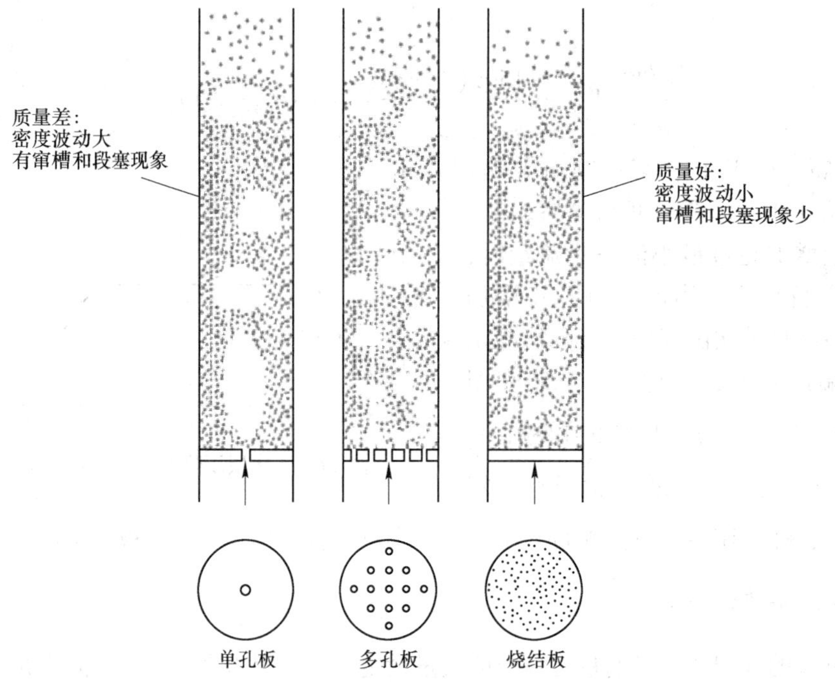

图 17.3　流态化质量受空气分布板类型的影响

气泡在流化床的行为中起着至关重要的作用。在实践中，气泡是不可避免的。随着表观速度的增加，加入的气体流进入气泡（稀相）而不是进入密相。密相基本保持在最低程度的流化状态。由于浮力上升，气泡携带附近的固体颗粒，从而提供了床上颗粒大规模混合的主要机制。当气泡到达床的顶部时，它们冲破表面，向上的动量将床上的颗粒甩出。如果床层上方的表观速度小于给定颗粒的终点速度，则会回落到床层上；否则，颗粒将被排气夹带。在剧烈的鼓泡床中，颗粒可以向上甩动几个床深度的距离，并且必须提供运输脱离高度或干舷以使颗粒回落到床中。

流化床中直径为 d_B 的单个气泡的上升速率由下式给出：

$$\underline{V}_B = K\sqrt{\frac{gd_B}{2}} \tag{17.26}$$

式中，K 为常数，取决于粒子的大小和形状，通常约为 0.9。对于毫米尺寸的床颗粒，通常气泡上升的速度小于间隙速度，并且由于横向运动气泡聚结而不是从下方取代，床内的传热管往往会破碎形成的大气泡。

对于没有床内管的高速运行深层床，气泡可能增长直到占据床的整个横截面积。这些气泡在它们前面带有一组或一些颗粒，直到不稳定发生并且颗粒倒回到床上。这被称为压制操作模式，可能导致系统相当大的振动，并且这种现象通常是不期望发生的。在压塞条件下，更多的细颗粒将倾向于被淘洗（吹出床）。

对于流化床燃烧器，燃料可能具有与床材料不同的尺寸和密度。如果燃料比床材料更轻更大，则燃料可能倾向于偏离或漂浮在床的顶部。许多情况下，这可以通过设定流速来克服，使床剧烈起泡。当然，这也往往会从床上淘洗小颗粒。

由于气泡在床内存在压力波动，并且这些压力波动可以通过入口分布板反馈，从而改变流速。经验表明，通过入口空气分布板的压降降低约12%将使入口压力充分地与床压力波动隔离。使用各种进气分布板设计以确保良好的流化。已经发现，图 17.4（a）所示的立管式喷嘴分配器非常适合于流化床燃烧。空气从喷嘴顶部的孔进入床层，静态床在热流化层和底板之间形成绝缘层。喷嘴通常以 75～100mm 的间距排列在基板上，直径为 12～15mm，高度为 50～100mm。喷嘴孔尺寸则是通过折中过多的喷嘴数量和防止颗粒掉落之间来进行确定。图 17.4（b）所示的泡罩设计有时被用来防止床层颗粒掉落。

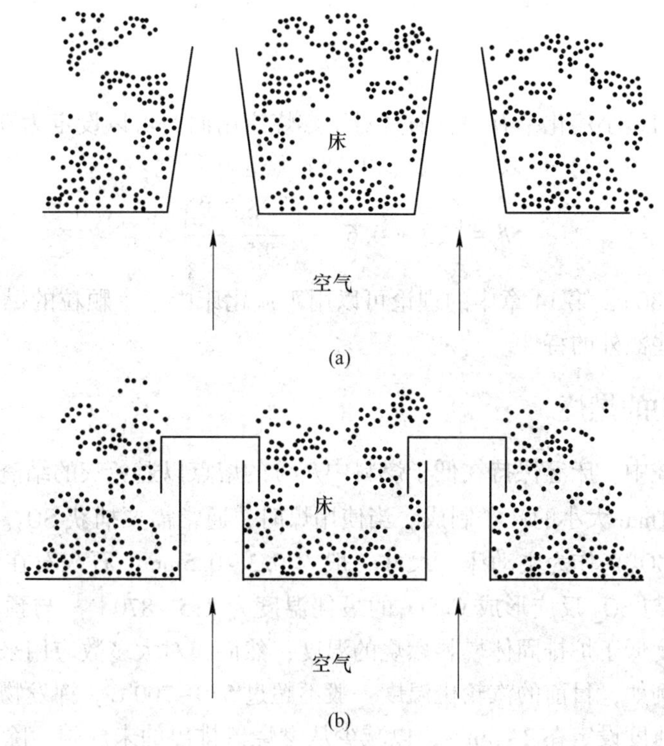

图 17.4 鼓泡流化床用空气分布板

（a）立管式喷嘴；（b）泡罩式

17.1.5 床上的热量和质量传递

在流化床燃烧器的设计和操作中，考虑传热和传质的影响尤为重要。从气体到颗粒的热传递对确定固体燃料颗粒的加热速率和脱挥发分速率很重要。Botterill（1975）总结了这方面的文献，并推荐了以下对于毫米级颗粒、压力高达 20atm 颗粒的努塞尔特数表述：

$$Nu_p = 0.055Re_p^{0.77}\left(\frac{\rho_g}{\rho_{g,0}}\right) \tag{17.27}$$

式中，$\rho_{g,0}$ 为大气压力下的气体密度；ρ_g 是工作压力下的气体密度。由于更多的气体通过密相而导致流化质量改善，因此随着压力的增加传热增加。

浸入流化床中管道的传热随着床层颗粒尺寸的减小和管道尺寸的增加而增加。根据颗粒大小，传热系数比传统的气-热交换表面高 5～10 倍。例如，在具有毫米级颗粒的床中燃煤流化床燃烧器中，观察到颗粒与水管约 200～350W/(m²·K) 的传热系数。

氧气从气体到燃料颗粒的传质设定了焦炭的燃烧速度。部分入口空气通过气泡相并且不接触颗粒。考虑气泡的传质理论往往是复杂的，一部分氧气，可能 20%～40%，不会与焦炭表面发生反应，而是与床层或干舷中的挥发物反应。考虑到密相中的扩散（不包括气泡），假定气体是相对静态，氧扩散方程可写为：

$$\frac{d}{dr}\left(\varepsilon r^2 \frac{d}{dr}\rho_{O_2}\right) = 0 \tag{17.28}$$

式中，r 为半径而不是反应速率。该解决方案遵循 14.3 节的解决方法：

$$\frac{\tilde{h}_D \overline{d}}{D_{AB}} = Sh = 2\varepsilon \tag{17.29}$$

式中，空隙率 ε 与最小流化率有关，通常对于燃烧应用而言可以设定为 0.4。对于显著通过的密相流，式（17.29）可以基于式（14.28）修正，得到：

$$Sh = \left(2\varepsilon + 0.6\frac{Re_{mf}^{0.5}Sc^{0.33}}{\varepsilon^{0.5}}\right)\phi \tag{17.30}$$

使用式（17.30），第 14 章中的理论可以用于流化床中单个颗粒的燃烧速率分析，并在下一节讨论一些额外的特性。

17.2　鼓泡床中的燃烧

在流化床燃烧中，床温保持在低于燃料中灰分的熔点以避免灰的结渣。对于生物质燃烧，床通常由约 1mm 大小的沙子制成。当使用煤时，通常需要捕获 SO_2。在这种情况下，使用石灰石（$CaCO_3$）作为主动床，尺寸一般为 0.3～0.5mm。石灰石在床中还原为氧化钙（CaO），CaO 与 SO_2 反应形成 $CaSO_4$ 的最佳温度为 815～870℃。与预混合火焰、悬浮燃烧相比，该温度低于炉排固体燃料燃烧的温度；然而，对大多数应用来说，这是一个非常合适的温度。例如，目前的汽轮机温度一般不超过 540～700℃。挥发物在床上和干舷内燃烧。表观气体速度设定在 2～3m/s，以减少从燃烧器排出的未燃碳。除了促进二氧化硫捕集和软灰分颗粒，床层温度低导致相对低的 NO_x 排放，碱化合物挥发较少，且床内锅炉管表面的侵蚀较少。

为了控制床温，将锅炉管浸入床中。为确定给定温度下不降低床层温度的燃料中热量释放可以移除的分数，让我们考虑如图 17.5 所示的床层周围控制体积上的质量和能量平衡。首先，我们将忽略气泡的影响，假设床内完全燃烧，然后我们将允许在床上进行一些燃烧，最后将气泡和床上燃烧的影响考虑在内。

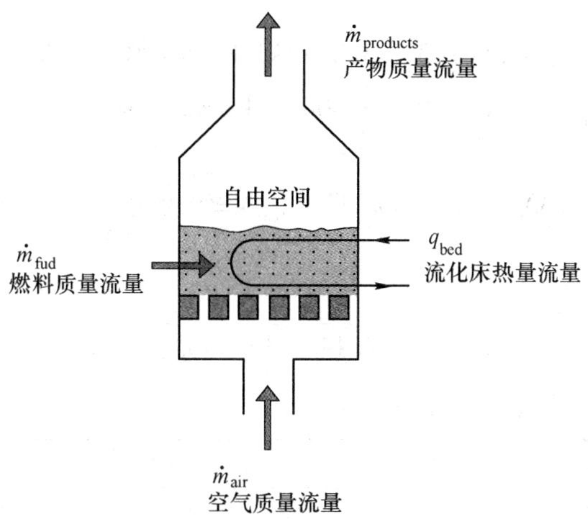

图 17.5　鼓泡床质量和能量平衡示意图

17.2.1　忽略气泡，并假定床上完全燃烧

整个床上的质量守恒为：

$$\dot{m}_{air} + \dot{m}_f = \dot{m}_{prod} \tag{17.31}$$

产物的流量取决于气体产品的密度、表观流化速度和床的横截面积：

$$\dot{m}_{prod} = \rho_g \underline{V}_s A \tag{17.32}$$

结合式（17.31）和式（17.32）并且使用燃料-空气比 f，燃料供给速率变为：

$$\dot{m}_f = \rho_g \underline{V}_s A \left(\frac{f}{1+f}\right) \tag{17.33}$$

令床层到床层管道的传热量为 q_B，并假设床层 100% 的放热量，则整个床层上的能量平衡方程为：

$$\dot{m}_{air} h_{air} + \dot{m}_f h_f = \dot{m}_{prod} h_{prod} + q_{bed} \tag{17.34}$$

使用显热焓，并假设完全燃烧：

$$\dot{m}_{air} h_{air,s} + \dot{m}_f LHV = \dot{m}_{prod} h_{prod,s} + q_{bed} \tag{17.35}$$

除以 $\dot{m}_f$，并引入：

$$r_{bed} = \frac{q_{bed}}{\dot{m}_f LHV} \tag{17.36}$$

式中，r_{bed}是从床中提取的输入热量的部分，能量方程变成：

$$h_{air,s} + f(LHV)(1 - r_{bed}) = (1+f) h_{prod,s} \tag{17.37}$$

式（17.37）显示了提取的热量与保持床层给定温度所需的燃料-空气比之间的关系。当然，燃空比不应该超过化学计量的燃空比。

例 17.2　流化床燃烧低位发热值为 25000kJ/kg 的干燥烟煤。该煤的化学计量燃空比为 0.100（表 3.1），床层温度保持在 877℃，空气进入温度为 127℃。忽略气泡，假定在床上完全燃烧，忽略燃料中的灰分。计算床层热提取分数从 0 到 0.7 的燃空比。

解：假定产物为空气（为了简单起见），并使用附录 B 的参考温度为 300K，以便与低位发热值相容：

$$h_{\mathrm{air,s}} = (401.3 - 300.4)\mathrm{kJ/kg} = 100.9\mathrm{kJ/kg}$$

$$h_{\mathrm{prod,s}} = (1219.4 - 300.4)\mathrm{kJ/kg} = 919.0\mathrm{kJ/kg}$$

式（17.37）变成：

$$100.9 + 25000f(1 - r_{\mathrm{bed}}) = 919.0(1 + f)$$

整理得：

$$f = \frac{1}{29.44 - 30.56 r_{\mathrm{bed}}}$$

将不同的 r_{bed} 与 f 列表：

热提取率 r_{bed}	燃空比 f
0	0.0340
0.1	0.0379
0.2	0.0429
0.3	0.0493
0.4	0.0581
0.5	0.0706
0.6	0.0901
0.7	>0.1（化学计量）

该表给出了保持床温 877℃所需的 r_{bed} 和 f 之间的关系。如下图所示，热提取率与燃空比之间的关系并不是线性关系，而是所需燃料随着热提取率的增加而显著增加。知道了燃料-空气比例，可以从式（17.33）得到燃料供给速率。

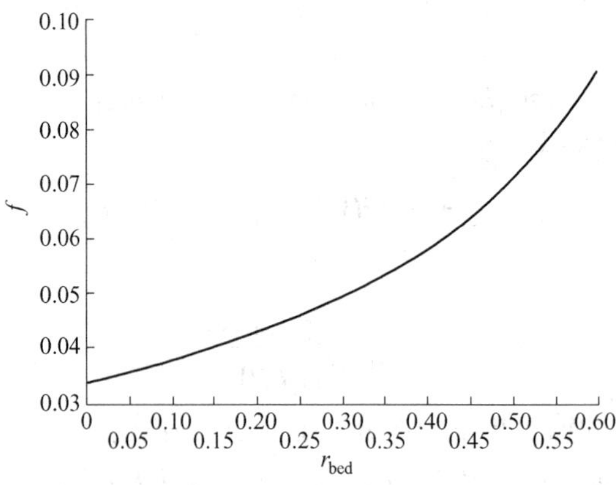

为了从床内用热交换器管道抽出热量 q_{bed}，管道必须具有足够的表面面积 A_{t}，这样：

$$q_{\mathrm{bed}} = \tilde{h} A_{\mathrm{t}} \Delta T_{\mathrm{LM}} \tag{17.38}$$

式中，A_{t} 为管的面积；ΔT_{LM} 为管之间的对数传热平均温度差。

$$T_{\mathrm{LM}} = \frac{(T_{\mathrm{bed}} - T_{\mathrm{out}}) - (T_{\mathrm{bed}} - T_{\mathrm{in}})}{\ln\left(\dfrac{T_{\mathrm{bed}} - T_{\mathrm{out}}}{T_{\mathrm{bed}} - T_{\mathrm{in}}}\right)} \tag{17.39}$$

式中，T_{in} 和 T_{out} 为换热器的进出口温度。假定是圆柱形热交换器管，热交换器管的面积与热交换器管占据的体积相关。

$$\frac{A_t}{V_t} = \frac{\pi d L_t}{\pi d^2 L_t/4} = \frac{4}{d} \tag{17.40}$$

式中，V_t 和 L_t 为换热器管所占据的体积和管长度（床深）。引入管子所占的床体积的比例参数 Φ，换热器管子的面积相对于床的深度、床的横截面积以及管直径有关。

$$A_t = \frac{4\Phi L_t A}{d_t} \tag{17.41}$$

对于给定的换热器设计，从式（17.38）和式（17.41）显而易见的是，流化床必须具有足够的深度以提供给定的热提取率。

例 17.3 根据以下设计参数计算流化床燃烧器燃烧木材废料所需的床高：

$V_s = 3\text{m/s}$	$d_t = 25.4\text{mm}$
$T_B = 877℃$	$\Phi = 0.17$
$T_{air} = 127℃$	$P = 1\text{atm}$
$LHV = 15.0\text{MJ/kg}$	$r_{bed} = 0.5$
$T_{in} = 127℃$	$\tilde{h} = 250\text{W/(m}^2\cdot\text{K)}$
$T_{out} = 827℃$	$f_{air,s} = 0.169$

解：整理式（17.36）得：

$$q_{bed} = r_{bed}\dot{m}_f(LHV)$$

用式（17.33）代替 $\dot{m}_f$

$$q_{bed} = r_{bed}\left(\frac{f}{1+f}\right)P_g V_s A(LHV)$$

除以床的面积，并使用理想气体定律：

$$\frac{q_{bed}}{A} = r_{bed}\left(\frac{f}{1+f}\right)\frac{P_g}{RT_{bed}}V_s(LHV)$$

假定气体的分子量是 29.0：

$$\frac{q_{bed}}{A} = 0.5\frac{0.169}{1.169}\left(\frac{101.3\text{kPa}}{1}\frac{29\text{kg}}{\text{kgmol}}\frac{1}{1150\text{K}}\frac{\text{kgmol}\cdot\text{K}}{8.314\text{kPa}\cdot\text{m}^3}\right)\frac{3\text{m}}{\text{s}}\frac{15\text{MJ}}{\text{kg}}$$
$$= 1.00\text{MW/m}^2$$

将式（17.38）代入式（17.41）并求解床层深度：

$$L = \frac{q_{bed}}{A}\frac{d_t}{4\tilde{h}\Phi T}$$

从式（17.39）得到：

$$T = \frac{(877-827)-(877-127)}{\ln\left(\frac{877-827}{877-127}\right)} = 258\text{K}$$

代入：

$$L = \frac{1000\text{kW}}{\text{m}^2} \frac{0.0254\text{m}}{4 \times 0.17 \times 258\text{K}} \frac{\text{m}^2 \cdot \text{K}}{0.250\text{kW}} = 0.58\text{m}$$

覆盖管子的最小床层深度为 0. 58m，并允许在床的顶部和底部留有间隙，床高 1m 是合理的。

17. 2. 2　忽略气泡，但包括床层上方的一些燃烧

假定床内燃烧相对于消耗固体燃料的时间，可完全消耗任何热解气体或焦炭气化气体。基于此，床中的燃烧产物是 N_2、CO_2 和 H_2O，以及一些 O_2。设 X 等于在床中燃烧的固体燃料分数，$\dot{m}_{\text{bed,prod}}$ 等于燃烧产物在床中的质量流率。床的质量守恒方程是：

$$\dot{m}_{\text{air}} + X\dot{m}_{\text{f}} = \dot{m}_{\text{bed,prod}} \tag{17.42}$$

床上方干舷的质量守恒方程是：

$$\dot{m}_{\text{bed,prod}} + (1 - X)\,\dot{m}_{\text{f}} = \dot{m}_{\text{prod}} \tag{17.43}$$

床上的能量守恒方程是：

$$\dot{m}_{\text{air}}h_{\text{air}} + X\dot{m}_{\text{f}}h_{\text{f}} = \dot{m}_{\text{bed,prod}}h_{\text{bed}} + q_{\text{bed}} \tag{17.44}$$

类似于例 17. 2 和例 17. 3 的关系也可以在这种情况下推导。

17. 2. 3　包括气泡和床上某些燃烧的影响

为了说明这些气泡，假设一定比例的空气 B 流过稠密相，剩下的（1-B）部分的空气穿过床，而气泡不与床中的燃料反应。进一步假设气泡和密相之间没有传热和传质。床密相的质量守恒方程是：

$$(1 - B)\,\dot{m}_{\text{air}} + X\dot{m}_{\text{f}} = \dot{m}_{\text{D,prod}} \tag{17.45}$$

记住密相中气体的质量对应于气泡中剩余气体的最小流化速度：$\dot{m}_{\text{D,prod}} = \rho_{\text{g}} V_{\text{mf}} A$

干舷的质量守恒方程是：

$$\dot{m}_{\text{D,prod}} + B\dot{m}_{\text{air}} + (1 - X)\,\dot{m}_{\text{f}} = \dot{m}_{\text{prod}} \tag{17.46}$$

密相床的能量守恒方程为：

$$(1 - B)\,\dot{m}_{\text{air}}h_{\text{air}} + X\dot{m}_{\text{f}}h_{\text{f}} = \dot{m}_{\text{D,prod}}h_{\text{bed}} + q_{\text{bed}} \tag{17.47}$$

这种情况，可以发展出类似于例 17. 2 和例 17. 3 的关系。先进的流化理论解释了密相和气泡之间的质量和热量传递（本章参考文献［9］，Howard，1983）。

17. 2. 4　燃料滞留在床上

如例 17. 2 所示，当床内热负荷增加时，需要增加燃料进料比以保持床温，这意味着过量空气和燃料的燃烧速率改变。在流化床中，除了倾向于从床中吹出的细粒以外，固体燃料在床中循环，直到它们被燃烧。随着燃烧速率的变化，在任何给定时刻床中的燃料量（被称为燃料滞留）也在变化。气流必须足够大才能使床流化，但又要足够低以防止床上过多的细颗粒夹带。

在任何给定时间，床中的燃料量（燃料滞留）可以从燃料供给速率和单个颗粒的总

燃烬时间近似得出：

$$m_{\mathrm{f}} = \dot{m}_{\mathrm{f}} t_{\mathrm{char}} \tag{17.48}$$

由于焦炭燃烧通常比挥发性物质燃烧长一个数量级，第 14 章中的单粒子焦炭燃烧时间提供了一个起点。将式（17.30）修改的收缩球模型可以用来解释包围燃料颗粒的床层材料，以获得燃烧时间。然而，由于气泡的旁路效应，密相中的氧浓度将比干舷低。此外，还有两个额外的复杂因素：煤颗粒倾向于破碎成较小的尺寸，并且由于与床材料碰撞而造成的磨损增加颗粒表面的回归率。因此，流化床中单个颗粒的表观燃烧速率比游离颗粒燃烧得快。

当煤颗粒被送入流化床的高传热环境时发生煤颗粒的断裂。在脱挥发过程中，颗粒内部会形成压力，造成裂缝面和母体颗粒的碎裂。如图 17.6 所示，褐煤中的裂缝面尤其明显。脱挥发过程中的碎裂称为初级碎裂，典型的是每个粒子发生 1～3 个主碎裂。随着焦炭燃烧，断裂面加深并发生二次碎裂，从而使焦炭颗粒数量增加 20%～50%。而且，随着焦炭的燃烧，由于氧气渗透到焦炭中，焦炭的表面被削弱，并且随着粒子与焦炭表面相碰撞，通过磨损过程破坏了焦炭的小块。另外，焦炭颗粒会与床内管相撞，造成进一步破碎。

图 17.6 从流化床燃烧器中取出后的褐煤焦炭颗粒的显微照片
（右下角附近的白色标记为 100μm）

1983 年，Arena 等（本章参考文献［1］）研究了煤在流化燃烧过程中的碎片化和磨损过程。结果表明，碎裂改变了尺寸分布，磨损增加了表观颗粒燃烧速度，并认为，每单位床体积的磨损率可以通过磨损速率常数 k_{attr}、表观速度和最小流化速度之间的差异以及床中炭每单位体积的表面积来计算：

$$\frac{\dot{m}_{\mathrm{attr}}}{V} = k_{\mathrm{attr}} \frac{(\underline{V}_{\mathrm{s}} - \underline{V}_{\mathrm{mf}}) \rho_{\mathrm{char}} \overline{A}_{\mathrm{p}}}{6} \tag{17.49}$$

磨损速率常数取决于床的颗粒尺寸和焦炭的类型。1mm 沙床材料中煤炭的磨损速率常数为 1×10^{-6}。磨损效果使流化床中焦炭颗粒的有效燃烧速率与没有磨损的空气中焦炭颗粒相比提高了 25%～100%。最终的结果是燃料消耗率 $\dot{m}_{\mathrm{f}}$ 是由化学反应和磨损导致的，床是由大约 95%的惰性气体和 5%的煤构成。

17.3　大气压力流化床燃烧系统

流化床燃烧系统是有吸引力的，因为它们允许更好地控制燃烧，并且因此避免峰值火焰温度。灰渣的结渣减少、腐蚀问题减少、氮氧化物的排放量降低，并且可以通过添加石灰石来控制住硫。由于床内传热系数高，流化床锅炉比固定床和悬浮燃烧系统更紧凑。燃料可以从顶部供应，或者可以通过存贮仓或气动供应到床下。可以使用宽范围的燃料，包括高灰分和高湿度燃料。

与固定床或悬浮燃烧锅炉相比，流化床锅炉的缺点在于燃烧室的压降较大（因此需要更高的风机功率），灰分携带（包括一些床材料）较多，并且床内管道腐蚀的可能性高。对于低灰熔点的固体燃料，即使床温保持在900℃以下，床料也会长时间凝聚。

如图17.7所示，流化床锅炉包括床、床内锅炉管，锅炉采用足够的干舷高度可以避免床料和未燃碳过度淘洗，煤或生物质从床上投放，床层温度应保持在900℃以下以避免灰分凝聚，但应高于800℃以避免燃烧效率低。气体在床温下离开床。粉末和挥发物继续在干舷燃烧。床内传热可以控制多余的空气，而不会增加床层温度。如前所述，过量空气越少，锅炉的效率就越高，直到燃烧不完全的点。

对于低等级、高湿度燃料，放热量可能稍微超过将燃料和空气加热到经济燃烧所需床温所需的量。在这种情况下，可不使用浸入管，仅通过提供过量的空气从床中移除热量，以便随后在对流管束中回收。对于高等级燃料，在没有传热管的床上燃烧需要150%或更多的过量空气来维持900℃的床。

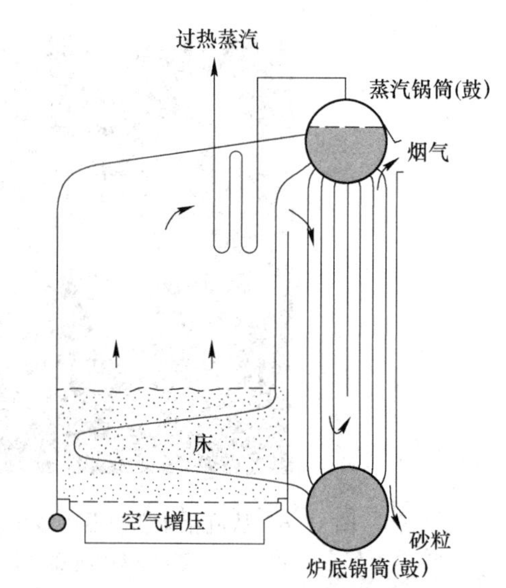

图17.7　鼓泡流化床锅炉示意图

（引自：Howard，J. R. ed.，Fluidized Beds：Combustion and Application，Applied Science Publishers，London，1983）

为了在锅炉调节范围内达到最佳效率，当通过改变空气供应和燃料供给速率以调节锅炉输出时，过量空气的水平应保持不变。由于在不增加 NO_x 和 SO_x 排放的情况下床层温度可以升高100~200℃，并且由于负载调节比应当是2∶1或更好，最好是4∶1，所以主要的选择是提供可以独立关闭的多个隔室，或者提供逐渐暴露床内管的方法。当流化空气减少时，床层膨胀减小，需要暴露流化床管路时可用此法。床的高度可以通过提高床进给速度来提高，相反地床材料可以被排出以降低床的高度。

17.3.1　流化床锅炉的排放

主要排放物是颗粒物、二氧化硫和一氧化氮。颗粒物包括灰分、碳和床材料。基本上所有燃料中的灰分都从床上吹出来。大约1%~2%的未燃碳也可能从床中吹出。系统设计面临的挑战是尽量减少携带未燃碳。另外，由于磨损，床料可能会淘汰细颗粒。颗粒料的携带必须由正确过滤式（布袋式）除尘器或相关设备控制。表 15.3 中列出的排放标准也适用于固体燃料的流化床燃烧。

二氧化硫与石灰石床反应形成硫酸钙。去除二氧化硫的效率取决于钙硫比。根据石灰石的反应特性，在 900℃下操作的常压流化床中去除 90%SO_2 需要的 Ca/S 物质的量比为 2~5。如果床层温度升高，则 SO_2 去除效率降低。

由于燃烧温度较低，因此流化床锅炉的氮氧化物排放低于链条式抛煤机锅炉和煤粉燃烧器。热形成的 NO 可忽略不计。然而，燃料结合的有机氮被转化为 NO，并且作为起点，可以假定燃料氮的一半转化为 NO。

17.4 循环流化床

如上所述，鼓泡式流化床燃烧器在燃烧完成之前，小的、重量轻的颗粒，例如焦炭附近的炭，倾向于从燃烧器中吹出。另外，为了良好地混合燃料，大约每 1m^2 需要一个进料点。已经开发了循环流化床用于克服鼓泡床的碳携带，并促进燃料均匀地供给。

固定床、鼓泡流化床和循环流化床燃烧器如图 17.8 所示。对于循环流化床，速度增加超过较小颗粒的夹带速度（3~10m/s），以使这些固体在腔室的整个高度上运输并在旋风分离器的向下支柱中返回。旋风收集器使用离心力从气体中分离出颗粒。旋风收集器上的压降是速度和颗粒负荷的函数，并不是微不足道的。

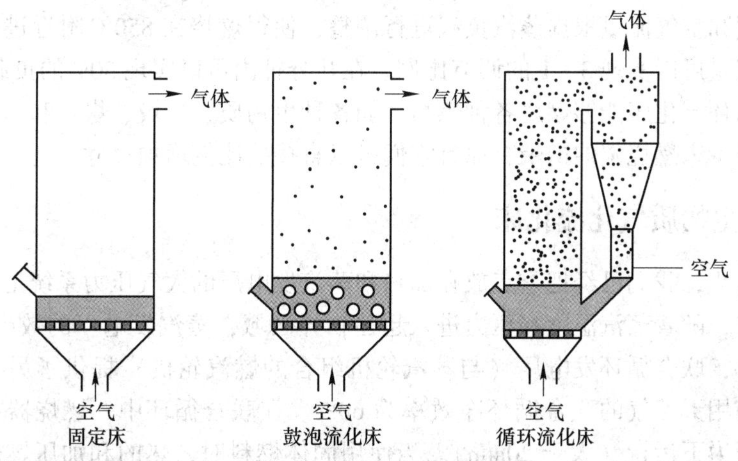

图 17.8 固定床、鼓泡流化床和循环流化床燃烧室

这种类型的流化特征在于高湍流、固体的回混，以及没有确定的床层高度。燃料供给到燃烧室的下部，一次空气通过栅板引入。在稀释的中央核心区域（空隙率>90%），气体随气流上升。较大的颗粒相继向壁面扩散，并向着底部下降。腔室上部的二次空气用于确保固体的循环和燃烧。床的下部由类似鼓泡流化床的相对致密区域（空隙率在 60%~90%范围内）组成。较小的颗粒通过床层流到旋风分离器的下导管。通常在旋风下导管底部附近引入少量空气来控制固体的返回速率。由于高湍流，燃料与床料迅速混合。

在如图 17.9 所示的一个典型循环流化床系统中，旋风分离器排放的热量被锅炉管束、过热器、省煤器和空气加热器吸收。在图 17.9 所示的设计中，床内没有传热管。典型的主燃烧室速度为 6~10m/s。燃料尺寸为 25mm 或更小（与鼓泡床燃烧器的 50mm 相比），

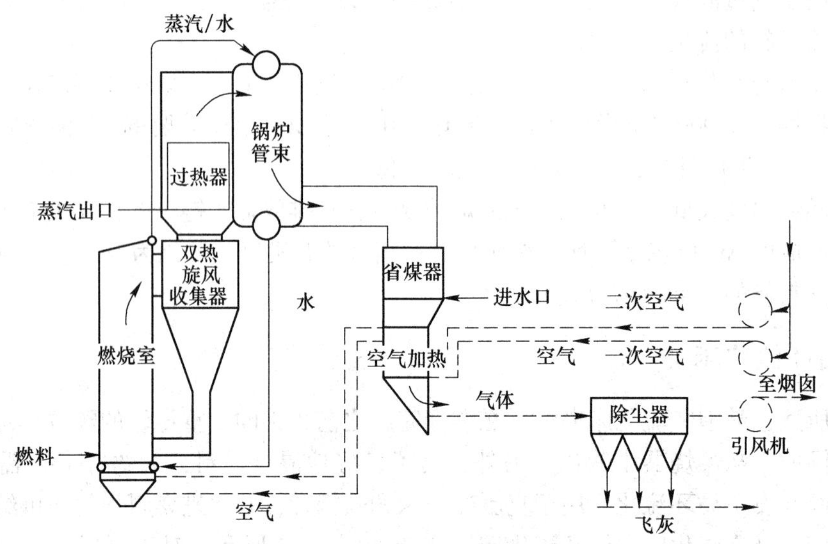

图 17.9　循环流化床燃烧系统

并且床颗粒粒度小于 1mm。燃烧室可以具有水冷壁，但是靠近进气格栅的下部通常覆盖有耐火材料。位于燃烧室出口处的旋风收集器是内衬硬质耐火材料和轻质绝热耐火材料的钢容器。炭和床颗粒一直循环，直到它们减少到 5~10μm，这时，它们脱离旋风收集器。燃料供给速度和空气流量根据蒸汽负载进行调整，使得燃烧在 850℃附近进行。通过减少空气和燃料流量可以实现 3：1 的调节比例。在几分钟内可以实现 50%的负载变化。

总之，循环流化床能够燃烧各种燃料，如各种生物质、垃圾、煤炭和石油焦炭，同时最大限度地减少未燃烧碳的携带，而且它们可以直接按比例增加尺寸。

17.5　加压生物质气化流化床

到目前为止，我们已经把重点放在加热和蒸汽发电厂的大气压力系统上。如前一章所述，这些年来，随着蒸汽温度和压力进入超超临界区域，蒸汽发电厂的效率一直在增加。对于发电而言，联合循环发电厂（与蒸汽轮机组合的燃汽轮机）提供了另一种实现高效率的方法，使用天然气的联合循环净效率为 60%。在联合循环中，燃烧器在适合于燃气轮机的较高压力下运行（大于 20atm）。当使用固体燃料时，热的和加压燃烧产物必须被充分清除以防止涡轮机叶片的腐蚀和侵蚀。燃烧室和热气净化系统的额外压降显着降低了净发电厂的效率以及整个系统的可靠性。因此，由于待净化气体的体积较小，气化而不是燃烧被认为是固体燃料联合循环的更好方法。生物质加压气化引人注目，因为生物质的无机物比煤少，需要过滤的颗粒较少，生物质的使用不会涉及二氧化碳捕获和封存。基于此，本章的最后一节将讨论加压生物质气化。多年来已经尝试了各种类型的生物质气化器，并且对于加压燃烧应用来说，优选的是直接加热（即使用燃料本身作为热源）加压流化床。

加压流化床气化的目的是使用固体燃料为燃汽轮机提供动力。气化使用亚化学计量的空气以尽可能多地产生氢气、一氧化碳和甲烷，以及较少量的二氧化碳和水。热气净化后，气化产物在集成的燃汽轮机燃烧室中与空气一起燃烧。流化床气化器类似于流化床燃烧器，不同之处在于，气化器以足够的空气操作富余的燃料以产生足够的热量使床保持在900~1000℃的温度。

在气化炉中，固体燃料经历了许多放热和吸热反应，最重要的反应如表17.1所示。热解大约需要10%~15%的反应热来提高温度，使燃料脱挥发分和裂化焦油。在更高的温度和更高的当量比下的气化导致气体产物中的焦油量减少；然而，这也会导致气体产物的热值降低。当使用空气作为氧化剂时，气体产物具有4~6MJ /m ^{3}(在标准压力和温度下)的较低热值。在循环流化床气化器中来自木屑的气化产物的实例示于表17.2。这个例子来自瑞典的韦纳穆煤气化联合循环项目。

表 17.1 主要固体燃料气化反应

放 热 反 应		
燃烧	挥发物 + 焦炭 + $O_2 \longrightarrow CO_2$	(a)
部分氧化	挥发物 + 焦炭 + $O_2 \longrightarrow CO$	(b)
甲烷化	挥发物 + 焦炭 + $H_2 \longrightarrow CH_4$	(c)
水煤气转移	$CO + H_2O \longrightarrow CO_2 + H_2$	(d)
CO 甲烷化	$CO + 3H_2 \longrightarrow CH_4 + H_2O$	(e)
吸 热 反 应		
蒸汽-碳反应	焦炭 + $H_2O \longrightarrow CO + H_2$	(f)
鲍多尔德（Boudouard）反应	焦炭 + $CO_2 \longrightarrow 2CO$	(g)

表 17.2 在950~1000℃和18atm操作下的循环流化床中木屑的气化产物

物 质	干 组 成
氢	9.5%~12%(体积分数)
一氧化碳	16%~19 %(体积分数)
二氧化碳	14.4%~17.5%（体积分数）
甲烷	5.8%~7.5%（体积分数）
氮	48%~52%(体积分数)
苯①	5~9g/m^3
轻焦油①	2.5~3.7g/m^3
低热值①	5.3~6.3MJ/m^3

来源：Stahl，K. Neergaard. M. and Nieminen，J. Final Report：Varnamo Demonstration Program，in Prog. Thermochem. Biomass Convers. 5，vol. 1. ed A. V. Bridgewarer，549~563，Blackwell Science Ltd，Oxford，UK，2001. 已获Wiley-Blackwell公司许可。

① 1atm，293K下。

韦纳穆示范工厂的简化示意图如图17.10所示，系统的性能参数如表17.3所示。在该系统中，使用烟气干燥器将木屑水分干燥至5%~20%，然后在闭锁料斗中加压并送入气化器。气化器在950~1000℃和18atm下操作，当量比为0.27。气化器的输出物被冷却到400℃，并通过一组细孔金属烛形过滤器，从产物流中除去颗粒物。呈蜡烛形状的过滤器提供了大的表面积，并因此具有较低的速度和压降。气体产物的冷却使得气体中的碱部分冷凝，因此延长了过滤器的使用寿命，但是冷却不会导致焦油的过度冷凝。焦油在燃汽轮机中被烧毁。过滤器定期用氮气反冲，以除去逐渐堆积在其上的灰饼。燃汽轮机在低热含量的气体中稳定运行。在数千小时的测试之后，没有迹象表明由管道或涡轮机叶片上的焦油或颗粒沉积物引起的沉积物形成。这是一个大型研发项目，为瓦尔纳马市提供电力和区域供暖。在这种类型系统已经准备用于商业用途之前，需要额外的优化设计工作。

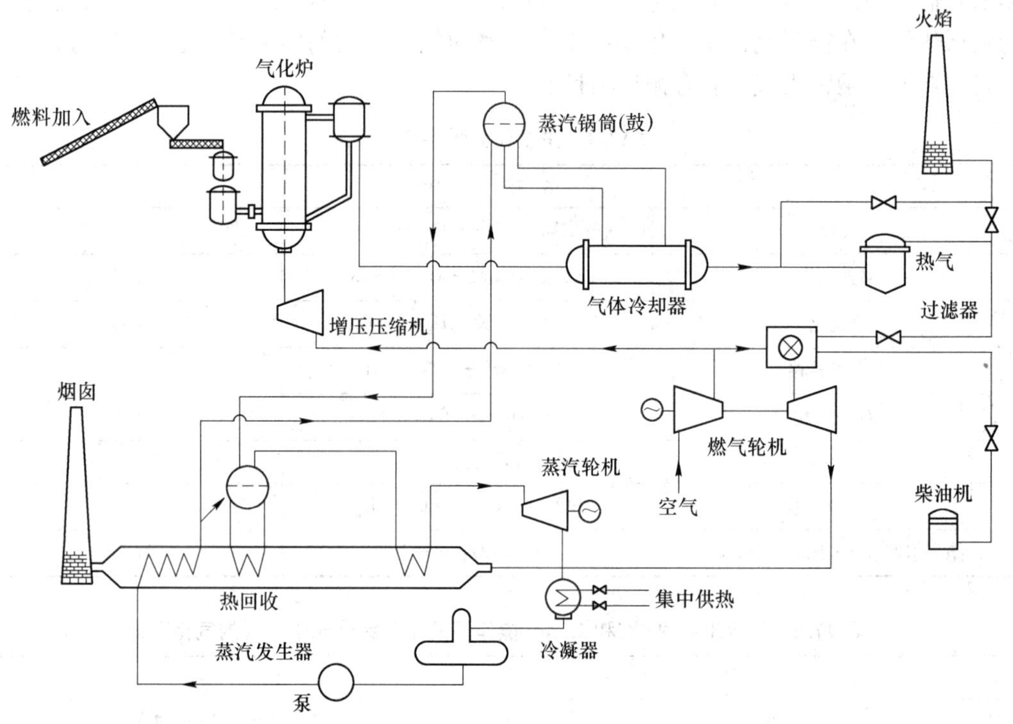

图 17.10　韦纳穆整体煤气化联合循环示范装置的工艺流程图

（引自：Stahl，K. Neergaard. M. and Nieminen，J. Final Report：Varnamo Demonstration Program，in Prog. Thermochem. Biomass Convers. 5，vol. 1. ed A. V. Bridgewater，549～563，Blackwell Science Ltd，Oxford，UK，2001. 已获 Wiley-Blackwell 公司许可）

表 17.3　韦纳穆整体煤气化联合循环示范装置的性能数据

热量输入（基于木片的 *LHV*）	18MW
电网的净电力	6MW
区域集中供热	9MW
净电效率（基于 *LHV*）	32%
总净效率（基于 *LHV*）	83%
气化炉温度/压力	950℃/18atm
气化炉产物的低热值①	5MJ/m^3
蒸汽温度/压力	455℃/40atm

来源：Stahl，K. Neergaard. M. and Nieminen，J. Final Report：Varnamo Demonstration Program，in Prog. Thermochem. Biomass Convers. 5，vol. 1. ed A. V. Bridgewarer，549～563，Blackwell Science Ltd，Oxford，UK，2001. 已获 Wiley-Blackwell 公司许可。

① 1atm，20℃下。

17.6 习题

17-1 证明公式（17.3）的表面平均直径等于第9章的索特平均直径（SMD）。

17-2 计算相对密度为2.0、直径为0.2mm和2.0mm的石灰石颗粒的最小流化速度。假定空隙率为0.45，空气为1atm和900℃。

17-3 计算直径为0.2mm和2mm的石灰石颗粒（相对密度为2.0）的终端速度。流体是1atm和1200K的空气。重复计算相对密度为0.3的炭粒。

17-4 计算并绘制破碎的石灰石在0.5m深处的压降与表观速度之间的关系。假设空隙率为0.4，床层温度为1200K，压力为1atm。床的颗粒大小是2mm。让速度从零变化到最小流体速度的两倍，使用2.0的石灰石相对密度，对20atm的条件重复计算。

17-5 重复例17.2，但假定煤的收到基 *LHV* 为20000kJ/kg，煤含有30%灰分。灰分的比热为0.7kJ/(kg·K)。提示：灰需要包括在床上的能量守恒方程中。

17-6 流化床在1atm和1200K下以1.5m/s的表观速度下运行。褐煤在含20%过量空气的床中燃烧。假设燃料在床上完全燃烧，煤和空气在298K进入。使用空气性质来确定产品的密度，使用以下褐煤的分析数据：

近似分析（收到基）	
水分	35%(质量分数，下同)
挥发性物质	24%
固定碳	19%
灰	12%
最终分析（干燥，无灰）	
C	75%(质量分数，下同)
H	6%
O	19%
HHV(干燥，无灰)	29.2MJ/kg

计算以下内容：

（a）单位面积的给煤率（$kg/(h \cdot m^2)$）；

（b）单位床面积的热量输入率（kW/m^2）；

（c）单位床面积的热量提取率（kW/m^2）；

（d）床层产物降温至400K时的传热速率（kW/m^2）。

17-7 对堆积密度为$1200kg/m^3$石灰石使用规划面积为10m×10m的0.8m深的大气流化床，计算床层上的压降和所需的风机功率。假定床层温度为1250K，表面速度为1.3m/s。

17-8 $250m^2$的大气流化床以12000kg煤/h的速率燃烧。1m深度的碎石灰石床层堆积密度为$1400kg/m^3$。如果一个典型煤颗粒的燃烧时间为180s，那么床层中焦炭的大概质量分数是多少？

17-9 重复例17.2，但空气预热500K，*LHV*=25000kJ/kg，床温1150K，计算燃料-空气比与热移除分数的关系。假设燃烧在床上完成。

17-10　重复例 17.2，在床上的干舷处发生 10%的放热。入口空气预热到 500K，*LHV*=25000kJ/kg，床层温度为 1150K。计算燃料-空气比与热移除分数的关系。

17-11　对于 1atm 和 10atm 的床压和 300K 的入口空气温度，绘制通过流化床表面速度与每个床横截面积的热量输入（MW）的曲线图，同时保持过量空气恒定在 10%。速度从 0.5~3.0m/s 变化。煤具有 26000kJ/kg 的高位发热值和 0.11 的化学计量燃空比。

17-12　希望建造一个大气压力流化床锅炉，使用低位热值为 17.5MJ/kg 的木片，在 8600kPa 的压力下输送 100000kg/h 的饱和蒸汽，所需的床内表观速度为 2.5m/s。床温为 1200K。估算煤的进料速率、床的横截面积和过量空气。一半蒸汽是由床上的管子产生，一半是由干舷的管子产生。忽略泵和鼓风机的功率。假设床上的气泡很少，空气以 400K 的温度进入，基于低位发热值，整体热效率为 85%。化学计量燃料-空气比是 0.10，所有的燃烧都发生在床上。给水的入口温度为 300K。蒸汽数据：水的焓为 88kJ/kg，离开锅炉的蒸汽焓为 2747kJ/kg。为获得产物的焓和密度，将其作为空气处理。画一个系统的草图，计算燃料供给速率、床的横截面积和离开燃烧室的气体温度。

参考文献

[1] Arena U, D'Amore M, Massimilla L. Carbon Attrition During the Fluidized Combustion of a Coal, AIChE J. 29 (1): 40~49, 1983.

[2] Basu P. Combustion and Gasification in Fluidized Beds, CRC Press, Boca Raton, FL, 2006.

[3] Basu P, Masayuki H, Hasatani M, eds. Circulating Fluidized Bed Technology Ⅲ, Pergamon Press, New York, 1991.

[4] Botterill J S M. Fluid-Bed Heat Transfer: Gas-Fluidized Bed Behavous and Its Influence on Bed Thermal Properties, Academic Press, London, 1975.

[5] Chirone R, Salatino P, Scala F, et al. Fluidized Bed Combustion of Pelletized Biomass and Waste-Derived Fuels, Combust. Flame 155 (1~2): 21~36, 2008.

[6] Ciferno J P, Morano J J. Benchmarking Riomass Gasification Technology for Fuels, Chemicals and Hydrogen Production, U.S. Department of Energy, National Energy Technology Laboratory, 2002.

[7] Gamble R L. The 10000-lb/h Fluidized-Bed Steam Generation System for Georgetown University, Proc. Am. Power Conf. 41: 295~301, 1979.

[8] Hafer D R, Bauer D A. AEP's Program for Enhanced Environmental peformance of PFBC Plants, Proc. Am. Power Conf. 55 (1): 127~132, 1993.

[9] Howard J R, ed. Fluidized Beds: Combustion and Application, Applied Science Publishers, London, 1983

[10] Koornneef J, Junginger M, Faaij A. Development of Fluidized Bed Combustion-An Overview of Trends, Performance and Cost, Prog. Energy Combust. Sci. 33 (1) : 19~55, 2007.

[11] Kunii D, Levenspiel O. Fluidization Engineering, 2nd ed., Butterworth- Heinemmann, Newton, MA, 1991.

[12] Maitland J E, Skowyra R S, Wilheim B W. Design Considerations for Utility Size CFB Steam Generators, FACT (Am. Soc. Meth. Eng.) 19: 69~76, 1994.

[13] Makansi J, Schwieger R, Fluidizcd-Bed Boilers, Power 13 (5): S1~S16, 1987.

[14] McClung J D, Quandt M T, Froelich R E. Design and Operating Considerations for an Advanced PFBC Facility at Wilsonville, Alabama, FACT (Am. Soc. Mech. Eng) 19: 85~92, 1994.

[15] Oka S. Fluidized Bed Combustion, Marcel Dekker, New York, 2004.

[16] Ragland K W, Pecson F A. Coal Fragmentation in a Fluidized Bed Combustor, Symp (Int.) Combust. 22 (1): 259~265. The Combustion Institute, Pittsburgh, PA, 1989.

[17] Stahl K, Neergaard M, Nieminen J. Final Report: Varnamo Demonstration Program, in Prog. Thermochem. Biomass Cnnvers. 5, vol. 1, ed. A. V. Bridgewater, 549~563, Blackwell Science Ltd., Oxford, UK, 2001.

[18] Suksankraisorn K. Fluidized Bed Combustion and Identification, VDM Verlag, Saarbrücken, Germany, 2009.

[19] US Department of Energy, The JEA Large-Scale CFB Combustion Demonstration Project, Topical technical report 22, 2003.

附录 A　燃料的性质

表 A.1　烷烃燃料的热力学性质

化学式	名称	英文名	M	sg	T_b	p_v	$c_{p,g}$	$c_{p,t}$	T_{ig}	HHV	LHV	h_{fg}	a/f	Octane No.		Δh^0	p_c	T_c
														res.	mot.			
CH_4	甲烷	methane	16. 04	0. 466	-161		2. 21		537	55536	50048	510	17. 2	120	120	-74. 4	45. 4	190
C_2H_6	乙烷	ethane	30. 07	0. 572	-89		1. 75		472	51902	47511	489	16. 1	115	99	-83. 8	48. 2	305
C_3H_8	丙烷	propane	44. 10	0. 585	-42	12. 8	1. 62	2. 48	470	50322	46330	432	15. 7	112	97	-104. 7	41. 9	370
C_4H_{10}	正丁烷	n-butane	58. 12	0. 579	0	3. 51	1. 64	2. 42	365	49511	45725	386	15. 5	94	90	-146. 6	37. 5	425
C_4H_{10}	异丁烷	isobutane(1)	58. 12	0. 557	-12	4. 94	1. 62	2. 39	460	49363	45577	366	15. 5	102	98	-153. 5	36. 0	408
C_5H_{12}	正戊烷	n-pentane	72. 15	0. 626	36	1. 06	1. 62	2. 32	284	49003	45343	357	15. 4	62	63	-173. 5	33. 3	470
C_5H_{12}	异戊烷	isopentane(2)	72. 15	0. 620	28	1. 39	1. 60	2. 28	420	48909	45249	342	15. 4	93	90	-178. 5	33. 5	460
C_6H_{14}	正己烷	n-hexane	86. 18	0. 659	69	0. 337	1. 62	2. 27	233	48674	45099	335	15. 2	25	26	-198. 7	29. 7	507
C_6H_{14}	异己烷	isohexane(3)	86. 18	0. 662	50	0. 503	1. 58	2. 20	421	48454	44879	305	15. 2	104	94	-207. 4	30. 9	500
C_7H_{16}	正庚烷	n-heptane	100. 20	0. 684	99	0. 110	1. 61	2. 24	215	48438	44925	317	15. 2	0	0	-224. 2	27. 0	540
C_7H_{16}	叔庚烷	triheptane(4)	100. 21	0. 690	81	0. 229	1. 60	2. 13	412	48270	44757	289	15. 2	112	101		29. 2	531
C_8H_{18}	正辛烷	n-octane(5)	114. 23	0. 703	126	0. 036	1. 61	2. 23	206	48254	44786	301	15. 1	20	17	-250. 1	24. 6	569
C_8H_{18}	异辛烷	isodecane(6)	114. 23	0. 692	114	0. 117	1. 59	2. 09	418	48119	44651	283	15. 1	100	100	-259. 2	25. 4	544
C_9H_{20}	正壬烷	n-nonane	128. 26	0. 718	151	0. 012	1. 61	2. 21		48119	44688	288	15. 1			-274. 7	22. 6	595
$C_{10}H_{22}$	正癸烷	n-decane	142. 28	0. 730	174	0. 005	1. 61	2. 21		48002	44599	272	15. 1			-300. 9	20. 9	618
$C_{10}H_{22}$	异癸烷	isodecane	142. 28	0. 768	161		1. 61	2. 21					15. 1	113	92		24. 8	623
$C_{11}H_{24}$	正十一烷	n-undecane	156. 31	0. 740	196		1. 60	2. 21		47903	44524	265	15. 0			-327. 2	19. 4	639
$C_{12}H_{26}$	正十二烷	n-dodecane	170. 33	0. 749	216		1. 60	2. 21		47838	44574	256	15. 0			-350. 9	18. 0	658

续表 A.1

化学式	名称	英文名	M	sg	T_b	p_v	$c_{p,g}$	$c_{p,t}$	T_{ig}	HHV	LHV	h_{fg}	a/f	Octane No.		Δh^0	p_c	T_c
														res.	mot.			
$C_{13}H_{28}$	正十三烷	n-tridecane	184.35	0.756	236		1.60	2.21				246	15.0				17.0	676
$C_{14}H_{30}$	正十四烷	n-tetradecane	198.38	0.763	253		1.60	2.21				239	15.0				14.2	694
$C_{15}H_{32}$	正十五烷	n-pentadecane	212.45	0.768	271		1.60	2.21				232	15.0				15.0	707
$C_{16}H_{34}$	正十六烷	n-hexadecane(7)	226.43	0.773	287		1.60	2.21		47611	44307	225	15.0			-456.1	13.9	722
$C_{17}H_{36}$	正十七烷	n-heptadecane	240.46	0.778	302		1.60	2.21				221	15.0				12.8	733
$C_{18}H_{38}$	正十八烷	m-octadecane	254.50	0.782	317		1.60	2.21		47542	44256	214	15.0				11.8	748

数据来源：Lide, D. L. and Haynes, W. M., eds., CRC Handbook of Chemistry and Physics, 90th ed. CRC Press, Boca Raton. FL, 2009; Bartok, W and Sarofim, A. F., Fossil Fuel Combustion: A Source Book, Wiley, New York, 1991。

注：(1) 2-methylpropane；(2) 2,2-methylbutane；(3) 2,3-dimethylbutane；(4) 2,2,3-trimethylbutane；(5) 2,2,4-trimethylpentane；(6) 2,2,3,3-tetramethylhexane；(7) cetane。

单位定义：M，摩尔质量；sg，相对密度（20℃时的物质相对于4℃的水的密度比，气体是在液态气体的沸点下测定的）；T_b，1个大气压下的沸点温度（℃）；p_v，38℃下的蒸气压（atm）；$c_{p,g}$，25℃时气体比热容（kJ/(kg·℃)）；$c_{p,t}$，25℃时液体比热容（kJ/(kg·℃)）；T_{ig}，自燃温度（℃）；HHV，高热值（kJ/kg，前三个是气体其余是液体）；LHV，低热值（kJ/kg，前三个是气体，其余是液体）；h_{fg}，在沸点温度下，一个大气压时的蒸发热（kJ/kg）；a/f，化学计量的空气-燃料质量比；Octane-res.，研究法辛烷值；Octane-mot.，马达法辛烷值号；Δh^0，25℃时的生成焓（kJ/gmol，前三个是气体其余是液体）；p_c，临界压力（atm）；T_c，临界温度（K）。

表 A.2 其他碳氢化合物燃料的热力学性质

分类	化学式	名称	英文名	M	sg	T_b	p_v	$c_{p,g}$	$c_{p,t}$	T_{ig}	HHV	LHV	h_{fg}	a/f	Octane No.		Δh^0	p_c	T_c
															res.	mot.			
环烷烃	C_5H_{10}	环戊烷	cyclopentane	70.13	0.746	49	0.673	1.135	1.836	385	46936	43798	389	14.8	101	85	-76.4	44.5	512
	C_6H_{12}	环己烷	cyclohexane	84.16	0.779	81	0.224	1.214	1.813	270	46573	43435	358	14.8	84	78	-123.2	40.2	553
	C_7H_{14}	环庚烷	cycloheptane	98.19	0.810	119	0.058	1.181	1.826		46836	43698	335	14.8	39	41	-118.1	37.6	604
	C_8H_{16}	环辛烷	cyclooctane	112.2	0.835	149	0.021	1.173	1.838		46943	43808	309	14.8	71	58	-124.4	35.1	647
芳香烃	C_6H_6	苯	benzene	78.11	0.874	80	0.224	1.005	1.717	592	41833	40145	393	13.3		115	82.6	48.3	562
	C_7H_8	甲苯	toluene(1)	92.14	0.867	111	0.070	1.089	1.683	568	42439	40528	362	13.5	120	109	50.4	40.5	592

表 A. 2

分类	化学式	名称	英文名	M	sg	T_b	p_v	$c_{p,g}$	$c_{p,t}$	T_{ig}	HHV	LHV	h_{fg}	a/f	Octane No.		Δh^0	p_c	T_c
															res.	mot.			
	C_8H_{10}	乙苯	ethylbenzene	106. 17	0. 867	136	0. 025	1. 173	1. 721	460	42996	40923	339	13. 7	111	98	29. 9	35. 5	617
	C_8H_{10}	间二甲苯	m-xylene(2)	106. 17	0. 864	139	0. 022	1. 164	1. 692	563	42873	40800	342	13. 7	118	115	17. 3	34. 9	617
烯烃	C_3H_6	丙烯	propylene	42. 08	0. 519	-47	15. 401	1. 482	2. 450		48472	45334	437	14. 8	102	85	20. 0	45. 4	365
	C_4H_8	1-丁烯	1-butene	56. 11	0. 595	-6	4. 286	1. 487	2. 240		48073	44937	390	14. 8	99	80	-0. 1	39. 7	420
	C_5H_{10}	1-戊烯	1-pentene	70. 13	0. 641	30	1. 293	1. 524	2. 178	298	47766	44528	358	14. 8	91	77	-21. 3	34. 8	465
	C_6H_{12}	1-己烯	1-hexene	84. 16	0. 673	63	0. 408	1. 533	2. 144	272	47550	44312	335	14. 8	76	63	-43. 5	31. 3	504
二烯烃	C_5H_8	异戊二烯	isoprene(3)	68. 11	0. 681	34	1. 136	1. 495	2. 199		46382	43798	356	14. 2	99	81	75. 5	38. 0	484
	C_6H_{10}	1,5-己二烯	1,5-hexadiene	82. 15	0. 688	59	0. 483	1. 390	2. 136		46796	43582	312	14. 3	71	38	84. 1	33. 9	507
环烯烃	C_3H_8O	环戊烯	cyclopentene	68. 12	0. 772	44		1. 064	1. 759		45733	43149		14. 2	93	70	33. 9	47. 4	506
	C_6H_{10}	环己烯	cyclohexene	82. 15							45674	42995					-5. 0		
醇	CH_4O	甲醇	methanol	32. 04	0. 791	65	0. 310	1. 370	2. 531	385	22663	19915	1099	6. 5	106	92	-201. 5	79. 8	513
	C_2H_6O	乙醇	ethanol	46. 07	0. 789	78	0. 153	1. 420	2. 438	365	29668	26803	836	9. 0	107	89	-235. 1	60. 6	514
	C_3H_8O	1-丙醇	1-propanol	60. 10	0. 803	97	0. 061	1. 424	2. 395		33632	30709	690	10. 5			-255. 1	51. 0	537
	$C_4H_{10}O$	1-丁醇	1-butanol	74. 10	0. 805	118	0. 022		2. 391		36112	33142	584	11. 1			-274. 9	43. 6	563
	$C_5H_{12}O$	1-戊醇	1-pentanol	88. 15	0. 814	137			2. 361		37787	34791	503	11. 7			-298. 9	38. 6	588
	$C_6H_{14}O$	1-己醇	1-hexanol	102. 18	0. 814	158			2. 353		38994	35979	436	12. 2			-317. 8	40. 6	611

数据来源：Lide, D. L. and Haynes, W. M., eds., CRC Handbook of Chemistry and Physics, 90th ed. CRC Press, Boca Raton. FL, 2009; Bartok, W and Sarofim, A. F., Fossil Fuel Combustion: A Source Book, Wiley, New York, 1991。

注：（1）methylbenzene；（2）1,3 dimethlbenzene；（3）2-methyl-1,3-butadiene。

单位定义：M，摩尔质量；sg，相对密度（20℃时的物质相对于4℃的水的密度比，气体是在液态气体的沸点下测定的）；T_b，1个大气压下的沸点温度（℃）；p_v，38℃下的蒸气压（atm）；$c_{p,g}$，25℃时气体比热容（kJ/(kg·℃)）；$c_{p,t}$，25℃时液体比热容（kJ/(kg·℃)）；T_{ig}，自燃温度（℃）；HHV，高热值（kJ/kg，前三个是气体，其余是液体）；LHV，低热值（kJ/kg，前三个是气体，其余是液体）；h_{fg}，在沸点温度下，一个大气压时的蒸发热（kJ/kg）；a/f，化学计量的空气-燃料质量比；Octane-res.，研究法辛烷值；Octane-mot.，马达法辛烷值号；Δh^0，25℃时的生成焓（kJ/gmol，前三个是气体，其余是液体）；p_c，临界压力（atm）；T_c，临界温度（K）。

表 A.3 外界空气中特定燃料的火焰特性

燃料名称	化学式	英文名	闪点/℃	可燃极限（在空气中百分比/%）		化学计量混合物				层流火焰传播速度	
				贫燃	富燃	自燃温度/℃	燃料（体积分数）/%	最小点火能量/10^{-5}J	淬灭距离/mm	燃料（体积分数）/%	最大火焰传播速度/$cm \cdot s^{-1}$
甲烷	CH_4	Methane	−188	5.0	15.0	537	9.47	33	1.9	9.96	33.8
乙烯	C_2H_4	Ethane	−130	2.9	10.6	472	5.64	42	2.0	6.28	40.1
丙烷	C_3H_8	Propane	−104	2.0	9.5	470	4.02	40	2.1	4.54	39.0
正丁烷	C_4H_{10}	n-Butane	−60	1.5	8.5	365	3.12	76	3.0	3.52	37.9
正己烷	C_6H_{14}	n-Hexane	−20	1.1	7.7	233	2.16	95	3.6	2.51	38.5
异辛烷	C_8H_{18}	Isooctane	22	0.95	6.0	418	1.65	29	2.0	1.90	34.6
乙炔	C_2H_2	Acetylene	−18	2.5	80	305	3	3	0.8	10.1	141
一氧化碳	CO	Carbon monoxide		12.5	74	609	29.5			50	39
乙醇	C_2H_5OH	Ethanol	12	3.3	19	365	6.52				41.2
氢气	H_2	Hydrogen		4	75	400	29.5	2	0.6	50	365

数据来源：Bartok，W and Sarofim，A. F.，Fossil Fuel Combustion：A Source Book，Wiley，New York，1991。

表 A.4　部分燃料的比热容

燃　料	英文名	c_p/kJ·(kg·K)$^{-1}$	温度
氢气	Hydrogen	14.3	298K
甲烷	Methane	$-42.5+27.48\theta^{0.25}-1.55\theta^{0.75}+20.24\theta-0.5$	300K<T<2000K
丙烷	Propane	$-0.0918+0.692\theta-0.0357\theta^2+0.00072\theta^3$	300K<T<2001K
石油燃料蒸汽	Petroleum fuel vapor	$0.136+0.12\theta(4.0-sg)$	
汽油	Gasoline	2.4	298K
乙醇	Ethanol	2.5	298K
煤	Coal	1.3	
木材	Wood	$0.387+0.103\theta$	280K<T<420K

注：$\theta=T/100$（当 T 单位为 K）；sg 为液体相对密度；十二烷和辛烷详见表 A.9。

表 A.5　部分燃料的相对密度和体积密度

燃料类型	英文名	相对密度（293K）
汽油	Gasoline	0.73
乙醇	Ethanol	0.79
2 号柴油	Diesel fuel（No. 2）	0.85
生物柴油	Biodiesel	0.88
煤油	Kerosene	0.80
2 号燃油	Fuel oil（No. 2）	0.85
6 号燃油	Fuel oil（No. 6）	0.99
褐煤①	Lignite coal①	1.2
烟煤①	Bituminous coal①	1.4
无烟煤①	Anthracite coal①	1.7
木材，松木①	Wood, pine①	0.5
木材，橡木①	Wood, oak①	0.7
燃料类型	**英文名**	**干燥体积密度/kg·m^{-3}**
抛煤机用煤（烟煤）	Stoker coal（bituminous）	780
原木（堆积的硬木）	Log wood（stacked hardwood）	460
硬木片	Hardwood chips	300
软木片	Softwood chips	200
秸秆，芒草（块草捆）	Straw, miscanthus（block bales）	140
秸秆（圆捆）	Straw（round bales）	85
秸秆（粒料）	Straw（pellets）	500
垃圾衍生燃料（颗粒状）	Refuse-derived fuel（pelletized）	550
垃圾衍生燃料（绒毛浆）	Refuse-derived fuel（fluff）	180

① 干燥基。

表 A.6　部分燃料的输运特性

燃　料		英文名	黏度 /N·s·m^{-2}	导热系数/W·(m·K)$^{-1}$
气体燃料	氢气	Hydrogen	8.8×10^{-6}	0.1805（300K 时）
	甲烷	Methane①	1.08×10^{-5}	$-1.869\times10^{-3}+8.727\times10^{-5}T+1.179\times10^{-7}T^2-3.614\times10^{-11}T^3$
	丙烷	Propane①	—	$1.858\times10^{-3}-4.698\times10^{-6}T+2.177\times10^{-7}T^2-8.409\times10^{-11}T^3$
	乙醇蒸气	Ethanol vapor①	—	$-7.79\times10^{-3}+4.167\times10^{-5}T+1.214\times10^{-7}T^2-5.184\times10^{-11}T^3$
液体燃料	汽油	Gasoline	5.0×10^{-4}	$0.117(1-0.00054T)$sg
	2 号柴油	No. 2 diesel	2.4×10^{-3}	$0.117(1-0.00054T)$sg
	乙醇	Ethanol	8.3×10^{-4}	0.169(293K 时)
	2 号燃油	No. 2 fuel oil	2.3×10^{-3}	$0.117(1-0.00054T)$sg
	6 号燃油	No. 6 fuel oil	0.36	$0.117(1-0.00054T)$sg
固体燃料	木材	Wood	—	0.238+sg(0.200+0.404MC)
	煤	Coal	—	0.25

注：sg 为相对密度，T 的单位是 K，MC 是含水量；十二烷和辛烷详见表 A.9。

① 288K 时的黏度，热导率范围 273~1270K。

② 313K 时的黏度，为蒸气的导热系数。

表 A.7　几种燃料和水的表面张力（典型值）

物　质	英文名	表面张力/N·m^{-1}
汽油	Gasoline	0.023
煤油	Kerosene	0.025~0.03
2 号燃油	No. 2 fuel oil	0.029~0.032
正辛烷①	n-Octane①	0.0218
水	Water	0.0728

① 20℃，且与蒸汽接触。

表 A.8　部分燃料的汽化潜热

燃　料	英文名	潜热/kJ·kg^{-1}
乙醇	Ethanol	846
汽油	Gasoline	339
煤油	Kerosene	291
轻柴油	Light diesel	267
中型柴油	Medium diesel	244
重柴油	Heavy diesel	232

表 A.9　十二烷和辛烷的性质

正十二烷	公　式	温度范围/K
液体密度/kg · m^{-3}	$893.09-0.31187T-6.2772\times10^{-4}T^2$	311~478
蒸发热/kJ · kg^{-1}	$269.31+0.686T-1.51\times10^{-3}T^2$	366~478
液态比热容/kJ · (kg · K)$^{-1}$	$0.9741+4.07\times10^{-3}T$	366~478
蒸汽比热容/kJ · (kg · K)$^{-1}$	$0.63274+3.7145\times10^{-3}T$	366~589
导热系数，蒸气/W · (m · K)$^{-1}$	$-1.203\times10^{-2}+7.9963\times10^{-5}T$	366~811
蒸气压/kPa	$\exp[14.0579-3743.8371/(T-93.002)]$	
蒸气黏度/N · s · m^{-2}	$5.1521\times10^{-7}+1.3052\times10^{-8}T$	333~589
扩散系数①，燃料-空气/cm^2 · s^{-1}	$-1.494\times10^{-2}+1.06\times10^{-4}T+3.7703\times10^{-7}T^2$	305~466
正辛烷	公　式	温度范围/K
液体密度/kg · m^{-3}	$811.8-0.31187T-1.17904\times10^{-3}T^2$	322~472
蒸发热/kJ · kg^{-1}	$372.5+0.341T-1.32\times10^{-3}T^2$	255~478
液态比热容/kJ · (kg · K)$^{-1}$	$0.7141+4.95\times10^{-3}T$	311~478
蒸汽比热容/kJ · (kg · K)$^{-1}$	$0.4879+4.11\times10^{-3}T$	276~500
导热系数，蒸气/W · (m · K)$^{-1}$	$-1.0986\times10^{-2}+8.34\times10^{-5}T$	276~528
蒸气压/kPa	$\exp[13.9271-3120.2932/(T-63.816)]$	
蒸气黏度/N · s · m^{-2}	$8.04\times10^{-7}+1.823\times10^{-8}T$	276~555
扩散系数①，燃料-空气/cm^2 · s^{-1}	$-1.825\times10^{-2}+1.368\times10^{-4}T+5.167\times10^{-7}T^2$	305~466

数据来源：Priem, R. J. Vaporization of Fuel Drops Including the Heating-up Period, PhD thesis, UW Madison, 1955。

① 1 个大气压；T 的单位是 K。

表 A.10　美国排放认证的无铅汽油规格

项　目	ASTM	数　值
铅含量（有机）/g · L^{-1}	D3237-06e01	0.013
蒸馏范围	D86-07a	
初馏点/℃		24~35①
10%/℃	D86-07a	49~57
50%/℃		93~110
90%/℃		149~163
最大蒸馏终点/℃		213
最大总含硫量/mg · kg^{-1}	D1266-07	80
最大含磷量/g · L^{-1}	D3231-07	0.0013
里德蒸气压/kPa	D5191-07	60.0~63.4①②
烃类组成	D1319-03	
最大烯烃/m^3 · m^{-3}		0.10
最大芳烃/m^3 · m^{-3}		0.304
饱和/m^3 · m^{-3}		残留量

来源：Table 1 of CFR 40, Part 1065.710 Gasoline, 30 June 2008。

注：ASTM 是美国材料与试验协会（American Society for Testing and Materials）。

① 在海拔 1219m 以上的地区进行测试，规定的挥发范围为 52~55.2kPa，规定的初沸点范围为 23.9~40.6℃。

② 对于与蒸发排放控制无关的测试，规定的范围是 55.2~63.4kPa。

附录B　空气的性质（1atm 下）

T	u	h	ρ	c_p	$10^5\mu$	D_{AB}	$\tilde{k}$	Pr	Sc
300	214. 32	300. 43	1. 177	1. 005	1. 853	0. 21	0. 0261	0. 711	0. 749
400	286. 42	401. 26	0. 882	1. 013	2. 294	0. 34	0. 0330	0. 703	0. 788
500	359. 79	503. 30	0. 706	1. 029	2. 682	0. 50	0. 0395	0. 699	0. 760
600	435. 03	607. 27	0. 588	1. 051	3. 030	0. 68	0. 0456	0. 698	0. 751
700	512. 58	713. 50	0. 505	1. 075	3. 349	0. 89	0. 0513	0. 702	0. 745
800	592. 53	822. 15	0. 441	1. 099	3. 643	1. 11	0. 0569	0. 703	0. 744
900	674. 77	933. 10	0. 392	1. 121	3. 918	1. 35	0. 0625	0. 703	0. 740
1000	759. 14	1046. 1	0. 353	1. 141	4. 177	1. 61	0. 0672	0. 709	0. 735
1100	845. 38	1161. 1	0. 321	1. 160	4. 44	1. 88	0. 0732	0. 704	0. 736
1200	933. 28	1277. 7	0. 294	1. 177	4. 69	2. 17	0. 0782	0. 704	0. 735
1300	1022. 7	1395. 8	0. 271	1. 195	4. 93	2. 47	0. 0837	0. 704	0. 736
1400	1113. 3	1515. 1	0. 252	1. 212	5. 17	2. 79	0. 089	0. 703	0. 736
1500	1205. 1	1635. 6	0. 235	1. 230	5. 40	3. 13	0. 0946	0. 702	0. 734
1600	1297. 9	1757. 1	0. 221	1. 248	5. 63	3. 49	0. 100	0. 703	0. 730
1700	1391. 6	1879. 5	0. 208	1. 266	5. 83	3. 86	0. 105	0. 703	0. 728
1800	1486. 1	2002. 7	0. 196	1. 286	6. 07	4. 26	0. 111	0. 703	0. 727
1900	1581. 3	2126. 7	0. 186	1. 307	6. 29	4. 67	0. 117	0. 703	0. 724
2000	1677. 2	2251. 2	0. 176	1. 331	6. 50	5. 10	0. 124	0. 698	0. 724
2100	1773. 7	2376. 4	0. 168	1. 359	6. 72	5. 53	0. 131	0. 696	0. 723
2200	1870. 7	2502. 1	0. 160	1. 392	6. 93	5. 97	0. 139	0. 694	0. 725
2300	1968. 3	2628. 4	0. 153	1. 434	7. 14	6. 42	0. 149	0. 687	0. 727
2400	2066. 3	2755. 2	0. 147	1. 487	7. 35	6. 88	0. 161	0. 679	0. 727
2500	2164. 8	2882. 3	0. 141	1. 556	7. 57	7. 36	0. 175	0. 673	0. 729

数据来源：Keenan, J. , H. , Chao, J. , and Kaye, J. , Gas Tables, Wiley New York, 1983; Kays, W. M. and Crawford, M. E. , Table A-1 in Convective Heat and Mass Transfer, McGraw-Hill, New York, 1980; Field, M. A. , App. Q. in Combustion of Pulverised Coal, Cheney & Sons, 1967。

注：对于其他压力，将ρ乘以大气压力；将D_{AB}除以大气压力；c_p、μ、$\tilde{k}$ 和 Pr 不随压力改变，D_{AB}是氮在氧中的二元扩散系数。

单位：T(K)，u(kJ/kg)，h(kJ/kg)，ρ(kg/m^3)，c_p(kJ/(kg · K))，μ(kg/m · s)，D_{AB}(cm^2/s)，$\tilde{k}$(W/(m · K))。

附录 C　燃烧产物的热力学性质

（C（气体），C（石墨），CO_2，CO，H_2，H，OH，CH_4，NO，N_2，N，NO_2，O_2，O，H_2O）

这些数据来源于 Stull，D. R，and Prophet，H.，JANAF Thermochemical Tables，2nd ed.，NSRDS-NBS 37，1971，National Bureau of Standards，Washington，DC。物质的绝对焓是相对于在基准状态（T°，1atm）的稳定元素的焓，取为零。物质的绝对熵是熵相对于 0 K，1atm，取为零。上标“°”表示 1 大气压下的绝对属性。这些表格的参考温度是 T° = 298K。在其他温度和压力下，绝对焓由下式给出：

$$\hat{h}(T) = \Delta\hat{h}^{\circ}(T_0) + \hat{h}_s$$

其中：

$$\hat{h}_s = \int_{T_0}^{T} \hat{c}_p(T)\,\mathrm{d}T$$

绝对熵由下式给出：

$$\hat{s}(T,\ p) = \hat{s}^{\circ}(T) - \hat{R}\ln(p/p_0)$$

其中：

$$\hat{s}^{\circ}(T) = \int_{T_0}^{T} \frac{\hat{c}_p(T)\,\mathrm{d}T}{T}$$

同时列出 $\hat{g}^{\circ}/\hat{R}T$ 的值以帮助平衡计算。

碳（C，气体）

T/K	$\hat{c}_p$ /kJ·(kgmol·K)$^{-1}$	$\hat{h}$ /MJ·kgmol^{-1}	$\hat{s}^\circ$ /kJ·(kgmol·K)$^{-1}$	$\hat{g}^\circ/\hat{R}T$
200	20.91	-2.05	149.66	410.753
293	20.84	-0.10	157.66	274.349
298	20.84	0.00	157.99	269.432
400	20.82	2.12	164.11	195.891
500	20.81	4.20	168.76	152.701
600	20.79	6.28	172.55	123.835
700	20.79	8.36	175.75	103.151
800	20.79	10.44	178.53	87.593
900	20.79	12.52	180.98	75.458
1000	20.79	14.60	183.17	65.722
1100	20.79	16.68	185.15	57.733
1200	20.79	18.76	186.96	51.057
1300	20.80	20.84	188.63	45.392
1400	20.80	22.92	190.17	40.523
1500	20.82	25.00	191.60	36.291
1600	20.83	27.08	192.95	32.577
1700	20.85	29.17	194.21	29.291
1800	20.88	31.25	195.41	26.362
1900	20.91	33.34	196.54	23.734
2000	20.95	35.43	197.61	21.362
2100	21.00	37.53	198.63	19.210
2200	21.05	39.64	199.61	17.248
2300	21.11	41.74	200.55	15.452
2400	21.18	43.86	201.45	13.801
2500	21.24	45.98	202.31	12.278

$\Delta\hat{h}^\circ$ (298K) = 715.00MJ/kgmol。

碳（C，石墨）

T/K	$\hat{c}_p$ /kJ · (kgmol · K)$^{-1}$	$\hat{h}$ /MJ · kgmol^{-1}	$\hat{s}°$ /kJ · (kgmol · K)$^{-1}$	$\hat{g}°/\hat{R}T$
200	5. 03	−0. 67	3. 01	−0. 765
293	8. 35	−0. 04	5. 54	−0. 684
298	3. 53	0. 00	5. 69	−0. 684
400	11. 93	1. 05	8. 68	−0. 73
500	14. 63	2. 38	11. 65	−0. 828
600	16. 89	3. 96	14. 52	−0. 952
700	18. 58	5. 74	17. 26	−1. 090
800	19. 83	7. 66	19. 83	−1. 233
900	20. 79	9. 70	22. 22	−1. 377
1000	21. 54	11. 82	24. 45	−1. 520
1100	22. 19	14. 00	26. 53	−1. 660
1200	22. 72	16. 25	28. 49	−1. 798
1300	23. 12	18. 54	30. 33	−1. 932
1400	23. 45	20. 87	32. 05	−2. 062
1500	23. 72	23. 23	33. 68	−2. 188
1600	23. 94	25. 61	35. 22	−2. 310
1700	24. 12	28. 02	36. 67	−2. 429
1800	24. 28	30. 44	38. 06	−2. 543
1900	24. 42	32. 87	39. 38	−2. 655
2000	24. 54	35. 32	40. 63	−2. 763
2100	24. 65	37. 78	41. 83	−2. 868
2200	24. 74	40. 25	42. 98	−2. 969
2300	24. 84	42. 73	44. 08	−3. 068
2400	24. 92	45. 22	45. 14	−3. 163
2500	25. 00	47. 71	46. 16	−3. 256

$\Delta\hat{h}°$（298K）= 0. 00MJ/kgmol。

二氧化碳（CO_2）

T/K	$\hat{c}_p$ /kJ·(kgmol·K)$^{-1}$	$\hat{h}$ /MJ·kgmol^{-1}	$\hat{s}^\circ$ /kJ·(kgmol·K)$^{-1}$	$\hat{g}^\circ/\hat{R}T$
200	32. 36	-3. 14	199. 87	-262. 746
293	36. 88	-0. 19	213. 09	-187. 161
298	37. 13	0. 00	213. 69	-184. 449
400	41. 33	4. 01	225. 22	-144. 210
500	44. 63	8. 31	234. 81	-120. 904
600	47. 32	12. 92	243. 20	-105. 546
700	49. 56	17. 76	250. 66	-94. 712
800	51. 43	22. 82	257. 41	-86. 693
900	53. 00	28. 04	263. 56	-80. 542
1000	54. 31	33. 41	269. 22	-75. 693
1100	55. 41	38. 89	274. 45	-71. 784
1200	56. 34	44. 48	279. 31	-68. 577
1300	57. 14	50. 16	283. 85	-65. 907
1400	57. 80	55. 91	288. 11	-63. 657
1500	58. 38	61. 71	292. 11	-61. 739
1600	58. 89	67. 58	295. 90	-60. 091
1700	59. 32	73. 49	299. 48	-58. 662
1800	59. 70	79. 44	302. 88	-57. 416
1900	60. 05	85. 43	306. 12	-56. 322
2000	60. 35	91. 45	309. 21	-55. 356
2100	60. 62	97. 50	312. 16	-54. 499
2200	60. 86	103. 57	314. 99	-53. 737
2300	61. 09	109. 67	317. 70	-53. 054
2400	61. 29	115. 79	320. 30	-52. 443
2500	61. 47	121. 93	322. 81	-51. 892

$\Delta\hat{h}^\circ$（298K）＝ −393. 52MJ/kgmol。

一氧化碳（CO）

T/K	$\hat{c}_p$ /kJ · (kgmol · K)$^{-1}$	$\hat{h}$ /MJ · kgmol^{-1}	$\hat{s}^{\circ}$ /kJ · (kgmol · K)$^{-1}$	$\hat{g}^{\circ}/\hat{R}T$
200	29. 11	-2. 86	185. 92	-90. 549
293	29. 14	-0. 15	197. 08	-69. 111
298	29. 14	0. 00	197. 54	-68. 347
400	29. 34	2. 97	203. 12	-57. 132
500	29. 79	5. 93	212. 72	-50. 746
600	30. 44	8. 94	218. 20	-46. 608
700	30. 17	12. 02	222. 95	-43. 741
800	31. 90	15. 18	227. 16	-41. 658
900	32. 58	18. 40	230. 96	-40. 091
1000	33. 18	21. 69	234. 42	-38. 881
1100	33. 71	25. 03	237. 61	-37. 927
1200	34. 17	28. 43	240. 56	-37. 163
1300	34. 57	31. 87	243. 32	-36. 543
1400	34. 92	35. 34	245. 89	-36. 034
1500	35. 22	38. 85	248. 31	-35. 613
1600	35. 48	42. 38	250. 59	-35. 262
1700	35. 71	45. 94	252. 75	-34. 969
1800	35. 91	49. 52	254. 80	-34. 722
1900	36. 09	53. 12	256. 74	-34. 514
2000	36. 25	56. 74	258. 60	-34. 338
2100	36. 39	60. 38	260. 37	-34. 188
2200	36. 52	64. 02	262. 06	-34. 062
2300	36. 64	67. 68	263. 69	-33. 956
2400	36. 74	71. 35	265. 25	-33. 867
2500	36. 84	75. 02	266. 76	-33. 792

$\Delta\hat{h}^{\circ}$（298K） = −110. 53MJ/kgmol。

氢（H_2）

T/K	$\hat{c}_p$ /kJ · (kgmol · K)$^{-1}$	$\hat{h}$ /MJ · kgmol^{-1}	$\hat{s}^\circ$ /kJ · (kgmol · K)$^{-1}$	$\hat{g}^\circ / \hat{R}T$
200	27.27	−2.77	119.33	−16.018
293	28.80	−0.14	130.10	−15.707
298	28.84	0.00	130.57	−15.705
400	29.18	2.96	139.11	−15.841
500	29.26	5.88	145.63	−16.100
600	29.33	8.81	150.97	16.391
700	29.44	11.75	155.50	16.684
800	29.65	14.70	159.44	−16.966
900	29.91	17.68	162.95	−17.236
1000	30.20	20.69	166.11	−17.491
1100	30.54	23.72	169.01	−17.734
1200	30.92	26.79	171.68	−17.963
1300	31.34	29.91	174.17	−18.181
1400	31.80	33.06	176.51	−18.389
1500	32.43	36.27	178.72	−18.588
1600	32.73	39.52	180.82	−18.777
1700	33.14	42.81	182.82	−18.959
1800	33.54	46.15	184.72	−19.134
1900	33.92	49.52	186.55	−19.302
2000	34.29	52.93	188.30	−19.464
2100	34.64	56.38	189.98	−19.621
2200	34.97	59.86	191.60	−19.772
2300	35.29	63.37	193.16	−19.918
2400	35.59	66.91	194.67	−20.060
2500	35.88	70.49	196.13	−20.198

$\Delta\hat{h}^\circ$（298K） = 0.0MJ/kgmol。

氢，单原子（H）

T/K	$\hat{c}_p$ /kJ·(kgmol·K)$^{-1}$	$\hat{h}$ /MJ·kgmol^{-1}	$\hat{s}^\circ$ /kJ·(kgmol·K)$^{-1}$	$\hat{g}^\circ/\hat{R}T$
200	20.79	-2.04	106.31	117.077
293	20.79	-0.1	114.28	75.648
298	20.79	0	114.61	74.152
400	20.79	2.12	120.72	51.663
500	20.79	4.2	125.36	38.369
600	20.79	6.28	129.15	29.422
700	20.79	8.35	132.35	22.971
800	20.79	10.43	135.13	18.089
900	20.79	12.51	137.57	14.257
1000	20.79	14.59	139.76	11.163
1100	20.79	16.67	141.75	8.609
1200	20.79	18.75	143.55	6.462
1300	20.79	20.82	145.22	4.628
1400	20.79	22.9	146.76	3.044
1500	20.79	24.98	148.19	1.658
1600	20.79	27.06	149.53	0.436
1700	20.79	29.14	150.8	-0.653
1800	20.79	31.22	151.98	-1.628
1900	20.79	33.3	153.11	-2.508
2000	20.79	35.38	154.17	-3.306
2100	20.79	37.46	155.18	-4.035
2200	20.79	39.53	156.16	-4.703
2300	20.79	41.61	157.08	-5.317
2400	20.79	43.69	157.96	-5.885
2500	20.79	45.77	158.81	-6.412

$\Delta\hat{h}^\circ$（298K） = 217.99MJ/kgmol。

羟基（OH）

T/K	$\hat{c}_p$ /kJ · (kgmol · K)$^{-1}$	$\hat{h}$ /MJ · kgmol^{-1}	$\hat{s}^\circ$ /kJ · (kgmol · K)$^{-1}$	$\hat{g}^\circ/\hat{R}T$
200	30. 78	-2. 97	171. 48	1. 318
293	30. 01	-0. 15	183. 13	-5. 896
298	29. 99	0. 00	183. 59	-6. 162
400	29. 65	3. 03	192. 36	-10. 357
500	29. 52	5. 99	198. 95	-12. 995
600	29. 53	8. 94	204. 33	-14. 873
700	29. 66	11. 90	208. 89	-16. 299
800	29. 92	14. 88	212. 87	-17. 433
900	30. 26	17. 89	216. 41	-18. 365
1000	30. 68	20. 93	219. 62	-19. 151
1100	31. 12	24. 02	222. 57	-19. 827
1200	31. 59	27. 16	225. 30	-20. 420
1300	32. 05	30. 34	227. 84	-20. 945
1400	32. 49	33. 57	230. 23	-21. 417
1500	32. 92	36. 84	232. 49	-21. 844
1600	33. 32	40. 15	234. 63	-22. 235
1700	33. 69	43. 50	236. 66	-22. 594
1800	34. 05	46. 89	238. 59	-22. 927
1900	34. 37	50. 31	240. 44	-23. 236
2000	34. 67	53. 76	242. 22	-23. 526
2100	34. 95	57. 24	243. 91	-23. 798
2200	35. 21	60. 75	245. 54	-24. 054
2300	35. 45	64. 28	247. 12	-24. 296
2400	35. 67	67. 84	248. 63	-24. 526
2500	35. 84	71. 42	250. 09	-24. 745

$\Delta\hat{h}^\circ$（298K） = 39. 46MJ/kgmol。

甲烷（CH_4）

T/K	$\hat{c}_p$ /kJ·(kgmol·K)$^{-1}$	$\hat{h}$ /MJ·kgmol^{-1}	$\hat{s}^\circ$ /kJ·(kgmol·K)$^{-1}$	$\hat{g}^\circ/\hat{R}T$
200	33.48	-3.37	172.47	-67.796
293	35.48	-0.18	185.58	-53.113
298	35.64	0.00	186.15	-52.593
400	40.50	3.86	197.25	-45.076
500	46.34	8.20	206.91	-40.924
600	52.23	13.13	215.88	-38.342
700	57.79	18.64	224.35	-36.647
800	62.93	24.67	232.41	-35.501
900	67.60	31.20	240.10	-34.714
1000	71.80	38.18	247.45	-34.175
1100	75.53	45.55	254.47	-33.812
1200	78.83	53.27	261.18	-33.579
1300	81.75	61.30	267.61	-33.442
1400	84.31	69.61	273.76	-33.379
1500	86.56	78.15	279.66	-33.373
1600	88.54	86.91	285.31	-33.411
1700	90.29	95.86	290.73	-33.483
1800	91.83	104.96	295.93	-33.583
1900	93.19	114.21	300.94	-33.705
2000	94.40	123.60	305.75	-33.844
2100	95.48	133.09	310.38	-33.997
2200	96.44	142.69	314.85	-34.161
2300	97.30	152.37	319.15	-34.333
2400	98.08	162.14	323.31	-34.513
2500	98.78	171.99	327.33	-34.697

$\Delta\hat{h}^\circ$（298K） = −74.87MJ/kgmol。

一氧化氮（NO）

T/K	$\hat{c}_p$ /kJ·(kgmol·K)$^{-1}$	$\hat{h}$ /MJ·kgmol^{-1}	$\hat{s}^\circ$ /kJ·(kgmol·K)$^{-1}$	$\hat{g}^\circ/\hat{R}T$
200	30.42	-2.95	198.64	28.633
293	29.85	-0.15	210.19	11.703
298	29.84	0.00	210.65	11.087
400	29.94	3.04	219.43	1.672
500	30.49	6.06	226.16	-4.024
600	31.24	9.15	231.78	-7.944
700	32.03	12.31	236.66	-10.835
800	32.77	15.55	240.98	-13.072
900	33.42	18.86	244.88	-14.867
1000	33.99	22.23	248.43	-16.347
1100	34.47	25.65	251.70	-17.596
1200	34.88	29.12	254.71	-18.667
1300	35.23	32.63	257.52	-19.601
1400	35.53	36.17	260.14	-20.424
1500	35.78	39.73	262.60	-21.159
1600	36.00	43.32	264.92	-21.819
1700	36.20	46.93	267.11	-22.418
1800	36.37	50.56	269.18	-20.964
1900	36.51	54.20	271.15	-23.465
2000	36.65	57.86	173.03	-23.929
2100	36.77	61.53	274.82	-24.358
2200	36.87	65.22	276.53	-24.758
2300	36.97	68.91	278.17	-25.132
2400	37.06	72.61	279.75	-25.483
2500	37.14	76.32	281.26	-25.813

$\Delta\hat{h}^\circ$ (298K) = 90.29MJ/kgmol。

氮气（N_2）

T/K	$\hat{c}_p$ /kJ·(kgmol·K)$^{-1}$	$\hat{h}$ /MJ·kgmol^{-1}	$\hat{s}^\circ$ /kJ·(kgmol·K)$^{-1}$	$\hat{g}^\circ/\hat{R}T$
200	29.11	−2.86	179.88	−23.353
293	29.12	−0.15	191.04	−23.037
298	29.12	0.00	191.50	−23.033
400	29.25	2.97	200.07	−23.170
500	29.58	5.91	206.63	−23.430
600	30.00	8.89	217.07	−23.724
700	30.75	11.94	216.76	−24.019
800	31.43	15.05	220.91	−24.307
900	32.09	18.22	224.65	−24.584
1000	32.70	21.46	228.06	−24.848
1100	33.24	24.76	231.20	−25.101
1200	33.73	28.11	234.12	−25.341
1300	34.15	31.50	236.83	−25.570
1400	34.53	34.94	239.38	−25.789
1500	34.85	38.40	241.77	−25.999
1600	35.14	41.90	244.03	−26.200
1700	35.39	45.43	246.17	−26.393
1800	35.61	48.98	248.19	−26.579
1900	35.81	52.55	250.13	−26.757
2000	35.99	56.14	251.97	−26.929
2100	36.14	59.75	253.73	−27.095
2200	36.28	63.37	255.41	−27.255
2300	36.41	67.01	257.03	−27.410
2400	36.53	70.65	258.58	−27.560
2500	36.64	74.31	260.07	−27.705

$\Delta\hat{h}^\circ$（298K） = 0.00MJ/kgmol。

二氧化氮（NO_2）

T/K	$\hat{c}_p$ /kJ · (kgmol · K)$^{-1}$	$\hat{h}$ /MJ · kgmol^{-1}	$\hat{s}^\circ$ /kJ · (kgmol · K)$^{-1}$	$\hat{g}^\circ/\hat{R}T$
200	34. 38	-3. 49	225. 74	-9. 350
293	36. 82	-0. 19	239. 34	-15. 284
298	36. 97	0. 00	239. 92	-15. 506
400	40. 17	3. 93	251. 23	-19. 084
500	43. 21	8. 10	260. 53	-21. 426
600	45. 84	12. 56	268. 65	-23. 160
700	47. 99	17. 25	275. 88	-24. 531
800	49. 71	22. 14	282. 40	-25. 662
900	51. 80	27. 18	288. 34	-26. 625
1000	52. 17	32. 34	293. 78	-27. 464
1100	53. 04	37. 61	298. 80	-28. 207
1200	53. 75	42. 95	303. 44	-28. 874
1300	54. 33	48. 35	307. 77	-29. 481
1400	54. 81	53. 81	311. 81	-30. 037
1500	55. 20	59. 31	315. 61	-30. 550
1600	55. 53	64. 85	319. 18	-31. 027
1700	55. 81	70. 42	322. 56	-31. 472
1800	56. 06	76. 01	325. 75	-31. 890
1900	56. 26	81. 63	328. 79	32. 283
2000	56. 44	87. 26	331. 68	-32. 655
2100	56. 60	92. 91	334. 44	-33. 008
2200	56. 74	98. 58	337. 08	-33. 343
2300	56. 85	104. 26	339. 60	-33. 662
2400	56. 96	109. 95	342. 02	-33. 968
2500	57. 05	115. 65	344. 35	-34. 260

$\Delta\hat{h}^\circ$ (298K) = 217. 99MJ/kgmol。

氮，单原子（N）

T/K	$\hat{c}_p$ /kJ·(kgmol·K)$^{-1}$	$\hat{h}$ /MJ·kgmol^{-1}	$\hat{s}^\circ$ /kJ·(kgmol·K)$^{-1}$	$\hat{g}^\circ/\hat{R}T$
200	20.79	−2.04	144.90	265.669
293	20.79	−0.10	152.86	175.550
298	20.79	0.00	153.19	172.301
400	20.79	2.12	159.30	123.639
500	20.79	4.20	163.94	95.021
600	20.79	6.28	167.73	75.859
700	20.79	8.35	170.94	62.111
800	20.79	10.43	173.71	51.756
900	20.79	12.51	176.16	43.668
1000	20.79	14.59	178.35	37.169
1100	20.79	16.67	180.33	31.829
1200	20.79	18.75	182.14	27.360
1300	20.79	20.82	183.80	23.562
1400	20.79	22.90	185.34	20.293
1500	20.79	24.98	186.78	17.448
1600	20.79	27.06	188.12	14.949
1700	20.79	29.14	189.38	12.734
1800	20.79	31.22	190.57	10.757
1900	20.79	33.30	191.69	8.981
2000	20.79	35.38	192.76	7.376
2100	20.79	37.46	193.77	5.918
2200	20.80	39.53	194.74	4.587
2300	20.80	41.61	195.66	3.366
2400	20.82	43.70	196.55	2.243
2500	20.83	45.78	197.40	1.206

$\Delta\hat{h}^\circ$(298K) = 472.79MJ/kgmol。

氧气（O_2）

T/K	$\hat{c}_p$ /kJ·(kgmol·K)$^{-1}$	$\hat{h}$ /MJ·kgmol^{-1}	$\hat{s}^\circ$ /kJ·(kgmol·K)$^{-1}$	$\hat{g}^\circ/\hat{R}T$
200	29. 12	-2. 87	193. 38	-24. 982
293	29. 35	-0. 15	204. 56	-24. 664
298	29. 37	0. 00	205. 03	-24. 660
400	30. 11	3. 03	213. 76	-24. 800
500	31. 09	6. 09	220. 59	-25. 067
600	32. 09	9. 25	226. 35	-25. 370
700	32. 98	12. 50	231. 36	-25. 679
800	33. 74	15. 84	235. 81	-25. 981
900	34. 36	19. 25	239. 83	-26. 273
1000	34. 88	22. 71	243. 48	-26. 553
1100	35. 31	26. 22	246. 82	-26. 819
1200	35. 68	29. 76	249. 91	-27. 074
1300	36. 00	33. 35	252. 78	-27. 317
1400	36. 29	36. 97	255. 45	-27. 549
1500	36. 56	40. 61	257. 97	-27. 771
1600	36. 82	44. 28	260. 34	-27. 983
1700	37. 06	47. 97	262. 58	-28. 187
1800	37. 30	51. 69	264. 70	-28. 383
1900	37. 54	55. 43	266. 73	-28. 571
2000	37. 78	59. 20	268. 65	-28. 752
2100	38. 01	62. 99	270. 50	-28. 927
2200	38. 24	66. 80	272. 28	-29. 096
2300	38. 47	70. 63	273. 98	-29. 259
2400	38. 69	74. 49	275. 63	-29. 418
2500	38. 92	78. 37	277. 21	-29. 570

$\Delta\hat{h}^\circ$（298K）＝ 0. 00MJ/kgmol。

氧，单原子（O）

T/K	$\hat{c}_p$ /kJ · (kgmol · K)$^{-1}$	$\hat{h}$ /MJ · kgmol^{-1}	$\hat{s}^\circ$ /kJ · (kgmol · K)$^{-1}$	$\hat{g}^\circ / \hat{R}T$
200	22. 74	-2. 19	152. 05	130. 256
293	21. 95	-0. 11	160. 61	82. 879
298	21. 91	0. 00	160. 95	81. 168
400	21. 48	2. 21	167. 32	55. 469
500	21. 26	4. 34	172. 09	40. 290
600	21. 13	6. 46	175. 95	30. 085
700	21. 04	8. 57	179. 20	22. 735
800	20. 98	10. 67	182. 01	17. 178
900	20. 95	12. 77	184. 48	12. 820
1000	20. 92	14. 86	186. 69	9. 306
1100	20. 89	16. 95	188. 68	6. 407
1200	20. 88	19. 04	190. 49	3. 974
1300	20. 87	21. 13	192. 16	1. 897
1400	20. 85	23. 21	193. 71	0. 104
1500	20. 84	25. 03	195. 15	-1. 462
1600	20. 84	27. 38	196. 49	-2. 843
1700	20. 83	29. 46	197. 76	-4. 070
1800	20. 83	31. 55	198. 95	-5. 170
1900	20. 83	33. 63	200. 07	-6. 160
2000	20. 83	35. 71	201. 14	-7. 059
2100	20. 83	37. 80	202. 16	-7. 877
2200	20. 83	39. 88	203. 13	-8. 627
2300	20. 84	41. 96	204. 05	-9. 317
2400	20. 84	44. 04	204. 94	-9. 954
2500	20. 85	46. 13	205. 79	-10. 543

$\Delta\hat{h}^\circ$（298K） = 249. 19MJ/kgmol。

水蒸气（H_2O）

T/K	$\hat{c}_p$ /kJ·(kgmol·K)$^{-1}$	$\hat{h}$ /MJ·kgmol^{-1}	$\hat{s}^\circ$ /kJ·(kgmol·K)$^{-1}$	$\hat{g}^\circ/\hat{R}T$
200	33.34	-3.28	175.38	-168.494
293	33.56	-0.17	188.19	-121.920
298	33.58	0.00	188.72	-120.252
400	34.25	3.45	198.67	-95.572
500	35.12	6.92	206.41	-81.333
600	36.30	10.50	212.93	-71.982
700	37.46	14.18	218.61	-65.407
800	38.69	17.99	223.69	-60.557
900	39.94	21.92	228.32	-56.849
1000	41.22	25.98	232.60	-53.937
1100	42.48	30.17	236.58	-51.598
1200	43.70	34.48	240.33	-49.689
1300	44.99	38.90	243.88	-48.107
1400	45.97	43.45	247.24	-46.780
1500	47.00	48.10	250.45	-45.657
1600	47.96	52.84	253.51	-44.697
1700	48.84	57.68	256.45	-43.872
1800	49.66	62.61	259.26	-43.158
1900	50.41	67.61	261.97	-42.536
2000	51.10	72.69	264.57	-41.993
2100	51.74	77.83	267.08	-41.516
2200	52.32	83.04	269.50	-41.095
2300	52.86	88.29	271.84	-40.724
2400	53.36	93.60	274.10	-40.395
2500	53.82	98.96	276.29	-40.103

$\Delta\hat{h}^\circ$ (298K) = -241.83MJ/kgmol。

附录 D 燃烧技术的发展历史

本附录简要介绍了蒸汽锅炉、内燃机和燃汽轮机的发展历史。

D.1 蒸汽锅炉

早期的蒸汽锅炉只包括体积大于一个水壶从底部加热的水罐。十八世纪依旧采用水罐加热原理，但是采用封闭炉燃烧燃料使得更多的热量直接传导到锅炉的水罐上。为了提高效率，1750 年开发了一个整体式炉子，燃料在水箱内封闭的容器中燃烧。烟道废气像蒸馏器中的弯管一样通过水箱排向大气，通过风箱将空气送入燃烧区。

随着对功率需求的增加，采用多气管取代单一烟道以增加受热面积，使烟气在管内流动，这种设计被称为火管锅炉。威廉·费尔贝恩（William Fairbairn）于 1845 年设计的所谓兰开夏（Lancashire）锅炉就是火管锅炉的一个例子。然而，许多灾难性的爆炸是由于含有大量饱和水的压力壳直接加热引起的。例如，1880 年美国的一场锅炉爆炸中有 259 人死亡 555 人受伤。一些早期工程师们想到一个主意：用水代替烟气，可以让管内通水，而管外流过加热气体，这样可以提高容量，并使操作更安全。第一台水管锅炉于 1788 年由美国人 James Ramsey 发明并获得专利。由于施工问题，蒸汽泄漏和内部沉积物，这些早期的水管设计并不成功。直到 1856 年，斯蒂芬·威尔考克斯（Stephen Wilcox）才设计出一款真正成功的水管锅炉。威尔考克斯锅炉改善了水循环，增加了表面积，这是因为倾斜的水管连接了前后水室和上方的蒸汽室。威尔考克斯从本质出发的安全设计革命性地改变了锅炉行业。1866 年，威尔考克斯加入了乔治·巴布科克（George Babcock）公司，他们的公司发展迅速。由于瑞典的古斯塔夫·德拉瓦尔（Gustaf DeLaval）的创举，第一个商用汽轮机（4kW）于 1891 年开始运行。在美国，由于乔治·威斯汀霍斯（George Westinghouse）的努力，第一台汽轮发电机组（400kW）投入运行。汽轮机超越了蒸汽机，迅速获得了认可，1903 年芝加哥成为第一个专门为汽轮机设计中央电站（每台 5MW）的城市。到 20 世纪 20 年代初期，蒸汽温度约为 300℃，蒸汽压力为 13~20 个大气压。到 1929 年，80 个大气压的锅炉建成。现在 240 个大气压的蒸汽涡轮机已经很常见了，工程师们考虑将 650℃下更加高压的蒸汽作为提高热动力效率的一种手段。

燃料燃烧系统也经历了类似的发展。1822 年，手动加料炉被自动抛煤机替换，1833 年发明了移动式炉篦机。和机械加煤燃烧一样，在 20 世纪 20 年代，煤粉燃烧也迅速发展。从 20 世纪 30 年代开始，中央电站锅炉的悬浮燃烧成为主流。为了控制二氧化硫的排放，1976 年第一台煤炭流化床燃烧器投入商业运行。

乔治·赫尔曼·巴布科克（George Herman Babcock）与斯蒂芬·威尔考克斯（Stephen Wilcox）

美国工程师

乔治·巴布科克（George Babcock）在纽约德鲁特（DeRuyter）的一家技术学院度过了一年的时间，然后做了印刷工作。1855年，他（与他的父亲）获得多色印刷机专利，并在伦敦水晶宫展览中获奖。他还获得烫金机专利，创办“文学回声”杂志。1859年，巴布科克卖掉了他的生意，成为了布鲁克林的专利律师。在19世纪60年代初期，他是罗德岛普罗维登斯的希望铁工厂的首席绘图员，晚上他在库珀联合学院教授机械制图。1866年，巴布科克成为美国机械工程师协会的第六任主席，并于1881年成为Babcock & Wilcox公司的第一任总裁，直到去世。

斯蒂芬·威尔考克斯（Stephen Wilcox）于1853年获得了送经运动织机专利，并于1856年在17岁时获得了第一台蒸汽锅炉的专利。在19世纪60年代，他在希望钢铁厂工作，与巴布科克相识。威尔考克斯是Babcock & Wilcox公司的副总裁，直到1893年去世。

由于燃炉和锅炉的普及，烟雾控制在20世纪20年代是城市关注的主要问题。20世纪30年代，旋风收集器开始用于颗粒物控制。静电除尘器是由科特雷尔（F. G. Cottrell）于1910年发明的，并在20世纪50年代开始用于工业和多种颗粒控制，如布袋式过滤器。在20世纪70年代，对大量的微粒、一氧化碳、二氧化氮和二氧化硫的控制写入美国《清洁空气法案》。

D. 2　火花点火式发动机

尼古拉斯 · 奥托（Niklaus August Otto）

德国工程师（1832~1891）

尽管奥托从小就对科学和工程有兴趣，但是他十六岁便离开学校成为一名文员。然而，奥托把他所有的业余时间和金钱都花在了学习工程学上，而且他的灵感来自于勒努瓦（Lenoir）建造引擎的新闻。1851 年，在他 29 岁的时候，奥托制造了一个四冲程内燃机。发动机因爆震而运作得非常不平稳。尽管如此，他却得到了一位富有的工业家支持，组成了尼古拉斯 · 奥托公司。在 1867 年的巴黎展上，他在与 14 台法国发动机竞赛中赢得了金牌。1877 年，他第一次尝试生产四冲程发动机，15 年后，奥托生产并获得了 8 马力的发动机专利，取得了巨大的成功。另一些人则寻求利用新点子的方法，在 1886 年，这项专利被宣布无效。然而，到那时，已经售出了 3000 多台发动机，而且公司在修改发动机运行液体燃料方面做了大量的工作。奥托死于 1891 年，是一位谦虚但真正伟大的工程师，他开发了所有现代内燃机的原型。

通过燃烧产物膨胀来驱动活塞的想法首先被勒努瓦（Lenoir）（1860）在 1/2 马力的发动机中利用，他提出在进气冲程期间通过使用电火花点燃混合物的想法。在点火之前压缩的想法在当时被认为是不可行的。勒努瓦发动机使用的是煤制成煤气供能。1876 年，奥托（Nikolaus Otto）根据博德罗沙（Beau de Rochas）在 1862 年提出的四冲程概念上制造了一台 3 马力的压缩点火发动机，其基本的循环原理沿用至今。1878 年，杜格尔德 · 克拉克（Dugald Clark）为了在不改变发动机大小的同时获得更高的功率而开发出了两冲程发动机。

火花点燃式均质混合压缩式发动机内的燃烧首先在机械方面考虑发动机的强度、金属温度以及润滑限制。在廉价能源的时代以及还没有空气污染法规之前，发动机设计都是用略高于化学计量比的比例来获得更高的压缩比。爆震燃烧（未燃烧的气体产生压力脉冲的爆炸）是一个严重的问题，但是通过使用四乙基铅（1923）部分克服了该问题，在汽油中加入少量四乙基铅时爆震的趋势得到了降低。汽油、润滑油和金属的质量的提高使得压缩比从 1915 年 T 型的 3.6：1上升到 20 世纪 60 年代早期的 8：1。压缩比还可以继续增加，但考虑到空气污染物特别是一氧化氮（NO）的排放，压缩比增加的研发停滞了下来。因此，人们开发了催化剂来减少 NO、CO 和未燃烧的碳氢化合物的排放，但是在汽油中的铅会使这些催化剂中毒。因此四乙基铅不能再用作燃料添加剂，所以再次考虑降低压缩比。

随着中心城市的发展，工业和汽车的空气污染成为一个严重的问题。最显著的问题首先发生在加利福尼亚州南部，在那里燃烧排放物产生了一种重度和危害健康的雾霾。英文中的“雾霾”（smog：smoke plus fog）一词起源于20世纪初，在英国，高硫煤的燃烧和天然雾产生了致命的硫酸气溶胶。然而，洛杉矶的雾霾却大不相同。1952年，来自加州理工学院的哈根-斯米特（Haagen-Smit）教授表示，在实验室的实验显示汽车尾气在阳光光照下可以产生雾霾。这种雾霾的必要成分是碳氢化合物、氮氧化物、空气以及强日光。大气中的光化学和化学反应产生氧化剂（臭氧、二氧化氮和过氧化氢）和光化学烟雾，会刺激眼睛和肺。由于公众的需求，美国联邦政府于1972年对汽车的排放进行控制，又被称为1972模式。

汽油发展的历史与奥托（火花点火）引擎的历史相似，包括上面提到的一些事件。在1923年引入了防止爆震的烷基添加剂，其使用量在1970年达到了最大值。1974年开始要求汽油无铅；从1980年开始铅含量逐年减少；1996年全面禁止汽油含铅。尽管汽油的辛烷值质量仍然是油品主要考虑的因素，但从20世纪70年代开始，环境问题也成为油品的考虑因素。其中为了使用废气后处理催化剂采用了无铅汽油；为了减少未燃烧碳氢化合物排放的需要导致了汽油挥发性的控制；而为减少城市地区一氧化碳排放导致了含氧化合物的使用。因此，目前的改革努力都是持续改变的环境因素所驱动的。

鲁道夫·克里斯琴·卡尔·狄塞尔（Rudolf Christian Karl Diesel）

德国工程师（1858~1913）

鲁道夫·狄塞尔（Rudolf Diesel）是慕尼黑机械工程专业的杰出学生。他的柴油机的导师之一林德教授，是全球热发动机和制冷方面的权威，帮助他在瑞士著名的Sulzers工厂找到了一份工作。在那里，狄塞尔成为了一名熟练的机械师，后来成为了一名工厂经理。他首先用高压氨发动机开始试验。他在1893年发明的原型机曾发生汽缸头上方爆炸，但4年后，他制造出了一个相当可靠的发动机。他的新引擎很快就被全世界接受，他的许多引擎都是在获得许可证下制造的。他的妻子说服他把发动机命名为他自己。然而，鲁道夫·狄塞尔（Rudolf Diesel）的名声和财富却因健康状况不佳而受损，这可能是由于专利权利和不明智的金融投机导致的官司缠身。狄塞尔是一个不折不扣的天才，他以他在实验室的发动机工作和他的热机循环研究，包括恒压柴油循环的研究而闻名。

D.3　压燃式发动机

1893 年，德国的鲁道夫·狄塞尔（Rudolf Diesel）设计的“理性热机”被授予专利。狄塞尔设计了一个四冲程发动机，它将吸收卡诺循环的恒定温度能量。在他的第一个发动机中，在压缩冲程结束时将氨喷射到气缸中，以避免过早点火。狄塞尔的第二发动机（1896 年）有一个水套汽缸和一个向气缸提供空气以减少废气的泵。1898 年，第一个生产引擎通过煤油运行，并且输出了惊人的 20 马力。到 1901 年，最初的发动机设计中使用的外部十字头方案被美国柴油公司创新的主干活塞设计所取代。在 1902 年，M. A. N. 公司制造了一个 185kW（250 马力）的双缸发动机，而 Sulzers 公司在 1906 年制造了一个 225kW（300 马力）的三缸发动机。因为这样的引擎不能直接倒转，海军使用电力驱动来减速和操纵。1911 年的都灵展览会上，一个装有燃油锅炉的蒸汽机和一台柴油发动机被并排展出。蒸汽机每马力使用的燃料比柴油发动机多好几倍。柴油机大大改善了燃油经济性，导致了蒸汽机的消亡。

到 1910 年，德国和英国公司开发了柴油动力潜艇，并且第一个柴油动力客轮在 1921 年出现。早期的四冲程船舶发动机受到排气阀污染和端口积碳问题的困扰。这个问题导致了 Sulzers 开发出二冲程柴油机。第一次世界大战前，每缸发动机功率为 1500kW（2000 马力），而到 1939 年时，世界上一半的航运吨位的是柴油动力。

用于商业、农场和工业应用的高速柴油发动机发展缓慢，这是因为在材料和燃油喷射系统的强度上需要提高。虽然早在 1886 年，赫伯特·阿克罗伊德·斯图特（Herbert Akroyd Stuart）首创了无气喷射液体燃料的原理，但直到 1936 年罗伯特·博世（Robert Bosch）才提出了一种不需要可变行程泵的巧妙方法。同样重要的是，博世公司有生产制造这种系统所需的高限度加工的能力。除汽车和飞机外，几乎所有领域的应用中，柴油机都取代了火花点火发动机。

D.4　燃气轮机

尽管使用烟道气或蒸汽来驱动车轮的历史可以追溯到古代，但现代燃气轮机的先驱可以追溯到 1791 年约翰巴伯（John Barber）的专利，它利用了压缩机、燃烧装置和脉冲涡轮机。早期的燃烧器通常是一种爆炸性的间歇性的燃烧，在封闭的空间里通过喷嘴产生的气流驱动脉冲涡轮机。尽管效率低下，但这种设计仍然存在，由于缺乏空气动力学知识，连续流机的开发受到阻碍，导致压缩机的效率非常低。

第一台带有恒压燃烧器的工作燃气轮机是挪威的埃吉迪乌斯·艾林（Aegidius Elling）发明的。他在 1882 年开始研究燃气轮机，21 年后，艾林获得了 8 千瓦（11 马力）的净输出功率，有一个 6 级的离心压缩机，以及一个有 400℃进口温度的轴向脉冲涡轮机。1905 年，法国人查尔斯·莱姆勒（Charles Lemale）和雷尼·阿姆加德（Rene Armengaud）使用了一个 25 级的 Brown Bovari 型离心式压缩机（转速 4000r/min，输入功率 240kW（325 马力），输出压力比 3∶1），一个高温燃烧室，以及一个两级的柯蒂斯涡轮机，热效率为 3.5%。到 1939 年，效率大大提高，匈牙利设计的再生轴流式压缩机和涡轮机的效率达到了 21%。1949 年，美国安装了第一台燃气轮机发电装置。

在飞机上使用燃气轮机可以追溯到 1930 年英国弗兰克·惠特尔（Frank Whittle）的专利。需要克服的技术问题包括：（1）制造一个燃烧强度是固定燃气轮机 20 倍的燃烧室；（2）提高压缩机和涡轮机效率；（3）克服当时困扰涡轮机的机械故障。与此同时，在飞机制造商恩斯特·海克尔（Ernst Heinkel）的支持下，汉斯·冯·奥海恩（Hans von Ohain）在德国战前独立开创了飞机燃气涡轮机的先河。到1939年，惠特尔和冯·奥海恩都朝着飞行的原型迈进。1939年8月，一架装有冯·奥海恩引擎的亨克尔飞机在高处飞行了7min。两年后，1941年5月，装有3.8kW（800磅）推力惠特尔W1发动机的格洛斯特（Gloster）飞机在高空飞行了17min，在接下来的12天内，进行了10h的试飞。此后，W1的通用电气版本建成并很快投入飞行。

日本的第一台燃气涡轮发动机是由1943年两位海军官员Tokiyasu Tanegashima和Osamu Nagano独立开发的。到1944年底，德国人与日本人分享了涡轮机技术。第一次日本试飞持续了12min，8天后战争结束。到1945年二战结束时，英、美、德三国的喷气式飞机在试飞时可以跑赢螺旋桨活塞式飞机；然而，由于发动机不耐用，并没有在战争中发挥作用。第一台商业燃汽涡轮发动机于1953年开始运营。

弗兰克·惠特尔（Frank Whittle）

英国工程师（1907~1996）

1922年15岁的惠特尔成为了皇家空军的学员。他1928年毕业于克兰威尔空军学院；1934年从英国皇家空军人员工程学院毕业；1936年从剑桥大学毕业。早年惠特尔着迷于喷气推进，在他1928年的论文“未来航空器设计的发展”中讨论并于1930年申请专利。不幸的是，他的革命性的发明并没有获得英国空军部和其他厂家的青睐。因为长期以来燃气轮机成功率低下，没有人相信他的设计能够实现。1936年他在剑桥大学毕业时，机遇终于来了，一家由银行家组成的商行决定资助新办的“动力喷气有限公司”，试制惠特尔发明的W1涡轮喷气发动机。对于惠特尔来说，1936~1940年间，W1发动机逐渐以较高的燃烧强度运行在较高的转速下，这是一个伟大的技术高峰和低谷时期。由于英国皇家空军（RAF）认为这一概念不切实际，所以它只给了少量现金支持，最初很少得到认可。尽管该设计与美国共享，而且在战争期间进展更快，但英美燃气涡轮动力飞机并没有对战争产生影响。到战争结束时，惠特尔的小公司和他的专利被历史的潮流所取代，但是一个新的产业已经开始了。战后，他成为了技术顾问和咨询顾问。1976年惠特尔移居美国。惠特尔平生获得了无数荣誉。

随着整体发动机设计的改进，燃烧室要求从早期的3：1压力比增加到现代飞机发动机的18：1。燃烧室温度也增加了，冷却涡轮叶片和燃烧室衬里变得更加困难。幸运的是，涡轮叶片的薄膜冷却、燃烧器的槽和端口冷却、燃料雾化和流动建模等技术的进步使得燃烧室设计能够满足系统的要求。

汉斯·冯·奥海恩（Hans von Ohain）

德国物理学家（1911~1998）

1935 年，24 岁的冯·奥海恩获得了哥廷根大学的博士学位。学生时代的冯·奥海恩被喷射推进所震撼，并且他的天分被一个教授认可和鼓励。他早期的引擎设计之一为他赢得了海因克尔飞机公司的工作。海因克尔的支持使冯·奥海恩得以神速进展，到 1937 年（尽管他完全不知道惠特尔的工作，惠特尔也不知道他的工作），他成功地在他的车间里测试了一个引擎。1938 年，德国空军指挥所有的私人航空公司开始研发喷气发动机，但一年后，随着这个国家投入战争，发展的努力被转移回到了螺旋桨驱动的飞机上，这是极其缺乏远见的，在喷气发动机发展和可能的发生战争中，德国失去了领先地位。战争结束后，冯·奥海恩来到美国，在赖特-帕特森空军基地继续他的工作。到 1975 年，他负责维持涡轮喷气推进的所有空军研究和发展的质量，并在 1979 年退休后加入了代顿（Dayton）研究院。他拥有 19 项美国专利和多项荣誉。

弗兰克·惠特尔（Frank Whittle）先生和汉斯·冯·奥海恩（Hans von Ohain）博士是 1991 年美国国家工程学院的 C. S. Draper 奖的获得者，“在开发和减少涡轮喷气发动机的发展和减少的过程中，他们坚持不懈进行工程创新，从而改革了世界的运输系统，改善了世界经济，改变了国家和人民之间的关系”。

参 考 文 献

[1] Carvill J. Famous Names in Engineering, Butterworths, London, 1981.

[2] Cummins L, Internal Fire: The Internal Combustion Engine, 1673~1900, Society of Automotive Engineers, Warrendale, PA, 1989.

[3] Cummins C L Jr. Diesel's Engine: From Conception to 1918, Vol. 1, Carnot Press, Wilsonville, OR, 1993.

[4] Imanari K. First let Engine in Japan, NE20, Global Gas Turbine News 35 (March/April): 4~6, ASME International Gas Turbine Institute, 1995.

[5] Jones G. The Jet Pioneers: The Birth of Jet Powered Flight, Methuen, London, 1989.

[6] Kitto J B, Stultz S C, eds. Steam: Its Generation and Use, 41st ed, The Babcock and Wilcox Co. , Barberton, OH, 2005.

[7] Rolt L T C. The Mechanicals, Heinemann, London, 1967.

[8] Wilson D G. Chap. 1 in The Design of High-Efficiency Turbomachinery and Gas Turbines, MIT Press, Cambridge, MA, 1984.

按字母排序的专业词汇及短语

A

absolute enthalpy 绝对焓
acceleration of 加速
acetylene-oxygen, self-luminous photographs 乙炔-氧气，自发光照片
adiabatic flame temperature 绝热火焰温度
advantage 优势
advantages of 优点
accessible area 易接近的区域
activated complex 活化复合体
activation energy 活化能
airblast atomizer 空气雾化喷嘴
air 空气
air and coal stream 空气和煤碳流
air and fuel mixture 空气燃料混合物
air bubbling fluidized bed 空气鼓泡流化床
air composition 空气成分，大气成分
air distributor plate 布风板
air drying 空气干燥
air mixture and speed 空气混合物和混合速度
air velocity 空气速度
air craft gas turbine propulsion system 飞机燃气轮机推进系统
air-swept spout feeder and vibrating grate 空气喷扫给料机和振动炉排
alcohols 酒精，乙醇
alkanes 烷类
alkenes（olefins）烯属烃
and boilers, emissions 锅炉，排放
and burner configurations 燃烧配置
and energy balance 能量平衡
arch 炉顶
area mean diameter（AMD）面积平均直径
aromatics 芳烃
Arrhenius rate constant 阿伦尼乌斯速率常数
Arrhenius form, rate constant 阿仑尼乌斯，速率常数
ash 灰分
ash behavior 灰分特性
ash formation 灰烬形成
ash fusion temperature 灰熔点，灰熔化温度
ash, representative composition 灰分，代表成分，灰烬
ASTM standards 美国材料与试验协会标准
ASTM D1857 standards 美国材料试验学会 D1857 标准
at reference temperature 参考温度
atom balance constraints 原子平衡约束
atom balances, fuel 原子平衡，燃料
atmospheric concentrations 大气中二氧化碳的浓度
autoignition 自动点火
autoignition temperature 自燃温度
atomization methods 雾化方法
automization principle 自动化原则
atmospheric partially premixed 大气部分预混
automotive 汽车，自动的
automotive, properties of（汽车）自动性能
attrition rate constant 磨耗速率常数
autoignition temperature and maximum 最大点火温度
automotive fuel 汽车燃料
average droplet volume 平均液滴体积
average specific heat and enthalpy 平均比热和焓
aviation turbine fuel properties 航空涡轮机燃料性能

B

Babbington burner 巴宾顿燃烧器
Bacharach smoke number 巴卡拉克烟数
back reaction 逆反应
ball mill 球磨，球磨机
biofuels 生物燃料
biofuels and biomass 双组份燃料和生物质

biomass 生物质，生物质能
biomass cookstoves 生物质炉灶
biomass-fired boilers 生物质锅炉
biomass gasification 生物质气化
bimolecular atom exchange 双分子原子交换
biomas modeling fixed bed combustion 生物质能建模固定床燃烧
Biot number 毕奥数
bituminous 沥青
bituminous coal 烟煤
bluff-body stabilized burner 钝体稳燃器
black smoke 黑烟
blowout velocity 井喷速度
boiler 锅炉
boiler efficiency 锅炉效率
boiling points 沸点
bond strengths 粘接强度，键合强度
boundary conditions 边界条件
brake power 制动功率
branching 分歧的，分枝的
bubbling beds 鼓泡床
bubbling bed combustion 沸腾床燃烧
burner configurations 燃烧器构造
burner nozzle 燃烧器喷嘴
burner ports 燃烧器接口
burning 燃烧
burning rate 燃烧率
burned zone 燃烧区
burning velocity and flame thickness 燃烧速度和火焰厚度
burnout 燃烬
burnout time 燃烬时间
Bunsen burner 本生灯燃烧器

C

calculations 计算
calculations of 计算
calculations of temperature 温度计算
carbon 碳
carbon char and oxygen 焦炭和氧气
carbon dioxide 二氧化碳
carbon process 炭处理
carbon monoxide, formation of 一氧化碳，形成
carbon neutral and non-carbon neutral 碳中性和非碳中性
candle 蜡烛
candle flame 蜡烛火焰
capture and sequestration 捕获和封存
catalytic converters 催化转换器
cenospheres 空心微珠
cell size 元件尺寸
cellular nature 细胞性质
cetane number 十六烷值
chamber design 缸体设计
chain reactions 连锁反应
challenges in 挑战
chamber geometry 燃烧室几何形状
Chapman-jouguet condition Chapman-jouguet 条件
char 焦炭，烧焦
char burnout 焦炭燃烬
char burn 炭烧
char combustion 焦炭燃烧
charcoal 木炭
char porosity, schematic of 煤焦孔隙结构，示意图
characterization of 特征，表征
characterization of autoignition temperature 自燃温度特性
chemical composition 化学成分
chemical energy 化学能
chemical energy in combustion 燃烧化学能
chemical equilibrium 化学平衡
chemical kinetics of combustion 燃烧化学动力学
chemical reaction 化学反应
chemilumenescent analyzer 化学发光分析仪
circulating fluidized bed combustors 循环流化床燃烧器
classification 分类
cleaning methods 清洗方法
closed system 闭合系统
closed thermodynamic system 封闭热力学系统
CNF. see cumulative number fraction（CNF） 见数量累计分数
coal 煤
coal and biomass 煤和生物质
coal particle burn time 煤炭颗粒燃烧时间
coal pyrolysis 煤的热解

coal particles fracturing 煤粒断裂
coal-air mixture 煤-空气混合
coke 焦炭
cool flames 冷火焰
coal-air mixture 煤-气混合物
coal and biomass, gasification 煤和生物质，气化
combustion 燃烧
combustion diagram 燃烧图
combustion efficiency 燃烧效率
combustion products 燃烧产物
combustion chamber 燃烧室
combustion chamber stability 燃烧室燃烧稳定性
combustion rate 燃烧率
combustion stoichiometry 燃烧的化学计量
combustion systems 燃烧系统
combustion wave 燃烧波
combustion zones 燃烧区
combustor design 燃烧器设计
combustor liner wall cooling designs types 燃烧室内衬冷却设计类型
complexity of 复杂性
components 成分
components of 组成
components, primary 主要成分
compression ratios 压缩比
composition of 构成
computer simulations 计算机模拟
concentrations, dry products 浓度，干制品
concentric jet 同心射流
concentric jet flames 同心喷射火焰
concentric jet, bluff body 同心射流，非流线形体
concentration profiles 浓度分布
conceptual layers 概念层
configurations 构造
conservation 守恒
constant density case 恒密度情况下
constant diffusion control 恒扩散控制
constant temperature and pressure systems 恒温恒压系统
constant temperature and pressure systems, 恒温、恒压系统
criterion 准则
conservation equations 守恒方程
conservation of mass 质量守恒
conservation of mass, momentum and energy 质量守恒定律，动量和能量
conservation of momentum 动量守恒
conservation of mass 质量守恒定律
conservation of energy 能量守恒定律
constant volume 恒定体积
constant volume combustion 恒体积燃烧
constants 常数
CO oxidation 一氧化碳氧化
constituents 成分
continuity equation 连续性方程
control technology 控制技术
conventional gas turbine combustor 传统燃气涡轮燃烧器
cooking cycle in West African villages 西非村庄的烹饪周期
cooking fires and 烹饪用火
cooking fires and biomass cookstoves 厨房用火和生物质炉灶
collisional process 碰撞过程
convective film coefficient 对流膜传热系数
convective heat transfer coefficient, evaluation 对流传热系数，评估
correlation 相关性，相互关系
correlation plot 相关图
creation 发明
criterion 标准，准则
crude oil 原油
crushed coal 碎煤
crude oil refinery products 粗炼油产品
cumulative number fraction (CNF) 累计数量分数
cumulative volume fraction (CVF) 累积体积分数
cycle events 周期事件
cycloalkanes 环烷类
cylinder and piston 气缸和活塞
cylinder pressure-volume 气缸压力-容积
cyclone collector 旋风收集器
cylinder pressure and volume measurements 气缸压力和容积测量
cylinder temperature 料筒温度

D

Damköhler number 达姆科勒数

deflagration 爆燃过程
degrees of freedom 自由度
dense phase fluid 密相液
density 密度
design problem 设计问题
Development（WCED）世界环境与发展委员会
devolatilization 液化作用，热解
devolatilization 脱挥，离解
devolatilization of solid fuel 固体燃料的挥发
devolatilization products 脱挥发分产品
detonation 爆炸
definition 定义
diameter model 恒定直径模型
diameter-squared-law 直径平方律
diffusion 扩散
differential equations 微分方程
diffusion first law of thermodynamics 热力学第一定律
diffusion flames 扩散火焰
diffusion，rate of 扩散速率
diesel 柴油机
diesel engine combustion 柴油机燃烧
diesel fuel 柴油
dilute phase 稀相
dilution tolerance 稀释度公差
diolefins 二烯
direct initiation 直接点火
disadvantages 劣势（缺点）
dissociation，effect of 离解影响
distillate fuel oil，pressure atomization nozzle 馏分燃油，压力雾化喷嘴
distance 距离
distillation curves 蒸馏曲线
divergent fuel spray 发散的燃料喷雾
domestic 国内的
double bonded hydrocarbons 双键碳氢化合物
drag 拉
drag coefficient 阻力系数
droplets 液滴
droplet breakup 液滴破碎
droplet size distributions /measurements 液滴尺寸分布/测量
droplet size 液滴尺寸
dry 干燥
drying 干燥（过程）
dry bottom furnaces 干底炉
drying of solid fuel 固体燃料干燥
dry exhaust products 干排放产品
drying time 干燥时间
dwell/induction period 停留期/诱导期
dynamic pressure 动压

E

eddies 涡流
effective area 有效区域
efficiency 效率
ef ficiency evaluation，indirect method 效率评估，间接法
elemental analysis 元素分析
element balance 元素平衡
elemental chemical composition 元素化学成分
elements in 元素
elements in wood 木材中的元素
element potentials approach 元素电位法
elementary reactions 基本反应
electric power plants 发电厂
emissions 排放，排放物
emissions from 从……排放
emissions，sources of 排放物，源
enclosed natural draft cookstove 封闭式自然通风灶
enclosed natural draft cookstove using stick 棍棒封闭式自然通风灶
energy and continuity，combining 能量与连续性，化合的
energy balance 能量平衡
energy balance and efficiency 能量平衡与效率
energy conservation 节能
energy equation 能量方程
energy equation，preheat zone 能量方程，预热带
energy losses 能量损耗
energy transport by 能量传输
engine coolant，heat transfer 发动机冷却液，热传递
engine efficiency 发动机效率
engine tests 发动机测试
engine test parameters 发动机测试参数
engine torque 发动机扭矩

enthalpy 焓变，焓
environment and temperatures 环境和温度
environment and pyrolysis temperatures 环境和热解温度
equation 方程，化学反应式
equation of state 状态方程
equilibrium 平衡
equivalence ratio 当量比
Ergun equation 厄贡方程
exhaust blowdown 排气排放
exhaust gas recirculation 烟气再循环
exhaust valve 排气阀
exothermic reaction 放热反应
expansions 膨胀
experimental velocity of cetane layers 十六烷层的实验速度
explosion limit 爆炸极限
external 外部
et hylene-air mixture，stabilty regimes 乙烯-空气混合稳定机制
ethanol，blending of 乙醇，共混
ethanol considerations 乙醇注意事项
ethanol oxidation 乙醇氧化
ethylene-air mixture 乙烯-空气混合物

F

factors 因素
Federal emission standards for 联邦排放标准
Federal new source standards 联邦新来源标准
features of 特征
FGR 烟气再循环
FGR，see flue gas recirculation（FGR）烟气再循环
fiber matrix 纤维基质
fiber matrix burner 纤维基质燃烧器
fiber saturation point 纤维饱和点
Fick's first law of diffusion 菲克扩散第一定律
film temperature 薄膜温度
fire tube 火管
fire tube boiler 火管锅炉
first law concepts 第一定律的概念
fissures 裂隙，裂缝
fi xed bed char combustion modeling 固定床煤焦燃烧模式
fixed bed combustors 固定床燃烧器
fixed bed combustion systems 固定床燃烧系统
fixed carbon/volatile matter and HHV，固定碳/挥发物，高位热值
flames 火焰
flame stabilization 火焰稳定性
flame types 火焰类型
flame formation 火焰形成
flames 火焰
flame retention device 火焰稳定装置
flame speed 火焰速度
flame structure 火焰结构
fflame types 火焰类型
flammability limits 可燃性极限
flare 闪光
flash point 闪点
flattening effect 展平效应
flexibility 灵活性
flow diagram 流程图
flow patterns 流动型态
flow pattern in 流动模式
flowchart for gasoline fuel 汽油燃料流程图
flow tube reactor 流管式反应器
flow velocity，axial distribution 流速，轴向分布
flue gas recirculation（FGR）烟气再循环
fluid dynamic flow 液体动态流
fluid，mass flow rate 流体，质量流量
fluidization process 流化过程
fluidized bed boilers 流化床锅炉
flux of oxygen 氧气流量
focused laser ignition 聚焦的激光点火
for hydrocarbons 碳氢化合物
for various representative fuels 各种代表性燃料
formation 形成
formation rate 形成率
formation，rate of 形成率
fossil 化石
fouling 污垢
fouling Index 结垢指数
four-reaction set 四反应装置
four-stroke engines 四冲程发动机
fragmentation and attrition 碎裂和磨损
free jet 自由射流

from coal-fired electric power plants，来自燃煤发电厂
free jet flames 自由射流火焰
free swelling index 自由膨胀指数
freezing，concept of 冷冻，概念
from fossil fuels 来自化石燃料
front，shock 前面，前沿震动
frozen equilibrium 冻结平衡
FSR，flame speed ratio 火焰速度比
fuels 燃料
fuel and air flow rates 燃料和空气流量
fuel and air nozzles location 燃料和空气喷嘴位置
fuel-air mixture 燃料-空气混合物
fuel-air ratio 燃料空气比
fuel-air ratio and heating value 燃料-空气比和热值
fuel-air ratio，function of 燃料-空气比，函数
fuel-bound，organic nitrogen compounds 燃料结合，有机氮化物
fuel burning rate 燃料燃烧速率
fuel density 燃料密度
fuel economy and 燃油经济性
flue gas temperature 烟气温度
fuel injection 注射燃料，燃油喷射
fuel injectors 喷油嘴
fuel layers 燃料层
fuel oil 燃油
fuel oil additives 燃油添加剂
fuel，rate curves 燃料，速度曲线
fuel plume and air 燃料柱和空气
fuel oil properties 燃料油的性质
fuels，pulverized 粉状燃料
fuel size 燃料尺寸
fuel substitution 燃料替代
fuels sprays 燃料喷射
fuel vaporizaon 燃料汽化
furnace 燃炉
furnace and boiler 燃炉，熔炉和锅炉
furnaces and boilers，gas-fired 熔炉和锅炉，燃气炉
furnaces and boilers，solid fuel combustion 燃炉和锅炉，固体燃料的燃烧
furnaces and boilers，spray combustion 燃炉和锅炉，喷雾燃烧

G

gas 气体，气态
gas analysis 气体分析
gas burner，low NO_x 煤气灶，低 NO_x
gas density 气体密度
gas exchange 气体交换
gas/oil，size 气/油，尺寸
gas phase 气相
gas phase reactions 气相反应
gas turbine combustor 燃气涡轮燃烧器
gas turbine engines 燃气涡轮发动机
gas turbine fuels 燃气轮机的燃料
gaseous 气态
gaseous. See gaseous detonations 气态，见气体爆炸
gaseous，analogous to 类似于气态
gaseous detonation 气体爆炸
gas-fired furnace 煤气加热炉
gaseous fuels 气态燃料
gaseous fuel and air 气体燃料和空气
gaseous measurements 气体测量
gaseous mixtures，properties 气体混合物性质
gaseous，three-dimensional structure 气态的，三维结构
gasification 气化
gasification process 气化过程
gasifier 气化炉
gasoline 汽油
gasoline，characteristic of 汽油性质
gasoline injection 汽油喷射
geometry 几何形状
general equation 通用方程
generalized combustion reaction 广义的燃烧反应
generic faun，reaction 一般的人，反应
Gibbs free energy 吉布斯自由能
global climate change 全球气候变化
global heterogeneous rates，综合异构率
global oxidation rate constants 总体氧化速率常数
global rate 总体速率
global reactions 全局反应
global reaction rate 总体反应速率
grand challenges for engineering 巨大工程挑战
grade 2-D 二级

grade 4-D 四级
grade 1-D 一级
grate burning systems 炉排燃烧系统
grate burning systems for heat and power 热电炉排燃烧系统
greenhouse gas 温室气体

H

hardgrove grindability 哈氏可磨性
hardwood 硬木
heat and power 热功率
heat and mass transfer 传热传质
heat exchanger tubes 换热器管
heat flux 热通量
heat flux measurements 热通量测量
heat input per unit flow area 单位流通面积的热量输入
heat of formation and absolute enthalpy 生成热和绝对焓
heat of reaction 反应热
heat rate 热速率，加热率，热耗
heat release 热释放
heat release, increase in 释热，增长
heat release rate 放热率
heat release rate and droplet vaporization，热释放速率与液滴蒸发
heat transfer 热传递
heat transfer coefficlent 传热系数
heat transfer efficiency 传热效率
heat transfer flux 传热通量，热流密度
heat transfer, rate 传热，速率
heating value 发热量
hemicellulose 半纤维素
hemicellulose pyrolysis 半纤维素热解
herbaceous energy craps 草本植物能量
heterogeneous and homogeneous，异构和同构
HHV 高位热值
HHV and elemental composition 高位热值和元素组成
HHV and LHV 高位发热量与低位发热量
high performance combustor design 高性能燃烧室设计
high-pressure gun-type burner 高压枪式燃烧器
high swirl burner 高旋流燃烧器
high temperature applications 高温应用
higher heating value（HHV）高位热值
histogram 柱状图
homogeneity 均匀性
hydrocarbon fuels 烃燃料
hydrocarbon fragments and molecular 烃碎片和分子
hydrocarbon fuel, oxidation of 烃类燃料，氧化
hydrogen 氢
hydrogen and oxygen 氢和氧
hydrogen and oxygen, involving 氢与氧，参与
hydrogen-air and propane-air mixture 氢-空气和丙烷-空气混合物
hydrogen-air flame in 氢-空气火焰
hydrogen-air mixtures 氢-空气混合物
hydrogen-air profiles 氢气-空气分布图

I

ideal gas law 理想气体定律
ideal Brayton cycle 理想的布雷顿循环
ideal cycle（otto cycle）理想循环（奥托循环）
idealized planar turbulent 理想化平面湍流
ignition 点火
ignition delay 滞燃期
ingition energy 点火能量
ignition engines 点火发动机
ignition process 点火过程
ignition test 点火测试
images 图像，镜像
IMEP 平均指示缸内压力
IMEP. see indicated mean effective pressure（IMEP）平均有效压力
improvements 改进
in air 空气中
in gas phase 气相中
in-cylinder flame images 缸内火焰图像
in-cylinder flame structure 缸内火焰结构
indicated mean effective pressure（IMEP）平均有效压力
indirect initiation 间接点火
industrial 工业化
industrial burners 工业燃烧器
industrial gas burner 工业燃气燃烧器

industrial traveling grate 工业移动炉排
industrial gas turbine combustor 工业燃气轮机燃烧室
intact core 原状芯
intake valve 进气阀
intensity and pressure 强度和压力
initial fuel-air ratio 初始燃料-空气比
initiating reactions 引发反应
interchangeability 可交换性
internal energy 内能
integral scale 积分尺度
Intergovernmental Panel on Climate Change（IPCC）政府间气候变化专门委员会
intermittent injectors 间歇喷射器
internal molecular energies 内部分子能量
intermolecular potential forces 分子间结合力
internal molecular energies 内部分子能量
interstitial velocity 空隙速度
intraparticle submodel 粒子内子模型
inward migration, vapor 向内迁移，蒸汽
isothermal plug flow 等温塞流，

J

jet Reynolds number 射流雷诺数
jet Weber number 射流韦伯数

K

Karlovitz number 卡洛维茨数
kerosene 煤油
kinetically limited case 动力学限制的情况下
kinetic rate constants 动力学速率常数
knock 爆震
knocking combustion 爆震燃烧
Kolmogarov length scale 科莫戈罗夫长度尺度

L

lab setup 实验室装置
Laminar 层流
laminar burning velocity data 层流燃烧速度数据
laminar flame 层流火焰
laminar flame theory 层流火焰传播理论
laminar premixed 层流预混
laminar premixed flames 层流预混火焰
laminar to turbulent flow 层流到紊流流动
large eddy turnover time 大涡流周转时间
larger particles 较大的颗粒
layer, effect of 膜层，影响因素
Le Chatelier's rule 迪米特定律
length and velocity scale 长度和速度标尺
lignite 褐煤
lignite char particle 褐煤焦颗粒
LHV 低位发热值
LHV. see lower heaating value（LHV）低位热值
LHV and HHV 燃料的低位热值和高位热值
LHV, function of 低位热值，功能
limiting cases 极限情况
liner heat transfer 内胆传热
liquid 液体
liquid fuels 液态燃料
liquid fuel injectors 液体燃料喷射器
liquid-gaseous. see liquid-gaseous detonations 液态-气态，见液态-气态爆炸
liquefied natural gas（LNG）液化天然气
liquefied petroleum gas（LPG）液化石油气
liquid-gaseous detonations 液态气体爆炸
LNG. see liquefied natural gas（LNG）液化天然气
LNG 液化天然气
load 负载
low NO_x combustor 低 NO_x燃烧器
low NO_x pulverized coal burner 低 NO_x煤粉燃烧器
low pressure air 低压空气
low swirl gas burners 低旋流燃气燃烧器
lower heating value（LHV）低位热值
low swirl gas burners 低旋流燃气燃烧器
long jet and swirl flames, use 长射流和旋流火焰，使用
LPG 液化石油气
LPG. see liquefied petroleum gas（LPG）液化石油气

M

Mach number 马赫数
Mach number, equations in terms 马赫数，方程相
maintained and pulse 保持脉冲
manufacturing 制造业

market prices 市场价格
mass 质量
mass flow 质量流
mass flow rate 质量流量，质量流率
mass flux 质量流量
mass loss 质量损失
mass loss，stages of 质量损失，阶段
mass fraction 质量分数
mass transfer 传质
mass transfer coefficient 传质系数
mass transfer driving force 传质推动力
mass，volume constraints 质量，体积约束
mean droplet size，effect of 平均液滴尺寸，影响
mean specific particle surface area 平均颗粒比表面积
methane 甲烷
methane and air 甲烷和空气
methane oxidation，mechanism for 甲烷氧化，机制
methane-air 甲烷-空气
methane-air profiles 甲烷-空气分布
methanogenic bacteria 产甲烷细菌
methods of 方法
micro-droplet shedding 微滴脱落
mineral matter 矿物质
minimum fluidization velocity 最小流（态）化速度
mixtures properties 混合料性能
mixtures，properties of 混合物，属性
modeling of 建模
moderately high temperatures 适度高温
moisture content 水分含量
moisture，effect of 水分，影响
molar reaction rate 摩尔反应速率
molar reaction rate of fuel 燃料摩尔反应速度
mole fraction 摩尔分数
mole fraction，species 物质摩尔分数
molecular internal degrees 分子内部自由度
molecules，relative masses 相对分子质量
molecular structure 分子结构
molecular weight 分子质量
monodispersed 单分散
multicomponent fuel oil，processes 多组分燃料油，工艺
multiple hole diesel nozzle 多孔柴油喷嘴
multiple port 多端口
multiple waves formation 多波形成

N

natural gas 天然气
nature of 性质
nitric oxide 一氧化氮
nitric oxide kinetics 一氧化氮动力学
nitrogen 氮气
nitrogen dioxide and ozone，equilibrium 二氧化氮和臭氧，平衡
nitrogen oxide 氮氧化物
NO concentration 一氧化氮浓度
nominal residence time 标称停留时间，归一化停留时间
non-burning 不燃烧的
noncombustible material 不可燃材料
non-dimensional breakup time 无因次破碎
non homogeneous mixture 非均匀混合物
non-isothermal plug flow 非等温塞流
non-premixed methane-air flame 非预混甲烷空气火焰
nozzle mix burner with two air stages 双段空气混合燃烧器喷嘴
number density 数量密度
Nusselt number 努塞尔特数
Nusselt number correlation 努塞尔特数关系

O

objective 目标
octane number 辛烷值
Ohnesorge number 奥内佐格数
oil 燃油
oil droplet/temperature and size 油滴/温度和尺寸
oil-fired furnaces 燃油炉
oil-fired systems 燃油系统
one-dimensional equations 一维方程
one-dimensional model 一维模型
one-step time history 一步法时间历程
one-zone model 单区模型
one-zone model of combustion in piston-cylinder 活塞缸燃烧的单区模型

open cycle gas turbine system 开式循环燃气轮机系统
open burner flame stability diagram 明火燃烧器火焰稳定图
open systems 开放系统
open thermodynamic systems 开放热力学系统
operating parameters efficiency 运行参数效率
operating and performance parameters 操作和性能参数
optical access, engine 光纤接入，引擎
optical techniques 光学技术
optimum temperature ratio 最佳温度比
organic materials 有机材料
oxygen-fired boiler 氧气燃烧锅炉
oxygen-fuel mixtures and air-fuel mixtures 氧-燃料混合物和空气-燃料混合物
oxygen/water and ash percent 氧/水和灰分百分比
overall engine efficiency 整体发动机效率

P

PAH. see polycyclic aromatic hydrocarbons 多环芳烃
PAH 多环芳烃
parameters 参数
particle temperature 粒子温度
path formation 形成路径
path, formation 路径，形成
partially premixed 部分预混
partials size and transient mass, effect 粉末尺寸和瞬态质量效应
particulates and nitrogen oxides 颗粒物和氮氧化物
peat 泥炭
penetration distance 渗透距离
percent excess air 过量空气率，过量空气百分比
percent theoretical air 理论空气百分比
per unit volume 单位体积
performance data 性能数据
performance parameters 性能参数
peroxy radicals 过氧自由基
persistent turbulence 持续湍流
photochemical smog 光化学烟雾
physical model of 物理模型
physics-based approaches 物理的方法
pine cube 松树立方体
pintle nozzle 针式喷嘴
piston cylinder, one-zone model 活塞缸，单区模型
piston head 活塞头
piston-cylinder, schematic 活塞缸示意图
piston-cylinder two-zone model 活塞-缸内燃烧的双区模型
points determination 点的确定
pollutant emissions 污染物的排放
polycyclic aromatic hydrocarbons (PAH) 多环芳烃
polydisperse and controlled droplet size 多分散和控制液滴大小
pore sizes 孔径
pores, pressure in 孔隙，压力
pore sizes 孔径大小
porosity 多孔性
porous media friction factor 多孔介质摩擦因数
port and valve configuration 端口和阀门配置
power 功率
power for air blower 鼓风机功率
practical applications 实际应用
pre-exponential factor 指前因子
preheat and reaction zones, profile 预热反应区，轮廓
premixed burning phase 预混燃烧阶段
premixed combustible gas 预混合可燃气体
premixed flames 预混火焰
premixed gas burner using fan supplied air 预混燃气燃烧器使用风扇或通风机供气
premixed gases, velocity 预混气体，速度
premixed tunnel 预混通道
premixed tunnel burner 预混隧道式燃烧器
pressure, effects of 压力，影响因素
pressure and speed 压力和速度
pressure and temperature 压力和温度
pressure and temperature changes 压力和温度变化
pressure drop 压降
pressure and temperature jump 压力和温度跃变
pressure drop across bed 沿床压降
pressure jump 压力突变
pressure pulses 压力脉冲
pressure-swirl atomizer drop size distribution 压力旋流雾化器液滴尺寸分布
pressure-temperature diagram 压力温度图

pressure-volume and temperature 压力容积和温度
pressurized fluidized bed gasification of 压力流化床气化
primary examples 主要的例子
primary solid fuel gasification reactions 主要固体燃料气化反应
primary variables 主要变量
primary zone 主燃区
process parameters 工艺参数
production of 生产
products composition 产物组成
products, enthalpy 产物，焓
products, properties 产物，产物性质
products from wood chips 木屑燃烧产物
producer gas/town gas 煤气/民用燃气
product measurements 产物成分测量
products of stoichiometric 化学计量产品
products properties 产物性质
products, speed of sound 产物，产物声速
profile 外形，轮廓
proformance data 工作特性
prompt and fuel-bound 瞬发燃料界限
propagating 繁衍，普及
propagation rate 传播速度
propagation velocity 传播速度
propane and higher hydrocarbans 丙烷和高烃
properties 性质
proximate analysis 近似分析
pyrolysls parameters 热解参数
pulverized coal 煤粉
pulverized coal and biomass 煤粉和生物质
pulverized coal boilers 煤粉锅炉
pulverized coal burning systems 煤粉燃烧系统
pulverized coal combustion 煤粉燃烧
pulverized coal combustors 煤粉燃烧器
pump work and mechanical friction 泵的功与机械摩擦
pyrolysis 高温分解
pyrolysis. see devolatilization 热解，见脱挥
pyrolysis and drying, 热解和干燥

Q

quality 质量
quality estimation 质量评估
quenching of 淬火
quiescent gas 静态气

R

radiation and convective heat loss 辐射与对流热损失
radiation flux 辐射通量
radiation heat transfer 辐射传热
rank 顺序
Rayleigh light scattering photographs 瑞利散射照片
Ranz and Marshall equation 兰兹和马歇尔方程
rate 比率，速率
rate constants and heat reaction 速率常数与热反应
rate, dependence 依赖率
rate of reaction 反应速度
reactants, dependence 反应物，依靠
reaction, heat of 反应，热
reaction, surface 反应，表面
reacting log, cross-section 反应的原木，横截面
reacting mixture composition 反应混合物组成
reaction rate and time 反应速率和时间
reaction zone 反应区
reaction zone length 反应区长度
reduction reactions 还原反应
refinery gas 炼油气
reformulated, use of 新配方（重新表示），使用
refuse-derived 垃圾衍生物
relation between crank angle and time 曲柄角与时间的关系
release of 释放
renewable and non-renewable 可再生的和不可再生的
representation 表现
representative bituminous coal 典型烟煤
residential gas burners 家用燃气燃烧器
residential burner with 住宅燃烧器
residential woodstoves 住宅火炉
residential oil burner 家用燃油燃烧器
residential woodstoves 住宅木火炉
residual 残余
retonatian 回爆
Reynolds analogy 雷诺相似
Reynolds number 雷诺数

rise rate of 上升率
room-fixed coordinate system, transformation 房间固定坐标系，变化
rotary cup atomizer 旋转杯式雾化器
rocket stove 火箭炉
Rosin-Rammler distribution 罗辛-拉姆勒分布函数
rotating combustor 旋转燃烧室
rotating combustor, concept drawing 旋转燃烧器，概念图

S

Sauter mean diameter (SMD) 索特平均直径
scaling rules 缩放比例规则
scatter plots, fuel mixture fraction 燃料混合物散点图
Schematic 图表，示意
schematic diagram 原理图，示意图
schematic of boiler 锅炉原理图（示意图）
schlieren technique 纹影技术
screening factor, mass transfer 筛选因素，传质
secondary air 二次空气
secondary and dilution air flows 二次稀释空气流动
self-luminous Photographs 自发光照片
self-sustaining 自持
sensible energy 显能
sequestration in geologieal formations 地质构造封存
shaft power 轴功率
sheared droplet, explosion 剪滴，爆发
Sherwood number 舍伍德数
shifting equilibrium 移动平衡，偏移平衡
shock-combustion complex 冲击-燃烧混合物
shock front 激震前沿
shock wave 激波
shock waves 冲击波
shock wave and combustion 激波与燃烧
simple scheme 简单的方案
simplified model 简化模型
simple rocket stove 简单火箭炉
simplex/swirl atomizer 单通道雾化器/旋流式雾化器
single droplets, vaporization constant 单液滴蒸发常数
single fluid pressure jet atomizer 单流体压力喷射雾化器
single hole spray burner 单孔喷雾燃烧器
single particle terminal velocity 单粒子终端速度
single residual fuel oil droplet, temperature and size history 单一残余油滴，温度和大小的历史
single step 单步
size 尺寸
size range 粒度范围
slagging 结渣
slagging and fouling 结渣和结垢
slugging mode 塞流模式
small oil burner 小型油燃烧器
small particles 小颗粒
SMD 索特平均直径
SMD. see Sauter mean diameter (SND) 见索特平均直径
smog defined 烟雾定义
solid fuels 固体燃料
solid fuel combustion 固体燃料燃烧
solid fuel-fired boiler system 固体燃料燃烧锅炉系统
solid-gas reaction 固气反应
solid surface, reaction 固体表面反应
solid waste generation and recovery 固体废物产生和回收
solid 固体
solid fuels modeling combustion 固体燃料燃烧模式
solid fuels on grate, modeling 篦炉固体燃料，建模
soot formation 烟灰生成
soot formation process 烟尘的形成过程
soot particles 烟尘颗粒
soot track 烟尘轨迹
sorption, heat of 吸附，热量
source 来源
spacing 间距
space heating stoves 空间加热炉
space heating stoves using logs 原木空间加热炉
spark ignition engines 火花点火发动机
spray combustion 喷雾燃烧
spray combustion furnaces and boilers 喷雾燃烧炉和锅炉
species continuity equations 物质连续性方程
species conservation equation for 物质守恒方程
specific 特种的，典型的
specific gas constant 特定气体常数

specific gravity 比重
specific heat, reactant mixture 比热，反应混合物
speed stoichiometry 化学计量速度
spherical particle 球形颗粒
split injection 分流喷射
spill flow pressure jet atomizer 溢流压力喷射雾化器
spray formation 喷雾形成
spray/progression and time 连续喷雾时间
spreader stoker with air-cooled traveling grate 带风冷式链条炉排的炉篦加煤机
squash velocity 挤压速度
squish flow 挤压流动
standards 标准
stability diagram 稳定性图
stability limits 稳定极限
stability regimes 稳定机制
stabilization 稳定性
standing experiments 标准实验
start of injection, retard 喷油启动，延迟
steady flow 稳流
steady-state 稳态的
steady-state propagation velocity 稳态传播速度
stoichiometric 化学计量的
st oichiometric and lean mixtures 化学计量比和贫燃料混合物
stoichiometric conditions 化学计量条件
st oichiometry effect on speed 化学计量比对速度的影响
stoichiometric mixtures 化学计量的混合物
st oichiometric octane-air, products of 化学计量的辛烷空气，产品
stoichiometry 化学计量
storage 贮藏
stoker coal and woodchips 加煤机用煤和木片
strategy 政策
streak self-light Photograph 快速移动自光照相
substitute gaseous fuel 替代气体燃料
sulfur 硫
superficial 表面上的
superficial fluidization velocity 表观流化速度
superficial velocity 表观速度
surface reaction rate constant 表面反应速率常数
surface temperature 表面温度
supercritical steam 超临界蒸汽
suspension burning 悬浮燃烧
sustainability, combustion engineer' s role in 可持续性，燃烧工程师的角色
swirl 旋转
swirl, orifice 旋涡，孔板
swirl pressure jet nozzle, temperature 涡流压力喷嘴，温度
swirl ratio 旋流比
syngas 合成气（指用煤等做原料制成的一氧化碳和氢的混合物）
system 系统
system mass 系统质量

T

TDC. see top dead center（TDC）上止点
techniques 工艺
temperature 温度
temperature and pressure 温度和压力
temperature and pressure, air 气体温度和压力
temperature and pressure, effect of 温度和压力影响
temperature as function 温度函数
temperature-distance curve at ignition point 点火点温度-距离曲线
temperature, function of 温度，功能，函数
temperture gradients 温度梯度
temperature, ignition 温度，点火
temperature profile and burning rate 温度分布和燃烧速率
terminating 结束
termolecular recombination 分子间重组
thermal efficiency 热效率
thermally induced dissociation 热诱导离解
thermodynamic data 热力学数据
thermodynamic equilibrium programs 热力学平衡程序
thermodynamics of combustion 燃烧热力学
test data, pressure versus crank angle measurements 测试数据，压力和曲柄角度测量
test setup 试验装置
thickened flame 增厚的火焰
thickened wrinkled fiame 增厚起皱的火焰
third body in 在第三体

three-body collision 三体碰撞
three-dimensional transverse waves 三维横波
three-stone fire，三石火
three-stone open fires 三石明火
thrust-producing device 推力装置
time delay，ignition 时间延迟，点火
time delay in 时间延迟
time evaluation 实时评估
timing 定时，时机
thin 薄的
thin laminar flame 薄层火焰
throttle setting 节流设置
tog dead center（TDC）上止点
total cone angle 总锥角
transition 过渡
transient mass and reactivity，curves 瞬态质量及活性，曲线
transition Reynold number 临界雷诺数
transpiration 蒸发
trapped mass 截留的质量
transportation 运输
transpiration 蒸腾作用
traveling stoker 移动链条，移动炉排
transition Reynolds number 临界雷诺数
transient mass and reactivity curves 瞬态质量和反应曲线
triple-shock structure 三激波结构
traveling grate spreader stokers 链篦式给煤机
turbocharger 涡轮增压器
turbulence 湍流
two-zone model 双区模型
tube，non-volatile fuel coating 管，非挥发性燃料涂层
turbulent 湍流
turbulent boundary layer heat transfer 湍流边界层换热
turbulent intensity 湍流强度
turbulence parameters 湍流参数
turbulent premixed 湍流预混
turbulent premixed flames 湍流预混火焰
turbulent Reynolds number 湍流雷诺数
turndown range 调节范围
two-phase 两相
two-Phase，states 两相态
two-phase velocities 两相速度
two-stage ignition 两级点火
two-stage nozzle mix 两级喷嘴混合
two-stage，rich-quench-lean combustor 两段，富-冷-贫燃烧室
two-step time history 两步法时间历程
two-way catalytic converter 双向催化转化器
two-zone model of combustion in
types 类型

U

utility gas burners 公用气体燃烧器
utility-scale pulverized coal combustion 大规模粉煤燃烧
ultimate analysis 最终分析
unburned gas speed 未燃气体速度
unburned zone 未燃区
uncontrolled factors 不可控因素
uniform system 均匀系统
uniform system with constant pressure 等压均匀系统
units 单元，装置
US EPA heavy-duty truck 美国环保署重型卡车
U. S. emission standards 美国排放标准
useful heat output 有用的热输出
utility gas burners 公用燃气燃烧器
utility-sized 实用尺寸的

V

vanadium pentoxide 五氧化二钒
vaned stabilizer（slotted tabulator）叶片稳定器（开槽制表）
vaporization and ignition 汽化和点火
vaporization，heat of 蒸发，热量
vaporization of droplets 液滴汽化
vaporization process 汽化过程
vaporization rate 蒸发率
vaporization rate and droplet size 蒸发速率和液滴尺寸
Varnamo demonstration plant 韦纳穆示范工厂
velocity 速度
velocity of decane，comparison 癸烷速度，比较

vibrating grate spreader stoke 振动炉排抛煤机
vibrating stoker 振动炉排
viscosity 黏性，黏度
VMD 体积平均直径
VMD. see volume mean diameter（VMD）体积平均直径
void fraction 空隙分数，空隙率
volatility 挥发性
volatilization 挥发
volume change 体积变化
volume flow rate 体积流量
volumetric analysis 容量［体积］分析（法）
volumetric analysis，fuel-air ratio 容量分析（法），燃料空气比
volumetric explosion 容积爆炸
volumetric flow rate 体积流动速率
volume mean diameter（VMD）体积平均直径

W

wall-fired gas burners 燃气式壁挂炉
water condensation，effect of 冷凝水，影响
water，electrolysis of 水，电解
water injection effect 注水效果
water tube 水管
water tube boilers 水管锅炉
water vapor，outward flow 水汽，向外流动
wave fixed and laboratory coordinates 波固定与实验室坐标
wave-fixed coordinate system 波固定坐标系
Weber number 韦伯数
well-stirred reactor 良好搅拌反应器
wet bottom firing 湿底燃烧
white smoke 白烟
with annular combustion chamber 环形燃烧室
with bluff body 钝体
with flame retention air shield 火焰保持空气罩
with natural gas-fired and FGR，emissions 燃烧天然气和 FGR，排放
with vibrating grate 振动炉排
Wobbe index 沃布指数
wood chips 木屑
woody energy crops 木本能源作物
worldwide 全世界的
world commission on environment and world energy production 世界能源生产
wrinkled flame 起皱的火焰

Y

Y-jet atomizer Y 型喷嘴雾化器

Z

Zeldovich mechanism 泽利多维奇机理（机制）